普通高等教育“十二五”规划教材

土力学地基基础（第二版）

主　编　王铁行　冯志焱
编　写　李　辉　罗少锋　刘丽萍
　　　　韩永强　翟聚云　邢心魁
主　审　高永贵

中国电力出版社
CHINA ELECTRIC POWER PRESS

内 容 提 要

本书为普通高等教育“十二五”规划教材。全书分为13章，主要内容为土的物理性质及分类、土体渗流、土体中的应力、土的压缩性与地基沉降、土的抗剪强度、土压力与挡土墙、地基承载力、土坡稳定性分析、工程地质勘察、天然地基上的浅基础、桩基础、地基处理、基坑工程。在第一版的基础上进一步凝练了章节内容，完善了使用过程中发现的不足之处，删除了深基础章节。考虑到地基承载力理论解要用到土压力有关内容，将第一版第六章和第七章分别调整为第7章和第6章，以体现循序渐进的编排原则。本书体系完整、内容全面、例题丰富、适应面广。

本书可作为高等院校土木工程、工程管理、水利工程、港口工程。道路工程等专业的教材，也可供土建工程设计和科研人员参考。

图书在版编目（CIP）数据

土力学地基基础/王铁行，冯志焱主编．—2版．—北京：中国电力出版社，2012.8（2014.9重印）

普通高等教育“十二五”规划教材

ISBN 978-7-5123-3385-7

Ⅰ.①土… Ⅱ.①王…②冯… Ⅲ.①土力学－高等学校－教材②地基－基础（工程）－高等学校－教材 Ⅳ.①TU4

中国版本图书馆CIP数据核字（2012）第181573号

中国电力出版社出版、发行

（北京市东城区北京站西街19号 100005 http://www.cepp.sgcc.com.cn）

北京丰源印刷厂印刷

各地新华书店经售

*

2009年10月第一版

2012年8月第二版 2014年9月北京第三次印刷

787毫米×1092毫米 16开本 21.25印张 521千字

定价 **38.00** 元

前　言

土力学地基基础在建筑工程、道路工程、水电工程、市政工程等领域均有广泛的应用，是土木工程专业及相关专业学生的必修课程。基于厚基础、宽口径的人才培养模式，针对建筑工程、道路工程、水电工程、市政工程等相关专业的教学大纲，编写了本书。书中系统地介绍了土力学地基基础的知识，既可作为教学用书，也可供广大工程技术人员参考。

在第一版的基础上进一步凝练了章节内容，完善了使用过程中发现的不足之处。删除了深基础章节。考虑到地基承载力理论解要用到土压力有关内容，将第一版第六章和第七章分别调整为第7章和第6章，以体现循序渐进的编排原则。

本书由王铁行、冯志焱主编，具体编写分工如下：李辉、韩永强编写第1章、第2章和第9章，罗少锋、邢心魁编写第3章、第8章和第12章，王铁行、翟聚云编写第4章、第5章和第7章，罗少锋、翟聚云编写第6章，冯志焱、刘丽萍编写第10章、第11章和第13章。高永贵教授审阅了全书，并提出了宝贵意见，在此衷心致谢！

限于编者水平，不妥之处在所难免，恳请读者批评指正。

编　者

2012年7月

第一版前言

为贯彻落实教育部《关于进一步加强高等学校本科教学工作的若干意见》和《教育部关于以就业为导向深化高等职业教育改革的若干意见》的精神，加强教材建设，确保教材质量，中国电力教育协会组织制订了普通高等教育“十一五”教材规划。该规划强调适应不同层次、不同类型院校，满足学科发展和人才培养的需求，坚持专业基础课教材与教学急需的专业教材并重、新编与修订相结合。本书为新编教材。

土力学地基基础在建筑工程、道路工程、水电工程、市政工程等领域均有广泛的应用，是土木工程专业及相关专业学生的必修课程。基于厚基础、宽口径的人才培养模式，针对建筑工程、道路工程、水电工程、市政工程等相关专业的教学大纲，编写了本书。书中系统地介绍了土力学地基基础的知识，既可作为教学用书，也可供广大工程技术人员参考。

本书由王铁行任主编，刘丽萍、翟聚云任副主编，具体编写分工如下：韩永强编写第一章和第五章，李辉编写第二章和第九章，邢心魁编写第三章和第八章，王铁行编写第四章，翟聚云编写第六章和第七章，刘丽萍编写第十、十一、十三章，罗少锋编写第十二章，任海波、赵彦峰完成了部分章节的打字工作。高永贵教授审阅了全书，并提出了宝贵意见，在此衷心致谢。

限于编者水平，不妥之处在所难免，恳请读者批评指正。

编　者

2009 年 4 月

目　　录

第1章　土的物理性质及分类

1-1　概　　述

土是岩石风化的产物，是地壳表层岩石在风化作用下形成的产物在原地或经过搬运堆积在异地所形成的松散堆积物。岩石风化成的颗粒在各种地质条件下沉积，形成土层。沉积过程土颗粒之间的相互排列和连接形式称为土的结构。土的结构形式分为三种：

（1）单粒结构：粗颗粒土（如卵石和砂土等）在沉积过程中，每一个颗粒在自重作用下单独下沉并达到稳定状态，颗粒之间几乎无联系力，只是在重力作用下的简单堆积，如图1-1（a）所示。

（2）蜂窝结构：当较细土颗粒（粒径在0.02mm以下）在水中单个下沉，碰到已沉积的土粒，因土粒之间的分子引力大于土粒自重，则下沉的土粒被吸引不再下沉。依次一粒粒被吸引，形成具有很大孔隙的蜂窝状结构，如图1-1（b）所示。

（3）絮状结构：粒径极细的粘土颗粒（粒径小于0.005mm）在水中长期悬浮，这种土粒在水中运动，相互碰撞而吸引逐渐形成小链环状的土集粒，质量增大而下沉，当一个小链环碰到另一小链环时相互吸引，不断扩大形成大链环状，称为絮状结构。因小链环中已有孔隙，大链环中又有更大孔隙，形象地称为二级蜂窝结构，此种絮状结构在海相沉积粘土中常见，如图1-1（c）所示。

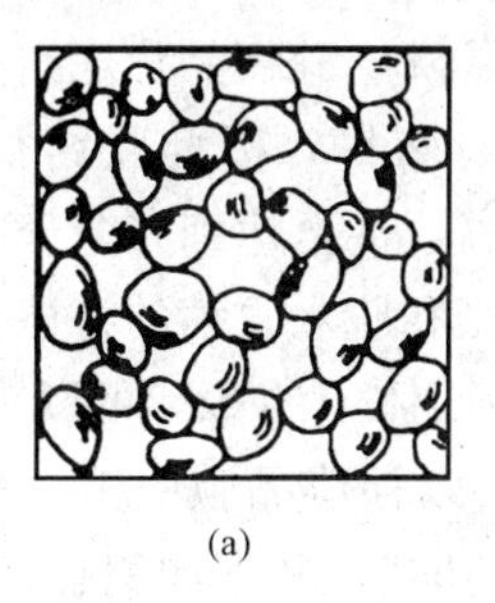
(a)

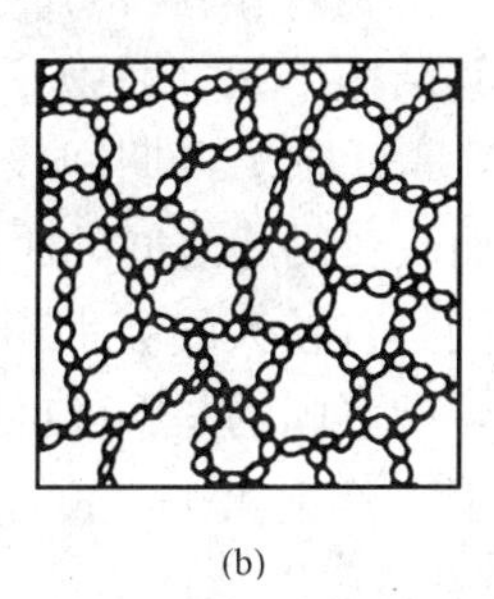
(b)

(c)

图1-1　土的结构示意图
（a）单粒结构；（b）蜂窝结构；（c）絮状结构

以上三种结构中，以密实的单粒结构工程性质最好，蜂窝结构与絮状结构如被扰动破坏天然结构，则强度低、压缩性高，一般不可用作天然地基。

通常情况下，组成土的物质可分为固相、液相和气相三种状态。固相部分主要是土粒，有时还有粒间的胶结物和有机质，它们构成土的骨架；液相部分为水及其溶解物；气相部分为空气和其他徽量气体。由于各种土的颗粒大小和矿物成分差别很大，土的三相间的数量比例也不尽相同，而且土粒与其周围的水又发生了复杂的物理化学作用。所以，研究土的性质就必须了解土的三相组成以及在天然状态下土的结构和构造等特征，必须研究土的轻重、松密、干湿、软硬等一系列物理性质和状态。土的物理性质又在一定程度上决定了土的力学性质，所以物理性质是土的最基本的工程特性。

在实际工程中，不但要知道土的物理性质及其变化规律，而且还必须掌握表示土的物理性质的各种指标的测定方法和指标间的相互换算关系，并熟悉土的分类方法。

1-2 土的三相组成

一、土的固体颗粒

在自然界中存在的土，都是由大小不同的土粒组成的。土中的固体颗粒（简称土粒）的大小和形状、矿物成分及其组成情况是决定土的物理力学性质的重要因素。粗大土粒其形状都呈块状或粒状，而细小土粒其形状主要呈片状或针状。

土粒的矿物成分主要决定于母岩的成分及其所经受的风化作用。不同的矿物成分对土的性质有着不同的影响，其中以粘粒组的矿物成分尤为重要。漂石、卵石、圆砾等粗大土粒都是岩石的碎屑，它们的矿物成分与母岩相同。砂粒大部分是母岩中的单矿物颗粒，如石英、长石和云母等。其中石英的抗化学风化能力强，在砂粒中尤为多见。粉粒的矿物成分是多样性的，主要是石英和 $MgCO_3$、$CaCO_3$ 等难溶盐的颗粒。

粘粒的矿物成分是主要有粘土矿物、氧化物、氢氧化物和各种难溶盐类（如碳酸钙等），它们都是次生矿物。粘土矿物的颗粒很微小，在电子显微镜下观察到的形状为鳞片状或片状，经 X 射线分析证明其内部具有层状晶体构造。粘土矿物基本上是由两种原子层（称为晶片）构成的。一种是硅氧晶片，它的基本单元是 Si-O 四面体；另一种是铝氢氧晶片，它的基本单元是 Al-OH 八面体（图 1-2）。由于晶片结合情况的不同，便形成了具有不同性质的各种粘土矿物。其中主要有蒙脱石、伊利石和高岭石三类。

蒙脱石是化学风化的初期产物，其结构单元（晶胞）是两层硅氧晶片之间夹一层铝氢氧晶片所组成的。由于晶胞的两个面都是氧原子，期间没有氢键，因此联结很弱［图 1-3 (a)］，水分子可以进入晶胞之间，从而改变晶胞之间的距离，甚至达到完全分散到单晶胞为止。因此当土中蒙脱石含量较大时，则具有较大的吸水膨胀和脱水收缩的特性。

伊利石的结构单元类似于蒙脱石，所不同的是 Si-O 四面体中的 Si^{4+} 可以被 Al^{3+}、Fe^{3+} 所取代，因而在相邻晶胞间将出现若干一价正离子（K^{+}）以补偿晶胞中正电荷的不足［图 1-3 (b)］。所以伊利石的结晶构造没有蒙脱石那样活动，其亲水性不如蒙脱石。

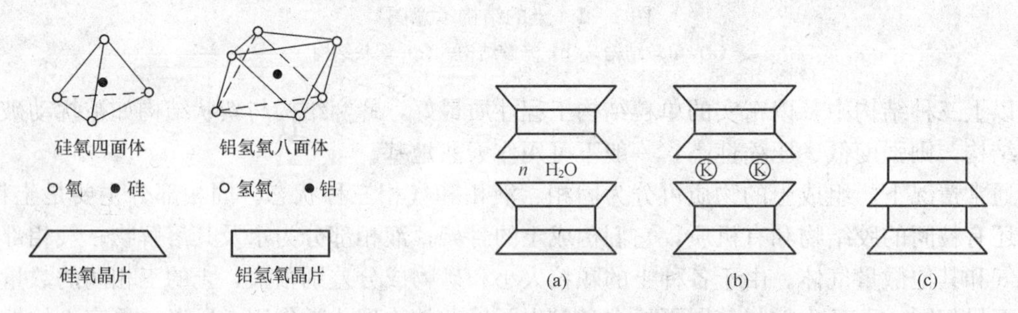

图 1-2 粘土矿物微晶片示意图

图 1-3 粘土矿物构造单元示意图
(a) 蒙脱石；(b) 伊利石；(c) 高岭石

高岭石的结构单元是由一层铝氢氧晶片和一层硅氧晶片组成的晶胞。高岭石的矿物就是由若干重叠的晶胞构成的［图 1-3 (c)］。这种晶胞一面露出氢氧基，另一面则露出氧原子。

晶胞之间的联结是氧原子与氢氧基之间的氢键，它具有较强的联结力，因此晶胞之间的距离不易改变，水分子不能进入，因此它的亲水性比伊利石还小。

由于粘土矿物颗粒是很细小的扁平颗粒，颗粒表面具有很强的与水相互作用的能力，表面积愈大，这种能力就愈强。除粘土矿物外，粘粒组中还包括有氢氧化物和腐殖质等胶态物质。如含水氧化铁，它在土层中分布很广，是地壳表层的含铁矿物质分解的最后产物，使土呈现红色或褐色。土中胶态腐殖质的颗粒更小，能吸附大量水分子（亲水性强）。由于土中胶态腐殖质的存在，使土具有高塑性、膨胀性和粘性，这对工程建设是不利的。

颗粒的大小通常用粒径表示。实际工程中常按粒径大小分组，粒径在某一范围之内的分为一组，称为粒组。土粒的粒径由粗到细逐渐变化时，土体性质相应地发生变化，例如土的性质随着粒径的变细可由无粘性变化到粘性。因而，可以将土中各种不同粒径的土粒，按适当的粒径范围，分为若干粒组。划分粒组的分界尺寸称为界限粒径。目前土的粒组划分方法并不完全一致，表1-1提供的是一种常用的土粒粒组的划分方法，表中根据界限粒径200mm、60mm、2mm、0.075mm和0.005mm把土粒分为六大粒组：漂石（块石）颗粒、卵石（碎石）颗粒、圆砾（角砾）颗粒、砂粒、粉粒及粘粒。漂石、卵石和圆砾颗粒均呈一定的磨圆形状（圆形或亚圆形）；块石、碎石和角砾颗粒都带有棱角。

表1-1　土粒粒组划分

<table>
<tr><th colspan="2">粒组名称</th><th>粒径范围（mm）</th><th>一般特征</th></tr>
<tr><td colspan="2">漂石或块石</td><td>>200</td><td rowspan="2">透水性大，无粘性，无毛细水</td></tr>
<tr><td colspan="2">卵石或碎石</td><td>200～60</td></tr>
<tr><td rowspan="3">圆砾或角砾</td><td>粗</td><td>60～20</td><td rowspan="3">透水性大，无粘性，毛细水上升高度不超过粒径大小</td></tr>
<tr><td>中</td><td>20～5</td></tr>
<tr><td>细</td><td>5～2</td></tr>
<tr><td rowspan="4">砂　粒</td><td>粗</td><td>2～0.5</td><td rowspan="4">易透水，当混入云母等杂质时透水性减小，而压缩性增加，无粘性，遇水不膨胀，干燥时松散，毛细上升高度不大，随粒径减小而增大</td></tr>
<tr><td>中</td><td>0.5～0.25</td></tr>
<tr><td>细</td><td>0.25～0.1</td></tr>
<tr><td>极细</td><td>0.1～0.075</td></tr>
<tr><td rowspan="2">粉　粒</td><td>粗</td><td>0.075～0.01</td><td rowspan="2">透水性小，湿时有粘性，遇水有膨胀，干时有收缩，毛细上升高度较大较快，极易出现冻胀现象</td></tr>
<tr><td>细</td><td>0.01～0.005</td></tr>
<tr><td colspan="2">粘粒</td><td><0.005</td><td>透水性极小，湿时有粘性，遇水膨胀大，干时收缩显著，毛细上升高度大，但速度较慢</td></tr>
</table>

土体中土粒的大小及其组成情况，通常以土中各个粒组的相对含量（各粒组占土粒总量的百分数）来表示，称为土的颗粒级配。要确定各粒组的相对含量，需要将各粒组分离开，分别称重。这就是工程中常用的颗粒分析方法，实验室常用的有筛分法和比重计法。

筛分法适用粒径大于0.075mm的土。试验时将风干、分散的代表性土样通过一套孔径不同的标准筛（例如20mm、2mm、0.5mm、0.25mm、0.1mm、0.075mm），称出留在各个筛子上的土重，即可求得各个粒组的相对含量。

比重计法适用于粒径小于0.075mm的土。基本原理是颗粒在水中下沉速度与粒径的平方成正比，粗颗粒下沉速度快，细颗粒下沉速度慢。根据下沉速度就可以将颗粒按粒径大小分组（详见土工试验书籍）。

当土中含有颗粒粒径大于0.075mm和小于0.075mm的土粒时，可以联合使用比重计法和筛分法。

根据颗粒大小分析试验成果，可以绘制如图1-4所示的颗粒级配累积曲线。其横坐标表示粒径，纵坐标则表示小于（或大于）某粒径的土重含量（或称累计百分含量）。因为土粒粒径相差常在百倍、千倍以上，所以横坐标宜采用对数坐标表示。由曲线的坡度可以大致判断土的均匀程度。如曲线较陡，则表示粒径大小相差不多，土粒较均匀；反之，曲线平缓，则表示粒径大小相差悬殊，土粒不均匀，即级配良好。

颗粒级配曲线在土木、水利电力等工程中经常用到。从曲线中可直接求得各粒组的颗粒含量及粒径分布的均匀程度，进而估测土的工程性质。其中一些特征粒径，可作为选择建筑材料的依据，并评价土的级配优劣。特征粒径有：d_{10}、d_{30}和d_{60}。小于某粒径的土粒质量累计百分数为10%时，相应的粒径称为有效粒径d_{10}。小于某粒径的土粒质量累计百分数为30%时的粒径用d_{30}表示。当小于某粒径的土粒质量累计百分数为60%时，该粒径称为限定粒径d_{60}。采用特征粒径，可确定两个评价指标：不均匀系数C_u和曲率系数C_c。

$$C_u = d_{60}/d_{10} \tag{1-1}$$

$$C_c = \frac{d_{30}^2}{d_{10}d_{60}} \tag{1-2}$$

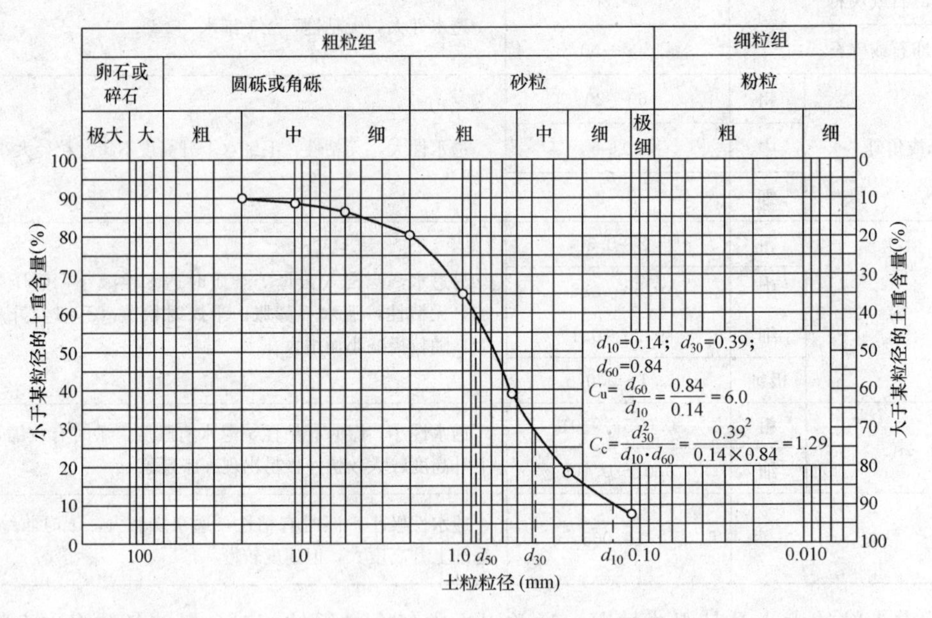

图1-4 颗粒级配累积曲线

不均匀系数C_u反映大小不同粒组的分布情况。若土的颗粒级配曲线是连续的，C_u愈大，d_{60}与d_{10}相距愈远，则曲线愈平缓，表示土中的粒组变化范围宽，土粒不均匀；反之，C_u愈小，d_{60}与d_{10}相距愈近，曲线愈陡，表示土中的粒组变化范围窄，土粒均匀。C_u越大表示土粒大小的分布范围越大，其级配越良好，作为填方工程的土料时，则比较容易获得较大的密实度。在一般情况下，工程上把 $C_u<5$ 的土看作是均粒土，属级配不良；$C_u>10$ 的土，属级配良好。

曲率系数 C_c 描写的是累积曲线的整体形状。若土的颗粒级配曲线不连续，表明土体中各粒组分布不均衡，如在该曲线上出现水平段，水平段粒组范围颗粒缺失。这种土缺少中间某些粒径，粒径级配曲线呈台阶状，土的组成特征是颗粒粗的较粗，细的较细，在同样的压实条件下，密实度不如级配连续的土高。经验表明，当级配连续时，C_c 的范围为1～3。因此，当 $C_c<1$ 或 $C_c>3$ 时，均表示级配曲线不连续。因此，单独只用一个指标 C_u 来确定土的级配情况是不够的，要同时考虑累积曲线的整体形状，所以需参考曲率系数 C_c 值。一般认为：砾类土或砂类土同时满足 $C_u\geqslant5$ 和 $C_u=1\sim3$ 两个条件时，则定名为良好级配砾或良好级配砂。

颗粒级配可以在一定程度上反映土的某些性质。对于级配良好的土，较粗颗粒间的孔隙被较细的颗粒所填充，因而土的密实度较好，相应的地基土的强度和稳定性也较好，透水性和压缩性也较小，可用作堤坝或其他土建工程的填方土料。

二、土中水

在自然条件下，土总是含水的。土中水可以处于液态、固态或气态。土中水含量不同，土的性质就不同。土中的液体一部分存在于土颗粒的周围，受到土颗粒的约束力，形成结合水；另一部分是存在于土颗粒的孔隙中不受土颗粒的约束，能够自由流动的水，形成自由水。

（一）结合水

结合水是指受电分子吸引力吸附于土粒表面的土中水。这种电分子吸引力高达几万个大气压，使水分子和土粒表面牢固地粘结在一起。由于土粒（矿物颗粒）表面一般带有负电荷，围绕土粒形成电场，在土粒电场范围内的水分子和水溶液中的阳离子（Na^+、Ca^{2+}、Al^{3+}等）一起吸附在土粒表面。因为水分子是极性分子（氢原子端显正电荷，氧原子端显负电荷），它被土粒表面电荷或水溶液中离子电荷的吸引而定向排列（图1-5）。土粒周围水溶液中的阳离子，一方面受到土粒所形成电场的静电引力作用，另一方面又受到布朗运动（热运动）的扩散力作用。在最靠近土粒表面处，静电引力最强，把水化离子和极性水分子，牢固吸附在颗粒表面上形成固定层。在固定层外围，静电引力比较小，因此水化离子和极性水分子的活动性比固定层中大些，形成扩散层。固定层和扩散层中所含的阳离子（反离子）与土粒表面负电荷一起即构成双电层（图1-5）。

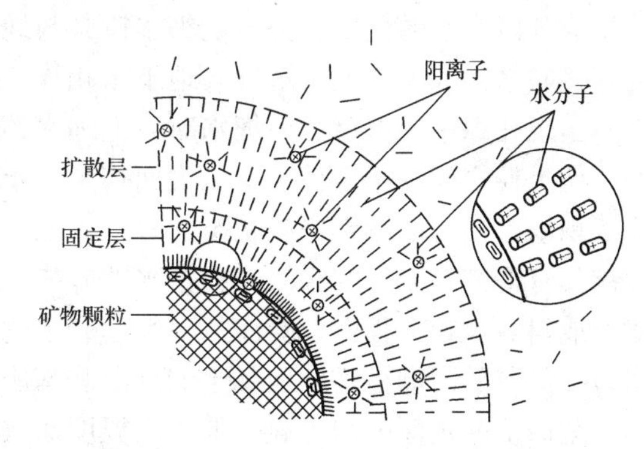

图1-5　结合水分子定向排列示意图

水溶液中的阳离子的原子价愈高，它与土粒之间的静电引力愈强，则扩散层厚度愈薄。在实践中可以利用这种原理来改良土质，例如用三价及二价离子（如 Fe^{3+}、Ca^{2+}、Mg^{3+}）处理粘土，使得它的扩散层变薄，从而增加土的稳定性，减少膨胀性，提高土的强度；有时，可用含一价离子的盐溶液处理粘土，使扩散层增厚，而大大降低土的透水性。

因此，阳离子层中的结合水分子和交换离子，愈靠近土粒表面，则排列得愈密和整齐，活动性也愈小。因而，结合水又可以分为强结合水和弱结合水两种。强结合水是相当于阳离子层的内层（固定层）中的水，而弱结合水则相当于扩散层中的水。

1. 强结合水

强结合水是指紧靠土粒表面的结合水。它的特征是：没有溶解盐类的能力，不能传递静水压力，只有吸热变成蒸汽时才能移动。这种水极其牢固地结合在土粒表面上，其性质接近于固体，密度为 1.2～2.4g/cm^3，冰点为－78℃，具有极大的粘滞度、弹性和抗剪强度。如果将干燥的土移到天然湿度的空气中，则土的质量将增加，直到土中吸着的强结合水达到最大吸着度为止。土粒愈细，土的比表面愈大，则最大吸着度就愈大。砂土的最大吸着度约占土粒质量的 1%，而粘土则可达 17%。粘土中只含有强结合水时，呈固体状态，磨碎后则呈粉末状态。

2. 弱结合水

弱结合水紧靠于强结合水的外围形成一层结合水膜。它仍然不能传递静水压力，但水膜较厚的弱结合水能向邻近的较薄的水膜缓慢转移。当土中含有较多的弱结合水时，土则具有一定的可塑性。砂土比表面较小，几乎不具可塑性，而粘性土的比表面较大，其可塑性范围就大。弱结合水离土粒表面愈远，其受到的电分子吸引力愈弱小，并逐渐过渡到自由水。

（二）自由水

自由水是存在于土粒表面电场影响范围以外的水。它的性质和普通水一样，能传递静水压力，冰点为 0℃，有溶解能力。自由水按其移动所受作用力的不同，可以分为重力水和毛细水。

重力水是存在于地下水位以下的透水土层中的地下水，它是在重力或压力差作用下运动的自由水，对土粒有浮力作用。毛细水是受到水与空气交界面处表面张力作用的自由水。毛细水存在于地下水位以上的透水土层中。毛细水分布在土颗粒间相互连通的弯曲孔道，由于水分子与土颗粒之间的附着力和水、气界面上的表面张力，地下水将沿着这些孔道被吸引上来，而在地下水位以上形成一定高度的毛细管水带，它与土中孔隙的大小、形状、土颗粒的矿物成分以及水的性质有关。毛细水按其与地下水面是否联系可分为毛细悬挂水（与地下水无直接联系）和毛细上升水（与地下水相连）两种。

当土孔隙中局部存在毛细水时，毛细水的弯液面和土粒接触处的表面引力反作用于土粒上，使土粒之间由于这种毛细压力而挤紧，土因而具有微弱的粘聚力，称为毛细粘聚力。在施工现场常常可以看到稍湿状态的砂堆，能保持垂直陡壁达几十厘米高而不坍落，就是因为砂粒具有毛细粘聚力的缘故。在饱水的砂或干砂中，土粒之间的毛细压力消失，原来的陡壁就变成斜坡。在工程中，要注意毛细上升水的上升高度和速度，因为毛细水的上升对于建筑物地下部分的防潮措施和地基土的浸湿和冻胀等有重要影响。

地面下一定深度的土温，随大气温度而改变。当地层温度降至零摄氏度以下，土体便会因土中水冻结而形成冻土。某些细粒土的冻结时，往往发生体积膨胀，即所谓冻胀现象。土体发生冻胀的机理，主要是由于土层在冻结时，周围未冻区土中的水分向冻结区迁移、集聚所致。弱结合水的外层在－0.5℃时冻结，越靠近土粒表面，其冰点越低，在－20～＋30℃以下才能全部冻结。当大气负温传入土中时，土中的自由水首先冻结成冰晶体，弱结合水的最外层也开始冻结。使冰晶体逐渐扩大，于是冰晶体周围土粒的结合水膜变薄，土粒产生剩余的分子引力；另外，由于结合水膜的变薄，使得水膜中的离子浓度增加，产生了渗透压力，在这两种引力的作用下，下面未冻区水膜较厚处的弱结合水便被上吸到水膜较薄的冻结区，并参与冻结，使冻结区的冰晶体增大，而不平衡引力却继续存在。假使下卧未冻区存在着水源（如地下水位距冻结深度很近）及适当的水源补给通道（即毛细通道），能继续不断地补充到冻结区来，那么，未冻结区的水分，包括弱结合水和自由水，就会继续向冻结区迁移和积聚，使冰晶体不断扩大，在土层中形成冰夹层，土体随之发生隆起，出现冻胀现象。当土层解冻时，土中积聚的冰晶体融化，土体随之下陷，即出现融陷现象。土的冻胀现象和融陷现象是季节性冻土的特性，亦即土的冻胀性。

三、土中气

土中的气体存在于土孔隙中未被水所占据的部位。土中气一般以下面两种形式存在于土中：一种是四周被土颗粒和水封闭的封闭气体，另一种是与大气相通的自由气体。

当土的饱和度较低，土中气体与大气相通时，土体在外力作用下，气体很快从孔隙中排出，土易于压缩，强度和稳定性提高。当土的饱和度较高，土中出现封闭气体时，土体在外力作用下，则气体体积缩小，产生抗力；外力减小，则体积增大。因此，土中封闭气体增加了土的弹性。同时，土中封闭气体的存在还能阻塞土中的渗流通道，减小土的渗透性。

对于淤泥和泥炭等有机质土，由于微生物（嫌气细菌）的分解作用，在土中蓄积了某种可燃气体（如硫化氢、甲烷等），使土层在自重作用下长期得不到压密，而形成高压缩性土层。

1-3　土的三相比例指标

由于土是由固体颗粒、液体和气体三部分组成，各部分含量的比例关系，直接影响土的物理性质和土的状态。例如，同样一种土，松散时强度较低，经过外力压密后，强度会提高。对于粘性土，含水量不同，其性质也有明显差别，含水量多，则软；含水量少，则硬。

土的三相组成部分的质量和体积之间的比例关系，随着各种条件的变化而改变。在土力学中，为进一步描述土的物理力学性质，将土的三相成分比例关系量化，用一些具体的物理量表示，这些物理量就是土三相比例指标。如含水量、密度、土粒比重、孔隙比、孔隙率和饱和度等。

一、指标的定义

为了便于说明和计算，用图1-6示意土的三相组成，图中符号的意义如下：

m_s——土粒的质量；

m_w——土中水质量；

m——土的总质量，$m=m_s+m_w$

V_s——土粒体积；

V_w——土中水的体积；

V_a——土中气体积；

V_v——土中孔隙体积，$V_v=V_w+V_a$；

V——土的总体积，$V=V_s+V_w+V_a$。

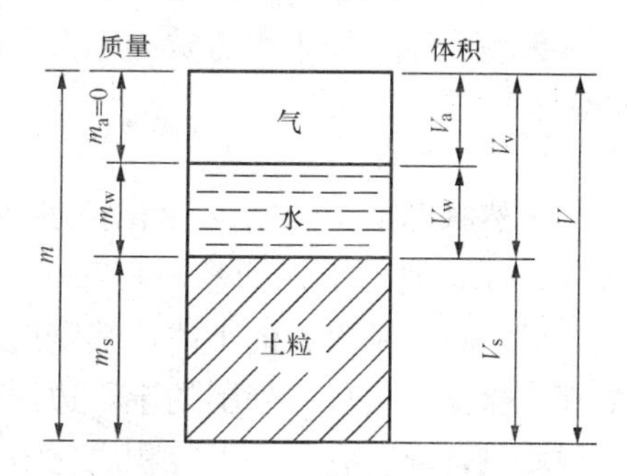

图1-6　土的三相组成示意图

土的三相比例指标有多个，其中，土粒比重、含水量和密度三个指标是通过试验测定的，其他指标根据这三个指标换算得到。

(一) 土粒比重(土粒相对密度)d_s

单位体积土粒质量与4℃时单位体积纯水质量之比，称为土粒比重(无量纲)，即

$$d_s=\frac{m_s}{V_s}\times\frac{1}{\rho_{w1}}=\frac{\rho_s}{\rho_{w1}} \tag{1-3}$$

式中 ρ_s——土粒密度，g/cm³；

ρ_{w1}——纯水在4℃时的密度(单位体积的质量)，等于1g/cm³。

实用上，土粒比重在数值上就等于土粒密度，但前者无因次。土粒比重决定于土的矿物成分，它的数值一般为2.6～2.8；有机质土为2.4～2.5；泥炭土为1.5～1.8。同一种类的土，其比重变化幅度很小。

土粒比重可在试验室内用比重瓶法测定。由于比重变化的幅度不大，通常可按经验数值选用，一般土粒比重参考值见表1-2。

表1-2 土粒比重参考

土的名称	砂土	粉土	粘性土	
			粉质粘土	粘土
土粒比重	2.65～2.69	2.70～2.71	2.72～2.73	2.74～2.76

(二) 土的含水量w

土中水的质量与土粒质量之比，称为土的含水量，以百分数计，即

$$w=\frac{m_w}{m_s}\times 100\% \tag{1-4}$$

含水量w是标志土的湿度的一个重要物理指标。天然土层的含水量变化范围很大，它与土的种类、埋藏条件及其所处的自然地理环境等有关。一般干的粗砂土，其值接近于零，而饱和砂土，可达40%；坚硬的粘性土的含水量约小于30%，而饱和状态的软粘性土(如淤泥)，则可达60%或更大。一般来说，同一类土，当其含水量增大时，则其强度就降低。

土的含水量一般用“烘干法”测定。取一定量的土试样(15～30g)，先称其湿质量，然后置于烘箱内维持100～105℃烘至恒重，再称干土质量，湿、干土质量之差与干土质量之比值，就是土的含水量。

测定土体含水量的方法还有烧干法、炒干法等其他方法。

(三) 土的密度ρ

天然土体单位体积的质量称为土的天然密度或土的密度(单位为g/cm³或t/m³)，即

$$\rho=\frac{m}{V} \tag{1-5}$$

天然状态下土的密度变化范围较大。一般粘性土ρ=1.8～2.0g/cm³；砂土ρ=1.6～2.0g/cm³；腐殖土ρ=1.5～1.7g/cm³。

对于具有粘聚力的土体，其密度一般用环刀法测定。用一个圆环刀放在削平的原状土样上面，徐徐削去环刀外围的土，边削边压，使保持天然状态的土样压满环刀内。称得环刀内土样质量，求得它与环刀容积之比值即为其密度。

对于散体状的土体，其密度一般用灌砂法测定。在散粒体的土体中，按规定挖一直径150～250mm，深度200～300mm的试坑，将挖出的土全部收集并称其质量；用标准砂将试

坑填满，称标准砂质量，计算得出试坑体积；试坑挖出全部土质量与其体积之比值即为散粒土密度。

（四）土的干密度 ρ_d、饱和密度 ρ_{sat} 和浮密度 ρ'

完全干燥情况下单位体积土体的质量，亦即单位体积土中固体颗粒部分的质量，称为土的干密度 ρ_d，即

$$\rho_d = \frac{m_s}{V} \tag{1-6}$$

在工程上常把干密度作为评定土紧密程度的标准，以控制填土工程的施工质量。

土体孔隙中充满水时的单位体积质量，称为土的饱和密度 ρ_{sat}，即

$$\rho_{sat} = \frac{m_s + V_v \rho_w}{V} \tag{1-7}$$

式中　ρ_w——水的密度，近似等于 $\rho_w = 1\text{g/cm}^3$。

在地下水位以下，单位土体积中土粒的质量扣除同体积水的质量后，即单位土体积中土粒在水下的质量，称为土的浮密度 ρ'，即

$$\rho' = \frac{m_s - V_s \rho_w}{V} \tag{1-8}$$

土的天然重度 γ、干重度 γ_d、饱和重度 γ_{sat}，浮重度 γ' 分别按下列公式计算

$$\gamma = \rho g$$

$$\gamma_d = \rho_d g$$

$$\gamma_{sat} = \rho_{sat} g$$

$$\gamma' = \rho' g$$

式中　g——重力加速度，重度指标的单位为 kN/m^3。

（五）土的孔隙比 e 和孔隙率 n

土的孔隙比是土中孔隙体积与土粒体积之比，即

$$e = \frac{V_v}{V_s} \tag{1-9}$$

孔隙比用小数表示。它是土重要的物理指标，可以用来评价天然土层的密实程度。一般 $e<0.6$ 的土是密实的低压缩性土，$e>1.0$ 的土是疏松的高压缩性土。

土的孔隙率是土中孔隙所占体积与总体积之比，以百分数表示，即

$$n = \frac{V_v}{V} \times 100\% \tag{1-10}$$

（六）土的饱和度 S_r

土孔隙中水的体积与孔隙总体积之比，称为土的饱和度，以百分数表示，即

$$S_r = \frac{V_w}{V_v} \times 100\% \tag{1-11}$$

砂土根据饱和度 S_r 的指标值分为稍湿、很湿与饱和三种湿度状态，其划分标准见表1-3。

表1-3　砂类土湿度状态的划分

砂土湿度状态	稍　湿	很　湿	饱　和
饱和度 S_r（%）	$S_r \leqslant 50$	$50 < S_r \leqslant 80$	$S_r > 80$

二、指标的换算

上述土的三相比例指标中，土粒比重 d_s、含水量 w 和密度 ρ 三个指标是通过试验测定的。在测定这三个基本指标后，可以导得其余各个指标。

常用图 1-7 所示三相图进行各指标间关系的推导，令 $\rho_{w1}=\rho_w$，并取 $V_s=1$，则 $V_v=e$，$V=1+e$，$m_s=V_s d_s \rho_w=d_s\rho_w$，$m_w=wm_s=wd_s\rho_w$，$m=d_s(1+w)\rho_w$，于是有

$$\rho=\frac{m}{V}=\frac{d_s(1+w)\rho_w}{1+e} \tag{1}$$

$$\rho_d=\frac{m_s}{V}=\frac{d_s\rho_w}{1+e}=\frac{\rho}{1+w} \tag{2}$$

$$e=\frac{d_s\rho_w}{\rho_d}-1=\frac{d_s(1+w)\rho_w}{\rho}-1 \tag{3}$$

$$\rho_{sat}=\frac{m_s+V_v\rho_w}{V}=\frac{(d_s+e)\rho_w}{1+e} \tag{4}$$

$$\rho'=\frac{m_s-V_s\rho_w}{V}=\frac{(d_s-1)\rho_w}{1+e}$$

$$=\frac{m_s+V_s\rho_w-V\rho_w}{V}=\rho_{sat}-\rho_w \tag{5}$$

$$n=\frac{V_v}{V}=\frac{e}{1+e} \tag{6}$$

$$S_r=\frac{V_w}{V_v}=\frac{m_w}{V_w\rho_w}=\frac{wd_s}{e} \tag{7}$$

土的三相比例指标间的换算公式一并列于表 1-4 中。

【例 1-1】　某一原状土样，经试验测得的基本指标值为密度 $\rho=1.67\text{g/cm}^3$，含水量 $w=12.9\%$，土粒比重 $d_s=2.67$。试求孔隙比 e、孔隙率 n、饱和度 S_r、干密度 ρ_d、饱和密度 ρ_{sat} 以及浮密度 ρ'。

解　(1) $e=\frac{d_s\ (1+w)\ \rho_w}{\rho}-1=\frac{2.67\ (1+0.129)}{1.67}-1=0.805$

(2) $n=\frac{e}{1+e}=\frac{0.805}{1+0.805}=44.6\%$

(3) $S_r=\frac{wd_s}{e}=\frac{0.129\times2.67}{0.805}=43\%$

(4) $\rho_d=\frac{\rho}{1+w}=\frac{1.67}{1+0.129}=1.48\text{g/cm}^3$

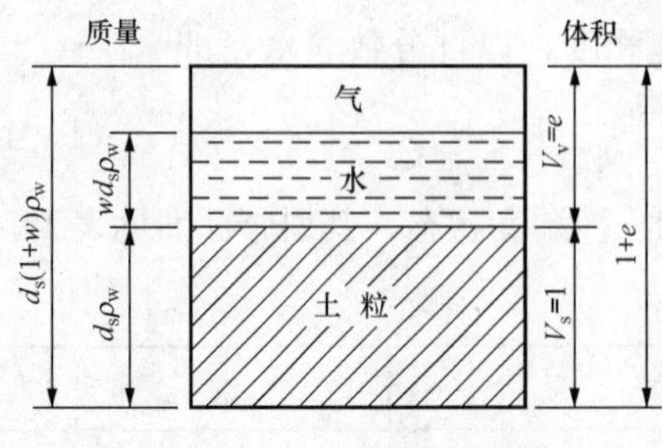

图 1-7　土三相指标换算图

(5) $\rho_{sat}=\frac{(d_s+e)\ \rho_w}{1+e}=\frac{(2.67+0.805)\ \times1.0}{1+0.805}=1.93\text{g/cm}^3$

(6) $\rho'=\rho_{sat}-\rho_w=1.93-1=0.93\text{g/cm}^3$

【例 1-2】　某场地土的土粒比重 $d_s=2.70$，孔隙比 $e=0.9$，饱和度 $S_r=0.35$，若保持土体积不变，将其饱和度提高到 0.85，每 1m^3 的土应加多少水？

解　由 $S_r=\frac{wd_s}{e}$，得

加水前土体含水量为

$$w_1=\frac{S_{r1}e}{d_s}=\frac{0.35\times0.9}{2.7}=11.7\%$$

加水后土体含水量为

$$w_2=\frac{S_{r2}e}{d_s}=\frac{0.85\times0.9}{2.7}=28.3\%$$

根据 $\rho=\frac{d_s(1+w)\rho_w}{1+e}$，得

加水前土体密度为

$$\rho_1=\frac{d_s(1+w_1)\rho_w}{1+e}=\frac{2.70\times(1+0.117)\times1\times10^3}{1+0.9}=1.59\times10^3\text{kg/m}^3$$

加水后土体密度为

$$\rho_2=\frac{d_s(1+w_2)\rho_w}{1+e}=\frac{2.70\times(1+0.283)\times1\times10^3}{1+0.9}=1.82\times10^3\text{kg/m}^3$$

加水前后土体密度变化即为加水量，则每 1m^3 的土应加水量 M_w 为

$$M_w=\rho_2-\rho_1=1.82\times10^3-1.59\times10^3=230\text{kg}$$

表1-4　土的三相比例指标换算公式

名称	符号	三相比例表达式	常用换算公式	单位	常见的数值范围
土粒比重	d_s	$d_s=\frac{m_s}{V_s\rho_{w1}}$	$d_s=\frac{S_re}{w}$		粘性土：2.72～2.75 粉　土：2.70～2.71 砂类土：2.65～2.69
含水量	w	$w=\frac{m_w}{m_s}\times100\%$	$w=\frac{S_re}{d_s}$　$w=\frac{\rho}{\rho_d}-1$		20%～60%
密度	ρ	$\rho=\frac{m}{V}$	$\rho=\rho_d(1+w)$　$\rho=\frac{d_s(1+w)}{1+e}\rho_w$	g/cm³	1.6～2.0g/cm⁴
干密度	ρ_d	$\rho_d=\frac{m_s}{V}$	$\rho_d=\frac{\rho}{1+w}$　$\rho_d=\frac{d_s}{1+e}\rho_w$	g/cm³	1.3～1.8g/cm³
饱和密度	ρ_{sat}	$\rho_{sat}=\frac{m_s+V_v\rho_w}{V}$	$\rho_{sat}=\frac{d_s+e}{1+e}\rho_w$	g/cm³	1.8～2.3g/cm³
浮密度	ρ'	$\rho'=\frac{m_s-V_v\rho_w}{V}$	$\rho'=\rho_{sat}-\rho_w$　$\rho'=\frac{d_s-1}{1+e}\rho_w$	g/cm³	0.8～1.3g/cm³
重度	γ	$\gamma=\frac{m}{V}g=\rho g$	$\gamma=\frac{d_s(1+w)}{1+e}\gamma_w$	kN/m³	16～20kN/m³
干重度	γ_d	$\gamma_d=\frac{m_s}{V}g=\rho_d\cdot g$	$\gamma_d=\frac{d_s}{1+e}\gamma_w$	kN/m³	13～18kN/m³
饱和重度	γ_{sat}	$\gamma_{sat}=\frac{m_s+V_v\rho_w}{V}g=\rho_{sat}g$	$\gamma_{sat}=\frac{d_s+e}{1+e}\gamma_w$	kN/m³	18～23kN/m³
浮重度	γ'	$\gamma'=\frac{m_s-V_s\rho_w}{V}g=\rho'g$	$\gamma'=\frac{d_s-1}{1+e}\gamma_w$	kN/m³	8～13kN/m³

续表

名称	符号	三相比例表达式	常用换算公式	单位	常见的数值范围
孔隙比	e	$e=\frac{V_v}{V_s}$	$e=\frac{d_s\rho_w}{\rho_d}-1$ $e=\frac{d_s(1+w)\rho_w}{\rho}-1$		粘性土和粉土：0.40～1.20 砂类土：0.30～0.90
孔隙率	n	$n=\frac{V_v}{V}\times 100\%$	$n=\frac{e}{1+e}$　$n=1-\frac{\rho_d}{d_s\rho_w}$		粘性土和粉土：30%～60% 砂类土：25%～45%
饱和度	S_r	$S_r=\frac{V_w}{V_v}\times 100\%$	$S_r=\frac{wd_s}{e}=\frac{w\rho_d}{n\rho_w}$		0～100%

1-4　无粘性土的密实度

无粘性土的密实度与其工程性质有着密切的关系，呈密实状态时，强度较大，可作为良好的天然地基；呈松散状态时，则是不良地基。通常用来衡量无粘性土充实程度的物理量为孔隙比 e 和无粘性土的相对密度 D_r。用孔隙比对无粘性土的密实程度划分结果见表 1-5。

表 1-5　　用孔隙比判断无粘性土的密实度

名　称	土的密实度			
	密实	中密	稍密	松散
砾砂、粗砂、中砂	$e\leqslant 0.6$	$0.6<e\leqslant 0.75$	$0.75<e\leqslant 0.85$	$e>0.85$
细砂、粉砂	$e\leqslant 0.7$	$0.7<e\leqslant 0.85$	$0.85<e\leqslant 0.95$	$e>0.95$

用孔隙比来判断无粘性土的密实度虽然简便，而且对同一种土，孔隙比小的相对一定较密实，似乎用其作判据，意义也十分明了。但对不同的无粘性土，特别是定名相同而级配不同的无粘性土，用孔隙比作其密实度判据时，常会产生下述问题：颗粒均匀、级配不良的某无粘性土在一定外力作用下可能已经不能进一步被压缩了（已经达到了其最密实状态），但与其定名相同、级配良好、孔隙比与之相比较小的无粘性土却又有可能在该外力作用下被进一步压实（该土并示达到最密实状态）。显然用孔隙比作密实度判据时无法正确反映此类情况下无粘性土的密实状态，为此引入了无粘性土的相对密度来判断无粘性土的密实程度。无粘性土的相对密度涉及无粘性土的最大孔隙比和最小孔隙比等概念。

无粘性土的最小孔隙比是最紧密状态的孔隙比，用符号 e_{min} 表示。e_{min} 一般采用振击法测定；最大孔隙比是最疏松状态的孔隙比，用符号 e_{max} 表示，e_{max} 一般用松砂器法测定。

对于不同的无粘性土，其 e_{min} 与 e_{max} 的测定值也是不同的，e_{max} 与 e_{min} 之差（即孔隙比可能变化原范围）也是不一样的。一般土粒粒径较均匀的无粘性土，其 e_{max} 与 e_{min} 之差较小；对不均匀的无粘性土，则其差值较大。

无粘性土的天然孔隙比 e 如果接近 e_{max}（或 e_{min}），则该无粘性土处于天然疏松（或密实）状态，这可用无粘性土的相对密实度进行评价。

无粘性土的相对密实度以最大孔隙比 e_{max} 与天然孔隙比 e 之差和最大孔隙比 e_{max} 与最小孔隙比 e_{min} 之差的比值 D_r 表示，即

$$D_r=\frac{e_{max}-e}{e_{max}-e_{min}} \tag{1-12}$$

若无粘性土的天然孔隙比 e 接近于 e_{min}，即相对密实度 D_r 接近于1时，土呈密实状态；当 e 接近于 e_{max} 时，即相对密实度 D_r 接近于0，则呈松散状态。根据 D_r 值可把无粘性土的密实度状态划分为下列三种：

$1\geqslant D_r>0.67$，密实的；

$0.67\geqslant D_r>0.33$，中密的；

$0.33\geqslant D_r>0$，松散的。

相对密实度试验适用于透水性良好的无粘性土，如纯砂、纯砾石等。相对密实度是无粘性粗粒土密实度的指标，它对于土作为土工构筑物和地基的稳定性，特别是在抗震稳定性方面具有重要的意义。

但在具体的工程中，无粘性土难于取得原状土样，其天然孔隙比难于准确确定。因此，利用标准贯入试验、静力触探等原位测试方法来评价砂土的密度在工程上广泛采用。如砂土根据标准贯入试验的锤击数 N 分为松散、稍密、中密及密实四种密实度，其划分标准见表1-6。

表1-6　砂类土密实度的划分

砂土密实度	松　散	稍　密	中　密	密　实
N	$\leqslant 50$	$10<N\leqslant 15$	$15<N\leqslant 30$	>30

1-5　粘性土的物理特征

一、粘性土的界限含水量

同一粘性土随其含水量的不同，而分别处于固态、半固态、可塑状态及流动等不同的稠度状态。所谓可塑状态，就是当粘性土在某含水量范围内，可用外力塑成任何形状而不发生裂纹，并当外力移去后仍能保持既得的形状，土的这种性能叫做可塑性。粘性土由一种状态转到另一种状态的分界含水量，叫做界限含水量。它对粘性土的分类及工程性质的评价有重要意义。

如图1-8所示，土由可塑状态转到流动状态的界限含水量称为液限（也称塑性上限含水量或流限），用符号 w_L 表示；土由半固态转到可塑状态的界限含水量称为塑限（也称塑性下限含水量），用符号 w_P 表示；土由半固体状态不断蒸发水分，则体积逐渐缩小，直到体积不再缩小时土的界限含水量称为缩限，用符号 w_s 表示。界限含水量都以百分数表示。我国目前采用锥式液限仪（图1-9）来测定粘性土的液限 w_L。将调成均匀的浓糊状试样装满盛土杯内（盛土杯置于底座上），刮平杯口表面，将76g重圆锥体轻放在试样表面的中心，使其在自重作用下徐徐沉入试样，若圆锥体经5秒钟恰好沉入10mm深度，这时杯内土样的含水量就是液限 w_L 值。为了避免放锥时的人为晃动影响，采用电磁放锥的方法，可以提高测试精度。实践证明其效果较好。

图1-8　粘性土物理状态与含水量关系

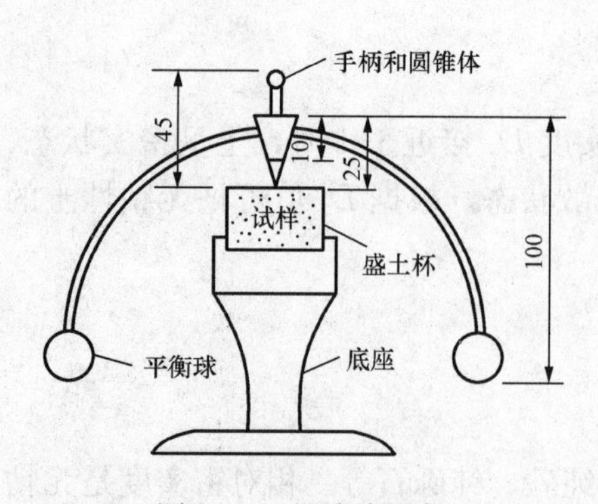

图 1-9 锥式液限仪

美国、日本等国家使用碟式液限仪来测定粘性土的液限。它是将调成浓糊状的试样装在碟内，刮平表面，用切槽器在土中成槽，槽底宽度为 2mm，如图 1-10所示，然后将碟子抬高 10mm，使碟下落，连续下落 25 次后，如土槽合拢长度为 13mm，这时试样的含水量就是液限。

粘性土的塑限 w_P 采用"搓条法"测定。即用双手将天然湿度的土样搓成小圆球（球径小于 10mm），放在毛玻璃板上再用手掌慢慢搓滚成小土条，若土条搓到直径为 3mm 时恰好开始断裂，这时断裂土条的含水量就是塑限 w_P 值。

上述测定塑限的搓条法存在着较大的缺点，主要是由于采用手工操作，受人为因素的影响较大，因而成果不稳定。近年来许多单位都在探索一些新方法，以便取代搓条法，如液限和塑限联合法测定法。

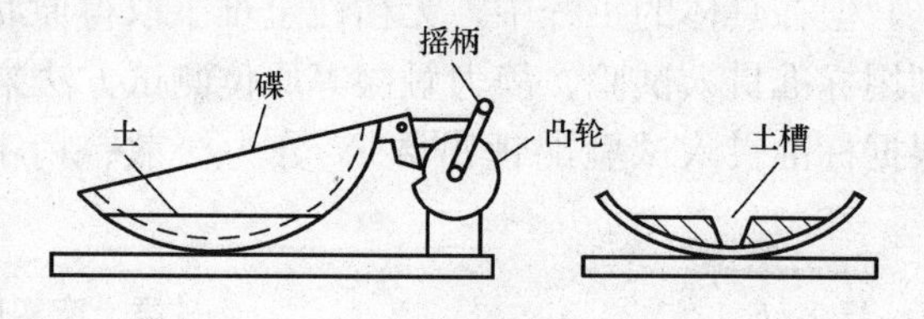

图 1-10 碟式液限仪

联合测定法液限、塑限是采用锥式液限仪以电磁放锥法对粘性土试样以不同的含水量进行若干次试验，并按测定结果在双对数坐标纸上作出 76g 圆锥体的入土深度与含水量的关系曲线（图 1-11）。根据大量试验资料看，它接近于一根直线。如同时采用圆锥仪法及搓条法分别作液限、塑限试验进行比较，则对应于圆锥体入土深度为 10mm 及 2mm 时土样的含水量分别为该土的液限和塑限。

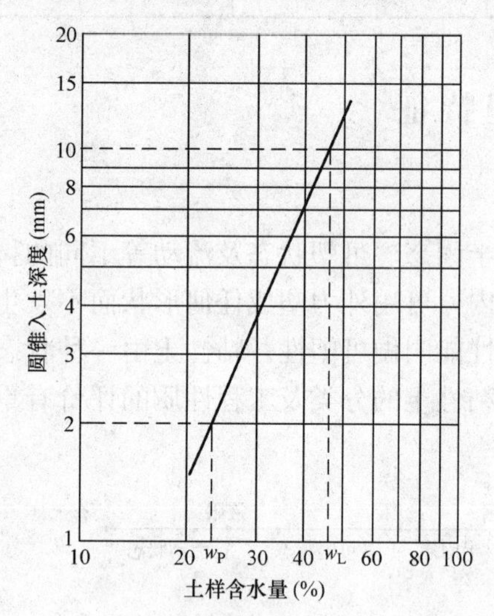

图 1-11 圆锥体入土深度与含水量关系

20 世纪 50 年代以来，我国一直以 76g 圆锥仪下沉深度 10mm 作为液限标准，但这与碟式仪测得的液限值不一致。对国内外一些研究成果分析表明，取圆锥仪下沉深度 17mm 为液限标准，则与碟式仪值相当。

粘性土在某一含水量下的软硬程度和土体对外力引起的变形或破坏的抵抗能力，称为稠度。土从一种状态转变成另一种状态的界限含水量，也称为稠度界限，稠度界限有液限和塑限，国际上称为阿太堡界限。

二、粘性土的塑性指数和液性指数

塑性指数是指液限和塑限的差值（省去%符号），即土处在可塑状态的含水量变化范围，用符号 I_P 表示，即

$$I_P = w_L - w_P \tag{1-13}$$

显然，液限和塑限之差（或塑性指数）愈大，土处于可塑状态的含水量范围也愈大。塑性指数的大小与土中结合水的可能含量有关，与土的颗粒组成、土粒的矿物成分以及土中水

的离子成分和浓度等因素有关。从土的颗粒来说，土粒越细、且细颗粒（粘粒）的含量越高，则其比表面和可能的结合水含量越高，因而 I_P 也随之增大。从矿物成分来说，粘土矿物可能具有的结合水量大（其中尤以蒙脱石类为最大），因而 I_P 也大。从土中水的离子成分和浓度来说，当水中高价阳离子的浓度增加时，土粒表面吸附的反离子层的厚度变薄，结合水含量相应减少，I_P 也小；反之随着反离子层中的低价阳离子的增加，I_P 变大。

由于塑性指数在一定程度上综合反映了影响粘性土特征的各种重要因素，因此，在工程上常按塑性指数对粘性土进行分类。

《建筑地基基础设计规范》(GB 50007—2002) 规定粘性土按塑指数 I_P 值可划分为粘土、粉质粘土。

液性指数是指粘性土的天然含水量和塑限的差值与塑性指数之比，用符号 I_L 表示，即

$$I_L = \frac{w - w_P}{w_L - w_P} = \frac{w - w_P}{I_P} \tag{1-14}$$

从式 (1-14) 中可见，当土的天然含水量 w 小于 w_P 时，I_L 小于 0，天然土处于坚硬状态；当 w 大于 w_L 时，I_L 大于 1，天然土处于流动状态；当 w 在 w_P 与 w_L 之间时，即 I_L 在 0～1 之间，则天然土处于可塑状态。因此可以利用液性指数 I_L 来表示粘性土所处的软硬状态。I_L 值愈大，土质愈软；反之，土质愈硬。

《建筑地基基础设计规范》(GB 50007—2002) 规定粘性土根据液性指数值划分为坚硬、硬塑、可塑、软塑及流塑五种软硬状态，其划分标准见表 1-7。

表 1-7　粘性土软硬状态的划分

状　态	坚　硬	硬　塑	可　塑	软　塑	流　塑
液性指数	$I_L \leqslant 0$	$0 < I_L \leqslant 0.25$	$0.25 < I_L \leqslant 0.75$	$0.75 < I_L \leqslant 1.0$	$I_L > 1.0$

三、粘性土的灵敏性和触变性

天然状态下的粘性土通常都具有一定的结构性，当受到外来因素的扰动时，土粒间的胶结物质以及土粒、离子、水分子所组成的平衡体系受到破坏，土的强度降低和压缩性增大。土的结构性对强度的这种影响，一般用灵敏度来衡量。土的灵敏度是以原状土的强度与同一土经重塑（指在含水量不变条件下使土的结构彻底破坏）后的强度之比来表示的。重塑试样具有与原状试样相同的尺寸、密度和含水量。饱和粘性土的灵敏度 S_t 可按下式计算

$$S_t = q_u / q'_u \tag{1-15}$$

式中　q_u——原状土的无侧限抗压强度，kPa；

q'_u——重塑土的无侧限抗压强度，kPa。

根据灵敏度可将饱和粘性土分为：低灵敏度 ($1 < S_t \leqslant 2$)、中灵敏度 ($2 < S_t \leqslant 4$) 和高灵敏度 ($S_t > 4$) 三类。土的灵敏度愈高，其结构性愈强，受扰动后土的强度降低就愈多。所以在基础施工中应注意保护基槽，尽量减少土结构的扰动。

饱和粘性土的结构受到扰动，导致强度降低，但当扰动停止后，土的强度又随时间而逐渐增大。这是由于土粒、离子和水分子体系随时间而逐渐趋于新的平衡状态的缘故。粘性土的这种强度随时间恢复的胶体化学性质称为土的触变性。例如在粘性土中打桩时，桩侧土的结构受到破坏而强度降低，但在停止打桩后，土的强度渐渐恢复，桩的承载力逐渐增加，这也是受土的触变性影响的结果。

1-6 地基土的分类

地基土分类的任务是根据分类用途和土的各种性质的差异将其划分为一定的类别。同一类别的土在工程性质方面具有很大的共性，在有效的工程措施方面也具有较大一致性。根据分类名称可以大致判断土体的工程特性、评价土体作为建筑材料的适宜性以及结合其他指标来确定地基的承载力等。

土的分类方法很多，不同部门根据其用途采用各自的分类方法。在建筑工程中，土是作为地基以承受建筑物的荷载，因此着眼于土的工程性质（特别是强度与变形特性）及其与地质成因的关系来进行分类。作为建筑场地和建筑物地基的土的分类一般可按下列原则进行：

（1）根据沉积（堆积）年代可分为老沉积土（第四纪晚更新世 Q_3 及其以前沉积的土）、一般沉积土（第四纪全新世 Q_4 文化期以前沉积的土）和新近沉积土（Q_4 文化期以来新近沉积的土）。

（2）根据地质成因可分为残积土、坡积土、洪积土、冲积土等。

（3）根据有机质含量可分为无机土、有机土、泥炭质土和泥炭。

（4）根据颗粒级配或塑性指数可分为碎石类土、砂类土、粉土和粘性土。

（5）根据土的工程特性的特殊性质可分为一般土和各种特殊土。

在土力学中，岩石可当作非常坚硬的土体看待。现对岩石、碎石类土、砂类土、粉土、粘性土、特殊土等的工程分类分述如下。

一、岩石的工程分类

（一）*岩石按坚硬程度分类*

岩石根据坚硬程度可按表 1-8 分为硬质岩石和软质岩石两类。

表 1-8　岩石坚硬程度分类

类别	强度（MPa）	代表性岩石
硬质岩石	≥30	花岗岩、闪长岩、玄灰岩、石英砂岩、硅质砾岩、花岗片麻岩、石英岩等
软质岩石	<30	页岩、粘土岩、绿泥石片岩、云母片岩等

注　强度系指未风化的饱和单轴极限抗压强度。

（二）*岩石按风化程度分类*

在建筑场地和地基勘察工作中，一般根据岩石由于风化所造成的特征，包括矿物变异、结构和构造、坚硬强度以及可挖掘性或可钻性等，而将岩石按风化程度沿垂向上划分为残积土、全风化、强风化、中等风化、微风化和未风化等 6 个带，见表 1-9。

风化作用对岩体的破坏，首先是从地表面开始，逐渐向地壳内部深入。一般情况下，越近地表的岩石，风化越剧烈，向深处逐渐减弱，直至过渡到不受风化作用影响的新鲜岩石。这样一来，在地壳表部便形成了风化岩石的一个层带，成为风化壳或风化层。

二、按颗粒级配或塑性指数分类

（一）*碎石类土*

碎石类土是粒径大于 2mm 的颗粒含量超过全重 50%的土。

碎石类土根据粒组含量及颗粒形状分为漂石或块石、卵石或碎石、圆砾或角砾，其分类标准见表 1-10。

表1-9　岩石风化程度的分类

风化程度	野外观察的特征	风化程度参数指标	
		波速比 K_v	风化系数 K_f
残积土	组织结构全部破坏，已风化成土状，锹镐易挖掘，干钻易钻进，具可塑性	<0.2	—
全风化	结构基本破坏，但尚可辨认，有残余结构强度，可用镐挖，干钻可钻进	0.2～0.4	—
强风化	结构大部分破坏，矿物成分显著变化，风化裂隙很发育，岩体破碎，用镐可挖，干钻不易钻进	0.4～0.6	<0.4
中等风化	结构部分破坏，沿节理面有次生矿物，风化裂隙发育，岩体被切割成岩块。用镐难挖，岩芯钻方可钻进	0.6～0.8	0.4～0.8
微风化	结构基本未变，仅节理面有渲染或变色。有少量风化裂隙	0.8～0.9	
未风化	岩质新鲜，偶见风化痕迹	0.9～1.0	

注　波速比 K_v 为风化岩石与新鲜岩石压缩波速度之比，风化系数 K_f 为风化岩石与新鲜岩石饱和单轴抗压强度之比。

表1-10　碎石类土的划分

土的名称	颗粒形状	颗粒级配
漂石 块石	圆形及亚圆形为主 棱角形为主	粒径大于200mm的颗粒超过全重50%
卵石 碎石	圆形及亚圆形为主 棱角形为主	粒径大于20mm的颗粒超过全重50%
圆砾 角砾	圆形及亚圆形为主 棱角形为主	粒径大于2mm的颗粒超过全重50%

注　定名时应根据粒组含量由大到小以最先符合者确定。

（二）砂类土

砂类土是指粒径大于2mm的颗粒含量不超过全重50%、粒径大于0.075mm的颗粒超过全重50%的土。砂土按粒组含量分为砾砂、粗砂、中砂、细砂和粉砂，其分类标准见表1-11。

表1-11　砂类土按颗粒级配分类

土的名称	颗粒级配
砾砂	粒径大于2mm的颗粒占全重25%～50%
粗砂	粒径大于0.5mm的颗粒超过全重50%
中砂	粒径大于0.25mm的颗粒超过全重50%
细砂	粒径大于0.075mm的颗粒超过全重85%
粉砂	粒径大于0.075mm的颗粒超过全重50%

注　定名时应根据粒组含量由大到小以最先符合者确定。

（三）粉土

粉土是指粒径大于0.075mm的颗粒含量不超过全重50%、塑性指数 I_P 小于或等于10的土。必要时可根据颗粒级配分为砂质粉土（粒径小于0.005mm的颗粒含量不超过全重10%）和粘质粉土（粒径小于0.005mm的颗粒含量超过全重10%）。

（四）粘性土

粘性土是指塑性指数 I_P 大于10的土。粘性土按塑性指数 I_P 的指标值分为粘土和粉质粘土，其分类标准见表1-12。

表 1-12 粘性土按塑性指数分类

土的名称	粉质粘土	粘 土
塑性指数	$10<I_P\leqslant17$	$I_P>17$

注 确定 I_P 时，液限以 76 克圆锥仪沉入土样中深度 10mm 为准。

三、特殊土

特殊土是指在特定地理环境或人为条件下形成的特殊性质的土。它的分布一般具有明显的区域性。特殊土包括软土、人工填土、湿陷性土、红粘土、膨胀土、多年冻土、混合土、盐渍土、污染土等。

（一）软土

软土是指沿海的滨海相、三角洲相、溺谷相、内陆平原或山区的河流相、湖泊相、沼泽相等主要由细粒土组成的孔隙比大（一般大小 1)、天然含水量高（接近或大于液限)、压缩性高（$a_{1-2}>0.5\text{MPa}^{-1}$）和强度低的土层。包括淤泥、淤泥质粘性土、淤泥质粉土等。多数还具有高灵敏度的结构性。

淤泥和淤泥质土是工程建设中经常会遇到的软土。在静水或缓慢的流水环境中沉积，并经生物化学作用形成，其天然含水量大于液限。天然孔隙比大于等于 1.5 的粘性土，称为淤泥；当天然孔隙比小于 1.5 但大于等于 1.0 时称为淤泥质土。当土的有机质含量大于 5%时称为有机质土；大于 60%时则称泥炭。

泥炭是在潮湿和缺氧环境中未经充分分解的植物遗体堆积而成的一种有机质土，呈深褐色——黑色。其含水量极高，压缩性很大，且不均匀。泥炭往往以夹层构造存在于一般粘性土层中，对工程十分不利，必须引起足够重视。

（二）人工填土

人工填土是指由人类活动堆填的土。其物质成分较杂，均匀性较差。根据其物质组成和堆填方式，填土可分为素填土、杂填土和冲填土三类。各类填土应根据下列特征予以区别：

(1) 素填土是由碎石、砂或粉土、粘性土等一种或几种材料组成的填土，其中不含杂质或含杂质很少。按主要组成物质分为碎石素填土、砂性素填土、粉性素填土及粘性素填土。经分层压实后则称为压实填土。

(2) 杂填土是由含大量建筑垃圾、工业废料或生活垃圾等杂物的填土。按其组成物质成分和特征分为建筑垃圾土、工业废料土及生活垃圾土。

(3) 冲填土是由水力冲填泥砂形成的填土。

（三）湿陷性土

湿陷性土是指土体在一定压力下受水浸湿时产生湿陷变形量达到一定数值的土。湿陷变形量按野外浸水载荷试验在一定压力下的附加变形量确定，当附加变形量与载荷板宽度之比大于 0.015 时为湿陷性土。湿陷性土有湿陷性黄土、干旱和半干旱地区的具有崩解性的碎石土和砂土等。

（四）红粘土

红粘土是指碳酸盐岩系出露的岩石，经红土化作用形成并覆盖于基岩上的棕红、褐黄等色的高塑性粘土。其液限一般大于 50，上硬下软，具明显的收缩性，裂隙发育，经坡、洪积再搬运后仍保留红粘土基本特征，液限大于 45 小于 50 的土称为次生红粘土。我国的红粘土以贵州、云南、广西等省区最为典型，且分布较广。

（五）膨胀土

膨胀土一般是指粘粒成分主要由亲水性粘土矿物（以蒙脱石和伊利石为主）所组成的粘性土，在环境的温度和湿度变化时，可产生强烈的胀缩变形，具有吸水膨胀、失水收缩的特性。已有的建筑经验证明，当土中水分聚集时，土体膨胀，可能对与其接触的建筑物产生强烈的膨胀上抬压力而导致建筑物的破坏；土中水分减少时，土体收缩并可使土体产生程度不同的裂隙，导致其自身强度的降低。

（六）多年冻土

多年冻土是指土的温度等于或低于零摄氏度、含有固态水且这种状态在自然界连续保持三年或三年以上的土。当自然条件改变时，产生冻胀、融陷、热融滑塌等特殊不良地质现象及发生物理力学性质的改变。

（七）盐渍土

盐渍土是指易溶盐含量大于0.5%，且具有吸湿、松胀等特性的土。盐渍土按含盐性质可分为氯盐渍土、亚氯盐渍土、硫酸盐渍土、亚硫酸盐渍土、碱性盐渍土等。按含盐量可分为弱盐渍土、中盐渍土、强盐渍土和超盐渍土。

（八）污染土

污染上是指由于外来的致污物质侵入土体而改变了原生性状的土。污染土的定名可在土的原分类定名前冠以“污染”两字，如污染中砂、污染粘土等。

【例1-3】 某饱和原状土样，经试验测得其体积为 $V=100\text{cm}^3$，湿土质量 $m=0.185\text{kg}$，烘干后质量为0.145kg，土粒的相对密度 $d_s=2.70$，土样的液限为 $w_L=35\%$，塑限为 $w_P=17\%$。试确定该土的名称和状态；若将土样压密，使其干密度达到 1650kg/m^3，此时土样的孔隙比减小多少？

解 （1）确定该土的名称和状态。

土的密度为

$$\rho=\frac{m}{V}=\frac{0.185}{100}=0.001\,85\text{kg/cm}^3=1850\text{kg/m}^3$$

土的含水量为

$$w=\frac{m_w}{m_s}=\frac{m-m_s}{m_s}=\frac{0.185-0.145}{0.145}=0.275\,8=27.58\%$$

土的孔隙比为

$$e=\frac{d_s(1+w)\rho_w}{\rho}-1=\frac{2.70\times1.275}{1.85}-1=0.86$$

土样的塑性指数为

$$I_P=w_L-w_P=35-17=18$$

液性指数为

$$I_L=\frac{w-w_P}{w_L-w_P}=\frac{0.275\,8-0.17}{0.18}=0.59$$

由 $I_P=18>17$，可知该土为粘土；由 $0.25<I_L=0.59<0.75$ 可知，该粘土处于可塑状态。

（2）若将土样压密，压密后土样的干密度为 $\rho_d=1650\text{kg/m}^3$，则压密后土样的孔隙比 e'

$$e' = \frac{d_s \rho_w}{\rho_d} - 1 = \frac{2.70 \times 1}{1.65} - 1 = 1.64 - 1 = 0.64$$

则压密后土样的孔隙比减少 $\Delta e = e - e' = 0.86 - 0.64 = 0.22$

习　题

1-1　某原状土样体积为 50cm^3，湿土质量为 95.15g，烘干后质量为 75.05g，土粒比重 2.67，计算此土样的天然密度、干密度、饱和密度和孔隙比。

1-2　某建筑物地基一土样，由试验测得其湿土质量 120g，体积 64cm^3，天然含水量 30%，土粒相对密度为 2.68。试求土样天然重度、孔隙比、孔隙率、饱和度、干重度、饱和重度和浮重度。

1-3　已知某土样的体积为 100cm^3，烘干后质量为 144.5g，土粒比重 2.70，含水量 32.2%，土的天然重度 19.1kN/m^3。按各三相比例指标的定义，计算固体颗粒质量水的质量及它们的体积和空隙体积。

1-4　某土样 $w = 33\%$，土的天然密度 $d_s = 2.70$，$w_L = 37\%$，$w_P = 21\%$，求 e、γ_d、γ_{sat}，并确定土名称和土的物理状态。

1-5　某地基土试样，经筛析后各颗粒粒组含量见表 1-13。试确定该土样的名称。

表 1-13　　各颗粒粒组含量

粒径（mm）	<0.075	0.075～0.1	0.1～0.25	0.25～0.5	0.5～1.0	>1.0
含量（%）	8.0	15.0	42.0	24.0	9.0	2.0

1-6　某砂土土样的密度为 1.75g/cm^3，含水量为 8.0%，土粒比重为 2.67，烘干后测定最小孔隙比为 0.461，最大孔隙比为 0.943。试评定该砂土的密实度。

第2章 土 体 渗 流

2-1 概 述

土是具有连续孔隙的介质，在水位差作用下，水透过土体孔隙的现象称为渗透。土体具有被水透过的性质称为土的渗透性。由水的渗透引起的土工结构渗漏、土坡失稳、地基变形等均属于土体的渗流问题。对于土体渗流问题，目前的研究在试验及理论上都有一定的水平，在解决实际问题方面也能够较好地反映土体中渗流的运动规律。土体的渗透性对工程设计、施工和安全运行都有重要的影响。

驱使水在土体中产生渗流运动的因素有很多，如重力、压力、温度、冻结等，大多数情况下只考虑重力因素。评价土体渗流驱动力大小时，常常采用水头这一概念，只考虑重力作用时的水头即重力水头。重力水头是土体中水位在重力场中相对于基准面的位置。基准面是人为指定的一个水平面，土体中某一点的重力水头实质上是该点的水位相对于基准面的高度。当土体中两点之间出现水头差时，便出现从高水头处向低水头处的渗流。地下水沿渗流途径的水头降落值（Δh_w）与渗流途径长度（L）的比值称为水力梯度，记为

$$i=\frac{h_1-h_2}{L}=\frac{\Delta h_w}{L} \tag{2-1}$$

式中 h_1，h_2——渗流起始点和终了点的水头，即渗流长度 L 两端点的水头。

在自然界的不同条件下，地下水运动的状态有两种类型，即层流与紊流。地下水的流束（流层）互不混杂的流动称为层流运动；地下水的流束（流层）相互混杂而无规则的运动称为紊流运动，如图2-1所示。地下水的运动状态可以用雷诺数（O Reynolds）来判别，雷诺数较小时属层流，较大时属紊流。试验表明，地下水由层流转变为紊流时的临界雷诺数数值在60～150的范围内。雷诺数按下式确定

$$Re=\frac{vd}{\eta} \tag{2-2}$$

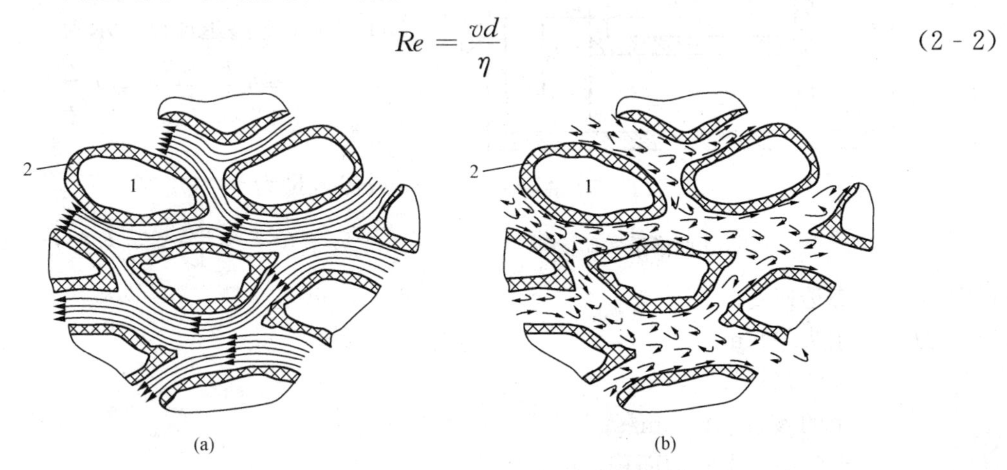

图2-1 层流与紊流

（a）层流；（b）紊流

1—土粒；2—结合水膜；箭头表示水流运动方向

式中 Re——雷诺数；

v——地下水的渗透速度；

d——饱和土体中颗粒的平均粒径；

η——地下水的运动粘滞系数。

土体中的渗流大多属于层流运动，故本章内容主要针对层流情况，紊流情况下的分析计算可参考其他文献。

研究土体渗流问题时，常需确定水在土体中渗流的流向和流量，以及渗流引起土体水分场和强度场的变化，这是与实际工程密切相关的问题。渗流问题通常分为稳定渗流和非稳定渗流。稳定渗流指饱水土体中任一点的水流速度（大小和方向）不随时间而变化的渗流；非稳定渗流是指饱水土体中任一点的流速（大小和方向）随时间而变化的渗流。

本章主要介绍土体渗透性的基本理论及土体渗透变形破坏的类型、渗透变形破坏产生的条件。

2-2 土体渗流基本理论

一、达西定律

由于土体中的孔隙大小和形状很不规则，水在土体孔隙中的流动是十分复杂的，因此不能像研究简单管道中的层流那样求出土体渗流速度的规律或者土体孔隙中真实的流速大小。研究土体的渗透性，只能用平均的概念，用单位时间内通过土体单位面积（假定水在土中的渗透是通过整个土体截面）的水量这一平均渗透速度来代替孔隙中真实的流速大小，并且大都从试验入手进行。

1856年，法国学者达西（H Darcy）根据砂土渗透实验（图2-2），发现水在土中的渗透速度与试样两端面间的水位差成正比，而与渗径长度成反比，于是H Darcy把渗透速度表示为

$$v = k\frac{h_1 - h_2}{L} = k\frac{\Delta h}{L} = ki \tag{2-3}$$

或渗流量为

$$Q = k\frac{\Delta h}{L}A = kiA = vA \tag{2-4}$$

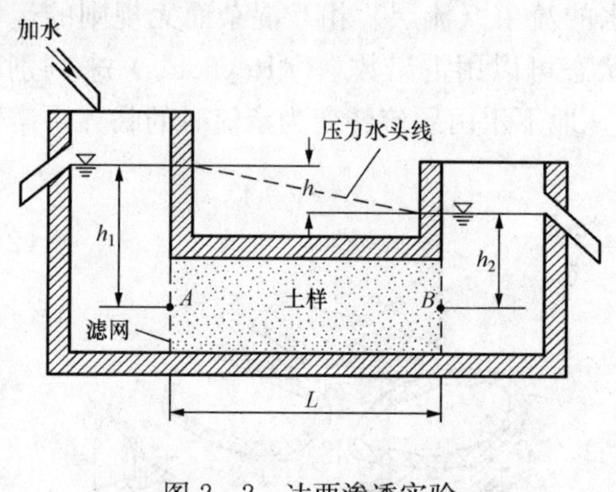

图2-2 达西渗透实验

式中 v——渗透速度；

Δh——水头差，m；

L——渗流路径长度，m；

k——土的渗透系数，m/s；

A——渗流的过水断面面积，m^2；

i——水头坡降，是土样A、B两端点水头差与其距离之比；

h_1，h_2——A、B两点的水头。

当 $i=1$ 时，$v=k$。这表明渗透系数 k 是单位水力坡降的渗透速度，它是表示土的渗透性强弱的指标，一般由渗透试验确定。

由于在实际的地下水流中，水力坡度往往是各处不同的，所以应将达西定律写成更一般性的表达式

$$v=-k\frac{\mathrm{d}h}{\mathrm{d}L} \tag{2-5}$$

式中 $-\frac{\mathrm{d}h}{\mathrm{d}L}$——水力坡度，负号表示水头沿着渗流的方向 L 的增大方向而减小，而对水力坡度 i 值来说，则仍以正值表示。

达西定律已为大量实验所证实，是描述土体渗流的基本规律。但大量研究表明，达西定律适用于雷诺数小于 1～10 时的情况，这时的雷诺数比地下水由层流转变为紊流时的雷诺数小，说明达西定律的适用范围比层流运动的范围要小。

例如，通过平均粒径 $d=0.5\text{mm}$ 的粗砂中的地下水运动。当水温为 15℃时，运动粘滞系数 $r=0.1\text{m}^2/\text{d}$ 当雷诺数 $R_e=1$ 时，则根据

$$R_e=\frac{vd}{r}$$

有

$$1=\frac{v\times 0.5\times 10^{-3}}{0.1}$$

则

$$v=200\text{m/d}$$

说明在粗砂中，当渗透速度 $v<200\text{m/d}$ 时，服从达西定律。而在天然情况下，取粗砂的渗透系数 $k=100\text{m/d}$，水力坡度 $i=1/500$，代入达西公式，得

$$v=ki=100\times\frac{1}{500}=0.2\text{m/d}<200\text{m/d}$$

显然，在粗砂中的地下水运动一般是服从达西定律的。

粘土中的渗流规律需将达西定律进行修正。在粘土中，土颗粒周围存在着结合水，结合水因受到分子引力作用而呈现粘滞性。因此，粘土中自由水的渗流受到结合水的粘滞作用产生很大阻力，只有克服结合水的粘滞阻力后才能开始渗流。我们把克服此粘滞阻力所需的水头坡降，称为粘土的起始水头坡降 i_0。试验表明，粘性土不仅存在起始水力坡度，而且当水力坡度超过起始水力坡度后，渗透速度与水力坡度的规律还偏离 H Darcy 定律而呈非线性关系。但是为了实用方便，常用图 2-3 中的直线 b 来描述密实粘土的渗透速度与水力坡度的关系，这样，在粘土中应按下述修正后的达西定律计算渗流速度

$$v=k(i-i_0) \tag{2-6}$$

在图 2-3 中绘出了砂土与粘土的渗透规律。直线 a 表示砂土的 $v-i$ 关系，它是通过原点的一条直线。粘土的 $v-i$ 关系是曲线 b（图中虚线所示），d 点是粘土的起始水头坡降，当土中水头坡降超过此值后水才开始渗流。一般常用折线 c 代表曲线 b，即认为 e 点是粘土的起始水头梯度 i_0，其渗流规律用式（2-6）表示。

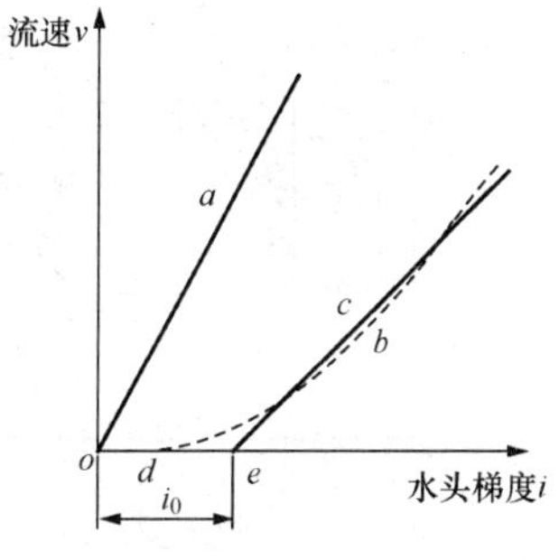

图 2-3 砂土与粘土的渗透规律

土的渗透系数可用室内渗透试验和现场抽水试验来确定。单位时间通过土体截面 A 的

渗流量为

$$q = vA = kiA \tag{2-7}$$

式中 q——单位时间通过土体截面 A 的渗流量；

A——与渗流方向垂直的土体截面面积。

实际上，渗透水仅仅通过土体中的孔隙流动，因此，通过土体孔隙的实际平均渗流速度 v'要比 H Darcy 公式中所求得的假想平均渗流速度 v 要大得多，其关系为

$$v = v'n = v'\frac{e}{1+e} \tag{2-8}$$

【例 2-1】 对某砂土进行渗透试验，砂土的渗透系数 $k=2\times10^{-1}$ cm/s，水力坡降 $i=0.5$，该砂土的土粒比重 $d_s=2.7$，饱和时的含水量 $\omega=35\%$。求土孔隙中水的实际平均流速。

解 砂土的孔隙比为

$$e = \frac{\omega d_s}{S_r} = \frac{0.30\times2.7}{1} = 0.81$$

则砂土的孔隙率为

$$n = \frac{e}{1+e} = 0.448 = 44.8\%$$

根据达西定律，土体平均渗透流速为

$$v = ki = 2\times10^{-1}\times0.5 = 0.1\text{cm/s}$$

于是得土孔隙中水的实际平均流速为

$$v_v = \frac{v}{n} = \frac{0.1}{0.448} = 0.22\text{cm/s}$$

二、非线性渗透定律

当地下水在紊流运动的条件下，地下水的渗透服从哲才（A Chezy）公式

$$v = k_c\sqrt{i} \tag{2-9}$$

或

$$Q = k_cA\sqrt{i} \tag{2-10}$$

式中 k_c——紊流运动时的渗透系数。

上式表明，在紊流运动时，地下水的渗透速度与水力坡度的 1/2 次方成正比。只有当地下水在岩石的大孔隙、大裂隙、大溶洞中及取水构筑物附近流动时，才服从上述非线性渗透定律。渗流区域中的单元体示意图如图 2-4 所示。

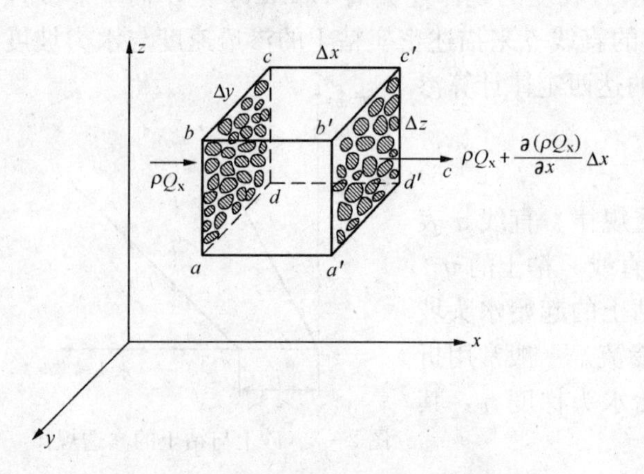

图 2-4 渗流区域中的单元体示意图

有时水流运动形式介于层流和紊流之间，则称为混合流运动，可用斯姆莱公式表示

$$v = ki^{\frac{1}{m}} \tag{2-11}$$

式中，m 值的变化范围为 1～2。$m=1$ 时，即为达西公式；$m=2$ 时，即为哲才公式。

由于事先确定地下水流的流态属性在生产实践中是很困难的，因此式（2-9）及式（2-10）在实际工作中很少应用。

2-3　渗透系数的确定

一、渗透试验简介

渗透试验方法分为室内试验和现场测试两大类。实内试验包括常水头试验和变水头试验，现场试验主要采用抽水试验。以下介绍室内试验方法。

（一）常水头试验

常水头试验就是在试验时，水头保持为一常数，如图2-5（a）所示。L为试样厚度，A为试样截面积，h为作用于试样的水头，这三者均可直接测定。试验时测出某时间间隔t内流过试样的总水量Q，即可根据达西定律求出渗透系数k。

$$Q = qt = kiAt = k\frac{h}{L}At$$

$$k = \frac{QL}{Aht} \tag{2-12}$$

粘土的渗透系数很小，流过土样的总渗流水量也很小，不易准确测定。或者测定总水量的时间需要很长，会因蒸发和温度的变化影响试验精度，这时就得用变水头试验。

（二）变水头试验

变水头试验就是在整个试验过程中，渗透水头差随时间而变化的一种试验方法，如图2-5（b）所示。试验过程中，某任一时间t作用于土样的水头高为h，经过$\mathrm{d}t$时间间隔后，刻度管（截面积为a）的水位降落了$\mathrm{d}h$，则从时间t至$t+\mathrm{d}t$时间间隔内流经土样的水量$\mathrm{d}Q$为

$$\mathrm{d}Q = -a\mathrm{d}h$$

式中的负号表示水量Q随水头h的降低而增加。

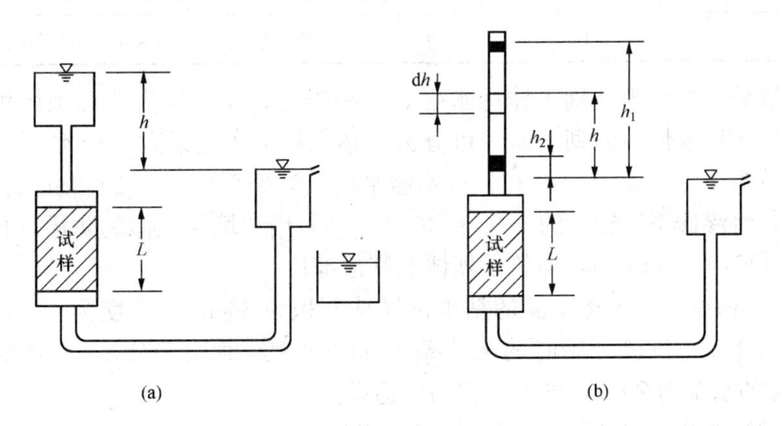

图2-5　渗透实验示意图

（a）常水头实验；（b）变水头实验

同一时间内作用于试样的水力坡降$i=h/L$，根据达西定律，其水量$\mathrm{d}Q$应为

$$dQ = kiA\,dt = k\frac{h}{L}A\,dt$$

由上两式得

$$dt = -\frac{aL\,dh}{kAh}$$

两边积分，并注意，试验中开始时（$t=t_1$）的水头高度位 h_1，结束时（$t=t_2$）的水头高度为 h_2，则

$$\int_{t_1}^{t_2} dt = -\int_{h_1}^{h_2} \frac{aL\,dh}{kAh}$$

得

$$t_2 - t_1 = \frac{aL}{kA}\ln\frac{h_1}{h_2}$$

$$k = \frac{aL}{A(t_2 - t_1)}\ln\frac{h_1}{h_2} \tag{2-13}$$

若改为常用对数表示，则

$$k = 2.3\frac{aL}{A(t_2 - t_1)}\lg\frac{h_1}{h_2} \tag{2-14}$$

各种土常见的渗透系数变化范围见表 2-1。

表 2-1 土的渗透系数参考值

土的类别	渗透系数 k		土的类别	渗透系数 k	
	cm/s	m/d		cm/s	m/d
粘 土	$<6\times10^{-6}$	<0.005	细 砂	$6\times10^{-6}\sim1\times10^{-4}$	1.0～5.0
壤土、亚粘土	$6\times10^{-6}\sim1\times10^{-4}$	0.005～0.1	中 砂	$6\times10^{-6}\sim1\times10^{-4}$	5.0～20.0
砂壤土、轻亚粘土	$1\times10^{-4}\sim6\times10^{-4}$	0.1～0.5	粗 砂	$1\times10^{-4}\sim6\times10^{-4}$	20.0～50.0
黄 土	$3\times10^{-4}\sim6\times10^{-4}$	0.25～0.5	圆 砾	$3\times10^{-4}\sim6\times10^{-4}$	50.0～100.0
粉 砂	$6\times10^{-4}\sim1\times10^{-2}$	0.5～1.0	卵 石	$6\times10^{-4}\sim1\times10^{-2}$	100.0～500.0

土的渗透系数，除作为判别土体透水强弱的标准外，还可作为选择坝体填筑土料的依据。如坝基土层按透水性强弱划分时，可分为强透水层，渗透系数大于 10^{-2}cm/s；中等透水层，渗透系数为 $10^{-3}\sim10^{-5}$cm/s；相对不透水层，渗透系数小于 10^{-6}cm/s。又如选择筑坝土料时，总是将渗透系数较小的土（$k<10^{-6}$cm/s）用于填筑坝体的防渗部位，而将渗透系数较大的土（$k>10^{-3}$cm/s），填筑于坝体的其他部位。

【例 2-2】 做变水头渗透试验的粘土试样截面积为 30cm²，厚度为 4cm，渗流仪细玻璃管的内径为 0.4cm，试验开始时的水位差为 145cm，经时段 7 分 25 秒观察得水位差为 130cm，试验时的水温为 20℃，试求试样的渗透系数。

解 已知试样的截面积 $A=30\text{cm}^2$，渗径长度 4cm。

洗玻璃管的内截面积 $a=\frac{\pi d^2}{4}=\frac{3.14\times0.4^2}{4}=0.1256\text{cm}^2$

$$h_1 = 145\text{cm},\ h_2 = 130\text{cm}$$

$$t_1 = 0,\ t_2 = (7\times60+25)\text{s} = 445\text{s}$$

试样在20℃时的渗透系数为

$$k=2.3\frac{aL}{A(t_2-t_1)}\lg\frac{h_1}{h_2}=2.3\times\frac{0.1256\times4}{30\times445}\times\lg\frac{145}{130}\text{cm/s}=4.16\times10^{-6}\text{cm/s}$$

二、成层土的渗透系数

天然沉积土常由渗透性不同且厚薄不一的多层土所组成。用粘性土填筑的碾压式土坝，分层碾压施工时如不注意先后碾压的两层层面的结合，同样会形成多层土所组成的坝体。研究成层土的渗透性时，需要分别测定各层土的渗透系数，然后根据水流方向，按下面的公式，计算其相应的平均渗透系数。

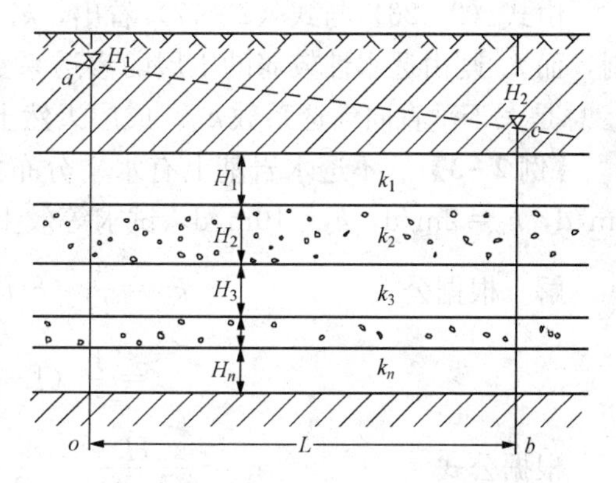

图2-6　层状土层中的渗流

设图2-6中，每一层土都是各向同性的，各土层的渗透系数分别为k_1、k_2、k_3…，各土层的厚度分别为H_1、H_2、H_3…，总土层厚度为H。首先考虑平行于层面方向（x方向）的渗流情况，在ao与cb间作用的水力坡降为i，则其总单宽渗流量q应为各分层单宽渗流量的总和，即

$$q=q_1+q_2+q_3+\cdots \tag{2-15}$$

取垂直于纸面的土体宽度为单位长度，则根据式（2-4）代入式（2-15）可得

$$q=k_x iH=k_1 iH_1+k_2 iH_2+k_3 iH_3+\cdots \tag{2-16}$$

式中　k_x——x方向平均渗透系数。

由式（2-16）得沿x方向的平均渗透系数（k_x）为

$$k_x=\frac{1}{H}(k_1 H_1+k_2 H_2+k_3 H_3+\cdots) \tag{2-17}$$

这相当于各层渗透系数按厚度加权的算术平均值。

其次，考虑垂直于层向（沿y的方向）的渗流情况。设流经土层厚度H的总水力坡降为i，流经各层的水力坡降为i_1、i_2、i_3…。总渗流量Q_y应等于各层的渗流量Q_1、Q_2、Q_3…，即

$$Q_y=Q_1=Q_2=Q_3=\cdots \tag{2-18}$$

因此

$$k_y iA=k_1 i_1 A=k_2 i_2 A=k_3 i_3 A=\cdots \tag{2-19}$$

式中　A——渗流经过的截面积。

又因总水头损失等于各层水头损失的总和，故

$$Hi=H_1 i_1+H_2 i_2+H_3 i_3+\cdots \tag{2-20}$$

由式（2-19）得

$$i_1=\frac{k_y}{k_1}i,\quad i_2=\frac{k_y}{k_2}i,\quad i_3=\frac{k_y}{k_3}i\cdots \tag{2-21}$$

将式（2-21）代入式（2-20）得

$$H=H_1\frac{k_y}{k_1}+H_2\frac{k_y}{k_2}+H_3\frac{k_y}{k_3}+\cdots \tag{2-22}$$

所以沿y方向的平均渗透系数k_y为

$$k_y = \frac{H}{\frac{H_1}{k_1} + \frac{H_2}{k_2} + \frac{H_3}{k_3} + \cdots} \tag{2-23}$$

由式（2-23）与式（2-17）看出，k_x 的数值由透水性较强的一层的渗透系数和厚度控制，而 k_y 则由透水性较弱的土层的渗透系数和厚度控制。所以，成层土的水平向渗透系数 k_x 总是大于垂直向渗透系数 k_y。成层天然土层的 k_x/k_y 比值范围在 2～10 或更大。

【例 2-3】 不透水岩基上有水平分布的三层土，厚度均为 1m，渗透系数分别为 $k_1=1\text{m/d}$，$k_2=2\text{m/d}$，$k_3=10\text{m/d}$，试求等效土层的等效渗透系数 k_x 和 k_y。

解 根据公式

$$k_x = \frac{1}{H}(k_1H_1 + k_2H_2 + k_3H_3)$$

$$= \frac{1}{3}(1+2+10) = 4.33\text{m/d}$$

根据公式

$$k_y = \frac{H}{\sum_{i=1}^{3}\frac{H_i}{k_i}} = \frac{3}{\frac{1}{1}+\frac{1}{2}+\frac{1}{10}} = 1.87\text{m/d}$$

三、影响渗透系数的因素

试验研究表明，渗透系数不仅取决于土体的粒度成分、颗粒级配、密实度，而且和渗透液体的重度、粘滞性、温度和矿化度等因素有关。

（一）土粒大小和级配

土粒大小和级配对土的渗透系数很有影响，土粒越大，级配越不良，渗透性越强，反之亦然。如砂土中粉粒及粘粒含量增多时，砂土的渗透系数就会大大减小。根据经验，匀粒砾砂的粒径常介于 0.1～3.0mm 之间，其渗透系数与有效粒径平方成正比，即

$$k = c_1 d_{10} \tag{2-24}$$

式中 k——砂的渗透系数，cm/s；

d_{10}——有效粒径，cm；

c_1——常数，自 100 变化到 150。

（二）土的孔隙比

土的孔隙比大小，决定着渗透系数的大小，土的密度增大，孔隙比就变小，土的渗透性也随之减少。根据一些学者的研究，得出土的渗透系数与孔隙比或孔隙率的关系如下式

$$k = \frac{c_2}{s_s^2} \times \frac{n^3}{(1-n)^2} \times \frac{\rho_w}{\eta} = \frac{c_2}{s_s^2} \times \frac{e^3}{1+e} \times \frac{\rho_w}{\eta} \tag{2-25}$$

式中 n、e——土的孔隙率及孔隙比；

ρ_w——水的密度，1g/cm³；

η——水的动力粘滞系数，g·s/cm²；

c_2——与颗粒形状与水的实际流动方向有关的系数，可近似地采用 0.125；

s_s——土的颗粒的比表面，cm^{-1}。

（三）水的动力粘滞系数

从式（2-25）可知，土的渗透系数是水的密度和动力粘滞系数的函数，这两个数值又都取决于水的温度。水的重度随温度的变化很小，可忽略不计；但动力粘滞系数却随水温发生明显的变化。故密度相同的同一种土，在不同的温度下，将具有不同的渗透系数。

（四）土中封闭气体含量

土中存在着与大气不相通的气泡，都会阻塞渗流通路。封闭的气泡愈多，土的渗透便愈小。故土的渗透系数又随土中的封闭气体含量的多少而有所不同。

此外，土中有机质和胶体颗粒的存在等都会影响土的渗透系数。

2-4 渗透稳定性

一、渗透力

地下水在松散介质的孔隙中流动，土粒与水流相互包围。由于水流流线间及水流与土粒间的摩阻力作用而产生一定的水头损失，水头降低，故每一土粒在水头差作用下，承受来自水流的作用力即渗透力，也称动水压力。

静水作用在水下物体上的力，称静水压力。水流动时，水对单位体积土的骨架作用的力，称为动水力（kN/m^3）。动水力是水流对土体施加的体积力，与水流受到土骨架的阻力大小相等而方向相反。

沿水流方向取一土柱，长为L，截面积为F，如图2-7（a）所示。土柱上下端测压管水头分别为h_1、h_2，其水头差为Δh。现取土柱为脱离体，如图2-7（b）所示，分析土柱所受的各种力：

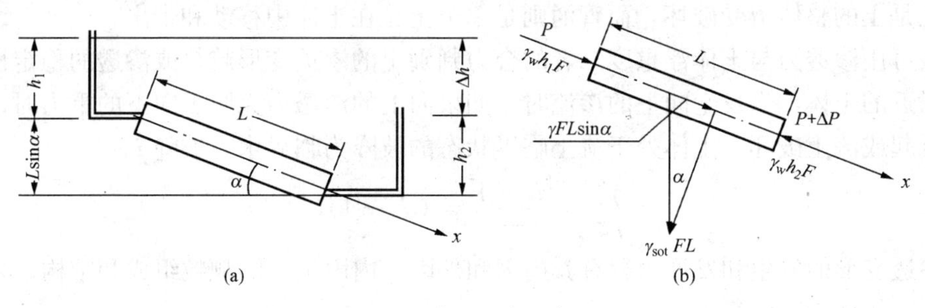

图2-7 渗透压力示意图

土柱上端作用力：总静水压力$\gamma_w h_1 F$；

土骨架传递的法向力P；

土柱下端作用力：总静水压力$\gamma_w h_2 F$；

土骨架传递的法向力$P+\Delta P$；

土柱自重沿x方向分力：$\gamma_{sat} FL\sin\alpha$。

根据x方向的静力平衡条件，有

$$\sum x = 0 : \gamma_w h_1 \mathrm{F} + P - \gamma_w h_2 F - (P + \Delta P) + \gamma_{sat} FL\sin\alpha = 0$$

式中，$h_2 = h_1 + L\sin\alpha - \Delta h$，代入上式，化简得

$$-LF\gamma_w \sin\alpha + \gamma_{sat} FL\sin\alpha + \Delta h\gamma_w F - \Delta P = 0$$

即得土柱两端土骨架传递的法向力之差

$$\Delta P = LF(\gamma_{sat} - \gamma_w)\sin\alpha + \Delta h\gamma_w F$$

$$\Delta P = LF\gamma'\sin\alpha + \Delta h\gamma_w F \qquad (2-26)$$

式（2-26）等号右边第一项为土柱浮重度沿水流方向的分力；式中与动水力有关的为右边第二项，即渗流引起作用于土柱下端的力；将它除以土柱的体积LF，得

$$\frac{\Delta h\gamma_w F}{LF} = i\gamma_w = G_D \quad (\text{kN/m}^3) \tag{2-27}$$

由式（2-27）可知动水力 G_D 的数值，等于水力坡降 i 乘以水的重度 γ_w。动水压力的作用方向与渗流流向一致。

土体所受的渗透力是由动水头转化而得到的，对土体的静力平衡计算必须用渗透力与土体浮重相平衡（静水压力已转化为浮力），或者用土体周边的水压力与土体饱和重相平衡。静水压力和渗透力关系着土体的渗透稳定性，对于土体的渗透变形研究有重要意义。虽然静水压力所产生的浮力不直接破坏土体，但是能使土体浮重度减轻，降低了抵抗破坏的能力，因而也是一个消极的破坏力，渗透力则是一个积极的破坏力，它与渗透破坏的程度成直接的比例关系。

二、渗透变形

土的渗透变形类型主要有流土和管涌两种基本形式。流土是指在向上的渗透水流作用下，表层土局部范围内的土体或颗粒群同时发生悬浮、移动的现象。任何类型的土，只要水力坡度达到一定的值，都会产生流土破坏。管涌是指在渗透水流作用下，土中的细颗粒在粗颗粒形成的孔隙中移动、以致流失，随着土的孔隙不断扩大，渗透流速的不断增加，较粗的颗粒也相继被水流逐渐带走，最终导致土体内形成贯通的渗流管道，造成土体塌陷，这种现象称为管涌。管涌破坏一般有段时间发展过程，是一种渐进性质的破坏，也称之为潜蚀现象。流土是土的整体遭受破坏，而管涌则是单个土粒在土体中移动和带出。

一般可用渗透力与土体浮重度二者的合力判别土的渗透变形趋势或渗透的稳定性。在渗流出口附近的土体，当发生向上的渗流时，如果向上的渗透力克服了向下的重力时，土体就会发生浮起或流土破坏，土体处于流土临界状态的坡降为临界水力坡降 i_{cr}

$$i_{cr} = \frac{\gamma'}{\gamma_w} = \frac{d_s - 1}{1 + e} = (d_s - 1)(1 - n) \tag{2-28}$$

土渗透变形的发生和发展过程有其内因和外因，内因是土的颗粒组成和结构，外因是水力条件，即作用于土体渗透力的大小。

在自下而上的渗流逸出处，任何土，包括粘性土或无粘性土，只要满足渗透水力坡度大于临界水力坡度这一水力条件，均要发生流土。因此，只要用流网求出渗流溢出处水力坡度 i，再求出临界水力坡降值 i_{cr}后，即可按下列条件，判别流土发生的可能性。

若 $i < i_{cr}$，则土体处于稳定状态；

$i > i_{cr}$，土体处于流土状态；

$i = i_{cr}$，土体处于临界状态。

流土是工程上绝对不允许发生的，设计时要保证有一定的安全系数，把逸出水力坡度限制在允许水力坡度 $[i]$ 以内，即

$$i \leqslant [i] = \frac{i_{cr}}{F_s} \tag{2-29}$$

式中 F_s——流土安全系数，取 2.0～2.5。

工程上为防止渗透变形的发生，通常从两个方面采取措施：一是减小水力坡度，可以通过降低水头或增加渗流长度的办法来实现；二是在渗流逸出处加盖压重或设反滤层，或在建筑物下游设置减压井、减压沟等，使渗透水流有畅通的出路。

三、土的抗渗强度

土体抗渗强度是指土体抵抗渗透破坏的能力，通常用来作为评价土体和水工建筑物渗透稳定的主要依据，土体抗渗强度的大小主要受土中颗粒级配及细粒物质的含量的影响。

(1) 粗细粒径的比例。研究表明，土体易于发生管涌的粗细粒径比例为 $D/d>20$。土越疏松，细颗粒物质在孔隙中随渗流运动越容易。

(2) 细颗粒的含量。大量试验表明，当细颗粒含量大于 35%时，渗透破坏类型为流土型；当细颗粒含量小于 25%时，则为管涌型；当细颗粒含量在 25%～35%之间时，流土和管涌均可能发生，且主要取决于碎石土的密实程度及细颗粒的组成，相对密度 $D_r>0.33$、细颗粒不均匀系数较小的砾石类，一般发生流土，反之则为管涌。此外，细颗粒成分中粘粒含量增加可增大土的内聚力，从而增大土体的抗渗强度。

(3) 土的颗粒级配。土的级配用不均匀系数 $C_u=d_{60}/d_{10}$ 表示。试验表明：当 $C_u<10$ 时，渗透变形的主要形式为流土；当 $C_u>20$ 时，主要形式为管涌；当 C_u 在 10～20 之间时，流土和管涌均可能发生。

四、流网

流网是研究平面稳定渗流问题的流动图案，是求解渗流问题的图解法。图 2-8 土坝渗流的流网，由流线（实线）和等势线（虚线）两组互相垂直交织的曲线所组成。流线在稳定渗流情况下表示水质点的运动路线；等势线表示水头的等值线，即每一根等势线上的测压管水位都是齐平的。流线和等势线互相交织成正交的流网，如果流网各等势线间的差值相等，各流线间的差值也相等。从上述对流网性质的分析可知，流线越密的部位流速越大，等势线越密的部位水力坡降越大。由流网图可以计算得到渗流场内各点的压力、水力坡降、流速以及渗流场的渗流量等各值。

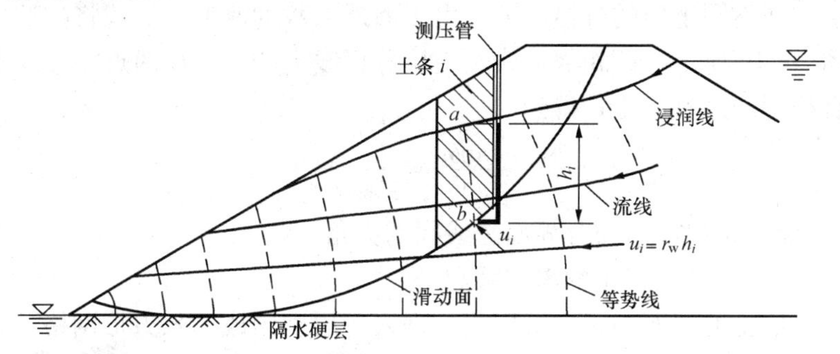

图 2-8　土坝渗流流网

流网采用图解法绘制，其最大特点是简便迅速，也能应用于建筑物边界轮廓较复杂的情况。至于这一方法的精度，一般不会比土质不均匀性所引起的误差更大，因而能满足工程精度要求，有实用的价值。

绘制流网主要依据流网的特性采用试绘法逐步修正，应结合渗流边界条件。例如建筑物的地下轮廓以及下面地基的不透水层是已知的两根边界流线，中间的流线形状应是按照边界流线的形状逐渐过渡的；下游河床或排水面、上游河床为边界等势线，其间的其他各条等势线也是逐步过渡的。

绘制正方形网格的流网最为方便，因而最常用。以图 2-9 为例来说明试绘的具体步骤。首先大致画出紧靠建筑物地下轮廓线的第一根流线1—1′，并把它和建筑物轮廓线间所形成的流带分成若干正交的曲线正方形网格，在网格内画内接圆来检验是否是正方形，也就是检验流线与等势线的正交性和各个网格长宽比的不变性。试绘出第一根流线后，将绘好的各曲线方格的等势线或等水头线向下延长，并绘出第二排曲线正方形；如果得出的第 2 根流线 2—2′不连续，就需要对第一根流线进行修正（如图中虚线所示），直到第二根流线达成连续为止。这样顺序地进行下去，直到下面的不透水层面。对于各向同性的土层，流网具有以下特征：

（1）流线与等势线彼此正交；

（2）每个网格的长宽比为常数，为计算方便可取 1，此时的网格即为正方形或曲边正方形；

（3）相邻等势线间的水头损失相等；

（4）各流槽的渗流量相等。

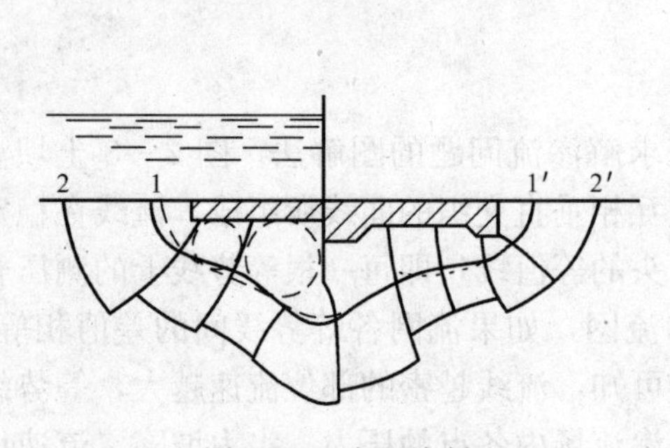

图 2-9　流网绘制

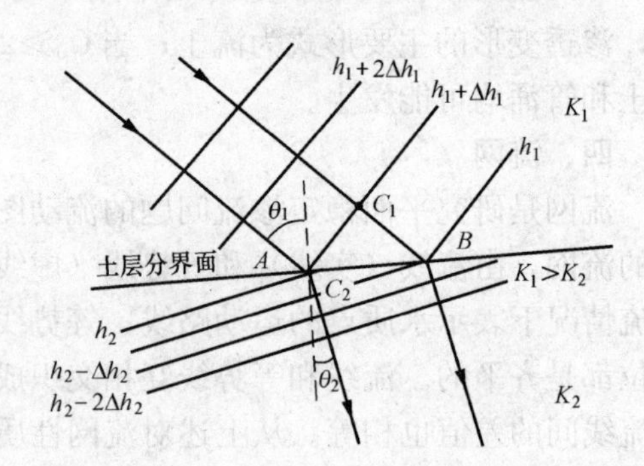

图 2-10　土层分界面上流线的折射

对成层土层，在不同土层的分界线上，由于渗透系数的改变，流线将按照折射定律偏转一个角度。如图 2-10 所示，两相邻流线经土层分界线上的 A、B 两点穿过。由于同一流槽在两土层中应有相同的流量，于是得到

$$\frac{\tan\theta_1}{\tan\theta_2}=\frac{k_1}{k_2} \tag{2-30}$$

式中　θ_1，θ_2——流线折射前后与分界面法线间的夹角；

k_1，k_2——上层土和下层土的渗透系数。

若 $k_1>k_2$，上层土的流网为正方形网格，进入下层土则成为长方形网格，并且长边与短边之比等于 k_1/k_2。

利用流网求总流量 q，若总水头 H 被等分为 m 个间隔数，流线所划分的流带数为 n 时，正交流网网格沿流向的平均长度为 a，宽度为 b，则有

$$q=n\Delta q=kH\,\frac{b}{a}\,\frac{n}{m} \tag{2-31}$$

渗流区域内任一点的水头，可以根据其所在网格两条等势线水头值，用内插法来求得。

要确定渗流场内任一点的水力坡度 i，先量出所在网格的两条等势线间的距离 Δs，若这两条等势线间的水位差为 ΔH，则该点处的水力坡度为

$$i=\frac{\Delta H}{\Delta s} \tag{2-32}$$

当求得该点的水力坡度后，根据达西公式，该点的渗透速度 v 为

$$v = ki$$

【例 2-4】　某工程开挖深度为 6.0m 的基坑时采用板桩围护结构，基坑在排水后的稳定渗流流网如图 2-11 所示。地基土的饱和重度 $\gamma_{sat}=19.8kN/m^3$，地下水位距离地表 1.5m。判断基坑中的 $a\sim b$ 渗流溢出处是否发生流沙？

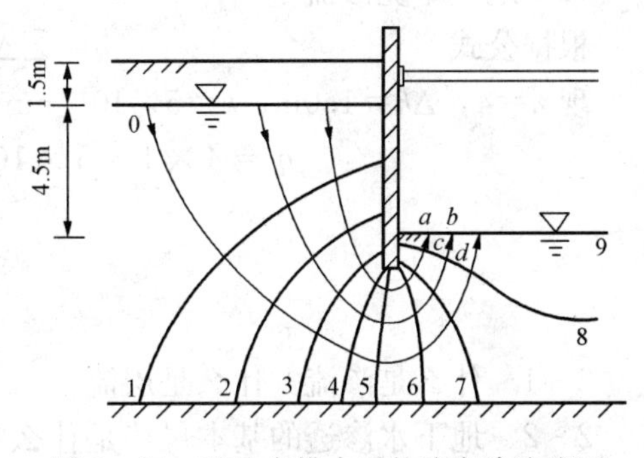

图 2-11　基坑在排水后的稳定渗流流网

解　由流网图可知，地基中流网的等势线数量为 $n=10$

总水头差为　$h=6.0-1.5=4.5m$

相邻两等势线的水头损失为

$$\Delta h=\frac{h}{n-1}=\frac{4.5}{10-1}=0.5m$$

$a\sim b$ 渗流溢出处的水力梯度 i_{ab} 可用流网网络 $abcd$ 的平均水力梯度近似表示，从流网图中可量得网格长度 $l=1.6m$，则

$$i_{ab}=\frac{\Delta h}{l}=\frac{0.5}{1.6}=0.4$$

而流砂的临界水力梯度为 $i_c=\frac{\gamma}{\gamma_w}=\frac{\gamma_{sat}-\gamma_w}{\gamma_w}=\frac{19.8-9.8}{9.8}=1.02$

可见 $i_{ab}<i_c$，在 $a\sim b$ 渗流溢出处不会发生流砂现象。

【例 2-5】　如图 2-12 所示为一板桩打入透水层后形成的流网。已知透水层深 18m，渗透系数 $k=5\times10^{-4}mm/s$，板桩打入土层表面以下 9.0m，板桩前后水深如图中所示。试求：

(1) 图中所示 a、b、c、d、e 各点的孔隙水压力；

(2) 地基的单宽渗流量。

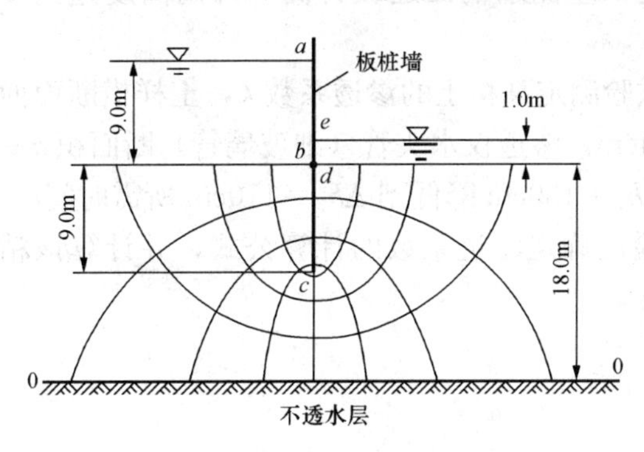

图 2-12　板桩打入透水层后形成的流网

解　(1) 根据上图的流网可知，每一等势线间隔的水头降落

$$\Delta h=\frac{9-1}{8}=1.0m$$

列表计算 a、b、c、d、e 点的孔隙水压力见表 2-2（$\gamma_w=9.8kN/m^3$）。

表 2-2　孔 隙 水 压 力

位　置	位置水头 z (m)	测管水头 h (m)	压力水头 h_u (m)	孔隙水压力 u (kN/m³)
a	27.0	27.0	0	0
b	18.0	27.0	9.0	88.2
c	9.0	23.0	14.0	137.2
d	18.0	19.0	1.0	9.8
e	19.0	19.0	0	0

(2) 地基单宽渗流量

根据公式 $q=\sum\Delta q=n\Delta q=n\Delta hk$

现 $n=4$，$\Delta h=1.0\text{m}$，$k=5\times10^{-4}\text{mm/s}=5\times10^{-7}\text{m/s}$，则

$$q=4\times1\times5\times10^{-7}=20\times10^{-7}\text{m}^3/(\text{s}\cdot\text{m})$$

习 题

2-1 什么是渗流？什么是层流？

2-2 地下水渗透的基本规律是什么？

2-3 渗透系数的物理意义是什么？怎样在室内测定土的渗透系数？

2-4 举例说明流土发生的现象和原因，并说明工程上如何防止流土的发生。

2-5 说明流网的组成、用途。

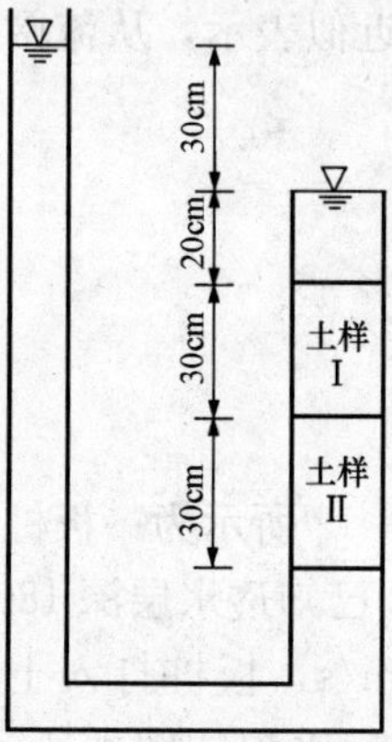

2-6 某渗透试验装置如图2-13所示。土样Ⅰ的渗透系数 $k_1=2\times10^{-2}\text{cm/s}$，土粒比重 $d_{s1}=2.72$，孔隙比 $e_1=0.85$；土样Ⅱ的渗透系数 $k_2=1\times10^{-2}\text{cm/s}$，土粒比重 $d_{s2}=2.72$，孔隙比 $e_2=0.8$；土样横断面积 $A=200\text{cm}^2$。求：

(1) 图示水位保持恒定时，渗透流量 Q 多大？

(2) 若右侧水位恒定，左侧水位面逐级升高，升高高度达到多少时会出现流土现象？

30cm
20cm
30cm
30cm
土样Ⅰ
土样Ⅱ

图2-13 某渗透试验装置示意图

2-7 通过变水头试验测定某粘土的渗透系数 k，土样横断面面积 $A=30\text{cm}^2$，长度 $L=4\text{cm}$，渗透仪水头管（细玻璃管）断面积 $a=0.1256\text{cm}^2$，水头差从 $\Delta h_1=130\text{cm}$ 降低到 $\Delta h_2=110\text{cm}$ 所需时间 $t=8\text{min}$。试推导变水头试验法确定渗透系数的计算公式，并计算该粘土在试验温度的渗透系数 k。

第3章　土体中的应力

3-1　概　　述

建（构）筑修建前，地基中存在着来自土体本身重量的自重应力。建筑物修建后，建荷载通过基础传递给地基，引起地基中原有的应力状态发生变化，使建筑物发生沉降、倾斜、水平位移等，如果地基的变形过大，将会危及建筑物的安全和正常使用。因此，为了保证建筑物的安全和正常使用，需对地基变形和强度问题进行计算分析。土中应力计算是研究和分析土体变形、强度和稳定等问题的基础和依据。

土是三相体系，到目前为止，计算土中应力方法还主要采用弹性力学解法。把土体看作是连续的、完全弹性的、均质的和各向同性的介质。这种假定同实际土体之间是有差距的，其合理性应通过考虑下述三方面的影响进行评判。

（1）土的分散性影响。连续性是指整个物体所占据的空间都被介质填满不留任何空隙。土是三相体系，而不是连续介质，土中存在孔隙，土中应力是通过颗粒间的接触而传递的。但是，由于建筑物的基础尺寸远远大于土颗粒尺寸，而我们所研究的是计算平面的平均应力，而不是土颗粒间的实际受力状态。所以，可忽略土分散性的影响，近似地把土体作为连续体考虑。

（2）非理想弹性的影响。土体的应力—应变之间存在显明的非线性关系，变形后的土体，当外力卸除后，不能完全恢复原状，存在较大的残余变形，表明土是具有弹塑性或粘滞性的介质。但是，在工程中土中应力水平较低，工程实践表明采用弹性理论计算土中应力是可行的。

（3）土的非均质性和各向异性的影响。土是自然历史产物，在其形成过程中，会形成各种结构和构造，使土呈现不均匀性，也常常是各向异性的。将实际土看作是均质各向同性体，会产生一定的误差。

通过计算可以确定地基中任意点的应力状态。土中一点的应力状态是土中一点各个方向上应力的数值。土中两点如果其在各个方向上的应力相等（指向和数值），那么就说这两点具有相同的应力状态。

土体中任意点 M 的应力状态，可用一个正六面单元体上的应力来表示。若采用笛卡儿直角坐标系如图 3-1 所示，则作用在单元体上的三个法向应力（又称正应力）分量为 σ_x、σ_y、σ_z，六个剪应力分量为 $\tau_{xy}=\tau_{yx}$、$\tau_{yz}=\tau_{zy}$、$\tau_{xz}=\tau_{zx}$，剪应力的脚标，其前面一个表示剪应力作用面的法线方向，后一个表示剪应力的作用方向。应该注意，在土力学中法向应力以压应力为正，拉应力为负。剪应力的规定是当剪应力作用面为正面（法线方向与坐标轴的正方向一致）时，则剪应力的方向与坐标轴正方向一致时为正，反之为负；若剪应力作用面

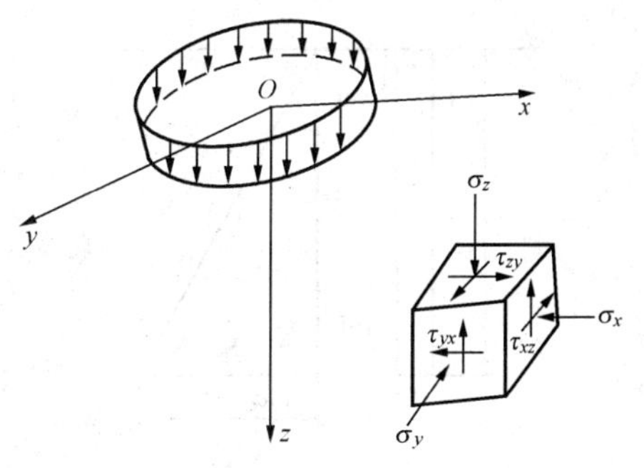

图 3-1　土中一点的应力状态

为负面（法线方向与坐标轴正向相反）时，则剪应力的方向与坐标轴正方向相反时为正，反之为负。图 3-1 中所示的法向应力及剪应力均为正值。

在实际工程中，土中应力主要包括自重应力与附加应力两种，由土体重量引起的应力称为自重应力。附加应力是在外荷载（如建筑物荷载、车辆荷载、水在土中的渗流力、地震荷载等）作用下，在土中产生的应力增量。

本章主要介绍地基中自重应力和附加应力的计算方法。一般而言，自重应力，可看作地基中的初始应力，自重应力与附加应力之和（总应力）可看作建筑物竣工后地基中的最终应力。

3-2　土中自重应力

假定自然地面是一个无限大的水平面，土体是横向均匀的无限体，则地面以下任一深度处竖向自重应力是均匀且无限分布的，在自重应力作用下地基土只产生竖向变形，而无侧向位移及剪切变形。

一、均质土的竖向自重应力

在深度 z 处水平面上，土体竖向自重应力 σ_{cz} 等于单位面积上土柱体的重力 W，即

$$\sigma_{cz} = W/A = \gamma Az/A = \gamma z \tag{3-1}$$

式中　γ——土的重度，kN/m^3；

A——土柱横截面积。

由式（3-1）知，均质土中自重应力随深度 z 线性增加，呈三角形分布，如图 3-2 所示。

二、成层土的竖向自重应力

地基通常为成层土，各层土具有不同的重度，在自然地面下 z 深度处的自重应 σ_{cz}，如图 3-3 所示，可按下式计算

$$\sigma_{cz} = \gamma_1 h_1 + \gamma_2 h_2 + \cdots = \sum_{i=1}^{n} \gamma_i h_i \tag{3-2}$$

式中　n——从天然地面起到深度 z 处的土层数；

γ_i，h_i——第 i 层土的厚度及重度。

由式（3-2）可知，成层土的自重应力分布是折线形的。

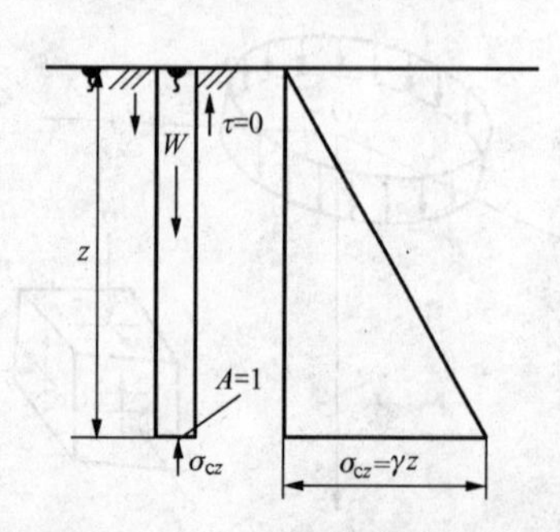

图 3-2　土体中的竖向自重应力

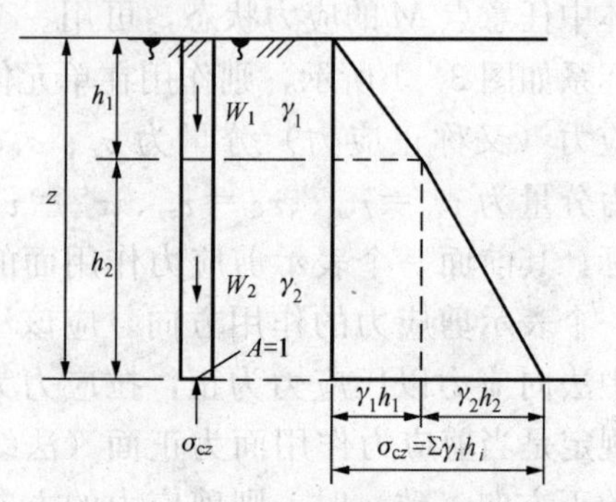

图 3-3　成层土的竖向自重应力

三、地下水位以下土中竖向自重应力

如果地下水位以下的土层受到水的浮力作用，则计算自重应力时水下部分土的重度应按有效重度γ'计算，其计算方法同成层土的情况，见图3-4。

如果地下水位以下埋藏有不透水层（如岩层或只含结合水的坚硬粘土层），此时不透水层可理解为不存在连续的透水通道，不能传递静水压力，因此，其土颗粒不受水的浮力作用，上覆水土总压力只能依靠土颗粒承担。所以不透水层顶面及以下的自重应力计算时，上覆土层按水土总重计算。这样，上覆土层与不透水层交界面处的自重应力将发生突变。

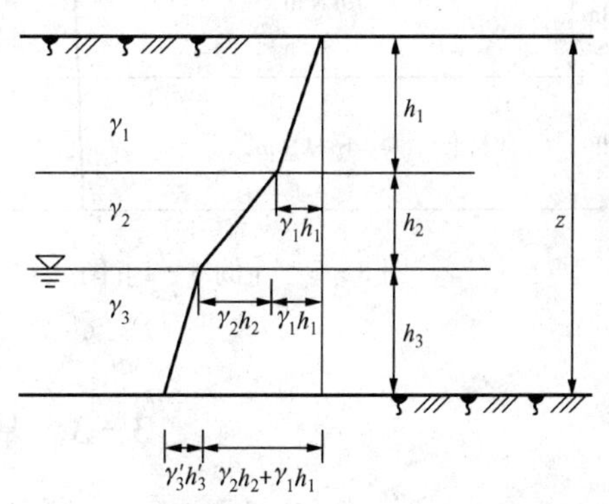

图3-4　有地下水存在时土中自重应力分布

自然界中的天然土层，形成至今一般已有很长的地质年代，它在自重作用下的变形早已完成。但对于新近沉积或人工堆填的土层，应考虑它们在自重应力作用下的变形。

此外，地下水位的升降会引起土中自重应力的变化。例如，前些年我国许多城市因大量抽取地下水，以致地下水位长期大幅度下降，使地基中原水位以下土层的有效自重应力增加，从而造成地表大面积下沉。

四、水平向自重应力计算

根据广义胡克定律，土中一点应力—应变间有以下关系

$$\varepsilon_x = \frac{1}{E}[\sigma_{cx} - \mu(\sigma_{cz} + \sigma_{cy})] \tag{3-3}$$

式中　E——弹性模量（土力学中一般用地基变形模量E_0代替）；

μ——泊松比；

σ_{cx}，σ_{cy}——水平向沿x、y轴的自重应力；

ε_x——x轴向的应变。

对均匀半无限体，土体处于侧限应力状态，有$\varepsilon_x=\varepsilon_y=0$，代入式（3-3）有

$$\frac{1}{E}[\sigma_{cx} - \mu(\sigma_{cz} + \sigma_{cy})] = 0 \tag{3-4}$$

再利用$\sigma_{cx}=\sigma_{cy}$，可得土体水平向自重应力σ_{cx}和σ_{cy}为

$$\sigma_{cx} = \sigma_{cy} = \frac{\mu}{1-\mu}\sigma_{cz} = K_0\sigma_{cz} \tag{3-5}$$

$$K_0 = \frac{\mu}{1-\mu}$$

式中　K_0——土的静止侧压力系数或静止土压力系数。K_0和μ根据土的种类和密度不同而异。可按经验取值，也可通过试验来确定。

【例3-1】　如图3-5所示，土层的物理性质指标为：第一层土为细砂，重度$\gamma_1=19kN/m^3$，第二层土为粘土，$\gamma_2=16.8kN/m^3$。试计算土中自重应力。

解

a点：$z=0$，$\sigma_{cz}=\gamma z=0$

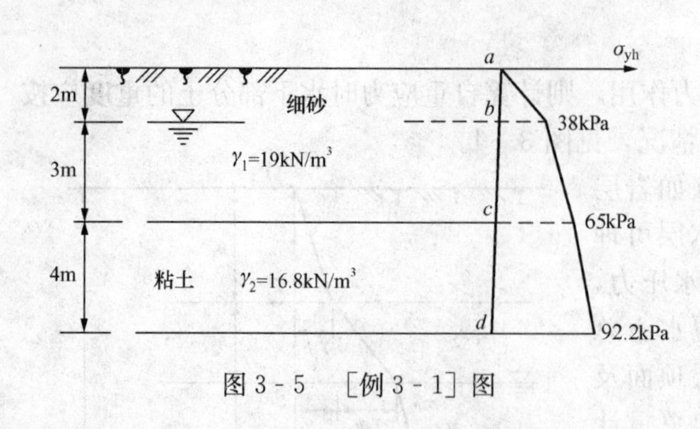

图 3 - 5 ［例 3 - 1］图

b 点：$z=2$，$\sigma_{cz}=\gamma_1 z=19\times 2=38\text{kPa}$

c 点：$z=5$，$\sigma_{cz}=\sum\gamma_i h_i=2\gamma_1+3\gamma_1'=38+(19-10)\times 3=65\text{kPa}$

d 点：$z=9$，$\sigma_z=\sum\gamma_i h_i=2\gamma_1+3\gamma_1'+4\gamma_2'=65+(16.8-10)\times 4=92.2\text{kPa}$

土层中的自重应力分布如图 3 - 5 所示。

3-3 基底压力计算

建筑物荷载通过基础传递给地基，在基础底面与地基之间便产生了接触应力。基底压力分布形式将对土中应力产生直接的影响。为计算地基中的附加应力以及设计基础结构时，都必须研究基底压力的分布规律。

基底压力分布问题涉及上部结构、基础和地基土的共同作用问题，是一个十分复杂的课题。基底压力分布与基础的大小、刚度、形状、埋深、地基土的性质及作用在基础上荷载的大小和分布等许多因素有关。测试结果证明，基底压力可能呈现马鞍形、钟形、抛物线形等分布形式。在理论分析时，要考虑所有因素进行基底压力精确计算是十分困难的。根据弹性理论中的圣维南原理及土中实际应力的量测结果可知，当作用在基础上的荷载总值一定时，基底压力分布形式对土中应力分布的影响，只在基础附近一定深度范围内，一般当深度超过基础宽度时，影响已不很显著。实用上，基底压力近似按直线分布计算。

一、基底压力的简化计算

（一）中心荷载下的基底压力

当荷载作用在基础形心处时，依据基底压力按直线分布的假定，基底压力假设为均匀分布，如图 3 - 6（a）所示，此时，基底平均压力 p 可按材料力学中的中心受压公式计算，即

$$p=\frac{F+G}{A} \qquad (3-6)$$

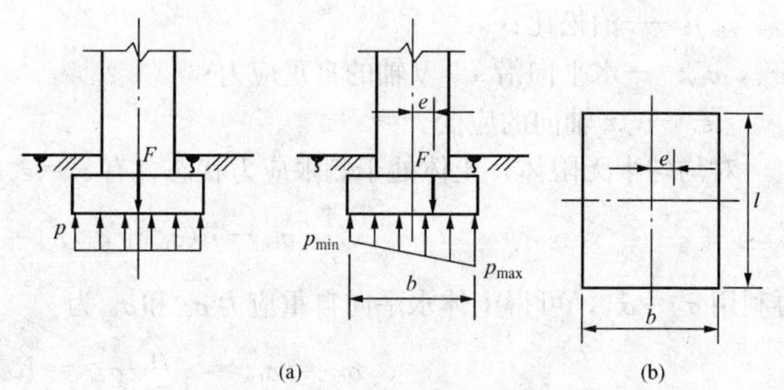

图 3 - 6 基底压力简化计算方法

（a）中心荷载作用时；（b）偏心荷载作用时

式中 F——作用在基础上的竖向力。

G——基础自重及其上回填土的总重；$G=\gamma_G Ad$，其中 γ_G 为基础及回填土之平均重度，一般取 20kN/m³，地下水位以下土层采用浮重度；d 为基础埋深。

A——基底面积。

对于荷载沿长度方向均匀分布的条形基础，则沿长度方向截取一单位长度的截条进行基底平均压力 p 的计算，此时式（3 - 6）中 A 改为基础宽度 b，而 F 及 G 则为基础截条内的相

应值（kN/m）。

（二）偏心荷载下的基底压力

对于单向偏心荷载下的矩形基础，如图 3-6（b）所示，基底压力 p 可按材料力学中的偏心受压公式计算，即

$$\left.\begin{matrix}p_{max}\\p_{min}\end{matrix}\right\}=\frac{F+G}{A}\pm\frac{M}{W}\tag{3-7}$$

式中　M——作用于矩形基底的力矩；

W——基础底面的抵抗矩，对矩形基础 $W=\frac{1}{6}b^2l$，b 为荷载偏心方向基础长度，l 为基础宽度。

把偏心距 $e=\frac{M}{F+G}$ 引入式（3-7）得

$$\left.\begin{matrix}P_{max}\\P_{min}\end{matrix}\right\}=\frac{F+G}{lb}\left(1\pm\frac{6e}{b}\right)\tag{3-8}$$

由式（3-7）可知，根据荷载偏心距 e 的大小，基底压力的分布可能会出现三种情况，如图 3-7 所示。

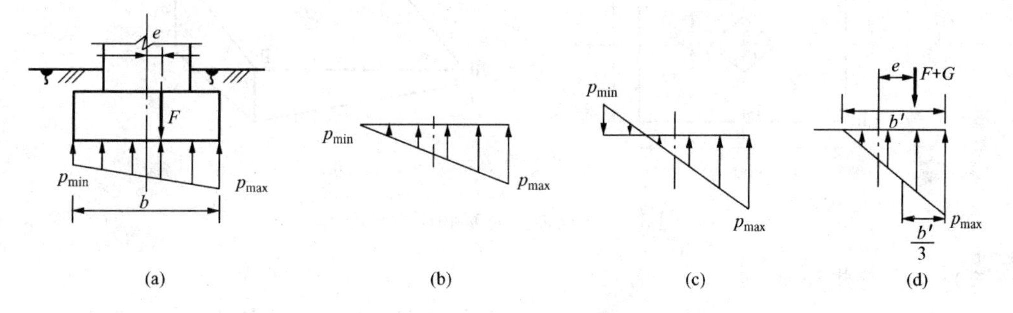

图 3-7　偏心荷载作用时基底压力分布的几种情况

(a) $e<\frac{b}{6}$；(b) $e=\frac{b}{6}$；(c) $e>\frac{b}{6}$；(d) $e>\frac{b}{6}$

（1）当 $e<\frac{b}{6}$ 时，$p_{min}>0$，基底压力呈梯形分布，如图 3-7（a）所示。

（2）当 $e=\frac{b}{6}$ 时，$p_{min}=0$ 基底压力呈三角形分布，如图 3-7（b）所示。

（3）当 $e>\frac{b}{6}$ 时，$p_{min}<0$ 表明距偏心荷载较远的基底边缘压力为负值，为拉应力，

如图 3-7（c）所示。由于基础与地基之间不能承受拉力，出现拉应力时基底与地基之间将局部脱开，从而使基底压力重分布。设重分布后基底压力分布宽度为 b'，基底压力最大值 p_{max}，则总的基底压力为 $\frac{1}{2}p_{max}b'l$，其作用点距离边缘位置 $\frac{1}{3}b'$。荷载 $F+G$ 距边缘的距离为 $\frac{b}{2}-e$。根据偏心荷载与基底反力相平衡的条件，荷载合力 $F+G$ 应通过三角形反力分布图的形心，有 $\frac{1}{3}b'=\frac{b}{2}-e$。进一步根据受力平衡条件（$F+G$ 与地基总反力相等），有

$$F+G=\frac{1}{2}p_{max}l\times 3\left(\frac{b}{2}-e\right)$$

由此得

$$p_{max}=\frac{2(F+G)}{3l\left(\frac{b}{2}-e\right)} \tag{3-9}$$

矩形基础在双向偏心荷载作用下（图 3－8），如基底最小压力 $p_{Ⅲ}=p_{min}>0$，则矩形基底边缘四个角点处的压力 $p_{Ⅰ}$、$p_{Ⅱ}$、$p_{Ⅲ}$、$p_{Ⅳ}$，可按下列公式计算

$$\left.\begin{matrix}p_{Ⅰ}\\p_{Ⅲ}\end{matrix}\right\}=\frac{F+G}{lb}\pm\frac{M_x}{W_x}\pm\frac{M_y}{W_y} \tag{3-10}$$

$$\left.\begin{matrix}p_{Ⅱ}\\p_{Ⅳ}\end{matrix}\right\}=\frac{F+G}{lb}\mp\frac{M_x}{W_x}\pm\frac{M_y}{W_y} \tag{3-11}$$

式中 M_x、M_y——荷载合力分别对矩形基底 x、y 对称轴的力矩；

W_x、W_y——基础底面分别对 x、y 轴的抵抗矩。

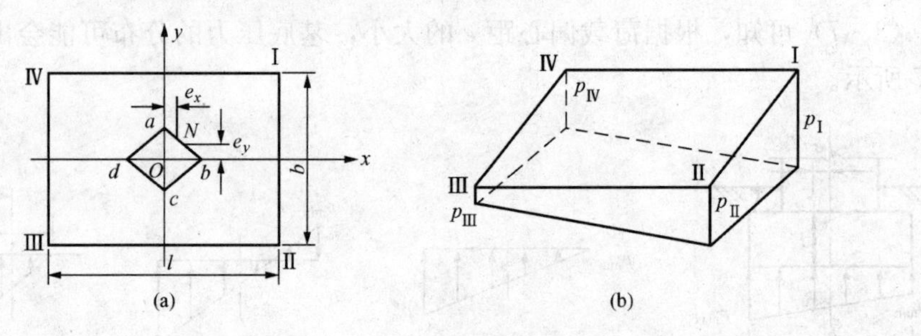

图 3－8 双轴偏心基底压力分布

（三）水平荷载作用

对于承受水压力或土压力等水平荷载作用的建筑物，假定由水平荷载 F_h 引起的基底水平应力 p_h 均匀分布于基础底面，则有

$$p_h=\frac{F_h}{A} \tag{3-12}$$

二、基底附加压力的计算

基底附加压力是作用在基础底面的压力与基础底面处原来的土中自重应力之差。一般浅基础总是置于天然地面下一定的深度，该处原有的自重应力由于基坑开挖而卸除。将建筑物建造后的基底压力扣除基底标高处原有的土自重应力后，才是基底平面处新增加于地基的基底附加压力。一般天然地层在自重作用下的变形早已完成，因此，只有附加应力才会产生地基变形。

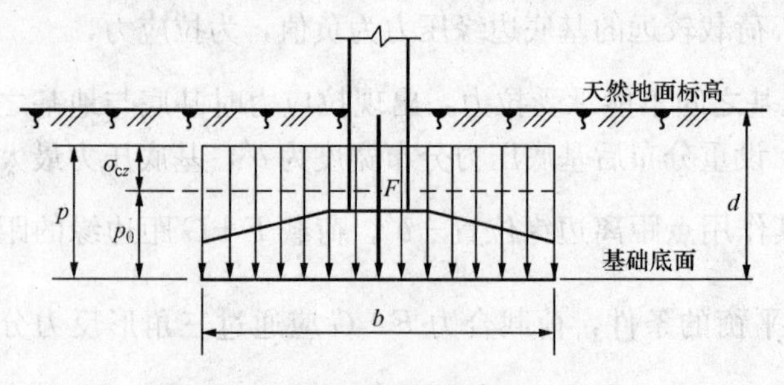

图 3－9 基底平均附加压力的计算

如图 3－9 所示，基底平均附加应力为

$$p_0=p-\sigma_{cz}=p-\gamma_0 d \tag{3-13}$$

式中 p——基底平均压力；

σ_{cz}——基础底面处的自重压力；

γ_0——基础底面标高以上天然土层的厚度加权平均重度，$\gamma_0=(\gamma_1 h_1+\gamma_2 h_2+\cdots)/(h_1+h_2+\cdots)$，其中地下水位下的重度取浮重度；

d——基础埋深，应从天然地面算起，对于有填方和挖方的情形，应从原天然地面起算。

计算出地基附加压力后，可将其看作是作用在弹性半空间表面上的局部荷载，根据弹性力学方法求解地基中的附加应力。必须指出，实际上基础一般均具有一定的埋深，因此，假定附加应力作用于地表面上，而运用弹性力学解答所得结果只是近似值，但对一般的浅基础来说，这种假设所造成的误差可忽略不计。

当基础的平面尺寸和深度较大时，基坑开挖会引起坑底的明显回弹。在沉降计算时，为考虑这种因素和再压缩而增加的沉降，适当地增加基底附加应力，改取 $p_0=p-\alpha\sigma_{cz}$ 其中 α 为 0～1 的系数。

3-4 集中荷载作用下土中应力计算

本节讨论地表作用有集中力的情况下，土中应力的计算。虽然集中力只在理论上有意义，实践中并不存在集中力，但集中力作用下土中应力解是一个最基本的公式，利用这一解答，通过叠加原理可以得到各种分布荷载作用下土中应力的计算公式。

一、竖向集中力作用在地表

在均匀各向同性半无限空间体表面作用有竖向集中力 F 时（图 3-10），在地基中任意一点 M 产生的应力分量及位移分量由法国数学家布辛奈斯克（Boussinesq）在 1885 年用弹性理论解出。当采用直角坐标时，有 6 个应力分量和 3 个位移分量。

1. 正应力

$$\sigma_z=\frac{3Fz^3}{2\pi R^5} \tag{3-14}$$

$$\sigma_x=\frac{3F}{2\pi}\left\{\frac{zx^2}{R^5}+\frac{1-2u}{3}\left[\frac{R^2-Rz-z^2}{R^3(R+z)}-\frac{x^2(2R+z)}{R^3(R+z)^2}\right]\right\} \tag{3-15}$$

$$\sigma_y=\frac{3F}{2\pi}\left\{\frac{zy^2}{R^5}+\frac{1-2\mu}{3}\left[\frac{R^2-Rz-z^2}{R^3(R+z)}-\frac{y^2(2R+z)}{R^3(R+z)^2}\right]\right\} \tag{3-16}$$

2. 剪应力

$$\tau_{xy}=\tau_{yx}=\frac{3F}{2\pi}\left[\frac{xyz}{R^5}-\frac{1-2\mu}{3}-\frac{xy(2R+z)}{R^3(R+z)^2}\right] \tag{3-17}$$

$$\tau_{yz}=\tau_{zy}=-\frac{3Fyz^2}{2\pi R^5} \tag{3-18}$$

$$\tau_{zx}=\tau_{xz}=-\frac{3Fxz^2}{2\pi R^5} \tag{3-19}$$

x、y、z 轴方向的位移

$$u=\frac{F(1+\mu)}{2\pi E}\left[\frac{xz}{R^3}-(1-2\mu)\frac{x}{R(R+z)}\right] \tag{3-20}$$

$$v=\frac{F(1+\mu)}{2\pi E}\left[\frac{yz}{R^3}-(1-2\mu)\frac{y}{R(R+z)}\right] \tag{3-21}$$

$$w=\frac{F(1+\mu)}{2\pi E}\left[\frac{z^2}{R^3}+2(1-\mu)\frac{1}{R}\right] \tag{3-22}$$

$$R=\sqrt{x^2+y^2+z^2}$$

式中　x、y、z——M 点坐标；

　　　E、μ——地基土的弹性模量及泊松比。

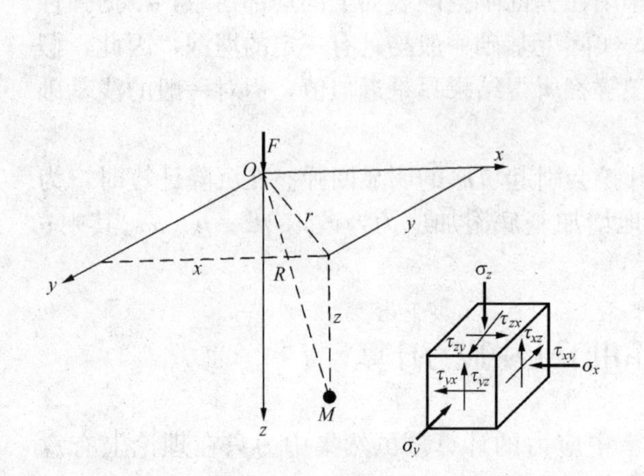

图 3-10　竖向集中荷载作用下土中应力计算

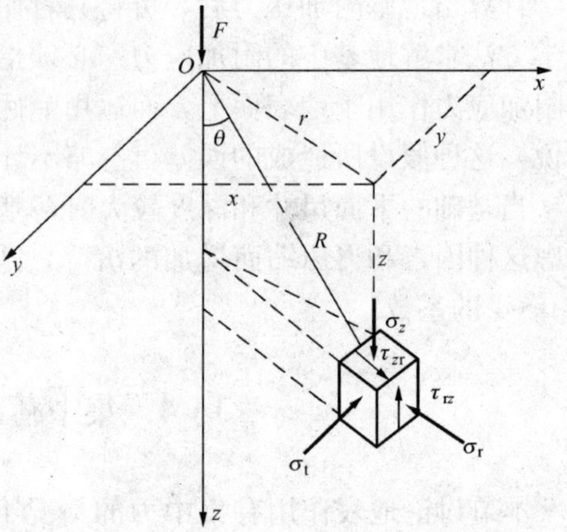

图 3-11　用极坐标表示的土中应力状态

当采用极坐标时，如图 3-11 所示，求得 M 点的应力为

$$\sigma_z=\frac{3F}{2\pi z^2}\cos^5\theta \tag{3-23}$$

$$\sigma_r=\frac{F}{2\pi z^2}\left[3\sin^2\theta\cos^3\theta-\frac{(1-2\mu)\cos^2\theta}{1+\cos\theta}\right] \tag{3-24}$$

$$\sigma_\theta=-\frac{F(1-2\mu)}{2\pi z^2}\left(\cos^3\theta-\frac{\cos^2\theta}{1+\cos\theta}\right) \tag{3-25}$$

$$\tau_{rz}=\frac{3F}{2\pi z^2}(\sin\theta\cos^4\theta) \tag{3-26}$$

$$\tau_{\theta r}=\tau_{r\theta}=0 \tag{3-27}$$

上述的应力及位移分量计算公式，在集中力作用点处是不适用的，因为当 $R\to 0$ 时，应力及位移趋于无穷大，这是不合理的。实际上不论多大的荷载都是通过一定的接触面积传递的，点荷载客观上并不存在；另外，当局部土承受足够大的应力时，土体已发生塑性变形，此时弹性理论已不再适用。

在应力及位移分量中，最常用的是竖向正应力 σ_z 及竖向位移 ω 的计算，为了方便起见，式（3-14）可改写为

$$\sigma_z=\frac{3Fz^3}{2\pi R^5}=\frac{3F}{2\pi z^2}\frac{1}{[1+(r/z)^2]^{\frac{5}{2}}}=\alpha\frac{F}{z^2} \tag{3-28}$$

式中，应力系数 $\alpha=\frac{3}{2\pi}\times\frac{1}{[1+(r/z)^2]^{\frac{5}{2}}}$ 是 r/z 的函数，可按表 3-1 取用，r 为计算点距点荷载 F 的距离。

表 3-1 集中荷载作用下的应力系数 α

r/z	α	r/z	α	r/z	α	r/z	α	r/z	α
0.00	0.4775	0.50	0.2733	1.00	0.0844	1.50	0.0251	2.00	0.0085
0.05	0.4745	0.55	0.2466	1.05	0.0744	1.55	0.0224	2.20	0.0058
0.10	0.4657	0.60	0.2214	1.10	0.0658	1.60	0.0200	2.40	0.0040
0.15	0.4516	0.65	0.1978	1.15	0.0581	1.65	0.0179	2.60	0.0029
0.20	0.4329	0.70	0.1762	1.20	0.0513	1.70	0.0160	2.80	0.0021
0.25	0.4103	0.75	0.1565	1.25	0.0454	1.75	0.0144	3.00	0.0015
0.30	0.3849	0.80	0.1386	1.30	0.0402	1.80	0.0129	3.60	0.0007
0.35	0.3577	0.85	0.1226	1.35	0.0357	1.85	0.0116	4.00	0.0004
0.40	0.3294	0.90	0.1083	1.40	0.0317	1.90	0.0105	4.50	0.0002
0.45	0.3011	0.95	0.0956	1.45	0.0282	1.95	0.0095	5.00	0.0001

在点荷载作用下，若需计算地面某点的沉降量，只需将该点的坐标 $z=0$、$R=r$ 代入式（3-22）可得该点的垂直位移

$$s=\omega=\frac{F(1-\mu^2)}{\pi E_0 r} \tag{3-29}$$

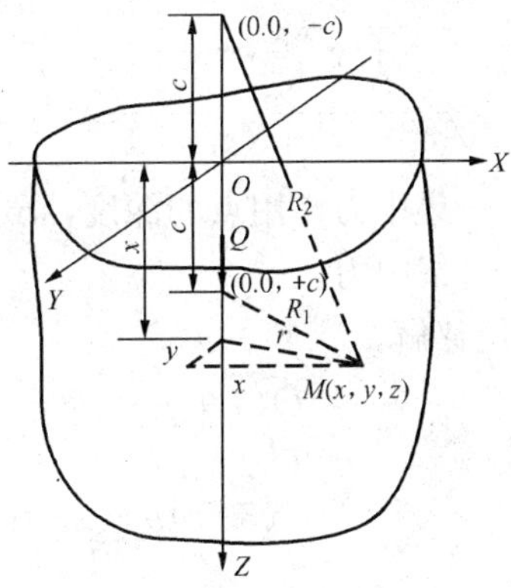

图 3-12 竖向集中力作用在弹性半无限体内引起的应力

二、竖向集中力作用在土体内部

工程实际中经常遇到集中力作用在土体内部的情况，此时布辛奈斯克解不再适用。集中力作用在土体内深度 c 处，土体内任意点 M 处（图 3-12）的应力和位移解由明德林（R. D. Mindlin）于 1936 求得

$$\sigma_x=\frac{Q}{8\pi(1-\mu)}\left\{-\frac{(1-2\mu)(z-c)}{R_1{}^3}+\frac{3x^2(z-c)}{R_1{}^5}-\frac{(1-2\mu)[3(z-c)-4\mu(z+c)]}{R_2{}^3}\right.$$
$$+\frac{3(3-4\mu)x^2(z-c)-6c(z+c)[(1-2\mu)z-2\mu c]}{R_2{}^5}+\frac{30cx^2z(z+c)}{R_2{}^7}$$
$$\left.+\frac{4(1-\mu)(1-2\mu)}{R_2(R_2+z+c)}\left[1-\frac{x^2}{R_2(R_2+z+c)}-\frac{x^2}{R_2{}^2}\right]\right\} \tag{3-30}$$

$$\sigma_y=\frac{Q}{8\pi(1-\mu)}\left\{-\frac{(1-2\mu)(z-c)}{R_1{}^3}+\frac{3y^2(z-c)}{R_1{}^5}-\frac{(1-2\mu)[3(z-c)-4\mu(z+c)]}{R_2{}^3}\right.$$
$$+\frac{3(3-4\mu)y^2(z-c)-6c(z+c)[(1-2\mu)z-2\mu c]}{R_2{}^5}+\frac{30cy^2z(z+c)}{R_2{}^7}$$
$$\left.+\frac{4(1-\mu)(1-2\mu)}{R_2(R_2+z+c)}\left[1-\frac{y^2}{R_2(R_2+z+c)}-\frac{y^2}{R_2{}^2}\right]\right\} \tag{3-31}$$

$$\sigma_z=\frac{Q}{8\pi(1-\mu)}\left[\frac{(1-2\mu)(z-c)}{R_1{}^3}-\frac{(1-2\mu)(z-c)}{R_2{}^3}+\frac{3(z-c)^3}{R_1{}^5}\right.$$

$$+\frac{3(3-4\mu)z(z+c)^2-3c(z+c)(5z-c)}{R_2^{\ 5}}+\frac{30cz(z+c)^3}{R_2^{\ 7}}\Bigg] \tag{3-32}$$

$$\tau_{yz}=\frac{Qy}{8\pi(1-\mu)}\Bigg[\frac{1-2\mu}{R_1^{\ 3}}-\frac{1-2\mu}{R_2^{\ 3}}+\frac{3(z-c)^2}{R_1^{\ 5}}+\frac{3(3-4\mu)z(z+c)-3c(3z+c)}{R_2^{\ 5}}$$
$$+\frac{30cz(z+c)^2}{R_2^{\ 7}}\Bigg] \tag{3-33}$$

$$\tau_{xz}=\frac{Qx}{8\pi(1-\mu)}\Bigg[\frac{1-2\mu}{R_1^{\ 3}}-\frac{1-2\mu}{R_2^{\ 3}}+\frac{3(z-c)^2}{R_1^{\ 5}}+\frac{3(3-4\mu)z(z+c)-3c(3z+c)}{R_2^{\ 5}}$$
$$+\frac{30cz(z+c)^2}{R_2^{\ 7}}\Bigg] \tag{3-34}$$

$$\tau_{xy}=\frac{Qxy}{8\pi(1-\mu)}\Bigg[\frac{3(z-c)}{R_1^{\ 5}}+\frac{3(3-4\mu)(z-c)}{R_2^{\ 5}}-\frac{4(1-\mu)(1-2\mu)}{R_2^{\ 2}(R_2+z+c)}$$
$$\times\left(\frac{1}{R_2+z+c}+\frac{1}{R_2}\right)+\frac{30cz(z+c)}{R_2^{\ 7}}\Bigg] \tag{3-35}$$

$$R_1=\sqrt{x^2+y^2+(z-c)^2}$$

$$R_2=\sqrt{x^2+y^2+(z+c)^2}$$

式中 c——集中力作用点的深度，m；

Q——集中力。

竖向位移解

$$\omega=\frac{Q(1+\mu)}{8\pi E(1-\mu)}\Bigg[\frac{3-4\mu}{R_1}+\frac{8(1-\mu)^2-(3-4\mu)}{R_2}+\frac{(z+c)^2}{R_1^{\ 3}}$$
$$+\frac{(3-4\mu)(z+c)^2-2cz}{R_2^{\ 3}}+\frac{6cz(z+c)^2}{R_2^{\ 5}}\Bigg] \tag{3-36}$$

当集中力作用点移至地表面，求解集中力作用点外地表面任一点的沉降，只要令 $c=0$，$z=0$，则式（3-36）与式（3-29）是完全相同的。因此布辛奈斯克解可看作是明德林解的特例。

三、多个集中力及不规则分布荷载作用在地表

如图 3-13 所示，当地基表面作用有 n 个集中力时，欲求地基中任意点 M 处的附加应力 σ_z，可先利用式（3-28）求出各集中力对该点引起的附加应力，然后根据弹性体应力叠加原理求出附加应力总和，即可得

$$\sigma_z=\alpha_1\frac{F_1}{z^2}+\alpha_2\frac{F_2}{z^2}+\cdots+\alpha_n\frac{F_n}{z^2}=\frac{1}{z^2}\sum\alpha_iF_i \tag{3-37}$$

【例 3-2】 如图 3-14 所示，有一矩形基础，$b=2$m，$l=4$m，作用均布荷载 $p=10$kPa，采用集中荷载公式计算矩形基础中点下深度 $z=2$m 及 10m 处的竖向应力 σ_z 值。

解 将基础分成 8 等份，每等份面积 $\Delta A=1\text{m}\times1\text{m}$，将基础上的分布荷载用 8 个等份集中力 Q_i 代替，则作用在每等份面积上的集中力 $Q_i=p\Delta A=10\times1=10$kN。

各集中力矩矩形基础中点 O 的距离分别为

$$Q_1,Q_4,Q_5,Q_8:r_1=\sqrt{0.5^2+1.5^2}=1.58\text{m}$$

$$Q_2,Q_3,Q_6,Q_7:\ r_2=\sqrt{0.5^2+0.5^2}=0.707\text{m}$$

先分别计算求解各集中力 Q_i 对基础中点 O 下深度 $z=2\text{m}$ 及 $z=10\text{m}$ 处的竖向应力 σ_z 值。

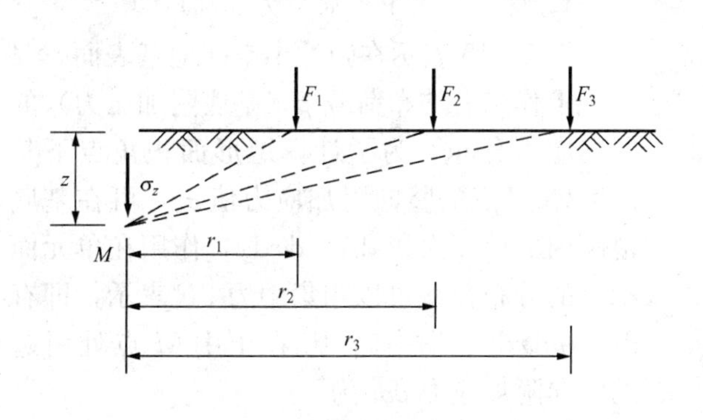

图 3-13 多个集中力作用下的附加应力

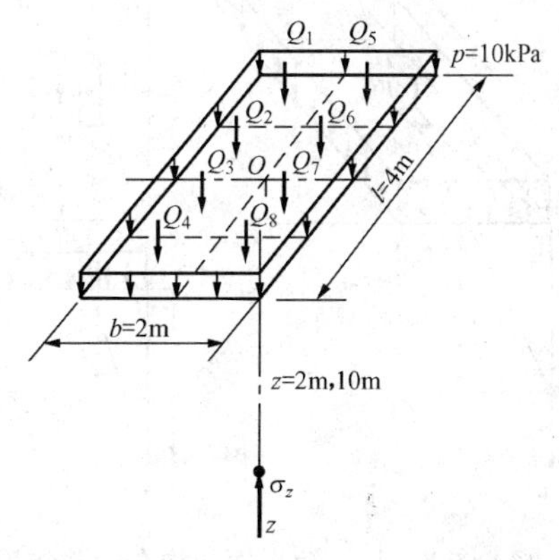

图 3-14 矩形均布荷载土中应力计算

表 3-2 为 σ_{zi} 计算表。

表 3-2 **σ_{zi} 计 算 表**

Q_i	z (m)	r (m)	r/z	α	$\sigma_{zi}=\frac{Q_i}{z^2}\alpha$ (kPa)
Q_1	2	1.58	0.791	0.142	0.355
Q_2	2	0.707	0.354	0.355	0.888
Q_1	10	1.58	0.158	0.449	0.045
Q_2	10	0.707	0.071	0.471	0.047

在 O 点下深度 $z=2\text{m}$ 处的竖应力为 8 个小分块求得的在同一深度处的竖向应力叠加

$$\sigma_z=\sum_{i=1}^{8}\sigma_{zi}=4\times(0.355+0.888)=4.97\text{kPa}$$

同理在 O 点下深度 $z=10\text{m}$ 处的竖向应力为

$$\sigma_z=\sum_{i=1}^{8}\sigma_{zi}=4\times(0.045+0.047)=0.368\text{kPa}$$

3-5 分布荷载作用下土中应力计算

工程实际中，荷载一般是通过一定面积的基础传给地基的。如果基础底面的形状和荷载（基底附加压力）分布规律已知，则可通过积分的方法求得相应的土中附加应力。土中附加应力计算一般分空间问题和平面问题来讨论。

一、空间问题的附加应力

如前所述，若荷载分布在有限面积范围内，那么土中应力与计算点处的空间坐标（x，y，z）有关，这类问题属于空间问题。集中荷载作用下的布辛奈斯克课题及下面将介绍的矩形面积分布荷载、圆形面积分布荷载下的解均为空间问题。

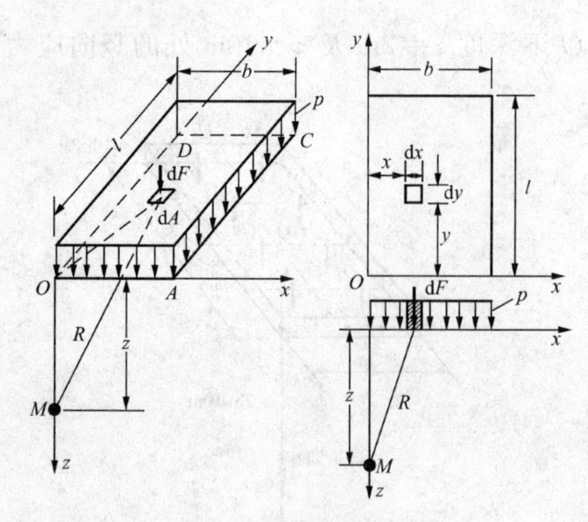

图 3-15 矩形面积均布荷载作用下角点下竖向应力 σ_z 的计算

（一）矩形面积上作用均布荷载时土中竖向应力计算

1. 角点下土中竖向应力 σ_z 的计算

图 3-15 表示在弹性半空间地基表面 $l\times b$ 面积上作用有均布荷载 p（基底附加压力）的竖向应力分布。为了计算矩形面积角点下某深度处 M 点的竖向附加应力值 σ_z，可在基底范围内取单元面积 $dA=dxdy$，作用在单元面积上的分布荷载可以用集中力 dF 表示，即有 $dF=pdxdy$。集中力 dF 在土中 M 点处引起的竖向附加应力 $d\sigma_z$ 为

$$d\sigma_z=\frac{3dF}{2\pi}\times\frac{z^3}{R^5}=\frac{3}{2\pi}\frac{pz^3}{(x^2+y^2+z^2)^{5/2}}dxdy \tag{3-38}$$

则在矩形面积均布荷载 p 作用下，土中 M 点的竖向应力 σ_z 值，可以在基础面积范围内进行积分求得，即

$$\begin{aligned}\sigma_z&=\iint_A d\sigma_z=\frac{3z^3}{2\pi}p\int_0^l\int_0^b\frac{1}{(x^2+y^2+z^2)}dxdy\\&=\frac{p}{2\pi}\left[\frac{mn(1+n^2+2m^2)}{(m^2+n^2)(1+m^2)\sqrt{1+m^2+n^2}}+\arctan\frac{n}{m\sqrt{1+n^2+m^2}}\right]\\&=\alpha_a p\end{aligned} \tag{3-39}$$

$$\alpha_a=\frac{1}{2\pi}\left[\frac{mn(1+n^2+2m^2)}{(m^2+n^2)(1+m^2)\sqrt{1+m^2+n^2}}+\arctan\frac{n}{m\sqrt{1+n^2+m^2}}\right] \tag{3-40}$$

式中 α_a——角点应力系数，是 $n=\frac{l}{b}$ 和 $m=\frac{z}{b}$ 的函数，可查表 3-3 选用；

l——矩形面积长边；

b——矩形面积短边；

z——计算点的深度。

表 3-3 矩形面积上作用均布荷载角点下竖向应力系数 α_a

$m=\frac{z}{b}$	$n=\frac{l}{b}$									
	1.0	1.2	1.4	1.6	1.8	2.0	3.0	4.0	5.0	10.0
0	0.250	0.250	0.250	0.250	0.250	0.250	0.250	0.250	0.250	0.250
0.2	0.249	0.249	0.249	0.249	0.249	0.249	0.249	0.249	0.249	0.249
0.4	0.240	0.242	0.243	0.243	0.244	0.244	0.244	0.244	0.244	0.244
0.6	0.223	0.228	0.230	0.232	0.232	0.233	0.234	0.234	0.234	0.234
0.8	0.200	0.208	0.212	0.215	0.217	0.218	0.220	0.220	0.220	0.220
1.0	0.175	0.185	0.191	0.196	0.198	0.200	0.203	0.204	0.204	0.205

续表

$m=\frac{z}{b}$	$n=\frac{l}{b}$									
	1.0	1.2	1.4	1.6	1.8	2.0	3.0	4.0	5.0	10.0
1.2	0.152	0.163	0.171	0.176	0.179	0.182	0.187	0.188	0.189	0.189
1.4	0.131	0.142	0.151	0.157	0.161	0.164	0.171	0.173	0.174	0.174
1.6	0.112	0.124	0.133	0.140	0.145	0.148	0.157	0.159	0.160	0.160
1.8	0.097	0.108	0.117	0.124	0.129	0.133	0.143	0.146	0.147	0.148
2.0	0.084	0.095	0.103	0.110	0.116	0.120	0.131	0.135	0.136	0.137
2.5	0.060	0.069	0.077	0.083	0.089	0.093	0.106	0.111	0.114	0.115
3.0	0.045	0.052	0.058	0.064	0.069	0.073	0.087	0.093	0.096	0.099
4.0	0.027	0.032	0.036	0.040	0.044	0.048	0.060	0.067	0.071	0.076
5.0	0.018	0.021	0.024	0.027	0.030	0.033	0.044	0.050	0.055	0.061
7.0	0.010	0.011	0.013	0.015	0.016	0.018	0.025	0.031	0.035	0.043
9.0	0.006	0.007	0.008	0.009	0.010	0.011	0.016	0.020	0.024	0.032
10.0	0.005	0.006	0.007	0.007	0.008	0.009	0.013	0.017	0.020	0.028

上述先确定角点系数 α_a，再计算角点下附加应力的方法称为角点法。

2. 土中任意点的竖向应力 σ_z 的计算

如图 3-16 所示，矩形面积 $abcd$ 上作用有均布荷载 p，计算任意点 M 处的竖向应力 σ_z。M 点的竖直投影点 A 可能在矩形面积 $abcd$ 范围之内，也可能在矩形面积 $abcd$ 范围之外。此时可以用式（3-34）按下述叠加方法进行计算。

如图 3-16（a）所示，若 A 点在矩形面积范围之内，则计算时可以通过 A 点将受荷面积 $abcd$ 划分为 4 个小矩形面积 $aeAh$、$ebAf$、$Agdh$ 和 $Afcg$。这时 A 点分别在 4 个小矩形面积的角点上，这样就可以用式（3-34）分别计算 4 个小矩形面积其均布荷载在角点 A 下 M 点处引起的竖向应力，叠加后得

$$\sigma_z=\sum\sigma_{zi}=\sigma_{z,aeAh}+\sigma_{z,ebAf}+\sigma_{z,Agdh}+\sigma_{z,Afcg}$$

同理，对 A 点在受荷面积之外的情况也可以计算。对图 3-16（b）所示情形，有

$$\sigma_z=\sum\sigma_{zi}=\sigma_{z,aeAh}-\sigma_{z,beAg}-\sigma_{z,dfAh}+\sigma_{z,cfAg}$$

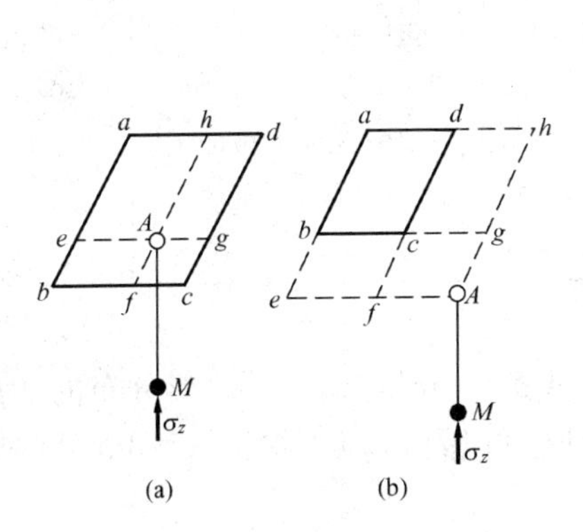

图 3-16　角点法示意图
（a）情形 1；（b）情形 2

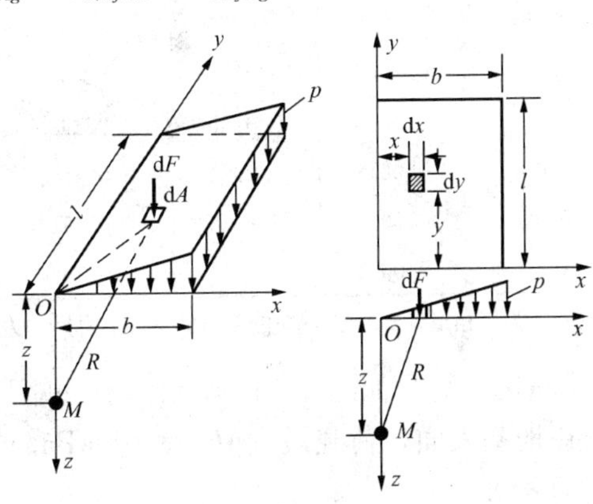

图 3-17　矩形面积上作用三角形分布荷载时 σ_z 计算

必须注意，在应用角点法计算每一块矩形面积的 α_a 时，l 恒为长边，b 恒为短边。

(二) 矩形面积上作用三角形分布荷载时土中竖向附加应力计算

如图 3-17 所示，在地基表面矩形面积 $l\times b$ 上作用有三角形分布荷载（最大值等于 p），计算荷载为 O 的角点下深度 z 处 M 点的竖向附加应力 σ_z 值。为此，将坐标原点取在荷载为 O 的角点上，z 轴通过 M 点。取单元面积 $dA=dxdy$，其上作用集中力 $dF=\frac{x}{b}p\,dxdy$，则同样可利用式（3-14）在基底面积范围内进行积分求得 σ_z，即

$$\sigma_z=\frac{3z^3}{2\pi}p\int_0^l\int_0^b\frac{x/b}{(x^2+y^2+z^2)^{5/2}}dxdy$$

$$=\frac{mn}{2\pi}\left[\frac{1}{\sqrt{n^2+m^2}}-\frac{m^2}{(1+m^2)\sqrt{1+n^2+m^2}}\right]p$$

$$=\alpha_t p \tag{3-41}$$

式中 α_t——应力系数，是 $n=\frac{l}{b}$ 和 $m=\frac{z}{b}$ 的函数，可由表 3-4 查得。

表 3-4 矩形面积上三角形分布荷载作用下，压力为零的角点以下竖向应力系数 α_t 值

$m=\frac{z}{b}$ \ $n=\frac{l}{b}$	0.2	0.6	1.0	1.4	1.8	3.0	8.0	10.0
0	0.0000	0.0000	0.0000	0.0000	0.0000	0.0000	0.0000	0.0000
0.2	0.0233	0.0296	0.0304	0.0305	0.0306	0.0306	0.0306	0.0306
0.4	0.0269	0.0487	0.0531	0.0543	0.0546	0.0548	0.0549	0.0549
0.6	0.0259	0.0560	0.0654	0.0684	0.0694	0.0701	0.0702	0.0702
0.8	0.0232	0.0553	0.0688	0.0739	0.0759	0.0773	0.0776	0.0776
1.0	0.0201	0.0508	0.0566	0.0735	0.0766	0.0790	0.0796	0.0796
1.2	0.0171	0.0450	0.0616	0.0698	0.0733	0.0774	0.0783	0.0783
1.4	0.0145	0.0392	0.0554	0.0644	0.0692	0.0739	0.0752	0.0753
1.6	0.0123	0.0339	0.0492	0.0586	0.0639	0.0697	0.0715	0.0715
1.8	0.0105	0.0294	0.0453	0.0528	0.0585	0.0652	0.0675	0.0675
2.0	0.0090	0.0255	0.0384	0.0474	0.0533	0.0607	0.0636	0.0636
2.5	0.0063	0.0183	0.0284	0.0362	0.0419	0.0514	0.0547	0.0548
3.0	0.0046	0.0135	0.0214	0.0230	0.0331	0.0419	0.0474	0.0476
5.0	0.0018	0.0054	0.0088	0.0120	0.0148	0.0214	0.0296	0.0301
7.0	0.0009	0.0028	0.0047	0.0064	0.0081	0.0124	0.0204	0.0212
10.0	0.0005	0.0014	0.0024	0.0033	0.0041	0.0066	0.0128	0.0139

注 b 为三角形荷载分布方向的基础边长，l 为另一方向的边长。

【例 3-3】 如图 3-18 所示，有一矩形面积基础 $l\times b=5m\times 3m$，三角形分布的荷载作用在地基表面，荷载最大值 $p=100kPa$。试计算在矩形面积内 O 点下深度 $z=3m$ 处的竖向应力 σ_z 值。

解 求解时需要通过两次叠加计算。第一次是荷载作用面积的叠加，可利用角点法计算；第二次是荷载分布图形的叠加。

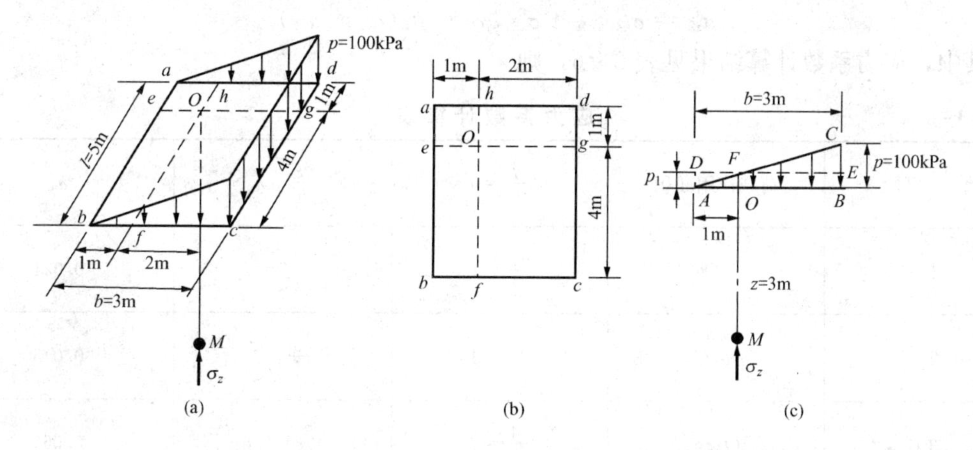

图 3-18 ［例 3-3］图

(1) 荷载作用面积的叠加。如图 3-18 (b) 所示，由于 O 点位于矩形 $abcd$ 面积内，通过 O 点将矩形面积划分为 4 块。假定其上作用均布荷载 p_1，即图 3-18 (c) 中的荷载 $DABE$。而 $p_1=100/3=33.3\text{kPa}$。则在 M 点处产生的竖向应力可用前面介绍的角点法计算，即

$$\sigma_{z1}=\sigma_{z1,aeOh}+\sigma_{z1,ebfO}+\sigma_{z1,Ofcg}+\sigma_{z1,hOgd}=p_1(\alpha_{a1}+\alpha_{a2}+\alpha_{a3}+\alpha_{a4})$$

其中各块面积的应力系数见表 3-5 计算结果。

表 3-5　　　　应力系数计算表

编　号	荷载作用面积	$\frac{l}{b}=n$	$\frac{z}{b}=m$	α_a
1	$aeOh$	$\frac{1}{1}=1$	$\frac{3}{1}=3$	0.045
2	$ebfO$	$\frac{4}{1}=4$	$\frac{3}{1}=3$	0.093
3	$Ofcg$	$\frac{4}{2}=2$	$\frac{3}{2}=1.5$	0.156
4	$hOgd$	$\frac{2}{1}=2$	$\frac{3}{1}=3$	0.073

于是可得

$$\sigma_{z1}=p_1\sum\alpha_{ai}=33.3\times(0.045+0.093+0.156+0.073)=33.3\times0.367=12.2\text{kPa}$$

(2) 荷载分布图形的叠加。由角点法求得的应力 σ_{z1} 是由均布荷载 p_1 引起的，但实际作用的荷载是三角形分布。

为此，可将三角形分布荷载 ABC 分割成 3 块，即均布荷载 $DABE$，三角形荷载 AFD 和 CFE。三角形荷载 ABC 等于均布荷载 $DABE$ 减去三角形荷载 AFD，再加上三角形荷载 CFE。然后将三块分布荷载产生的附加应力进行叠加即可。

三角形分布荷载 AFD 最大值为 p_1，作用在矩形面积 $aeOh$ 及 $ebfO$ 上，并且 O 点在荷载为 0 处。因此，它在 M 点引起的竖向应力 σ_{z2} 是两块矩形面积上三角形分布荷载引起的附加应力之和，即

$$\sigma_{z2}=\sigma_{z2,aeOh}+\sigma_{z2,ebfO}=p_1(\alpha_{t1}+\alpha_{t2})$$

其中，应力系数计算结果见表 3 - 6，则

表 3 - 6 **应力系数计算表**

编　号	荷载作用面积	$\frac{l}{b}=n$	$\frac{z}{b}=m$	α_a
1	*aeOh*	$\frac{1}{1}=1$	$\frac{3}{1}=3$	0.021
2	*ebfO*	$\frac{4}{1}=4$	$\frac{3}{1}=3$	0.045
3	*Ofcg*	$\frac{4}{2}=2$	$\frac{3}{2}=1.5$	0.069
4	*hOgd*	$\frac{1}{2}=0.5$	$\frac{3}{2}=1.5$	0.032

$$\sigma_{z2}=33.3\times(0.021+0.045)=2.2\text{kPa}$$

三角形分布荷载 CFE 的最大值为 $p-p_1$，作用在矩形面积 $Ofcg$ 及 $hOgd$ 上，同样 O 点也在荷载为 0 处。因此，它在 M 点处产生的竖向应力是这两块矩形面积上三角形分布荷载引起的附加应力之和，即

$$\sigma_{z3}=\sigma_{z3,Ofcg}+\sigma_{z3,hOgd}=(p-p_1)(\alpha_{t3}+\alpha_{t4})=(100-33.3)\times(0.069+0.032)=6.7\text{kPa}$$

将上述计算结果进行叠加，即可求得三角形分布荷载 ABC 在 M 点产生的竖向应力

$$\sigma_z=\sigma_{z1}-\sigma_{z2}+\sigma_{z3}=12.2-2.2+6.7=16.7\text{kPa}$$

（三）圆形面积上作用均布荷载时土中竖向附加应力计算

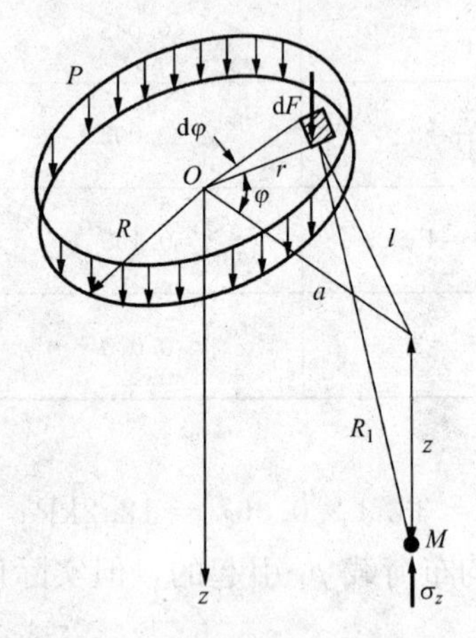

图 3 - 19　圆形面积均布荷载作用下土中应力

如图 3 - 19 所示，在半径为 R 的圆形面积上作用有均布荷载 p，计算土中任一点 $M(a,z)$ 的竖向应力。采用极坐标表示，原点取在圆心 O 处。在圆形面积内取单元面积 $dA=rd\varphi dr$，其上作用集中荷载 $dF=pdA=prd\varphi dr$。同样可利用式（3 - 14）在圆面积范围内进行积分求得竖向附加应力值，这里应注意式（3 - 14）中的 R 在图 3 - 19 中用 R_1 表示，即

$$R_1=\sqrt{l^2+z^2}=(r^2+a^2-2ra\cos\varphi+z^2)^{1/2}$$

竖向附加应力 σ_z 值为

$$\sigma_z=\frac{3pz^3}{2\pi}\int_0^{2\pi}\int_0^R\frac{rdrd\varphi}{(r^2+a^2-2ra\cos\varphi+z^2)^{5/2}}=\alpha_c p \tag{3 - 42}$$

式中　α_c——应力系数，它是$\frac{a}{R}$和$\frac{z}{R}$的函数，可由表 3 - 7 查得；

R——圆的半径；

a——应力计算点 M 到 z 轴的水平距离。

表 3-7　　圆形面积上均布荷载作用下的竖向应力系数 α_c 值

$\frac{z}{R}$ \ $\frac{r}{R}$	0	0.2	0.4	0.6	0.8	1.0	1.2	1.4	1.6	1.8	2.0	3.0	4.0
0.0	1.000	1.000	1.000	1.000	1.000	0.500	0.000	0.000	0.000	0.000	0.000	0.000	0.000
0.2	0.992	0.991	0.987	0.970	0.890	0.468	0.077	0.015	0.005	0.002	0.001	0.000	0.000
0.4	0.949	0.943	0.920	0.860	0.712	0.435	0.181	0.065	0.026	0.012	0.006	0.001	0.000
0.6	0.864	0.852	0.813	0.733	0.501	0.400	0.224	0.113	0.056	0.029	0.016	0.002	0.000
0.8	0.756	0.742	0.699	0.619	0.504	0.366	0.237	0.142	0.083	0.048	0.029	0.004	0.001
1.0	0.646	0.633	0.593	0.525	0.434	0.332	0.235	0.157	0.102	0.065	0.042	0.007	0.002
1.2	0.547	0.535	0.502	0.447	0.377	0.300	0.226	0.162	0.113	0.078	0.053	0.010	0.003
1.4	0.461	0.452	0.425	0.383	0.329	0.270	0.212	0.161	0.118	0.088	0.062	0.014	0.004
1.6	0.390	0.383	0.362	0.330	0.288	0.243	0.197	0.156	0.120	0.090	0.068	0.017	0.005
1.8	0.332	0.327	0.311	0.285	0.254	0.218	0.182	0.148	0.118	0.092	0.072	0.021	0.006
2.0	0.285	0.280	0.268	0.248	0.224	0.196	0.167	0.140	0.114	0.092	0.074	0.024	0.008
2.2	0.246	0.242	0.233	0.218	0.198	0.176	0.153	0.131	0.109	0.090	0.074	0.026	0.009
2.4	0.214	0.211	0.203	0.192	0.176	0.159	0.146	0.122	0.101	0.087	0.073	0.028	0.011
2.6	0.187	0.185	0.179	0.170	0.158	0.144	0.129	0.113	0.098	0.084	0.071	0.030	0.012
2.8	0.165	0.163	0.159	0.151	0.141	0.130	0.118	0.105	0.092	0.080	0.069	0.031	0.013
3.0	0.146	0.145	0.141	0.135	0.127	0.118	0.108	0.097	0.087	0.077	0.067	0.032	0.014
3.4	0.117	0.116	0.114	0.110	0.105	0.098	0.091	0.084	0.076	0.068	0.061	0.032	0.016
3.8	0.096	0.095	0.093	0.091	0.087	0.083	0.078	0.073	0.067	0.061	0.053	0.032	0.017
4.2	0.079	0.079	0.078	0.076	0.073	0.070	0.067	0.063	0.059	0.054	0.050	0.031	0.018
4.6	0.067	0.067	0.066	0.064	0.063	0.060	0.058	0.055	0.052	0.048	0.045	0.030	0.018
5.0	0.057	0.057	0.056	0.055	0.054	0.052	0.050	0.048	0.046	0.043	0.041	0.028	0.018
5.5	0.048	0.048	0.047	0.046	0.045	0.044	0.043	0.041	0.039	0.038	0.036	0.026	0.017
6.0	0.040	0.040	0.040	0.039	0.039	0.038	0.037	0.036	0.034	0.033	0.031	0.024	0.017

二、平面应变问题的附加应力

如图 3-20 所示，在半无限体表面作用有无限长的条形荷载，荷载在宽度方向分布是任意的，但在长度方向的分布规律是相同的。此时土中任一点 M 的应力只与该点的平面坐标 (x, z) 有关，而与荷载长度方向 y 轴坐标无关，属于平面应变问题。实际上，在工程实践中不存在无限长条形分布荷载，但一般把路堤、土坝、挡土墙基础及长宽比 $l/b \geqslant 10$ 的条形基础等视作平面应变问题来进行分析，其计算结果能满足工程需要。

（一）线荷载作用下土中应力计算

如图 3-21 所示，在弹性半空间地基土表面无限长直线上作用有竖向均布线荷载 p，计算地基土中任一点 M 处的附加应力。该课题的解答首先由弗拉曼（Flamant）得到，故又称弗拉曼解。它可通过布辛奈斯克公式在线荷载分布方向上进行积分来计算土中任一点 M 的应力。

具体求解时，在线荷载上取微分长度 dy，可以将作用在上面的荷载 $p dy$ 看成是集中力，它在地基 M 点处引起的附加应力按布辛奈斯克解求得，进一步沿线荷载方向积分，即得线

荷载在 M 点引起的附加应力

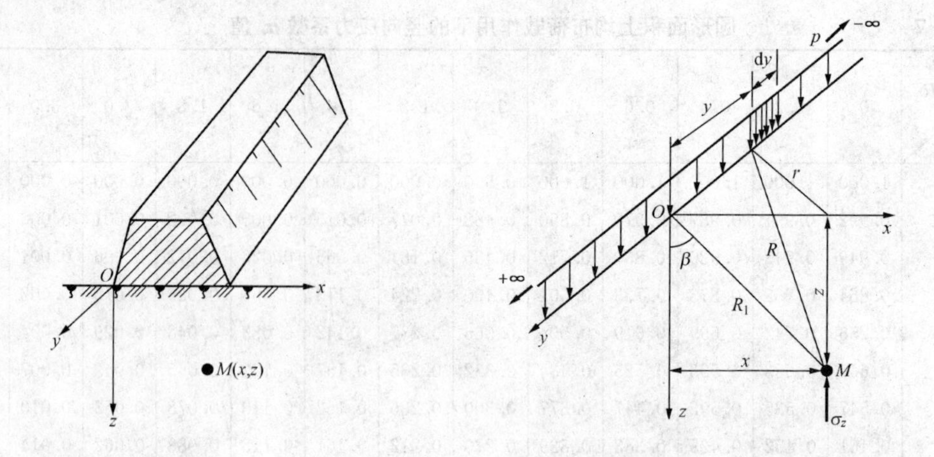

图 3-20　平面应变问题实例　　　　图 3-21　均布线荷载作用时土中应力计算

$$\sigma_z=\int_{-\infty}^{+\infty}\frac{3pz^3\mathrm{d}y}{2\pi(x^2+y^2+z^2)^{5/2}}=\frac{2pz^3}{\pi R^4}=\frac{2p}{\pi z}\cos^4\beta=\frac{2pz^3}{\pi(x^2+z^2)^2} \tag{3-43}$$

由于平面问题需要计算的独立应力分量只有 σ_z，σ_x 和 τ_{xz}，类似地，得

$$\sigma_x=\frac{2px^2z}{\pi(x^2+z^2)^2} \tag{3-44}$$

$$\tau_{xz}=\tau_{zx}=\frac{2pxz^2}{\pi(x^2+z^2)^2} \tag{3-45}$$

如图 3-21 所示，当采用极坐标表示时，$z=R_1\cos\beta$，$x=R_1\sin\beta$，代入式（3-43）～式（3-45），可得

$$\sigma_z=\frac{2p}{\pi R_1}\cos^3\beta \tag{3-46}$$

$$\sigma_x=\frac{p}{\pi R_1}\sin\beta\sin2\beta \tag{3-47}$$

$$\tau_{xz}=\frac{p}{\pi R_1}\cos\beta\sin2\beta \tag{3-48}$$

虽然线荷载只在理论意义上存在，但可以把它看作是条形面积在宽度趋于 0 时的特殊情况。以线荷载为基础，通过积分即可以推导出条形面积上作用有各种分布荷载时地基土附加应力的计算公式。

（二）均布条形荷载作用下土中应力 σ_z 计算

1. 土中任一点竖向应力的计算

如图 3-22 所示，在土体表面宽度为 b 的条形面积上作用均布荷载 p，计算土中任一点 M（x，z）的竖向应力 σ_z。为此，在条形荷载的宽度方向上取微分宽度 $\mathrm{d}\xi$，将其上作用的荷载 $\mathrm{d}p=p\mathrm{d}\xi$ 视为线荷载，$\mathrm{d}p$ 在 M 点处引起的竖向附加应力为 $\mathrm{d}\sigma_z$，利用式（3-43）求得，然后在荷载分布宽度范围 b 内进行积分，即可求得整个条形荷载在 M 点处引起的附加应力 σ_z 为

$$\sigma_z=\int_0^b\mathrm{d}\sigma_z=\int_0^b\frac{2z^3p\mathrm{d}\xi}{\pi[(x-\xi)^2+z^2]^2}$$

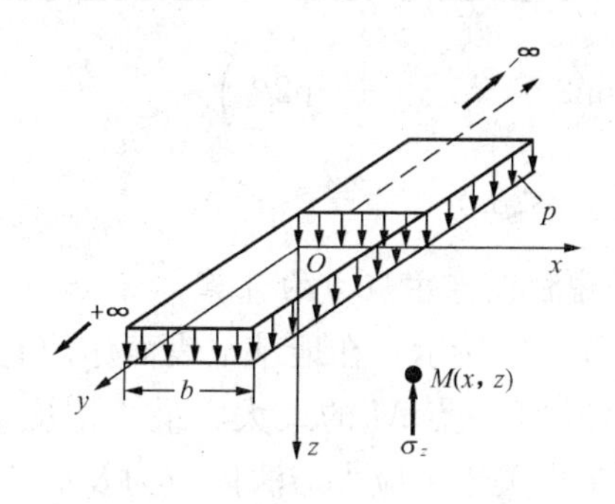

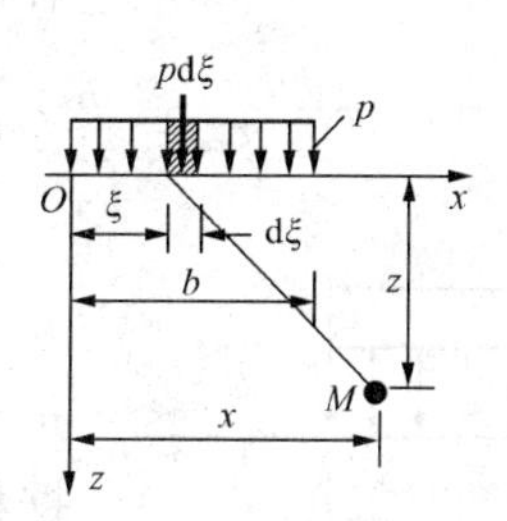

图 3-22 均布条形荷载作用下土中应力计算

$$= \frac{p}{\pi}\left[\arctan\frac{n}{m} + \arctan\frac{n-1}{m} + \frac{mn}{m^2+n^2} - \frac{n(m-1)}{n^2+(m-1)^2}\right] = \alpha_u p \qquad (3-49)$$

式中 α_u——应力系数，是 $n=\frac{x}{b}$ 和 $m=\frac{z}{b}$ 的函数，可查表 3-8 求得。

表 3-8 均布条形荷载应力系数 α_u 值

$n=\frac{x}{b}$	$m=\frac{z}{b}$											
	0.0	0.2	0.4	0.6	0.8	1.0	1.2	1.4	2.0	3.0	4.0	6.0
0	0.500	0.498	0.489	0.468	0.440	0.409	0.375	0.345	0.275	0.198	0.153	0.104
0.25	1.000	0.937	0.797	0.679	0.586	0.510	0.450	0.400	0.298	0.206	0.156	0.105
0.50	1.000	0.977	0.881	0.755	0.612	0.550	0.477	0.420	0.306	0.208	0.158	0.106
0.75	1.000	0.937	0.797	0.679	0.586	0.510	0.450	0.400	0.298	0.206	0.156	0.105
1.00	0.500	0.498	0.489	0.468	0.440	0.409	0.375	0.345	0.275	0.198	0.153	0.104
1.25	0.000	0.059	0.173	0.243	0.276	0.288	0.287	0.279	0.242	0.186	0.147	0.102
1.50	0.000	0.011	0.056	0.111	0.155	0.185	0.202	0.210	0.205	0.171	0.140	0.100
2.00	0.000	0.001	0.010	0.026	0.048	0.071	0.091	0.107	0.134	0.136	0.122	0.094

当采用极坐标表示时，如图 3-23 所示，记 M 点到条形荷载边缘的连线与竖直线之间的夹角分别为 β_1 和 β_2，并作如下的正负号规定：从竖直线 MN 到连线逆时针旋转时为正，反之为负，可见，在图 3-23 中的 β_1 和 β_2 均为正值。

取单元荷载宽度 dx，则有 $dx=\frac{Rd\beta}{\cos\beta}$，利用极坐标表示的弗拉曼公式（3-46）～式（3-48），在荷载分布宽度 b 范围内积分，同样可求得 M 点的应力表达式，即得条形均布荷载作用下地基附加应力的另一表达式

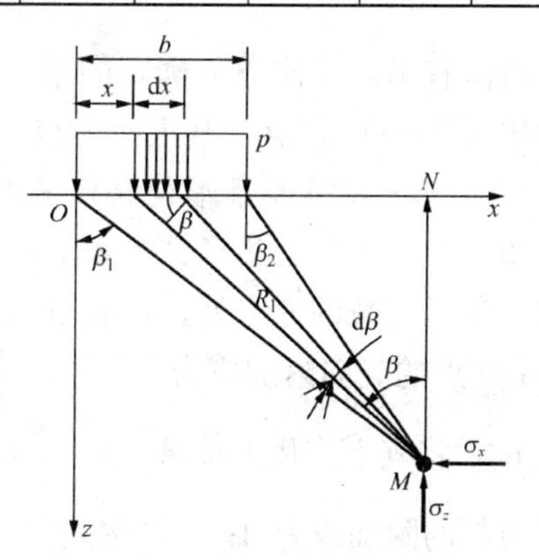

图 3-23 用极坐标表示的均布条形荷载作用下土中应力计算

$$\sigma_z = \frac{2p}{\pi R_1}\int_{\beta_2}^{\beta_1}\cos^3\beta\frac{R_1}{\cos\beta}d\beta = \frac{2p}{\pi}\int_{\beta_2}^{\beta_1}\cos^2\beta d\beta$$

$$= \frac{p}{\pi}\left(\beta_1 + \frac{1}{2}\sin2\beta_1 - \beta_2 - \frac{1}{2}\sin2\beta_2\right) \qquad (3-50)$$

$$\sigma_x=\frac{p}{\pi}\left(\beta_1-\frac{1}{2}\sin2\beta_1-\beta_2+\frac{1}{2}\sin2\beta_2\right) \tag{3-51}$$

$$\tau_{xz}=\frac{p}{2\pi}(\cos2\beta_2-\cos2\beta_1) \tag{3-52}$$

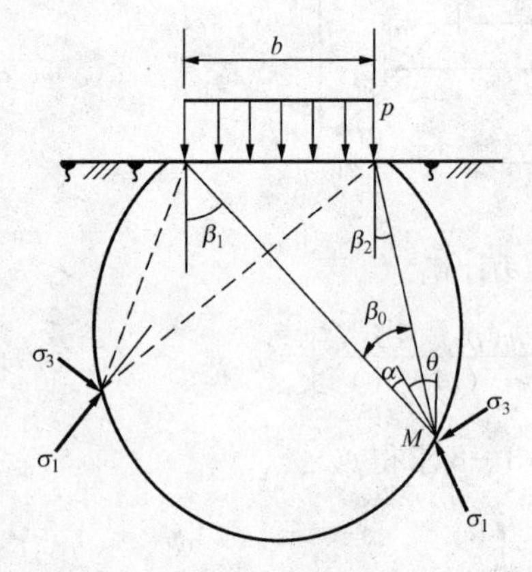

图 3 - 24　均布条形荷载作用下土中主应力计算

2. 土中任一点主应力的计算

如图 3 - 24 所示，在地基土表面作用有均布条形荷载 p，计算土中任一点 M 的最大、最小主应力 σ_1 和 σ_3。根据材料力学中关于主应力与法向应力及剪应力之间的相互关系，可得

$$\left.\begin{matrix}\sigma_1\\\sigma_3\end{matrix}\right\}=\frac{\sigma_x+\sigma_z}{2}\pm\sqrt{\left(\frac{\sigma_x-\sigma_z}{2}\right)^2+\tau_{xz}^2} \tag{3-53}$$

$$\tan2\theta=\frac{2\tau_{xz}}{\sigma_z-\sigma_x} \tag{3-54}$$

式中　θ——最大主应力的作用方向与竖直线间的夹角。

将式（3 - 50）～式（3 - 52）代入式（3 - 53）、式（3 - 54），即可得到 M 点的主应力表达式及其作用方向，即

$$\left.\begin{matrix}\sigma_1\\\sigma_3\end{matrix}\right\}=\frac{p}{\pi}[(\beta_1-\beta_2)\pm\sin(\beta_1-\beta_2)] \tag{3-55}$$

$$\theta=\frac{1}{2}(\beta_1+\beta_2) \tag{3-56}$$

由图 3 - 24 可知，假定 M 点到荷载宽度边缘连线的夹角为 β_0（一般称为视角），则 $\beta_0=\beta_1-\beta_2$，代入式（4 - 47），即可得到 M 点的主应力为

$$\left.\begin{matrix}\sigma_1\\\sigma_3\end{matrix}\right\}=\frac{p}{\pi}(\beta_0\pm\sin\beta_0) \tag{3-57}$$

可以看出，在荷载 p 确定的条件下，式（3 - 57）中仅包含一个变量 β_0，即表明地基土中视角 β_0 相等的各点，其主应力也相等。

（三）三角形分布条形荷载作用下土中应力计算

图 3 - 25 给出三角形分布条形荷载作下的情形，坐标轴原点取在三角形荷载的零点处，荷载分布最大值为 p，计算地基土中 $M(x,z)$ 点的竖向附加应力 σ_z。在条形荷载的宽度方向上取微分单元 $d\xi$，将其上作用的荷载 $dp=\frac{\xi}{b}p\,d\xi$ 视为线荷载，而 dp 在 M 点处引起的附加应力 $d\sigma_z$，可按式（3 - 43）确定，然后积分，则三角形分布条形荷载在 M 点处引起的附加应力 σ_z 为

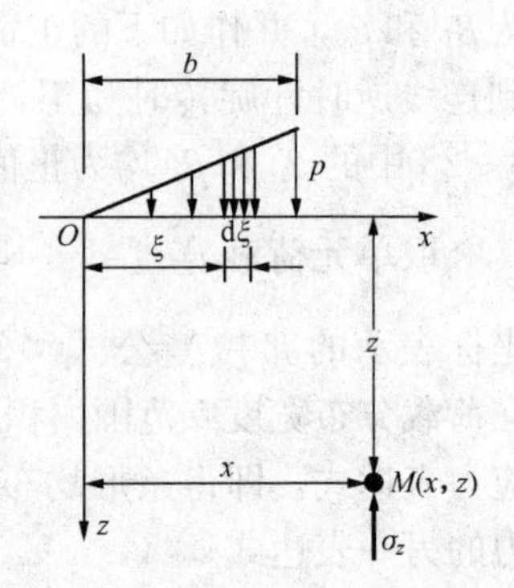

图 3 - 25　三角形分布条形荷载作用下土中应力计算

$$\begin{aligned}\sigma_z&=\frac{2z^3p}{\pi b}\int_0^b\frac{\xi d\xi}{[(x-\xi)^2+z^2]^2}\\&=\frac{p}{\pi}\left[n\left(\arctan\frac{n}{m}-\arctan\frac{n-1}{m}\right)-\frac{m(n-1)}{(n-1)^2+m^2}\right]\\&=\alpha_s p\end{aligned} \tag{3-58}$$

式中 α_s——应力系数，是 $n=\frac{x}{b}$ 和 $m=\frac{z}{b}$ 的函数，可从表3-9中查得。

表3-9　　三角形分布条形荷载作用下竖向应力系数 α_s

$m=\frac{z}{b}$	$n=\frac{x}{b}$										
	−1.5	−1.0	−0.5	0.0	0.25	0.50	0.75	1.0	1.5	2.0	2.5
0.00	0.000	0.000	0.000	0.000	0.250	0.500	0.750	0.500	0.000	0.000	0.000
0.25	0.000	0.000	0.001	0.075	0.256	0.480	0.643	0.424	0.017	0.003	0.000
0.50	0.002	0.003	0.023	0.127	0.263	0.410	0.477	0.353	0.056	0.017	0.003
0.75	0.006	0.016	0.042	0.153	0.248	0.335	0.361	0.293	0.108	0.024	0.009
1.00	0.014	0.025	0.061	0.159	0.223	0.275	0.279	0.241	0.129	0.045	0.013
1.50	0.020	0.048	0.096	0.145	0.178	0.200	0.202	0.185	0.124	0.062	0.041
2.00	0.033	0.061	0.092	0.127	0.146	0.155	0.163	0.153	0.108	0.069	0.050
3.00	0.050	0.064	0.080	0.096	0.103	0.104	0.108	0.104	0.090	0.071	0.050
4.00	0.051	0.060	0.067	0.075	0.078	0.085	0.082	0.075	0.073	0.060	0.049
5.00	0.047	0.052	0.057	0.059	0.062	0.063	0.063	0.065	0.061	0.051	0.047
6.00	0.041	0.041	0.050	0.051	0.052	0.053	0.053	0.053	0.050	0.050	0.045

【例3-4】 如图3-26所示，一路堤高度为5m，顶宽为10m，底宽20m，已知填土重度 $\gamma=20\text{kN/m}^3$。试求路堤中心线下 O 点及 M 点处的竖向附加应力 σ_z 值。

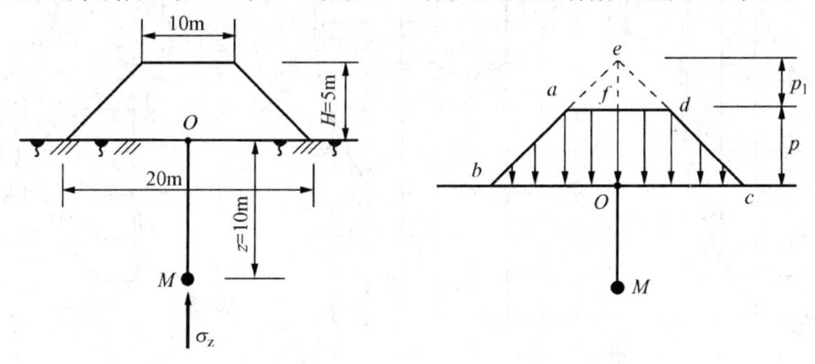

图3-26 ［例3-4］图

解 路堤填土的重力产生的荷载为梯形分布，其强度最大值 $p=\gamma H=20\times5=100\text{kPa}$。

将梯形荷载 $abcd$ 划分为三角形荷载 ebc 和三角形荷载 ead 之差，然后进行叠加计算，即

$$\sigma_z=2(\sigma_{z,ebO}-\sigma_{z,eaf})=2[\alpha_{s1}(p+p_1)-\alpha_{s2}p_1]$$

式中 p_1——三角形荷载 eaf 的最大值。

由三角形几何关系可知 $p_1=p=100\text{kPa}$。

应力系数可查表3-10，计算结果见表3-10。

表3-10　　应力系数 α_s 计算表

编号	荷载作用面积	$\frac{x}{b}$	O点（$z=0$）		M点（$z=10\text{m}$）	
			$\frac{z}{b}$	α_s	$\frac{z}{b}$	α_s
1	ebO	$\frac{10}{10}=1$	0	0.500	$\frac{10}{10}=1$	0.241
2	eaf	$\frac{5}{5}=1$	0	0.500	$\frac{10}{5}=2$	0.153

则 O 点竖向应力为

$$\sigma_z = 2 \times [0.5 \times (100 + 100) - 0.5 \times 100] = 100\text{kPa}$$

M 点竖向应力为

$$\sigma_z = 2 \times [0.241 \times (100 + 100) - 0.153 \times 100] = 65.8\text{kPa}$$

3-6 关于土中附加应力分布规律的讨论

一、地基附加应力的影响范围

图 3-27 为地基中附加应力的等值线图。可以看出，地基中的竖向附加应力 σ_z 具有如下的分布规律。

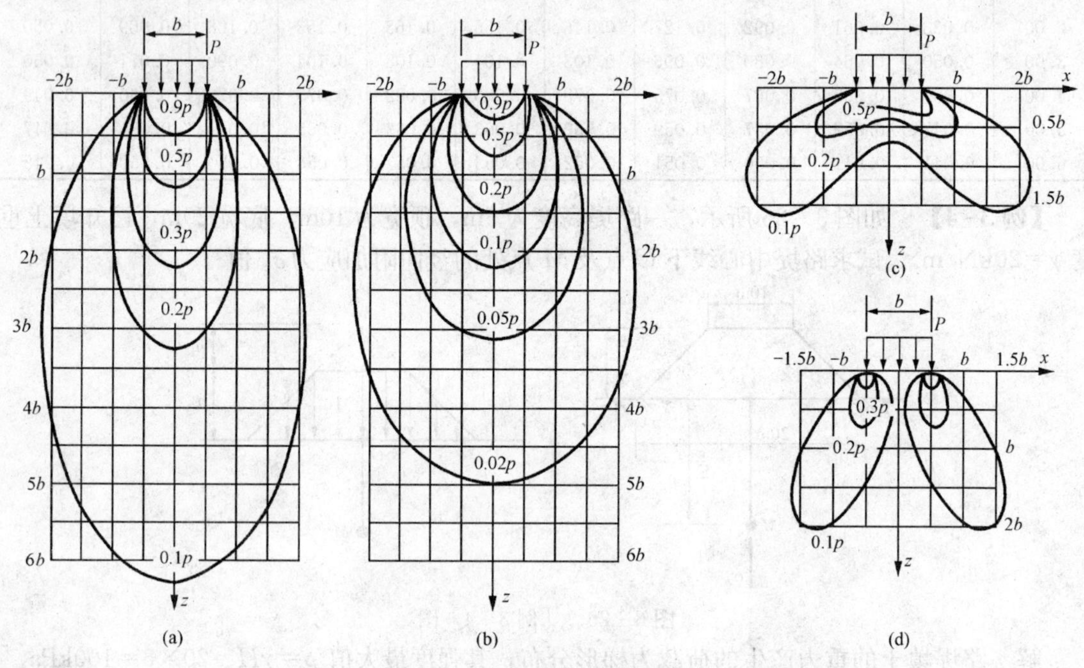

图 3-27 附加应力等值线

(a) 条形荷载下 σ_z 等值线；(b) 方形荷载下 σ_z 等值线；(c) 条形荷载下 σ_z 等值线；(d) 条形荷载下 τ_{xy} 等值线

(1) σ_z 的分布范围相当大，它不仅发生在荷载面积之内，而且还分布到荷载面积以外，这就是所谓的附加应力扩散现象。

(2) 在离基础底面（地基表面）不同深度 z 处的各个水平面上，以基底中心点下轴线处的 σ_z 为最大，并随离中心轴线距离的增大而减小。

(3) 在荷载分布范围内任意点的竖直线上，竖向附加应力 σ_z 随深度的增大而逐渐减小。

(4) 由图 3-27 (a) 与图 3-27 (b) 的比较可以看出，方形荷载所引起的 σ_z 的影响深度要比条形荷载小得多。例如，方形荷载中心下 $z=2b$ 处，$\sigma_z \approx 0.1p$，而在条形荷载下，$\sigma_z \approx 0.1p$ 的等值线则约在中心下 $z=6b$ 处通过。在基础工程中，一般把基础底面至深度 $\sigma_z \approx 0.2p$ 处（对条形荷载该深度约为 $3b$，对方形荷载约为 $1.5b$）的这部分土层称为主要受力层，其含义是：建筑物荷载主要由该部分土层来承担，而地基沉降的绝大部分是由该部分土层的压缩所引起的。

由图3-27（c）、（d）可见，水平向附加应力σ_x的影响范围较浅，表明基础下地基土的侧向变形主要发生在浅层，而剪应力τ_{xz}的最大值则出现于荷载边缘，故位于基础边缘下的土容易发生剪切破坏。

二、成层地基的影响

前面介绍的地基附加应力的计算一般均是考虑柔性荷载和均质各向同性土体的情况，因而求得的土中附加应力与土的性质无关，而实际土体则并非如此，例如，大多数建筑地基是由不同压缩性土层组成的成层地基。研究表明，由两种压缩特性不同的土层所构成的双层地基的应力分布与各向同性地基的应力分布不同。双层地基一般可分为两种情况：一种是坚硬土层上覆盖有较薄的可压缩土层；另一种是软弱土层上覆盖有一层压缩模量较高的硬壳层。

1. 可压缩土层覆盖在刚性岩层上的情形

对于可压缩土层覆盖在刚性岩层上的情况［图3-28（a）］，由弹性理论解可知，上层土中荷载中轴线附近的附加应力σ_z将比均质半无限体时增大；离开中轴线，应力逐渐减小，至某一距离后，应力小于均匀半无限体时的应力，这种现象称为“应力集中”现象。应力集中的程度主要与荷载宽度b和压缩层厚度h之比有关，即随b/h增大，应力集中现象将减弱。图3-29为条形均布荷载作用下，当岩层位于不同的深度时，中轴线上的σ_z分布图。可以看出，b/h比值愈小，应力集中的程度愈高。

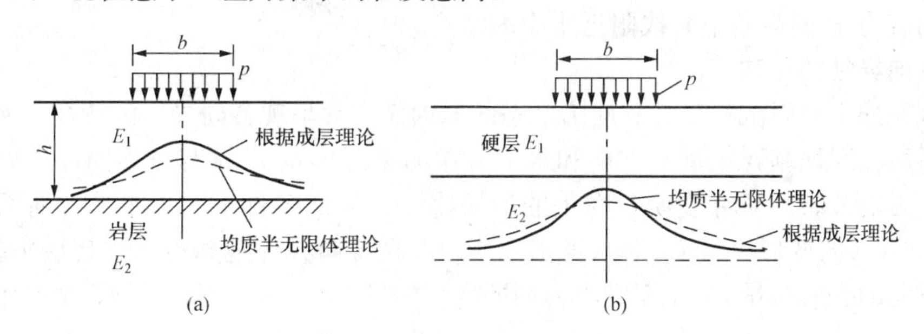

图3-28 成层地基对附加应力的影响

（a）$E_2>E_1$时的应力集中现象；（b）$E_2<E_1$时的应力扩散现象

2. 硬土层覆盖在软弱土层上的情形

对于硬土层覆盖在软弱土层上的情况［图3-28（b）］，荷载中轴线附近附加应力将有所减小，即出现应力扩散现象。由于应力分布比较均匀，地基的沉降也相应较为均匀。图3-30表示地基土层厚度为h_1、h_2、h_3，而相应的变形模量为E_1、E_2、E_3，地基表面受半径$r_0=1.6h_1$，的圆形荷载p作用时，荷载中心下土层中的附加应力σ_z分布情况。可以看出，当$E_1>E_2>E_3$时（曲线A、B），荷载中心下土层中的应力σ_z明显低于E为常数时（曲线C）均质土的情况。

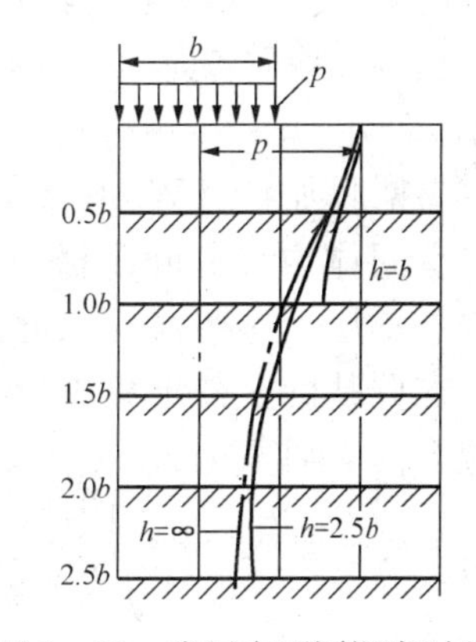

图3-29 岩层在不同深度时基础轴线下的竖向应力分布

双层地基中应力集中和扩散的概念有很大的实用意义。例如，在软土地区，当表面有一层硬壳层时，由于应力扩散

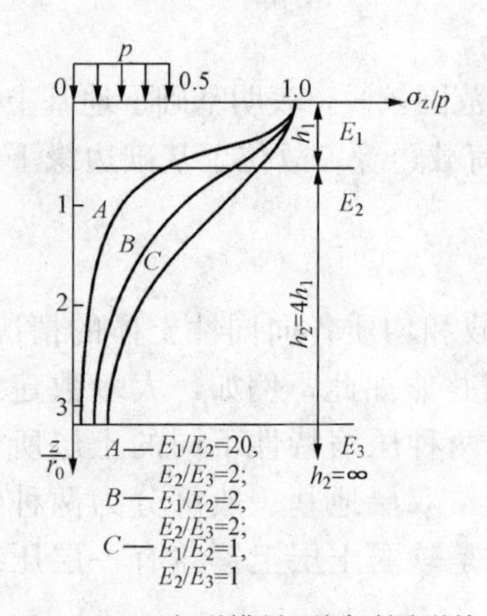

图 3-30 变形模量不同时圆形均布荷载中心线下的竖向应力分布

作用，可以减少地基的沉降，所以在设计中基础埋深应尽量浅一些，在施工中也应采取一定的保护措施，避免其遭受破坏。

三、变形模量随深度增大时地基中的附加应力

在工程应用中还会遇到另一种非均质现象，即地基土变形模量 E 随深度逐渐增大的情况，这在砂土地基中是十分常见的。弗罗利克（Frohlich）对这一问题进行了研究，给出在集中力 F 作用下地基中附加应力 σ_z 的半经验计算公式，即

$$\sigma_z=\frac{vP}{2\pi R^2}\cos^v\theta \qquad (3-59)$$

式中 v 为一大于 3 的应力集中系数。对于 E 为常数的均质弹性体，例如，对于均匀的粘土，取 $v=3$，其结果即为布辛奈斯克解；对于较密实的砂土，可取 $v=6$；对于介于粘土与砂土之间的土，可取 $v=3\sim6$。

此外，当 R 相同，$\theta=0$ 或很小时，v 愈大，σ_z 愈高；而当 θ 很大时则相反，即 v 愈大，σ_z 愈小。换言之，这类土的非均质现象将使地基中的应力向荷载的作用线附近集中。实际上，地面上作用的一般不可能是集中荷载，而是不同类型的分布荷载，此时根据应力叠加原理也可得到应力 σ_z 向荷载中心线附近集中的结论。

四、各向异性的影响

天然沉积的土层因沉积条件和应力状态的原因而常常呈现各向异性的特征。例如，层状结构的水平薄交互地基，在垂直方向和水平方向的变形模量 E 就有所不同，从而影响到土层中附加应力的分布。研究表明，在土的泊松比 μ 相同的条件下，当水平方向的变形模量 E_h 大于竖直方向的变形模量 E_v 时（即 $E_h>E_v$），在各向异性地基中将出现应力扩散现象；而当水平方向的变形模量 E_h 小于竖直方向的变形模量 E_v 时（即 $E_h<E_v$），地基中将出现应力集中现象。

沃尔夫（Wolf，1935）假定 $n=E_h/E_v$，为一大于 1 的常数，得到均布条形荷载 p 作用下竖向附加应力系数 α_u 与相对深度 z/b 的关系，如图 3-31（a）中实线所示，图中的虚线表示相应于均质各向同性时的解答。可见，当 $E_h>E_v$ 时，附加应力系数 α_u 随 n 值的增加而减小。

韦斯脱加特（Westerguard，1938）假设半空间体内夹有间距极小的，完全柔性的水平薄层，这些薄层只允许产生竖向变形，在此基础上得出集中荷载 F 作用下附加应力 σ_z 的计算公式

$$\sigma_z=\frac{C}{2\pi}\frac{1}{\left[C^2+\left(\frac{r}{z}\right)^2\right]^{3/2}}\frac{F}{z^2} \qquad (3-60)$$

$$C=\sqrt{\frac{1-2\mu}{2(1-\mu)}}$$

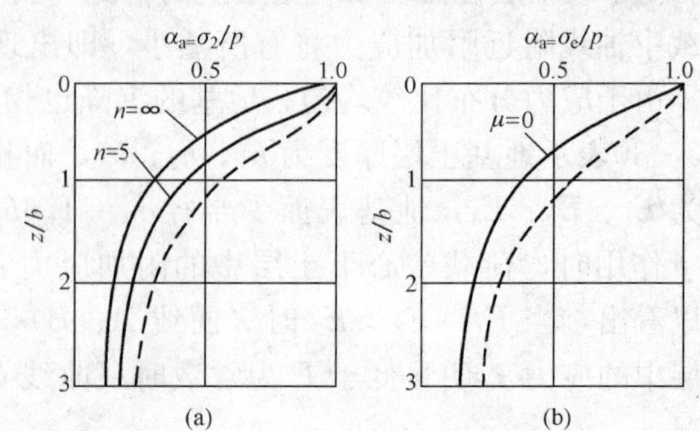

图 3-31 土中各向异性对应力系数的影响

(a) $E_h/E_v>1$；(b) 韦斯脱加特解（取 $\mu=0$）

式中　μ——柔性薄层的泊松比，如取 $\mu=0$，则有 $C=1/\sqrt{2}$。

韦斯脱加特进一步得到均布条形荷载下的解。图 3-31（b）给出均布条形荷载 p 作用下，中心线下的竖向附加应力系数 α_u 与 z/b 之间的关系。其中，实线表示有水平薄层存在时的解，而虚线表示均质各向同性条件下的解。

习　　题

3-1　某场地自上而下的土层分布为：第一层粉土，厚 3m，重度 γ 为 18kN/m^3；第二层粘土，厚 5m，水位以上重度为 18.4kN/m^3，饱和重度 $\gamma_{sat}=19.5$kN/m^3，地下水位距地表 5m，求地表下 6m 处的竖向自重应力，并绘出自重应力分布图形。

3-2　地下水位升降对土体自重应力有何影响？

3-3　某柱下方形基础边长 2m，埋深 $d=1.5$m，柱传给基础的竖向力 $F=800$kN，地下水位在地表下 0.5m 处，求基底压力及基底附加压力的大小。

3-4　简述柔性均布条形荷载作用下，地基中竖向附加应力 σ_z 的分布规律。

3-5　已知某柱下方形基础边长 2m，埋深 $d=1.5$m，柱传给基础的竖向力 $F=800$kN，地下水位在地表下 0.5m 处，求基底压力及基底附加压力的大小。

3-6　均布受荷面积如图 3-32 所示，求深度 10m 处，A 处的垂直附加应力为 O 点的百分之几？

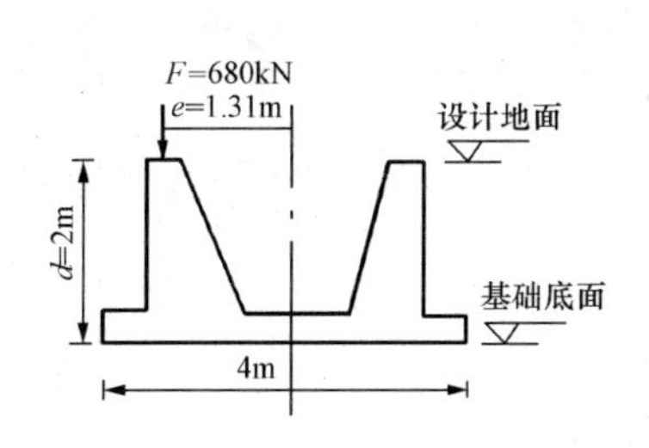

图 3-32　均布受荷面积

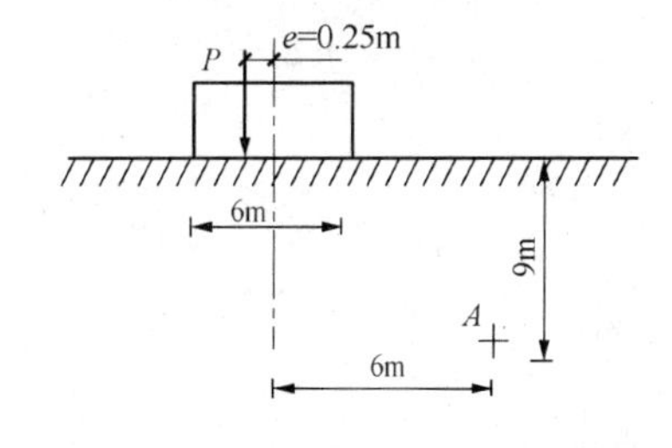

图 3-33　某构筑物基础

3-7　某构筑物基础如图 3-33 所示，在设计地面标高处偏心距为 1.31m，基础埋深为 2m，底面尺寸为 $b\times l=2\text{m}\times4\text{m}$，试绘出沿偏心方向的基底压力分布图。

3-8　已知条形基础宽 6m，集中荷载 $P=2400$kN/m，偏心距 $e=0.25$m，如图 3-34 所示。求 A 点的附加应力。

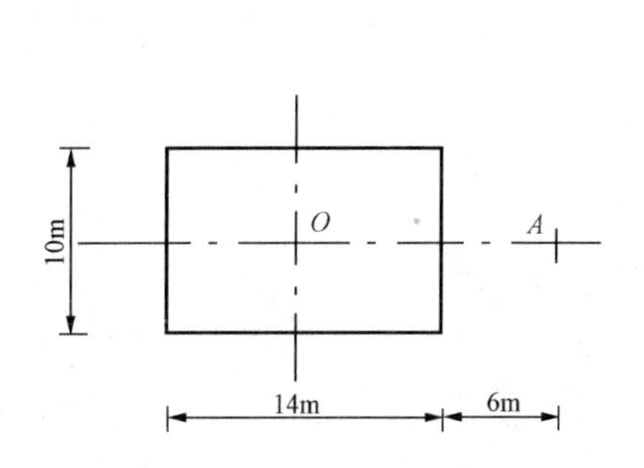

图 3-34　条形基础均布受荷面积

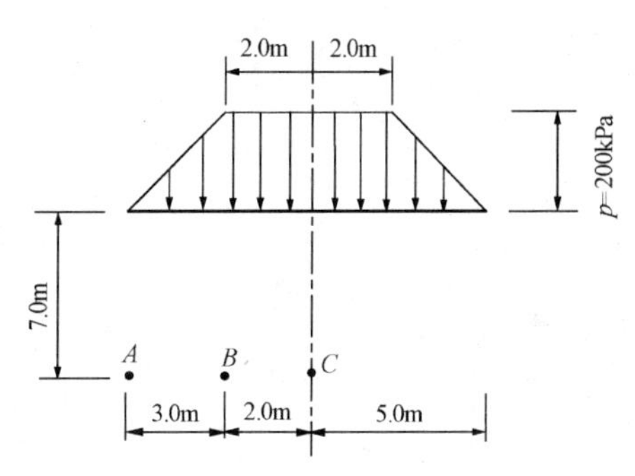

图 3-35　梯形条形荷载

3-9 如图3-35所示的梯形条形荷载，底部宽度为10m，顶部宽度为4m，荷载最大值 $p=200\text{kPa}$。求地基中 A、B、C 三点处的竖向附加应力。

3-10 有相邻两荷载面积 A 和 B，其尺寸、相对位置及所受荷载如图3-36所示。若考虑相邻荷载 B 的影响求出 A 荷载中心点下 $z=2\text{m}$ 深度处的竖向附加应力。

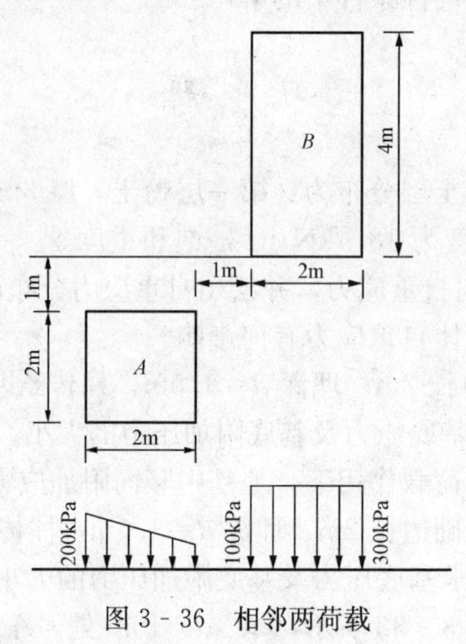

图3-36 相邻两荷载

第4章　土的压缩性与地基沉降

4-1　概　　述

土在压力作用下，体积缩小的现象称为土的压缩性。土的压缩是由于孔隙体积减小引起的。建筑物荷载在地基中产生附加应力，在附加应力作用下，地基土出现体积缩小，从而引起建筑物基础在竖直方向的位移（或下沉）称为沉降。某些特殊性土由于含水量的变化也会引起体积变形，如湿陷性黄土地基，由于含水量增高会引起建筑物的附加下沉，称为湿陷。在新近填土场地，自重应力使土体固结也可导致基础下沉。地基沉降一般指上部荷载引起的基础下沉，湿陷下沉和自重作用的固结下沉均可看作沉降的特殊形式。

除此之外某些大城市，如墨西哥、上海等由于大量开采地下水使地下水位普遍下降从而引起整个城市的普遍下沉。这可以用地下水位下降后地层的自重应力增大来解释。当然，实际问题是很复杂的，它还涉及工程地质、水文地质等方面的问题。

如果地基土各部分的竖向变形不相同，则在基础的不同部位会产生沉降差，使建筑物发生不均匀沉降。沉降量或沉降差（或不均匀沉降）过大不但会降低建筑物的使用价值，而且往往会造成建筑物的毁坏。

为了保证建筑物的安全和正常使用，我们必须预先对建筑物可能产生的最大沉降量和沉降差进行估算。如果建筑物可能产生的最大沉降量和沉降差在规定的允许范围之内，那么该建筑物的安全和正常使用一般是有保证的；否则，我们必须采取相应的工程措施以确保建筑物的安全和正常使用。

地基沉降量的大小与多种因素有关。首先与土的压缩性有关，易于压缩的土，基础的沉降大，而不易压缩的土，则基础的沉降小；其次，地基的沉降量与作用在基础上的荷载性质和大小有关。一般而言，荷载愈大，相应的基础沉降也愈大；而偏心或倾斜荷载所产生的沉降差要比中心荷载为大。本章首先讨论土的压缩性，然后介绍目前工程中常用的沉降计算方法，最后介绍沉降与时间的关系。

地基沉降的计算方法有很多，本章主要讲授两大类：

（1）弹性力学方法；

（2）单向压缩分层总和法。

地基沉降计算的弹性力学方法是基于半空间的弹性理论得到的计算方法。该方法以弹性半空间的竖向位移解答为基础，考虑了局部刚性荷载下的三维应力状态采用的土变形指标为变形模量和泊松比。当以排水条件下测定的变形模量 E_0 和泊松比 μ 计算刚性基础最终沉降和倾斜时，其结果反映了土体因剪切应变引起的瞬时沉降或倾斜和因体积压缩引起的固结沉降或倾斜两个分量之和。

单向压缩分层总和法包括传统单向压缩分层总和法、规范推荐的单向压缩分层总和法和考虑应力历史的单向压缩分层总和法。本章介绍的三种单向压缩分层总和法都是以压缩仪测得的非线性应力—应变关系、经分层线性化后进行地基沉降计算的。此法所需的土变形参数测定和计算方法都简易可行，故为一般工程所广泛采用，并积累了较多的经验。通常把单向压缩分层总和法的计算结果看成是地基最终沉降。

不论是弹性力学方法还是单向压缩分层总和法，计算参数通常均采用土体压缩稳定以后的指标，计算沉降量均可看作最终沉降量。最终沉降量是地基土层在基底压力作用下压缩稳定后的沉降量。

在建筑物荷载作用下，透水性大的饱和无粘性土，其压缩过程在短时间内就可以结束，可以不考虑时间影响，地基沉降量一般即指最终沉降量。相反，粘性土的透水性低，荷载作用下土中的水分只能慢慢排出，因此其压缩稳定所需的时间要比无粘性土长得多。土的压缩随时间而增长的过程，称为土的固结。对于饱和粘性土地基，经常需要知道一定固结程度或经过一定时间的沉降量有多大？此即固结沉降问题。饱和粘性土地基的固结沉降问题是十分重要的，本章对此亦作一介绍。

4-2 土的压缩性

计算地基沉降量时，必须取得土的压缩性指标，无论用室内试验或原位试验来测定它，应该力求试验条件与土的天然状态及其在外荷作用下的实际应力条件相适应。采用单向压缩分层总和法计算地基沉降时，常用不允许土样产生侧向变形（侧限条件）的室内压缩试验来测定土的压缩性指标，其试验条件虽与地基土的实际工作情况有出入，但仍有其实用价值。弹性力学方法采用变形模量计算地基沉降。

一、压缩曲线和压缩性指标

（一）压缩试验和压缩曲线

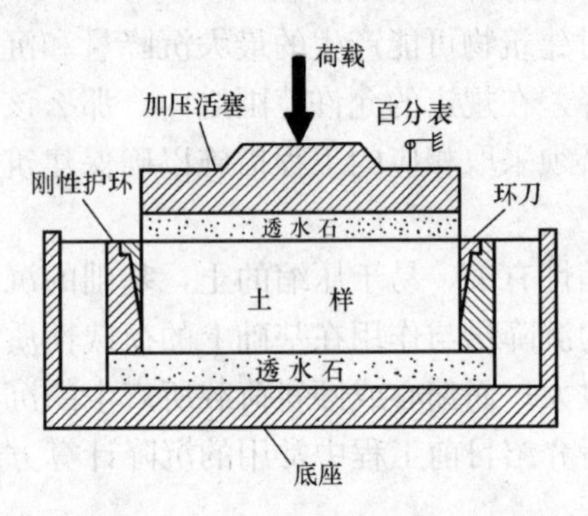

图 4-1 压缩仪的压缩容器简图

压缩曲线是室内土的压缩试验成果，它是土的孔隙比与所受压力的关系曲线。压缩试验时，用金属环刀切取保持天然结构的原状土样，并置于圆筒形压缩容器（图 4-1）的刚性护环内，土样上下各垫有一块透水石，土样受压后土中水可以自由排出。由于金属环刀和刚性护环的限制，土样在压力作用下只可能发生竖向压缩，而无侧向变形。土样在天然状态下或经人工饱和后，进行逐级加压固结，以便测定各级压力 p 作用下土样压缩至稳定的孔隙比变化。

设土样的初始高度为 H_0，受压后土样高度为 H，在外压力 p 作用下土样压缩至稳定的压缩量为 s，则有 $H=H_0-s$。根据土的孔隙比的定义，假设土粒体积 V_s 不变，则土样孔隙体积在压缩开始前为 e_0V_s，在压缩稳定后为 eV_s（图 4-2），e_0 为压缩前的初始空隙比，e 为压缩稳定后的空隙比。

为求土样压缩稳定后的孔隙比 e，利用受压前后土粒体积不变和土样横截面面积 A 不变的两个条件，可得

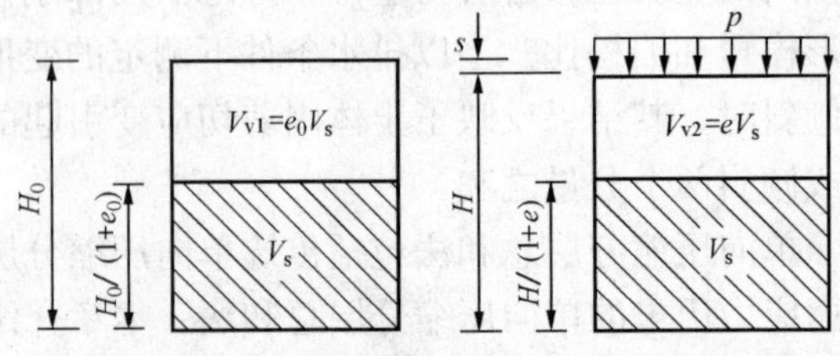

图 4-2 压缩试验中的土样孔隙比变化
（土样横截面面积不变）

$$\frac{V_s}{(1+e_0)V_s}H_0A=\frac{V_s}{(1+e)V_s}HA$$

$$\frac{H_0}{1+e_0}=\frac{H}{1+e}=\frac{H_0-s}{1+e} \tag{4-1a}$$

由此式得

$$e=e_0-\frac{s}{H_0}(1+e_0) \tag{4-1b}$$

式中，$e_0=\frac{d_s(1+w_0)\gamma_w}{\gamma_0}-1$，其中 d_s、w_0、γ_0 分别为土粒比重、土样的初始含水量和初始重度。

根据式（4-1b），在 e_0 已知的情况下，只要压缩试验测得对应压力 p 的压缩量 s，就可确定相应的孔隙比。这样，若施加不同的压力进行压缩试验，并确定相应的孔隙比，便可得到压力与孔隙比对应的一组数据，据此可绘制土的压缩曲线。

压缩曲线可按两种方式绘制，一种是采用普通直角坐标绘制的 e-p 曲线［图 4-3（a）］，在常规试验中，一般按 $p=$ 50kPa、100kPa、200kPa、300kPa、400kPa 五级加荷；另一种的横坐标则取 p 的常用对数取值，即采用半对数直角坐标纸绘制成 e-lg$p$ 曲线［图 4-3（b）］，试验时以较小的压力开始，采取小增量多级加荷，并加到较大的荷载（例如 1000kPa）为止。

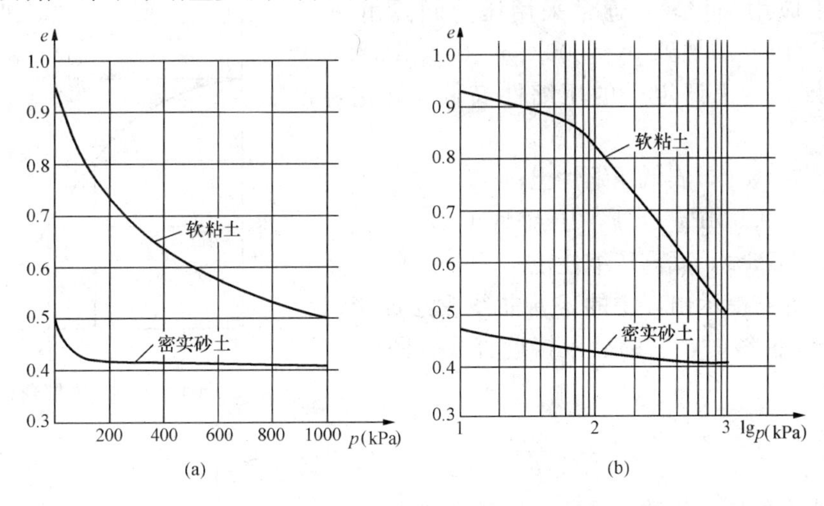

图 4-3　土的压缩曲线

（a）e-p 曲线；（b）e-lg$p$ 曲线

（二）土的压缩系数和压缩指数

压缩性不同的土，其 e-p 曲线是不一样的。曲线愈陡，说明随着压力的增加，土体的孔隙比减小愈显著，因而土的压缩性愈高。所以，曲线上任一点的切线斜率 a 就表示了相应压力 p 作用下土的压缩性，该斜率 a 称为压缩系数，表示为

$$a=-\frac{\mathrm{d}e}{\mathrm{d}p} \tag{4-2}$$

式中，随着压力 p 的增加，e 逐级减少，$\frac{\mathrm{d}e}{\mathrm{d}p}$为负值，负号使 a 取正值。

实用上，一般研究土中某点由原来的自重应力 p_1 增加到外荷作用下的土中应力 p_2（自重应力与附加应力之和）这一压力间隔所表征的压缩性。如图 4-4 所示，设压力由 p_1 增至 p_2，相应的孔隙比由 e_1 减小到 e_2，则与应力增量 $\Delta p=p_2-p_1$ 对应的孔隙比变化为 $\Delta e=$

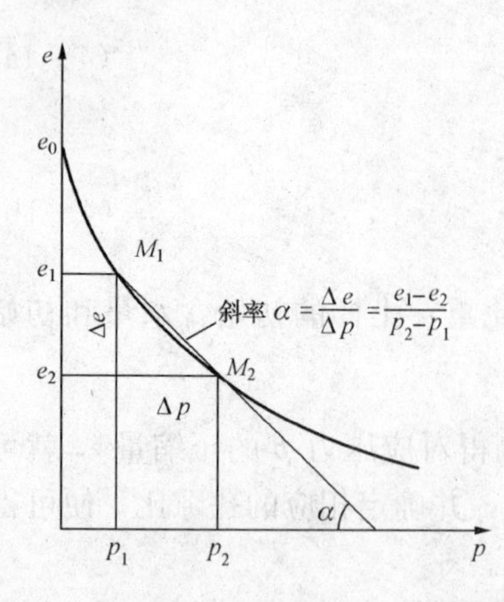

图 4-4 以 e-p 曲线确定压缩系数 a

e_1-e_2。此时，土的压缩性可用图中割线 M_1M_2 的斜率表示。设割线与横坐标的夹角为 α，则

$$a \approx \tan\alpha = \frac{\Delta e}{\Delta p} = \frac{e_1-e_2}{p_2-p_1} \tag{4-3}$$

式中 a——土的压缩系数，kPa^{-1} 或 MPa^{-1}；

p_1——一般是指地基某深度处土中竖向自重应力，kPa 或 MPa；

p_2——地基某深度处土中自重应力与附加应力之和，kPa 或 MPa；

e_1——相应于 p_1 作用下压缩稳定后的孔隙比；

e_2——相应于 p_2 作用下压缩稳定后的孔隙比。

由于 e 和 p 成曲线关系，则根据式（4-2）和式(4-3)可知，压缩系数是应力的函数，随应力大小、应力变化区间的变化而变化，压缩系数并不是常量。

为了便于应用和比较，通常采用压力间隔由 $p_1=$100kPa（0.1MPa）增加到 $p_2=$200kPa（0.2MPa）时所得的压缩系数 a_{1-2} 来评定土的压缩性高低，评定标准如下：

$a_{1-2}<0.1MPa^{-1}$，属低压缩性土；

$0.1\leqslant a_{1-2}<0.5MPa^{-1}$，属中压缩性土；

$a_{1-2}\geqslant 0.5MPa^{-1}$，属高压缩性土。

大量试验研究提示出，土的 e-p 曲线改绘成半对数压缩曲线 e-lg$p$ 曲线时，它的后段接近直线（图 4-5），其斜率 C_c 为

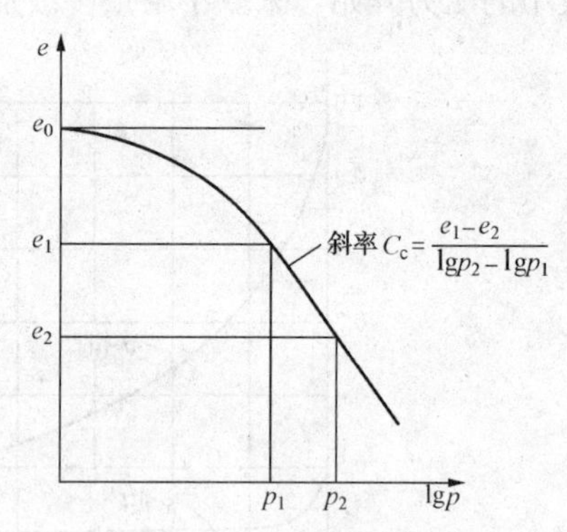

图 4-5 e-lg$p$ 曲线中求 C_c

$$C_c = \frac{e_1-e_2}{\lg p_2-\lg p_1} = (e_1-e_2)/\lg\frac{p_2}{p_1} \tag{4-4}$$

式中，C_c 称为土的压缩指数；其他符号意义同式(4-3)。

同压缩系数 a 一样，压缩指数 C_c 值越大，土的压缩性越高。从图 4-5 可见 C_c 与 a 不同，它在直线段范围内并不随压力而变，试验时要求斜率确定得很仔细，否则出入很大。低压缩性土的 C_c 值一般小于 0.2，C_c 值大于 0.4 一般属于高压缩性土。国内外广泛采用 e-lg$p$ 曲线来分析研究应力历史对土的压缩性的影响（见 4-6 节）。

（三）压缩模量（侧限压缩模量）

根据 e-p 曲线，可以求算另一个压缩性指标——压缩模量 E_s。它的定义是土在完全侧限条件下的竖向附加压应力与相应的应变增量之比值。土的压缩模量 E_s 可根据下式计算

$$E_s = \frac{1+e_1}{a} \tag{4-5}$$

式中 E_s——土的压缩模量，kPa 或 MPa；

a——土的压缩系数，kPa^{-1} 或 MPa^{-1}。

式（4-5）的推导：如果压缩曲线中的土样孔隙比变化（即 $\Delta e = e_1 - e_2$）为已知，则可反算相应的土样高度变化 $\Delta H = H_1 - H_2$。于是，可将式（4-1a）变换为（图4-6）

$$\frac{H_1}{1+e_1} = \frac{H_2}{1+e_2} = \frac{H_1 - \Delta H}{1+e_2} \tag{4-6a}$$

由此式得

$$\Delta H = \frac{e_1 - e_2}{1+e_1} H_1 = \frac{\Delta e}{1+e_1} H_1 \tag{4-6b}$$

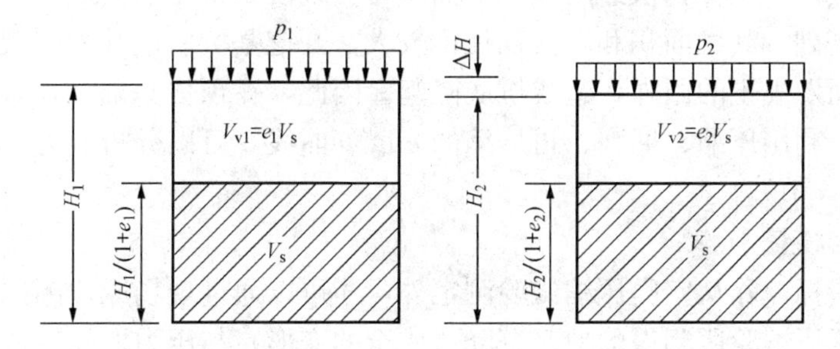

图4-6　侧限条件下土样高度变化与孔隙比变化的关系

（土样横截面面积不变）

由于

$$\Delta e = a\Delta p$$

则有

$$\Delta H = \frac{a\Delta p}{1+e_1} H_1 \tag{4-6c}$$

由此得侧限条件下压缩模量

$$E_s = \frac{\Delta p}{\Delta H / H_1} = \frac{1+e_1}{a} \tag{4-6d}$$

土的压缩模量 E_s 是以另一种方式表示土的压缩性指标，E_s 越小表示土的压缩性越高。同 a 一样，E_s 也是应力的函数。

（四）土的回弹曲线和再压缩曲线

在室内压缩试验过程中，如加压到某一压力值 p_i（相应于图4-7中 e-p 曲线上的 b 点）后不再加压，相反地，逐级进行卸压，则可观察到土样的回弹。若测得其回弹稳定后的孔隙

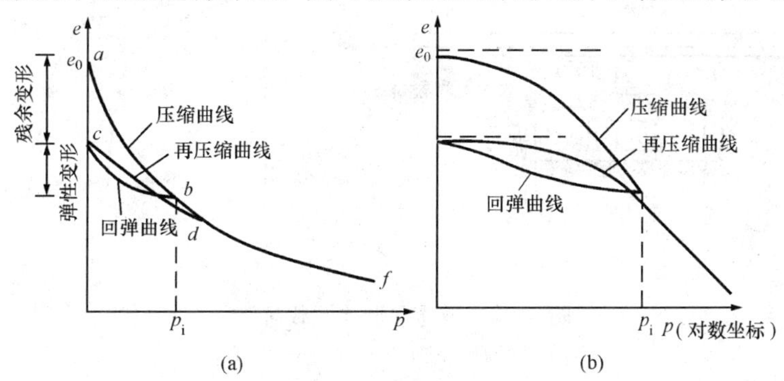

图4-7　土的回弹曲线和再压缩曲线

（a）e-p 曲线；（b）e-lg$p$ 曲线

比，则可绘制相应的孔隙比与压力的关系曲线（如图 4 - 7 中 bc 曲线所示），称为回弹曲线（或膨胀曲线）。由于土样已在压力 p_i 作用下压缩变形，卸压完毕后，土样并不能完全恢复到相当于初始孔隙比 e_0 的 a 点处，这就显示出土的压缩变形是由弹性变形和残余变形两部分组成的，而且以后者为主。若重新逐级加压，则可测得土样在各级荷载下再压缩稳定后的孔隙比，从而绘制再压缩曲线，如图中 cdf 所示。其中 df 段像是 ab 段的延续，犹如其间没有经过卸压和再压过程一样。半对数曲线（图 4 - 7 中 e-lg$p$ 曲线）e-lg$p$ 曲线由曲线段和直线段组成，直线段是土样初次经历压缩的曲线，曲线段是再压缩曲线。

某些类型的基础，其底面积和埋深往往都较大，开挖基坑后地基受到较大的减压（应力解除）作用，因而发生土的回弹，造成坑底隆起。因此，在预估基础沉降时，应该适当考虑这种影响。此外，利用压缩、回弹、再压缩的 e-lg p 曲线，可以分析应力历史对土的压缩性的影响（详见 4 - 6 节）。

二、土的变形模量

土的压缩性指标，除从室内压缩试验测定外，还可以通过现场原位测试取得。例如可以通过载荷试验或旁压试验所测得的地基沉降（或土的变形）与压力之间近似的比例关系，利用地基沉降的弹性力学公式来反算土的变形模量。土的变形模量 E_0 是指土体在无侧限条件下的应力与应变的比值。

地基土载荷试验属于现场原位测试。试验前先在现场试坑中竖立载荷架，使施加的荷载通过承压板（或称压板）传到地层中去，以便测试岩、土的力学性质，包括测定地基变形模量、地基承载力以及研究土的湿陷性质等。

图 4 - 8 所示为千斤顶形式的载荷架，其构造一般由加荷稳压装置、反力装置及观测装置三部分组成。加荷稳压装置包括承压板、立柱、加荷千斤顶及稳压器；反力装置包括地锚系统或堆重系统等；观测装置包括百分表及固定支架等。为积累资料，现行《建筑地基基础设计规范》（GB 50007—2002）规定承压板的底面积宜为 0.25～0.50m^2。对均质密实土（如密实砂土、老粘性土）可采用 0.25m^2，对软土及人工填土则不应小于 0.5m^2（正方形边长 0.707m×0.707m 或圆形直径 0.798m）。为模拟半空间地基表面的局部荷载，基坑宽度不应小于承压板宽度或直径的 3 倍，同时应保持试验土层的原状结构和天然湿度，宜在拟试压表面用粗砂或中砂层找平，其厚度不超过 20mm。

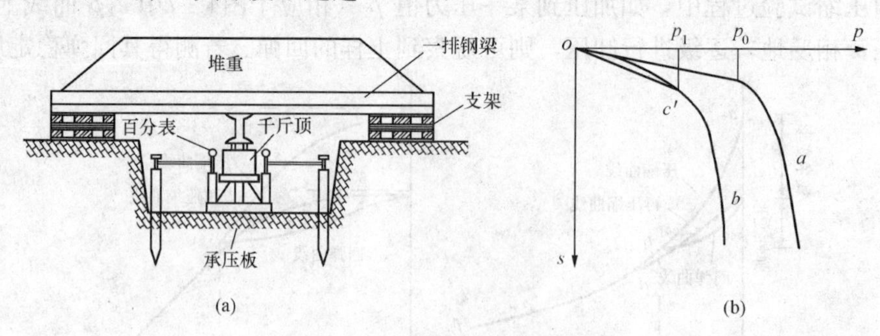

图 4 - 8　千斤顶形式的载荷架
(a) 千斤顶式堆重台；(b) p-s 曲线

试验时，通过千斤顶施压分级加荷，应用百分表测读每级荷载 p 作用下压板下沉稳定后的沉降量 s。然后根据测读结果绘制 p-s 曲线，如图 4 - 8（b）所示。p-s 曲线的初始段为直线或可看作直线段，如图中曲线 a。直线段最大压力 p_0 称为比例极限，当荷载小于 p_0 时 p-s 为直线，设计荷载 p_1 一般不超过 p_0，可认为地基工作在直线阶段，或可认为地基土处于弹性受力状态，此时，参照弹性力学公式（4－17）（见后），可得

$$E_0 = w(1-\mu^2)\frac{p_1 b}{s_1} \tag{4-7}$$

式中　w——沉降影响系数；

b——承压板的边长或直径；

s_1——与所取定的设计荷载 p_1 相对应的沉降。

式（4－7）计算模量 E_0 系根据弹性力学公式计算所得，对应于弹性模量。但由于计算依据是 p-s 曲线直线段的加荷过程，该直线段是地基变形的综合反映，并不仅仅反映地基土的弹性性质。因此，根据弹性力学公式计算所得 E_0 是地基加荷变形的综合反映，并不等同于弹性模量，称为变形模型。

若 p-s 曲线并不出现明显的直线段，如图 4－8（b）中的曲线 b，此时，可取对应设计荷载 p_1 的弦线 oc' 代表地基的变形过程，这一做法并不影响荷载 p_1 时的沉降计算结果，代表沿弦线 oc 变形特征的变形模量，仍采用式（4－7）计算。对 p-s 曲线段，E_0 计算结果与荷载大小有关。

载荷试验一般适合于浅土层上进行。其优点是压力的影响深度可达 1.5～2b（b 为压板边长），因而试验成果能反映该深度土体的压缩性；比钻孔取样在室内测试所受到的扰动要小得多；土中应力状态在承压板较大时与实际基础情况比较接近，其缺点是试验工作量大，费时久，试验影响深度与地基持力层厚度经常存在差异，所规定的沉降稳定标准也带有较大的近似性，据有些地区的经验，它所反映的土的固结程度仅相当于实际建筑施工完毕时的早期沉降量。

4－3　地基沉降的弹性力学方法

一、柔性荷载下的地基沉降

布辛奈斯克解给出了弹性半空间表面作用一个竖向集中力 P（图 4－9）时，在半空间内任意点 M（x，y，z）处产生的竖向位移 w（x，y，z）的解答。根据布辛奈斯克解可得半空间表面任意点 M（z＝0）的竖向位移 w（x，y，0）即沉降 s（图 4－10）

$$s = w(x,y,0) = \frac{P(1-\mu^2)}{\pi E_0 r} \tag{4-8}$$

式中　s——竖向集中力 P 作用下地基表面任意点的沉降；

r——地基表面任意点到竖向集中力作用点的距离，$r=\sqrt{x^2+y^2}$；

E_0——地基土的变形模量；

μ——地基土的泊松比。

对于局部柔性荷载（相当于基础抗弯刚度为零时的基底压力）作用下的地基沉降，则可利用上式，根据叠加原理求得。如图 4－10（a）所示，设荷载面 A 内 N（ξ，η）点处的分布荷载为 p_0（ξ，η），则该点微元面积 $\mathrm{d}\xi\mathrm{d}\eta$ 上的分布荷载可由集中力 $P=p_0$（ξ，η）$\mathrm{d}\xi\mathrm{d}\eta$ 代替。于是，地面上与 N 点相距为 $r=\sqrt{(x-\xi)^2+(y-\eta)^2}$ 的 M（x，y）点的沉降 s（x，y），可按式（4－8）积分求得

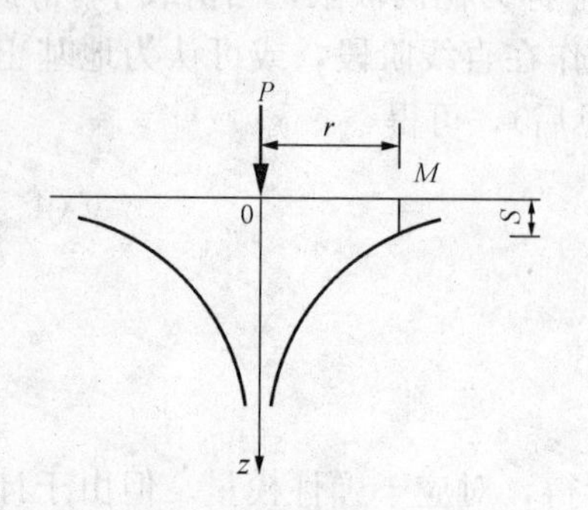

图4-9 集中力作用下地基表面的沉降曲线

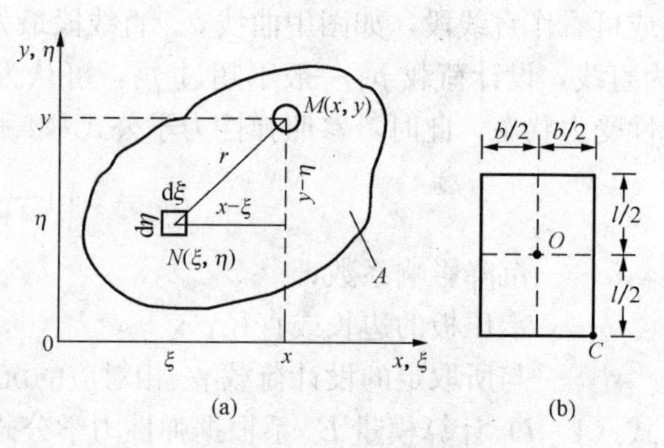

图4-10 局部荷载下的地面沉降计算
(a) 任意荷载面；(b) 矩形荷载面

$$s(x,y)=\frac{1-\mu^2}{\pi E_0}\iint_A \frac{p_0(\xi,\eta)\mathrm{d}\xi\mathrm{d}\eta}{\sqrt{(x-\xi)^2+(y-\eta)^2}} \tag{4-9}$$

对均布矩形荷载，p_0 (ξ, η) $=p_0=$常数，其角点 C [图4-10 (b)] 的沉降按式 (4-9) 积分的结果为

$$s=\frac{1-\mu^2}{\pi E_0}\left(l\ln\frac{b+\sqrt{l^2+b^2}}{l}+b\ln\frac{l+\sqrt{l^2+b^2}}{b}\right)p_0 \tag{4-10}$$

以 $m=l/b$ 代入式 (4-10)，则可写成

$$s=\frac{(1-\mu^2)}{\pi E_0}\left[m\ln\frac{1+\sqrt{m^2+1}}{m}+\ln(m+\sqrt{m^2+1})\right]p_0 \tag{4-11}$$

令 $w_c=\frac{1}{\pi}\left[m\ln\frac{1+\sqrt{m^2+1}}{m}+\ln(m+\sqrt{m^2+1})\right]$，称为角点沉降影响系数，则上式改换为

$$s=\frac{1-\mu^2}{E_0}w_c b p_0 \tag{4-12}$$

利用式 (4-12)，以角点法容易求得均布矩形荷载下地基表面任意点的沉降。例如矩形中心点 O 的沉降是图4-10 (b) 中以虚线划分的四个相同小矩形的角点沉降量之和，由于小矩形的长宽比 $m=(l/2)/(b/2)=l/b$ 等于原矩形的长宽比，所以中心点 O 的沉降为

$$s=4\times\frac{1-\mu^2}{E_2}w_c(b/2)p_0=2\times\frac{1-\mu^2}{E_0}w_c b p_0$$

即矩形荷载中心点沉降为角点沉降的两倍，如令 $w_0=2w_c$ 为中心沉降影响系数，则

$$s=\frac{1-\mu^2}{E_2}w_0 b p_0 \tag{4-13}$$

以上角点法的计算结果和实践经验都表明，柔性荷载下地面的沉降不仅产生于荷载面范围之内，而且还影响到荷载面以外，沉降后的地面呈碟形 [图4-11 (a)]。但一般基础都具有一定的抗弯刚度，因而基底沉降依基础刚度的大小而趋于均匀 [图4-11 (b)]，中心荷载作用下的基础沉降可以近似地按柔性荷载下基底平均沉降计算。
即

$$s=\left(\iint_A s(x,y)\mathrm{d}x\mathrm{d}y\right)/A \tag{4-14}$$

式中 A——基底面积。

对于均布的矩形荷载，上式积分的结果为

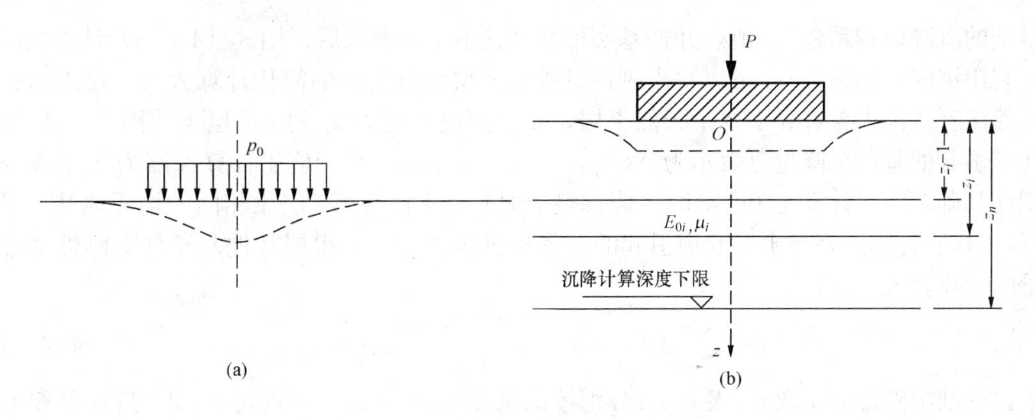

图 4 - 11　局部荷载作用下的地面沉降

（a）柔性荷载；（b）刚性荷载

$$s=\frac{1-\mu^2}{E_0}w_m bp_0 \tag{4-15}$$

式中　w_m——平均沉降影响系数，查有关表格确定。

式（4 - 12）、式（4 - 13）、式（4 - 15）具有相似的形式，可统一写成地基沉降的弹性力学公式的一般形式

$$s=\frac{1-\mu^2}{E_0}wbp_0 \tag{4-16}$$

式中　b——矩形荷载（基础）的宽度或圆形荷载（基础）的直径；

　　w——沉降影响系数，按基础的刚度、底面形状及计算点位置而定，由表 4 - 1 查得。

表 4 - 1　　沉降影响系数 w 值

计算点位置 \ 荷载面形状		圆形	方形	矩形（l/b）										
				1.5	2.0	3.0	4.0	5.0	6.0	7.0	8.0	9.0	10.0	100.0
柔性基础	w_c	0.64	0.56	0.68	0.77	0.89	0.98	1.05	1.11	1.16	1.20	1.24	1.27	2.00
	w_o	1.00	1.12	1.36	1.53	1.78	1.96	2.10	2.22	2.32	2.40	2.48	2.54	4.01
	w_m	0.85	0.95	1.15	1.30	1.52	1.70	1.83	1.96	2.04	2.12	2.19	2.25	3.70
刚性基础	w_r	0.79	0.88	1.08	1.22	1.44	1.61	1.72	—	—	—	—	2.12	3.40

二、刚性基础的沉降

对于中心荷载下的刚性基础，由于它具有无限大的抗弯刚度，受荷沉降后基础不发生挠曲，因而基底的沉降量处处相等。若将基础底面积划分为 n 个单元，任一单元基底压力为 p_0（x_i，y_i），则根据叠加原理可写出每一单元的沉降量 s 计算公式。由于各单元沉降两两相等，可得 $n-1$ 个独立方程，再补充基础的静力平衡条件（基底总压力等于上部荷载）。联合求解后可得基底反力 p_0（x_i，y_i）和沉降 s。其中 s 也可以表示为式（4 - 16）的形式，但式中 w 则取刚性基础的沉降影响系数 w_r，由表 4 - 1 查得，其值与柔性荷载的 w_m 接近。

以表 4 - 1 中的系数计算，所得的是均质地基沉降。事实上，由于地基深部附加应力扩散衰减且土质一般更为密实或有基岩埋藏，所以，超过基底下一定深度，土的变形可略而不计。这个深度称为地基沉降计算深度（z_n），可按本书 4-4 节的方法确定。只考虑有限深度 z 范围内土的变形的沉降影响系数与土的泊松比（μ）有关，表 4 - 2 只给出 $\mu=0.3$ 时，刚

性基础的沉降影响系数 w_z 值，并按基底形状及比值 z/b 查取后仍用式（4 - 16）计算沉降。

利用沉降影响系数 w_z 可以得出刚性基础下成层地基沉降的简化计算方法。设地基在沉降计算深度范围内含有 n 个水平天然土层，其中层底深度为 z_i 的第 i 层土［图 4 - 11（b）］的变形引起的基础沉降量可表示为 $\Delta s_i = s_i - s_{i-1}$。$s_i$ 和 s_{i-1} 是相应于计算深度为 z_i 和 z_{i-1} 时的刚性基础沉降。计算 s_i 和 s_{i-1} 时，假设整个地基是土性与第 i 层土相同的均质地基，采用式（4 - 16）计算。将各土层变形引起的沉降量进行叠加，可得层状地基条件下刚性基础沉降量的计算公式

$$s = \sum_{i=1}^{n} \Delta s_i = bp_0 \sum_{i=1}^{n} \frac{1-\mu_i^2}{E_{0i}} (w_{zi} - w_{zi-1}) \tag{4 - 17}$$

式中，基础沉降影响系数 w_{zi} 及 w_{zi-1} 分别按深宽比 z_i/b 及 z_{i-1}/b 查表 4 - 2。这种计算方法称为线性变形分层总和法。

表 4 - 2　刚性基础沉降影响系数 w_z 值（μ=0.3）

z/b	圆形基础（b=直径）	矩形基础长宽比 l/b					
		1.0	1.5	2.0	3.0	5.0	∞
0.0	0.000	0.000	0.000	0.000	0.000	0.000	0.000
0.2	0.090	0.100	0.100	0.100	0.100	0.100	0.104
0.4	0.179	0.200	0.200	0.200	0.200	0.200	0.208
0.6	0.266	0.299	0.300	0.300	0.300	0.300	0.311
0.8	0.348	0.381	0.395	0.397	0.397	0.397	0.412
1.0	0.411	0.446	0.476	0.484	0.484	0.484	0.511
1.2	0.461	0.499	0.543	0.561	0.566	0.566	0.605
1.4	0.501	0.542	0.601	0.626	0.640	0.640	0.687
1.6	0.532	0.577	0.647	0.682	0.706	0.708	0.763
1.8	0.558	0.606	0.688	0.730	0.764	0.772	0.831
2.0	0.579	0.630	0.722	0.773	0.816	0.830	0.892
2.2	0.596	0.651	0.751	0.808	0.861	0.883	0.949
2.4	0.611	0.668	0.776	0.841	0.902	0.932	1.001
2.6	0.624	0.683	0.798	0.868	0.939	0.977	1.050
2.8	0.635	0.697	0.818	0.893	0.971	1.018	1.095
3.0	0.645	0.709	0.836	0.913	1.000	1.057	1.138
3.2	0.652	0.719	0.850	0.934	1.027	1.091	1.178
3.4	0.661	0.728	0.863	0.951	1.051	1.123	1.215
3.6	0.668	0.736	0.875	0.967	1.073	1.152	1.251
3.8	0.674	0.744	0.887	0.981	1.099	1.180	1.285
4.0	0.679	0.781	0.897	0.995	1.111	1.205	1.316
4.2	0.684	0.757	0.906	1.007	1.128	1.229	1.347
4.4	0.689	0.763	0.914	1.017	1.144	1.251	1.376
4.6	0.693	0.768	0.922	1.027	1.158	1.272	1.404
4.8	0.697	0.772	0.929	1.036	1.171	1.291	1.431
5.0	0.700	0.777	0.935	1.045	1.183	1.309	1.456

4 - 4　传统单向压缩分层总和法

单向压缩分层总和法假定地基土层只有竖向单向压缩，不产生侧向变形，利用侧限压缩试验的结果（压缩曲线）计算沉降量。下面将介绍单向压缩分层总和法的原理、计算方法与步骤。

一、薄压缩层地基的沉降量计算

当基础以下不可压缩的硬层埋藏较浅，其与基础之间可压缩土层的厚度小于基础宽度的一半时，可视为薄压缩层地基。薄压缩土层中的自重应力和附加应力沿层厚变化不大，且由于基础和下卧硬层的约束限制，可压缩土层侧向变性很小，可认为该土层只产生垂直方向的压缩变形，即相当于侧限压缩试验的情况。如图4-12所示，取土层原始厚度为 H_1，土层自重应力为 p_1，可认为地基土体在自重应力作用下已达到压缩稳定，其相应的孔隙比为 e_1；建筑施工后土层附加应力为 σ_z，则总应力 $p_2=p_1+\sigma_z$，其压缩稳定后的孔隙比为 e_2，土层的厚度为 H_2。取横截面积为 A 的土层单元进行计算，设该单元土粒体积为 V_s，则在 p_2 压缩前土层单元的总体积为

$$AH_1=(1+e_1)V_s$$

压缩后土层单元的总体积为

$$AH_2=(1+e_2)V_s$$

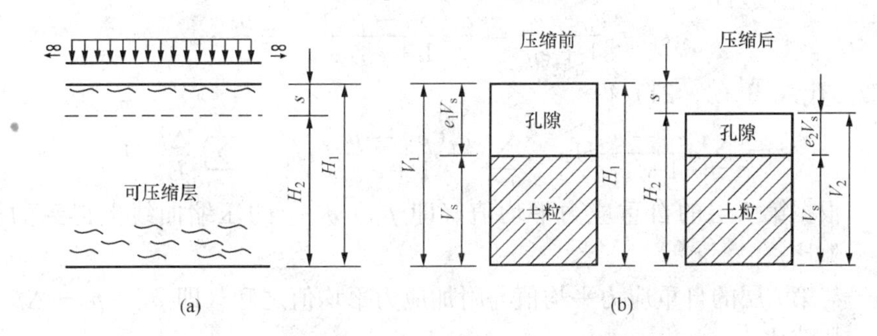

图4-12　薄压缩层地基中的土样孔隙比变化

根据压缩前后土层单元颗粒体积不变，可得

$$\frac{AH_1}{1+e_1}=\frac{AH_2}{1+e_2}$$

即

$$H_2=\frac{1+e_2}{1+e_1}H_1$$

进一步可得压缩量，亦即地基沉降量 s

$$s=H_1-H_2=\frac{e_1-e_2}{1+e_1}H_1=\frac{\Delta e}{1+e_1}H_1=\varepsilon H_1 \tag{4-18}$$

式中，e_1，e_2 可以通过土体的 e-p 压缩曲线由自重应力和总应力确定；s 为沉降量，ε 为应变。

若引入压缩系数 a 或压缩模量 E_s，上式可变为

$$s=\frac{a}{1+e_1}\sigma_z H_1 \tag{4-19}$$

或

$$s=\frac{1}{E_s}\sigma_z H_1 \tag{4-20}$$

二、单向压缩分层总和法原理和计算步骤

（一）基本原理

由于地基土层往往是由若干土层组成，各土层的压缩性能不一样。在建筑的荷载作用下，

压缩土层中所产生的附加应力的分布沿深度方向也非直线分布。为了考虑土层土性差异和附加应力的非线性分布，计算地基最终沉降量时，首先进行分层，将地基分为若干薄层，然后分层计算每一薄层的压缩量 Δs_i，再将各层的压缩量总和起来，即得地基的最终沉降量 s。

$$s=\sum_{i=1}^{n}\Delta s_i=\sum_{i=1}^{n}\varepsilon_i H_i \tag{4-21}$$

式中 Δs_i——第 i 分层的压缩量；

ε_i——第 i 分层土的压缩应变；

H_i——第 i 分层土的厚度；

n——分层总数。

由于分层厚度较小，分层内的自重应力和附加应力近似为直线分布，取平均值，并根据该分层所在土层的压缩曲线确定该分层的压缩指标，然后参考式（4-18）按下式计算任意 i 分层的应变

$$\varepsilon_i=\frac{e_{1i}-e_{2i}}{1+e_{1i}}=\frac{a_i(p_{2i}-p_{1i})}{1+e_{1i}}=\frac{\Delta p_i}{E_{si}} \tag{4-22}$$

将式（4-22）代入式（4-21）得

$$s=\sum_{i=1}^{n}\frac{e_{1i}-e_{2i}}{1+e_{1i}}H_i=\sum_{i=1}^{n}\frac{a_i(p_{2i}-p_{1i})}{1+e_{1i}}H_i=\sum_{i=1}^{n}\frac{\Delta p_i}{E_{si}}H_i \tag{4-23}$$

式中 e_{1i}——根据第 i 层的自重应力平均值（即 p_{1i}）从土的压缩曲线上得到的相应的孔隙比；

e_{2i}——与第 i 层的自重应力平均值与附加应力平均值之和（即 $p_{2i}=p_{1i}+\Delta p_i$）相应的孔隙比；

a_i 和 E_{si}——第 i 分层的压缩系数和压缩模量。

（二）步骤和方法

（1）分层，分层厚度一般取 0.4b（b 为基底宽度）或 1～2m，取值越小计算沉降精度越高。地下水位处和土层层面处是当然的分层面。

（2）计算各分层土的自重应力，首先计算分层层面处的自重应力，然后取分层上下层面处自重应力平均值作为该分层的自重应力。

（3）计算基础底面接触压力。

（4）计算基础底面附加压力。

（5）计算各分层的附加应力。同计算自重应力一样，先计算各分层层面处的附加应力，然后计算各分层的平均值。

（6）确定沉降计算深度。因地基土层中附加应力的分布是随着深度增大而减小，超过某一深度后，以下土层的附加应力及压缩变形很小，可忽略不计。此深度称为沉降计算深度 Z_n，按应力比法确定：沉降计算深度一般取附加应力等于自重应力 20%深度处（$\sigma_z=0.2\sigma_c$），若该深度下有高压缩性土，则应继续向下计算至 $\sigma_z=0.1\sigma_c$ 深度处。

（7）计算每一分层的压缩量 Δs_i。由式（4-18）～式（4-20）得

$$\Delta s_i=\left(\frac{e_{1i}-e_{2i}}{1+e_{1i}}\right)H_i=\frac{a_i}{1+e_{1i}}\sigma_{zi}H_i=\frac{\sigma_{zi}}{E_{si}}H_i$$

式中 σ_{zi}——第 i 层土的平均附加应力；

E_{si}——第 i 层土的压缩模量，受自重应力和附加应力大小影响；

H_i——第 i 层土的计算厚度；

a_i——第 i 层土的压缩系数，$(\text{kPa})^{-1}$，受自重应力和附加应力大小影响；

e_{1i}——第 i 层土的原始孔隙比；

e_{2i}——第 i 层土压缩稳定时的孔隙比。

（8）计算地基最终沉降量

$$s = \sum_{i=1}^{n} \Delta s_i$$

一般取地基中点下的土层剖面和附加应力分布进行计算，计算所得中点沉降作为地基最终沉降。计算中点沉降时，由于地基中线上的附加应力较两侧大，使沉降计算结果偏大，但侧限压缩的假定条件使沉降计算偏小。若需计算基础其他点位的沉降量，只需取该点位下的土层剖面和附加应力分布计算即可。

4-5　规范推荐的单向压缩分层总和法

《建筑地基基础设计规范》（GB 50007）所推荐的地基最终沉降量计算方法是另一种形式的单向压缩分层总和法，简称为规范法。它与传统单向压缩分层总和法的计算原理基本相同，也采用侧限条件的压缩性指标，但采用平均附加应力系数进行计算，规定了地基沉降计算深度的标准，并提出了地基沉降计算经验系数，使得计算成果接近实测值。

平均附加应力系数是基础底面以下 z_i 深度范围附加应力系数的平均值，记为$\overline{\alpha}_i$。考虑到 z_i 深度范围附加应力的非线性分布，$\overline{\alpha}_i$通过积分求得。如图 4-13 所示，z_i 深度范围附加应力平均值为

$$\overline{\alpha}_i p_0 = \int_0^{z_i} k p_0 \mathrm{d}z / z_i = p_0 \int_0^{z_i} k \mathrm{d}z / z_i \tag{4-24}$$

即

$$\overline{\alpha}_i = \int_0^{z_i} k \mathrm{d}z / z_i \tag{4-25}$$

式中　k——附加应力系数；

p_0——基底附加压力。

对于地基中某均质土层，如图 4-13 中的第 i 层土，可采用平均附加应力系数计算该层土的平均附加应力。第 i 层土的底面和顶面深度分别为 z_i 和 z_{i-1}，层厚 h_i。该层土的附加应力的积分结果亦即该层土的附加应力图面积，等于 $\overline{\alpha}_i p_0 z_i - \overline{\alpha}_{i-1} p_0 z_{i-1}$。则该层土的平均附加应力 p_i 为

$$p_i = (\overline{\alpha}_i p_0 z_i - \overline{\alpha}_{i-1} p_0 z_{i-1}) / h_i \tag{4-26}$$

若第 i 层土的压缩参数已知，例如压缩模量 E_{si} 已知，则该层土的压缩量 Δs_i 为

$$\Delta s_i = \frac{p_i}{E_{si}} h_i \tag{4-27}$$

将式（4-26）代入式（4-27），得

$$\Delta s_i = \frac{p_0}{E_{si}} (\overline{\alpha}_i z_i - \overline{\alpha}_{i-1} z_{i-1}) \tag{4-28}$$

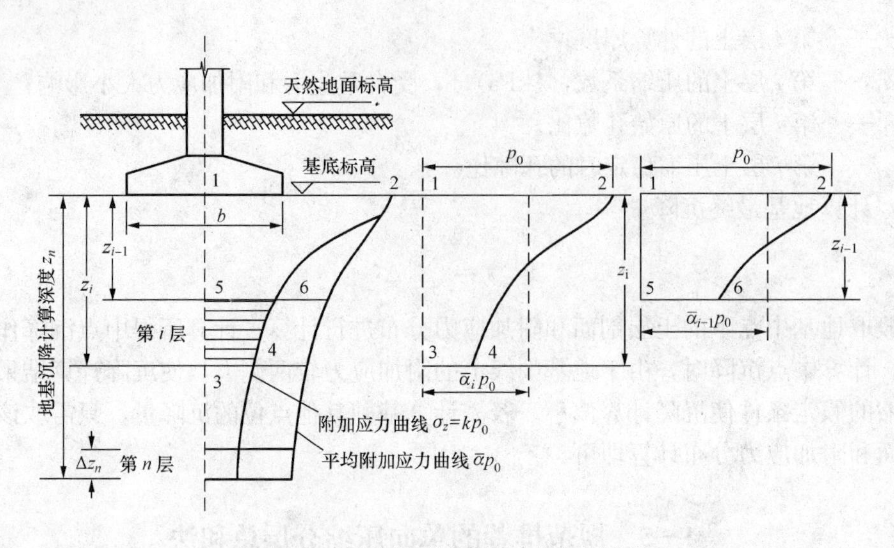

图 4 - 13 分层压缩量计算原理示意图

若地基中存在某均质土层较厚，且该层土的压缩参数一定，则沉降计算时将该层土划分为一层，按式（4 - 28）进行计算。若按传统单向压缩分层总和法进行计算，为了保证平均附加应力计算的准确度，该层需要划分为若干层计算。传统单向压缩分层总和法对平均附加应力的计算精度受分层厚度限制，规范法克服了这一缺陷，采用平均附加应力系数计算，可减少计算时的分层数，减小了计算工作量。

《建筑地基基础设计规范》(GB 50007) 规定地基沉降计算深度 z_n 的确定应满足下列条件：由该深度处向上按表 4 - 3 取规定的计算厚度 Δz_n（图 4 - 13），该厚度土层的压缩量 $\Delta s_n'$ 应满足下列要求（包括考虑相邻荷载的影响）

$$\Delta s_n' \leqslant 0.025\sum_{i=1}^{n}\Delta s_i \tag{4 - 29}$$

表 4 - 3　　计算厚度 Δz_n 值　　m

b（m）	$b\leqslant 2$	$2<b\leqslant 4$	$4<b\leqslant 8$	$8<b$
Δz_n（m）	0.3	0.6	0.8	1.0

确定 z_n 的这种方法称为变形比法。规范规定，当无相邻荷载影响，基础宽度在 1～50m 范围内时，基础中点的地基沉降计算深度也可按下列经验公式计算

$$z_n = b(2.5 - 0.4\ln b) \tag{4 - 30}$$

式中 b——基础宽度。

在沉降计算深度范围内存在基岩时，z_n 可取至基岩表面为止。

地基沉降计算深度确定后，将该深度范围土体按土性差别（主要按压缩参数差别）分为若干层，按式（4 - 28）计算每一层的压缩量，总和后得到总的压缩量 s'。为了提高计算准确度，规范规定须将地基计算总压缩量 s' 乘以沉降计算经验系数 ψ_s 加以修正，修正后得到地基最终沉降量 s 的计算公式如下

$$s = \psi_s s' = \psi_s \sum_{i=1}^{n}\frac{p_0}{E_{si}}(z_i\bar{\alpha}_i - z_{i-1}\bar{\alpha}_{i-1}) \tag{4 - 31}$$

$$\overline{E}_s = \sum A_i / \sum \frac{A_i}{E_{si}} \tag{4-32}$$

式中　n——地基沉降计算深度范围内所划分的土层数；

ψ_s——沉降计算经验系数，根据地区沉降观测资料及经验确定，也可采用表4-4提供的数值，表中$\overline{E}_s$为深度z_n范围内土的压缩模量当量值；

p_0——对应于荷载标准值时的基础底面附加压力；

E_{si}——基础底面下第i层土的压缩模量，按实际应力范围取值；

z_i、z_{i-1}——基础底面至第i层土、第$i-1$层土底面的距离；

$\overline{\alpha}_i$、$\overline{\alpha}_{i-1}$——基础底面至第i层土、第$i-1$层土底面范围内的平均附加应力系数，可按表4-5、表4-6查用；

A_i——第i层土附加应力面积。

表4-4　沉降计算经验系数ψ_s

$\overline{E}_s$(MPa) / 地基附加压力	2.5	4.0	7.0	15.0	20.0
$p_0 \geqslant f_{ak}$	1.4	1.3	1.0	0.4	0.2
$p_0 \leqslant 0.75 f_{ak}$	1.1	1.0	0.7	0.4	0.2

注　f_{ak}为地基承载力特征值。

表4-5　均布矩形荷载角点下的平均竖向附加应力系数$\overline{\alpha}$

z/b \ l/b	1.0	1.2	1.4	1.6	1.8	2.0	2.4	2.8	3.2	3.6	4.0	5.0	10.0
0.0	0.2500	0.2500	0.2500	0.2500	0.2500	0.2500	0.2500	0.2500	0.2500	0.2500	0.2500	0.2500	0.2500
0.2	0.2496	0.2497	0.2497	0.2498	0.2498	0.2498	0.2498	0.2498	0.2498	0.2498	0.2498	0.2498	0.2498
0.4	0.2474	0.2479	0.2481	0.2483	0.2483	0.2484	0.2485	0.2485	0.2485	0.2485	0.2485	0.2485	0.485
0.6	0.423	0.2437	0.2444	0.2448	0.2451	0.2452	0.2454	0.2455	0.2455	0.2455	0.2455	0.2455	0.2456
0.8	0.2346	0.2372	0.2387	0.2395	0.2400	0.2403	0.2407	0.2408	0.2400	0.2409	0.2410	0.2410	0.2410
1.0	0.2252	0.2291	0.2313	0.2326	0.2335	0.2340	0.2346	0.2349	0.2351	0.2352	0.2352	0.2353	0.2353
1.2	0.2149	0.2199	0.2229	0.2246	0.2260	0.2268	0.2278	0.2282	0.2285	0.2286	0.2287	0.2288	0.2289
1.4	0.2043	0.2102	0.2140	0.2164	0.2190	0.2191	0.2204	0.2211	0.2215	0.2217	0.2218	0.2220	0.2221
1.6	0.1939	0.2006	0.2049	0.2079	0.2099	0.2113	0.2130	0.2138	0.2143	0.2146	0.2148	0.2150	0.2152
1.8	0.1840	0.1912	0.1960	0.1994	0.2018	0.2034	0.2055	0.2066	0.2073	0.2077	0.2079	0.2082	0.2084
2.0	0.1746	0.1822	0.1875	0.1912	0.1938	0.1958	0.1982	0.1996	0.2004	0.2009	0.2012	0.2015	0.2018
2.2	0.1659	0.1737	0.1793	0.1833	0.1862	0.1883	0.1911	0.1927	0.1937	0.1943	0.1947	0.1952	0.1955
2.4	0.1578	0.1657	0.1715	0.1757	0.1789	0.1812	0.1843	0.1862	0.1873	0.1880	0.1885	0.1890	0.1895
2.6	0.1503	0.1583	0.1642	0.1686	0.1719	0.1745	0.1779	0.1799	0.1812	0.1820	0.1825	0.1832	0.1838
2.8	0.1433	0.1514	0.1574	0.1619	0.1654	0.1680	0.1717	0.1739	0.1753	0.1763	0.1769	0.1777	0.1784
3.0	0.1369	0.1449	0.1510	0.1559	0.1592	0.1619	0.1658	0.1682	0.1698	0.1708	0.1715	0.1725	0.1733
3.2	0.1310	0.1390	0.1450	0.1497	0.1533	0.1562	0.1602	0.1628	0.1645	0.1657	0.1664	0.1675	0.1685
3.4	0.1256	0.1334	0.1394	0.1441	0.1478	0.1508	0.1550	0.1577	0.1595	0.1607	0.1616	0.168	0.1639
3.6	0.1205	0.1282	0.1342	0.1389	0.1427	0.1456	0.1500	0.1528	0.1548	0.1561	0.1570	0.1583	0.1595
3.8	0.1158	0.1234	0.1293	0.1340	0.1878	0.1408	0.1452	0.148	0.1502	0.1516	0.1526	0.1541	0.1554

续表

z/b \ l/b	1.0	1.2	1.4	1.6	1.8	2.0	2.4	2.8	3.2	3.6	4.0	5.0	10.0
4.0	0.1114	0.1189	0.1248	0.1294	0.1332	0.1362	0.1408	0.1438	0.1459	0.1474	0.1485	0.1500	0.1516
4.2	0.1073	0.1147	0.1205	0.1251	0.1289	0.1319	0.1365	0.1396	0.1484	0.434	0.1445	0.1462	0.1479
4.4	0.1035	0.1107	0.1064	0.1210	0.1248	0.1279	0.1325	0.1357	0.1379	0.1396	0.1407	0.1425	0.1444
4.6	0.1000	0.1070	0.1127	0.1172	0.1209	0.1240	0.1287	0.1319	0.1342	0.1359	0.1370	0.1390	0.1410
4.8	0.0967	0.1036	0.1091	0.1136	0.1173	0.1204	0.1250	0.1283	0.1307	0.1324	0.1337	0.1357	0.1379
5.0	0.0935	0.1003	0.1057	0.1102	0.1139	0.1169	0.1216	0.1249	0.1273	0.1291	0.1304	0.1325	0.1318
6.0	0.0805	0.0866	0.0916	0.0957	0.0991	0.1021	0.1067	0.1101	0.1126	0.1146	0.1161	0.1185	0.1216
7.0	0.0705	0.0761	0.0806	0.0844	0.0877	0.0904	0.0949	0.0982	0.1008	0.1028	0.1044	0.1071	0.1109
8.0	0.0627	0.0678	0.0720	0.0755	0.0785	0.0811	0.0853	0.0886	0.0912	0.0932	0.0948	0.0976	0.1020
10.0	0.0514	0.0556	0.059	0.0622	0.0649	0.0672	0.0710	0.0739	0.0763	0.0783	0.0799	0.0829	0.0880
12.0	0.0435	0.071	0.050	0.0529	0.0552	0.0573	0.0606	0.0634	0.0656	0.0674	0.0690	0.0719	0.0774
16.0	0.0322	0.0361	0.0385	0.0407	0.0425	0.0442	0.049	0.0492	0.0511	0.0527	0.0540	0.0567	0.0625
20.0	0.0269	0.0292	0.0312	0.0330	0.0345	0.0359	0.0383	0.0402	0.0418	0.0432	0.0444	0.0468	0.0524

表 4-6　三角形分布的矩形荷载角点下的平均竖向附加应力系数 $\bar{\alpha}$

z/b \ l/b	0.2		0.4		0.6		0.8		1.0	
点	1	2	1	2	1	2	1	2	1	2
0.0	0.0000	0.2500	0.0000	0.2500	0.0000	0.2500	0.0000	0.2500	0.0000	0.2500
0.2	0.0112	0.2151	0.0140	0.2308	0.0148	0.2333	0.0151	0.2339	0.0152	0.2341
0.4	0.0179	0.1810	0.0245	0.2084	0.0270	0.2153	0.0280	0.2175	0.0285	0.2184
0.6	0.0207	0.1505	0.0308	0.1851	0.0355	0.1966	0.0376	0.2011	0.0388	0.2030
0.8	0.0217	0.1277	0.0349	0.1640	0.0405	0.1787	0.0440	0.1852	0.0459	0.1883
1.0	0.2017	0.1104	0.0351	0.1461	0.0430	0.1624	0.0476	0.1704	0.0502	0.1746
1.2	0.0212	0.0970	0.0351	0.1312	0.0439	0.1480	0.0492	0.1571	0.0525	0.1621
1.4	0.0204	0.0865	0.0344	0.1187	0.0436	0.1356	0.0495	0.1451	0.0534	0.1507
1.6	0.0195	0.0779	0.0333	0.1082	0.047	0.1247	0.0490	0.1345	0.0533	0.1405
1.8	0.0186	0.0709	0.0321	0.0993	0.0415	0.1153	0.0480	0.1252	0.0525	0.1313
2.0	0.0178	0.0650	0.0308	0.917	0.0401	0.1071	0.0467	0.1169	0.0513	0.1232
2.5	0.0157	0.0538	0.0276	0.0769	0.0365	0.0908	0.0429	0.1000	0.0478	0.1063
3.0	0.0140	0.0458	0.0248	0.0661	0.0330	0.0786	0.0392	0.0871	0.0439	0.0931
5.0	0.0097	0.0289	0.0175	0.0424	0.0236	0.0476	0.0285	0.0576	0.0324	0.0624
7.0	0.0073	0.0211	0.0133	0.0311	0.0180	0.0352	0.0219	0.0427	0.0251	0.0465
10.0	0.0053	0.0150	0.0097	0.0222	0.0133	0.0253	0.0162	0.0308	0.086	0.0336
0.0	0.0000	0.2500	0.0000	0.2500	0.0000	0.2500	0.0000	0.2500	0.0000	0.2500
0.2	0.153	0.2342	0.0153	0.2343	0.0153	0.2343	0.0153	0.2343	0.0153	0.2343
0.4	0.0288	0.2187	0.0289	0.2189	0.0290	0.2146	0.0290	0.2190	0.0290	0.2191
0.6	0.0394	0.2039	0.0397	0.2043	0.0399	0.2046	0.0400	0.2047	0.0401	0.2048
0.8	0.0470	0.1899	0.0476	0.1907	0.0480	0.1912	0.0482	0.1915	0.0483	0.1917
1.0	0.0518	0.1769	0.0528	0.1781	0.0534	0.1789	0.0538	0.1794	0.0540	0.1797
1.2	0.0546	0.1649	0.0560	0.1666	0.0568	0.1678	0.0574	0.1684	0.0577	0.1689
1.4	0.0559	0.1541	0.0575	0.1562	0.0586	0.1576	0.0594	0.1585	0.0599	0.1591
1.6	0.0561	0.1443	0.0580	0.1467	0.0594	0.1484	0.0603	0.1494	0.0609	0.1502
1.8	0.0556	0.1354	0.0578	0.1381	0.0593	0.1400	0.0604	0.1413	0.0611	0.1422

续表

z/b \ l/b 点	0.2		0.4		0.6		0.8		1.0	
	1	2	1	2	1	2	1	2	1	2
2.0	0.0547	0.1274	0.0570	0.1303	0.0587	0.1324	0.0599	0.1338	0.0608	0.1348
2.5	0.0513	0.1107	0.0540	0.1139	0.0560	0.1163	0.0575	0.1180	0.0586	0.1193
3.0	0.0476	0.0976	0.0503	0.1008	0.0525	0.1033	0.0541	0.1052	0.0554	0.1067
5.0	0.0356	0.0661	0.0382	0.0690	0.0403	0.0714	0.0421	0.0734	0.0435	0.0749
7.0	0.0277	0.0496	0.0299	0.0520	0.0318	0.0541	0.0333	0.0558	0.0347	0.0572
10.0	0.0207	0.0359	0.0224	0.0379	0.0239	0.0395	0.0252	0.0409	0.0263	0.403

注　点1和点2见图3-18，点1代表a、b两点，点2代表c、d两点。

表4-5和表4-6分别为均布的矩形荷载角点下（b为荷载宽度）和三角形分布的矩形荷载角点下（b为三角形分布方向荷载面的边长）的地基平均竖向附加应力系数，借助于该两表可以运用角点法求算基底附加压力为均布、三角形分布或梯形分布时地基中任意点的平均竖向附加应力系数$\bar{\alpha}$值。《建筑地基基础设计规范》还附有均布的圆形荷载中点下和三角形分布的圆形荷载边点下地基竖向平均附加应力系数表。

【例4-1】　某矩形基础宽度$b=4$m，基底附加压力$p=100$kPa，基础埋深2m，地表以下12m深度范围内存在两层土，上层土厚度6m，土天然重度$\gamma=18\text{kN/m}^3$，压缩试验得到孔隙比e与压力p（MPa）关系曲线，e-p曲线回归方程近似取为$e=0.85-2p/3$；下层土厚度6m，土天然重度$\gamma=20\text{kN/m}^3$，压缩试验得到孔隙比e与压力p（MPa）关系曲线，$e-p$曲线回归方程近似取为$e=1.0-p$。地下水位埋深6m，基底中心点以下不同深度处的附加应力系数和该深度范围平均附加应力系数见表4-7。试采用传统单向压缩分层总和法和规范推荐分层总和法分别计算该基础沉降量。（沉降计算经验系数取1.05）

表4-7　附加应力系数和平均附加应力系数

深度（m）	0	1	2	3	4	5	6	7	8	9	10
附加应力系数	1.0	0.94	0.75	0.54	0.39	0.28	0.21	0.17	0.13	0.11	0.09
平均附加应力系数	1.0	0.98	0.92	0.83	0.73	0.65	0.59	0.53	0.48	0.44	0.41

解　(1) 按传统单向压缩分层总和法计算。

1) 地基的分层：自基础底面以下分层，分层厚度h_i均取为1m，下标i为土层编号。

2) 计算层面处的自重应力、附加应力及各层土自重应力、附加应力平均值，计算结果见表4-8。

3) 确定地基沉降计算深度。先计算下层土的压缩系数a_{1-2}

$$a_{1-2}=\frac{e_{11}-e_{12}}{p_2-p_1}=\frac{(1.0-0.1)-(1.0-0.2)}{0.2-0.1}=1.0\text{MPa}^{-1}$$

因$a_{1-2}>0.5$，下层土属于高压缩性土，地基沉降计算深度取地基附加应力等于自重应力的10%处。由表4-8可见，在7m深度处及以上各计算深度处，附加应力均大于自重应力的10%，在8m深度处，附加应力小于自重应力的10%，故计算深度取至8m。

4) 根据孔隙比e与压力p（MPa）关系，确定计算深度范围内各层土的孔隙比变化值，对应自重应力平均值的孔隙比为e_1，对应自重应力平均值与附加应力平均值之和的孔隙比为

e_2。结果见表 4 - 8。

5）按下式计算各层土的压缩量，式中 i 为土层编号，计算结果列于表 4 - 8 中。

$$\Delta s_i = \frac{e_{1i} - e_{2i}}{1 + e_{1i}} h_i$$

6）按下式计算得到基础最终沉降量

$$s = \sum_{i=1}^{n} \Delta s_i = 35.7 + 31 + 23.9 + 17.4 + 17.5 + 12.8 + 10.2 + 8.1 = 156.6\text{mm}$$

表 4 - 8　　传统分层总和法计算沉降量

深度 (m)	自重应力 (kPa)	附加应力 (kPa)	层厚 h_i (m)	自重应力平均值 (kPa)	附加应力平均值 (kPa)	总应力 (kPa)	孔隙比 e_1	孔隙比 e_2	分层土压缩变形量 Δs_i (mm)
0	36	100	—	—	—	—	—	—	—
1	54	94	1.0	45	97	142	0.82	0.755	35.7
2	72	75	1.0	63	84.5	147.5	0.808	0.752	31
3	90	54	1.0	81	64.5	145.5	0.796	0.753	23.9
4	108	39	1.0	99	46.5	145.5	0.784	0.753	17.4
5	118	28	1.0	113	33.5	146.5	0.887	0.854	17.5
6	128	21	1.0	123	24.5	147.5	0.877	0.853	12.8
7	138	17	1.0	133	19	152	0.867	0.848	10.2
8	148	13	1.0	143	15	158	0.857	0.842	8.1
9	158	11	—	—	—	—	—	—	—
10	168	9	—	—	—	—	—	—	—

（2）按规范推荐分层总和法计算。

1）地基沉降计算深度按以下经验公式计算

$$z_n = b(2.5 - 0.4 \times \ln b) = 4 \times (2.5 - 0.4 \times \ln 4) = 7.8\text{m}$$

2）分层：自基础底面以下，沉降计算深度范围内共划分为 8 层，最下一分层厚度 0.8m，其他分层厚度 h_i 均取为 1m，下标 i 为土层编号。

3）计算各层土平均自重应力，各层土平均附加应力 Δp_i 按下式计算，计算结果列于表 4 - 8 中。

$$\Delta p_i = p(z_i \alpha_i - z_{i-1} \alpha_{i-1}) / h_i$$

4）根据孔隙比 e 与压力 p（MPa）关系，确定计算深度范围内各层土的孔隙比变化值，对应自重应力平均值的孔隙比为 e_1，对应自重应力平均值与附加应力平均值之和的孔隙比为 e_2，并按下式计算各分层土的压缩模量，计算结果见表 4 - 9。

$$E_{si} = \frac{1 + e_{1i}}{e_{1i} - e_{2i}} \Delta p_i$$

5）按下式计算各层土的压缩量，计算结果列于表 4 - 9 中。

$$\Delta s_i = \frac{\Delta p}{E_{si}} h_i$$

6）按下式计算得到基础最终沉降量

$$s=\psi_{s}\cdot\sum_{i=1}^{n}\Delta s_{i}=1.05\times(35.8+31.5+24+16.2+17.5+15.4+9.1+8.6)$$
$$=1.05\times158.1=166\text{mm}$$

表 4-9　　规范推荐分层总和法计算沉降量

分层深度 z_i（m）	层厚 h_i（m）	自重应力平均值（kPa）	附加应力平均值（kPa）	总应力（kPa）	孔隙比 e_1	孔隙比 e_2	压缩模量 MPa^{-1}	各层土压缩量（mm）
0～1	1.0	45	98	143	0.82	0.755	2.74	35.8
1～2	1.0	63	86	149	0.808	0.751	2.73	31.5
2～3	1.0	81	65	146	0.796	0.753	2.71	24.0
3～4	1.0	99	43	142	0.784	0.755	2.65	16.2
4～5	1.0	113	33	146	0.887	0.854	1.89	17.5
5～6	1.0	123	29	152	0.877	0.848	1.88	15.4
6～7	1.0	133	17	150	0.867	0.850	1.87	9.1
7～7.8	0.8	142	14	158	0.858	0.842	1.63	8.6

4-6　考虑应力历史的单向压缩分层总和法

一、土层应力历史

为了考虑受荷历史对土的压缩变形的影响，就必须知道土层受过的前期固结压力。固结压力是土体受荷压缩过程压缩稳定至某一状态（孔隙比）所对应的压力。前期固结压力是指土层在历史上曾经受到过的最大固结压力，用 p_c 表示。如果将其与目前土层所受的自重压力 p_1 相比较，天然土层按其固结状态可分为正常固结土、超固结土和欠固结土，并用超固结比 $OCR=p_c/p_1$ 进行判断。

如土在形成和存在的历史中受过的最大压力等于目前土层所受的自重应力（即 $p_c=p_1$），$OCR=1$，并在其应力作用下完全固结的土称为正常固结土，如图 4-14（a）所示。反之，若土层在 $p_c>p_1$ 的压力作用下曾固结过，$OCR>1$，如土层在历史上曾经沉积到图 4-14（b）中虚线所示的地面，并在自重应力作用下固结稳定，由于地质作用，上部土层被剥蚀，而形成现在地表，这种土称为超固结土。如土属于新近沉积的堆积物，在其自重应力 p_1 作用下尚未完成固结，$OCR<1$，称为欠固结土，如图 4-14（c）所示。在自重应力作用下，欠固结土压缩变形将继续发生，压缩稳定即固结完成后，则演变为正常固结土。

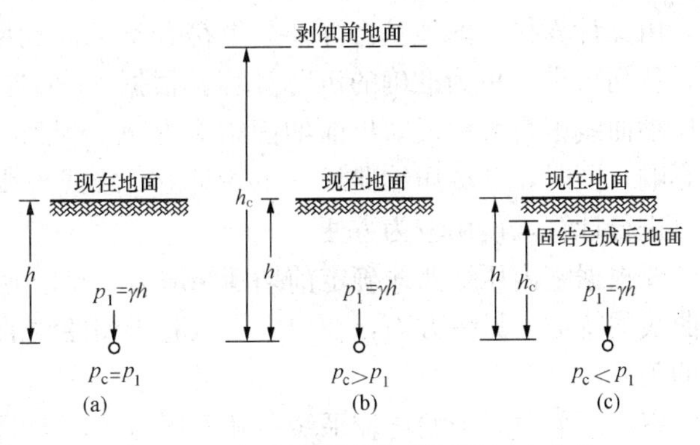

图 4-14　沉积土层按先期固结压力分类
（a）正常固结土；（b）超固结土；（c）欠固结土

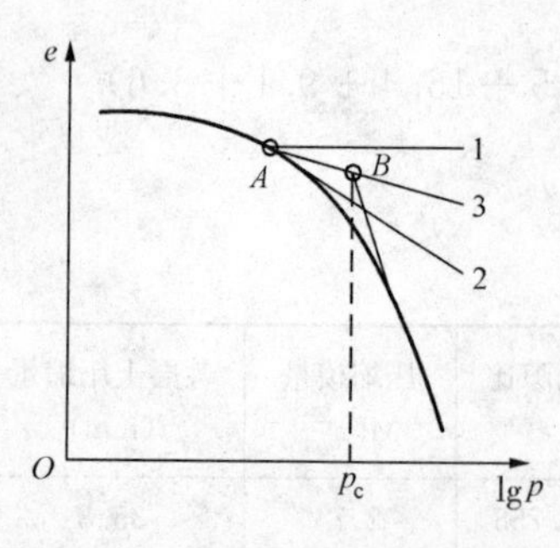

图 4 - 15　前期固结应力的确定

二、前期固结压力

为了判断地基土的应力历史，必须确定它的前期固结压力 p_c，最常用的方法是卡萨格兰德（Casagrande）所建议的经验图解法，其作图方法和步骤如下（图 4 - 15）：

(1) 在室内压缩试验 e - lg$p$ 曲线上，找出曲率最大的 A 点，过 A 点作水平线 $A1$、切线 $A2$ 以及它们的角平分线 $A3$。

(2) 将压缩曲线的直线段向上延伸交 $A3$ 于 B 点，则 B 点的横坐标即为所求的前期固结应力 p_c。

应当指出，采用这种方法确定前期固结压力的精度在很大程度上取决于曲率最大的 A 点的选定。但是，通常 A 点是凭借目测决定的，有一定的误差。同时，由上述压缩曲线特征可知，对严重扰动试样，其压缩曲线的曲率不大明显，A 点的正确位置就更难以确定。另外，纵坐标用不同的比例时，A 点的位置也不尽相同。其次，前期固结压力 p_c 只是反映土层压缩性能发生变化的一个界限值，其成因不一定都是由土的受荷历史所致。其他如粘土风化过程的结构变化，土粒间的化学胶结、土层的地质时代变老、地下水的长期变化以及土的干缩等作用均可能使粘土层的密实程度超过正常沉积情况下相对应的密度，而呈现一种类似超固结的性状。因此，确定前期固结压力时，须结合场地的地质情况、土层的沉积历史、自然地理环境变化等各种因素综合评定。

三、现场压缩曲线

一般情况下，压缩曲线（e - p 或 e - lg$p$）是由室内压缩试验得到的，但由于目前钻探取样的技术条件不够理想、土样取出地面后应力的释放、室内试验时切土人工扰动等因素的影响，室内的压缩曲线已经不能代表地基土现场压缩曲线（即原位土层承受建筑物荷载后的 e - p 或 e - lg$p$ 关系曲线）。即使试样的扰动很小，保持土的原位孔隙比基本不变，但应力释放仍是无法完全避免的，所以，室内压缩曲线的起始段实际上已是一条再压缩曲线。因此，必须对室内压缩试验得到的压缩曲线进行修正，以得到符合原位土体压缩性的现场压缩曲线，由此计算得到的地基沉降才会更符合实际。利用室内 e - lg$p$ 曲线可以推出现场压缩曲线，从而可进行更为准确的沉降计算。根据 e - p 曲线，则不能做到这一点。另一方面，现场压缩曲线很直观地反映出前期固结应力 p_c，从而可以清晰地考虑地基的应力历史对沉降的影响；同时，现场压缩曲线 e - lg$p$ 是由直线或折线组成，采用反映直线斜率的压缩性指标即可进行计算，使用较为方便。

要根据室内压缩曲线确定前期固结应力、推求现场压缩曲线，我们一方面要找出现场压缩曲线的特征，另一方面，找出室内试验压缩曲线的特征，建立室内压缩曲线和现场压缩曲线的关系。

室内压缩曲线开始比较平缓，随着压力的增大明显地向下弯曲，当压力接近前期固结压力时，出现曲率最大点，曲线急剧变陡，继而近似直线向下延伸；试验证明不管试样的扰动程度如何，当压力较大时，它们的压缩曲线都近乎直线，且大致交于一点（C 点），而 C 点的纵坐标约为 $0.42e_0$，e_0 为试样的初始孔隙比。

试样的前期固结压力确定之后，就可以将它与试样现有压力 p_1 比较，从而判定该土是正常固结的、超固结的、还是欠固结的。然后，依据室内压缩曲线的特征，即可推求出现场压缩曲线。

（1）若 $p_c=p_1$（$OCR=1$），则试样是正常固结的，它的现场压缩曲线可用下面的方法确定。假定取样过程中，试样不发生体积变化，即实验室测定的试样初始孔隙比 e_0 就是取土深度处的天然孔隙比。由 e_0 和 p_c 的值，在 e-lg$p$ 坐标上定出 E 点，如图 4-16 所示，此即土在现场压缩的起点，也就是说，（e_0，p_c）反映了原位土的应力—孔隙比的状态。然后，从纵坐标 $0.42e_0$ 处作一水平线交室内压缩曲线于 C 点。根据前述的压缩曲线特征，可以推论：现场压缩曲线亦通过 C 点。故连接 E 点和 C 点，即得现场压缩曲线。

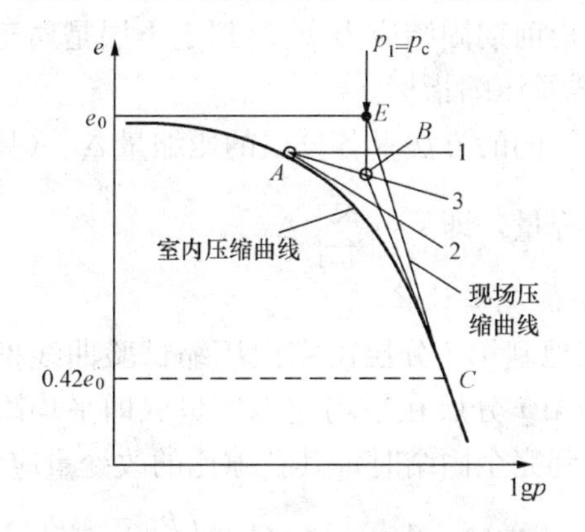

图 4-16　正常固结土现场压缩曲线

图 4-17　超固结土现场压缩曲线

（2）若 $p_c>p_1$（$OCR>1$），则试样为超固结的。这时，室内压缩试验必须用下面的方法确定。在试验过程中，随时绘制 e-lg$p$ 曲线，待压缩曲线出现急剧转折之后，逐级回弹至 p_1，再分级加荷。得到图 4-17 所示的曲线 AC 即可用于确定超固结土的现场压缩曲线。

1）确定前期固结压力的位置线和 C 点的位置；

2）按试样在原位的现有有效应力 p_1（即现有自重应力 p_1）和孔隙比 e_0。定出 D' 点，此即试样在原位压缩的起点；

3）假定现场再压缩曲线与室内回弹一再压缩曲线构成的回滞环的割线 EF 相平行，则过 D' 点作 EF 的平行线交 p_c 的垂直线于 D 点，$D'D$ 线即为现场再压缩曲线；

4）作 D 点和 C 点的连线，即得现场初始压缩曲线。

从图 4-17 可以看出，超固结土因历史上存在从 p_c 到 p_1 的卸荷，地基应力再从 p_1 增至 p_c 属于再加荷过程，$D'D$ 为再加荷曲线。地基应力超过 p_c 后，属于正常固结土的初次固结过程，DC 为正常固结曲线。由此可以看出，超固结土原始压缩曲线为折线，再压缩段的斜率明显小于正常固结段，应区别对待。

（3）若 $p_c<p_1$，则试样是欠固结的。如前所述，欠固结土在自重应力作用下压缩尚未稳定，它的现场压缩曲线的推求方法与正常固结土相同，现场压缩曲线与图 4-16 相似，E 点根据（p_c，e_0）确定，p_1 大于 p_c，压缩起始点的压力为前期固结压力。

四、考虑应力历史的地基沉降计算

用现场压缩曲线来计算地基的沉降时，其基本方法与传统单向压缩分层总合法相似，都是以无侧向变形条件下压缩量的基本公式和分层总和法为前提，所不同的是：

（1）Δe 由现场压缩曲线求得。

（2）初始孔隙比用 e_0。

(3) 对不同应力历史的土层，需要用不同的方法来计算 Δe，即对正常固结土、超固结土和欠固结土的计算公式在形式上稍有不同。另一段因计算过程考虑了应力历史，这一算法称为考虑应力历史的分层总和法，可按照如下步骤进行：

1) 选择沉降计算断面和计算点，确定基底压力。

2) 将地基分层。

3) 计算地基中各分层面的自重应力及土层平均自重应力 p_{1i}。

4) 计算地基中各分层面的竖向附加应力及土层平均附加应力。

5) 用卡萨格兰德的方法，根据室内压缩曲线确定前期固结应力 p_{ci}；判定土层是属于正常固结土、超固结土或欠固结土；推求现场压缩曲线及压缩指标。

6) 对正常固结土、超固结土和欠固结土分别用不同的方法求各分层的压缩量 Δs_i（具体方法见下述），然后，将各分层的压缩量累加得总沉降量，即 $s=\sum_{i=1}^{n}\Delta s_i$。

1. 正常固结土层的沉降计算

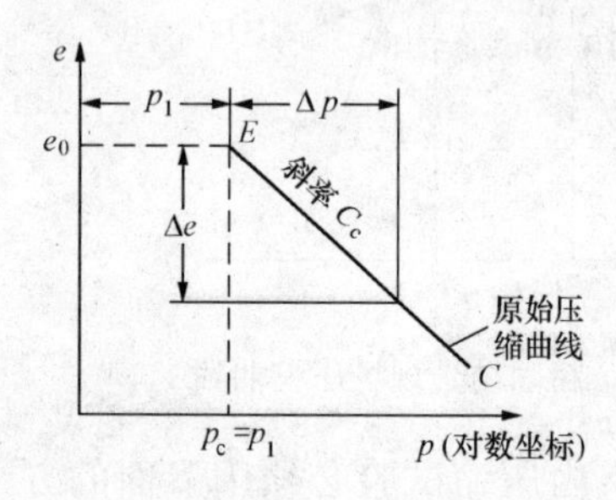

图 4-18　正常固结土的孔隙比变化

设图 4-18 为某地基第 i 分层由室内压缩试验曲线推得的现场压缩曲线。当第 i 分层在平均应力增量（即平均附加应力）Δp_i 作用下达到完全固结时，其孔隙比的改变量应为

$$\Delta e_i = C_{ci}[\lg(p_{1i}+\Delta p_i)-\lg p_{1i}] = C_{ci}\lg\left(\frac{p_{1i}+\Delta p_i}{p_{1i}}\right) \tag{4-33}$$

将式（4-33）代入式（4-18）中，即可得到第 i 分层的压缩量为

$$\Delta s_i = \frac{\Delta e_i}{1+e_{0i}}H_i = \frac{H_i C_{ci}}{1+e_{0i}}\lg\left(\frac{p_{0i}+\Delta p_i}{p_{0i}}\right) \tag{4-34}$$

式中　e_{0i}——第 i 分层的初始孔隙比；

p_{0i}——第 i 分层的平均自重应力；

H_i——第 i 分层的厚度；

C_{ci}——第 i 分层土的现场压缩指数，等于原始压缩曲线的斜率。

2. 超固结土层的沉降计算

对超固结土地基，其沉降的计算应针对不同大小的应力增量 Δp_i 区分为两种情况：第一种情况是分层的应力增量 Δp_i 大于（$p_{ci}-p_{1i}$），第二种情况是 Δp_i 小于（$p_{ci}-p_{1i}$）。

对于第一种情况，即 $\Delta p_i>(p_{ci}-p_{1i})$，第 i 分层的土层在 Δp_i 作用下孔隙比将先沿着现场再压缩曲线 $D'D$ 减小 $\Delta e_i'$，再沿着原始压缩曲线 DC 减小 $\Delta e_i''$，如图 4-19（a）所示，其中

$$\Delta e_i' = C_{ei}\lg(p_{ci}-\lg p_{1i}) = C_{ei}\lg\left(\frac{p_{ci}}{p_{1i}}\right) \tag{4-35}$$

$$\Delta e_i'' = C_{ci}[\lg(p_{1i}+\Delta p_i)-\lg p_{ci}] = C_{ci}\lg\left(\frac{p_{1i}+\Delta p_i}{p_{ci}}\right) \tag{4-36}$$

式中　C_{ei}——第 i 层土现场再压缩曲线斜率，称为再压缩指数；

C_{ci}——第 i 层土现场初始压缩曲线的斜率，称为原始压缩指数。

于是，孔隙比的总改变量为

$$\Delta e_i = \Delta e_i' + \Delta e_i'' = C_{ei}\lg\left(\frac{p_{ci}}{p_{1i}}\right) + C_{ci}\lg\left(\frac{p_{1i}+\Delta p_i}{p_{1i}}\right) \tag{4-37}$$

将式（4-37）代入到式（4-18），即可得到第 i 分层的压缩量

$$\Delta s_i = \frac{\Delta e_i}{1+e_{0i}}H_i = \frac{H_i}{1+e_{0i}}\left[C_{ei}\lg\left(\frac{p_{ci}}{p_{1i}}\right) + C_{ci}\lg\left(\frac{p_{1i}+\Delta p_i}{p_{ci}}\right)\right] \tag{4-38}$$

对第二种情况，即 $\Delta p_i \leqslant (p_{ci} - p_{1i})$，第 i 分层的土层在 Δp_i 作用下，孔隙比的改变将只沿着现场再压缩曲线 $D'D$ 减小，如图 4-19（b）所示，其改变量为

$$\Delta e_i = C_{ei}\left[\lg(p_{1i}+\Delta p_i) - \lg p_{1i}\right] = C_{ei}\lg\left(\frac{p_{1i}+\Delta p_i}{p_{1i}}\right)$$

则根据式（4-18），第 i 分层的压缩量为

$$\Delta s_i = \frac{\Delta e_i}{1+e_{0i}}H_i = \frac{H_i}{1+e_{0i}}C_{ei}\lg\left(\frac{p_{1i}+\Delta p_i}{p_{1i}}\right) \tag{4-39}$$

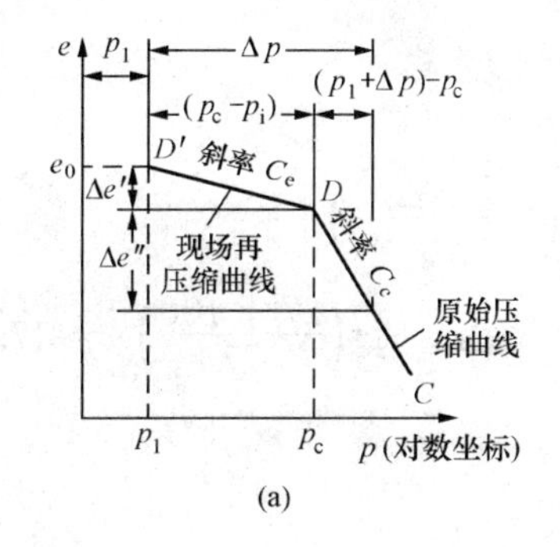

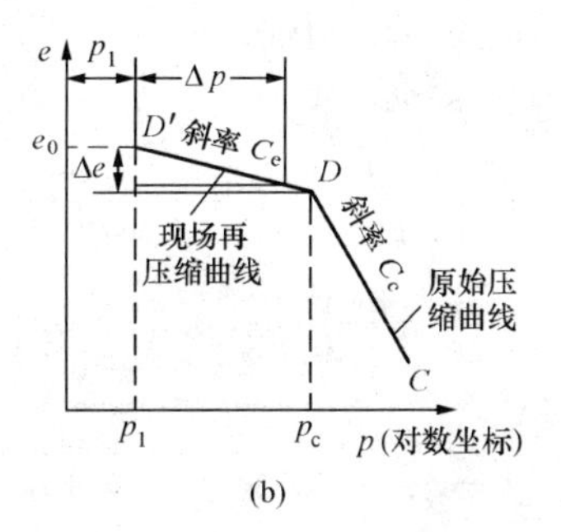

图 4-19　超固结土的孔隙比变化

3. 欠固结土层的沉降计算

对于欠固结土，其在自重应力作用下还没有完全达到固结稳定，土层现有的有效固结应力等于前期固结应力 p_c，但小于现有的自重应力 p_1。即使没有外荷载作用，该土层仍会产生压缩量。因此，欠固结土的沉降不仅仅包括地基受附加应力所引起的沉降，而且还包括地基土在自重作用下尚未固结的那部分沉降。图4-20为欠固结土第 i 分层的现场压缩曲线，由土的自重应力继续固结引起的孔隙比改变 $\Delta e_i'$ 和新增固结应力 Δp_i（即附加应力）所引起的孔隙比改变 $\Delta e''_i$ 之和为

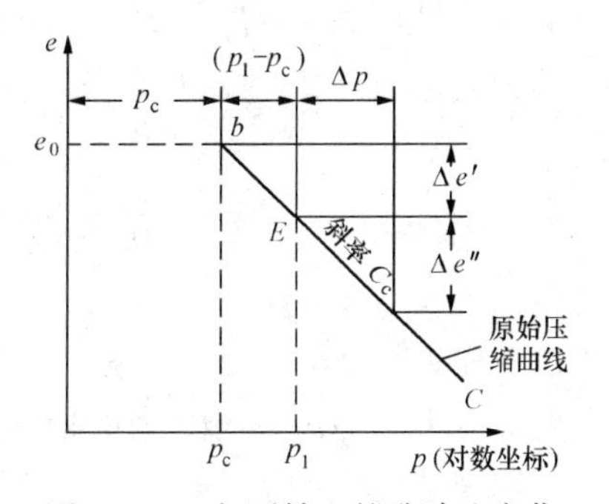

图 4-20　欠固结土的孔隙比变化

$$\Delta e_i = \Delta e'_i + \Delta e''_i = C_{ci}\lg\left(\frac{p_{1i}+\Delta p_i}{p_{ci}}\right) \tag{4-40}$$

将式（4-40）代入式（4-18），即可得第 i 分层土的压缩量为

$$\Delta s_i = \frac{\Delta e_i}{1+e_{0i}}H_i = \frac{H_i}{1+e_{0i}}C_{ci}\lg\left(\frac{p_{1i}+\Delta p_i}{p_{ci}}\right) \tag{4-41}$$

【例 4-2】　某场地地表以下为 4m 厚的均质粘性土，该土层下卧坚硬岩层。已知粘性土的重度 $\gamma = 18\text{kN/m}^3$，天然孔隙比 $e_0 = 0.85$，回弹再压缩指数 $C_e = 0.05$，压缩指数 $C_c = 0.3$，前期固结压力 p_c 比自重应力大 50kPa。在该场地大面积均匀堆载，载荷大小为 $p = 100\text{kPa}$，求因堆载引起地表的最终沉降量。

解 采用分层总和法进行计算，将土层分为 4 个分层进行计算，每层厚度 $h_i = 1\text{m}$，各分层的压缩变形量自上而下分别进行计算。

(1) 第 1 分层：

自重应力 $p_{11} = \gamma z = 18 \times 0.5 = 9\text{kPa}$

附加应力 $\Delta p_1 = p = 100\text{kPa}$

前期固结压力 $p_{c1} = p_{11} + 50 = 59\text{kPa}$

压缩变形量 $$s_1 = \frac{h_1}{1+e_0}\left[C_e\log\left(\frac{p_{c1}}{p_{11}}\right) + C_c\log\left(\frac{p_{11}+\Delta p_1}{p_{c1}}\right)\right]$$

$$= \frac{1}{1+0.85}\left[0.05 \times \lg\left(\frac{59}{9}\right) + 0.3 \times \lg\left(\frac{9+100}{59}\right)\right] = 65.3\text{mm}$$

(2) 第 2 分层：

自重应力 $p_{12} = \gamma z = 18 \times 1.5 = 27\text{kPa}$

附加应力 $\Delta p_2 = p = 100\text{kPa}$

前期固结压力 $p_{c2} = p_{12} + 50 = 77\text{kPa}$

压缩变形量 $$s_2 = \frac{h_2}{1+e_0}\left[C_e\lg\left(\frac{p_{c2}}{p_{12}}\right) + C_c\lg\left(\frac{p_{12}+\Delta p_2}{p_{c2}}\right)\right]$$

$$= \frac{1}{1+0.85}\left[0.05 \times \lg\left(\frac{77}{27}\right) + 0.3 \times \lg\left(\frac{27+100}{77}\right)\right] = 47.5\text{mm}$$

(3) 第 3 分层：

自重应力 $p_{13} = \gamma z = 18 \times 2.5 = 45\text{kPa}$

附加应力 $\Delta p_3 = p = 100\text{kPa}$

前期固结压力 $p_{c3} = p_{13} + 50 = 95\text{kPa}$

压缩变形量 $$s_3 = \frac{h_3}{1+e_0}\left[C_e\lg\left(\frac{p_{c3}}{p_{13}}\right) + C_c\lg\left(\frac{p_{13}+\Delta p_3}{p_{c3}}\right)\right]$$

$$= \frac{1}{1+0.85}\left[0.05 \times \lg\left(\frac{95}{45}\right) + 0.3 \times \lg\left(\frac{45+100}{95}\right)\right] = 38.6\text{mm}$$

(4) 第 4 分层：

自重应力 $p_{14} = \gamma z = 18 \times 3.5 = 63\text{kPa}$

附加应力 $\Delta p_4 = p = 100\text{kPa}$

前期固结压力 $p_{c4} = p_{14} + 50 = 113\text{kPa}$

压缩变形量 $$s_4 = \frac{h_4}{1+e_0}\left[C_e\lg\left(\frac{p_{c4}}{p_{14}}\right) + C_c\lg\left(\frac{p_{14}+\Delta p_4}{p_{c4}}\right)\right]$$

$$= \frac{1}{1+0.85}\left[0.05 \times \lg\left(\frac{113}{63}\right) + 0.3 \times \lg\left(\frac{63+100}{113}\right)\right] = 32.7\text{mm}$$

(5) 计算最终沉降量为

$$s = s_1 + s_2 + s_3 + s_4 = 65.3 + 47.4 + 38.6 + 32.7 = 184\text{mm}$$

4-7 地基变形与时间的关系（渗透固结理论）

前面介绍了地基最终沉降量的计算，最终沉降量是指在上部荷载作用下，地基土体发生压缩达到稳定的沉降量。但是对于不同的地基土体要达到压缩稳定的时间长短不同。对于砂土和碎石土地基，因压缩性较小，透水性较大，一般在施工完成时，地基的变形已基本稳定；对于粘性土，特别是饱和粘土地基，因压缩性大，透水性小，其地基土的固结变形常要延续数年才能完成。地基土的压缩性愈大，透水性愈小，则完成固结也就是压缩稳定的时间愈长。对于这类固结很慢的地基，在设计时，不仅要计算基础的最终沉降量，有时还需知地基沉降过程，预计建筑物在施工期间和使用期间的地基沉降量，即地基沉降与时间的关系，以便预留建筑物有关部分之间的净空，组织施工顺序，控制施工进度，以及作为采取必要措施的依据。

饱和土体在荷载作用下，土孔隙中的自由水随着时间推移缓慢渗出，土的体积逐渐减小的过程，称为土的渗透固结。

一、饱和土的渗透固结

用一个力学模型来模拟饱和土体中某点的渗透固结过程，如图 4 - 21 所示。模型为一个充满水，水面放置一个带有排水孔的活塞，活塞又为一弹簧所支承的容器。其中弹簧表示土的固体颗粒骨架，容器内的水表示土孔隙中的自由水，整个模型表示饱和土体。外荷 p 作用下在土孔隙水中所引起的超静水压力 u（以测压管中水的超高表示），称为孔隙水压力。由土骨架承受的应力 σ'，称为有效应力。根据静力平衡条件可知

$$\sigma' + u = p \tag{4 - 42}$$

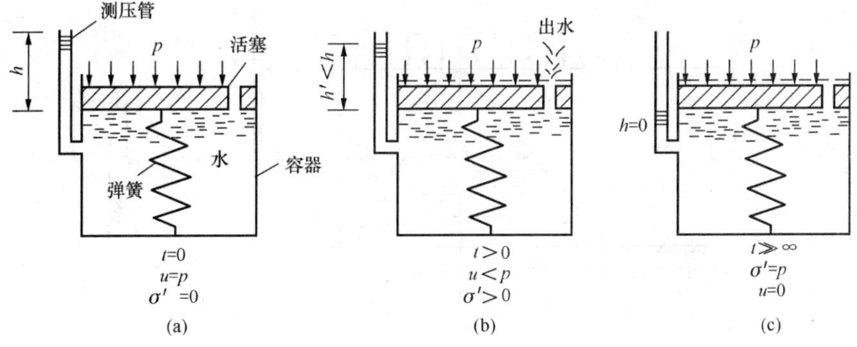

图 4 - 21　饱和土的渗透固结模型

饱和土体中的总应力等于有效应力与孔隙水压力之和，土体强度和变形是受有效应力控制的，此即有效应力原理。有效应力是土颗粒传递的粒间应力在土体截面的平均值，并不等于粒间应力。

在荷载 p 施加的瞬间（即加荷历时 $t=0$），图 4 - 21（a）容器中的水还来不及排出，加之水又是不可压缩的，因而，弹簧没有压缩，有效应力 $\sigma'=0$，作用在活塞上的荷载 p 全部由水来承担，孔隙水压力 $u=p$。此时可以根据从测压管量得水柱高 h 而算出 $u=\gamma_w h$。其后，$t>0$［图 4 - 21（b）］，在 u 作用下孔隙水开始排出，活塞下降，弹簧开始受到压缩，$\sigma'>0$。又从测压管测得的 h' 而算出 $u=\gamma_w h'<p$。随着容器中水的不断排出，u 不断减小；活塞继续下降，σ' 不断增大。最后［图 4 - 21（c）］，当弹簧所受的应力与所加荷载 p 相等时，活塞便不再下降。此时水停止排出，即 $u=0$，亦即表示饱和土渗透固结完成。

由此可以看出，在一定压力作用下饱和土的渗透固结就是土体中孔隙水压力 u 向有效应力 σ' 转化的过程，或者说是孔隙水压力逐渐消减与有效力逐渐增长的过程。只有有效应力才能使土体产生压缩和固结，土体中某点有效应力的增长程度反映该点土的固结完成

程度。

二、饱和土的单向固结理论

当可压缩土层为厚度不大的饱和软粘土层，其上面或下面（或两者）有排水砂层时，在土层表面有大面积均布外荷作用下，该层土中孔隙水主要沿铅直方向流动（排出），这种情况称为单向渗透固结。

1. 单向渗透固结理论的基本假定

（1）荷载是瞬时一次施加的；

（2）土是均质饱和的；

（3）土层仅在铅直方向产生压缩和渗流；

（4）土中水的渗流符合达西定律；

（5）在压缩过程中受压土层的渗透系数 k 和压缩系数 a 视为常数；

（6）土颗粒和水是不可压缩的。

2. 单向渗透固结微分方程式的建立及求解

首先研究一种最简单的地基和荷载条件，如图 4－22 所示，可压缩饱和土层在自重作用下已固结完成，施加于地基上的大面积连续均布荷载 p_0 是瞬时一次加上的，引起的附加应力σ_z（$=p_0$）沿深度成均匀分布。

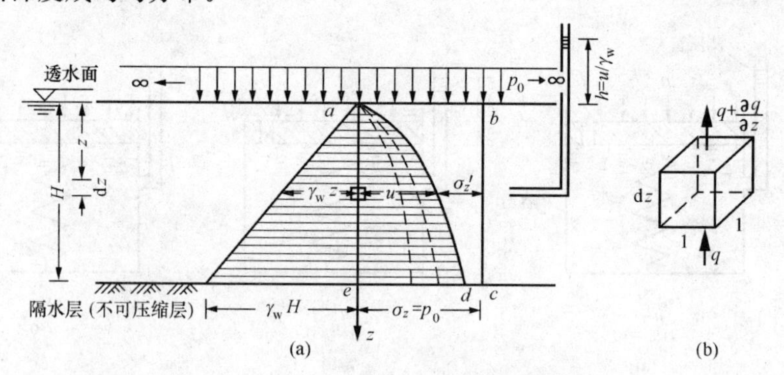

图 4－22　可压缩土层中孔隙水压力、有效应力的分布随时间而变化

（a）一维固结情况之一；（b）微单元体

由于底面为不透水层，故土中水只能垂直地向上排出（称为单面排水条件），从地基中任一深度 z 处取一微元土体 $1\times1\times dz$。在时间间隔 dt 中，流经该微元土体的水量变化为

$$q dt-\left(q+\frac{\partial q}{\partial z}dz\right)dt=-\frac{\partial q}{\partial z}dzdt \tag{4-43}$$

根据达西定律可知，当微分土体的水平截面积为 1×1，且 $u=h\gamma_w$ 时，有

$$q=v=ki=k\frac{\partial h}{\partial z}=\frac{k}{\gamma_w}\frac{\partial u}{\partial z} \tag{4-44}$$

将式（4－43）代入式（4－44），则在时间间隔 dt 内流经该微元土体的水量变化为

$$-\frac{\partial q}{\partial z}dzdt=-\frac{k}{\gamma_w}\frac{\partial^2 u}{\partial z^2}dzdt \tag{4-45}$$

由于已假定土粒和水本身都不可压缩，故在 dt 时间间隔内，流经该微元土体上下两面的孔隙水量的变化，应等于微元土体中孔隙体积的减小，即

$$-\frac{\partial q}{\partial z}\mathrm{d}z\mathrm{d}t=-\frac{1}{1+e_1}\frac{\partial e}{\partial t}\mathrm{d}t\mathrm{d}z \tag{4-46}$$

由式（4－45）和式（4－46）得

$$\frac{k}{\gamma_w}\frac{\partial^2 u}{\partial z^2}=\frac{1}{1+e_1}\frac{\partial e}{\partial t} \tag{4-47}$$

又由于只有有效应力才能使土体产生压缩和变形，土体压缩过程就是孔隙水压力和有效应力的转化过程，于是

$$\frac{\partial e}{\partial t}=-a\frac{\partial \sigma'}{\partial t}=-a\frac{\partial(p_0-u)}{\partial t}=a\frac{\partial u}{\partial t} \tag{4-48}$$

将式（4－48）代入式（4－47）得

$$\frac{\partial u}{\partial t}=\frac{k(1+e_1)}{\gamma_w a}\frac{\partial^2 u}{\partial z^2} \tag{4-49}$$

即

$$\frac{\partial u}{\partial t}=c_v\frac{\partial^2 u}{\partial z^2} \tag{4-50}$$

式中　k——土的渗透系数；

e_1——土层的初始孔隙比；

γ_w——水的重度；

a——土的压缩系数；

c_v——土的固结系数，$c_v=\frac{k(1+e_1)}{\gamma_w a}$。

式（4－50）即为饱和土单向渗透固结微分方程式。在一定的初始条件和边界条件下，可以解得任一深度 z 处土体在任一时间的孔隙水压力 u 的表示式。

图4－22（a）所示的初始条件和边界条件如下：

初始条件：$t=0$ 和 $0\leqslant z\leqslant H$，$u=\sigma_z=p_0$（σ_z 为附加应力）；

边界条件：$0<t<\infty$ 和 $z=0$ 时，$u=0$；

$0<t<\infty$ 和 $z=H$ 时，因属不透水面，故 $q=0$，$\frac{\partial u}{\partial z}=0$；

$t=\infty$ 和 $0\leqslant z\leqslant H$ 时，$u=0$。

求得式（4－50）的解为

$$u_{z,t}=\frac{4}{\pi}p_0\sum_{m=1}^{\infty}\frac{1}{m}\sin\left(\frac{m\pi z}{2H}\right)e^{-m^2\frac{\pi^2}{4}T_v} \tag{4-51}$$

式中　m——正整奇数（1，3，5…）。

e——自然对数的底。

H——固结土层中最远的排水距离。当土层为单面排水时，H 即为土层的厚度；当土层上下双面排水时，水由土层中间向上和向下同时排出，则 H 为土层厚度之半。

T_v——时间因数，无因次，按下式确定

$$T_v=\frac{c_v}{H^2}t \tag{4-52}$$

三、固结度

地基在固结过程中任一时间 t 的沉降量 s_t 与最终沉降量 s 之比，称为地基土在时间 t 的

固结度，常用U_t表示，即

$$U_t = \frac{s_t}{s} \tag{4-53}$$

在基底附加应力、土层厚度、土层性质和排水条件等已定的情况下，U_t仅是时间的函数，即$U_t = f(t)$。

由于饱和土的固结过程是孔隙水压力逐渐转化为有效应力的过程，且土体的压缩是由有效应力引起的，因此，任一时间t的土体固结度U_t又可用土层中的总有效应力与总应力之比来表示。参见图4-22（a），可得出土的固结度公式如下：

$$U_t = \frac{\int_0^H \sigma'_{z,t}\mathrm{d}z}{p_0 H} = \frac{p_0 H - \int_0^H u_{z,t}\mathrm{d}z}{p_0 H} = 1 - \frac{\int_0^H u_{z,t}\mathrm{d}z}{p_0 H} \tag{4-54}$$

式中，p_0与H均为已知，将式（4-51）代入式（4-54），通过积分并简化便可求得地基土层某一时间t的固结度U_t的表达式为

$$U_t = 1 - \frac{8}{\pi^2}\left(\mathrm{e}^{-\frac{\pi^2}{4}T_v} + \frac{1}{9}\mathrm{e}^{-9\frac{\pi^2}{4}T_v} + \cdots\right) \tag{4-55}$$

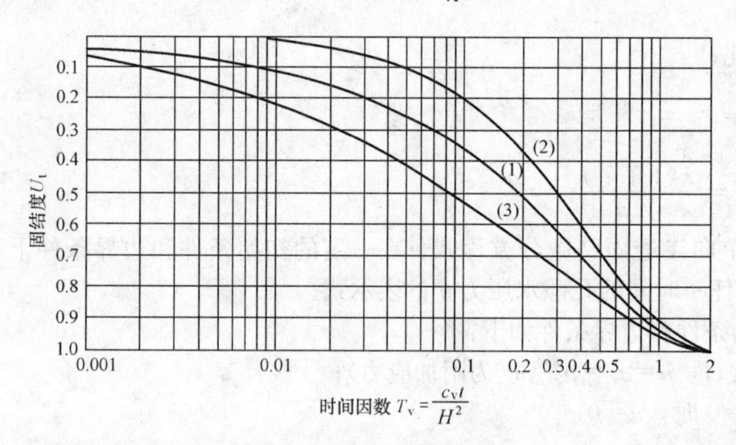

图4-23　固结度U_t与时间因数T_v的关系曲线

由于式（4-55）中的级数收敛得很快，可只取其第一项进行简化处理，上式即简化为

$$U_t = 1 - \frac{8}{\pi^2}\mathrm{e}^{-\frac{\pi^2}{4}T_v} \tag{4-56}$$

为了便于实际应用，可以按式（4-56）绘制出如图4-23所示的U_t-T_v关系曲线（1）。对于图4-24（a）中所示的三种双面排水情况，都可以利用图4-23中的曲线（1）计算，此时，只需将饱和压缩土层的厚度改为$2H$，即H取压缩土层厚度之半。另外，对于图4-24（b）中单面排水的两种三角形分布起始孔隙水压力图，则用对应于图4-23中的U_t-T_v关系曲线（2）和曲线（3）计算。

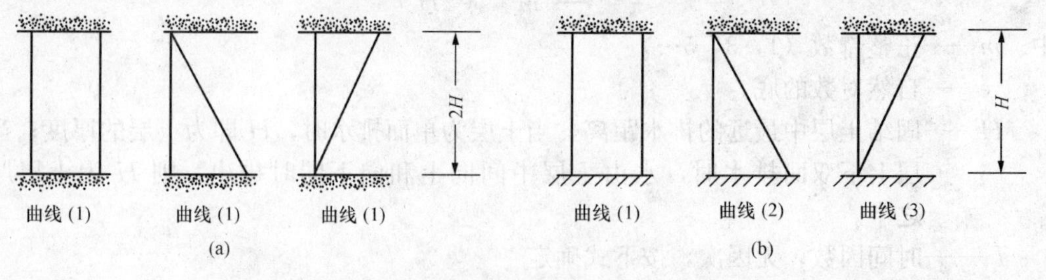

图4-24　一维固结的几种起始孔隙水压力分布图

（a）双面排水；（b）单面排水

有了U_t-T_v关系曲线（1）、（2）、（3），还可求得梯形分布起始孔隙水压力图的解答。

对于图 4-25（a）中所示双面排水情况，同样可利用图 4-24 中曲线（1）计算，而 H 取压缩土层厚度之半；而对于图 4-24（b）中所示单面排水情况，则可运用叠加原理求解如下：

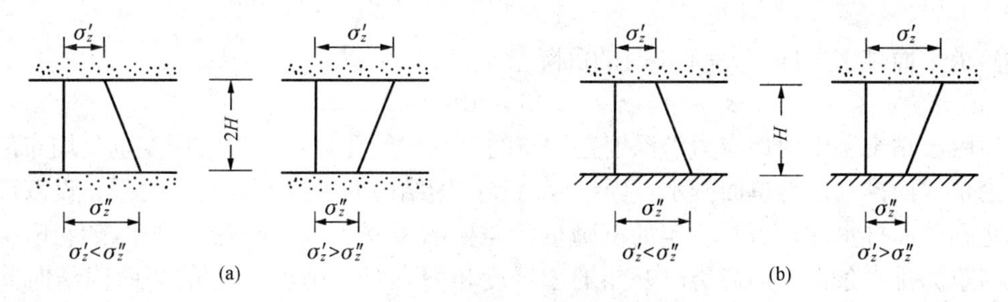

图 4-25　起始孔隙水压力的梯形分布图

（a）双面排水；（b）单面排水

设梯形分布附加应力或起始孔隙水压力在排水面处和不透水面处分别为 σ_z' 和 σ_z''，当 $\sigma_z'<\sigma_z''$ 时，可利用曲线（1）和曲线（2）求解，按式（4-23）和式（4-53）列出某一时刻 t 的沉降量为

$$s_t = U_t s = \frac{U_t}{E_s}\frac{\sigma_z'+\sigma_z''}{2}H \tag{4-57}$$

令

$$s_{t1} = U_{t1} s_1 = \frac{U_{t1}}{E_s}\sigma_z' H \tag{4-58}$$

和

$$s_{t2} = U_{t2} s_2 = \frac{U_{t2}}{E_s}\frac{\sigma_z''-\sigma_z'}{2}H \tag{4-59}$$

则

$$s_t = s_{t1} + s_{t2} \tag{4-60}$$

所以

$$U_t = \frac{2\sigma_z' U_{t1} + (\sigma_z''-\sigma_z')U_{t2}}{\sigma_z'+\sigma_z''} \tag{4-61}$$

当 $\sigma_z'>\sigma_z''$ 时，可利用曲线（1）和曲线（3）求解，同理得出

$$U_t = \frac{2\sigma_z'' U_{t1} + (\sigma_z'-\sigma_z'')U_{t3}}{\sigma_z'+\sigma_z''} \tag{4-62}$$

式（4-61）和式（4-62）中 U_{t1}、U_{t2}、U_{t3} 可根据相同的时间因数 T_v 从图 4-23 中分别用曲线（1）、（2）、（3）求出。

【例 4-3】　某饱和粘土层的厚度为 8m，在土层表面大面积均布荷载 $p_0=160$kPa 作用下固结，设该土层的初始孔隙比 $e=1.0$，压缩系数 $a=0.3\text{MPa}^{-1}$。已知单面排水条件下加荷历时 $t=1$ 年时的固结度 $U_{t1}=0.43$。求：

（1）该粘土层的最终固结沉降量；

（2）单面排水条件下加荷历时一年的沉降量；

（3）双面排水条件下达到单面排水加荷历时一年的沉降量所需要的时间。

解　（1）求最终固结沉降量：

粘土层中附加应力 σ_z 沿深度是均布的，$\sigma_z = p_0 = 160\text{kPa}$。

则最终固结沉降量为

$$s = \frac{a\sigma_z}{1+e}H = \frac{0.0003 \times 160}{1+1} \times 8000 = 192\text{mm}$$

（2）求单面排水条件下 $t=1$ 年时的沉降量 s_1

$$s_1 = U_{t1}s = 0.43 \times 192 = 82.6\text{mm}$$

（3）由于粘土层中附加应力沿深度是均布的，则初始孔隙水压力沿深度也是均布的。此时，不论是双面排水还是单面排水，固结度与竖向固结时间系数符合同一关系。设双面排水条件下达到单面排水加荷历时一年的沉降量所需要的时间为 t_1，则双面排水条件下 t_1 时的固结度与单面排水条件下加荷历时一年的固结度相同，双面排水 t_1 时的竖向固结时间系数 T_{v1} 与单面排水 $t=1$ 年时的竖向固结时间系数 T_{v2} 也必相同。

因

$$T_{v2} = \frac{c_v t}{H^2} = \frac{c_v \times 1}{H^2}$$

$$T_{v1} = \frac{c_v t_1}{(H/2)^2} = \frac{c_v \times 4 \times t_1}{H^2}$$

则由 $T_{v2} = T_{v1}$ 可得

$$t_1 = 1/4 = 0.25 \text{ 年}$$

4-8 饱和粘性土地基沉降发展过程

在基地压力作用下，地基土处于三维应力状态，以地基中轴线上 M 点土单元体［图 4-26（a）］的变形过程为例予以说明。

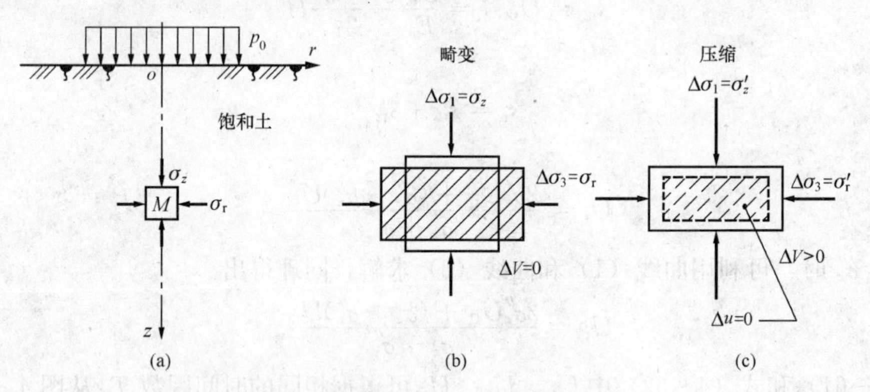

图 4-26 圆形荷载中心点下土的应力和变形

基底附加压力 p_0 引起 M 点的大主应力增量 $\Delta\sigma_1 = \sigma_z$ 和小主应力增量 $\Delta\sigma_3 = \sigma_r = \sigma_x = \sigma_y$。如土是饱和的，在荷载施加的一瞬间，孔隙水还未排出，故土体积 V 的变化 $\Delta V = 0$［图 4-26（b）］。饱和土在施荷瞬间虽然无从压缩，但剪应力增量（$\Delta\sigma_1 - \Delta\sigma_3$）/2 却使单元体立即发生剪切畸变，如图 4-26（b）所示。随着时间的消逝，土体因孔隙水的排出而压缩（固结），孔隙压力将逐渐消散而转嫁给土骨架，有效应力增加，土体在有效应力 $\Delta\sigma'$ 的作用下压缩至如图 4-26（c）所示。

渗透固结过程终止之后，土体在不变的有效应力作用下，仍可极其缓慢地继续蠕动变形而压缩。这可能与颗粒周围结合水的挤出以及土骨架的压缩和屈服有关，特称为次固结，以与渗透固结（即主固结）相区别。

综上所述，三维应力状态下土的变形过程包括，瞬时发生的剪切畸变、主固结（常简称固结）和次固结三个分量。相应地，地基在局部荷载作用下的总沉降 s 也包括如下三个分量

$$s = s_d + s_c + s_s \tag{4-63}$$

一、瞬时沉降 s_d

瞬时沉降又称初始沉降或不排水沉降。由于基础边缘土中应力集中，即使施工初始荷载很小，瞬时沉降亦可出现，而且新的增量将随施工期荷载的增长而即时发生，直至施工期结束时（$t=T$）停止发展，地基软土厚度大、基础荷载大、基底尺寸和埋置深度小时，瞬时沉降在总沉降中所占的比例比较大，曾经观测到深厚软土地基上重型结构的瞬时沉降占总沉降之比例竟高达50%的例子。

二、固结沉降 s_c

固结沉降开始于荷载施加之时，但在施工期之后的恒载作用下继续随土中孔隙水的排出而不断发展，直至施荷引起的初始孔隙压力完全消散，固结过程才终止。此时地基固结度为100%，相应的固结历时以 t_{100} 表示。固结沉降通常是地基沉降的主要分量。

地基的最终固结沉降量取决于初始孔隙压力的分布。三维应力状态下地基中的初始孔压与正应力增量和偏应力增量有关，所以其分布与一维固结理论大不相同。就以圆形荷载中心点下的初始孔压而言，若地基为严重超固结粘土，其孔压系数值可低至零或负值，而使最终固结沉降量大为减少。故固结沉降计算应考虑三维应力状态的影响。

三、次固结沉降 s_s

如前所述，与土骨架蠕变有关的次固结，是在孔隙压力停止消散、有效应力稳定不变后仍随时间而缓慢增长的压缩。次固结沉降虽然在固结沉降稳定之前就可以开始，但一般可认为在主固结沉降完成后出现。次固结沉降速率与土孔隙中自由水排出速率无关。次固结沉降量常比主固结沉降量小得多，而多可以忽略；但对软土深厚，尤其是含有胶态腐殖质等有机质等情况，则应予以重视。

对于大多数工程问题，次固结沉降与固结沉降相比是不重要的。因此，地基的最终沉降量通常仅取瞬时沉降量与固结沉降量之和，即 $s=s_d+s_c$，相应地，施工期 T 以后（$t>T$）的沉降量为

$$s_t = s_d + s_{ct} \tag{4-64}$$

或

$$s_t = s_d + U_t s_c \tag{4-65}$$

式（4-65）中的沉降量如按一维固结理论计算，其结果往往与实测成果不相符合，因为地基沉降多属三维课题而实际情况又很复杂，因此，利用沉降观测资料推算后期沉降量（包括最终沉降量），有其重要的现实意义。常用的经验方法有双曲线法等。下面介绍的一种经验方法——对数曲线法（亦称三点法），具有从总沉降量 s_t 中把瞬时沉降量 s_d 分离出来的功能。

不同条件的固结度 U_t 的计算公式，可用一个普遍表达式来概括

$$U_t = 1 - A\exp(-Bt) \tag{4-66}$$

式中，A 和 B 是两个参数，如将上式与一维固结理论的式（4-56）比较可见在理论上参数 A 是个常数值 $8/\pi^2$，B 则与时间因数 T_v 中的固结系数、排水距离有关。如果 A 和 B 作为实测的沉降与时间关系曲线中的参数，则其值是待定的。

将式（4-66）代入式（4-65），得

$$\frac{s_t - s_d}{s_c} = 1 - A\exp(-Bt) \tag{4-67}$$

再将 $s = s_d + s_c$ 代入上式，并以推算的最终沉降量 s_∞ 代替 s，则得

$$s_t = s_\infty[1 - A\exp(-Bt)] + s_d A\exp(-Bt) \tag{4-68}$$

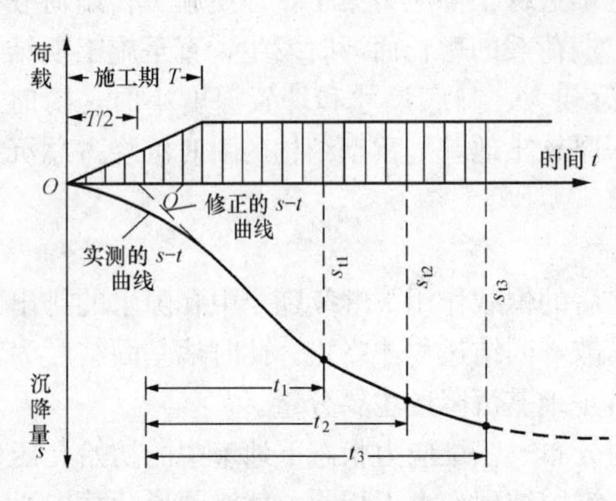

图 4-27 沉降与时间的关系实测曲线

如果 s_∞ 和 s_d 也是未知数，加上 A 和 B，则上式包含有四个未知数。从实测的早期 s-t 曲线上（图 4-27）选择荷载停止施加以后的三个时间 t_1、t_2 和 t_3，其中 t_3 应尽可能与曲线末端对应，时间差（$t_2 - t_1$）和（$t_3 - t_2$）必须相等且尽量大些。将所选时间分别代入上式，得

$$\left.\begin{aligned} s_{t1} &= s_\infty[1 - A\exp(-Bt_1)] + s_d A\exp(-Bt_1) \\ s_{t2} &= s_\infty[1 - A\exp(-Bt_2)] + s_d A\exp(-Bt_2) \\ s_{t3} &= s_\infty[1 - A\exp(-Bt_3)] + s_d A\exp(-Bt_3) \end{aligned}\right\} \tag{4-69}$$

附加条件

$$\exp[B(t_2 - t_1)] = \exp[B(t_3 - t_2)] \tag{4-70}$$

联解式（4-69）和式（4-70）可得

$$B = \frac{1}{t_2 - t_1}\ln\frac{s_{t2} - s_{t1}}{s_{t3} - s_{t2}} \tag{4-71}$$

和

$$s_\infty = \frac{s_{t3}(s_{t2} - s_{t1}) - s_{t2}(s_{t3} - s_{t2})}{(s_{t2} - s_{t1}) - (s_{t3} - s_{t2})} \tag{4-72}$$

A 一般采用一维固结理论近似值 $8/\pi^2$，将其和按 s_{t1}、s_{t2}、s_{t3} 实测值算得的 B 和 s_∞ 一起代入式（4-69），即可求得 s_d 值如下

$$s_d = \frac{s_{t1} - s_\infty[1 - A\exp(-Bt_1)]}{A\exp(-Bt_1)} \tag{4-73}$$

然后可按式（4-68）推算任一时刻的后期沉降量 s_t。

以上各式中的时间 t 均应由修正后零点 O' 算起，如施工期荷载等速增长，则 O' 点在加荷期的中点（见图 4-27）。

习 题

4-1 若土的初始孔隙比为 0.8，某应力增量下的压缩系数为 0.3MPa^{-1}，求土在该应力增量下的压缩模量。

4-2 某薄压缩层天然地基，其压缩层土厚度 2m，土的天然孔隙比为 0.9，在建筑物荷载作用下压缩稳定后的孔隙比为 0.8，求该建筑物最终沉降量。

4-3　侧限压缩实验测得每级压应力作用下达到稳定时试件的竖向变形量，推证说明据此如何得到 e-p 压缩曲线？

4-4　简述单向压缩分层总和法计算地基沉降的基本原理和计算步骤。

4-5　对某饱和粘性土土样施加各向等压力 σ，分析说明施加压力及以后土样孔隙水压力和有效应力的变化过程。

4-6　简述太沙基一维固结理论的基本假设及其适用条件。

4-7　某建筑场地地表下为均质粘性土，土体重度 $18kN/m^3$，孔隙比 0.95，压缩系数 $0.3MPa^{-1}$。该建筑物采用柱下矩形基础，基础长 3m，宽 2m，埋深 1m 上部荷载中心加荷 800kN。采用传统单向压缩分层总和法和规范推荐单向压缩分层总和法分别计算该基础沉降量。

4-8　某箱形基础底面尺寸 10m×10m，基础高度 6m，顶面与地面齐平地下水位埋深 2m，水位上土体重度 $18kN/m^3$，水位下土体重度 $20kN/m^3$，地基持力层压缩模量 5MPa。基础自重 3600kN，上部荷载中心加荷 8000kN。估算此基础的沉降量。

4-9　某饱和粘土层的厚度为 6m，其下为不透水的坚硬岩层。在土层表面大面积均布荷载 $p_0=200kPa$ 作用下固结，设该土层的初始孔隙比 $e=1.0$，压缩系数 $a=0.4MPa^{-1}$，渗透系数 $k=1.8cm/年$。求：

(1) 该粘土层的最终固结沉降量；

(2) 加荷历时一年的沉降量；

(3) 加荷历时多久沉降量达到 15cm。

第5章　土的抗剪强度

5-1　概　　述

土的抗剪强度是指土体抵抗剪切破坏的极限能力，土体破坏通常可归于剪切破坏，剪切破坏是由土体中的剪应力达到抗剪强度所引起的。例如边坡的滑动，就是由于滑动面上的剪应力达到抗剪强度产生的。土的抗剪强度是土的主要力学性质之一，工程实际中有关地基承载力、挡土墙土压力、土坡稳定性等方面的问题都与土的抗剪强度有关。

土的抗剪强度，主要取决于土的组成、结构、含水量、孔隙比以及所受的应力状态等。针对一定的土体（即土体组成、结构、含水量、孔隙比等一定），其强度主要取决于所受力组合。当土体中的应力组合满足一定关系时，土体即发生破坏，这种应力组合即为破坏准则，亦即判定土体是否破坏的标准。土的抗剪强度主要通过室内试验和原位测试确定，试验仪器的种类和试验方法对确定强度值有很大的影响。

5-2　土的破坏准则

土的破坏准则是一个十分复杂的问题，目前已有多个关于土的破坏准则，但还没有一个被认为能完满适用于土的理想的破坏准则。目前在工程实践中广泛采用的破坏准则是莫尔—库仑破坏准则，这一准则被普遍认为是适合岩土体的。

1776 年库仑基于试验结果总结土的破坏现象，提出土的抗剪强度公式为

$$\tau_f = c + \sigma \cdot \tan\varphi \tag{5-1}$$

式中　τ_f——土的抗剪强度；

σ——剪切面上的法向应力；

c——土的粘聚力，对于无粘性土 c 等于零；

φ——土的内摩擦角。

c 和 φ 是决定土的抗剪强度的两个指标，称为抗剪强度指标或抗剪强度参数。库仑公式（5-1）表明，抗剪强度与剪切面上的法向应力为直线关系，其 c、φ 值与法向应力无关。

1910 年莫尔（Mohr）提出材料的破坏是剪切破坏，并提出破坏面上的剪切应力 τ_f 是该面上法向应力 σ 的函数

$$\tau_f = f(\sigma) \tag{5-2}$$

这个函数在 $\tau_f - \sigma$ 坐标中是一条曲线，称为莫尔包线或抗剪强度包线。莫尔包线表示材料剪切破坏时破坏面上法向应力与剪切应力的关系。理论分析和实验证明，莫尔理论对土是比较适宜的，为了应用的方便，土的莫尔包线通常近似用直线代替，该直线方程就是库仑公式表示的方程，由库仑公式表示莫尔包线的强度理论称为莫尔—库伦强度理论，此时，式（5-1）即为莫尔—库伦公式。莫尔—库仑公式是莫尔包线近似的线化表达，在线性表达过程中，若剪切面上法向应力大小或变化区间不同，则线性方程中的 c、φ 值不同，即 c、φ 取值与剪切面上的法向应力有关，这是莫尔—库仑公式与库仑公式的本质区别。

根据有效应力原理，只有有效应力的变化才能引起强度的变化，土体内的剪应力仅能由土骨架承担，土的抗剪强度应表示为剪切破坏面上法向有效应力的函数，因此式（5-1）应修改为

$$\tau_f = c' + \sigma' \tan\varphi' \tag{5-3}$$

式中 σ'——剪切面上的法向有效应力；

c'——土的有效粘聚力；

φ'——土的有效内摩擦角。

因此，土的抗剪强度有两种表达方法：一种是以总应力 σ 表示剪切破坏面上的法向应力，抗剪强度表达式采用式（5-1），称为抗剪强度总应力法，相应的抗剪强度指标 c,φ 称为总应力抗剪强度指标或总应力抗剪强度参数；另一种则以有效应力 σ' 表示剪切破坏面上的法向应力，抗剪强度表达式采用式（5-3），称为抗剪强度有效应力法，相应的抗剪强度指标 c',φ' 称为有效应力抗剪强度指标或有效应力抗剪强度参数。

式（5-1）和式（5-3）表明，土的抗剪强度由两部分组成：摩擦强度 $\sigma\tan\varphi$（$\sigma'\tan\varphi'$）和粘结强度 c（或 c'）。摩擦强度来源于两部分：一是颗粒之间因剪切滑动时产生的滑动摩擦，另一是因剪切使颗粒之间脱离咬合状态而移动所产生的咬合摩擦。摩擦强度取决于剪切面上的正应力和土的内摩擦角，内摩擦角是度量滑动难易程度和咬合作用强弱的参数，其正切值为摩擦系数。影响内摩擦角的主要因素有密度、颗粒级配、颗粒形状、矿物成分、含水量等，对细粒土而言，还受到颗粒表面的物理化学作用的影响。通常认为粗粒土的粘结强度 c 等于零。细粒土的粘结强度 c 由两部分组成：原始粘结力和固化粘结力，原始粘结力来源于颗粒间的静电力和范德华力，固化粘结力来源于颗粒间的胶结物质的胶结作用。

如果可能发生剪切破坏的平面位置已经预先确定，只要算出作用于该面上的剪应力和正应力，再依据正应力算出抗剪强度，基于剪应力和抗剪强度值的比较，就可判别剪切破坏是否发生。但是在实际问题中，可能发生剪切破坏的平面一般不能预先确定，土体中的应力分析只能计算各点垂直于坐标轴平面上的剪应力和正应力或各点的主应力，据此尚无法直接判定土体单元体是否破坏。因此，需要进一步研究如何应用主应力对土体是否破坏进行判断的方法，即莫尔—库伦破坏理论如何直接用主应力表示，该方法就是莫尔—库仑破坏准则，也称土的极限平衡条件。

当土体中任意一点在某一平面上的剪应力达到土的抗剪强度时，就发生剪切破坏，该点即处于极限平衡状态，根据莫尔—库仑公式和应力条件，可得到土体中一点的剪切破坏条件，即土的极限平衡条件。

仅研究平面问题，在土体中取一微元体（图5-1），设作用在该微小单元上的两个主应力为 σ_1 和 σ_3（σ_1 大于 σ_3），在微元体内与大主应力 σ_1 作用平面成任意角 α 的 mn 平面上有正应力 σ 和剪应力 τ。为了建立 σ、τ 与 σ_1、σ_3 之间的关系，取微体 abc 为隔离体［图5-1（b）］，将各力分别在水平和垂直方向投影，根据静力平衡条件可得

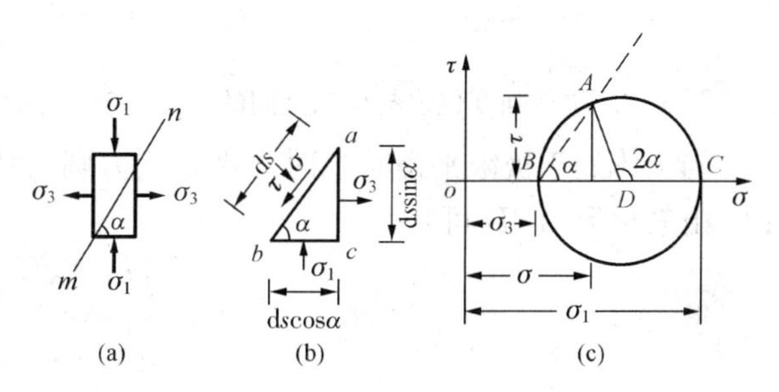

图5-1 土体中任意点的应力

$$\sigma_3 \mathrm{d}s\sin\alpha - \sigma \mathrm{d}s\sin\alpha + \tau \mathrm{d}s\cos\alpha = 0$$

$$\sigma_1 ds\cos\alpha - \sigma ds\cos\alpha - \tau ds\sin\alpha = 0$$

联立求解，得

$$\sigma = \frac{\sigma_1 + \sigma_3}{2} + \frac{\sigma_1 - \sigma_3}{2}\cos 2\alpha$$

$$\tau = \frac{\sigma_1 - \sigma_3}{2}\sin 2\alpha$$

σ、τ 与 σ_1、σ_3 之间的关系也可以用莫尔应力圆表示［图 5-1（c）］，即在 σ-τ 直角坐标系中，按一定的比例尺，沿 σ 轴截取 OB 和 OC 分表示 σ_3 和 σ_1，以 D 为圆心，$\sigma_1 - \sigma_3$ 为直径作一圆，从 DC 开始逆时针旋转 2α 角，使 DA 线与圆周交于 A 点，可以证明，A 点的横坐标即为斜面 mn 上的正应力 σ，纵坐标即为剪应力 τ。这样，莫尔圆就可以表示土体中一点的应力状态，莫尔圆圆周上各点的坐标就表示该点在相应平面上的正应力和剪应力。

如果给定了土的抗剪强度参数 c，φ（或 c'，φ'）以及土中某点的应力状态，则可将抗剪强度包线（莫尔—库仑抗剪强度线）与莫尔应力圆画在同一张坐标图上（图 5-2）。它们之间的关系有以下三种情况：

（1）整个莫尔圆位于抗剪强度包线的下方（圆Ⅰ），说明该点在任何平面上的剪应力都小于土所能发挥的抗剪强度（$\tau < \tau_f$），因此不会发生剪切破坏。

（2）抗剪强度包线是莫尔圆的一条割线（圆Ⅲ）实际上这种情况是不可能存在的，因为该点任何方向上的剪应力都不可能超过土的抗剪强度（不存在 $\tau > \tau_f$ 的情况）。

（3）莫尔圆与抗剪强度包线相切（圆Ⅱ），切点为 A，说明在 A 点所代表的平面上，剪应力正好等于抗剪强度（$\tau = \tau_f$），该点就处于极限平衡状态。圆Ⅱ称为极限应力圆，根据极限应力圆与抗剪强度包线相切的几何关系，通过下列推导过程可建立土的极限平衡条件(破坏准则)。

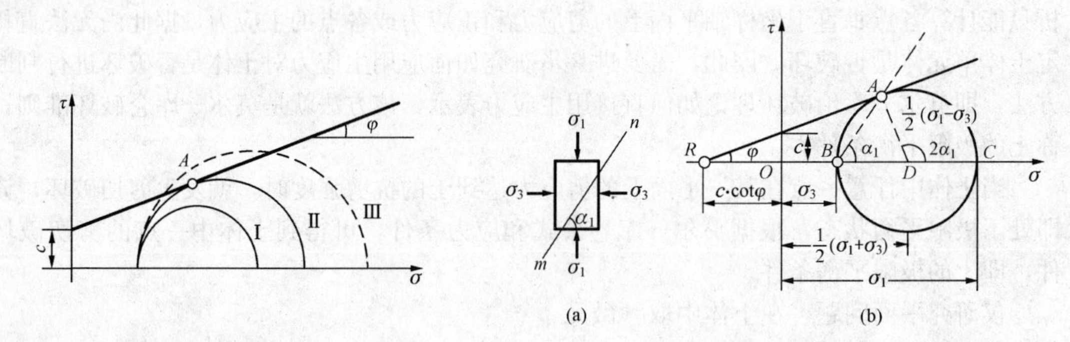

图 5-2 抗剪强度包线与莫尔圆间的关系　　图 5-3 土体中一点达到极限平衡状态的莫尔圆

当土体处于极限平衡状态时，极限应力圆与抗剪强度包线（直线）相切，如图 5-3 所示，由三角形 ARD 可知

$$\overline{AD} = \overline{RD}\sin\varphi$$

$$\overline{AD} = \frac{\sigma_1 - \sigma_3}{2}$$

$$\overline{RD} = c \cdot \cot\varphi + \frac{\sigma_1 + \sigma_3}{2}$$

综合上列三式可得

$$\sigma_1 = \sigma_3 \frac{1+\sin\varphi}{1-\sin\varphi} + 2c\sqrt{\frac{1+\sin\varphi}{1-\sin\varphi}} \tag{5-4}$$

因
$$\frac{1+\sin\varphi}{1-\sin\varphi} = \tan^2\left(45^\circ + \frac{\varphi}{2}\right)$$

代入式（5-4）得

$$\sigma_1 = \sigma_3 \tan^2\left(45^\circ + \frac{\varphi}{2}\right) + 2c \cdot \tan\left(45^\circ + \frac{\varphi}{2}\right) \tag{5-5}$$

式（5-5）亦可表述为

$$\sigma_3 = \sigma_1 \tan^2\left(45^\circ - \frac{\varphi}{2}\right) - 2c \cdot \tan\left(45^\circ - \frac{\varphi}{2}\right) \tag{5-6}$$

式（5-5）、式（5-6）即为土的极限平衡条件或破坏准则。对于无粘性土，若$c=0$（干燥状态），其极限平衡条件可简化为

$$\sigma_1 = \sigma_3 \tan^2\left(45^\circ + \frac{\varphi}{2}\right) \tag{5-7}$$

或

$$\sigma_3 = \sigma_1 \tan^2\left(45^\circ - \frac{\varphi}{2}\right) \tag{5-8}$$

图5-3所示极限应力圆与抗剪强度线的切点A所代表的平面为破裂面，由图5-3可知，破裂面与大主应力作用面的夹角α_f为

$$\alpha_f = 45^\circ + \frac{\varphi}{2} \tag{5-9}$$

由于土的抗剪强度取决于有效应力，式（5-9）中的φ取φ'时才能得到实际的破裂角。

利用上列破坏准则，知道土体单元实际上所受的应力和土的抗剪强度指标c,φ（或c',φ'），可以很容易判断该单元体是否产生剪切破坏。例如已知土体内某一点的主应力为σ_{11},σ_{33}，土的抗剪强度指标c,φ，要判断该点土体是否破坏，可以利用式（5-5）或式（5-6），将大主应力σ_{11}代入式（5-6）计算与其处于极限平衡状态的小主应力σ_3，或将小主应力σ_{33}代入式（5-5）计算与其处于极限平衡状态的大主应力σ_1，根据计算结果判定如下：若$\sigma_3 < \sigma_{33}$或$\sigma_1 > \sigma_{11}$，莫尔圆位于抗剪强度线的下方，土体是安全的；若$\sigma_3 = \sigma_{33}$或$\sigma_1 = \sigma_{11}$，莫尔圆与抗剪强度线相切，该点土体处于极限平衡状态；若$\sigma_3 > \sigma_{33}$或$\sigma_1 < \sigma_{11}$，抗剪强度线与莫尔圆相割，该点土体已经破坏，实际上这种情况是不可能存在的。如采用有效应力进行分析，式（5-5）～式（5-8）仍然适用，式中的应力采用有效应力，对应的抗剪强度指标采用有效应力抗剪强度指标。

5-3　土的抗剪强度测试方法

抗剪强度的试验方法主要有直接剪切试验、三轴压缩试验、无侧限抗压试验、十字板剪切试验等。试验目的是测得土体抗剪强度指标或抗剪强度值，以便工程应用。本节就这些方法作一简要介绍。

一、直接剪切试验

试验设备采用直接剪切仪，直接剪切仪分为应变控制式和应力控制式两种，前者是等速推动试样产生位移，测定相应的剪应力；后者则是对试件分级施加水平剪应力测定相应的位移。目前我国普遍采用的是应变控制式直剪仪，如图5-4所示，该仪器的主要部件由固定

的上盒和活动的下盒组成，试样放在盒内上下两块透水石之间，试验时，由杠杆系统通过加压活塞和透水石对试件施加某一垂直压力，然后等速转动手轮对下盒施加水平推力，使试样在上下盒的水平接触面上产生剪切变形直至破坏，剪应力的大小可借助与上盒接触的量力环的变形值计算确定。在剪切过程中，随着上下盒相对剪切变形的发展，土样中的抗剪强度逐渐发挥出来，直到剪应力等于土的抗剪强度时，土样剪切破坏，所以土样的抗剪强度可用剪切破坏时的剪应力来度量。图 5-5 表示剪切过程中剪应力与剪切位移之间关系。通常可取峰值或稳定值作为破坏点。

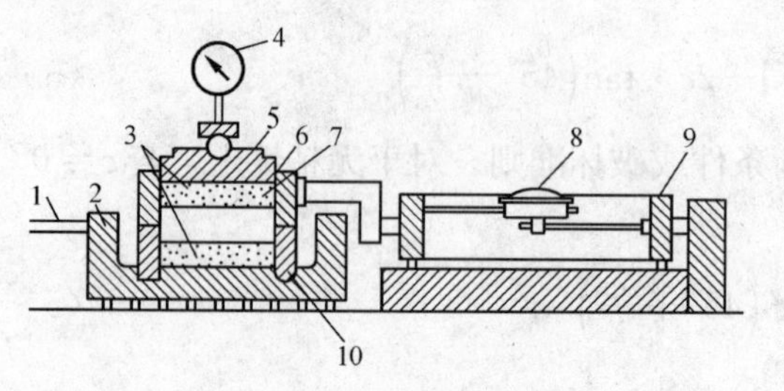

图 5-4　应变控制式直剪仪

1—轮轴；2—底座；3—透水石；4—量表；5—活塞；6—上盒；7—土样；8—量表；9—量力环；10—下盒

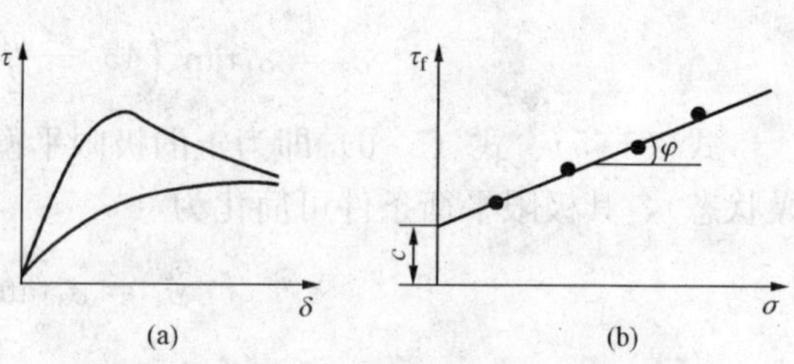

图 5-5　直接剪切试验结果

(a) 剪应力 τ 与剪切位移 σ 之间关系；(b) 粘性土试验结果

对同一种土至少取 4 个重度和含水量相同的试样，分别在不同垂直压力下剪切破坏，一般可取垂直压力为 100、200、300、400kPa，将垂直压力 σ 和试验测得的各自抗剪强度 τ_f 绘制在图 5-5 所示 σ-τ 坐标中，结果表明，σ-τ_f 基本上成直线关系，该直线与横轴的夹角为内摩擦角 φ，在纵轴上的截距为粘聚力 c，直线方程可用莫尔—库仑公式表示。对于无粘性土，直线一般通过原点，在纵轴上的截距即粘聚力 c 等于零。由于莫尔—库仑公式抗剪强度参数与应力水平有关，为了反映工程实际，试验垂直压力最好在实际工程应力变化区间及邻近区域选取。

排水条件对土的抗剪强度有很大影响，实验中模拟土体在现场受到的排水条件，通过控制加荷和剪坏的速度，将直接剪切试验分为快剪、固结快剪和慢剪三种方法。快剪试验是在试样施加竖向压力后，立即快速施加水平的应力使试样剪切破坏。固结快剪是允许试样在竖向压力下充分排水，待固结稳定后，再快速施加水平剪应力使试样剪切破坏。这两种试验均要求在 3～5 分钟内将土样剪坏。慢剪试验是允许试样在竖向压力下排水，待固结稳定后，再缓慢地施加水平剪应力使试样剪切破坏，为了保证剪切过程中土样内不产生孔隙水压力，施加水平剪应力时试样剪切破坏历时较长，对粘性土一般历时 4～6h。

直接仪的优点是设备构造简单、操作方便、试件厚度薄、固结快等，故在一般工程广泛采用。它的缺点主要有：

(1) 剪切面限定为上下盒之间的平面。由于土往往是不均匀的，限定平面可能并不是土体中最薄弱的面，这可能得到偏大的结果。

(2) 试件内的应力状态复杂，剪切破坏先从边缘始。在边缘发生应力集中现象。在剪切过程中，特别在剪切破坏时，试件内的应力和应变是不均匀的，剪切面上的应力分布不均匀，这与试验资料分析中假定剪切面上的剪应力均匀分布是矛盾的。

(3) 在剪切过程中，土样剪切面逐渐缩小，而在计算抗剪强度时却是按土样的原截面面积计算。

(4) 试验时不能严格控制排水条件，不能量测孔隙水压力，在进行不排水剪切时，试件仍有可能排水，特别是对于饱和粘性土，由于它的抗剪强度受排水条件的影响显著，故试验结果不够理想。

二、三轴压缩试验

三轴压缩试验是测定土抗剪强度的一种较为完善的方法，主要设备为三轴压缩仪。三轴压缩仪由压力室、轴向加荷系统、施加周围压力系统、孔隙水压力量测系统等组成如图5-6所示。

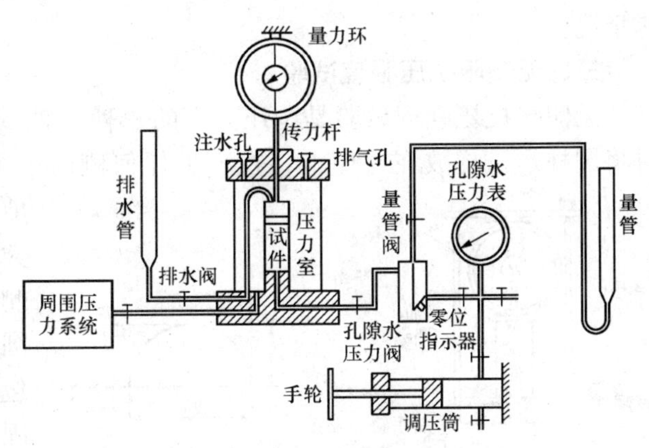

图5-6 三轴压缩仪

实验时，将土切成圆柱体套在橡胶膜内，放在密封的压力室中，然后向压力室内注入水，使试件在各向受到压力σ_3，并使液压在整个试验过程中保持不变，这时试件内各向的三个主应力都相等，因此不产生剪应力[图5-7（a)]。然后对试件施加竖向压力，当竖向主应力逐渐增大并达到一定值时，试件因受剪而破坏[图5-7（b)]。假设剪切破坏时竖向压应力的增量为$\Delta\sigma_1$，则试件上的大主应力为$\sigma_1=\sigma_3+\Delta\sigma_1$，而小主应力始终为$\sigma_3$，根据破坏时的$\sigma_1$和$\sigma_3$可画出一个极限应力圆，如图5-7（c）中的圆Ⅰ。用同一种土样的若干个试件（三个以上）按以上所述方法分别进行试验，每个试件施加不同的周围压力σ_3，可分别得出各自在剪切破坏时的大主应力σ_1，根据破坏时的若干个σ_1和σ_3组合可绘成一组极限应力圆，如图5-7（c）中的圆Ⅰ、圆Ⅱ和圆Ⅲ。根据莫尔—库仑理论，作这些极限应力圆公共切线，即为土的抗剪强度包线，通常近似为一条直线，直线与横坐标的夹角即土的内摩擦角，直线在纵坐标的截距即为土的粘聚力。

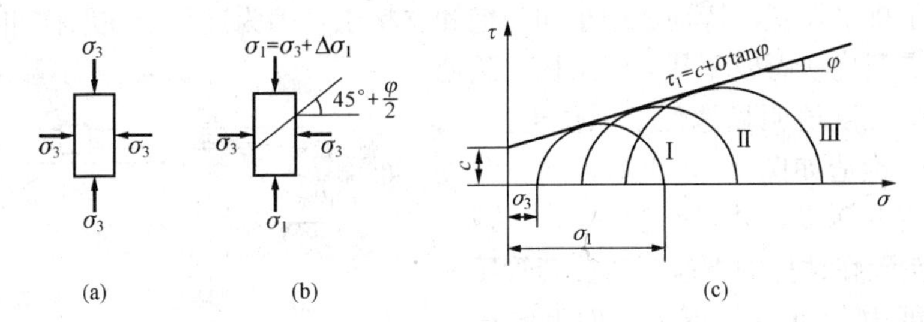

图5-7 三轴压缩试验

对应于直接剪切试验的快剪、固结快剪的和慢剪试验，三轴压缩试验按剪切前的固结程度和剪切时的排水条件，分为以下三种试验方法：

（1）不固结不排水试验：试样在施加周围压力和随后施加竖向压力直至剪切破坏的整个过程中都不允许排水，试验自始至终关闭排水阀门。

（2）固结不排水试验：施加周围压力，打开排水阀门，允许排水固结，固结完成后关闭排水阀门，再施加竖向压力，使试样在不排水的条件下剪切破坏。

（3）固结排水试验：首先对试样施加周围压力，排水固结，待固结稳定后，再在排水条件下施加竖向压力至试件剪切破坏。

三轴压缩仪的突出优点是能较为严格地控制排水条件以及可以量测试件中孔隙水压力的变化，而且，试件中的应力状态比较明确，也不像直接剪切试验那样限定剪切面。一般说来，三轴压缩试验的结果比较可靠，对那些重要的工程项目，用三轴剪切试验测定土的强度指标，三轴压缩仪还用以测定土的其他力学性质，因此，它是土工试验不可缺少的设备。三轴压缩试验的缺点是试件的中主应力 $\sigma_2 = \sigma_3$，而实际土体的受力状态未必都属于这类轴对称情况。

三、无侧限抗压强度试验

无侧限抗压强度试验是围压为零的一种三轴试验，其设备如图 5-8（a）所示。试验时将圆柱形试样放在底座上，在不加任何侧向压力的情况下施加垂直压力，直到使试件剪切破坏，剪切破坏时试样所能承受的最大轴向压力q_u称为无侧限抗压强度。由于侧向压力等于零，只能得到一个极限应力圆［图 5-8（b）］，因此就难以作出破坏包线，而对于饱和粘性土，根据在三轴不固结不排水试验的结果，其破坏包线近于一条水平线，在这种情况下，就可以根据无侧限抗压强度 q_u 得到土的不固结不排水强度 c_u

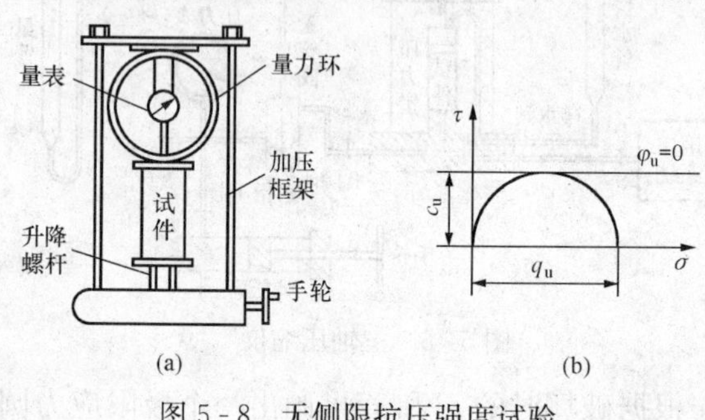

图 5-8　无侧限抗压强度试验

$$c_u = \tau_f = \frac{q_u}{2} \tag{5-10}$$

无侧限抗压强度还常用来测定土的灵敏度。

四、十字板剪切试验

十字板剪切仪是一种使用方便的原位测试仪器，工程应用比较广泛，通常用以测定饱和粘性土的原位不排水强度，特别适用于均匀饱和软粘土，因为这种土在取样和试件成形过程中不可避免地受到扰动而破坏其天然结构，致使室内试验测得的强度值明显地低于原位土强度。十字板剪切仪的构造如图 5-9 所示。试验时先将套管打到预定的深度，并将套管内的土清除，然后将十字板头装在钻杆的下端，通过套管压入土中，压入深度为 750mm，再由地面上的扭力设备对钻杆施加扭矩，使埋在土中的十字板扭转，直至土剪切破坏，破坏面为十字板旋转所形成的圆柱面。

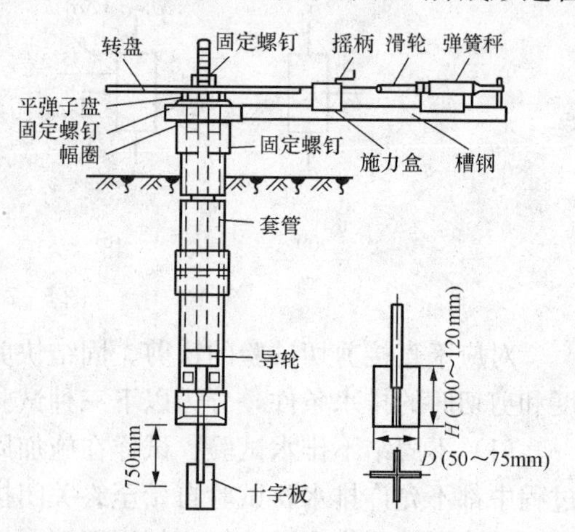

图 5-9　十字板剪切仪

若剪切破坏时所施加的扭矩为 M，则它应该与剪切破坏圆柱面（包括侧面和上下面）上土的抗剪强度所产生的抵抗力矩相等，根据这一关系，得土的抗剪强度 τ_f

$$\tau_f = \frac{2M}{\pi D^2\left(H + \frac{D}{3}\right)} \tag{5-11}$$

式中　H，D——十字板的高度和直径。

5-4　饱和粘性土的抗剪强度

一、饱和土中的孔隙压力系数

有效应力与土的工程表现密切相关，为了得到有效应力，必须先求得孔隙水压力。斯肯普顿根据三轴试验结果，给出了孔隙水压力与周围压力和偏应力的关系式，并提出反映这一关系的孔隙压力系数 A 和 B。

图 5-10 表示单元土体中孔隙水压力的发展。饱和土体单元在各向等压作用下，土体单元中孔隙水压力 u_3 为正值，有效应力为

$$\sigma_3' = \sigma_3 - u_3$$

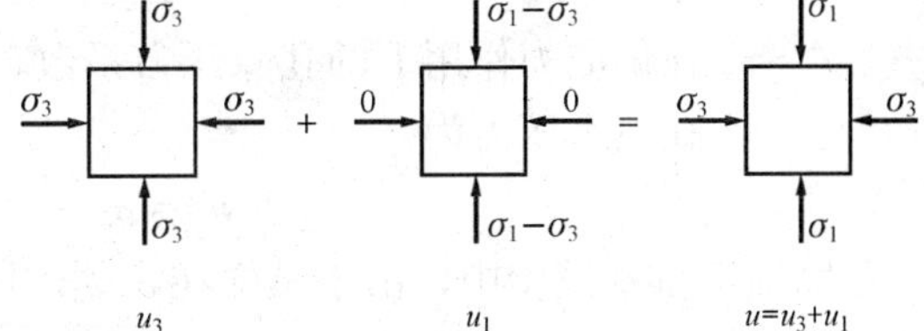

图 5-10　单元土体中孔隙水压力的发展

根据弹性理论，若土体的弹性模量和泊松比分别为 E 和 μ，土体体积为 V，在各向等压力 σ_3 作用下，土体体积变化为

$$\Delta V = \frac{3(1-2\mu)}{E} V \sigma_3' = C_s V(\sigma_3 - u_3) \tag{5-12}$$

式中　C_s——土的体积压缩系数。

由于存在孔隙水压力，在该压力作用下孔隙体积的压缩量为

$$\Delta V_v = C_v\, n\, V\, u_3 \tag{5-13}$$

式中　C_v——孔隙的体积压缩系数。

由于土固体颗粒在工程常见应力范围内认为是不可压缩的，土体的体积变化应该等于孔隙体积的变化，即

$$\Delta V_v = \Delta V \tag{5-14}$$

将式（5-12）和式（5-13）代入式（5-14），可得

$$u_3 = \frac{1}{1 + \frac{n C_v}{C_s}} \sigma_3 = B\sigma_3 \tag{5-15}$$

式中　B——在各向等压条件下的孔隙压力系数。

对于孔隙中充满水的完全饱和土，由于孔隙水的压缩性比土体的压缩性小得多，C_v/C_s 近似可取为零，故 $B=1$，$u_3=\sigma_3$，表明饱和土各向等压在土体中只产生孔隙水压力，不产生有效应力；对于干土，由于孔隙气体的压缩性很大，C_v/C_s 可取为无穷大，则 $B=0$；对于非饱和土，$0<B<1$，土的饱和度越大，B 值越大。

施加围压后，再施加偏应力 $\sigma_1-\sigma_3$，在偏应力 $\sigma_1-\sigma_3$ 作用下，土体中产生孔隙水压力 u_1，则由偏压引起的有效应力增量为

$$\Delta\sigma_1' = \sigma_1 - \sigma_3 - u_1$$

$$\Delta\sigma_3' = -u_1$$

根据弹性理论，同样可得因施加偏应力产生的土体和孔隙体积变化

$$\Delta V = C_s V \frac{1}{3}(\Delta\sigma_1' + 2\Delta\sigma_3') = C_s V \times \frac{1}{3}(\sigma_1 - \sigma_3 - 3u_1)$$

$$\Delta V_v = C_v\, n\, V\, u_1$$

因为土体并非理想的弹性体，式中系数 1/3 是不适合的，以 A 代替，则由 $\Delta V_v = \Delta V$ 得

$$u_1 = \frac{1}{1 + \frac{n C_v}{C_s}} A(\sigma_1 - \sigma_3) = B \cdot A(\sigma_1 - \sigma_3) \tag{5-16}$$

将上述围压和偏应力引起的孔隙水压力相加，得围压和偏应力共同作用引起的孔隙水压力

$$u = B[\sigma_3 + A(\sigma_1 - \sigma_3)] \tag{5-17}$$

式中　A——在偏应力作用下的孔隙压力系数，对于饱和土 $B=1$，在不固结不排水试验中，孔隙水压力为

$$u = \sigma_3 + A(\sigma_1 - \sigma_3)$$

在固结不排水试验中，由于试样在 σ_3 作用下完成排水固结，则 $u_3 = 0$，于是

$$u = A(\sigma_1 - \sigma_3)$$

在固结排水试验中，从始至终孔降压力等于零。

A 值的大小受很多因素影响，高压缩性土的 A 值比较大，超固结粘土在偏应力作用下将发生体积膨胀，产生负的孔降压力，故 A 是负值。A 受土的成因、类别、应变大小、初始应力状态和应力历史等因素影响。各类上的孔隙压力系数 A 值应根据实际的应力和应变条件，进行三轴压缩试验直接测定。

二、不固结不排水抗剪强度

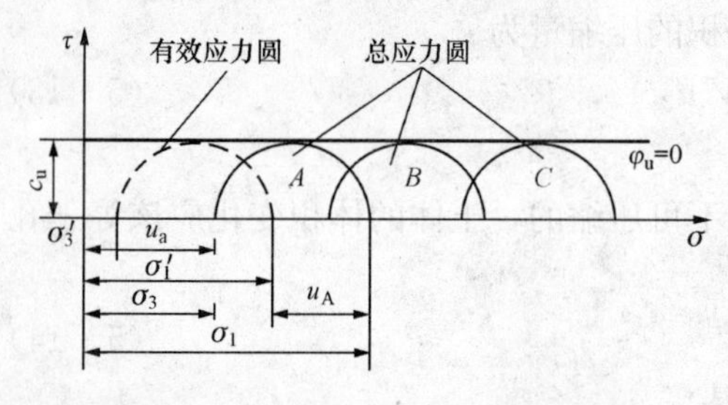

图 5-11　不固结不排水试验结果

在不排水条件下对土样施加不同的周围压力，然后在不排水条件下施加偏向应力至剪切破坏，试验结果如图 5-11 所示，图中三个实线圆 A、B、C 分别表示三个试件在不同的 σ_3 作用下破坏时的总应力圆，虚线是有效应力图。试验结果表明，虽然三个试件的周围压力 σ_3 不同，但剪切破坏时的主应力差相等，表现为三个总应力圆直径相同，因而破坏包线是一条水平线，由此可得抗剪强度指标

$$\varphi_u = 0$$

$$c_u = \tau_f = \frac{\sigma_1 - \sigma_3}{2}$$

式中　φ_u——不排水内摩擦角；

c_u——不排水抗剪强度，亦即不排水试验得到的内聚力。

在试验中如分别量测试样破坏时的孔隙水压力，试验结果用有效应力整理，可以发现：三个试件只能得到同一个有效应力圆，并且有效应力圆的直径与三个总应力圆直径相等，这是由于在不排水条件下，饱和粘性土的孔隙压力系数 $B=1$，改变周围压力只能引起孔隙水压力的变化，并不会改变试样中的有效应力，各试件在剪切前的有效应力相等，周围压力的差异并未引起土结构和组成等方面的变化，因此抗剪强度不变。不排水抗剪强度主要取决于

土的原有强度。

三、固结不排水抗剪强度

饱和粘性土的固结不排水抗剪强度受应力历史的影响，因此，在研究粘性土的固结不排水强度时，要区别试样是正常固结还是超固结：如果试样所受到的周围固结压力 σ_3 大于它曾受到的最大固结压力 p_c，属于正常固结试样，如果 $\sigma_3 < p_c$，则属于超固结试样。试验结果证明，这两种不同固结状态的试样，其抗剪强度性状是不同的。试验时，饱和粘性土试样先在 σ_3 作用下充分排水固结，$u_3 = 0$，然后在不排水条件下施加偏应力剪切时，试样中的孔隙水压力 $u_1 = A(\sigma_1 - \sigma_3)$。对正常固结状态土样因剪切破坏过程体积有减少的趋势，孔隙水压力为正。而超固结试样在剪切破坏过程体积有增加的趋势，孔隙水压力为负。

正常固结饱和粘性土的固结不排水试验结果如图5-12所示，图中以实线表示总应力圆和总应力破坏包线，虚线表示有效应力圆和有效应力破坏包线，u_f 为剪切破坏时的孔隙水压力。由于孔隙水压力沿各个方向是相等的，有效应力圆与总应力圆直径相等，但位置不同。因 u_f 为正，有效应力圆在总应力圆的左方，两者相距 u_f。总应力破坏包线和有效应力破坏包线都通过原点，说明未受任何固结压力的土（如泥浆状土）不会具有抗剪强度。总应力破坏包线的倾角为固结不排水试验内摩擦角 φ_{cu}，有效应力破坏包线的倾角为固结不排水试验有效内摩擦角 φ'，显然，φ' 大于 φ_{cu}。

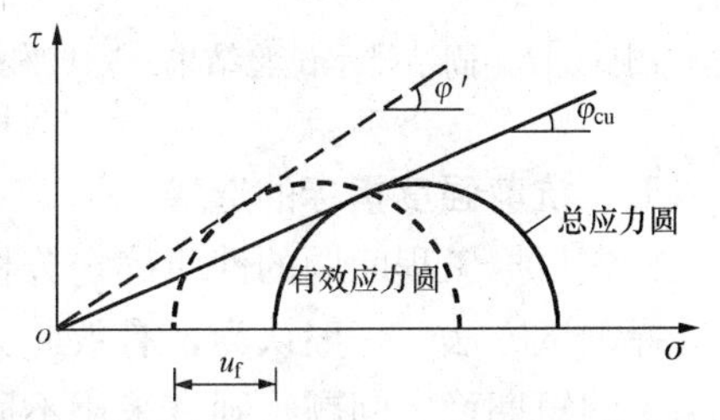

图5-12 正常固结饱和粘性土的固结不排水试验结果

超固结土的固结不排水试验结果如图5-13（a）所示，破坏线（ab）相对正常固结土的破坏线（bc）比较平缓，实用上将 abc 折线取为一条直线，如图5-13（b）所示，总应力强度指标为 c_{cu} 和 φ_{cu}。有效应力圆和有效应力破坏包线如图中虚线所示，由于超固结土在剪切破坏时，产生负的孔隙水压力，有效应力圆在总应力圆的右方，而正常固结土有效应力圆在总应力圆的左方。根据有效应力强度包线可以确定有效内摩擦角 φ' 和有效内聚力 c'。抗剪强度指标确定后，根据莫尔—库仑公式即可确定抗剪强度。

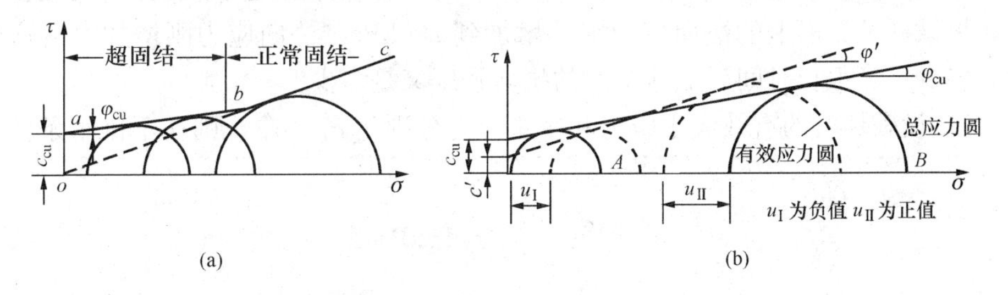

图5-13 超固结饱和粘性土的固结不排水试验结果

四、固结排水抗剪强度

固结排水试验在整个试验过程中，孔隙水压力始终为零，总应力等于有效应力，所以总应力圆就是有效应力圆，总应力破坏包线就是有效应力破坏包线。图为固结排水试验结果。正常固结土的破坏包线通过原点，如图5-14（a）所示，固结排水粘聚力 c_d 等于零，固结排水内摩擦角为 φ_d。超固结土的破坏包线略弯曲，实用上近似取为一条直线代替，如图5-14

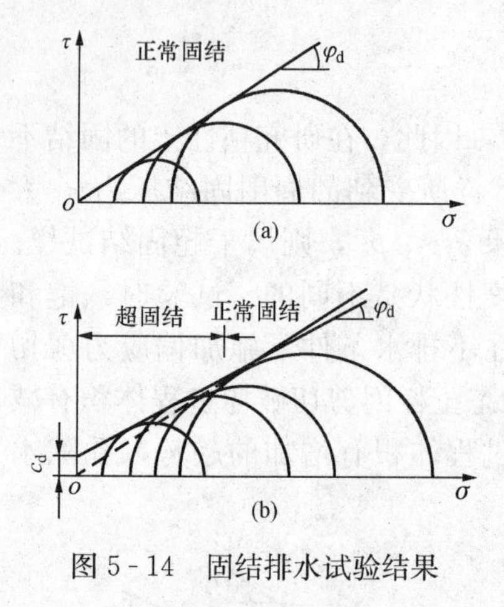

图 5-14 固结排水试验结果

(b) 所示，可以确定其 c_d 和 φ_d 。试验证明，c_d 、φ_d 与固结不排水试验得到的 c' 、φ' 很接近，由于固结排水试验所需的时间太长，故实用上用 c' 、φ' 代替 c_d 、φ_d ，但是两者的试验条件是有差别的，固结不排水试验在剪切过程中试样的体积保持不变，而固结排水试验在剪切过程中试样的体积一般要发生变化，故 c_d 、φ_d 略大于 c' 、φ' 。

前述内容表明，如果将三种不同排水条件下的试验结果以总应力表示，将得出完全不同的破坏包线和抗剪强度指标，但对试验结果的分析表明，若以有效应力表示，则不论采用哪种试验方法，都得到近乎同一条有效应力破坏包线，因此说，抗剪强度与有效应力有唯一的对应关系。

五、抗剪强度指标的选择

首先根据工程问题的性质确定分析方法，进而决定采用总应力或有效应力强度指标，然后选择测试方法。一般认为，有效应力强度指标宜用于分析地基的长期稳定性，而对于饱和软粘土的短期稳定问题，则宜采用不固结不排水试验或快剪试验的强度指标。一般工程问题多采用总应力分析法，其指标和测试方法的选择大致如下：若建筑物施工速度较快，而地基土的透水性和排水条件不良时，可采用不固结不排水试验或快剪试验的结果；如果地基荷载增长速率较慢，地基土的透水性不太小（如低塑性的粘土）以及排水条件又较佳时（如粘土层中夹砂层），则可以采用固结排水试验和慢剪试验指标；如果介于以上两种情况之间，可用固结不排水或固结快剪试验结果。由于实际加荷情况和土的性质是复杂的，而且在建筑物的施工和使用过程中都要经历不同的固结状态，因此，在确定强度指标时还应结合工程经验。

【例 5-1】 某正常固结饱和粘性土试样，进行不固结不排水试验得 $\varphi_u=0$ ，$c_u=15\text{kPa}$，对同样的土进行固结不排水试验得有效应力抗剪强度指标 $c'=0$ ，$\varphi'=30°$ 。问：

(1) 如果试样在不排水条件下剪切破坏，破坏时的有效大主应力和小主应力是多少？

(2) 如果试样某一面上的法向应力突然增加到 200kPa，法向应力刚增加时沿这个面的抗剪强度是多少？经很长时间后沿这个面的抗剪强度又是多少？

解 (1) 设破坏时的有效大主应力和小主应力分别是 σ_1' ，σ_3' ，则在不排水条件下必然满足

$$c_u=\frac{\sigma_1'-\sigma_3'}{2}=15\text{kPa} \tag{a}$$

又破坏时 σ_1' ，σ_3' 处于极限平衡状态，则有

$$\sigma_3'=\sigma_1'\tan^2\left(45°-\frac{\varphi'}{2}\right)-2c'\cdot\tan\left(45°-\frac{\varphi'}{2}\right)=\sigma_1'\tan^2 30° \tag{b}$$

联立求解式 (a)、(b)，得

$$\sigma_1'=45\text{kPa},\quad \sigma_3'=15\text{kPa}$$

(2) 法向应力刚增加时，孔隙水来不及排出，属不排水条件，采用不固结不排水试验指标，得此时的抗剪强度

$$\tau_f = c_u + \sigma\tan\varphi_u = 15\text{kPa}$$

经很长时间后，土样完成排水固结，采用有效应力抗剪强度指标，得此时抗剪强度

$$\tau_f = c' + \sigma\tan\varphi' = 200\tan30° = 115\text{kPa}$$

【例5-2】 某饱和粘性土由固结不排水试验测得的有效抗剪强度指标为 $c' = 20\text{kPa}$，$\varphi' = 20°$。

(1) 如果该土样受到总应力 $\sigma_1 = 200\text{kPa}$ 和 $\sigma_3 = 120\text{kPa}$ 的作用，测得孔隙水压力为 $u = 100\text{kPa}$，则该试样是否会破坏？

(2) 如果对该土样进行固结排水试验，围压 $\sigma_3 = 120\text{kPa}$，问该样破坏时应施加多大的偏压？

解 (1) 试样受到的有效应力分别为

$$\sigma_1' = \sigma_1 - u = 200 - 100 = 100\text{kPa}$$

$$\sigma_3' = \sigma_3 - u = 120 - 100 = 20\text{kPa}$$

与 σ_3' 共同作用使土样处于极限平衡状态的有效大主应力 σ_{11}' 为

$$\sigma_{11}' = \sigma_3'\tan^2\left(45° + \frac{\varphi'}{2}\right) + 2c'\tan\left(45° + \frac{\varphi'}{2}\right)$$

$$= 20 \times \tan^2\left(45° + \frac{20°}{2}\right) + 2 \times 20 \times \tan\left(45° + \frac{20°}{2}\right) = 97.9\text{kPa}$$

因 $\sigma_{11}' < \sigma_1'$

故该土样会发生破坏。

(2) 对于固结排水试验，有效应力和总应力相等，即 $\sigma_3' = \sigma_3 = 120\text{kPa}$，由此可得试样破坏时的大主应力 σ_1

$$\sigma_1 = \sigma_1' = \sigma_3'\tan^2\left(45° + \frac{\varphi'}{2}\right) + 2c'\tan\left(45° + \frac{\varphi'}{2}\right)$$

$$= 120 \times \tan^2\left(45° + \frac{20°}{2}\right) + 2 \times 20 \times \tan\left(45° + \frac{20°}{2}\right) = 301.9\text{kPa}$$

则得该试样破坏时应施加的偏压为

$$\Delta\sigma_1 = \sigma_1 - \sigma_3 = 181.9\text{kPa}$$

5-5 无粘性土的抗剪强度

无粘性土的抗剪强度决定于有效法向应力和内摩擦角。密实砂土的内摩擦角与初始孔隙比、土拉表面的粗糙度以及颗粒级配等因素有关。初始孔隙比小，土粒表面粗糙，级配良好的砂土，其内摩擦角较大。松砂的内摩擦角大致与干砂的天然休止角相等（天然休止角是指干燥砂土自然堆积所能形成的最大坡角）。近年来的研究表明，无粘性土的强度性状还受各向异性，试样的沉积方法，应力历史等因素影响。

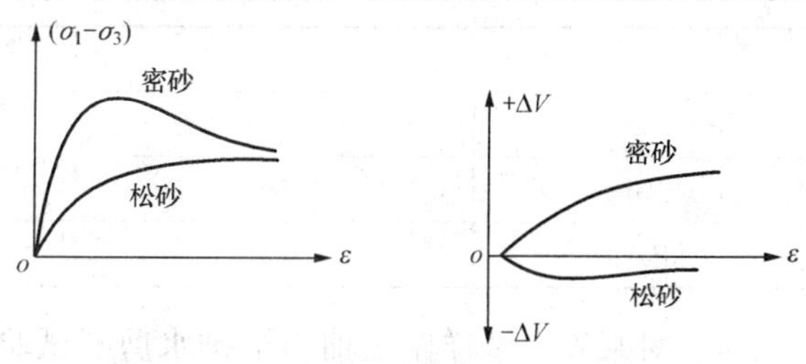

图5-15　砂土的应力—应变—体变曲线

密实度对无粘性土抗剪强度的表现特性有显著的影响，图5-15表示用密实度不同的砂在相同围压 σ_3 作用下的应力—应变—体变关系。由图可知，密砂在剪切过程出现明显的峰值，表现出

明显的剪胀特性，并产生负的孔隙压力。峰值强度之后呈应变软化，最后呈现出明显的残余强度，该残余强度在工程中有重要意义，如边坡初显出滑动特征后，要处理边坡，处理的目的是防止继续滑动，这时不能使用峰值强度，而需要知道滑动面上的残余强度，残余强度是可以利用的强度值。松砂的抗剪强度则随轴向应变的增加而增大，应力应变呈应变硬化型。松砂、密砂的最终强度趋于相同。松砂在整个剪切过程中表现明显的剪缩特征。

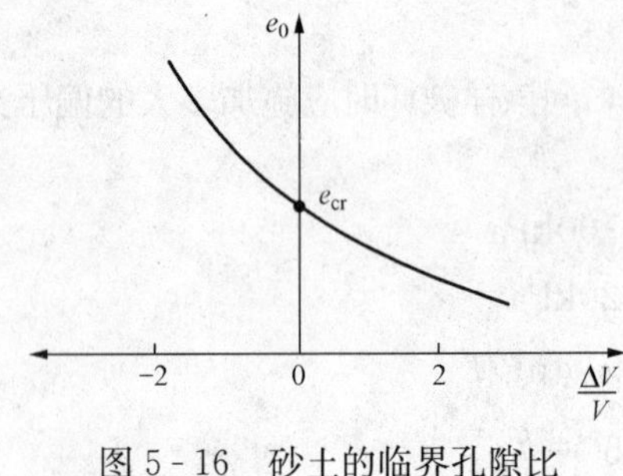

图 5-16 砂土的临界孔隙比

由不同初始孔隙比的试样在同一压力下进行剪切试验，可以得出初始孔隙比 e_0 与体积变化 $\frac{\Delta V}{V}$ 之间的关系，如图 5-16 所示，相应于体积变化为零的初始孔降比称为临界孔隙比 e_{cr}。临界孔隙比 e_{cr} 与围压大小有关，围压越大，e_{cr} 越小；围压越小，e_{cr} 越大。砂土的天然孔隙比 e_0 若大于 e_{cr} 就是松砂，若小于 e_{cr} 就是密砂。

如果饱和砂土的初始孔降比 e_0 大于临界孔隙比 e_{cr}，属饱和松砂，其在剪应力作用下由于剪缩必然使孔隙水压力增高，而有效应力降低致使砂土的抗剪强度降低。当饱和松砂受到动荷载作用（例如地震），由于孔隙水来不及排出，孔隙水压力不断增加，就有可能使有效应力降低到零，因而使砂土像流体那样完全失去抗剪强度，这种现象称为砂土的液化。因此，临界孔隙比对研究砂土液化具有重要意义。

习 题

5-1 某建筑地基某取原状土进行直剪试验，4 个试样的法向压力分别为 100kPa、200kPa、300kPa、400kPa，测得试样破坏时相应的抗剪强度为 $\tau_f = 67$kPa、119kPa、162kPa、216kPa。试用作图法，求此土的抗剪强度指标 c、φ 值。若作用在此地基中某平面上的正应力和剪应力分别为 225kPa 和 105kPa，试问该处是否会发生剪切破坏?

5-2 已知住宅地基中某一点土体所受的最大主应力为 $\sigma_1 = 600$kPa，最小主应力 $\sigma_3 = 100$kPa。求该点土体最大剪应力值及其与大主应力作用面的夹角，并计算作用在与小主应力面成 30°的面上的正应力和剪应力。

5-3 对某饱和粘土进行三轴固结不排水剪切试验，测得三个试样剪损时的最大、最小主应力和孔隙水压力见表 5-1，试用总应力法和有效应力法确定土的抗剪强度指标。

表 5-1 三个试样剪损时的最大、最小主应力和孔隙水压力

试 样	1	2	3
σ_1(kPa)	142	220	314
σ_3(kPa)	50	100	150
u(kPa)	23	40	67

5-4 对某砂土试样作三轴固结排水剪断试验，测得试样破坏时的主应力差 $\sigma_1 - \sigma_3 = 400$kPa，周围压力 $\sigma_3 = 100$kPa，试求该砂土的抗剪强度指标。

5-5　某公寓条形基础下地基土体中一点的应力为：$\sigma_z = 250\text{kPa}$，$\sigma_x = 100\text{kPa}$，$t = 40\text{kPa}$。已知土基为砂土，土的内摩擦角 $\varphi = 30°$。问该点是否剪损？若 σ_z 和 σ_x 不变，τ 值增大为 60kPa，则该点是否剪损？

5-6　某饱和粘性土的抗剪强度指标为 $c_u = 18\text{kPa}$，$\varphi_u = 0$；$c' = 0$，$\varphi' = 30°$。试求该土样不固结不排水剪切破坏时有效大主应力和小主应力。

第6章 土压力与挡土墙

6-1 土压力的类型

用来支撑天然或人工斜坡不致坍塌，保持土体稳定性的一种构筑物俗称"挡土墙"，如图6-1所示。挡土墙在房屋建筑、桥梁、道路、隧道以及水利等工程中得到广泛应用。土压力是指挡土墙后的填土因自重或外荷载作用对墙背产生的侧压力，土压力是设计挡土墙结构物断面及验算其稳定性的主要外荷载。

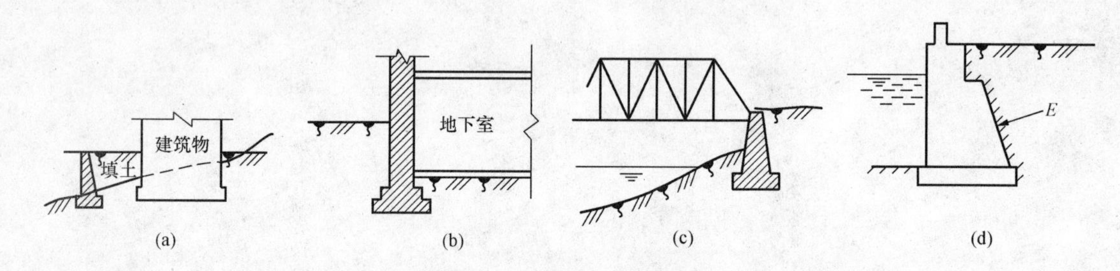

图6-1　挡土墙应用举例

（a）支撑土坡的挡土墙；（b）地下室侧墙；（c）桥台；（d）堤岸挡土墙

土压力的计算是比较复杂的，影响因素很多。土压力的大小和分布除了与土的性质有关外，还与墙体的位移方向、位移量、土体与结构物间的相互作用以及挡土墙的结构类型有关。在影响诸多因素中，墙体的位移方向和位移量决定着所产生的土压力的性质和大小，因此，根据挡土墙的位移方向、大小及墙后填土所处的应力状态，将土压力分为静止土压力、主动土压力和被动土压力三种。

一、静止土压力

当挡土墙在墙后填土的推力作用下，不产生任何移动或转动时，墙后土体没有破坏，而处于弹性平衡状态，此时作用在墙背上的土压力称为静止土压力，用 E_0 表示，如图6-2（a）所示。如由于楼面的支撑作用，地下室外墙几乎无位移发生，作用在外墙面上的土压力即为静止土压力。

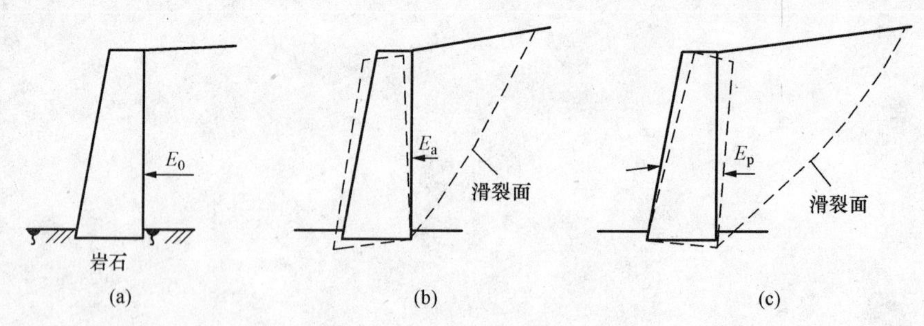

图6-2　挡土墙上的三种土压力

二、主动土压力

当挡土墙在墙后土体的推力作用下，向前移动或转动，墙后土体随之向前移动，使作用在墙背上的土压力逐渐减小，当墙的移动或转动达到一定数值时，墙后土体达到主动极限平衡状态，此时作用在墙背上的土压力称为主动土压力，用 E_a 表示，如图 6-2（b）所示。

三、被动土压力

当挡土墙在外力作用下，向着填土方向移动或转动时，墙后土体受到挤压，作用在墙背上的土压力逐渐增加，当墙的位移量足够大时，墙后土体达到被动极限平衡状态，这时作用在挡土墙上的土压力称为被动土压力，用 E_p 表示，如图 6-2（c）所示。桥台受到桥上荷载推向土体时，土对桥台产生的侧压力属被动土压力。

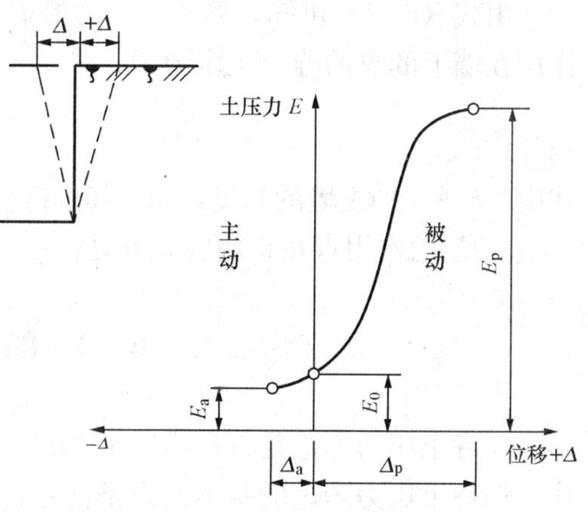

图 6-3　墙体位移与土压力

实际土压力大小与挡土墙的位移量关系密切，图 6-3 是墙体位移与土压力的关系曲线示意图，从图可以看出：

（1）挡墙所受的土压力类型首先取决于墙体是否发生位移以及位移的方向。

（2）土压力的大小并不是常数，随着位移的变化，墙上所受的土压力值也在变化。

（3）墙后土体达到主动极限平衡状态的主动土压力 E_a，所需的位移小；产生被动土压力则要比产生主动土压力 E_a 困难得多，其所需位移大。

（4）相同的墙体构造和填土条件下，$E_a < E_0 < E_p$。

实际工程中土压力的计算，应根据其实际工作条件，主要是墙身的位移情况，决定采用哪一种土压力作为计算依据。挡土墙计算属平面应变问题，故在土压力计算中，取 1 延米的墙长度进行计算，单位 kN/m，而土压力强度取 kPa。土压力的计算理论主要有古典的朗肯（Rankine，1857）理论和库仑（Coulomb，1773）理论。

6-2　静止土压力计算

当挡土墙静止不动，作用在其上的土压力即为静止土压力，这时，墙后土体处于侧限压缩应力状态，与土层的自然应力状态相同，因此可用计算水平自重应力的方法来确定静止土压力的大小。

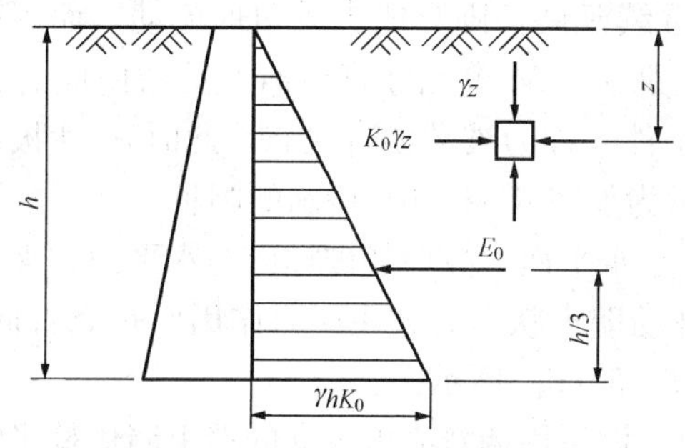

图 6-4　静止土压力的分布

在填土表面下任意深度 z 处取一微元体（图 6-4），其上作用着竖向的土自重应力 γz，则该深度处的水平自重应力，亦即该深度处墙背上的土压力强度 σ_0 可按下式计算

$$\sigma_0 = K_0 \gamma z \tag{6-1}$$

式中　K_0——土的静止侧压力（土压力）系数，压实填土的 K_0 值，依据相关规范或工程经验确定，表 6-1 系《公路桥涵设计通用规范》（JTG D60—2004）给出的建议值，也可近似取 $K_0 = 1 - \sin\varphi'$（φ' 为土的有效内摩擦角）；

γ——墙后填土的重度，kN/m^3。

表 6-1 土的静止侧压力（土压力）系数

土的名称	砾石、卵石	砂土	亚砂土（粉土）	亚粘土（粉质粘土）	粘土
K_0	0.20	0.25	0.35	0.45	0.55

由式（6-1）可知，静止土压力沿墙高为三角形分布。如图 6-4 所示，取单位墙长，则作用在墙上的总的静止土压力为

$$E_0 = \frac{1}{2}K_0\gamma h^2 \quad (6-2)$$

式中 h——挡土墙的高度，m，其余符号同前。

E_0 的作用点在距墙底 $h/3$ 处。

6-3 朗肯土压力理论

朗肯土压力理论是根据半空间的应力状态和土的极限平衡条件而得出的土压力计算方法。朗肯土压力理论的基本假设条件是：挡土墙墙背竖直、光滑，墙后填土面水平。

图 6-5（a）表示地表为水平面的半空间，即土体向下和沿水平都延伸至无穷。在离地表 z 深度处取一微元体单元 M，当整个土体都处于静止状态时，各点都处于弹性平衡状态，设土的重度为 γ，显然 M 单元水平截面上的法向应力等于该处的自重应力，即

$$\sigma_z = \gamma z$$

而竖直截面上的水平法向应力相当于静止土压力强度 σ_0 即

$$\sigma_x = \sigma_0 = K_0\gamma z$$

由于半空间内每一竖直面都是对称面，因此竖直截面和水平截面上的剪应力都等于零，因而法向应力 σ_z 和 σ_x 都是主应力。此时的应力状态用莫尔圆表示为如图 6-5（b）所示的圆Ⅰ，由于该点处于弹性平衡状态，固莫尔圆与抗剪强度线相离。

如果由于某种原因将使整个土体在水平方向均匀的伸展，则 M 单元竖直截面上的法向应力 σ_x 逐渐减少，而在水平截面上的法向应力 σ_z 是不变的，当满足极限平衡条件时，即莫尔圆与抗剪强度包线相切，如图 6-5（b）所示的圆Ⅱ，即为主动朗肯状态，此时 σ_x 达最低极限，它是小主应力，而 σ_z 是大主应力，若土体继续延展，则只能造成塑性流动，而不改变其应力状态。反之，如果土体在水平方向压缩，那么，M 单元竖直截面上的法向应力 σ_x 逐渐增加，而 σ_z 仍是不变的，直到满足极限平衡条件，称为被动朗肯状态，此时 σ_x 达极限值，它是大主应力，而 σ_z 是小主应力，莫尔圆表示为如图 6-5（b）所示的圆Ⅲ。

由于土体处于主动朗肯状态时大主应力作用面是水平面，故剪切破坏面与水平面的夹角为 $45° + \varphi/2$，如图 6-5（c）所示；当土体处于被动朗肯状态时大主应力作用面是竖直面，故剪切破坏面与水平面的夹角为 $45° - \varphi/2$，如图 6-5（d）所示。

朗肯将上述原理应用于挡土墙土压力的计算中，设想用墙背光滑直立的挡土墙代替半空间左半边的土（图 6-6），墙背与土的接触面满足剪应力为零的边界应力条件和产生主动或被动朗肯状态的边界变形条件。基于此推出主动和被动土压力的计算公式。

一、主动土压力

当挡土墙远离土体发生位移，由于墙背任意深度 z 处的竖向应力 $\sigma_z = \gamma z$ 不变，是大主

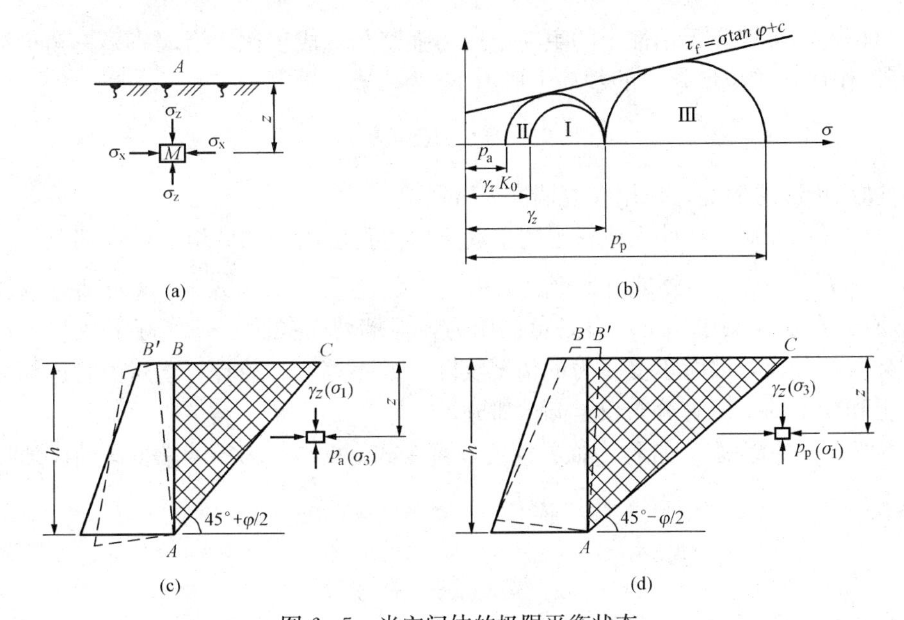

图 6-5 半空间体的极限平衡状态

（a）半空间体中土单元；（b）莫尔应力圆；（c）主动朗肯状态；（d）被动朗肯状态

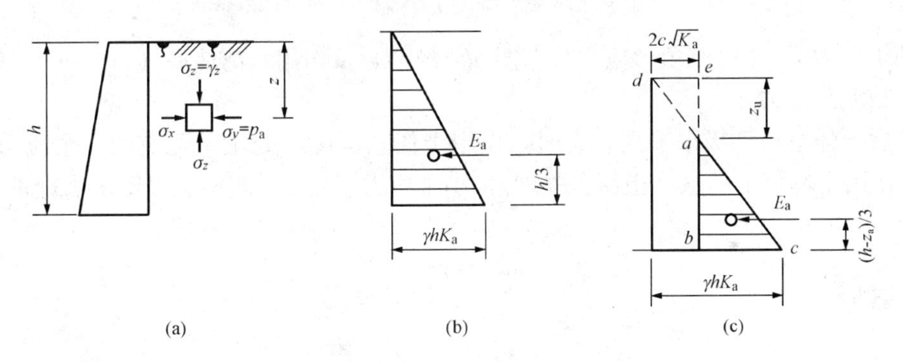

图 6-6 主动土压力强度分布图

（a）主动土压力；（b）无粘性土；（c）粘性土

应力，水平应力 σ_x 逐渐减小直至产生主动朗肯状态，σ_x 是小主应力，就是主动土压力强度 σ_a，由极限平衡条件得

无粘性土

$$\sigma_a = \gamma z \tan^2(45° - \varphi/2) = \gamma z K_a \tag{6-3}$$

粘性土、粉土

$$\sigma_a = \gamma z \tan^2(45° - \varphi/2) - 2c\tan(45° - \varphi/2) \tag{6-4}$$

$$= \gamma z K_a - 2c\sqrt{K_a}$$

式中 K_a——朗肯主动土压力系数，$K_a = \tan^2(45° - \varphi/2)$；

γ——墙后填土的重度，kN/m³，地下水位以下取浮重度；

c——填土的粘聚力，kPa；

φ——填土的内摩擦角，(°)；

z——所计算点离填土面的深度，m。

由式（6-3）可知，无粘性土的主动土压力强度与 z 成正比，沿墙高呈三角形分布［图 6-6（b）］。作用在单位墙长上的主动土压力 E_a 为

$$E_a = \frac{1}{2}K_a\gamma h^2 \tag{6-5}$$

E_a 通过三角形的形心，作用在离墙底 $h/3$ 处。

由式（6-4）可知，粘性土或粉土的主动土压力强度由两部分组成：一部分是土自重引起的土压力 γzK_a，另一部分是由粘聚力 c 引起的负侧压力 $2c\sqrt{K_a}$。这两部分叠加的结果如图 6-6（c）所示，其中 ade 部分是负侧压力，对墙背是拉力。但实际上墙与土在很小的拉力下就会破坏分离，墙背承受拉力的情况实际上并不存在，故计算土压力时这部分忽略不计，粘性土和粉土的土压力分布仅是 abc 部分。

a 点离填土面的深度 z_0 常称为临界深度，可令式（6-4）为零，求得 z_0 值，即

$$\sigma_a = \gamma zK_a - 2c\sqrt{K_a} = 0$$

得

$$z_0 = 2c/(\gamma\sqrt{K_a}) \tag{6-6}$$

取单位墙长计算，则其主动土压力为

$$E_a = \frac{1}{2}(h - z_0)(\gamma hK_a - 2c\sqrt{K_a}) \tag{6-7}$$

主动土压力 E_a 通过三角形应力分布图 abc 的形心，作用在离墙底（$h-z_0$）/3 处。

二、被动土压力

当墙后土体达被动极限平衡状态时，作用于任意深度 z 处土单元上的大主应力为 $\sigma_1 = \sigma_p$（σ_p 为作用于墙背上的被动土压力强度），小主应力 $\sigma_1 = \gamma z$，根据极限平衡理论，可得

无粘性土

$$\sigma_p = \gamma zK_p \tag{6-8}$$

粘性土、粉土

$$\sigma_p = \gamma zK_p + 2c\sqrt{K_p} \tag{6-9}$$

$$K_p = \tan^2(45° + \varphi/2)$$

式中　K_p——朗肯被动土压力系数。

其余符号同前。

由以上两式可知，无粘性土的被动土压力强度呈三角形分布［图 6-7（b）］，粘性土和粉土的被动土压力强度呈梯形分布［图 6-7（c）］。取单位墙长计算，则被动土压力可按下式计算

无粘性土

$$E_p = (1/2)K_p\gamma h^2 \tag{6-10}$$

粘性土、粉土

$$E_p = (1/2)\gamma h^2K_p + 2ch\sqrt{K_p} \tag{6-11}$$

被动土压力 E_p 作用点通过三角形或梯形的形心。

三、几种常见情况下土压力的计算

工程上所遇到的挡土墙及墙后土体的条件，要比朗肯理论所假定的条件复杂得多。如填土面上有荷载作用，填土可能是性质不同的成层土，墙后填土有地下水等。对于这些情况，

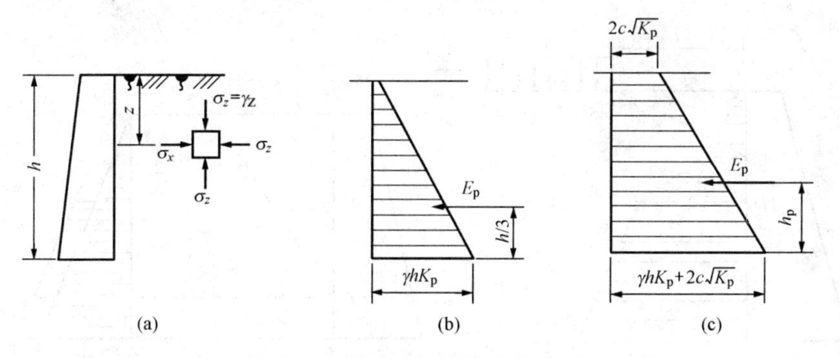

图 6-7　被动土压力强度分布图

(a) 被动土压力的计算；(b) 无粘性土；(c) 粘性土

只能在前述基础上作以近似处理。以下介绍几种常见情况下的主动土压力计算方法。

(一) 填土面有均布荷载

当挡土墙后填土面有连续均布荷载 q 作用时（图 6-8），墙背面 z 深度处土单元所受的大主应力 $\sigma_1=q+\gamma z$，小主应力 $\sigma_3=\sigma_a=\sigma_1 K_a-2c\sqrt{K_a}$，即

无粘性土

$$\sigma_a=(q+\gamma z)K_a \tag{6-12}$$

粘性土

$$\sigma_a=(q+\gamma z)K_a-2c\sqrt{K_a} \tag{6-13}$$

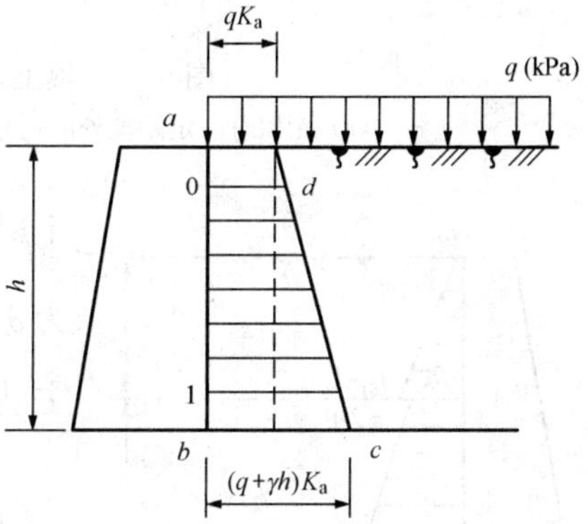

图 6-8　填土面有均布荷载的土压力计算

由式 (6-12) 可以看出，作用在墙背面的土压力强度 σ_a 由两部分组成：一部分由均布荷载 q 引起，其分布与深度无关，是常数；另一部分由土重引起，与 z 成正比。土压力为图示的梯形分布图的面积。式 (6-13) 还需考虑粘聚力部分，由于粘聚力产生负的土压力导致土压力分布可能出现梯形分布或三角形分布，必须时需计算临界深度。

如果填土面上均布荷载从墙背后某一距离开始 [图 6-9 (a)]，在这种情况下的土压力计算可按以下方法进行：从均布荷载的起点 O 作 OC 及 OD 两条直线，分别与水平线成 φ 和 $45°+\varphi/2$ 角，交墙背于 C、D 点。C 点以上计算时不考虑均布荷载 q 的作用，D 点以下计算时按式 (6-12) 或式 (6-13) 考虑 q 的作用，C 和 D 之间的土压力用直线连接，最后的主动土压力强度分布图形如图 6-9 (a) 的阴影部分。

如果填土面的均布荷载在一定范围内 [图 6-9 (b)] 所示。墙面上的土压力计算可近似按以下方法进行：从局布荷载 q 的两个端点 O、O' 分别作与水平面成 $45°+\varphi/2$ 角的斜线交墙背于 C、D 两点，认为 C 点以上和 D 点以下的土压力都不受局部荷载 q 的影响，C、D 之间的土压力按均布荷载计算，作用于 AB 墙背面的土压力分布如图 6-9 (b) 中的阴影部分。

(二) 成层填土

当墙后填土是由多层不同类型的水平分布的土层组成时，任一深度 z 处土单元所受到的竖向应力为其上覆土的自重应力之和，即 $\sum_{i=1}^{n}\gamma_i h_i$，$\gamma_i$，$h_i$ 为第 i 层土的重度和厚度 n 为上覆

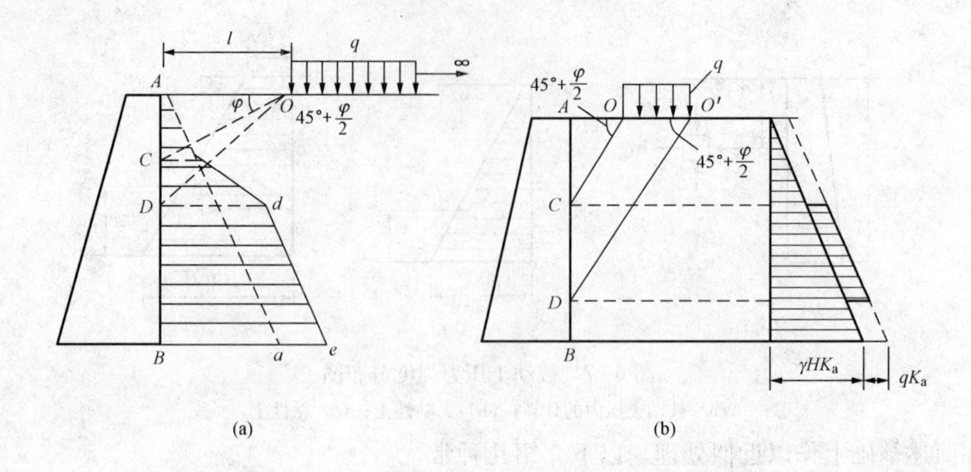

图 6-9 填土表面有局部均布荷载的土压力计算

(a) 距墙背一定距离外的均布荷载 q；(b) 距墙背某个距离外的局部均布荷载 q

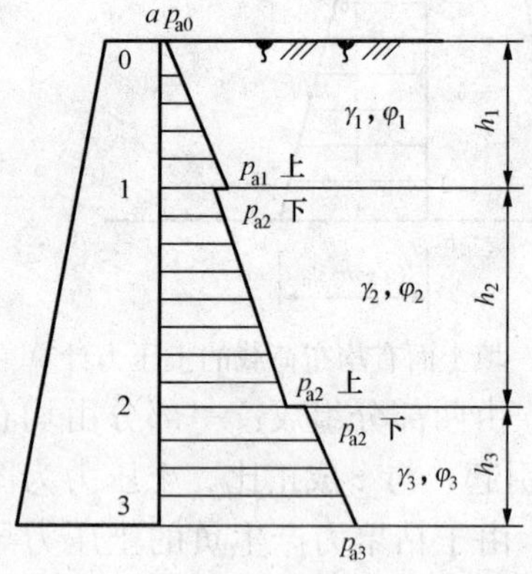

图 6-10 成层填土的土压力计算

土层数。以无粘性土为例，成层土产生的主动土压力强度为 $\sigma_a=\sigma_1 K_a=K_a\sum_{i=1}^{n}\gamma_i h_i$ 。图6-10所示的挡土墙各层面的主动土压力强度为

第一层 填土表面处

$$\sigma_{a0}=0$$

第一层底面 1 处

$$\sigma_{a1上}=\gamma_1 h_1 K_{a1}$$

第二层顶面 1 处

$$\sigma_{a1下}=\gamma_1 h_1 K_{a2}$$

第二层底面 2 处

$$\sigma_{a2上}=(\gamma_1 h_1+\gamma_2 h_2)K_{a2}$$

第三层顶面 2 处

$$\sigma_{a2下}=(\gamma_1 h_1+\gamma_2 h_2)K_{a3}$$

第三层底面 3 处

$$\sigma_{a3}=(\gamma_1 h_1+\gamma_2 h_2+\gamma_3 h_3)K_{a3}$$

由于各层土的性质不同，主动土压力系数 K_a 也不同，因此在土层的分界面处，主动土压力强度会出现层面上和层面下两个值，其数值往往不相同，应分别计算。

（三）墙后填土有地下水

挡土墙后的填土常会部分或全部处于地下水位以下，此时要考虑地下水位对土压力的影响，具体表现在：①地下水位以下填土重量将因受到水的浮力而减小，计算土压力时用浮容重 γ'；②由于地下水的存在将使土的含水率增加，抗剪强度降低，而使土压力增大；③地下水对墙背产生静水压力。

当墙后填土有地下水时，作用在墙背上的侧压力有土压力和水压力两部分，计算土压力时，水位以下取浮容重进行计算。如图 6-11 所示，若墙后填土为无粘性土，地下水位在墙

底面以上 h_2 处，作用在墙背上的水应力 $E_w = \frac{1}{2}\gamma_w h_2^2$，$\gamma_w$ 为水的重度。作用在挡土墙上的总压力为主动土压力 E_a 和水压力 E_w 之和。

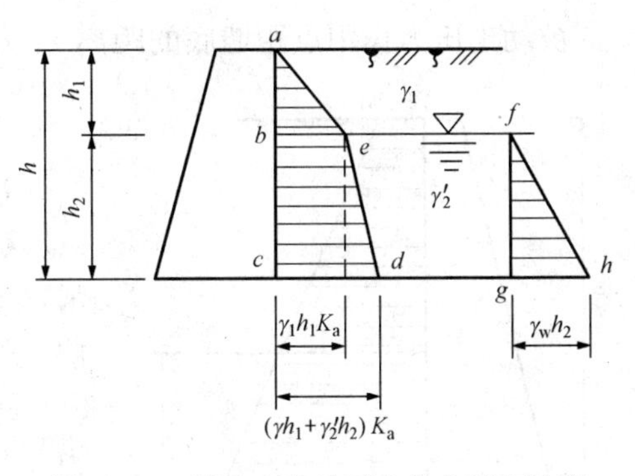

图 6-11　填土中有地下水的土压力计算

【例 6-1】　某挡土墙墙高 $h = 6$m，墙背直立、光滑，填土面水平。填土的抗剪强度指标为 $c = 10$kPa，$\varphi = 22°$，填土的重度 $\gamma = 18$kN/m^3，分别求主动土压力、被动土压力及其作用点位置，并绘出土压力分布图。

解　（1）求主动土压力。

在墙底处的主动土压力强度为

$$\sigma_a = \gamma h \tan^2\left(45° - \frac{\varphi}{2}\right) - 2c\tan\left(45° - \frac{\varphi}{2}\right)$$
$$= 18 \times 6 \times \tan^2\left(45° - \frac{22°}{2}\right) - 2 \times 10 \times \tan\left(45° - \frac{22°}{2}\right)$$
$$= 35.6\text{kPa}$$

临界深度为

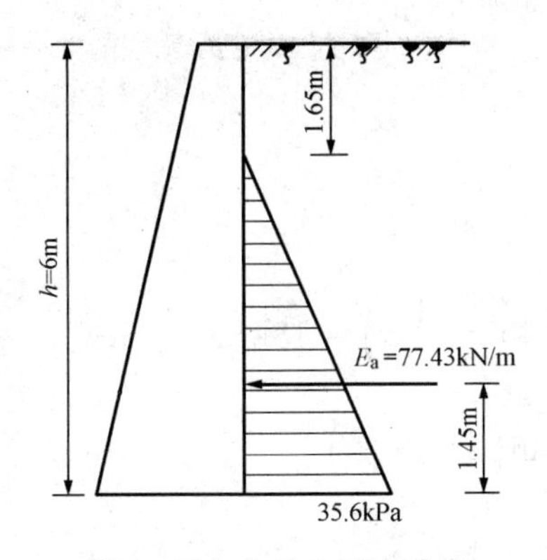

图 6-12　主动土压力分布

$$z_0 = \frac{2c}{\gamma\sqrt{K_a}} = \frac{2 \times 10}{18 \times \tan\left(45° - \frac{22°}{2}\right)} = 1.65\text{m}$$

主动土压力为

$$E_a = \frac{1}{2}\sigma_a(h - z_0) = \frac{1}{2} \times 35.6 \times (6 - 1.65)$$
$$= 77.43\text{kN/m}$$

主动土压力作用点距墙底的距离 z_a 为

$$z_a = \frac{h - z_0}{3} = \frac{6 - 1.65}{3} = 1.45\text{m}$$

主动土压力分布如图 6-12 所示。

（2）求被动土压力。

在墙顶处的被动土压力强度为

$$\sigma_{a0} = \gamma h \tan^2\left(45° + \frac{\varphi}{2}\right) + 2c\tan\left(45° + \frac{\varphi}{2}\right)$$
$$= 18 \times 0 \times \tan^2\left(45° + \frac{22°}{2}\right) + 2 \times 10 \times \tan\left(45° + \frac{22°}{2}\right)$$
$$= 29.7\text{kPa}$$

在墙底处的被动土压力强度为

$$\sigma_{a1} = \gamma h \tan^2\left(45° + \frac{\varphi}{2}\right) + 2c\tan\left(45° + \frac{\varphi}{2}\right)$$
$$= 18 \times 6 \times \tan^2\left(45° + \frac{22°}{2}\right) + 2 \times 10 \times \tan\left(45° + \frac{22°}{2}\right) = 267.0\text{kPa}$$

被动土压力

$$E_p = \frac{1}{2}(\sigma_{a1} + \sigma_{a0})h = \frac{1}{2} \times (29.7 + 267) \times 6 = 890.1\text{kN/m}$$

被动土压力作用点距墙底的距离 z_p 为

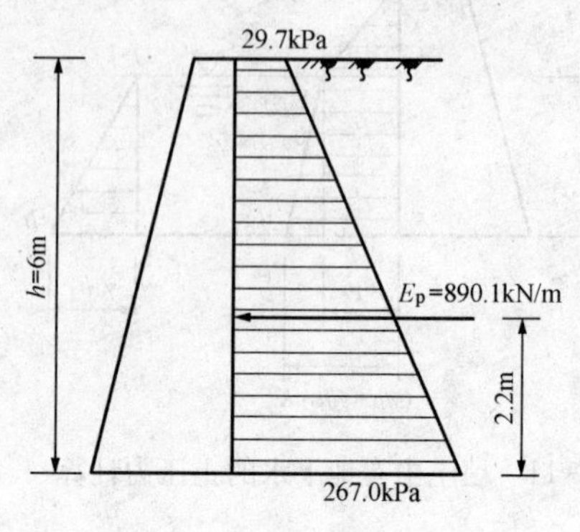

图 6-13 被动土压力分布

$$z_p = \frac{h}{3} \times \frac{2\sigma_{a0} + \sigma_{a1}}{\sigma_{a0} + \sigma_{a1}} = \frac{6}{3} \times \frac{2 \times 29.7 + 267}{29.7 + 267} = 2.2\text{m}$$

被动土压力分布如图 6-13 所示。

【例 6-2】 某挡土墙墙高 $h = 6\text{m}$，墙背直立、光滑，填土面水平，墙后填土共分两层，每层厚度 3m。上层土的 $c = 10\text{kPa}, \varphi = 25°, \gamma = 18\text{kN/m}^3$；下层土的 $c = 0, \varphi = 30°, \gamma = 19\text{kN/m}^3$。分别求主动土压力、被动土压力及其作用点位置，并绘出土压力分布图。

解 (1) 求主动土压力。

上层填土底面处的主动土压力强度 σ_{a1} 为

$$\begin{aligned}\sigma_{a1} &= \gamma_1 h_1 \tan^2\left(45° - \frac{\varphi_1}{2}\right) - 2c_1 \tan\left(45° - \frac{\varphi_1}{2}\right) \\ &= 18 \times 3 \times \tan^2\left(45° - \frac{25°}{2}\right) - 2 \times 10 \times \tan\left(45° - \frac{25°}{2}\right) \\ &= 9.2\text{kPa}\end{aligned}$$

临界深度
$$z_0 = \frac{2c}{\gamma\sqrt{K_a}} = \frac{2 \times 10}{18 \times \tan\left(45° - \frac{25°}{2}\right)} = 1.74\text{m}$$

下层填土顶面和底面处的主动土压力强度 $\sigma'_{a1}, \sigma_{a2}$ 分别为

$$\begin{aligned}\sigma'_{a1} &= \gamma_1 h_1 \tan^2\left(45° - \frac{\varphi_2}{2}\right) - 2c_2 \tan\left(45° - \frac{\varphi_2}{2}\right) \\ &= 18 \times 3 \times \tan^2\left(45° - \frac{30°}{2}\right) - 2 \times 0 \times \tan\left(45° - \frac{30°}{2}\right) = 18\text{kPa}\end{aligned}$$

$$\begin{aligned}\sigma_{a2} &= (\gamma_1 h_1 + \gamma_2 h_2) \tan^2\left(45° - \frac{\varphi_2}{2}\right) - 2c_2 \tan\left(45° - \frac{\varphi_2}{2}\right) \\ &= (18 \times 3 + 19 \times 3) \times \tan^2\left(45° - \frac{30°}{2}\right) - 2 \times 0 \times \tan\left(45° - \frac{30°}{2}\right) = 37\text{kPa}\end{aligned}$$

主动土压力
$$\begin{aligned}E_a &= \frac{1}{2}\sigma_{a1}(h_1 - z_0) + \frac{1}{2}(\sigma'_{a1} + \sigma_{a2})h_2 \\ &= \frac{1}{2} \times 9.2 \times (3 - 1.74) + \frac{1}{2} \times (18 + 37) \times 3 = 88.3\text{kN/m}\end{aligned}$$

主动土压力作用点距墙底的距离 z_a 为

$$\begin{aligned}z_a &= \left[\frac{1}{2}\sigma_{a1}(h_1 - z_0)\left(h_2 + \frac{h_1 - z_0}{3}\right) + \sigma'_{a1} h_2 \frac{h_2}{2} + \frac{1}{2}(\sigma_{a2} - \sigma'_{a1}) h_2 \frac{h_2}{3}\right] \Big/ E_a \\ &= \left(\frac{1}{2} \times 9.2 \times 1.26 \times 3.42 + 18 \times 3 \times 1.5 + \frac{1}{2} \times 19 \times 3 \times 1\right) \Big/ 88.3 = 1.46\text{m}\end{aligned}$$

主动土压力分布如图 6-14 所示。

(2) 求被动土压力。

上层填土顶面和底面处的被动土压力强度 σ_{p0}, σ_{p1} 分别为

$$\sigma_{p0}=0+2c_1\tan\left(45^\circ+\frac{\varphi_1}{2}\right)=2\times10\times\tan\left(45^\circ+\frac{25^\circ}{2}\right)=31.4\text{kPa}$$

$$\sigma_{p1}=\gamma_1h_1\tan^2\left(45^\circ+\frac{\varphi_1}{2}\right)+2c_1\tan\left(45^\circ+\frac{\varphi_1}{2}\right)$$

$$=18\times3\times\tan^2\left(45^\circ+\frac{25^\circ}{2}\right)+2\times10\times\tan\left(45^\circ+\frac{25^\circ}{2}\right)=164.4\text{kPa}$$

下层填土顶面和底面处的被动土压力强度 σ'_{p1}，σ_{p2} 分别为

$$\sigma'_{p1}=\gamma_1h_1\tan^2\left(45^\circ+\frac{\varphi_2}{2}\right)+2c_2\tan\left(45^\circ+\frac{\varphi_2}{2}\right)$$

$$=18\times3\times\tan^2\left(45^\circ+\frac{30^\circ}{2}\right)+2\times0\times\tan\left(45^\circ+\frac{30^\circ}{2}\right)=162\text{kPa}$$

$$\sigma_{p2}=(\gamma_1h_1+\gamma_2h_2)\tan^2\left(45^\circ+\frac{\varphi_2}{2}\right)+2c_2\tan\left(45^\circ+\frac{\varphi_2}{2}\right)$$

$$=(18\times3+19\times3)\times\tan^2\left(45^\circ+\frac{30^\circ}{2}\right)+2\times0\times\tan\left(45^\circ+\frac{30^\circ}{2}\right)=333\text{kPa}$$

被动土压力为

$$E_p=\frac{1}{2}(\sigma_{p0}+\sigma_{p1})h_1+\frac{1}{2}(\sigma'_{p1}+\sigma_{p2})h_2$$

$$=\frac{1}{2}\times(31.4+164.4)\times3+\frac{1}{2}\times(162+333)\times3$$

$$=1036.2\text{kN/m}$$

被动土压力作用点距墙底的距离 z_p 为

$$z_p=\left[\frac{1}{2}(\sigma_{p0}+\sigma_{p1})h_1\left(h_2+\frac{2\sigma_{p0}+\sigma_{p1}}{\sigma_{p0}+\sigma_{p1}}\times\frac{h_1}{3}\right)+\frac{1}{2}(\sigma_{p2}+\sigma'_{p1})h_2\,\frac{2\sigma'_{p1}+\sigma_{p2}}{\sigma'_{p1}+\sigma_{p2}}\,\frac{h_2}{3}\right]/E_p$$

$$=\left[\frac{1}{2}\times195.8\times3\times(3+1.16)+\frac{1}{2}\times3\times657\times1\right]/1036.2=2.13\text{m}$$

被动土压力分布如图 6-15 所示。

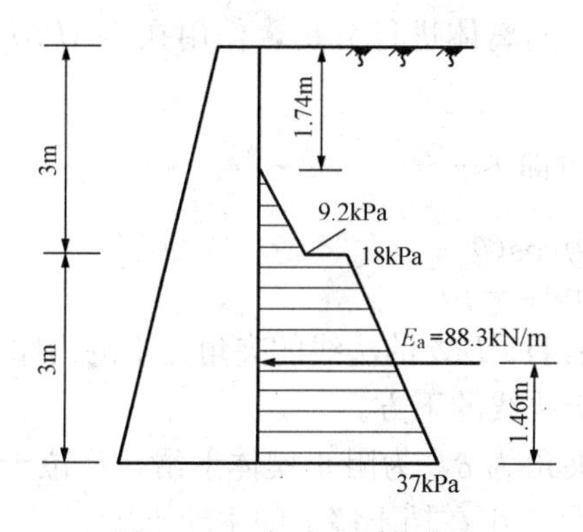

图 6-14　主动土压力分布

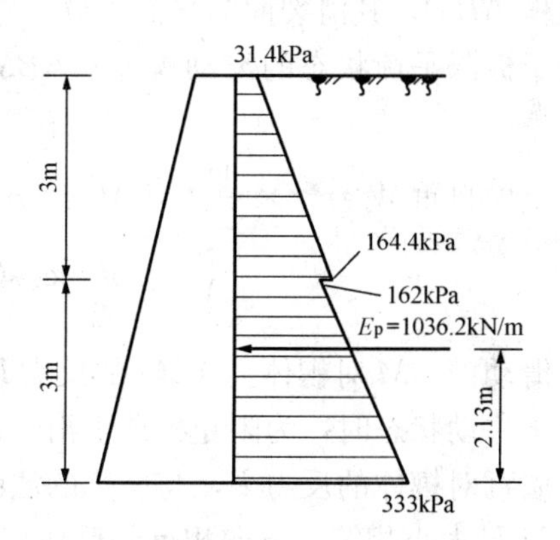

图 6-15　被动土压力分布

6-4 库仑土压力理论

库仑土压力理论是由法国科学家库仑（C A Coulomb）于1776年提出的。它假定墙后土体处于极限平衡状态时形成一刚性滑动土楔体，根据楔体的静力平衡条件得出土压力。库仑土压力理论的基本假设是：

（1）墙后土体是均质的无粘性土（$c=0$）。

（2）挡土墙产生主动或被动土压力时，墙后填土形成滑动土楔，其破裂面为通过墙踵 B 的平面 BM（图6-16）。

（3）滑动楔体为刚体，本身无变形。

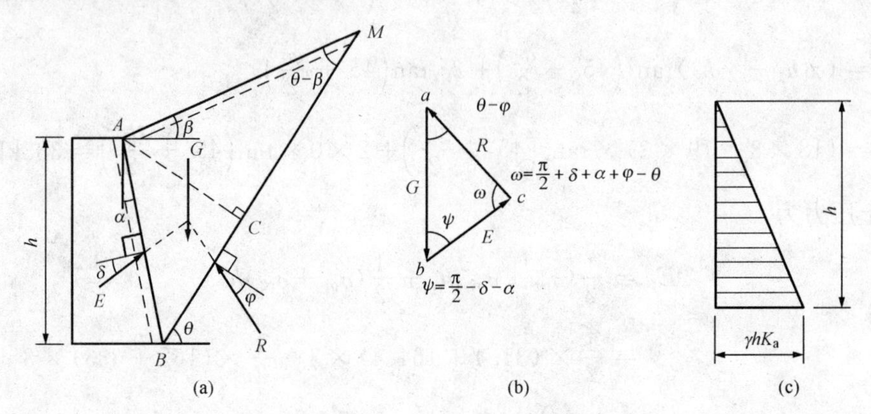

图6-16 库仑主动土压力计算图式

（a）土楔 ABM 上的作用力；（b）力三角形；（c）主动土压力分布图

一、主动土压力计算

取单位墙长进行分析，设挡土墙高为 h，墙背与垂直面夹角为 α，墙后填土为砂土，填土容重为 γ，内摩擦角为 φ，填土表面与水平面成 β 角，墙背与土的摩擦角为 δ。

挡土墙在土压力作用下远离土体位移，至墙后填土处于极限平衡状态时，墙后填土形成一滑动土楔 ABM，其滑裂面为平面 BM，与水平面成 θ 角（图6-16）。

取处于极限平衡状态的滑动楔体△ABM 作为隔离体进行分析，作用在△ABM 上的作用力有

（1）土楔自重 $W=\gamma\times\frac{1}{2}\overline{BM}\,\overline{AC}$，方向竖直向下。

$$W=\frac{\gamma h^2}{2}\frac{\cos(\alpha-\beta)\cos(\theta-\alpha)}{\cos^2\alpha\sin(\theta-\beta)}$$

（2）滑动面 BM 对楔体△ABM 的反力 R，与滑面 BM 的法线的夹角为土的内摩擦角 φ，当土体处于主动状态时，为阻止楔体下滑，R 位于法线的下方。

（3）墙背对楔体的反力 E，与墙背的法线的夹角为 δ，为阻止楔体下滑，E 位于该法线的下方，与 E 大小相等、方向相反的反作用力就是作用在挡土墙上的主动土压力。

土楔体 ABM 在以上三力作用下处于静力平衡状态，因此，三力形成一个封闭的力矢三角形［图6-16（b）］。由正弦定律可得

$$E = W\frac{\sin(\theta-\varphi)}{\sin[180^\circ-(\theta-\varphi+\psi)]} = W\frac{\sin(\theta-\varphi)}{\sin(\theta-\varphi+\psi)} \tag{6-14}$$

$$\Psi = 90^\circ-\alpha-\delta$$

将 W 的表达式代入得

$$E = \frac{\gamma h^2}{2}\frac{\cos(\alpha-\beta)\cos(\theta-\alpha)\sin(\theta-\varphi)}{\cos^2\alpha\sin(\theta-\beta)\sin(\theta-\varphi+\theta)} \tag{6-15}$$

式（6-15）中，δ、φ、α、β、γ 和 h 都是已知的，滑裂面 BM 与水平面的倾角 θ 则是任意假定的，所以，给出不同的滑裂面可以得出一系列相应的土压力值。只有 E 最大的滑裂面是最容易下滑的面，因而也是真正的滑裂面，其他的面都不会滑裂。令 $\frac{dE}{d\theta}=0$，解出使 E 为最大值所对应的破坏角 θ_{cr} 即为真正滑动面的倾角，然后再将 θ_{cr} 代入式（6-15）得出最后作用于墙背上的总主动土压力 E_a

$$E_a = \frac{1}{2}\gamma h^2 K_a \tag{6-16}$$

其中

$$K_a = \frac{\cos^2(\varphi-\alpha)}{\cos^2\alpha\cos(\alpha+\delta)\left[1+\sqrt{\frac{\sin(\varphi+\delta)\sin(\varphi-\beta)}{\cos(\alpha+\delta)\cos(\alpha-\beta)}}\right]^2} \tag{6-17}$$

式中　K_a——库仑主动土压力系数，由上式计算或查表 6-2 确定；

　　δ——土对墙背摩擦角见表 6-3。

其他符号同前。

表 6-2　　　　库仑主动土压力系数 K_a 值

δ	α	β \ φ	15°	20°	25°	30°	35°	40°	45°	50°
0	−20°	0°	0.497	0.380	0.287	0.212	0.153	0.106	0.070	0.043
		10°	0.595	0.439	0.323	0.234	0.166	0.114	0.074	0.045
		20°		0.707	0.401	0.274	0.188	0.125	0.080	0.047
		30°				0.498	0.239	0.147	0.090	0.051
	−10°	0°	0.540	0.433	0.344	0.270	0.209	0.158	0.117	0.083
		10°	0.644	0.500	0.389	0.301	0.229	0.171	0.125	0.088
		20°		0.785	0.482	0.353	0.261	0.190	0.136	0.094
		30°				0.614	0.331	0.226	0.155	0.104
	0°	0°	0.589	0.490	0.406	0.333	0.271	0.217	0.172	0.132
		10°	0.704	0.569	0.462	0.374	0.300	0.238	0.186	0.142
		20°		0.883	0.573	0.441	0.344	0.267	0.204	0.154
		30°				0.750	0.436	0.318	0.235	0.172
	10°	0°	0.562	0.560	0.478	0.407	0.343	0.288	0.238	0.194
		10°	0.784	0.655	0.550	0.461	0.384	0.318	0.261	0.211
		20°		1.015	0.685	0.548	0.444	0.360	0.291	0.231
		30°				0.925	0.566	0.433	0.337	0.262
	20°	0°	0.736	0.648	0.569	0.498	0.434	0.375	0.322	0.274
		10°	0.896	0.768	0.663	0.572	0.492	0.421	0.358	0.302
		20°		1.205	0.834	0.688	0.576	0.484	0.405	0.337
		30°				1.169	0.740	0.586	0.474	0.385

续表

δ	α	β \ φ	15°	20°	25°	30°	35°	40°	45°	50°
10°	−20°	0°	0.427	0.330	0.252	0.188	0.137	0.096	0.064	0.039
		10°	0.529	0.388	0.286	0.209	0.149	0.103	0.068	0.041
		20°		0.675	0.364	0.248	0.170	0.114	0.073	0.044
		30°				0.475	0.220	0.135	0.082	0.047
	−10°	0°	0.477	0.385	0.309	0.245	0.191	0.146	0.109	0.078
		10°	0.590	0.455	0.354	0.275	0.211	0.159	0.116	0.082
		20°		0.773	0.450	0.328	0.242	0.177	0.127	0.088
		30°				0.605	0.313	0.212	0.146	0.098
	0°	0°	0.533	0.447	0.373	0.309	0.253	0.204	0.163	0.127
		10°	0.664	0.531	0.431	0.350	0.282	0.225	0.177	0.136
		20°		0.897	0.549	0.420	0.326	0.254	0.195	0.148
		30°				0.762	0.423	0.306	0.226	0.166
	10°	0°	0.603	0.520	0.448	0.384	0.326	0.275	0.230	0.189
		10°	0.759	0.626	0.524	0.440	0.369	0.307	0.253	0.206
		20°		1.064	0.674	0.534	0.432	0.351	0.284	0.227
		30°				0.969	0.564	0.427	0.332	0.258
	20°	0°	0.695	0.615	0.543	0.478	0.419	0.365	0.316	0.271
		10°	0.890	0.752	0.646	0.558	0.482	0.414	0.354	0.300
		20°		1.308	0.844	0.687	0.573	0.481	0.403	0.337
		30°				1.268	0.758	0.594	0.478	0.388
15°	−20°	0°	0.405	0.314	0.240	0.180	0.132	0.093	0.062	0.038
		10°	0.509	0.372	0.275	0.201	0.144	0.100	0.066	0.040
		20°		0.667	0.352	0.239	0.164	0.110	0.071	0.042
		30°				0.470	0.214	0.131	0.080	0.046
	−10°	0°	0.458	0.371	0.298	0.237	0.186	0.142	0.106	0.076
		10°	0.576	0.442	0.344	0.267	0.205	0.155	0.114	0.081
		20°		0.776	0.441	0.320	0.237	0.174	0.125	0.087
		30°				0.607	0.308	0.209	0.143	0.097
	0°	0°	0.518	0.434	0.363	0.301	0.248	0.201	0.160	0.125
		10°	0.656	0.522	0.423	0.343	0.277	0.222	0.174	0.135
		20°		0.914	0.546	0.415	0.323	0.251	0.194	0.147
		30°				0.777	0.422	0.305	0.225	0.165
	10°	0°	0.592	0.511	0.441	0.378	0.323	0.273	0.228	0.189
		10°	0.760	0.623	0.520	0.437	0.366	0.305	0.252	0.206
		20°		1.103	0.679	0.535	0.432	0.351	0.284	0.228
		30°				1.005	0.571	0.430	0.334	0.260
	20°	0°	0.690	0.611	0.540	0.476	0.419	0.366	0.317	0.273
		10°	0.904	0.757	0.649	0.560	0.484	0.416	0.357	0.303
		20°		1.383	0.862	0.697	0.579	0.486	0.408	0.341
		30°				1.341	0.778	0.606	0.487	0.395

续表

δ	α	β \ φ	15°	20°	25°	30°	35°	40°	45°	50°
20°	−20°	0°			0.231	0.174	0.128	0.090	0.061	0.038
		10°			0.266	0.195	0.140	0.097	0.064	0.039
		20°			0.344	0.233	0.160	0.108	0.069	0.042
		30°				0.468	0.210	0.129	0.079	0.045
	−10°	0°			0.291	0.232	0.182	0.140	0.105	0.076
		10°			0.337	0.262	0.202	0.153	0.113	0.080
		20°			0.437	0.316	0.233	0.171	0.124	0.086
		30°				0.614	0.306	0.207	0.142	0.096
	0°	0°			0.357	0.297	0.245	0.199	0.160	0.125
		10°			0.419	0.340	0.275	0.220	0.174	0.135
		20°			0.547	0.414	0.322	0.251	0.193	0.147
		30°				0.798	0.425	0.306	0.225	0.166
	10°	0°			0.438	0.377	0.322	0.273	0.229	0.190
		10°			0.521	0.438	0.367	0.306	0.254	0.208
		20°			0.690	0.540	0.436	0.354	0.286	0.230
		30°				1.051	0.582	0.437	0.338	0.264
	20°	0°			0.543	0.479	0.422	0.370	0.321	0.277
		10°			0.659	0.568	0.490	0.423	0.363	0.309
		20°			0.891	0.715	0.592	0.496	0.417	0.349
		30°				1.434	0.807	0.624	0.501	0.406

当挡土墙满足朗肯理论假设，即墙背垂直（$\alpha=0$）、光滑（$\delta=0$）、填土面水平（$\beta=0$）时，则式（6-16）可写为

$$E_a = \frac{1}{2}\gamma h^2 \tan^2\left(45° - \frac{\varphi}{2}\right)$$

可见，满足朗肯理论假设时，库仑理论与朗肯理论的主动土压力计算公式相同，朗肯理论是库仑理论的特殊情况。

表6-3　土对挡土墙墙背的摩擦角δ

挡土墙情况	摩擦角δ
墙背平滑，排水不良	$(0\sim0.33)\ \varphi_k$
墙背粗糙，排水良好	$(0.33\sim0.50)\ \varphi_k$
墙背很粗糙，排水良好	$(0.50\sim0.67)\ \varphi_k$
墙背与填土间不可能滑动	$(0.67\sim1.00)\ \varphi_k$

注　φ_k 为墙背填土的内摩擦角标准值。

关于土压力强度沿墙高的分布形式，可通过对式（6-16）求导得出，即

$$\sigma_a = \frac{dE_a}{dz} = \frac{d}{dz}\left(\frac{1}{2}\gamma z^2 K_a\right) = \gamma z K_a \tag{6-18}$$

由式（6-18）可见，库仑主动土压力强度沿墙高呈三角形分布图［图6-16（c）］。应该注意的是分布形式只代表土压力大小，并不代表实际作用于墙背上的土压力方向。土压力合力 E_a 的作用方向仍在墙背法线上方，并与法线成 δ 角或与水平面成 $\alpha+\delta$ 角。E_a 的作用点在距墙底 $h/3$ 处。

二、被动土压力计算

与产生主动土压力情况相反，当挡土墙受外力向填土方向移动直至墙后土体达到被动极限平衡状态，产生沿平面 BC 上滑动的土楔 ABC［图6-17（a）］，此时土楔 ABC 自重 G 和反力 R 均位于法线的上侧。依据力矢三角形［图6-17（b）］，求出被动土压力 E_p。

$$E_p = \frac{1}{2}\gamma h^2 K_p \tag{6-19}$$

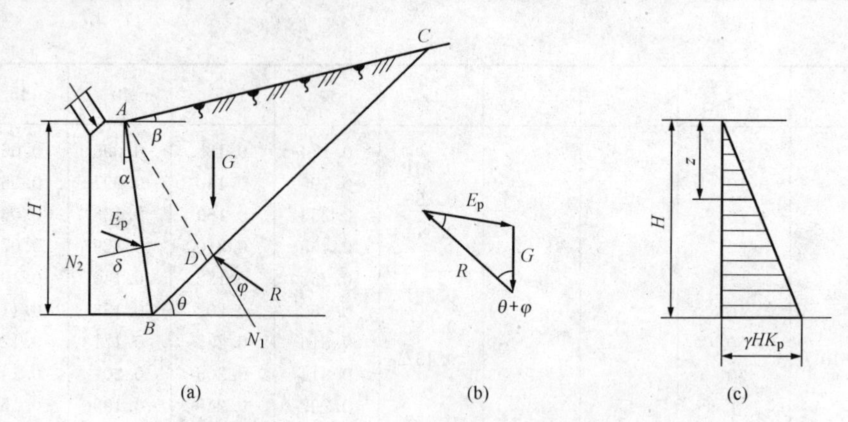

图 6-17 按库仑理论求被动土压力

(a) 土楔上的作用力；(b) 力矢三角形；(c) 被动土压力的分布图

$$K_p = \frac{\cos^2(\varphi+\alpha)}{\cos^2\alpha\cos(\alpha-\delta)\left[1-\sqrt{\frac{\sin(\varphi+\delta)\sin(\varphi+\beta)}{\cos(\alpha-\delta)\cos(\alpha-\beta)}}\right]^2} \tag{6-20}$$

式中 K_p——库仑被动土压力系数。

其他符号同前。

当挡土墙满足朗肯理论假设，即墙背垂直（$\alpha=0$）、光滑（$\delta=0$）、填土面水平（$\beta=0$）时，则式（6-20）可写为

$$E_p = \frac{1}{2}\gamma h^2\tan^2\left(45°+\frac{\varphi}{2}\right)$$

显然，满足朗肯理论假设时，库仑理论和朗肯理论的被动土压力的计算公式也相同。

同样可得土压力强度沿墙高的分布形式

$$\sigma_p = \frac{dE_p}{dz} = \frac{d}{dz}\left(\frac{1}{2}\gamma z^2 K_p\right) = \gamma z K_p \tag{6-21}$$

被动土压力强度沿墙高也呈三角形分布，合力 E_p 的作用方向在墙背法线下方，与法线成 δ 角或与水平面成 $\delta-\alpha$ 角。E_p 的作用点在距墙底 $h/3$ 处。

三、粘性土和粉土的主动土压力计算

库仑土压力理论假设墙后填土是理想的散体，也就是填土只有内摩擦角 φ 而没有粘聚力 c，因此，从理论上说只适用于无粘性土。但在实际工程中不得不考虑粘性土，为了考虑粘聚力 c 的影响，在应用库仑公式时，曾用将内摩擦角 φ 增大，采用所谓“等代内摩擦角 φ_D”来综合考虑粘聚力对土压力的效应，但误差较大。在这种情况下，可以按照以下方法确定：

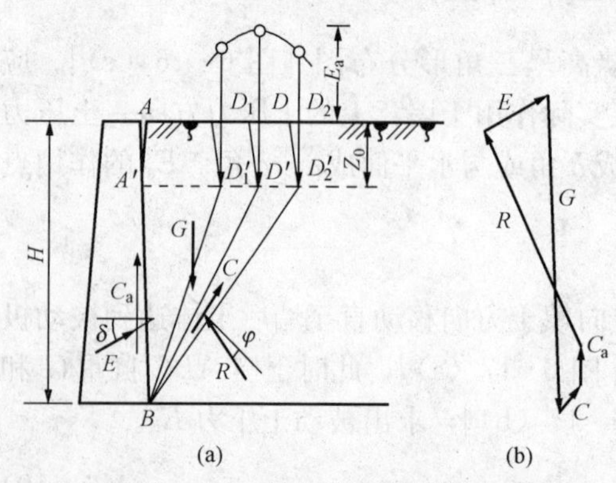

图 6-18 粘性填土的图解法

（一）图解法（楔体试算法）

如果挡土墙的位移很大，足以使粘性土的抗剪强度全部发挥，在填土顶面 z_0 深度处将出现张拉裂隙，深度 $z_0=2c/(\gamma\sqrt{K_a})$。

先假设一滑动面 $\overline{BD'}$，如图 6-18（a）所

示，作用于滑动土楔 $A'BD'$ 上的力有：

(1) 土楔体自重 G；

(2) 滑动面 $\overline{BD'}$ 的反力 R，与 $\overline{BD'}$ 面的法线成 φ 角；

(3) $\overline{BD'}$ 面上的总粘聚力 $C = c \cdot \overline{BD'}$，$c$ 为填土的粘聚力；

(4) 墙背与接触面 $\overline{A'B}$ 的总粘聚力 $C_a = c_a \cdot \overline{A'B}$，$c_a$ 为墙背与填土之间的粘聚力；

(5) 墙背对填土的反力 E 与墙背法线方向成 δ 角。

在上述各力中，G、C、C_a 的大小和方向均已知，R 和 E 的方向已知，但大小未知，考虑到力系的平衡，由力矢多边形可以确定 E 的数值，如图 6-18 (b) 所示，假定若干滑动面按以上方法试算，其中最大值即为主动土压力 E_a。

（二）规范推荐公式

《建筑地基基础设计规范》(GB 50007—2002) 推荐的粘性土和粉土的主动土压力公式

$$E_a = \psi_c \frac{1}{2}\gamma h^2 K_a \tag{6-22}$$

$$\begin{aligned}K_a = &\frac{\sin(\alpha'+\beta)}{\sin^2\alpha'\sin^2(\alpha'+\beta-\varphi-\delta)} \times \{k_q[\sin(\alpha'+\beta)\sin(\alpha'-\delta)+\\&\sin(\varphi+\delta)\sin(\varphi-\beta)] + 2\eta\sin\alpha'\cos\varphi \times \cos(\alpha'+\beta-\varphi-\delta) -\\&2[k_q\sin(\alpha'+\beta)\sin(\varphi-\delta)+\eta\sin\alpha'\cos\varphi \times\\&(k_q\sin(\alpha'-\delta)\sin(\varphi+\delta)+\eta\sin\alpha'\cos\varphi)]^{1/2}\}\end{aligned} \tag{6-23}$$

$$k_q = 1 + 2q\sin\alpha'\cos\beta/[\gamma h\sin(\alpha'+\beta)]$$

$$\eta = 2c/\gamma h$$

式中　ψ_c——主动土压力增大系数，土坡高度小于等于 5m 时取 1.0，高度为 5～8m 时取 1.1，高度大于 8m 时取 1.2；

γ——填土重度，kN/m^3；

h——挡土墙高度，m；

K_a——规范主动土压力系数；

q——地表均布荷载（以单位水平投影面上的荷载强度计）；

φ，c——填土的内摩擦角和粘聚力；

α'，β，δ 如图 6-19 所示。

四、墙背条件特殊时的土压力计算

（一）坦墙土压力计算方法

坦墙指的是墙背较平缓的墙如图 6-20 所示，土体不是沿墙背即 AC 面滑动，而是沿土体中 BC 面滑动。BC 与垂直线夹角为临界角 α_{cr}。据研究 α_{cr} 可按下式计算

$$\alpha_{cr} = 45° - \frac{\varphi}{2} + \frac{\beta}{2} - \frac{1}{2}\arcsin\frac{\sin\beta}{\sin\varphi} \tag{6-24}$$

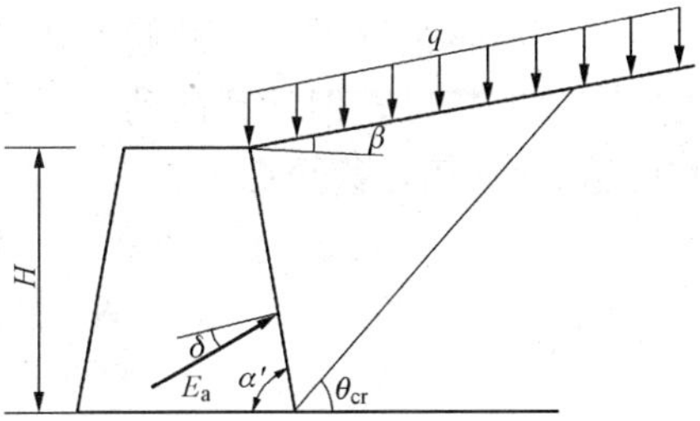

图 6-19　计算简图

式中　β——填土坡角。

确定了 α_{cr} 之后不难用库仑公式或楔体试算法计算土压力。此时土压力 E_a 的作用面为 BC，最后作用于 AC 墙背上的土压力就是 E_a 与三角形土体 ABC 的重力的矢量和。

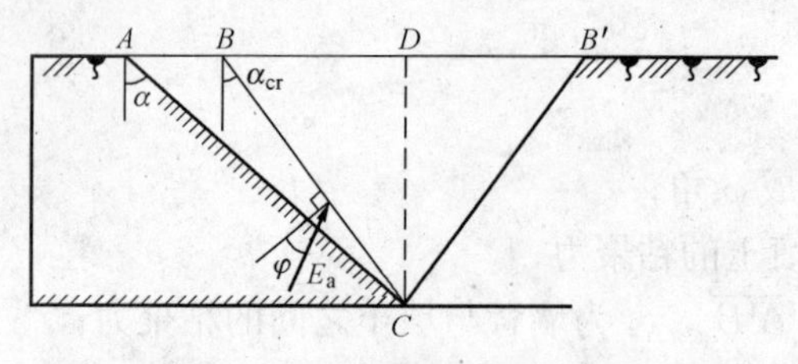

图 6-20 坦墙的土压力计算

（二）折线形墙背土压力计算

图 6-21（a）为折线形墙背，先按常规方法计算 AB 段的土压力［图 6-21（b）］。再将 BC 延长交墙顶于 D，计算墙 CD 的土压力，其中 B 点以下的土压力 $BFEC$ 即为墙 CD 的 BC 段承受的土压力［图 6-21（c）］。

五、朗肯土压力与库仑土压力理论的比较

朗肯理论和库仑理论都是做一些假设后得到的，因此，计算挡土墙土压力时，必须注意针对实际情况合理选择，否则将会造成不同程度的误差。

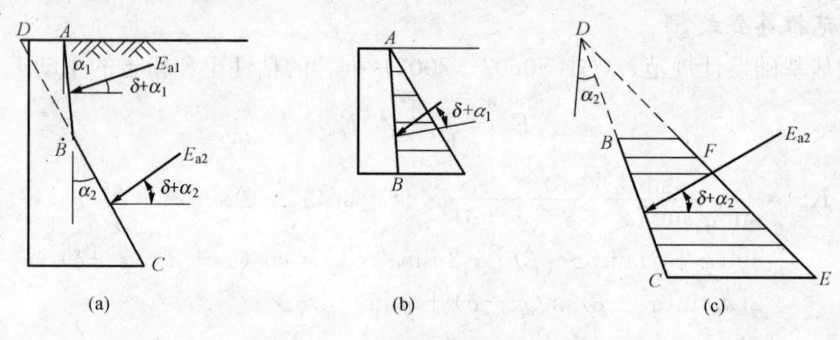

图 6-21 折线墙背土压力计算

朗肯土压力理论应用半空间中的应力状态和极限平衡理论的概念比较明确，对于粘性土、粉土和无粘性土都可以直接计算。因此在工程中广泛应用。为了使墙后土体应力状态符合半空间的应力状态，必须假设墙背是直立、光滑、墙后填土是水平的，其他情况时计算复杂，并由于该理论忽略了墙背与填土之间摩擦影响，使计算的主动土压力偏大，而计算的被动土压力偏小。

库仑土压力理论根据墙后滑动土楔的静力平衡条件推导得出土压力计算公式，考虑了墙背与土之间的摩擦力，并可以用于墙背倾斜的情况，但是适用于填土是无粘性土，因此不能用库仑公式直接计算粘性土或粉土的土压力。库仑理论假设墙后填土破坏时，破坏面是一平面，而实际上却是一曲面，试验证明，在计算主动土压力时，只有当墙背的斜度不大，墙背与填土间的摩擦角较小时，破坏面才接近于一平面，因此，计算结果与按曲线滑动面计算的有出入。在通常情况下，这种偏差在计算主动土压力时为 2%～10%，可以认为已满足实际工程所需要的精度；但计算被动土压力时，由于破坏面接近对数螺线，计算结果误差较大，有时可达 2～3 倍，甚至更大。

6-5 挡土墙设计

一、挡土墙的类型

挡土墙按结构形式分为重力式挡土墙、悬臂式挡土墙、扶臂式挡土墙、锚杆式及锚定板式等轻型挡土结构。

（一）重力式挡土墙

这种挡土墙是以自重来维持挡土墙在土压力作用下的稳定，多用砖、石或混凝土材料建

成，墙体的抗拉、抗剪强度都较低，墙身的截面尺寸较大。重力式挡土墙结构简单，施工方便，取材容易，在土建工程中应用较为广泛［图6-22（a)］。

重力式挡土墙适用于高度小于6m，地层稳定，开挖土石方时不会危及相邻建筑物安全的地段。

（二）悬臂式挡土墙

悬臂式挡土墙一般用钢筋混凝土建造，它由三个悬臂板组成，即立臂、墙趾悬臂和墙踵悬臂，如图6-22（b）所示。墙的稳定主要靠墙踵悬臂以上的土维持，墙体内的拉应力由钢筋来承担。这类挡土墙的优点是充分利用钢筋混凝土的受力特点，墙体尺寸较小，在市政工程及厂矿储库中广泛应用这种挡土墙。

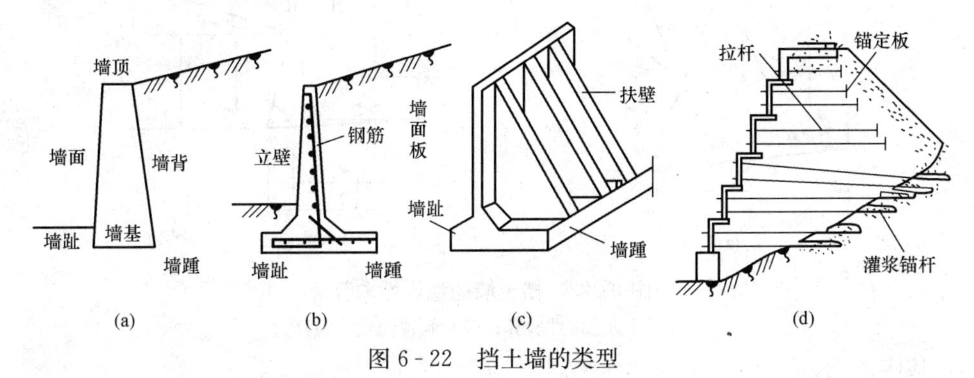

图6-22　挡土墙的类型

(a）重力式挡土墙；(b）悬臂式挡土墙；(c）扶壁式挡土墙；(d）锚杆式及锚定板式挡土墙

（三）扶臂式挡土墙

当墙高较大时，悬臂式挡土墙的立臂在推力作用下产生的弯矩与挠度较大，为了增加立臂的抗弯性能和减少钢筋用量，常沿墙的纵向每隔一定距离设一道扶臂，扶臂间距为（0.8～1.0）H（H为墙高）。墙体稳定主要靠扶臂间土重维持［图6-22（c)］。

（四）锚杆式及锚定板式挡土墙

锚杆挡土墙与锚定板挡土墙均属于锚拉式挡土结构，为轻型挡土墙［图6-22（d)］，常用于路基、护坡、桥台及基坑支护等工程。锚定板挡土墙由预制的钢筋混凝土面板、立柱、钢拉杆和埋在土中的锚定板组成，挡土墙板的稳定由拉杆和锚定板来保证。锚杆式挡土墙则是利用伸入稳定岩土层的灌浆锚杆承受土压力的挡土结构。这两种挡土结构一般单独使用，有时也联合使用。

二、重力式挡土墙设计

设计重力式挡土墙时，一般先根据挡土墙所处的条件（工程地质、填土性质、荷载情况、建筑物材料和施工条件等）按经验初步拟定截面尺寸，然后进行挡土墙验算。若验算满足要求，则拟订尺寸即为设计尺寸；如不满足要求，则应改变截面尺寸或采取其他措施后再进行验算，直到满足要求。

（一）挡土墙验算内容

(1）稳定性验算，包括抗倾覆和抗滑移稳定性验算。

(2）地基承载力验算。

(3）墙身强度验算。执行《混凝土结构设计规范》和《砌体结构计算规范》等现行标准的相应规定。

地基承载力验算和墙身强度验算见其他课程，此处从略。以下仅讲述稳定性验算。

（二）作用在挡土墙上的力

（1）墙身自重 G。

（2）土压力。图 6-23 给出墙背作用的主动土压力 E_a；若挡土墙基础有一定埋深，则埋深部分前趾上因整个挡土墙前移而受挤压，故对墙体作用着被动土压力 E_p，但在挡土墙设计中常因基坑开挖松动而忽略不计，使结构偏于安全。

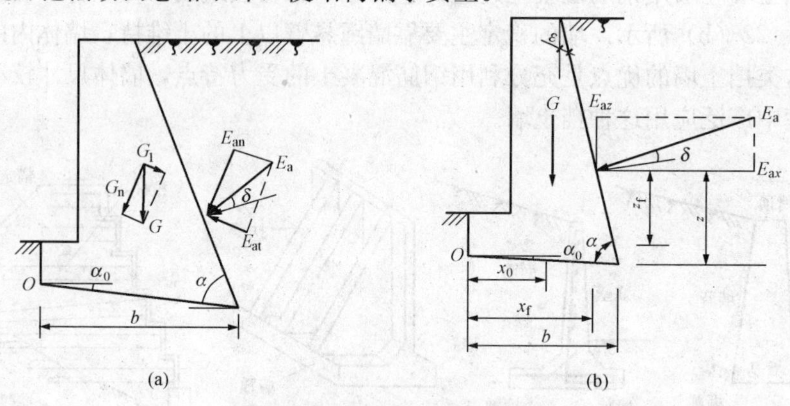

图 6-23 挡土墙的稳定性验算

(a) 滑动稳定性验算；(b) 倾覆稳定性验算

（3）基底反力。

在某些情况下，尚应计算墙背的水压力和墙身的水浮力，对地震区还要考虑地震效应。

三、挡土墙稳定性验算

（一）抗滑移稳定性验算

在土压力作用下，挡土墙有可能沿基础底面发生滑移［图 6-23（a）］，因此，要求基底抗滑力应大于其滑动力，安全系数为

$$K_s = \frac{(G_n + E_{an})\mu}{E_{at} - G_t} \geqslant 1.3 \qquad (6-25)$$

式中 G_n——挡土墙每延米自重 G 垂直于墙底的分力，kN/m，$G_n = G\cos\alpha_0$；

G_t——挡土墙每延米自重 G 平行于墙底的分力，kN/m，$G_t = G\sin\alpha_0$；

E_{at}——主动土压力 E_a 平行于墙底的分力；

E_{an}——主动土压力 E_a 垂直于墙底的分力，kN/m，$E_{an} = E_a\cos(\alpha - \alpha_0 - \delta)$，式中 α 为挡土墙墙背对水平面的倾角（°），δ 为土对挡土墙背的摩擦角，可按表 6-3 选用。

μ——摩擦系数，由试验确定，也可按表 6-4 选取。

表 6-4 土对挡土墙基底的摩擦系数

土的类别		摩擦系数 μ	土的类别	摩擦系数 μ
粘性土	可 塑	0.25～0.30	中砂、粗砂、砾砂	0.40～0.50
	硬 塑	0.30～0.35	碎石土	0.40～0.60
	坚 硬	0.35～0.45	软质土	0.40～0.60
粉 土		0.30～0.40	表面粗糙的硬质岩	0.65～0.75

注 1. 对易风化的软质岩和塑性指数 $I_p > 22$ 的粘性土，基底摩擦系数应通过试验确定。

2. 对碎石土，可根据其密实程度、填充物状态、风化程度等确定。

若验算不满足时，可按以下措施加以解决：

(1) 修改挡土墙的截面尺寸，以加大 G 值，增大抗滑力。

(2) 挡墙底面做成砂、石垫层，以提高 μ 值，增大抗滑力。

(3) 挡墙底面做成逆坡，利用滑动面上部分反力抗滑，如图 6-24 (a) 所示，这是比较经济而有效的方法。

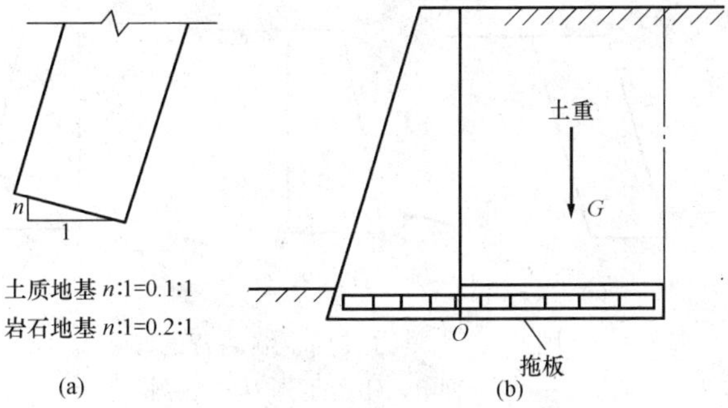

图 6-24 增加抗滑稳定的措施

在软土地基上，其他方法无效或不经济时，可在墙踵后加拖板，如图 6-24 (b) 所示，利用拖板上的土重来抗滑，拖板与挡墙之间应用钢筋连接。由于扩大了基底宽度，对墙的倾覆稳定也是有利的。

(二) 抗倾覆稳定性验算

抗倾覆稳定性验算要保证挡墙在土压力作用下不发生绕墙趾 O 点的外倾［图 6-23 (b)］，要求对 O 点的抗倾覆力矩大于倾覆力矩，即抗倾覆安全系数应满足下列要求

$$K_t = \frac{Gx_0 + E_{az}x_f}{E_{ax}z_f} \geqslant 1.6 \tag{6-26}$$

式中 E_{az}——主动土压力的竖向分力，kN/m，$E_{az}=E_a\cos(\alpha-\delta)$；

E_{ax}——主动土压力的水平分力，kN/m，$E_{ax}=E_a\sin(\alpha-\delta)$；

x_0——挡土墙重心离墙趾的水平距离，m；

z_f——土压力作用点离 O 点的高度，m。

当地基软弱，在倾覆的同时，墙趾可能陷入土中，力矩中心 O 点向内移动，导致抗倾覆安全系数降低，因此式 (6-26) 应用时要注意土的压缩性。

若验算不满足时，可按以下措施加以处理：

(1) 修改挡土墙的截面尺寸，以加大 G 值，增大抗倾覆力矩。

(2) 加大 x_0，即伸长墙趾，如墙趾过长，厚度不足，则需配筋。

(3) 墙背做成仰斜，可减小土压力。

(4) 在挡土墙垂直墙背上做卸荷台，形状如牛腿，减小了倾覆力矩。

四、重力式挡土墙的构造措施

挡土墙的设计除进行验算外，还必须合理地选择墙型和采取必要的构造措施，以保证安全、经济和合理。

(一) 墙形的选择

重力式挡土墙按墙背的倾斜方向可分为仰斜、直立和俯斜三种型式，如图 6-25 所示。如用相同的计算方法和计算指标计算主动土压力，一般仰斜情况最小，俯斜情况最大，直立居中。就墙背所受的土压力来而言，仰斜墙背较为合理。然而选用哪一种墙背倾斜形式，还应根据使用要求、地形和施工条件等综合考虑确定。

如在开挖临时边坡后筑墙，采用仰斜墙背可与边坡紧密贴合，而俯斜墙则须在墙背回填土。如在填方地段筑墙，仰斜墙背填土的夯实比俯斜或直立墙困难，则宜采用俯斜或直立墙背。

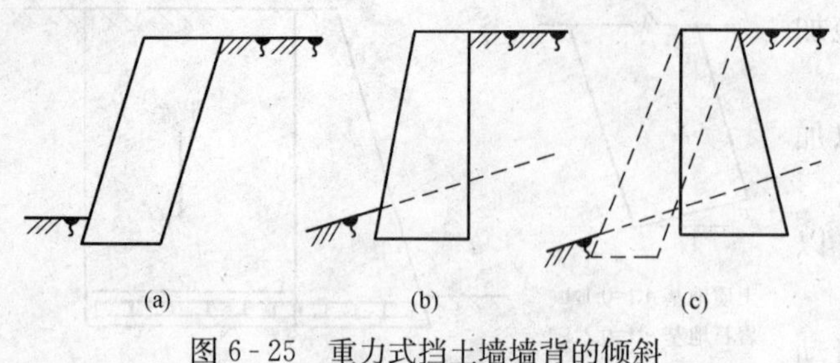

图 6-25 重力式挡土墙墙背的倾斜
(a) 仰斜；(b) 直立；(c) 俯斜

(二) 挡墙的基础埋置深度

挡土墙的基础埋深（如基底倾斜，基础埋置深度从最浅处的墙趾处计算）应根据持力层的承载力、水流冲刷、岩石裂隙发育及风化程度等因素进行确定。特强冻胀、强冻胀地区应考虑冻胀的影响。在土质地基中，基础埋置深度不宜小于 0.5m；在软质岩地基中，基础埋深不宜小于 0.3m。

(三) 挡土墙截面尺寸

砌石挡土墙顶宽不小于 0.5m，混凝土墙可为 0.20～0.40m。重力式挡土墙基础底宽为墙高的 1/2～1/3。

当墙前地面较陡时，墙面可取 1∶0.05～1∶0.2 仰斜坡面，也可直立。当墙前地面较平坦时，对于中、高挡土墙，墙面坡度可较缓，但不宜缓于 1∶0.4。为了避免施工困难，仰斜墙背坡度一般不宜缓于 1∶0.25，墙面坡应尽量与墙背坡平行。

为增加挡土墙的抗滑稳定性，可将基底做成逆坡［图 6-24 (a)］，一般土质地基的基底逆坡不大于 0.1∶1，对于岩石地基一般不宜大于 0.2∶1。

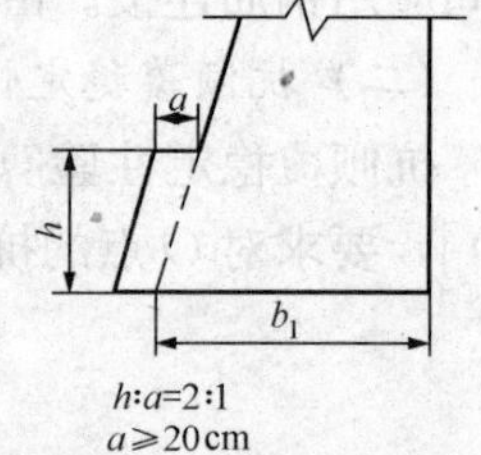

图 6-26 墙趾台阶尺寸

当墙高较大时，为了使基底压力不超过地基承载力设计值，可加设墙趾台阶（图 6-26），其高宽比可取 h：a=2∶1，a 不得小于 20cm。

(四) 墙后排水措施

在挡土墙建成使用期间，如遇雨水渗入墙后填土中，会使填土的重度增加，从而使填土对墙的土压力增大；内摩擦角减小，土的强度降低；同时墙后积水，增加水压力，对墙的稳定性不利。积水自墙面渗出，还要产生渗流压力。水位较高时，静、动水压力对挡土墙的稳定威胁更大。因此挡土墙设计中必须设置排水。

挡土结构上应设泄水孔［图 6-27 (a)］。其间距宜取 2～3m，外斜 5%。孔眼尺寸不宜小于 ϕ100mm。为了防止泄水孔堵塞，应在其入口处以粗颗粒材料做反滤层和必要的排水暗沟。为防止地面水渗入填土和已渗入的水渗到墙下地基，应在地面和排水孔下部铺设粘土层并分层夯实，以利隔水。当墙后有山坡时，应在坡下处设置截水沟。图 6-27 为排水措施的两个实例。

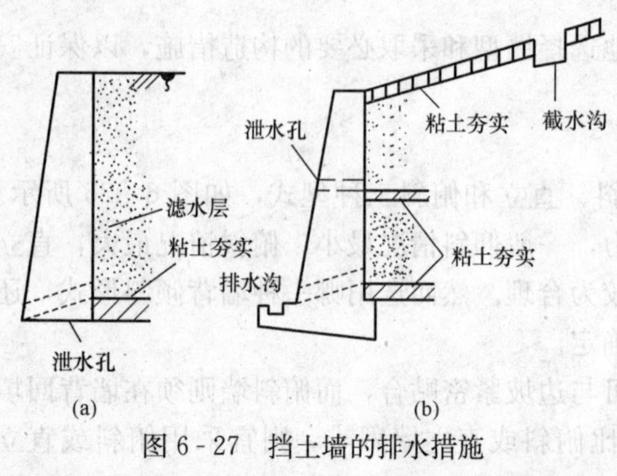

图 6-27 挡土墙的排水措施
(a) 方案一；(b) 方案二

(五) 填土质量要求

墙后填土宜选择透水性较强的填料，如砂石、砾石、碎石等，因为这类土的抗剪强度较稳定，易于排水。当采用粘性土作为填料时，宜掺入适量的块石；在季节性冻土地区，墙后填土应选用非冻胀性填料（如炉渣、碎石、粗砂等)。不应采用淤泥、耕植土、膨胀性粘土等作为填料，填土料中还不应杂有大的冻结土块、木块或其他杂物。墙后填土应分层夯实。

习　题

6-1　影响土压力大小的因素有哪些？其中最主要的影响因素是什么？土压力分为哪几种？

6-2　什么是静止土压力、主动土压力、被动土压力？分别说明它们产生的条件、计算公式和应用范围。

6-3　试比较朗肯土压力理论和库仑土压力理论的基本假定、计算原理和适用条件。

6-4　挡土墙有哪几种类型？各有什么特点？各自适用于什么条件？

6-5　挡土墙设计中需要进行哪些验算？要求稳定安全系数多大？采取什么措施可以提高稳定安全系数？

6-6　挡土墙后回填土是否有技术要求？理想的回填土是什么土？不能用的回填土是什么土？

6-7　挡土墙后不设排水措施会产生什么问题？截水沟与排水孔设在何处？多大尺寸？

6-8　已知某挡土墙高 $H=4.0\text{m}$，墙背垂直、光滑。墙后填土表面水平。填土为干砂，重度 $\gamma=18.0\text{kN/m}^3$，内摩擦角 $\varphi=36°$。计算作用在此挡土墙上的静止土压力 E_0。若墙体向前移动，求墙体所受的主动土压力大小。

6-9　已知某挡土墙高 $H=6.0\text{m}$，墙背垂直、光滑。墙后填土表面水平。填土的重度 $\gamma=18.5\text{kN/m}^3$，内摩擦角 $\varphi=21°$，粘聚力 $c=16\text{kPa}$。试求：

(1) 墙后无地下水时的主动土压力；

(2) 当地下水位离墙顶 2m 时，作用在挡土墙上的总压力（包括土压力和水压力），地下水位以下填土的饱和重度 $\gamma_{sat}=20\text{kN/m}^3$。

6-10　已知某挡土墙高 $H=6.0\text{m}$，墙背垂直、光滑，墙后填土表面水平。填土为粗砂，重度 $\gamma=19.0\text{kN/m}^3$，内摩擦角 $\varphi=34°$。在填土表面作用均布荷载 $q=18.0\text{kN/m}^2$。计算作用在此挡土墙上的主动土压力 P_a 及其分布。

6-11　挡土墙高 4m，填土面倾角 $\beta=10°$，填土的重度 $\gamma=20\text{kN/m}^3$，$c=0\text{kPa}$，$\varphi=30°$，填土与墙背的摩擦角 $\delta=10°$，试用库仑理论分别计算墙背倾斜角 $\alpha=10°$和 $\alpha=-10°$时的主动土压力并绘图表示其分布与合力作用点位置和方向。

6-12　某挡土墙墙高 $h=7\text{m}$，墙背直立、光滑，填土面水平，墙后填土共分两层，上层厚度 3m，下层厚度 4m，上层土的物理力学性质指标：$c=10\text{kPa}, \varphi=23°, \gamma=18\text{kN/m}^3$。下层土的物理力学性质指标：$c=12\text{kPa}, \varphi=20°, \gamma=19\text{kN/m}^3$，地表面作用着均布荷载 $q=7\text{kPa}$，计算作用在墙背上的主动土压力大小，并绘出主动土压力分布图。

6-13　一挡土墙墙背直立、光滑，填土面水平，墙高 6m，且作用一条形均布荷载 $q=45\text{kPa}$（图 6-28），墙后填土的物理力学性质指标：$c=0, \varphi=32°, \gamma=19\text{kN/m}^3$，$AO$ 的距离为 1m，AO'的距离为 3m，计算作用在墙背的主动土压力 E_a。

6-14　如图 6-29 所示的挡土墙，墙高 $h=6\text{m}$，$\alpha=30°$，$\beta=15°$试计算挡土墙背所受的

主动土压力大小，并验算挡土墙的抗倾覆和抗滑移稳定性。

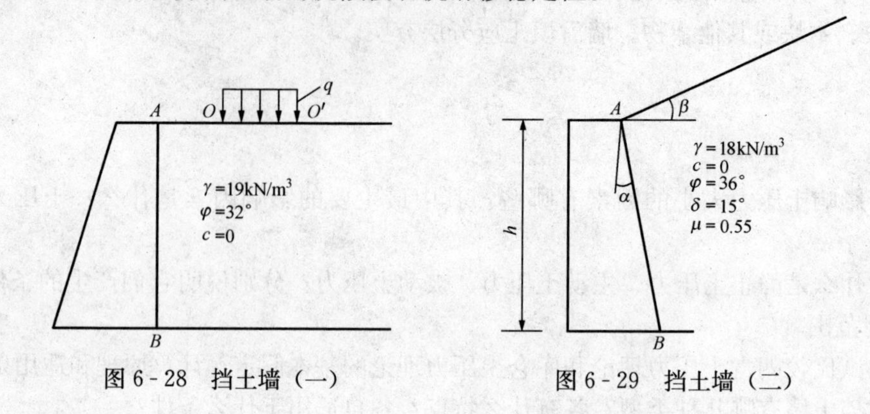

图 6-28 挡土墙（一）　　图 6-29 挡土墙（二）

第7章 地 基 承 载 力

7-1 概　　述

地基承载力是指单位面积上地基所能承受的荷载，确定地基承载力的主要依据为土的强度理论。地基承受荷载时，相对于破坏状态的极限荷载应有足够大的安全储备，所产生的变形应在容许的范围内。

许多建筑工程质量事故往往与地基的承载力有关。例如，加拿大特朗斯康谷仓，由于未勘察到基础下有厚达16m的软粘土层，建成后初次储存谷物时，基底压力超过了地基极限承载力，致使谷仓一侧陷入土中8.8m，另一侧抬高1.5m，倾斜27°。

地基承载力是地基基础设计的一个重要指标，它关系到建筑物或构筑物的安全、经济和正常使用，它与地基的处理、基础的选型等工作密切相关。由于地基基础属于隐蔽工程，一旦出现事故，处理不易，因而更应慎重。

地基承载力的确定在地基基础设计中是一个非常重要而又十分复杂的问题，它不仅与土的物理、力学性质有关，而且还与基础形式、埋深、建筑物类型、结构特点和施工速度等因素有关。

一、地基的破坏形式

试验研究表明，建筑地基在荷载作用下往往由于承载力不足而产生剪切破坏，其破坏形式可分为整体剪切破坏、局部剪切破坏及冲切破坏三种，可通过现场载荷试验结果来判断。

（一）整体剪切破坏

现场载荷试验所得整体剪切破坏的 p-s 曲线如图7-1中曲线 a 所示，地基变形的发展可分为三个阶段、两个转折点：

1. 线性变形阶段

当荷载较小时，基底压力 p 与沉降 s 基本上成直线关系（OA 段），属线性变形阶段，土体孔隙减小，产生地基的压密变形，土中各点均处于弹性应力平衡状态，地基中应力—应变关系可用弹性力学理论求解。相应于 A 点的荷载称为比例极限。

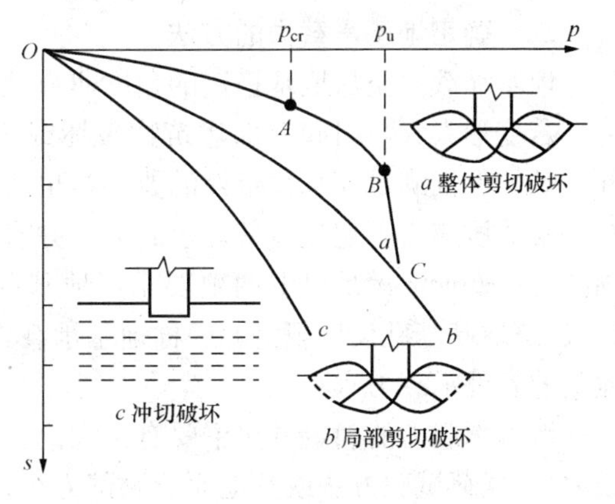

图7-1　地基的破坏形式

2. 塑性变形阶段

AB 段表明 p-s 不再是线性关系，变形速率不断加大，土体剪切破坏区域逐渐增大，产生塑性变形。随着荷载的增加，剪切破坏区（或塑性变形区）从基础边缘逐渐开展并加大加深。当荷载增加到 B 点时，塑性变形区扩展为连续滑动面，则地基濒临失稳破坏，故称 B 点对应的荷载为极限荷载，以 p_u 表示。

3. 完全破坏阶段

p-s 曲线 B 点以下的 BC 阶段，基础急剧下沉或向一侧倾斜，同时土体被挤出，基础四周地面隆起，荷载增加不多，地基发生整体剪切破坏。整体剪切破坏一般发生在紧密的砂土、硬粘性土地基。

（二）*局部剪切破坏*

随着荷载的增加，剪切破坏区从基础边缘开始，发展到地基内部某一区域（b 中实线区域）。但滑动面并不延伸到地面，在地基内某一深度处终止，基础四周地面有隆起迹象，但不明显。相应的 p-s 曲线如图 7-1 中 b 所示，曲线呈非线性变化，且随着 p 的增加，变形加速发展，但直至地基破坏，也不像整体剪切破坏那样急剧增加，只是总变形量大，说明地基已破坏，变形量大是地基破坏形式之一。局部剪切破坏一般常发生在中等以下密实的砂土地基。

（三）*冲切破坏*

冲切破坏也称刺入破坏，图 7-1 中曲线 c 为冲切破坏的情况。随着荷载的增加，基础下土层发生压缩变形，当荷载继续增加，基础四周土体发生竖向剪切破坏，基础"切入"土中，但地基中不出现明显的连续剪切滑动面，基础四周不隆起，基础除在竖向有突然的位移之外，既没有明显的失稳，也没有大的倾斜。沉降随荷载的增大而加大，p-s 曲线无明显拐点。冲切破坏常发生在松砂及软土地基。

地基究竟发生哪一种破坏形式，主要与土的压缩性有关。一般地说，对于密实砂土和坚硬粘土，将出现整体剪切破坏，而对于压缩性比较大的松砂和软粘土，将可能出现局部剪切或冲切破坏。此外破坏形式还与基础埋深、加荷速率等因素有关，当基础埋深较浅、荷载为缓慢施加的恒载时，将趋向于发生整体剪切破坏；若基础埋深较大、荷载是快速施加的或是冲切荷载，则可能形成局部剪切或冲切破坏破坏。对密实砂土，如果基础埋置很深或基础所施加的是瞬时动荷载，也可能发生局部剪切或冲切破坏破坏，而对正常固结的饱和粘性土，如所施加的荷载不会引起土体积的变化，则将发生整体剪切破坏。目前尚无合理的理论作为统一的判别标准。

二、确定地基承载力的方法

地基承载力是从地基稳定的角度研究地基土体所能够承受的最大荷载，即便地基尚未失稳，若变形太大，引起上部建筑物破坏或不能正常使用也是不允许的。所以正确的地基设计，既要保证满足地基稳定性的要求，也要保证满足地基变形的要求。也就是说，要求作用在基底的压应力不超过地基的承载力，并有足够的安全度，而且所引起的变形不能超过建筑物的容许变形，满足以上两项要求，地基单位面积上所能承受的荷载就称为地基的承载力（《建筑地基基础设计规范》中称地基承载力的特征值，《公路桥涵地基基础设计规范》中称地基的容许承载力）。

地基承载力的确定方法主要有：理论公式方法（计算地基临塑荷载、临界荷载及极限承载力）；载荷试验方法或其他原位测试方法；经验方法等。

7-2 地基临塑荷载及临界荷载的确定

设地表作用一均布条形荷载 p_0，如图 7-2（a）所示，在地表下任一深度点 M 处产生的附加大、小主应力可按式（7-1）求得，式中参数含义参见第 3 章。

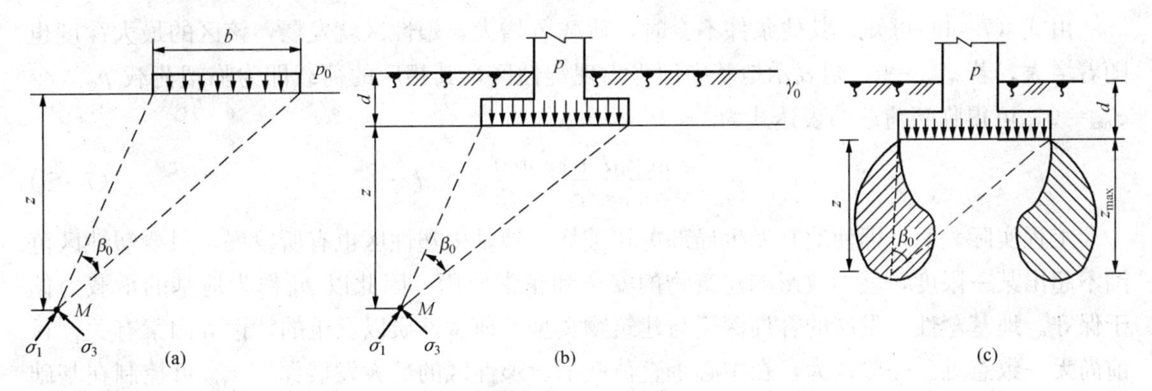

图 7-2 条形均布荷载作用下的地基主动力及塑性区

$$\left.\begin{matrix}\sigma_1\\\sigma_3\end{matrix}\right\}=\frac{p_0}{\pi}(\beta_0\pm\sin\beta_0)\tag{7-1}$$

实际上，一般基础都具有一定的埋深 d，如图 7-2（b）所示，此时地基中某点 M 的应力除了附加应力外，还有土的自重应力（$\gamma_0\mathrm{d}+\gamma z$）。严格地说，$M$ 点上土的自重应力在各向是不等的。由于 M 点的附加应力和自重应力二者主应力方向不一致，二者在数值上不能简单相加。为了简化起见，在下述荷载公式推导中，假定土的自重应力在各向相等，则地基中任一点的主应力 σ_1 和 σ_3 为

$$\left.\begin{matrix}\sigma_1\\\sigma_3\end{matrix}\right\}=\frac{p-\gamma_0 d}{\pi}(\beta_0\pm\sin\beta_0)+\gamma_0 d+\gamma z\tag{7-2}$$

当 M 点处于极限平衡状态时，该点的大、小主应力应满足极限平衡条件式

$$\sigma_1=\sigma_3\tan^2\left(45^\circ+\frac{\varphi}{2}\right)+2c\tan\left(45^\circ+\frac{\varphi}{2}\right)$$

将式（7-2）代入上式，整理后得

$$z=\frac{p-\gamma_0 d}{\pi\gamma}\left(\frac{\sin\beta_0}{\sin\varphi_0}-\beta_0\right)-\frac{c}{\gamma\tan\varphi}-\frac{\gamma_0}{\gamma}d\tag{7-3}$$

式（7-3）为塑性区方程，描述了极限平衡区任一点的坐标 z 与 β_0 的关系。根据式(7-3)可绘出塑性区边界线如图 7-2（c）所示。塑性区首先从基础两边点开始向深度发展。

利用数学上求极值的方法，由 $\frac{\mathrm{d}z}{\mathrm{d}\beta_0}=0$，求得塑性区最大开展深度 z_{max}。

$$\frac{\mathrm{d}z}{\mathrm{d}\beta_0}=\frac{p-\gamma_0 d}{\pi\gamma}\left(\frac{\cos\beta_0}{\sin\varphi}-1\right)=0$$

则有

$$\cos\beta_0=\sin\varphi$$

即

$$\beta_0=\frac{\pi}{2}-\varphi$$

将其代入式（7-3）得塑性区发展最大深度 z_{max} 的表达式为

$$z_{max}=\frac{p-\gamma_0 d}{\pi\gamma}\left[\cot\varphi-\left(\frac{\pi}{2}-\varphi\right)\right]-\frac{c}{\gamma\tan\varphi}-\frac{\gamma_0}{\gamma}d\tag{7-4}$$

由式（7-4）可知，其他条件不变时，荷载 p 增大，塑性区就发展，该区的最大深度也随着增大。若 $z_{max}=0$，则表示地基中即将出现塑性区，其相应的荷载即为临塑荷载 p_{cr}。令 $z_{max}=0$，可得临塑荷载的表达式为

$$p_{cr}=\frac{\pi(\gamma_0 d+c\cot\varphi)}{\cot\varphi+\varphi-\pi/2}+\gamma_0 d \tag{7-5}$$

工程实际表明，即使地基发生局部剪切破坏，地基中塑性区也有所发展，只要塑性区范围不超出某一限度，就不致影响建筑物的安全和正常使用，因此以 p_{cr} 作为地基的承载力偏于保守。地基塑性区发展的容许深度与建筑物类型、荷载性质以及土的特性等因素有关，目前尚无一致意见。一般认为，在中心垂直荷载下，塑性区的最大发展深度 z_{max} 可控制在基础宽度的1/4（偏心荷载取1/3），相应的荷载 $p_{1/4}$（偏心荷载时 $p_{1/3}$）作为地基承载力已经过许多工程实践的检验。我们把 $p_{1/4}$、$p_{1/3}$ 称为临界荷载。《建筑地基基础设计规范》（GB 50007）也将临界荷载 $p_{1/4}$ 作为确定地基承载力特征值的依据之一。

式（7-4）中，令 $z_{max}=\frac{1}{4}b$，得

$$p_{1/4}=\frac{\pi(\gamma_0 d+c\cot\varphi+\gamma b/4)}{\cot\varphi+\varphi-\frac{\pi}{2}}+\gamma_0 d \tag{7-6}$$

式中 b——基础地面宽度，m；

d——基础埋置深度，m；

c——地基土的粘聚力，kPa；

φ——地基土的内摩擦角，弧度；

γ——基础底面下土的重度，kN/m^3；

γ_0——基底标高以上土的重度，kN/m^3。

偏心荷载作用的基础，一般可取 $z_{max}=\frac{1}{3}b$ 相应的荷载 $p_{1/3}$ 作为地基承载力，即

$$p_{1/3}=\frac{\pi(\gamma_0 d+c\cot\varphi+\gamma b/3)}{\cot\varphi+\varphi-\frac{\pi}{2}}+\gamma_0 d \tag{7-7}$$

以上公式是在条形均布荷载作用下导出的，对于矩形和圆形基础，其结果偏于安全。此外，在公式的推导过程中采用了弹性力学的解答，对于已出现塑性区的塑性变形阶段，其推导是不够严格的。

【例7-1】 某条形基础宽5m，基底埋深1.2m，地基土 $\gamma=18.0kN/m^3$，$\varphi=22°$，$c=15.0kPa$，试计算该地基的临塑荷载 p_{cr} 及 $p_{1/4}$。

解 （1）由式（7-5）可得临塑荷载

$$p_{cr}=\frac{\pi(18.0\times1.2+15.0\times\cot22°)}{\cot22°+22°\times\pi/180°-\pi/2}+18.0\times1.2=164.8kPa$$

（2）由式（7-6）可得 $p_{1/4}$ 为

$$p_{1/4}=\frac{\pi(18.0\times1.2+15.0\times\cot22°+18.0\times5/4)}{\cot22°+22°\times\pi/180°-\frac{\pi}{2}}+18.0\times1.2=219.0kPa$$

7-3 按理论公式计算地基极限承载力

地基的极限承载力是指地基发生剪切破坏失去整体稳定时的基底压力，反映地基承受荷载的极限能力。将地基极限承载力除以安全系数，即为地基承载力的特征值。

求解地基的极限承载力的途径有二：一是用严密的数学方法求解土中某点达到极限平衡时的静力平衡方程组，求得地基的极限承载力。此方法过程繁琐，未被广泛采用。二是根据模型试验的滑动面形状，通过简化得到假定的滑动面，然后借助该滑动面上的极限平衡条件，求出地基极限承载力。此类方法是半经验性质的，称为假定滑动面法。不同研究者所进行的假设不同，所得的结果不同，下面介绍的是几个常用的公式。

一、普朗德尔公式

普朗德尔（Prandtl，1920）根据塑性理论，导得了刚性冲模压入无质量的半无限刚塑性介质时的极限压应力公式。若应用于地基极限承载力课题，则相当于一无限长、地板光滑的条形荷载板置于无质量（$\gamma=0$）的地基表面上，当土体处于极限平衡状态时，塑性区的边界如图7-3所示（此时基础的埋置深度$d=0$，基底以上土重$q=\gamma d=0$）。由于基底光滑，Ⅰ区大主应力σ_1为垂直向，其边界AD或A_1D为直线，破裂面与水平面成$45°+\varphi/2$，称为主动朗肯区。Ⅲ区大主应力σ_1方向水平，其边界EF或E_1F_1为直线，破裂面与水平面成$45°-\varphi/2$，称为被动朗肯区。Ⅱ区的边界DE或DE_1为对数螺旋线。取脱离体$ODEC$（图7-4），根据作用在脱离体上力的平衡条件，如不计基底以下地基土的重度（即$\gamma=0$），普朗德尔得出极限承载力公式

$$p_u = cN_c \tag{7-8}$$

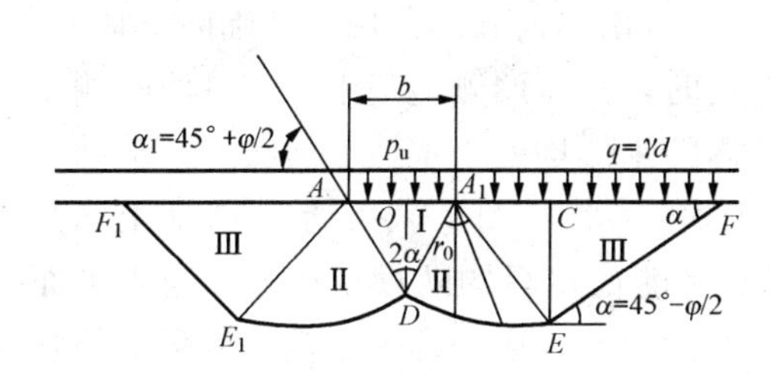

图7-3　普朗德尔理论假设的滑动面

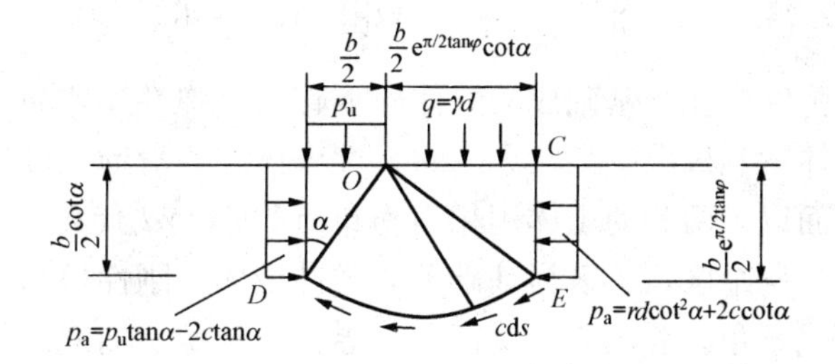

图7-4　$ODEC$脱离体平衡分析

$$N_c = \cot\varphi\left[\tan^2\left(45°+\frac{\varphi}{2}\right)\exp(\pi\tan\varphi)-1\right] \tag{7-9}$$

式中　N_c——承载力系数，是仅与φ有关的无量纲系数；

如果考虑到基础有一定的埋置深度d（图7-3），将基底以上土重用均布超载q（$=\gamma d$）代替，赖斯纳（Reissner，1924）导得了计入基础埋深后的极限承载力为

$$p_u = cN_c + qN_q \tag{7-10}$$

其中

$$N_q = \tan^2\left(45°+\frac{\varphi}{2}\right)\exp(\pi\tan\varphi) \tag{7-11}$$

$$N_c = (N_q - 1)\cot\varphi \tag{7-12}$$

式中　N_q——仅与 φ 有关的又一承载力系数。

普朗德尔的极限承载力公式与基础宽度无关，这是由于公式推导过程中不计地基土的重度所致，此外基底与土之间尚存在一定的摩擦力，因此，普朗德尔公式只是一个近似公式。在此之后，不少学者在这方面继续进行了许多研究工作，如太沙基（1943）、泰勒（Taylor，1948）、梅耶霍夫（Meyerhof，1951）、汉森（Hansen，1961）、魏西克（Vesic，1973）等。

二、泰勒对普朗特尔公式的补充

考虑土体重量，将其等代为换算粘聚力 $c'=\gamma h\tan\varphi$，h 为滑动土体的换算高度 $h=\frac{b}{2}\tan\left(\frac{\pi}{4}+\frac{\varphi}{2}\right)$，用 $c+c'$ 代替式（7-10）的 c 得

$$p_u = cN_c + qN_q + \frac{1}{2}\gamma bN_\gamma$$

$$N_\gamma = \tan\left(\frac{\pi}{4}+\frac{\varphi}{2}\right)\left[e^{\pi\tan\varphi}\tan^2\left(\frac{\pi}{4}+\frac{\varphi}{2}\right)-1\right]$$

式中　N_γ——承载力系数，是仅与 φ 有关的函数。

三、太沙基公式

实际上，地基土是有质量的介质，即 $\gamma\neq 0$；基础底面并不完全光滑，而是粗糙的，基础与地基之间存在着摩擦力。摩阻力阻止了基底处剪切位移的发生，因此直接在基底以下的土不发生破坏而处于弹性平衡状态，此部分土体（图 7-5 中的Ⅰ区）称为弹性楔体（或称为弹性核）。由于荷载的作用，基础向下移动，弹性楔体与基础成为整体向下移动。弹性楔体向下移动时，挤压两侧地基土体，可使两侧土体达到极限平衡状态。除弹性楔体外，滑动区域范围内的土体均处于塑性平衡状态，基础底面以上两侧的土体用相当均布荷载 $q=\gamma d$ 代替。滑动面的形状如图 7-5 所示。滑动土体共分三个区，Ⅰ区为基础下的弹性楔体（刚性核），代替普朗德尔解的朗肯主动区，与水平面成 φ 角。Ⅱ区为过渡区，边界为对数螺旋曲线。Ⅲ区为朗肯被动区，即处于被动极限平衡状态，滑动边界与水平面成 $45°-\varphi/2$。

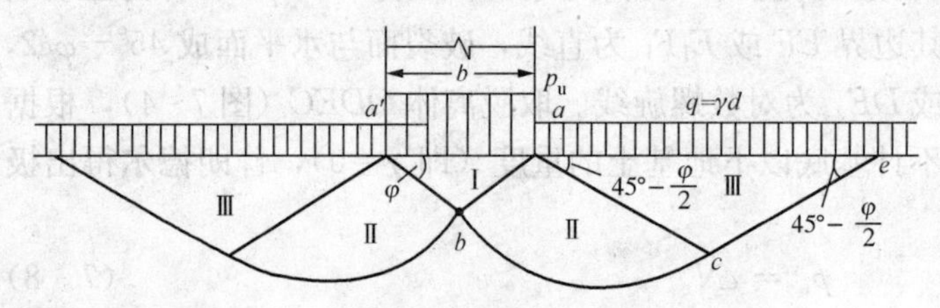

图 7-5　太沙基极限平衡理论求解示意图

极限承载力可根据弹性土楔的静力平衡条件确定。导得太沙基极限承载力计算公式为

$$p_u = cN_c + qN_q + \frac{1}{2}\gamma bN_\gamma \tag{7-13}$$

式中　q——基底水平面以上基础两侧的超载，kPa，$q=\gamma d$；

b，d——基底的宽度和埋置深度，m；

N_c，N_q，N_γ——无量纲承载力系数，仅与土的内摩擦角有关，可由图 7-6 中实线查得。N_c 及 N_q 值也可按式（7-11）及式（7-12）计算求得。

式（7-13）适用于条形荷载下的整体剪切破坏（坚硬粘土和密实砂土）情况。对于局部剪切破坏（软粘土和松砂），太沙基建议采用经验方法调整抗剪强度指标 c 和 φ，即以 $c'=2c/3$，$\varphi'=\arctan(2\tan\varphi/3)$ 代替式（7-13）中的 c 和 φ，故式（7-13）变为

$$p_u = cN'_c + qN'_q + \frac{1}{2}\gamma bN'_\gamma \tag{7-14}$$

式中　N'_c，N'_q 及 N'_γ——相应于局部剪切破坏的承载力因数，可由 φ 查图7-6中的虚线。

其余符号同前。

方形和圆形基础属于三维问题，因数学上的困难，至今尚未能导得其分析解，太沙基根据试验资料建议按以下公式计算

方形基础（宽度为 b）

$$p_u = 1.2cN_c + qN_q + 0.4\gamma bN_\gamma \tag{7-15}$$

圆形基础（直径为 b）

$$p_u = 1.3cN_c + qN_q + 0.6\gamma bN_\gamma \tag{7-16}$$

对于矩形基础（$b\times l$），可按 b/l 值在条形基础（$b/l=10$）与方形基础（$b/l=1$）之间插入法求得。若地基为软粘土或松砂，将发生局部剪切破坏，则上两式中的承载力因数均应改用 N'_c、N'_q 及 N'_γ 值。

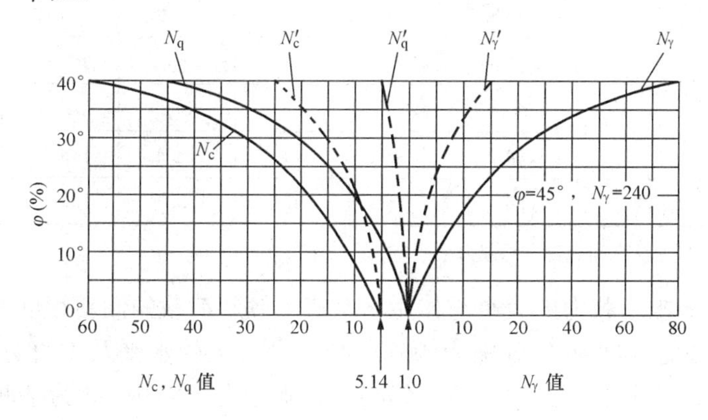

图7-6　太沙基承载力因数

四、汉森和魏锡克公式

在实际工程中，许多时候荷载是偏心的，甚至是倾斜的，这时的情况相对复杂一些，基础可能会整体剪切破坏，也可能水平滑动破坏。

JB汉森（Hansen）和A S魏锡克（Vesic）在太沙基理论基础上假定基底光滑，考虑荷载倾斜、偏心、基础形状、地面倾斜、基底倾斜等的影响，提出地基的竖向承载力可按下式计算

$$p_u = cN_cS_cd_ci_cg_cb_c + qN_qS_qd_qi_qg_qb_q + \frac{1}{2}\gamma bN_\gamma S_\gamma d_\gamma i_\gamma g_\gamma b_\gamma \tag{7-17}$$

式中　S_c，S_q，S_γ——基础的形状修正系数；

i_c，i_q，i_γ——荷载的倾斜修正系数；

d_c，d_q，d_γ——基础的深度修正系数；

g_c，g_q，g_γ——地面的倾斜修正系数；

b_c，b_q，b_γ——基底倾斜修正系数；

N_c，N_q，N_γ——承载力系数。

其余符号意义同前。

汉森和魏锡克公式是一个半经验公式，其应用范围较广，北欧各国应用颇多。我国《港

口工程技术规范》也推荐使用该公式。

汉森和魏锡克承载力系数 N_c、N_q、$N_{\gamma(H)}$、$N_{\gamma(V)}$ 见表 7-1。

表 7-1　承载力系数 N_c、N_q、N_γ

φ(°)	N_c	N_q	$N_{\gamma(H)}$	$N_{\gamma(V)}$	φ(°)	N_c	N_q	$N_{\gamma(H)}$	$N_{\gamma(V)}$
0	5.14	1.00	0	0	24	19.33	9.61	6.90	9.44
2	5.69	1.20	0.01	0.15	26	22.25	11.83	9.53	12.54
4	6.17	1.43	0.05	0.34	28	25.80	14.71	13.13	16.72
6	6.82	1.72	0.14	0.57	30	30.15	18.40	18.09	22.40
8	7.52	2.06	0.27	0.86	32	35.50	23.18	24.95	30.22
10	8.35	2.47	0.47	1.22	34	42.18	29.45	34.54	41.06
12	9.29	2.97	0.76	1.69	36	50.61	37.77	48.08	56.31
14	10.37	3.58	1.16	2.29	38	61.36	48.92	67.43	78.03
16	11.62	4.33	1.72	3.06	40	75.36	64.23	95.51	109.41
18	13.09	5.25	2.49	4.07	42	93.69	85.36	136.72	155.55
20	14.83	6.40	3.54	5.39	44	118.41	115.35	198.77	224.64
22	16.89	7.82	4.96	7.13	45	133.86	134.86	240.95	271.76

注　$N_{\gamma(H)}$、$N_{\gamma(V)}$ 分别为汉森和魏锡克承载力系数 N_γ。

此理论认为，极限承载力的大小与作用在基底上倾斜荷载的倾斜程度及大小有关。当满足 $H \leqslant C_a A + P\tan\delta$ 时（H 和 P 分别为倾斜荷载在基底上的水平及垂直分力；C_a 为基底与土之间的附着力；A 为基底面积，当荷载偏心时，则用有效面积；δ 为基底与土之间的摩擦角），荷载倾斜修正系数可按下式计算

汉森

$$i_c = \begin{cases} 0.5 - 0.5\sqrt{1 - \dfrac{H}{cA}}, \varphi = 0 \\ i_q - \dfrac{1 - i_q}{cN_c}, \varphi > 0 \end{cases} \tag{7-18a}$$

魏锡克

$$i_c = \begin{cases} 1 - mH/cAN_c, \varphi = 0 \\ i_q - (1 - i_q)/N_c \tan\varphi, \varphi > 0 \end{cases} \tag{7-18b}$$

汉森

$$i_q = \left(1 - \frac{0.5\mathrm{H}}{P + cA\cot\varphi}\right)^5 > 0 \tag{7-19a}$$

魏锡克

$$i_q = \left(1 - \frac{H}{P + cA\cot\varphi}\right)^m \tag{7-19b}$$

汉森

$$i_\gamma = \left(1 - \frac{0.7H - \eta/45^\circ}{P + cA\cot\varphi}\right)^5 > 0 \tag{7-20a}$$

魏锡克

$$i_\gamma = \left(1 - \frac{0.7H - \eta/45^\circ}{P + cA\cot\varphi}\right)^5 > 0 \quad (7-20b)$$

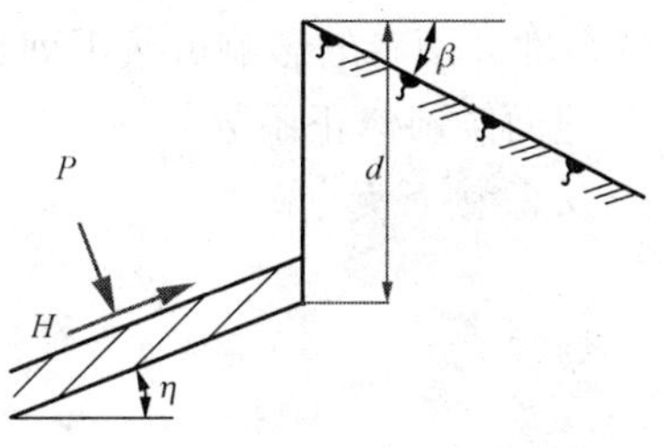

图 7-7 地面或基底倾斜情况

式中 η——倾斜地基与水平面的夹角（°），如图 7-7 所示。当荷载在短边倾斜时，$m=2+(b/l)/[1+(b/l)]$，当荷载在长边倾斜时，$m=2+(l/b)/[1+(l/b)]$，对于条形基础 $m=2$。

基础的形状修正系数可由下式确定：

汉森

$$s_c = 1 + 0.2i_c b/l \quad (7-21a)$$

魏锡克

$$s_c = 1 + (b/l)(N_q/N_c) \quad (7-21b)$$

汉森

$$s_q = 1 + i_q b/l\sin\varphi \quad (7-22a)$$

魏锡克

$$s_q = 1 + b/l\tan\varphi \quad (7-22b)$$

汉森

$$s_\gamma = 1 - 0.4i_\gamma b/l \geqslant 0.6 \quad (7-23a)$$

魏锡克

$$s_\gamma = 1 - 0.4b/l \quad (7-23b)$$

当计入基础两侧土的作用及基底以上土的抗剪强度等因素时，可用下式深度系数近似加以修正

汉森

$$d_c = 1 + 0.4(d/b) \quad (7-24a)$$

魏锡克

$$d_c = \begin{cases} 1 + 0.4\dfrac{d}{b}, \varphi = 0^\circ, d \leqslant b\text{ 时} \\ 1 + 0.4\arctan(d/b), \varphi = 0^\circ, d > b\text{ 时} \\ d_q - \dfrac{1 - d_q}{N_c\tan\varphi}, \varphi > 0^\circ\text{ 时} \end{cases} \quad (7-24b)$$

汉森

$$d_q = 1 + 2\tan\varphi(1 - \sin\varphi)^2(d/b) \quad (7-25a)$$

魏锡克

$$d_q = \begin{cases} 1 + 2\tan\varphi(1 - \sin\varphi)^2(d/b), d \leqslant b \\ 1 + 2\tan\varphi(1 - \sin\varphi)\arctan(d/b), d > b \end{cases} \quad (7-25b)$$

汉森与魏锡克

$$d_r = 1 \quad (7-26)$$

地面或基础底面本身倾斜，均对承载力产生影响。若地面与水平面的倾角 β（°）以及基底与水平面的倾角 η（°）为正值（图 7-7），魏锡克公式规定，当基础放在 $\varphi=0$ 的倾斜地面上时，承载力公式中的 N_γ 项应为负值，其值为 $N_\gamma=-2\sin\beta$，并且应满足 $\beta<45^\circ$ 和 $\beta<$

φ 的条件。两者的影响可按下列近似公式确定：

地面倾斜修正系数

汉森

$$g_c = 1 - \beta/147° \tag{7-27a}$$

魏锡克

$$g_c = \begin{cases} 1-\left(\dfrac{2\beta}{2+\pi}\right), \varphi = 0° \\ g_q - \left(\dfrac{1-g_q}{N_c \tan\varphi}\right), \varphi > 0° \end{cases} \tag{7-27b}$$

汉森

$$g_q = g_\gamma = (1 - 0.5\tan\beta)^5 \tag{7-28a}$$

魏锡克

$$g_q = g_\gamma = (1 - \tan\beta)^2 \tag{7-28b}$$

基底倾斜修正系数

汉森

$$b_c = 1 - \eta/147° \tag{7-29a}$$

魏锡克

$$b_c = \begin{cases} 1-\left(\dfrac{2\eta}{5.14}\right), \varphi = 0 \\ b_q - \dfrac{1-b_q}{N_c \tan\varphi}, \varphi > 0 \end{cases} \tag{7-29b}$$

汉森

$$b_q = \exp(-2\eta\tan\varphi) \tag{7-30a}$$

魏锡克

$$b_q = (1 - \eta\tan\varphi)^2 \tag{7-30b}$$

汉森

$$b_\gamma = \exp(-2.7\eta\tan\varphi) \tag{7-31a}$$

魏锡克

$$b_\gamma = (1 - \eta\tan\varphi)^2 \tag{7-31b}$$

表 7-2 汉森公式的安全系数

土或荷载情况	安全系数
无粘性土	2.0
粘性土	3.0
瞬时荷载（风、地震及相当的活载）	2.0
静荷载或长时期的活荷载	2 或 3（视土样而定）

五、地基承载力的安全度

由理论公式计算的极限承载力是地基处于极限平衡时的承载力，为了保证建筑物的安全和正常使用，地基承载力特征值应以一定的安全度将极限承载力加以折减。安全系数 K 与上部结构的类型、荷载性质、地基土类以及建筑物的预期寿命和破坏后果等因素有关，目前尚无统一的安全度准则可用于工程实践。一般认为可取 2～3，但不得小于 2。表 7-2、表 7-3给出了应用汉森公式和魏锡克公式时所采用的安全系数参考值。

表 7-3 **魏锡克公式的安全系数**

种类	典型建筑物	所属的特征	土的勘查	
			完全、彻底的	有限的
A	铁路桥 仓库 高 炉 水工建筑 土工建筑	最大设计荷载极可能出现；破坏的结果是灾难性的	3.0	4.0
B	公路桥 轻工业和公共建筑	最大设计荷载偶然出现；破坏的结果是严重的	2.5	3.5
C	房屋和办公室建筑	最大设计荷载极不可能出现	2.0	3.0

注 1. 对于临时性建筑物，可以将表中的数值降低至75%，但不得使安全系数低于2.0。
2. 对于非常高的建筑物，例如烟囱、水塔，或随时可能发展成为承载力破坏危险的建筑物，表中数值将增加20%～50%。
3. 如果基础设计是由沉降控制，必须采用高的安全系数。

【例 7-2】 若［例 7-1］的地基属于整体剪切破坏，试分别采用太沙基公式及汉森公式确定其承载力设计值，并与 $p_{1/4}$ 进行比较。

解 （1）根据 $\varphi=22°$，由图查得太沙基承载力因数为

$$N_c=16.9,\ N_q=7.8,\ N_\gamma=6.9$$

则其极限承载力由式（7-13）得

$$p_u=16.9\times15.0+7.8\times18.0\times1.2+\frac{1}{2}\times18.0\times5\times6.9=732.5\text{kPa}$$

（2）根据汉森公式可得

$$N_c=16.9, N_q=7.8, N_\gamma=4.1$$

垂直荷载 $i_c=i_q=i_r=1$

条形基础 $S_c=S_q=S_\gamma=1$

又因 $\beta=0,\ \eta=0$，有

$$g_c=g_q=g_\gamma=b_c=b_q=b_\gamma=1$$

根据 $d/b=0.24$，可得

$$d_c=1+0.35\times0.24=1.1$$

$$d_q=1+2\tan22°(1-\sin22°)\times0.24=1.1$$

$$d_\gamma=1$$

所以由式（7-17）得

$$p_u=15.0\times16.9\times1\times1.1\times1\times1\times1+18.0\times1.2\times7.8\times1\times1.1\times1\times1\times1+\frac{1}{2}\times18.0\times5\times4.1\times1\times1\times1=648.7\text{kPa}$$

（3）若取安全系数 $K=3$（粘性土），则可得承载力特征值 p_v 为

太沙基公式

$$p_v=732.5/3=244.2\text{kPa}$$

汉森公式

$$p_v=648.7/3=216.2\text{kPa}$$

而 $$p_{1/4}=219.7\text{kPa}$$

因此，对于该例题地基，汉森公式计算的承载力特征值与 $p_{1/4}$ 比较一致，而太沙基公式计算的结果偏大。

7-4 按规范方法确定地基承载力

《建筑地基基础设计规范》(GB 50007) 建议地基承载力特征值可由载荷试验、其他原位测试、公式计算、工程实践经验等方法确定。

一、按原位试验确定地基承载力

(一) 按静载荷试验确定地基承载力

测定地基承载力最可靠的方法是在拟建场地进行载荷试验。载荷试验是工程地质勘察工作中的一项原位测试，分为浅层和深层平板载荷试验。深层平板载荷试验适用于深部土层及大直径桩桩端土层的承载力测定。浅层平板载荷试验可适用于确定浅层地基承压板影响范围内土层承载力。

载荷试验测试的岩土力学性质，包括地基变形模量、地基承载力以及黄土的湿陷量等。试验装置一般由加荷稳压装置、反力装置及观测装置三部分组成。加荷稳压装置包括承压板、立柱、加荷千斤顶及稳压器；反力装置包括地锚系统或堆重系统；观测装置包括百分表及固定支架等。

现行《建筑地基基础设计规范》规定承压板的面积宜为 0.25～0.5m²，对软土不应小于 0.5m²（正方形边长 0.707m×0.707m 或圆形直径 0.798m）。为模拟半空间地基表面的局部荷载，基坑宽度不应小于承压板宽度或直径的三倍；应保持试验土层的原状结构和天然湿度；宜在拟试压表面用粗砂或中砂找平，其厚度不超过 20mm；加荷等级不应少于 8 级，最大加载量不应少于荷载设计值的两倍。

载荷试验的观测标准：

(1) 每级加荷后，按间隔 10min、10min、10min、15min、15min，以后为每隔半小时读一次沉降，当在连续两小时内，每小时的沉降量小于 0.1mm 时，则认为已趋稳定，可加下一级荷载。

(2) 当出现下列情况之一时，即可终止加载：

1) 承压板周围的土有明显的侧向挤出（砂土）或发生裂纹（粘性土或粉土）；

2) 沉降 s 急骤增大，荷载—沉降（p-s）曲线（图 7-8）出现陡降段；

3) 在某一荷载下，24 小时内沉降速率不能达到稳定标准；

4) $s/b\geqslant 0.06$（b 为承压板宽度或直径）。满足终止加载前三种情况之一者，其对应的前一级荷载定为极限荷载。

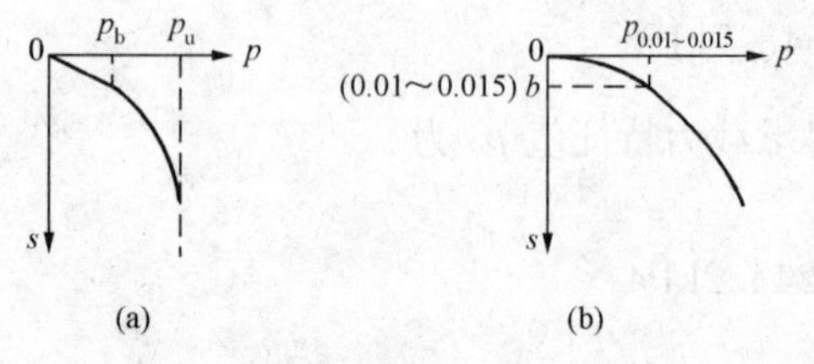

图 7-8 荷载—沉降（p-s）曲线

根据各级荷载及其相应的稳定沉降的观测数值，即可采用适当比例尺绘制荷载 p 与沉降 s 的关系曲线（p-s 曲线），必要时还可绘制各级荷载下的沉降与时间（s-t）的关系曲线，由 p-s 曲线可确定承载力特征值。

对于密实砂土、硬塑粘土等低压缩性土，

其 p-s 曲线通常有比较明显的起始直线段和陡降段，如图 7-8（a）所示，出现陡降的前一级荷载即为极限荷载 p_u。考虑到低压缩性土的承载力特征值一般由可取图中直线段最大荷载 p_1（比例界限荷载）作为承载力特征值，此时，地基的沉降量很小，但是对于少数呈“脆性”破坏的土，p_1 与极限荷载 p_u 很接近，为了保证足够的安全储备，规定当 $p_u < 2p_1$ 时，取 $p_u/2$ 作为承载力特征值。

对于有一定强度的中、高压缩性土，如松砂、填土、可塑粘土等，p-s 曲线无明显转折点，但是曲线的斜率随荷载的增加而逐渐增大，最后稳定在某个最大值，即呈渐进破坏的“缓变型”，如图 7-8（b）所示。对于此类土，载荷试验要取得 p_u 值，荷载要加到很大，将产生很大的沉降，而实践中往往因受加荷设备的限制，或出于安全考虑，不能将试验进行到这种地步，因而无法取得 p_u 值。此外，土的压缩性较大，通过极限荷载确定的地基承载力未必能满足对地基沉降的限制。

事实上，中、高压缩性土的地基承载力，往往由沉降量控制。由于沉降量与基础（或载荷板）底面尺寸、形状有关，而试验采用的载荷板通常总是小于实际基础的底面尺寸，为此，不能直接以基础的允许沉降值在 p-s 曲线上定出地基承载力。由变形计算原理得知，如果载荷板和基础下的基底压力相同，且地基土是均匀的，则它们的沉降值与各自宽度 b 的比值（s/b）大致相等。规范总结了许多实测资料，当压板面积为 0.25～0.50m^2 时，规定取 $s=$（0.010～0.015）b 所对应的压力作为承载力特征值，但其值不应大于最大加载量的一半。

对同一土层，试验点数不应少于三个，如所得试验值的极差不超过平均值 30%，则取该平均值作为地基承载力特征值 f_{ak}。

载荷板的尺寸一般比实际基础小，影响深度较小，试验只反映这个范围内土层的承载力。如果载荷板影响深度之下存在软弱下卧层，而该层又处于基础的主要受力层内，如图7-9所示的情况，此时除非采用大尺寸载荷板做试验，否则载荷试验不能真实地揭示下卧层地基土承载力情况。

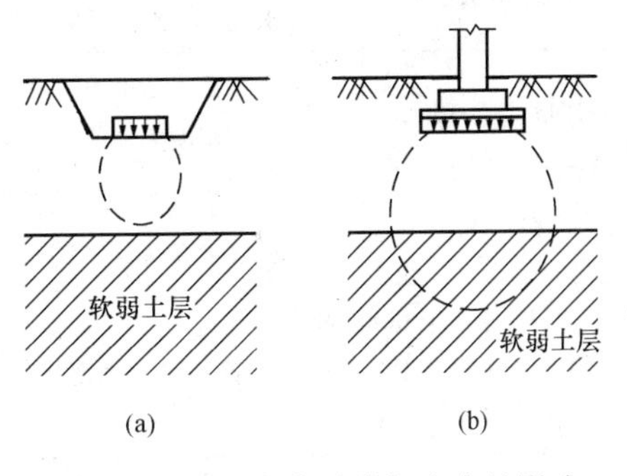

图 7-9 基础宽度对附加应力的影响
（a）载荷试验；（b）实际基础

当确定深部地基土层及大直径桩桩端土层应力主要影响范围内的承载力时，可用深层平板载荷试验。

（二）其他原位测试确定地基承载力特征值

除了载荷试验外，静力触探、动力触探、标准贯入试验等原位测试在我国已经积累了丰富经验，《建筑地基基础设计规范》允许将其应用于确定地基承载力特征值。但是强调必须有地区经验，即当地的对比资料，还应对承载力特征值进行基础宽度和埋置深度的修正。同时还应注意，当地基基础设计等级为甲级和乙级时，应结合室内试验成果综合分析，不应单独应用。

二、按修正公式计算承载力

理论分析和工程实践均已证明，基础的埋深、基础底面尺寸影响地基的承载能力。而上述原位测试未能反映这两个因素影响。通常采用经验修正的方法来考虑实际基础的埋置深度和基础宽度对地基承载力的有利影响。《建筑地基基础设计规范》（GB 50007）规定，当基础宽度大于3m或埋置深度大于0.5m时，从载荷试验或其他原位测试、经验值等方法确定的地基承载力特征值 f_{ak}，尚应按下式修正

$$f_a = f_{ak} + \eta_b \gamma (b-3) + \eta_d \gamma_0 (d-0.5) \tag{7-32}$$

式中 f_a——修正后的地基承载力特征值；

η_b，η_d——基础宽度和埋深的地基承载力的修正系数，按基底下土的类别查表7-4；

γ——基础底面以下土的重度，地下水位以下取浮重度；

b——基础底面宽度，m，当基宽小于3m按3m取值，大于6m按6m取值；

γ_0——基础底面以上土的加权平均重度，地下水位以下取浮重度；

d——基础的埋置深度，m，一般自室外地面标高算起。在填方整平地区，可自填土地面标高算起，但填土在上部结构施工后完成时，应从天然地面标高算起；对于地下室，如采用箱形基础或筏基时，基础的埋置深度自室外地面标高算起；当采用独立基础或条形基础时，应从室内地面标高算起。

表7-4 承载力修正系数

土的类别		η_b	η_d
淤泥和淤泥质粘土		0	1.0
人工填土、e 或 I_L 大于等于0.85的粘性土		0	1.0
红粘土	含水比 $\alpha_w > 0.8$	0	1.2
	含水比 $\alpha_w \leqslant 0.8$	0.15	1.4
大面积压实填土	压实系数大于0.95、粘粒含量 $\rho_c \geqslant 10\%$ 的粉土	0	1.5
	最大干密度大于2.1t/m³的级配砂石	0	2.0
粉　土	粘粒含量 $\rho_c \geqslant 10\%$ 的粉土	0.3	1.5
	粘粒含量 $\rho_c < 10\%$ 的粉土	0.5	2.0
e 及 I_L 均小于0.85的粘性土		0.3	1.6
粉砂　细砂（不包括很湿与饱和时的稍密状态）		2.0	3.0
中密　粗砂　砾砂和碎石土		3.0	4.4

注 1. 强风化和全风化的岩石，可参照所风化成的相应土类取值，其他状态下的岩石不修正。
2. 地基承载力特征值按深层平板载荷试验确定时 η_d 取0。

三、按土的抗剪强度指标计算地基承载力

对于给定的基础，地基从开始出现塑性区到整体破坏，相应的基础荷载有一个相当大的变化范围。实践证明，地基中出现小范围的塑性区对安全并无妨碍，而且相应的荷载与极限荷载 p_u 相比，一般仍有足够的安全度。因此，《建筑地基基础设计规范》结合经验采用以临界荷载 $p_{1/4}$ 为基础的理论公式计算地基承载力特征值。

当荷载偏心矩 e 小于或等于0.033倍基础底面宽度时，采用试验和统计得到的土的抗剪强度指标标准值，可按下式计算地基承载力特征值。式中已考虑深度和宽度因素不需要作深度和宽度修正。

$$f_a = M_b \gamma b + M_d \gamma_0 d + M_c c_k \tag{7-33}$$

式中 f_a——由土的抗剪强度指标确定的地基承载力特征值，kPa；

M_b，M_d，M_c——承载力系数，按表7-5确定；

b——基础底面宽度，大于6m按6m取值，小于3m按3m取值；

c_k——基底下一倍短边宽深度内土的内聚力标准值。

表7-5 **承载力系数 M_b、M_d、M_c**

土的内摩擦角标准值 φ_k（°）	M_b	M_d	M_c
0	0	1.00	3.14
2	0.03	1.12	3.32
4	0.06	1.25	3.51
6	0.10	1.39	3.71
8	0.14	1.55	3.93
10	0.18	1.73	4.17
12	0.23	1.94	4.42
14	0.29	2.17	4.69
16	0.36	2.43	5.00
18	0.43	2.72	5.31
20	0.51	3.06	5.66
22	0.61	3.44	6.04
24	0.80	3.87	6.45
26	1.10	4.37	6.90
28	1.40	4.93	7.40
30	1.90	5.59	7.95
32	2.60	6.35	8.55
34	3.40	7.21	9.22
36	4.20	8.25	9.97
38	5.00	9.44	10.80
40	5.80	10.84	11.73

注 φ_k 为基底下一倍短边宽深度内土的内摩擦角标准值。

四、岩石地基承载力特征值的确定

岩石地基承载力特征值，可按岩基载荷试验方法确定。对完整、较完整和较破碎的岩石地基承载力特征值，可根据室内饱和单轴抗压强度按下式计算

$$f_a = \psi_r f_{rk} \tag{7-34}$$

式中 f_a——岩石地基承载力特征值。

f_{rk}——岩石饱和单轴抗压强度标准值，kPa。

ψ_r——折减系数。根据岩体完整程度以及结构面的间距、宽度、产状和组合，由地区经验确定。无地区经验时，对完整岩体可取0.5；对较完整岩体可取0.2～0.5；对较破碎岩体可取0.1～0.2。上述折减系数未考虑施工因素及建筑物使用后风化作用的继续；对于粘土质岩，在确保施工期及使用期不致遭水浸泡时，也可采用天然湿度的试样，不进行饱和处理。

对破碎、极破碎的岩石地基承载力特征值，可根据地区经验取值，无地区经验时，可根据平板载荷试验确定。

【例7-3】 计算持力层承载力特征值。某场地土层分布及各项物理力学指标如图7-10所示，若在该场地拟建下列基础：

（1）柱下扩展基础，底面尺寸为2.6m×4.8m，基础底面设置于粉质粘土层顶面；

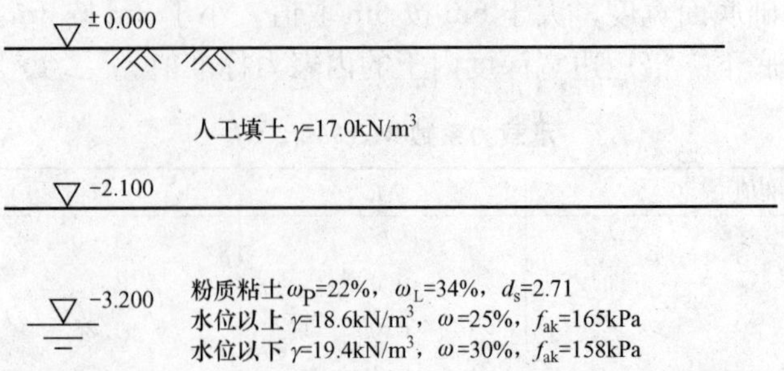

±0.000

人工填土 γ=17.0kN/m³

−2.100

−3.200

粉质粘土 ω_P=22%，ω_L=34%，d_s=2.71
水位以上 γ=18.6kN/m³，ω=25%，f_{ak}=165kPa
水位以下 γ=19.4kN/m³，ω=30%，f_{ak}=158kPa

图 7-10 ［例 7-3］图

(2) 高层箱形基础，底面尺寸 12m×45m，基础埋深为 4.2m。试确定这两种情况下持力层修正后的承载力特征值。

解 (1) 柱下扩展基础

b=2.6m<3m，按 3m 考虑，d=2.1m

粉质粘土层水位以上 $I_L = \dfrac{\omega - \omega_P}{\omega_L - \omega_P} = \dfrac{25\% - 22\%}{34\% - 22\%} = 0.25$

$$e = \frac{d_s(1+w)\gamma_w}{\gamma} - 1 = \frac{2.71 \times (1+0.25) \times 10}{18.6} - 1 = 0.82$$

查表 7-4 得，$\eta_b=0.3$，$\eta_d=1.6$。

将各指标值代入式 (7-32) 中得

$$\begin{aligned} f_a &= f_{ak} + \eta_b \gamma (b-3) + \eta_d \gamma_m (d-0.5) \\ &= 165 + 0 + 1.6 \times 17 \times (2.1 - 0.5) \\ &= 211.2\text{kPa} \end{aligned}$$

(2) 箱形基础

b=6m>6m 按 6m 考虑，d=4.2m。

基础底面位于水位以下

$$I_L = \frac{\omega - \omega_P}{\omega_L - \omega_P} = \frac{30\% - 22\%}{34\% - 22\%} = 0.67$$

$$e = \frac{d_s(1+w)\gamma_w}{\gamma} - 1 = \frac{2.71 \times (1+0.30) \times 10}{19.4} - 1 = 0.82$$

查表 7-4 得，$\eta_b=0.3$、$\eta_d=1.6$。

水位以下有效重度

$$\gamma' = \frac{d_s - 1}{1+e}\gamma_w = \frac{(2.71-1) \times 10^3}{1+0.82} = 9.4\text{kN/m}^3$$

或
$$\gamma' = \gamma_{sat} - \gamma_w = 9.4\text{kN/m}^3$$

基底以上土的加权平均重度为

$$\gamma_m = \frac{17 \times 2.1 + 18.6 \times 1.1 + 9.4 \times 1}{4.2} = 15.6\text{kN/m}^3$$

将各指标代入式 (7-32)

$$\begin{aligned} f_a &= 158 + 0.3 \times 9.4 \times (12-3) + 1.6 \times 15.6 \times (4.2-0.5) \\ &= 258.8\text{kPa} \end{aligned}$$

7－5　按其他方法确定地基承载力

根据大量工程实践经验、原位试验和室内土工试验数据，并以载荷试验成果为主要依据，以确定地基承载力为目的进行统计、分析，形成了一套简明的表格用来确定地基的承载力。其一般步骤是，首先查表确定地基承载力标准值（或查表确定地基承载力基本值然后修正为标准值），然后再根据基础的埋深和宽度进行修正，得地基承载力设计值，此值也即为地基承载力特征值。

（一）根据野外鉴别结果查表确定

对于岩石和碎石土，可根据野外鉴别结果，分别按表7－6和表7－7确定其承载力标准值。

表7－6　岩石承载力标准值 f_k　kPa

岩石类别 \ 风化程度	强风化	中等风化	微风化
硬质岩石	500～1000	1500～2500	≥400
软质岩石	200～500	700～1200	1500～2000

注　1. 对于微风化的硬质岩石，其承载力如取用大于4000kPa时，应有试验确定。
2. 对于强风化的岩石，当与残积土难于区分时按土考虑。

表7－7　碎石土承载力标准值 f_k　kPa

土的名称 \ 密实度	稍　密	中　密	密　实
卵　石	300～500	500～800	800～1000
碎　石	250～400	400～700	700～900
圆　砾	200～300	300～500	500～700
角　砾	200～250	250～400	400～600

注　1. 表中取值适用于骨架颗粒空隙全部由中砂、粗砂或硬塑、坚硬状态的粘性土或稍湿的粉土所充填。
2. 当粗颗粒为中等风化或强风化时，可按其风化程度适当降低承载力，当颗粒间呈半胶结状时，可适当提高承载力。

（二）根据土的物理、力学指标平均值确定

1. 查表确定承载力基本值 f_0

有些土的物理、力学指标与地基自身承载力之间存在着良好的相关性。由此，可通过土的室内物理、力学指标试验值确定土的承载力。遵循这一途径查出的承载力值称为地基承载力基本值，用符号 f_0 表示。粉土、粘性土、沿海地区淤泥和淤泥质土、红粘土、素填土的承载力基本值 f_0 由表7－8～表7－12查得。

表7－8　粉土承载力基本值 f_0　kPa

第一指标空隙比 e	第二指标含水量 w（%）						
	10	15	20	25	30	35	40
0.5	410	390	(365)				

续表

第一指标空隙比 e	第二指标含水量 w（%）						
	10	15	20	25	30	35	40
0.6	310	300	280	(270)			
0.7	250	240	225	215	(205)		
0.8	200	190	180	170	(165)		
0.9	160	150	145	140	130	(125)	
1.0	130	125	120	115	110	105	(100)

注　1. 有括号者仅供内插用。

2. 折算系数 ξ 为0。

3. 在湖、塘、沟、谷与河漫滩地段，新近沉积的粉土，其工程性质一般较差，应根据当地实践经验取值。

表 7-9　　粘性土承载力基本值 f_0　　kPa

第一指标孔隙比 e	第二指标液性指标 I_L					
	0	0.25	0.50	0.75	1.00	1.20
0.5	475	450	390	(360)	—	—
0.6	400	360	325	295	(265)	—
0.7	325	295	265	240	210	170
0.8	275	240	220	200	170	135
0.9	230	210	190	170	135	105
1.0	200	180	160	135	115	—
1.1	—	160	135	115	105	—

注　1. 有括号者仅供内插用。

2. 折算系数 ξ 为0.1。

3. 在湖、塘、沟、谷与河漫滩地段新近沉积的粘性土，其工程性质一般较差。第四纪晚更新世（Q_3）及其以前沉积的老粘性土，其工程性能通常较好，这些土均应根据当地实践经验取值。

表 7-10　　沿海地区淤泥和淤泥质土承载力基本值 f_0　　kPa

天然含水量 w（%）	36	40	45	50	55	65	75
f_0（kPa）	100	90	80	70	60	50	40

注　对于内陆淤泥和淤泥质土，可参照使用。

表 7-11　　红粘土承载力基本值 f_0　　kPa

土的名称	第二指标液塑比 $I_r=\frac{w_L}{w_P}$	第一指标含水比 $a_w=\frac{w}{w_L}$					
		0.5	0.6	0.7	0.8	0.9	1.0
红粘土	≤1.7	380	270	210	180	150	140
	≥2.3	280	200	160	130	110	100
次生红粘土		250	190	150	130	110	100

注　1. 本表仅适用于定义范围内的红粘土。

2. 折算系数 ξ 为0.4。

表 7-12　**素填土承载力基本值 f_0**　kPa

压缩模量 E_{s1-2}（MPa）	7	5	4	3	2
f_0（kPa）	160	135	115	85	65

注　1. 本表只适用于堆填时间超过10年的粘土，以及超过5年的粉土。
　　2. 压实填土地基的承载力另行确定。

2. 确定地基承载力标准值 f_k

将由上述表中查得的承载力基本值 f_0 乘以回归修正系数 ψ_f（根据统计方法求出），即得到其承载力标准值 f_k，即

$$f_k = \psi_f f_0$$

回归修正系数 $\psi_f \leqslant 1$，其实质是根据所统计的指标的数据个数（即样本数）和离散程度，将承载力基本值用数理统计的方法进行折减，作为承载力标准值。

（三）根据标准贯入和轻便触探试验确定

砂土、粘性土、素填土可按标准贯入实验锤击数 N 或轻便触探试验锤击数 N_{10} 查表确定地基承载力标准值。具体方法如下：

首先算出经杆长修正后的锤击数的平均值 μ 和标准差 σ，然后计算据以查表的 N

$$N \text{或} N_{10} = \mu - 1.645\sigma$$

根据有公式计算所得的 N 或 N_{10}（即整数）查表 7-13～表 7-16 可得地基承载力标准值。

表 7-13　**砂土承载力标准值 f_k**　kPa

土类 \ N	10	15	30	50
中、粗砂	180	250	340	500
粉、细砂	140	180	250	340

表 7-14　**粘性土承载力标准值 f_k**　kPa

N	3	5	7	9	11	13	15	17	19	21	23
f_k	105	145	190	235	280	325	370	430	515	600	680

表 7-15　**粘性土承载力标准值 f_k**　kPa

N_{10}	15	20	25	30
f_k	105	145	190	230

表 7-16　**素填土承载力标准值 f_k**　kPa

N_{10}	10	20	30	40
f_k	85	115	135	160

注　本表只适用于粘性土与粉土组成的素填土。

得到标准值后，按式（7-32）进行深度和宽度修正，即可得到承载力设计值或特征值。此方法因其简便性曾列入规范，至今应用广泛，但应用时应结合当地经验。

习　　题

7-1　地基破坏模式有哪几种？

7-2　什么是地基的临塑荷载？临塑荷载如何计算？有何用途？

7-3 地基临界荷载的概念是什么？怎样用地基临界荷载确定地基承载力？

7-4 什么是地基的极限荷载？常用的计算极限荷载的公式有哪些？地基的极限荷载可否作为地基的承载力？

7-5 按理论公式计算地基极限承载力的安全系数的意义是什么？

7-6 什么是地基承载力？有哪几种确定方法？各适用于什么情况？

7-7 地基承载力特征值 f_a、f_{ak}的意义是什么？为何要进行基础宽度与埋深的修正？

7-8 某条形基础 $b=3m$，$d=12m$，建于均质的泥土地基上，土层 $\gamma=18.5kN/m^3$，$c=15kPa$，$\varphi=20°$，试分别计算地基的 p_{cr}和 $p_{1/4}$。

7-9 某方形基础受中心垂直荷载作用，$b=1.5m$，$d=2.0m$，地基为坚硬粘土，$\gamma=18.2kN/m^3$，$c=30kPa$，$\varphi=22°$，试分别按 $p_{1/4}$，太沙基公式及汉森公式确定地基的承载力(安全系数取 3)。

7-10 某桥梁基础，基础埋置深度（一般冲刷线以下）$h=4.2m$，基础底面短边尺寸 $b=6.2m$。地基土为一般粘性土，天然孔隙比 $e_0=0.80$，液性指数 $I_L=0.75$，土在水面以下的重度（饱和状态）$\gamma_0=27kN/m^3$。要求按《路桥地基规范》：

(1) 查表确定地基土的容许承载力。

(2) 计算对基础宽度、埋深修正后的地基容许承载力。

7-11 某建筑物承受中心荷载的柱下独立基础底面尺寸为 3.5m×1.8m，埋深 $d=1.8m$；地基土为粉土，粘粒含量 $\rho_c<10\%$，地基承载力特征值 $f_{ak}=150kPa$，试确定持力层修正后的地基承载力特征值。

7-12 已知某拟建建筑物场地地质条件，第一层杂填土，层厚 1.0m，$\gamma=18kN/m^3$；第二层粉质粘土，厚度 4.2m，$\gamma=18.5kN/m^3$，$e_0=0.92$，$I_L=0.94$，地基承载力特征值 $f_{ak}=136kPa$。试按以下基础条件分别计算修正后的地基承载力特征值：

(1) 当基础底面为 4.0m×2.6m 的矩形独立基础，埋深 $d=1.0m$。

(2) 当基础底面为 9.5m×36m 的箱形基础，埋深 $d=3.5m$。

第8章 土坡稳定性分析

8-1 概　　述

土木工程中经常遇到边坡稳定问题，如果处理不当，在外界的不利因素作用下，土坡可能在一定范围内失去稳定，整体地沿某一滑动面向下向外产生滑动。造成土坡滑动的主要因素有：

（1）土坡作用力的改变，如在坡脚开挖，在坡顶堆放材料，打桩、车辆行驶、爆破、地震等引起的振动，破坏了原来的平衡状态。

（2）土体抗剪强度的降低，由于大气降雨或其他水分入渗，使边坡内孔隙水压力增大、有效应力减小，从而导致土的抗剪强度降低；边坡中的软弱夹层因受水浸泡软化、膨胀土反复胀缩、粘性土蠕变，或振动荷载使土体结构松动、结构破坏等原因，也会导致土的抗剪强度降低。

（3）静水力的作用。静水力一方面增加了不稳定的力，另一方面则是降低了土体的抗剪强度。

边坡稳定性分析的目的在于根据工程地质条件确定合理的断面尺寸（边坡容许坡度和高度），或验算拟定的尺寸是否合理。

一、边坡破坏类型

1. 滑坡

斜坡在一定条件下，部分岩土体在重力作用下，沿着一定的软弱面（带）向下移动，一般经历蠕动变形、滑动破坏和渐趋稳定三个阶段，有时也具高速急剧移动现象。

2. 崩塌

整体岩（土）块脱离母体，突然从较陡的斜坡上崩落下来，并顺斜坡猛烈翻转、跳跃，最后堆落在坡脚，规模巨大时称为山崩，规模小时称为塌方。

3. 剥落

斜坡表层岩土，长期遭受风化，在冲刷和重力作用下，岩（土）屑（块）不断沿斜坡滚落，堆积在坡脚。

二、边坡稳定性分析方法

边坡稳定性分析的目的在于根据工程地质条件确定合理的断面尺寸（边坡容许坡度和高度），或验算拟定的尺寸是否合理。边坡稳定性分析方法有以下几种。

1. 工程地质类比法

选取与设计的边坡在坡向、岩性、构造以及地下水赋存状态等条件相同或相近的天然斜坡，将选出的天然斜坡划分成若干档次，在各段坡高的较陡区段量取其相应的坡面水平投影长度，进行筛选，找出该档次坡高的最小坡面投影长度，此坡高与其相应的最小坡面水平投影长度即为所获取的一对数据。如此进行，可获得对应不同档次坡高的一系列数对。将这些数对标在双对数坐标纸上，绘出曲线（常为直线）。对于不同斜坡调查的结果所绘制的各直线有汇聚的趋势，参照和利用经验汇聚点的位置，由最高数据点附近曲线上的一点到经验汇聚点连线的外插结果，可用以估计更高的自然坡的稳定坡度。影响斜坡的重力、岩土性质、岩土结构、气候条件、坡向相同时，人工边坡较自然斜坡可维持较陡的坡度。

2. 查表法

在保证边坡稳定的前提下编制了各类岩土的边坡容许值表，据此参照工程地质条件可以确定边坡的容许坡度值。

3. 图解法

根据大量计算资料，整理出坡高 H、坡角 α 与土的抗剪强度指标 c、φ 和重度 γ 等参数之间的关系，并绘成图表供直接查用。图 8-1 为较简便实用的洛巴索夫的土坡稳定计算图。对于均质的简单土坡，高度在 10m 以内时可以直接查用，对于更高的土坡也有参考价值。图中 $N = c/\gamma H$ 称为稳定数，其中，c 为粘聚力以 kPa 计，γ 为土的重度以 kN/m^3 计，H 为土坡的高度以 m 计。利用这张图表，可以很快地解决下列两个主要的土坡稳定问题。

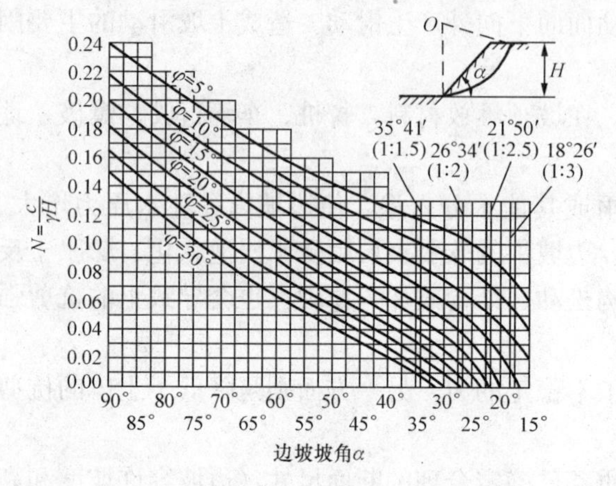

图 8-1 土坡稳定计算图

(1) 已知坡角 α、土的内摩擦角 φ、粘聚力 c、重度 γ，求土坡的许可高度 H。

(2) 已知土的性质指标 c、φ、γ 以及坡高 H，求许可的坡角 α。

【例 8-1】 已知坡角 $\alpha=35°$，土的内摩擦角 $\varphi=20°$，粘聚力 $c=5kPa$，重度 $\gamma=16kN/m^3$，求土坡的容许高度 H（安全系数已包括在强度指标中）。

解 按坡角和内摩擦角，由图得稳定数 $N=0.04$，由 $N = c/\gamma H$，得

$$H = c/\gamma N = 5/(16 \times 0.04) = 7.8m$$

4. 赤平极射投影法

属于作图法。通过详细进行野外调查研究，并统计边坡岩体结构面的类型、产状、性质和规模等特征，应用赤平极射投影的方法，图解分析边坡范围内具有代表性的结构面、结构体的组合特征，以及与坡面的组合关系，判断边坡岩体结构的稳定性。综合应用赤平极射投影和实体比例投影的方法，推断稳定的边坡角。

5. 计算法

计算边坡滑动力和抗滑力，分析评价边坡稳定性，以下主要介绍该方法。

8-2 无粘性土坡稳定性分析

一、均质干坡和水下坡

均质干坡和水下坡指由一种土组成、完全在水位以上或完全在水位以下，没有渗透水流作用的无粘性土坡。这两种情况只要坡面上的土颗粒在重力作用下能够保持稳定，整个土坡就处于稳定状态。

从坡面上取小块土体来分析它的稳定条件，设小土体的重量为 W，W 沿坡面的滑动力

$T = W\sin\alpha$，垂直于坡面的正压力 $N = W\cos\alpha$，正压力产生摩擦阻力，为抗滑力，其值为 $R = W\cos\alpha \cdot \tan\varphi$。定义土体的稳定安全系数 F_s 为

$$F_s = \frac{R}{T} = \frac{\tan\varphi}{\tan\alpha} \tag{8-1}$$

式中 φ——土的内摩擦角；

α——土坡的坡角。

分析的土体无论在坡面上哪一个高度，都能得到上式的结果，因此安全系数 F_s 代表整个边坡的安全度。松砂当 $F_s = 1$ 时，$\alpha = \varphi$，土体处于极限平衡状态，此时的坡角称为天然休止角，其值等于砂在松散状态时的内摩擦角。如果是经过压密后的无粘性土，内摩擦角增大，稳定坡角也随之增大。

二、有渗透水流的均质土坡

如果土坡内水的渗流在坡面逸出，这时在浸润线以下土体除受重力作用外，还受渗透力的作用，因而会降低边坡的稳定性。先分析浸润线逸出点以下部分边坡的稳定性。如果水流的方向与水平面成夹角 θ，则沿水流方向的渗透力 $j = \gamma_w i$。在坡面上取单位体积土体中的土骨架为隔离体，其浮重度为 γ'。滑坡面的全部滑动力为

$$T = \gamma' \sin\alpha + \gamma_w i\cos(\alpha - \theta) \tag{8-2}$$

单位体积土体平行坡面的正压力

$$N = \gamma' \cos\alpha - \gamma_w i\sin(\alpha - \theta) \tag{8-3}$$

土体沿坡面滑动的稳定性系数

$$F_s = \frac{N\tan\varphi}{T} = \frac{[\gamma' \cos\alpha - \gamma_w i\sin(\alpha - \theta)]\tan\varphi}{\gamma' \sin\alpha + \gamma_w i\cos(\alpha - \theta)} \tag{8-4}$$

式中 i——渗透坡降；

γ'——土体的浮重度；

γ_w——水的重度；

φ——土的内摩擦角；

α——坡角。

若水流在逸出段顺坡面流动，即 $\theta = \alpha$，此时，$i = \sin\alpha$，上式简化为

$$F_s = \frac{\gamma' \cos\alpha \cdot \tan\varphi}{\gamma' \sin\alpha + \gamma_w \sin\alpha} = \frac{\gamma' \tan\varphi}{\gamma_{sat} \tan\alpha} \tag{8-5}$$

式中 γ_{sat}——水的饱和重度。

由此可见，当逸出段为顺坡渗流时，安全系数降低 γ'/γ_{sat}，通常 γ'/γ_{sat} 约为 0.5，即安全系数约降低一半。因此要保持同样的安全度，有渗流逸出时的坡角比没有渗流逸出时要平缓得多。由于浸润线以下的土体受渗透力的作用，这种渗透力是一种滑动力，它将降低从浸润线以下通过的滑动面的稳定性，这时深层滑动面的稳定性可能比下游坡面的稳定性差，即危险的滑动面向深层发展，在这种情况下，除了要按前述方法验算坡面的稳定性外，还应该用圆弧滑动法验算深层滑动的可能性。

三、部分浸水土坡

当土坡部分浸水，水位以上是干坡，水位以下则是浸水坡。水位上下，土的重度从天然重度变成浮重度。按前面分析，如果水位上下的内摩擦角不变，则整个坡面土体的稳定性相同，但是对于深入坡内的滑动面，例如图 8-2 (a) 中的 ADC 面，由于滑动土体上部的重度

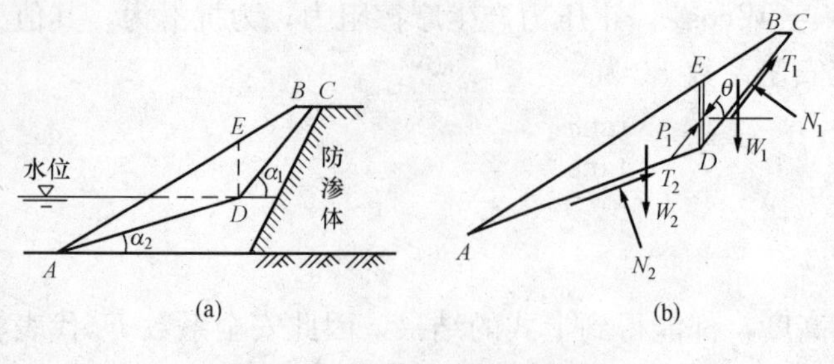

图 8-2　部分浸水土坡分析

大、滑动力大，下部的重度小、抗滑力小，显然稳定性比干坡或完全水下坡差，危险滑动面可能向坡内发展。这种情况必须验算表面滑动和深层滑动，部分浸水坡稳定分析时，常假定滑动面为两段直线组成的折线形滑动面。折线拐点常定在水位处，如图8-2(a) 所示。

分析折线形滑坡体的稳定性通常采用力平衡法，只考虑土体是否移滑而不考虑是否转动，这时作用在滑动土体上的力系只需满足力向量等于 0 的平衡条件，即 $\sum F_x=0$ 和 $\sum F_z=0$，而不考虑是否满足力矩平衡条件。

将块体从折线拐点处竖直切开，如图 8-2（b）所示，变成两个块体，这样可以建立 4 个力的平衡方程，属于超静定问题。为使问题可解，假定 P_1 与内坡 DC 平行，考虑块体 $BCDE$ 的平衡，有

$$P_1=W_1\sin\alpha_1-\frac{1}{F_s}(W_1\cos\alpha_1\cdot\tan\varphi_1) \tag{8-6}$$

式中　W_1—— 块体 $BCDE$ 的重量；

φ_1 ——水位以上土的内摩擦角。

然后分析块体 EDA 沿 AD 面滑动的稳定性，将 P_1 和重力 W_2 分别沿 AD 面分解为切向力和法向力，算出滑动力和抗滑力，从而得到安全系数的表达式为

$$F_s=\frac{[P_1\sin(\alpha_1-\alpha_2)+W_2\cos\alpha_2]\tan\varphi_2}{P_1\cos(\alpha_1-\alpha_2)+W_2\sin\alpha_2} \tag{8-7}$$

式中　φ_2 ——水位以下土的内摩擦角。

用迭代法求解安全系数。由于滑动面 CD 和 DA 是任意假定的，因此得到的安全系数不能代表整个边坡的稳定性，还必须假定各种不同的水位以及各种倾角 α_1、α_2，进行许多个滑动面计算。以确定最危险的水位高程和最不利的滑动面位置，得到最小的安全系数，才是边坡真正的稳定安全系数。

8-3　粘性土坡的稳定分析

粘性土的抗剪强度包括摩擦强度和粘聚强度两个组成部分，由于粘聚力的存在，粘性土坡不会像无粘性土坡一样沿坡面表面滑动。在坡面上一微元土体进行稳定性分析，由其重量产生的滑动力是一个微量，但因粘聚力使抗滑力并非微量，因此，稳定安全系数很大，说明不会沿边坡表面滑动，危险的滑动面必定深入土体内部。

对粘性土土坡进行稳定分析计算的一种比较简单而实用的方法就是条分法。在此法中，先假定若干可能的剪切滑裂面，然后将沿裂面以上土体分成若干垂直土条，对作用于各土条上的力进行力与力矩的平衡分析，求出在极限平衡状态下土体稳定的安全系数，并通过一定数量的试算，找出最危险滑裂面位置及相应的（最低的）安全系数。土坡稳定安全系数有两

种定义：一种用滑裂面上全部抗滑力矩与滑动力矩之比来定义；另一种定义为沿整个滑裂面的抗剪强度与实际产生的剪应力之比。

在滑动土体 n 个土条中，每一土条其上作用的已知力有：土条本身重量，水平作用力（例如地震惯性力），作用于土条两侧的孔隙压力（水压力），土条底部的法向反力以及作用于土条底部的孔隙压力。对整个滑动土体，未知量如下：

（1）每一土条底部的有效法向反力，计 n 个。

（2）安全系数 F_s（按安全系数的定义，每一土条底部的切向力可用法向力及 F_s 求出），1个。

（3）两相邻土条分界面上的法向条间力，计 $n-1$ 个。

（4）两相邻土条分界面上的切向条间力，计 $n-1$ 个。

（5）每一土条底部合力作用点位置，计 n 个。

（6）两相邻土条条间力合力作用点位置，计 $n-1$ 个。

这样，共计有 $5n-2$ 个未知量，能得到的只有各土条水平向及垂直向力的平衡以及力矩平衡共 $3n$ 个方程。因此，土坡的稳定分析问题实际上是一个高次超静定问题。如果把土条取的极薄，土条底部合力作用点可近似认为作用于土条底部的中点，这样未知量减少为 $4n-2$个，与方程数相比，还有 $n-2$ 个未知量无法求出，分析计算时作出各种简化假定以减少未知量。这样的假定大致有下列三种：

（1）假定 $n-1$ 个切向条间力值。毕肖普在他的简化方法中假定所有的切向条间力均为零；

（2）假定条间力合力的方向，属于这一类的有斯宾塞法、不平衡推力传递法等；

（3）假定条间力合力的作用点位置。例如简布提出的普遍条分法。

作了这些假定之后，超静定问题就可以转化为静定问题。考虑土条条间力的作用，可以使稳定安全系数得到提高，但任何合理的假定求出的条间力必须满足下列两个条件：

（1）在土条分界面上不违反土体破坏准则，亦即由切向条间力得出的平均剪应力应小于分界面土体的平均抗剪强度。

（2）一般不允许土条之间出现拉力。

如果这些条件不能满足，就必须修改原来的假定，或采用别的计算方法。为此，对于考虑条间力作用的各种方法，除求出滑裂面上的最小安全系数以外，还要求出各土条分界面上的安全系数以及条间力合力作用点的位置以资校核。

采用极限平衡方法分析边坡稳定，由于没有考虑土体本身的应力—应变关系和实际工作状态，所求出的土条之间的内力或土条底部的反力均不能代表土坡在实际工作条件下真正的内力或反力，更不能求出变形。只是利用这种通过人为假定的虚拟状态来求出安全系数而已。由于在求解中做了许多假定，不同的假定求出的结果是不同的。

一、瑞典条分法

1. 计算原理

瑞典条分法，也称简单条分法或费伦纽斯法。该方法除了假定滑裂面是个圆柱面（剖面图上是个圆弧）外，还假定不考虑土条两侧的作用力，安全系数定义为每一土条在滑裂面上所能提供的抗滑力矩之和与外荷载及滑动土体在滑裂面上所产生的滑动力矩和之比。由于不考虑条间力的作用，严格地说，对每一土条力的平衡条件是不满足的，对土条本身的力矩平衡也不满足，仅能满足整个滑动土体的整体力矩平衡条件。由此产生的误差，一般使求出的安全系数偏低10%～20%。

根据力矩平衡条件，得到稳定安全系数

$$F_s = \frac{\sum(c_i l_i + W_i \cos\alpha_i \cdot \tan\varphi_i)}{\sum W_i \sin\alpha_i} \tag{8-8}$$

式中　W_i ——第 i 土条的重量；

c_i、φ_i ——第 i 土条底面土的抗剪强度指标；

α_i ——第 i 土条底面倾角；

l_i ——第 i 土条底面长度。

2. 最危险滑动面的确定

采用式（8-8）计算边坡稳定安全系数时的滑动面是任意假定的，并不一定是最危险滑动面，因此所求的安全系数并不一定是最小安全系数。为了求得最危险滑动面，通常需假定若干个不同的滑动面，按上述方法分别求出相应的安全系数，其中的最小安全系数就是该土坡的安全系数，与其相应的滑动面就是最危险滑动面。

选定若干个滑动面进行试算的工作量很大，为此，费伦纽斯通过大量计算分析发现，对于均质粘性土坡，当 $\varphi=0$ 时，其最危险滑动面常通过坡脚，相应的滑动面圆心位置为图8-3中的 E 点，BE 和 CE 的方向由 α_1 和 α_2 角确定，α_1 和 α_2 的大小与坡角或坡比有关，见表8-1。

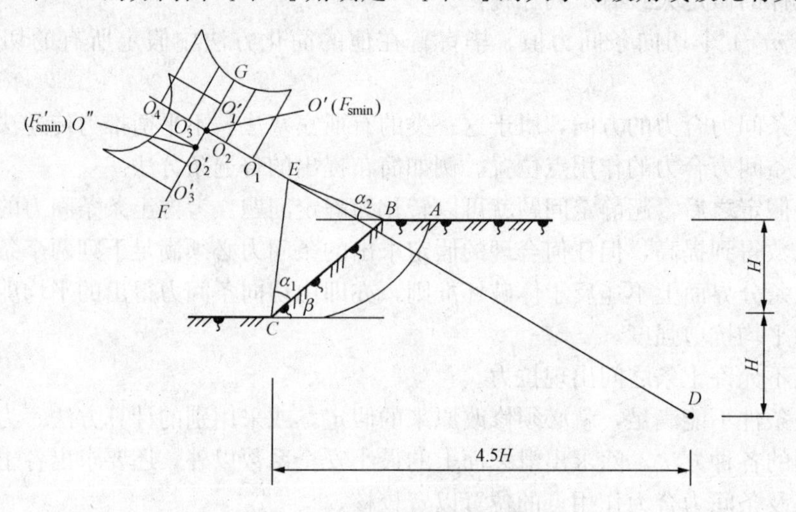

图8-3　最危险滑弧圆心的确定

表8-1　　α_1 和 α_2

坡　比	坡　角	α_1	α_2
1∶0.58	60°	29°	40°
1∶1	45°	28°	37°
1∶1.5	33°41′	26°	35°
1∶2	26°34′	25°	35°
1∶3	18°25′	25°	35°
1∶4	14°03′	25°	36°
1∶5	11°19′	25°	37°

对 $\varphi>0$ 的均质粘性土坡，最危险滑动面的圆心可能在图 8-3 中 DE 的延长线上，此时确定最危险滑动面圆心位置的步骤如下：

(1) 按比例画出土坡 ABC，并量出坡角 β 或坡比。

(2) 根据坡角 β 或坡比（坡高与坡宽之比）从表 8-1 查得 α_1 和 α_2 的角度。

(3) 通过 C 点作 CE 线，使 $\angle ECB=\alpha_1$，通过 B 点作 BE 线，使 BE 线与水平线的夹角等于 α_2，这样就可以确定了 E 点。

(4) 确定 D 点的位置，使 D 点在 C 点的右下方且距离 C 点的垂直、水平距离分别为 H、$4.5H$，H 为坡高。

(5) 在 DE 的延长线上取若干圆心 O_1，O_2，O_3…，分别绘制过坡脚的若干滑弧并计算相应的安全系数 F_{s1}，F_{s2}，F_{s3}…，并在 DE 线的垂直方向按比例画 F_{si} 值曲线。

(6) 找出该 F_{si} 值曲线上的最小的安全系数 F_{smin}，并确定 F_{smin} 所对应的圆心 O'。

(7) 对于 $\varphi>0$ 均质粘性土坡，第 (6) 步求得的 O' 就是最危险滑弧圆心，对于非均质土坡，还需要进行下面 (8) ～ (10) 步的计算才能找到最危险滑弧圆心。

(8) 过 O' 点作 DE 的垂线 FG，在 FG 上、O' 点附近另选若干圆心 O'_1，O'_2，O'_3…，分别计算相应的安全系数 F'_{s1}，F'_{s2}，F'_{s3}…，并在 FG 线上按比例画 F'_{si} 值曲线。

(9) 找出该 F'_{si} 值曲线上的最小安全系数 F'_{smin} 及相应的圆心 O''。

(10) 比较 F'_{smin} 和 F_{smin}，其中的较小者即为土坡的安全系数值 F_s，与其相应的圆心即为最危险滑弧圆心。

二、毕肖普法

毕肖普考虑了条间力的作用，如图 8-4 所示，E_i 及 X_i 分别表示法向及切向条间力，W_i 为土条自重，Q_i 为水平作用力，N_i、T_i 分别为土条底部的总法向力（包括有效法向力及孔隙应力）和切向力，其余符号见图 8-4。

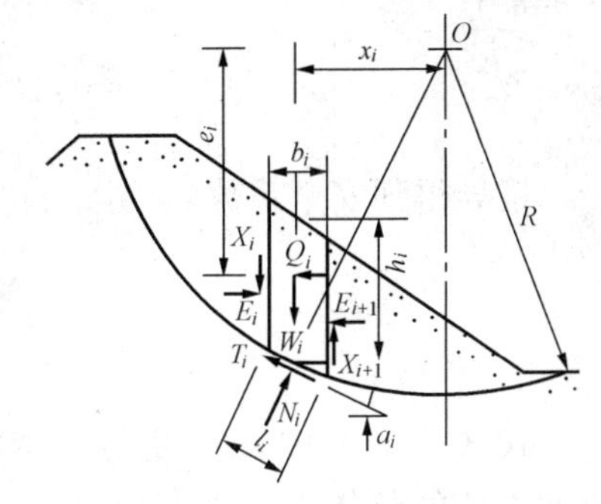

图 8-4　毕肖普法

根据每一土条垂直方向力的平衡条件，求得土条底部总法向力为

$$N_i=\left(W_i-\frac{c'_i l_i \sin\alpha_i}{F_s}+\frac{u_i l_i \tan\varphi'_i \cdot \sin\alpha_i}{F_s}\right)\frac{1}{m_{ai}} \tag{8-9}$$

$$m_{ai}=\cos\alpha_i+\frac{\tan\varphi'_i \sin\alpha_i}{F_s}$$

各土条对圆心的力矩之和应当为零，此时条间力的作用将相互抵消。为使问题得解，毕肖普又假定各土条之间的切向条间力均不计，也就是假定条间力的合力是水平的。得到安全系数的公式为

$$F_s=\frac{\sum \frac{1}{m_{ai}}[c'_i b_i+(W_i-u_i b_i)\tan\varphi'_i]}{\sum W_i \sin\alpha_i+\sum Q_i \frac{e_i}{R}} \tag{8-10}$$

因为在 m_a 内也有 F_s 这个因子，所以在求 F_s 时要进行试算。在计算时，一般可先假定 $F_s=1$，求出 m_a（或假定 $m_a=1$），再求 F_s，再用此 F_s 求出新的 m_a 及 F_s，如此反复迭代，直至假定的 F_s 和算出的 F_s 非常接近为止，根据经验，通常只要迭代 3～4 次就可满足精度

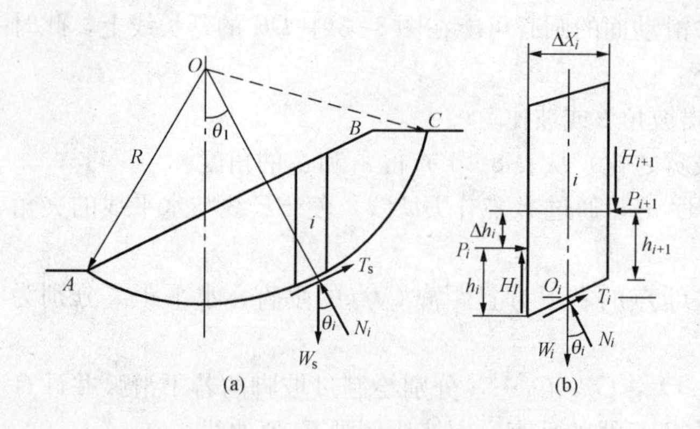

图 8-5 普遍条分法条块作用力

要求，而且迭代通常总是收敛的。

三、普遍条分法（简布法）

普遍条分法的特点是假定条块间水平作用力的位置。在这一前提下，每个条块都满足全部静力平衡条件和极限平衡条件，滑动土体的整体力矩平衡条件也自然得到满足，而且它适用于任何滑动面而不必规定滑动面是一个圆弧面，所以称为普遍条分法，又称简布法。

从图 8-5（a）滑动土体 ABC 中取任意条块，进行静力分析，作用在条块上的力及其作用点见图 8-5（b）所示。按静力平衡条件及极限平衡条件，得

$$\Delta P_i = \frac{1}{F_s}\frac{\sec^2\theta_i}{1+\tan\theta_i\cdot\tan\varphi_i/F_s}[c_i l_i\cos\theta_i+(W_i+\Delta H_i)\tan\theta_i]-(W_i+\Delta H_i)\tan\theta_i \tag{8-11}$$

对作用在条块侧面的法向力 P，显然有 $P_1=\Delta P_1$，$P_2=P_1+\Delta P_2=\Delta P_1+\Delta P_2$，以此类推，有

$$P_i=\sum_{j=1}^{i}\Delta P_j \tag{8-12}$$

推导得到安全系数

$$F_s=\frac{\sum\frac{1}{m_{\theta i}}[c_i b_i+(W_i+\Delta H_i)\tan\varphi_i]}{\sum(W_i+\Delta H_i)\sin\theta_i} \tag{8-13}$$

式（8-13）中 ΔH_i 仍然是待定的未知量，利用条块的力矩平衡条件确定，因而整个滑动土体的整体力矩平衡也自然得到满足。将作用在条块上的力对条块滑弧段中点取矩，可得

$$H_i=P_i\frac{\Delta h_i}{\Delta X_i}+\Delta P_i\frac{h_i}{\Delta X_i} \tag{8-14}$$

$$\Delta H_i=H_{i+1}-H_i \tag{8-15}$$

由式（8-11）～式（8-15），利用迭代法可以求得普遍条分法的边坡稳定安全系数，其步骤如下：

（1）假定 $\Delta H_i=0$，根据式（8-13），迭代求第一次近似的安全系数 F_{s1}。

（2）将 F_{s1} 和 $\Delta H_i=0$ 代入式（8-11），求相应的 ΔP_i。

（3）根据式（8-12）求条块间的法向力 P_i。

（4）将 P_i 和 ΔP_i 代入式（8-14）和式（8-15），求条块间的切向作用力 H_i 和 ΔH_i。

（5）将 ΔH_i 重新代入式（8-13），迭代求新的稳定安全系数 F_{s2}。

如果 $F_{s2}-F_{s1}>\Delta$，Δ 为规定的安全系数计算精度，重新按上述步骤（2）～步骤（5）

进行第二轮计算，如是反复进行，直至 $F_{sk}-F_{s(k-1)}\leqslant\Delta$ 为止。F_{sk} 就是该假定滑动面的安全系数。边坡的真正安全系数还要计算很多滑动面，进行比较，找出最危险的滑动面，其安全系数才是真正的安全系数。

四、不平衡推力传递法

不平衡推力传递法是我国工民建和铁道部门在核算滑坡稳定时使用非常广泛的方法，适用于任意形状的滑裂面，假定条间力的合力与上一条土条底面相平行，根据力的平衡条件，逐条向下推求，直至最后一条土条的推力为零。

图 8-6 是任意一滑动土条，其两侧条间力合力的作用方向分别与上一条土条底面相平行，根据垂直与平行土条底面方向力的平衡条件。有

$$N_i-W_i\cos\alpha_i-P_{i-1}\sin(\alpha_{i-1}-\alpha_i)=0 \tag{8-16}$$

$$T_i+P_i-W_i\sin\alpha_i-P_{i-1}\cos(\alpha_{i-1}-\alpha_i)=0 \tag{8-17}$$

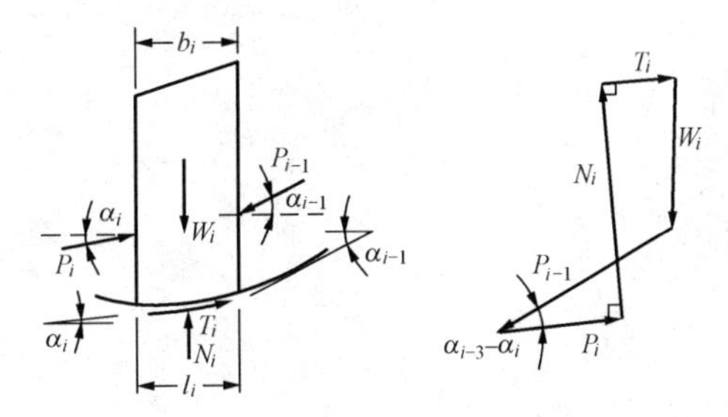

图 8-6 不平衡推力传递法

应用摩尔—库伦准则并引入安全系数，得

$$T_i=\frac{c_i'l_i}{F_s}+(N_i-u_il_i)\frac{\tan\varphi_i'}{F_s} \tag{8-18}$$

式中 u_i——作用于土条底面的孔隙应力。

由以上三式得

$$P_i=W_i\sin\alpha_I-\left[\frac{c_i'l_i}{F_s}+(W_i\cos\alpha_i-u_il_i)\frac{\tan\varphi_i'}{F_s}\right]+P_{i-1}\psi_i \tag{8-19}$$

$$\psi_i=\cos(\alpha_{i-1}-\alpha_i)-\frac{\tan\varphi_i'}{F_s}\sin(\alpha_{i-1}-\alpha_i) \tag{8-20}$$

式中 ψ_i——传递系数。

在解题时要先假定 F_s，然后从第一条土条开始逐条向下推求，直至求出最后一条的推力 P_n，P_n 必须为零，否则重新假定 F_s 再进行试算。

如采用总应力法，在上式中略去 u_il_i 项。F_s 值应根据滑坡现状及其对工程的影响等因素确定，一般可取 1.05～1.25。另外，因为土条之间不能承受拉力，所以任何土条的推力 P_i 如果为负值，则此 P_i 不再向下传递，对下一条土条取 $P_{i-1}=0$。

各土条分界面上的 P_i 求出之后，可得分界面上的抗剪安全系数

$$F_{vi}=\frac{c_i'h_i+(P_i\cos\alpha_i-U_{pi})\tan\varphi_i'}{P_i\sin\alpha_i} \tag{8-21}$$

式中 U_{pi}——作用于土条侧面的孔隙水压力；

h_i——土条侧面高度。

c_i'、φ_i' 采用土条侧面各层土的平均抗剪强度指标。

因为 P_i 的方向是硬性规定的，当 α 比较大时，求出的 F_{vi} 可能小于 1，同时本法只考虑了力的平衡，对力矩平衡没有考虑，这是此法存在的缺点。但因为计算简捷，故应用较广。

习 题

8-1 为什么说条分法分析粘性土坡稳定性是一个高次超静定问题？如何处理此问题。

8-2 简要介绍条分法分析土坡稳定性的过程。

8-3 影响土坡稳定的因素有哪些？

8-4 试提出防止土坡滑动的措施。

第9章　工程地质勘察

9-1　概　　述

在城建规划和土木工程、交通工程等兴建之前，通常根据建设工程的要求，需查明、分析、评价建设场地的地质、环境特征和工程地质条件，获取建筑场地的自然条件的原始资料，以制定技术上正确、经济上合理和社会效益上可行的设计和实施方案。

一、工程地质勘察的目的和基本原则

工程地质勘察的目的是为了获取建筑场地及其有关地区的工程地质条件的原始资料和工程地质论证。是通过调查、测绘，并借助各种勘察手段和方法，查明场地的地形地貌情况、地质构造情况、岩土体的空间分布状态及不良地质现象；研究、分析岩土体的强度、变形特性；查明、研究并分析场地及与场地安全性相关的邻近区域的水文地质条件；评价建筑工程场地的适宜性和稳定性，提供建筑工程设计与施工所需的一切工程地质资料。

工程地质勘察的基本原则是坚持为工程建设服务的原则，因而勘察工作必须结合具体建筑物类型、要求和特点以及当地的自然条件和环境来进行，勘察工作要有明确的目的性和针对性。

可见，对工程地质勘察的要求是：按勘察阶段的要求，正确反映工程地质条件，提出工程地质评价，为设计、施工提供依据。

二、工程地质勘察的主要内容

工程地质勘察工作的主要内容和工作任务可具体归结如下：

（1）调查和测绘建筑场地的地形地貌，查明场地的地形地貌特征、地貌成因类型，确定并划分场地地貌单元。

（2）查明建筑场地中岩土体的空间分布状况，鉴别岩石或土层的类别，确定其成因类型。对岩层尚应查明其风化程度和地层接触关系。

（3）调查和确定场地的地质构造情况（包括：岩层产状，褶曲类型；裂隙的性质、产状、数量及填充胶结情况；断层的位置、类型、产状、要素、破碎带宽度及填充情况），调查分析新构造运动活动情况及其对拟建工程项目的影响。

（4）进行现场及室内的岩石和土的工程特性试验，测定岩石和土的物理和力学性质指标。对于膨胀土、湿陷性黄土、红粘土、软土、盐渍土、多年冻土等特殊性土，还需进行与之相关的某些现场或室内的特殊性工程特性试验，以确定其特殊性指标。

（5）在地质条件较复杂的地区，必须查明场地范围内及邻近影响区域内的不良地质现象（滑坡、崩塌、泥石流、岩溶土洞、采空区、地震灾害、洪水灾害及风灾等），判断其对场地和拟建工程的影响和危害程度。

（6）查明场地内地下水的类型、埋置深度、动态，必要时还须测定地下水的流向、流量及其补给情况，采集水样进行化学成分分析，以判断其腐蚀性。

（7）对于有地震设防的区域，还应进行地震危险性分析或地震小区划工作。对可能发生振动液化的场地和地基，应判别和确定液化等级、液化深度，并提出相应的处理措施；对可

能发生震陷的场地和地基，应判断震陷情况并提出相应的处理措施；对缺乏历史资料或建筑经验的地区以及单个高层或高耸建筑物，必要时应确定地面峰值加速度、场地卓越周期等参数；对需要采用时程分析法进行补充计算的建筑，尚应根据设计要求提供土的动力参数和场地覆盖层厚度。

对于工业民用建筑物的工程地质勘察来说，其任务是：

(1) 选择优良工程地质条件的场址。

(2) 在已选定的建筑场址上选择天然地基；确定基础砌置深度；确定天然地基岩土层上的承载能力；预测建筑物的可能沉降量和评价其稳定性；论述基础基坑的开挖条件，以及其他与基础砌筑有关的工程地质问题。

(3) 在天然地基不能满足建筑物的荷载和稳定要求时，则建议采用地基加固或人工地基。并提供与地基处理或深基础有关的工程地质资料和做出工程地质论证。

(4) 查明建筑场地及其邻区的地质环境及不良地质现象，论证其对建筑物及其附属设施的影响，做出分析和评价。

(5) 地下工程的洞室在其场址选定后，尚需查明地下洞室周围的地质条件，提供与洞室围岩和洞口斜坡稳定性的有关地质资料，提出相应的工程地质论证。

三、工程地质勘察等级划分

工程地质勘察工作必须与工程的实际需要相结合，勘察内容的拟定、各种工程地质条件研究的详细程度等，应取决于建筑物的类别和设计要求，以及场地的复杂程度和过去对该地区的了解程度。因此，并不是对所有地区或所有的工程建设项目都需要进行上述全部内容的工程地质勘察工作，而应根据实际情况和需要来具体确定必需的勘察工作内容。确定具体勘察工作内容需要考虑的主要因素包括：场地条件和复杂程度（场地地形地貌、地质构造、不良地质现象、抗震设防等级等）；场地岩土条件（地层组成情况及空间分布状态、地基岩土的特殊性等）以及建筑物的类型、重要性、安全等级和基础工程特点。

(一) 岩土工程按重要性等级划分

《岩土工程勘察规范》(GB 50021—2001) 关于岩土工程勘察分级规定，根据工程的规模和特征，以及由于岩土工程问题造成的工程破坏或影响正常使用的后果，将岩土工程按重要性分为三个工程重要等级：

(1) 一级工程：重要工程，后果很严重；

(2) 二级工程：一般工程，后果严重；

(3) 三级工程：次要工程，后果不严重。

(二) 建筑场地复杂程度的等级划分

1. 符合下列条件之一者为一级场地或复杂场地

(1) 对建筑抗震危险的地段；

(2) 不良地质作用强烈发育；

(3) 地质环境已经或可能受到强烈破坏；

(4) 地形地貌复杂；

(5) 有影响工程的多层地下水、岩溶裂隙水、或其他水文地质条件复杂，需要专门研究的场地。

2. 符合下列条件之一者为二级场地或中等复杂场地

(1) 对建筑抗震不利的地段；

(2) 不良地质作用一般发育；

(3) 地质环境已经或可能受到一般破坏；

(4) 地形地貌较复杂；

(5) 基础位于地下水位以下的场地。

3. 符合下列条件者为三级场地或简单场地

(1) 抗震设防烈度等于或小于6度，或对建筑抗震有利的地段；

(2) 不良地质作用不发育；

(3) 地质环境基本未受破坏；

(4) 地形地貌简单；

(5) 地下水对工程无影响。

(三) 地基（土）的复杂程度的等级划分

1. 符合下列条件之一者为一级地基或复杂地基

(1) 岩土种类多、很不均匀、性质变化大、需特殊处理；

(2) 严重湿陷、膨胀、盐渍、污染的特殊性岩土以及其他情况复杂、需作专门处理的岩土。

2. 符合下列条件之一者为二级地基或中等复杂地基

(1) 岩土种类较多、不均匀、性质变化较大；

(2) 不符合一级地基的其他特殊性岩土。

3. 符合下列条件者为三级地基或简单地基

(1) 岩土种类单一、均匀、性质变化不大；

(2) 无特殊性岩土。

(四) 岩土工程勘察等级的划分

根据工程重要性等级、场地复杂等级和地基复杂等级，规范将岩土工程勘察等级划分为三个级别：

(1) 甲级：在工程重要性、场地复杂程度和地基复杂程度等级中，有一项或多项为一级；

(2) 乙级：除勘察等级为甲级和丙级以外的勘察项目；

(3) 丙级：工程重要性、场地复杂程度和地基复杂程度等级均为三级。

必须指出，岩土工程项目的类型不同，其勘察工作内容、特点甚至勘察工作方法也不尽相同。例如道路工程、水利工程和建筑工程不论是在具体勘察工作内容上还是在勘察资料要求上都有明显的差异。

9-2　勘察阶段的划分及其任务

工程地质勘察阶段的划分是与设计阶段的划分相一致的。一定的设计阶段需要相应的工程地质勘察工作。在我国建筑工程中，工程地质勘察可分为可行性研究勘察、初步勘察和详细勘察。可行性研究勘察应符合选址或确定场地要求；初步勘察应符合初步设计或扩大初步设计要求；详细勘察应符合施工图设计要求。对工程地质条件复杂或有特殊要求的重要工程，尚应进行施工勘察；对面积不大，且工程地质条件简单的场地或有建筑经验的地区，可简化勘察阶段。

每个工程地质勘察阶段都有该阶段的具体任务、应解决的问题、重点工作内容和工作方法以及工作量等。在各有关工程地质勘察规范或工作手册中都有明确规定。在这里重点介绍房屋建筑与构筑物各个工程地质勘察阶段的基本要求与内容。

一、勘察阶段的划分

(一) 可行性研究勘察阶段

可行性研究勘察阶段应符合选择场址方案的要求，应对拟建场地的稳定性和适宜性做出评价。为此，并应符合下列要求：

(1) 搜集区域地质、地形地貌、地震、矿产和当地的工程地质、岩土工程和建筑经验等资料。

(2) 在充分搜集和分析已有资料的基础上，通过踏勘了解场地的地层、构造、岩性、不良地质作用及地下水等工程地质条件。

(3) 对拟建场地工程地质条件复杂，已有资料不能满足要求时，应根据具体情况进行工程地质测绘及必要的勘探工作。

(4) 当有两个或两个以上拟选场地时，应进行比较选择分析。

(二) 初步勘察阶段

初步勘察阶段应符合初步设计的要求，对场地内建筑地段的稳定性作出评价，并进行下列主要工作：

(1) 搜集拟建工程的有关文件、工程性质和岩土工程资料以及工程场地范围的地形图。

(2) 初步查明地质构造、地层结构、岩土工程特性、地下水埋藏条件。

(3) 查明场地不良地质作用的成因、分布、规模、发展趋势，并对场地稳定性做出评价。

(4) 对抗震设防烈度大于或等于 6 度的场地，应对场地和地基的地震效应做出初步评价。

(5) 季节性冻土地区，应调查场地冻土的标准冻结深度。

(6) 初步判定水和土对建筑材料的腐蚀性。

(7) 高层建筑初步勘察时，应对可能采取的地基基础类型、基坑开挖与支护、工程降水方案进行初步评价。

初步勘察应在搜集分析已有资料的基础上，根据需要进行工程地质测绘或调查以及勘探、测试和物探工作。

(三) 详细勘察与施工勘察阶段

详细勘察应按单体建筑物或建筑群提出详细的岩土工程资料和设计、施工所需的岩土参数；对建筑地基做出岩土工程评价，并对地基类型、基础形式、地基处理、基坑支护、工程降水和不良地质作用的防治等提出建议。主要应进行下列工作：

(1) 搜集附有坐标和地形的建筑总平面图，场区的地面整平标高，建筑物的性质、规模、荷载、结构特点，基础形式、埋置深度，地基允许变形等资料。

(2) 查明不良地质作用的类型、成因、分布范围、发展趋势和危害程度，提出整治方案的建议。

(3) 查明建筑范围内岩土层的类型、深度、分布、工程特性，分析和评价地基的稳定性、均匀性和承载力。

(4) 对需进行沉降计算的建筑物，提供地基变形计算参数，预测建筑物的变形特征。

(5) 查明埋藏的河道、河滨、墓穴、防空洞、孤石等对工程不利的埋藏物。

(6) 查明地下水的埋藏条件，提供地下水位及其变化幅度。

(7) 在季节性冻土地区，提供场地土的标准冻结深度。

(8) 判定水和土对建筑材料的腐蚀性。

对抗震设防烈度等于或大于 6 度的场地，勘察工作应按对场地和地基的地震效应进行评价。

二、勘察工作的基本程序

(一) 制定勘察任务书

在开始勘察工作以前，由设计单位会同建设单位按工程要求向勘察单位提出工程地质勘察任务（委托）书。以明确勘察工作计划、内容、技术要求和成果要求。任务书应说明建设工程的性质、目的、建筑类别、建筑特点、建设要求、建设规模、建筑面积以及资金投入情况以及要求提交的勘察成果内容和目的，并应为勘察单位提供勘察工作所必需的各种政策文件和图表资料。在初步设计阶段，应给出建设工程中主要建筑物的名称、层数及高度、最大荷载、基础埋置最大深度、特殊要求以及大型设备及其安装使用技术要求等。在详细勘察阶段，还应说明需要勘察的各建筑物的具体情况（上部结构特点、层数、高度、跨度、地下设施情况、地面整平标高、拟采用的基础形式、基础尺寸、基础埋深、单位荷载、总荷载、某些设计特殊要求以及地基基础设计和施工方案等）。

(二) 踏勘、调研、测绘

对地质条件复杂和范围较大的建设场地，在选址或初步勘察阶段，应首先对建设场地进行现场踏勘观察，了解建设场地的地形地貌及变化情况；调研的目的是了解当地的建设经验、场地的不良地质现象发育情况、发生频率、规模和危害大小，了解当地已有建筑物的特点和使用情况；借助地质学方法对场地进行必要的工程地质测绘。

(三) 布设勘探线、布置勘探点，开展现场勘探工作

在建设场地上布置勘探点以及由相邻勘探点组成的勘探线，采用坑探、钻探、触探、地球物理勘探等手段，探明场地的地质构造情况、岩土体空间分布状态、取得岩、土及地下水等试样。

(四) 室内土工试验和现场原位测试

根据场地岩土体的特性，对取得的岩土试样和水样进行必需的室内土工试验和水质试验分析，有必要时辅以现场原位测试，以确定场地岩土的物理力学性质和工程特性。

(五) 完成并提交工程地质勘察报告书

计算、整理室内试验和现场测试资料；总结、分析试验测试成果；对场地的工程地质条件作出评价，从工程地质角度为建设项目的设计和施工提出必要的建议和措施；并以文字和图表等形式完成并最终提交场地的工程地质勘察报告书。

9-3 工程地质勘察方法

为顺利地实现工程地质勘察的目的、要求和内容，提高勘察成果的质量，必须有一套勘察方法来配合实施。工程地质勘察的基本方法有：工程地质测绘、工程地质勘探与取样、工程地质现场测试与长期观测、室内试验、工程地质资料室内整理等。

一、工程地质测绘

工程地质调查与测绘的目的是通过对场地的地形地貌、地层岩性、地质构造、地下水与地表水，不良地质现象进行调查研究与必要的工程地质测绘工作，为评价场地工程地质条件及合理确定勘察工作提供依据；同时需要了解当地的建设经验和已有建筑物的使用、破坏情况，以便在拟建工程借鉴和应用。

工程地质调查和测绘是工程地质勘察的一个必不可少的重要环节，尤其是在缺少建设经验和建设资料的地区，其对工程建设的顺利实施至关重要。我国20世纪60～70年代在援建非洲的过程中，由于缺少必要的调查研究，对非洲许多地区大面积存在的膨胀土特性认识不够，致使许多援建项目遭受破坏或不能投入正常使用。对建筑场地的稳定性研究是工程地质调查和测绘的重点。进行工程地质调查与测绘时，在可行性研究阶段，应搜集研究已有的地质资料和该地区有无不良地质灾害存在；存在的地质灾害其发育状况、发生频率、发生规模和危害范围大小及危害程度；进行必要的现场踏勘。在初步勘察阶段，当地质条件较复杂时，应继续进行工程地质测绘。详细勘察阶段，仅需在初勘测绘基础上，对某些专门地质问题作出必要的补充。调查与测绘的范围，应包括场地本身及其对场地稳定性、安全性有影响的邻近区域。常用的测绘方法是在地形图上布置一定数量的观察点或观察线，以便按所给观察点、线观察场地内的地质现象。观察点一般选择在不同地貌单元、不同地层的交接处以及对工程有影响的地质构造和不良地质现象发育的地段，观察线通常与岩层走向；构造线方向或者地貌单元轴线垂直（例如横穿河谷阶地）布置，以便能更好地观察地质现象或观察到较多的地质现象。有时为了追索地层界线或断层等构造线，观察线也可以顺着走向布置。观察到的地质现象应按要求标示于地形图上。

布置勘探工作时，应充分考虑勘探工作对周围地质环境或工程环境的影响，防止对地下通信等管线、地下工程和自然环境等造成破坏。我国陕北神府煤田某大型矿井由于在矿产勘探过程中对探孔没有进行适当处理，在矿井生产过程中曾引发了大量潜水携带上部地层中的粉砂涌入矿井的采矿工作区的事故。因勘探点位置布置不当而致使地下通信管线断裂、市政输气管线、供水排水管线破坏的例子也时有发生。

二、工程地质勘探

勘探是工程地质勘察过程中查明地质情况的必要手段之一，它是在地面的工程地质测绘和调查所取得的各项定性资料基础上，进一步对场地内部的工程地质条件进行了解、确定的过程，并取得岩土试样，对场地的工程地质条件进行定量分析。

一般勘探工作包括坑探、钻探、触探和地球物理勘探等。

（一）坑探

坑探是在建筑场地中开挖探井（探槽、探洞）以揭示地层并取得有关地层构成及空间分布状态的直观资料和原状岩土试样，这种方法不必使用专门的钻探机具，对地层的观察直接明了，是一种合适条件下广泛应用的最常规勘探方法。

坑探有探槽、探坑和探井等三种类型。探槽是在地表挖掘成长条形且两壁常为倾斜上宽下窄的槽子（图9-1），其断面有梯形和阶梯形两种。在第四纪土层中，当探槽深度较大时，常用阶梯形的；否则，探槽的两壁要进行支护。探槽一般在覆土层小于3m时使用。它适用于了解地质构造线、断裂破碎带宽度、地层分界线、岩脉宽度及其延伸方向、采取试样等。探坑是指挖掘深度不大且形状不一的坑，或者成矩形的较短的探槽状的坑，浅坑深度一般为1～2m。探井深度都大于3m，一般不大于15m，断面形状有方形的、矩形的和圆形的。经常采用浅探井来查明地表以下的地质与地下水等情况。

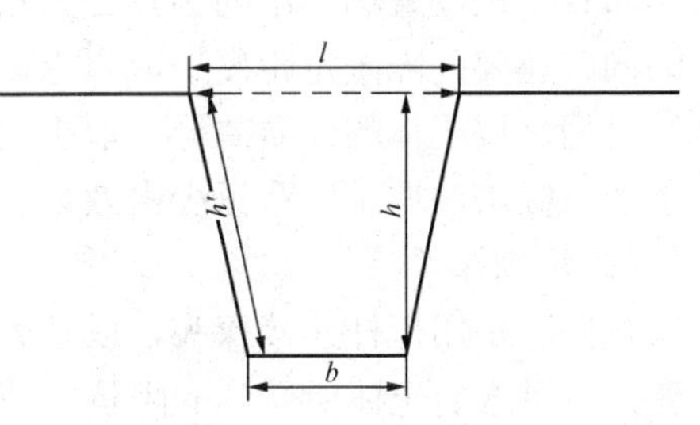

图9-1 探槽断面示意图
h—探槽深度；h'—槽壁斜深；
l—探槽口宽；b—探槽底宽

当场地地质变化比较复杂时，利用坑探能直接观察地层的结构和变化，但其勘探深度往往较浅、劳动强度大、安全性差、适应条件要求严格等特点常使其应用受到很大限制。探井的平面形状一般为1.5m×1.0m的矩形或直径0.8～1.0m的圆形，其勘探深度视地层的土质和地下水埋藏深度等条件而定，较深的探坑在必要时须采取有效措施保护坑壁岩土体的稳定性，以保证安全。对坝址、地下工程、大型边坡工程等，为了查明深部的岩土层性质、产状或地质构造特征，常采用探槽、竖井、平洞等进行开展地质勘探工作。

在探井中取样的一般方法是先在井底或井壁的给定深度处取出一柱状土块，土块的尺寸必须大于取土筒的直径和长度；将土块削成直径大于取土筒的圆柱状；将柱状土样（毛样）放人取土筒中，上下两端削断、刮平后盖上金属筒盖；用熔蜡密封取土筒（土样在取样后立即进行试验时可用胶带纸密封）贴上标签并注明土样的上下方向以备试验之用。土样在土筒中应紧贴土筒，以免土样在运输过程中来回晃动而发生损坏，同时还须注意不能硬将土样压入筒内而使其产生挤压或扰动。

（二）钻探

钻探通过钻机在地层中钻孔来鉴别和划分地层，并在孔中预定位置取样，用以测定土层的物理力学性质，此外，土的某些性质也可直接在孔内进行原位测试。

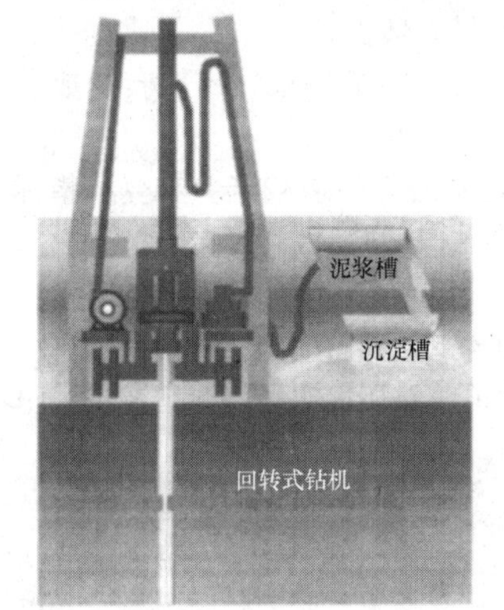

图9-2 钻探示意图

钻探所用钻机主要分回转式与冲击式两种。回转式钻机是利用钻机的回转器来带动钻具旋转，磨、削钻孔底部岩土体，再使用管状钻（压）具，采取圆柱形的原状岩土体样本，如图9-2所示。冲击式钻机是利用卷扬机来带动有一定重量的钻具上下反复冲击，使钻头击碎钻孔底部岩土体形成钻孔，再使用抽筒来抽取岩石碎块或扰动土样。取出的岩土试样同坑探法一样封存。当需要采取原状试样而又采用冲洗、冲击、振动等一类方法进行钻进时，应在预计取样位置1.0m以上改用回转钻进。由于钻机取样一般会对岩土样产生一定的扰动，所以毛样的直径一般也较大。

布置于被勘查场地中的钻孔分为技术钻孔和鉴别钻孔两种，前者在对地层进行鉴别、观察的同时还要间隔一定距离采取岩土试样，而后者则不需要采取岩土试样，仅作鉴别和观察地层之用。按土体的性质差异，取土器一般分为两种，一种是锤击取土器，另一种是静压法取土器。锤击法取土以重锤少击效果为好；静压法以快速压入为好。

（三）触探

触探法是用探杆连接探头，以动力或静力方式将探头（通常为金属探头）贯入土层，通过触探头贯入岩土体所受到的阻抗力或阻抗指标大小来间接判断土层工程力学性态的一类勘探方法和原位测试技术。必须指出，触探既是一种勘探方法，还是一种测试技术。作为勘探方法，触探可用于划分土层，确定岩土体的均匀性；作为测试技术，触探结果则可用以估算或判定地基承载能力和土的变形指标等。

按将触探头贯入岩土体的方式不同，可将其划分为静力触探和动力触探两类。

1. 静力触探

静力触探是利用机械或油压装置、借助静压力将触探头压入土层，利用电测技术测量探头所受到的贯入阻力（图 9-3），再通过贯入阻力大小来判定土的力学性质好坏和地基岩土的承载能力、变形指标大小。与其他常规的勘探手段相比，触探法能快速、连续地探测土层及其性质的变化。

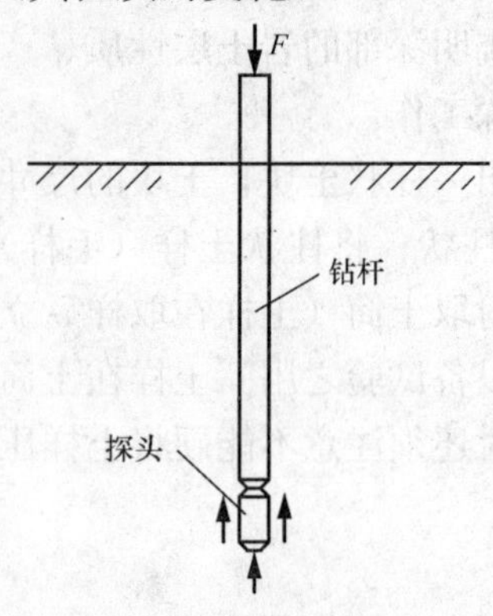

图 9-3 静力触探示意图

注：探头阻力 Q 分为锥头阻力和侧壁摩阻力两部分。

静力触探设备中的核心部分是触探头，它是土层贯入阻力的传感器。当连接在触探杆端部的探头以给定的速度匀速贯入土层时，探头附近一定范围内的土体对探头产生贯入阻力，贯入阻力的大小间接反映了该部分岩土体的物理力学性质的变化。一般而言，对于同一种岩土体，触探贯入阻力越大，土层的力学性质越好；反之，触探贯入阻力越小，岩土层越软弱。因此，只要测得探头的贯入阻力，就能据此评价岩土体工程性质，估算或判定地基承载能力和岩土的变形指标；触探头贯入土中时，探头套所受到的贯入阻力通过顶柱传到空心柱上部，使粘贴在空心柱上的电阻应变片产生拉伸变形，把探头贯入时所受的土阻力转变成电信号并通过接收仪器测量出来，再根据事先标定好的结果换算出或转变成贯入阻力测试结果。

根据静力试验结果来划分土层、判定土的类别、估算地基岩土的承载能力和变形指标时，应结合相邻钻孔资料和地区经验进行。因此，采用静力触探试验时，宜与钻探相配合，以期取得较好的结果。

静力触探试验适用于软土、一般粘性土、粉土、砂土和含少量碎石的土。静力触探可根据工程需要采用单桥探头、双桥探头或带孔隙水压力测量的单、双桥探头，可测定比贯入阻力、锥尖阻力、侧壁摩阻力和探头贯入土体时的孔隙水压力。

2. 动力触探

动力触探是让一定质量的穿心落锤以一定落距自由落下，将连接在探杆前端一定形状（圆锥或圆筒形）、尺寸的探头贯入岩土体中，记录贯入一定厚度岩土层所需的锤击数，并以此锤击数间接判断岩土体力学及工程性质的一种原位测试方法，如图 9-4 所示。

由于土层的种类、性质和状态等存在差异，动力触探时，贯入同样厚度土层所需的锤击数自然不同。将锤击数作为综合反映岩土体性能的一种指标，再将锤击数与室内有关试验和载荷试验等进行对比和相关分析，建立起彼此之间的相关关系经验公式，便可以通过动力触探的锤击数大小，推求土的相关工程性质指标和地基承载力。动力触探是当前国内外广泛使用的测试方法之一，究其原因，除了该方法使用历史悠久、积累的经验丰富以及设备简单、易于操作、成本低廉外，还和该方法可以解决一些特殊问题有关。如利用动力触探试验确定砂土密实程度、判别砂土液化特性、评价静力触探难于穿透的砂砾、卵砾石层的承载力等。为保持每击次的动力锤击功相近、有效，常要求探杆及探头重量不宜超过锤重的2倍。

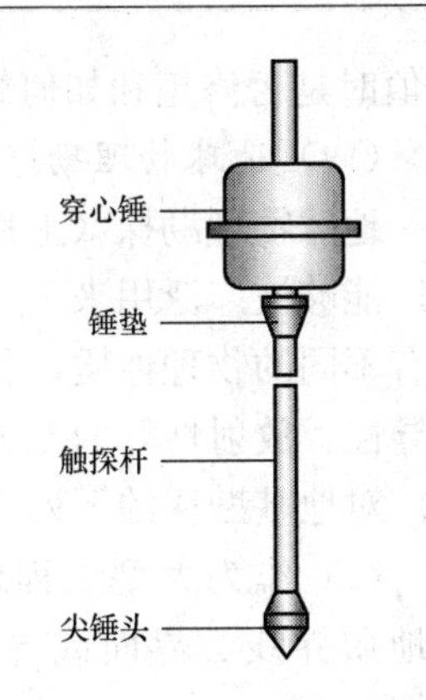

图9-4 动力触探示意图

目前动力触探设备的规格较多，不同设备规格所测得触探指标不同，即某种动力触探指标对应其相应的设备规格。一般根据锤击能量分为轻型、重型和超重型三种。

动力触探试验适用于强风化、全风化的硬质岩石、各种软质岩石及各类土。其目的有：

(1) 定性评价。评定场地土层的均匀性；查明土洞、滑动面和软硬土层界面；确定软弱土层或坚硬土层的分布；检验评估地基土加固与改良的效果。

(2) 定量评价。确定砂土的孔隙比、相对密实度、粉土和粘性土的状态、土的强度和变形参数，评定天然地基土承载力或单桩承载力。

3. 标准贯入试验

标准贯入试验除探头结构形式不同外，其余与重型动力触探试验相同，即穿心锤质量63.5kg，落距76cm。试验时先试用钻进机具钻进到距试验土层标高以上约15cm，以免被试验土层受到扰动；将贯入器垂直打入土层15cm不计数，然后再打入30cm，记录锤击数，此数即为标准贯入击数N；将贯入器继续打入5～10cm，看击数有无变化，发生突然变化时，应考虑加密测点，无突然变化时，可提出贯入器，停止对该土层的试验。标准贯入试验适用于砂土、粉土和一般粘性土。

关于标准贯入试验，《岩土工程勘察规范》规定如下：

(1) 标准贯入试验孔采用回转钻进，并保持孔内水位略高于地下水位。当孔壁不稳定时，可用泥浆护壁，钻至试验标高以上15cm处，清除孔底残土后再进行试验。

(2) 采用自动脱钩的自由落锤法进行锤击，并减小导向杆与锤间的摩阻力，避免锤击时的偏心和侧向晃动，保持贯入器、探杆、导向杆连接后的垂直度，锤击速率应小于30击/min。

(3) 贯入器打入土中15cm后，开始记录每打入10cm的锤击数，累计打入30cm的锤击数为标准贯入试验锤击数N。当锤击数已达50击而贯入深度未达30cm时，可记录50击的实际贯入深度，换算成相当于30cm的标准贯入试验锤击数N，并终止试验。

(4) 标准贯入试验成果N可直接标在工程地质剖面图上，也可绘制单孔标准贯入击数N与深度关系曲线或直方图。统计分层标贯击数平均值时，应剔除异常值。

(5) 标准贯入试验锤击数N值，可对砂土、粉土、粘性土的物理状态、土的强度、变形参数、地基承载力、单桩承载力、砂土和粉土的液化，成桩的可能性等做出评价。应用

N 值时是否修正和如何修正，应根据建立统计关系时的具体情况确定。

（四）地球物理勘探

地球物理勘探（工程上简称物探）也是一种兼有勘探和测试双重功能的技术；该方法之所以能够被广泛用来研究和解决各种地质问题，主要是因为不同的岩石、土层和地质构造等具有不同的物理性质，利用岩土体及地质构造的诸如导电性、磁性、弹性、湿度、密度、热传导性、放射性等的差异，通过专门的物探仪器进行量测，就可以区别和推断有关的地质问题。对地基勘探的下列方面宜应用地球物理勘探：

(1) 作为大型工程地质勘探或某些专门地质问题勘探中钻探的先行手段，了解隐蔽的地质界线、界面或异常点、异常带等，为经济合理、有针对性地确定钻探方案提供依据；

(2) 作为钻探的辅助手段，在钻孔之间增加地球物理勘探点，为钻探成果的内插、外推提供依据；

(3) 用来测定岩土体的某些特殊参数，如波速、动弹性模量、土对金属的腐蚀性等；

(4) 探测深部地层中的矿产、水资源以及地质构造情况等。

常用的物探方法主要有：电阻率法、电位法、地震、声波、电视测井等。

（五）卫星遥感技术

石油开发工程、铁路、公路的选线、水资源开发与利用以及大型水利工程等，如果需要确定大区域范围内的地质构造等情况时，可考虑采用卫星遥感成像技术。

（六）其他轻便勘探方法

在主要工程地质勘察工作完成之后、建筑物施工以前，常常需要用对建设场地中的某些地质问题进行有针对性和密集性勘察，例如探测场地中的古墓、枯井、暗塘等。这种情况下，一些简便实用的简易地质勘探方法会显得既经济实用又行之有效。洛阳铲便是其中应用最为广泛的一种。除此之外，还有手持螺旋钻，钎探等。

洛阳铲是我国劳动人民在生产中创造的一种轻便探测工具，一开始在作为古墓探掘的一种专门器具，后被逐渐应用于场地普探等工程建设活动中。洛阳铲铲头呈月牙形，尾部接在一根长杆上。钻进时用手操作，借助手臂发出的冲击力贯入土体，然后提出地表并清除附着在铲头中的土，如此反复不断，继续钻进。检测带出来的土即可了解土层情况。

值得一提的是，洛阳铲除在场地普探中被广泛应用以外，还在很多方面得以应用。例如在黄土地区边坡土钉支护中开挖钉孔、用石灰桩法处理地基时开挖桩孔、人工开挖探井(孔）等，在黄土地区的某些城市，甚至用洛阳铲来成孔，进行小直径（400～600mm）灌注桩的施工。

三、现场原位测试

现场原位测试是用来确定场地岩土在保持其天然结构性状、天然含水状态以及天然应力状态等条件下某些特定性质的现场试验和手段。

由于原位测试不进行钻探取样，而是直接在现场对天然状态下的岩土体在其生成的原有位置上进行测试、试验，因而比室内土工试验更能真实反映岩土体的固有应力和结构构造特性。但是至少在现有科学发展条件下，原位测试仍然不可能完全替代室内实验。首先是由于原位测试不能像室内实验那样灵活地改变应力条件，以测求不同应力状态下岩土介质的力学特性；其次，对于位于地下深处的深层岩土体，原位测试的工作能力极其有限，很多岩土特性还无法通过现场试验获得。另外，受场地条件、设备条件等限制，当原位试验的布置密度和试验数量与室内试验相同时，其所占用的工期、花费的费用也通常是工程建设所无法接受的。

1. 十字板剪切试验

十字板剪切仪是一种使用方便的原位测试仪器，工程应用比较广泛，通常用以测定饱和粘性土的原位不排水强度，特别适用于均匀饱和软粘土，因为这种土在取样和试件成形过程中不可避免地受到扰动而破坏其天然结构，致使室内试验测得的强度值明显地低于原位土强度。十字板剪切仪的构造如图 9-5 所示。试验时先将套管打到预定的深度，并将套管内的土清除，然后将十字板头装在钻杆的下端，通过套管压入土中，压入深度为750mm，再由地面上的扭力设备对钻杆施加扭矩，使埋在土中的十字板扭转，直至土剪切破坏，破坏面为十字板旋转所形成的圆柱面。

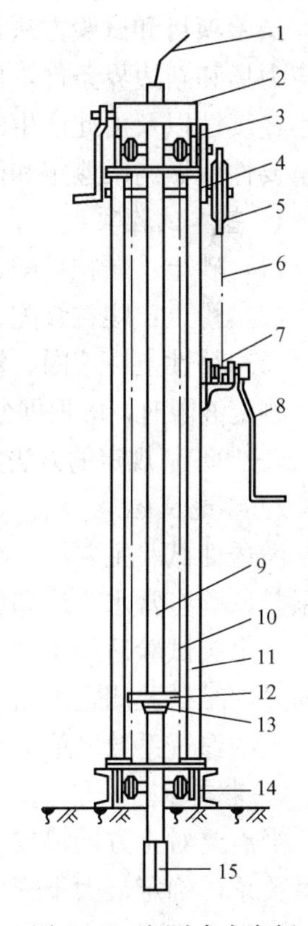

图 9-5　电测式十字板剪切仪构造示意图
1—电缆；2—施加扭力装置；3—大齿轮；4—小齿轮；5—大链条；6、10—链条；7—小链条；8—摇把；9—探杆；11—支架立杆；12—山形板；13—垫压板；14—槽钢；15—十字板头

若剪切破坏时所施加的扭矩为 M，则它应该与剪切破坏圆柱面（包括侧面和上下面）上土的抗剪强度所产生的抵抗力矩相等，根据这一关系，得土的抗剪强度 τ_f

$$\tau_f = \frac{2M}{\pi D^2\left(H + \dfrac{D}{3}\right)}$$

式中　H，D——十字板的高度和直径。

2. 静载荷试验

载荷试验的原理是在实验土面上逐级加上荷载，并观测每级荷载下土的变形，根据试验结果绘制荷载—沉降曲线，见6-4节。

9-4　室内试验及其数据统计分析

岩土性质、强度、变形等测试是岩土工程勘察工作的重要内容，在土工室内试验或现场原位进行测试工作，取得岩土的物理力学性质等定量指标，可以供设计时使用。室内实验项目应按岩土类别、工程类型等确定，原位测试包括静载荷试验、旁压试验、剪切试验、动力参数测定以及触探试验、地下水动态长期观测、抽水试验、建筑物沉降观测、滑坡位移观测等，勘察和设计人员可根据土质条件、设计与施工需要、地区经验等适当增减试验项目。

一、物理性质室内试验

土的物理性质试验项目和方法应符合《岩土工程勘察规范》（GB 50021—2001）的规定，其具体操作和试验仪器应符合《土工试验方法标准》（GB/T 50123）和《工程岩体试验方法标准》（GB/T 50266）的规定。

试验项目和试验方法，当需要时应考虑岩土的原位应力场和应力历史，工程活动引起的新应力场和新边界条件，使试验条件尽可能接近实际；并应注意岩土的非均质性、非等向性和不连续性以及由此产生的岩土体与岩土试样在工程性状上的差别。制备试样前，应对岩土的重要性状做肉眼鉴定和简要描述。

1. 基本试验项目

（1）砂土：颗粒级配、比重、天然含水量、天然密度、最大和最小密度。

（2）粉土：颗粒级配、液限、塑限、比重、天然含水量、天然密度和有机质含量。

（3）粘性土：液限、塑限、比重、天然含水量、天然密度和有机质含量。

测定液限时，应根据分类评价要求，选用现行国家标准《土工试验方法标准》（GB/T 50123—1999）规定的方法，并应在试验报告上注明。在有经验的地区，比重可根据经验确定。

2. 渗透试验

渗透性试验主要用于在进行渗流分析、基坑降水设计等要求提供透水性参数时，室内渗透系数试验有常水头法和变水头法两种。

常水头试验适用于砂土和碎石土；变水头试验适用于粉土和粘性土；透水性很低的软土可通过固结试验测定固结系数、体积压缩系数，计算渗透系数。

土的渗透系数取值应与野外抽水试验或注水试验的成果比较后确定。

3. 击实试验

当需要对土方回填或填筑工程进行质量控制时，应进行击实试验，测定土的干密度与含水量关系，确定最大干密度和最优含水量。

4. 水和土腐蚀性试验

当没有足够经验或充分资料，认定工程场地的土或水（地下水或地表水）对建筑材料不具腐蚀性时，应取水样或土试样进行腐蚀性试验，并应满足下列规定：

（1）混凝土或钢结构处于地下水位以下时，应采取地下水试样和地下水位以上的土试样，并分别作腐蚀性试验。

（2）混凝土或钢结构处于地下水位以上时，应采取土样作土的腐蚀性试验。

（3）混凝土或钢结构处于地表水中时，应采取地表水试样，作水的腐蚀性试验。

（4）水和土的取样数量每个场地不应少于各 2 件，对建筑群不宜少于各 3 件。

二、试验数据统计与分析

由于岩土的不均匀性、取样和运输过程的扰动，试验仪器及操作方法差异等原因，同类土层测得的土性指标值是离散的。岩土参数应根据工程特点和地质条件选用，并按下列内容评价其可靠性和适用性：

（1）取样方法和其他因素对试验结果的影响。

（2）采用的试验方法和取值标准。

（3）不同测试方法所得结果的分析和比较。

（4）测试结果的离散程度。

（5）测试方法与计算模型的配套性。

（一）岩土参数分析与统计

1. 划分统计单元

在试验数据统计前，应按地貌单元、地层层位、成因类型、岩性和沉积年代等划分统计单元。其次，对该单元的试验数据进行检查，对异常数据应进行复查检验，分析研究，决定取舍。每个统计单元，土的物理性质指标应基本接近，数据的离散性只能是土质不均匀或试验误差造成的。

2. 编制统计图表

将不同统计单元的数据分别列表，必要时绘制统计图示，岩土工程常用的统计图示是直方图，有频数分布直方图和频率分布直方图。

（二）试验数据统计

在试验数据统计整理时，应在合理分层基础上，对每层土的有关测试项目，根据指标测试次数、地层均匀性和建筑物等级等因素选择合理的数理统计方法。

1. 计算平均值、标准差及变异系数

岩土参数的平均值

$$\varphi_m = \frac{\sum_{i=1}^{n} \varphi_i}{n} \tag{9-1}$$

岩土参数的标准差

$$\sigma_f = \sqrt{\frac{1}{n-1}\left[\sum_{i=1}^{n} \varphi_i^2 - \frac{1}{n}\left(\sum_{i=1}^{n} \varphi_i\right)^2\right]} \tag{9-2}$$

岩土参数的变异系数

$$\delta = \frac{\sigma_f}{\varphi_m} \tag{9-3}$$

2. 异常数据的舍弃

求得平均值和标准差后，可用于检验统计数据中应当舍弃的带有粗差的数据。剔除粗差有不同的标准，常用的有正负三倍标准差法、Chauvenet 法和 Grubbs 法。

当离差 d 满足式（9-4）时，该数据应舍弃

$$|d| = g\sigma_f \tag{9-4}$$

式中，$d=x-\overline{x}$；σ_f 为标准差；g 由不同标准给出的稀疏，当采用三倍标准差方法时，$g=3$。

3. 相关性分析

主要参数宜绘制沿深度变化的图件，并按变化特点划分为相关型和非相关型。需要时，应分析参数在水平方向上的变异规律。

相关型参数宜结合岩土参数与深度的经验关系，按下式确定剩余标准差，并用剩余标准差计算变异系数。

剩余标准差

$$\sigma_r = \sigma_f \sqrt{1-r^2} \tag{9-5}$$

变异系数

$$\delta = \frac{\sigma_r}{\varphi_m} \tag{9-6}$$

式中 r——相关系数；对非相关型，$r=0$。

（三）岩土参数的标准值 φ_k

统计修正系数

$$\gamma_s = 1 \pm \left(\frac{1.704}{\sqrt{n}} + \frac{4.678}{n^2}\right)\delta \tag{9-7}$$

岩土参数的标准值

$$\varphi_k = \gamma_s \varphi_m \tag{9-8}$$

式中，正负号按不利组合考虑，如抗剪强度指标的修正系数应取负值。统计修正系数可按岩土工程的类型和重要性、参数的变异性和统计数据的个数，根据经验选用。

在岩土工程勘察报告中，一般情况下应提供岩土参数的平均值、标准差、变异系数、数据分布范围和数据的数量；承载能力极限状态计算所需要的岩土参数标准值，应按式(9-8)计算；当设计规范另有专门规定的标准取值方法时，可按有关规范执行。

9-5　工程地质勘察报告

工程地质勘察的最终成果是以《工程地质勘察报告书》的形式提交的。报告书中包含了直接或间接得到的各种工程地质资料；还包含了勘察单位对这些资料的检查校对、分析整理和归纳总结过程、有关场地工程地质条件的评价结论及相关分析评价依据。报告以简要明确的文字和图表两种形式编写而成，具体内容除应满足《岩土工程勘察规范》(GB 50021—2001)的相关内容外，还和勘察阶段、勘察任务要求和场地及工程的特点等有关。单项工程的勘察报告书一般包括文字和图表两部分。

一、文字部分

(1) 工程概况、勘察任务、勘察基本要求、勘察技术要求及勘察工作简况。

(2) 场地位置、地形地貌、地质构造、不良地质现象及地震设防烈度等。

(3) 场地的岩土类型、地层分布、岩土结构构造或风化程度、场地土的均匀性、岩土的物理力学性质、地基承载力以及变形和动力等其他设计计算参数或指标。

(4) 地下水的埋藏条件、分布变化规律、含水层的性质类型、其他水文地质参数、场地土或地下水的腐蚀性以及地层的冻结深度。

(5) 关于建筑场地及地基的综合工程地质评价以及场地的稳定性和适宜性等结论。

(6) 针对工程建设中可能出现或存在的问题，提出相关地处理方案、预防防治措施和施工建议。

二、图表部分

(1) 勘察点（线）的平面布置图及场地位置示意图；钻孔柱状图，工程地质剖面图；综合地质柱状图。

(2) 土工试验成果总表和其他测试成果图表（如现场载荷试验、标准贯入试验、静力触探试验等原位测试成果图表，室内试验成果图表）。

上述报告书的内容并不是每一份勘察报告都必须全部具备的；具体编写时可视工程要求和实际情况酌情简化。

勘探点平面布置图及场地位置示意图是在勘察任务书所附的场地地形图的基础上绘制的，图中应注明建筑物的位置，各类勘探、测试点的编号、位置（力求准确），并用图例表将各勘探、测试点及其地面标高和探测深度表示出来。图例还应对剖面连线和所用其他符号加以说明。

钻孔柱状图是根据钻孔的现场记录整理出来的，记录中除了注明钻进所用的工具、方法和具体事项外，其主要内容是关于地层的分布和各层岩土特征和性质的描述。在绘制柱状图之前，应根据室内土工试验成果及保存的土样对分层的情况和野外鉴别记录加以认真的校核。当现场测试和室内试验成果与野外鉴别不一致时；一般应以测试试验成果为准，只有当样本太少且缺乏代表性时，才以野外鉴别为准，存在疑虑较大时，应通过补充勘察重新确定。绘制柱状图时，应自下而上对地层进行编号和描述，并按公认的勘察规范所认定的图例和符号以一定比例绘制，在柱状图上还应同时标出取土深度、标准贯入试验等原位测试位置，地下水位等资料。柱状图只能反映场地某个勘探点的地层竖向分布情况，而不能说明地层的空间分布情况，也不能完全说明整个场地地层在竖向的分布情况。

工程地质剖面图是通过彼此相邻的数个钻孔柱状图得来，它能反映某一勘探线上地层竖向和水平向的分布情况（空间分布状态）。剖面图的垂直距离和水平距离可采用不同的比例尺。由于勘探线的布置常与主要地貌单元或地质构造轴线相垂直，或与建筑物的轴线相一致，故工程地质剖面图是勘察报告的最基本图件之一。

绘制工程地质剖面图时，应首先将勘探线的地形剖面线画出，并标出钻孔编号，然后绘出勘探线上各钻孔中的地层层面，并在钻孔符号的两侧分别标出各土层层面的高程和深度，再将相邻钻孔中相同的土层分界点以直线相连。当某地层在邻近钻孔中缺失时，该层可假定于相邻两孔中间消失。剖面图中还应标出原状土样的取样位置、原位测试位置及地下水的深度。

综合工程地质剖面图是通过场地所有钻孔柱状图而得，比须清楚表示场地的地层新老次序和地层层次，图上应注明层厚和地质年代，并对各层岩土的主要特征和性质进行概括描述，以方便设计单位进行参数选取和图纸设计。

土工试验成果总表和其他测试成果图表是设计工程师最为关心的勘察成果资料，是地基基础方案选择的重要依据，因此应将室内土工试验和现场原位测试的直接成果详细列出。必要时，还应附以分析成果图（例如静力载荷试验 p-s 曲线、触探成果曲线等)。

习　题

9-1　简述工程地质勘察的目的。

9-2　岩土工程勘察等级是怎样划分的？

9-3　工程地质勘察划分几个阶段？各阶段的主要任务是什么？

9-4　工程地质勘察的方法主要有哪些？

9-5　工程地质勘察报告由哪几部分组成？其主要内容有哪些？

第10章 天然地基上的浅基础

10-1 概 述

一、地基基础概念

所有支承在岩土层上的结构物，包括房屋、桥梁、堤坝等都由上部结构和地基基础组成。承担建筑物荷载的地层称为地基，介于上部结构与地基之间的部分是基础（图10-1）。

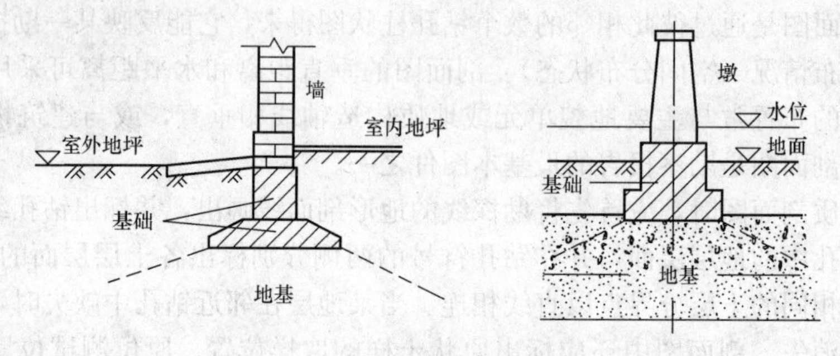

图10-1 地基与基础

基础是指结构物最下部的构件或部分结构，其功能是将上部结构所承担的荷载传递到地基上。基础应有一定的埋置深度，使基础底面置于好的土层上。基础按埋深可分为浅基础和深基础。浅基础是相对于深基础而言的，两者在施工方法、工作机理和设计原则上均有不同。浅基础的埋深通常不大，用一般的施工方法进行施工，施工条件及工艺简单。浅基础有无筋扩展基础（如毛石基础、素混凝土基础等）、扩展基础（钢筋混凝土基础）、条形基础、筏形基础和箱形基础等。深基础系指埋深较大的基础，如桩基础、沉井基础、沉箱基础和地下连续墙基础等。由于深基础埋深较大，可利用基础将上部结构的荷载向地基深部土层传递。深基础是采用特殊的结构形式、特殊的施工方法和专门施工设备，施工技术复杂，造价高、工期长。

地基是指支承上部结构并受上部结构荷载影响的整个地层。实际意义上的地基是指有限深度范围内的直接承载并相应产生变形的地层。如果场地基岩埋藏较深，地表覆盖土层较厚，建筑物经常建造在由土层所构成的地基上，这种地基称之为土基。如果场地基岩埋藏较浅，甚至出露于地表，建筑物经常建造在由岩层所构成的地基上，这种地基称之为岩基。

当地基为多层土时，与基础底面相接触的土层称为持力层。持力层直接承受基础底面传给它的荷载，故持力层应尽可能是工程性质好的土层。凡在持力层下面的地基土层称为下卧层。

地基可分为天然地基、人工地基。天然地基不经过人工处理，直接用来作建筑物地基的天然土层；人工地基是经过人工地基处理后才满足建筑物地基要求的土层。

地基基础设计必须根据建筑物的用途和安全等级、建筑布置和上部结构类型，充分考虑建筑场地和地基岩土条件，结合施工条件以及工期、造价等方面要求，合理选择地基基础方案，因地制宜、精心设计，以保证建筑物的安全和正常使用。

地基基础的设计和计算应该满足下列三项基本原则：

（1）对防止地基土体剪切破坏和丧失稳定性方面，应具有足够的安全度。

（2）应控制地基的特征变形量，使之不超过建筑物的地基特征变形允许值，以免引起基础和上部结构的损坏、或影响建筑物的使用功能和外观。

（3）基础的形式、构造和尺寸，除应能适应上部结构、符合使用需要、满足地基承载力（稳定性）和变形要求外，还应满足对基础结构的强度、刚度和耐久性的要求。

如果地基土中有良好的土层，应尽量选该土层作为直接承受基础荷载的持力层，即采用天然地基。当天然地基土层较软弱或具有特殊工程性质，如湿陷性黄土、膨胀土等，不适于做天然地基时，可对上部地基土进行加固处理，从而形成人工地基。另外，还可采用桩基础等深基础形式，将荷载向深部土层传递。

在选择地基基础方案时，通常优先考虑天然地基上的浅基础，因为这类基础具有施工简便，用料省，工期短等优点。当这类基础难以适应较差的地基条件或上部结构的荷载、构造及使用要求时，才考虑采用人工地基上的浅基础或深基础。常用浅基础的埋深与基础底面宽度相比较小，在土力学概念上与深基础不同。在浅基础施工时，基础旁侧一般为开挖后的回填土，其强度较低且易受外界影响而变异。因此，确定浅基础承载力时，一般不考虑基础埋置深度范围内土体抗剪强度对地基承载力的有利影响。在沉降估算计算时，可采用基底附加压力来近似考虑基础埋深的影响。

常用浅基础体型不大、结构简单，在计算单个基础时，一般不考虑上部结构与地基、基础相互作用，而将三者作为独立结构单元进行力学分析，这种分析方法进行的设计通常称为常规设计。浅基础常规设计显然是简化方法，因为地基、基础和上部结构沿接触点除了满足静力平衡条件外，还要满足受荷前后变形连续性，三者是相互联系成整体来承担荷载而发生变形，三部分将按各自的刚度对变形产生相互制约的作用，从而使整个体系的内力和变形发生变化（见 10-7 节）。当地基软弱、结构物对不均匀沉降敏感时，常规分析结果与实际差别较大。但由于人们认识水平的限制，目前浅基础设计时通常采用常规设计，但理解和掌握地基、基础和上部结构相互作用的概念有助于了解各类基础的性能、正确选择的基础方案、评价常规分析与实际之间的可能差异、理解影响地基特征变形允许值的因素和采取防止不均匀沉降的措施等有关问题。

天然地基上浅基础设计内容与步骤：

（1）根据上部结构形式，荷载大小选择基础的结构形式、材料并进行平面布置；

（2）确定基础的埋置深度；

（3）确定地基承载力特征值；

（4）根据基础顶面荷载值及持力层地基承载力，初步计算基础底面尺寸；

（5）若地基持力层下部存在软弱土层，则需验算软弱下卧层的承载力；

（6）甲级、乙级建筑物及部分丙级建筑物应进行地基变形验算；

（7）基础剖面及结构设计；

（8）绘制基础施工图。

步骤（6）以前如有不满足要求的情况，可对基础设计进行调整，如改变基础埋深、加大基础底面尺寸或改变基础方案，直至满足要求为止。

二、地基基础设计一般规定

(一) 地基基础设计等级

《建筑地基基础设计规范》(GB 50007) 根据地基复杂程度、建筑物规模和功能特征以及由于地基问题可能造成建筑物破坏或影响正常使用的程度，将地基基础设计分为三个设计等级，设计时应根据具体情况，按表 10-1 选用。地基基础设计等级主要用来区分建筑物是否需要验算地基变形，属于正常使用极限状态的范畴，是结构适用性问题，地基基础设计等级在工程设计、工程勘察、检验与监测等方面有不同作用，如：区分了验算地基变形的建筑物的范围，它是建筑物地基基础设计等级最重要功能；受滑坡影响的不同地基基础设计等级建筑物的滑坡推力安全系数不同；单桩承载力特征值 Ra 确定方法，地基基础设计等级为甲、乙级的建筑物，Ra 应通过单桩静载试验确定；地基基础设计等级不同的建筑物，岩土工程勘察报告提供的内容不同、基坑监测项目和变形观测范围不同。

(二) 地基基础设计基本要求

根据建筑物地基基础设计等级及长期荷载作用下地基变形对上部结构的影响程度，地基基础设计应符合下列基本要求：

1. 地基土体强度条件

要求所有建筑物基础底面尺寸均应满足地基承载力计算的有关规定。

表 10-1　地基基础设计等级

设计等级	建筑和地基类型
甲级	重要的工业与民用建筑物 30 层以上的高层建筑 体型复杂，层数相差超过 10 层的高低层连成一体建筑物 大面积的多层地下建筑物（如地下车库、市场、运动场等） 对地基变形有特殊要求的建筑物 复杂地质条件下的坡上建筑物（包括高边坡） 对原有工程影响较大的新建筑物 场地和地基条件复杂的一般建筑物 位于复杂地质条件及软土地区的二层及二层以上地下室的基坑工程 开挖深度大于 15m 的基坑周边环境条件复杂、环境保护要求高的基坑工程
乙级	除甲级、丙级以外的工业与民用建筑物 除甲、丙级以外的基坑工程
丙级	场地和地基条件简单、荷载分布均匀的七层及七层以下民用建筑及一般工业建筑物；次要的轻型建筑物 非软土地区且场地地质条件简单，基坑周边环境条件简单，环境保护要求不高且开挖深度小于 5.0m 的基坑工程

2. 地基变形条件

设计等级为甲级、乙级的建筑物，均应按地基变形设计；表 10-2 所列范围内设计等级为丙级的建筑物可不作变形验算，但如有下列情况之一时，仍应作变形验算：

(1) 地基承载力特征值小于 130kPa，且体型复杂的建筑；

(2) 在基础上及其附近有地面堆载或相邻基础荷载差异较大，可能引起地基产生过大的不均匀沉降时；

(3) 软弱地基上的建筑物存在偏心荷载时；

（4）相邻建筑距离过近，可能发生倾斜时；

（5）地基内有厚度较大或厚薄不均的填土，其自重固结未完成时。

表 10-2　　可不作地基变形计算设计等级为丙级的建筑物范围

地基主要受力层情况	地基承载力特征值 f_{ak}（kPa）			$60\leqslant f_{ak}<80$	$80\leqslant f_{ak}<100$	$100\leqslant f_{ak}<130$	$130\leqslant f_{ak}<160$	$160\leqslant f_{ak}<200$	$200\leqslant f_{ak}<300$
	各土层坡度（%）			≤5	≤5	≤10	≤10	≤10	≤10
建筑类型	砌体承重结构、框架结构（层数）			≤5	≤5	≤5	≤6	≤6	≤7
	单层排架结构（6m 柱距）	单跨	吊车额定起重量（t）	5～10	10～15	15～20	20～30	30～50	50～100
			厂房跨度（m）	≤12	≤18	≤24	≤30	≤30	≤30
		多跨	吊车额定起重量（t）	3～5	5～10	10～15	15～20	20～30	30～75
			厂房跨度（m）	≤12	≤18	≤24	≤30	≤30	≤30
	烟囱		高度（m）	≤30	≤40	≤50	≤75		≤100
	水塔		高度（m）	≤15	≤20	≤30	≤30		≤30
			容积（m^3）	≤50	50～100	100～200	200～300	300～500	500～1000

注　1. 地基主要受力层是指条形基础底面下深度为 $3b$（b 为基础底面宽度），独立基础下为 $1.5b$，且厚度均不小于 5m 范围（二层以下一般的民用建筑除外）。

2. 地基主要受力层中如有承载力特征值小于 130kPa 的土层时，表中砌体承重结构的设计，应符合《建筑地基基础设计规范》第七章的有关要求。

3. 表中砌体承重结构和框架结构均指民用建筑，对于工业建筑可按厂房高度、荷载情况折合成与其相当的民用建筑层数。

4. 表中吊车额定起重量、烟囱高度和水塔容积的数值是指最大值。

3. 地基稳定性验算

经常受水平荷载作用的高层建筑、高耸结构和挡土墙等，尚应验算其稳定性；基坑工程应进行稳定性验算。

4. 建筑物抗浮验算

当地下水埋藏较浅，建筑地下室或地下构筑物存在上浮问题时，尚应进行抗浮验算。

（三）基础荷载组合与抗力规定

地基基础设计时，所采用的荷载效应最不利组合与相应的抗力限值应按下列规定：

（1）按地基承载力确定基础底面积及埋深或按单桩承载力确定桩数时，传至基础或承台底面上的荷载效应应按正常使用极限状态下荷载效应的标准组合。相应的抗力应采用地基承载力特征值或单桩承载力特征值。

（2）计算地基变形时，传至基础底面上的荷载效应应按正常使用极限状态下荷载效应的准永久组合，不应计入荷载和地震作用。相应的限值应为地基变形允许值。

（3）计算挡土墙土压力、地基或斜坡管理及滑推力时，荷载效应应按承载能力极限状态下荷载效应的基本组合，但其分项系数均为 1.0。

（4）在确定基础或桩台高度、支挡结构截面、计算基础或支挡结构内力、确定配筋和验算材料强度时，上部结构传来的荷载效应组合和相应的基底反力，应按承载能力极限状态下荷载效应的基本组合，采用相应的分项系数。

（5）当需要验算基础裂缝宽度时，应按正常使用极限状态荷载效应标准组合。

（6）基础设计安全等级、结构设计使用年限、结构重要性系数应按有关规范的规定采用，但结构重要性系数 γ_0 不应小于 1.0。

10-2　浅基础类型

浅基础可以从不同角度进行分类，如按基础材料可分为砖基础、毛石基础、混凝土基础及毛石混凝土基础、钢筋混凝土基础，其中前三种具有抗压强度大，抗拉、抗剪强度低的特点，习惯上称为刚性基础或无筋扩展基础，而钢筋混凝土基础又包括扩展基础、柱下条形基础、筏形基础和箱型基础。一般来讲，为扩散上部结构传来的荷载，使作用在基底的压应力满足地基承载力的设计要求，且基础内部的应力满足材料强度的设计要求，通过向侧边扩展一定底面积的基础统称为扩展基础。在我国《建筑地基基础设计规范》中，扩展基础仅包括柱下独立基础和墙下条形基础（无筋或钢筋混凝土扩展基础）。

一、无筋扩展基础

无筋扩展基础通常由砖、石、素混凝土、灰土和三合土等材料建成。这些材料都具有较好的抗压性能，但抗拉，抗剪强度却不高，因此，设计时必须保证基础内的拉应力和剪应力不超过材料强度的设计值。通常通过对基础构造的限制来实现这一目标，即基础的外伸宽度与基础高度的比值，称为无筋扩展基础台阶宽高比小于基础的台阶宽高比的允许值（图10-2）。这样，基础的相对高度都比较大，几乎不发生挠曲变形，所以此类基础常称为刚性基础或刚性扩展（大）基础。基础形式有墙下条形基础和柱下独立基础。

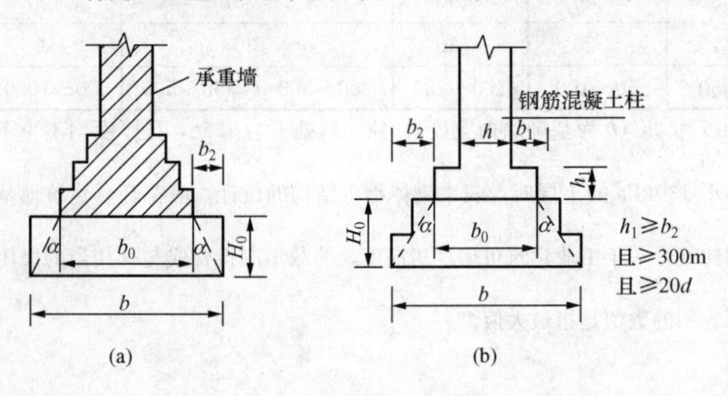

图10-2　无筋扩展基础构造示意图

无筋扩展基础因材料特性不同而有不同的适用性。用砖、石及素混凝土砌筑的基础一般可用于六层及六层以下的民用建筑和砌体承重的厂房。在我国华北和西北环境比较干燥的地区，灰土基础广泛用于五层及五层以下的民用房屋。在南方常用的三合土及四合土（水泥、石灰、砂、骨料按1∶1∶5∶10或1∶1∶6∶12配比）一般用于不超过四层的民用建筑。另外，石材及素混凝土常是中小型桥梁和挡土墙的刚性扩展基础的材料。

二、钢筋混凝土基础

钢筋混凝土基础具有较强的抗弯、抗剪能力，适合于荷载大，且有力矩荷载的情况或地下水位以下的基础，常做成扩展基础，条形基础，筏形基础，箱形基础等形式。由于钢筋混凝土基础有很好的抗弯能力，因此也称为柔性基础。这种基础能发挥钢筋的抗拉性能及混凝土抗压性能，适用范围十分宽广。

根据上部结构特点，荷载大小和地质条件，钢筋混凝土基础可构成如下结构形式。

（一）扩展基础

钢筋混凝土扩展基础一般指钢筋混凝土墙下条形基础和钢筋混凝土柱下独立基础。扩展基础的抗弯和抗剪性能良好，可在竖向荷载较大、地基承载力不高以及承受水平力和力矩荷载等情况下使用。由于这类基础的高度不受台阶宽高比的限制，适宜需要“宽基浅埋”的场合下采有。例如当软土地基表层具有一定厚度的所谓“硬壳层”，并拟采用该层作为持力层时，可考虑采用这类基础形式。墙下扩展条形基础的构造如图 10－3 所示。如地基不均匀，为增强基础的整体性和抗弯能力，可以采用有肋的墙下条形基础［图 10－3（b）］，肋部配置足够的纵向钢筋和箍筋。为避免地基土变形对墙体的影响，或当建筑物较轻，作用在墙上的荷载不大，基础又需要做在较深的持力层上时，做条形基础也不经济，可采用墙下独立基础，将墙体砌筑在基础梁上，如图 10－4 所示。柱下独立基础的构造如图 10－5 所示，其中图（a）、（b）是现浇柱基础，图（c）是预制柱基础。

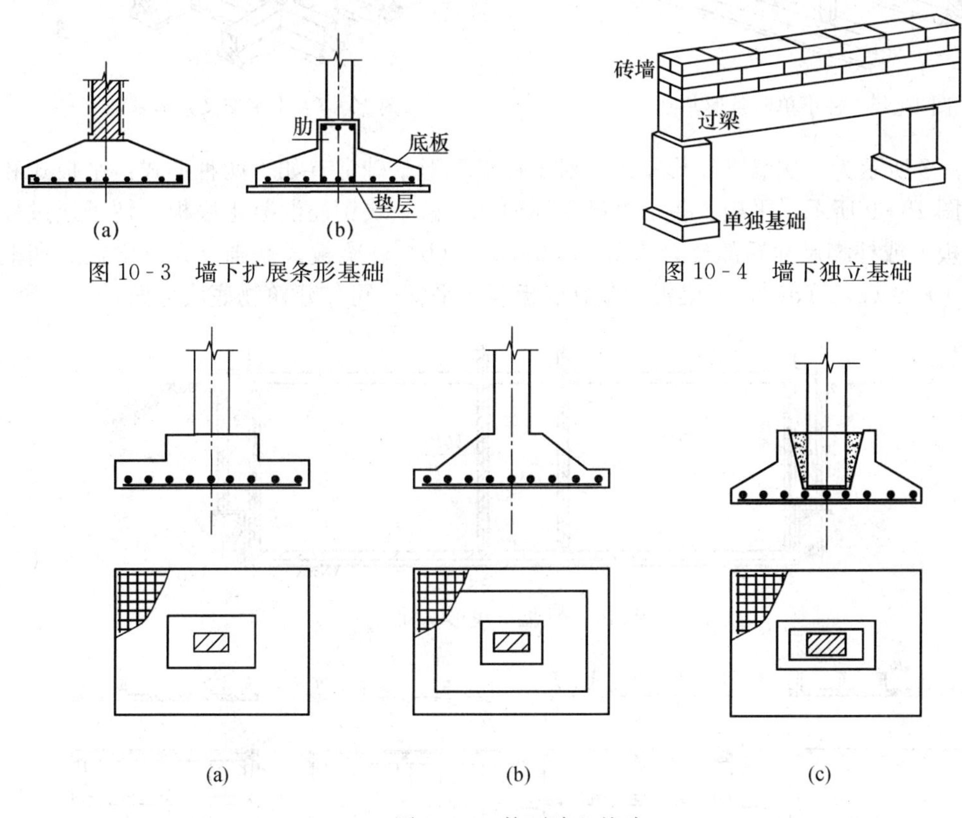

图 10－3　墙下扩展条形基础

图 10－4　墙下独立基础

图 10－5　柱下独立基础

（二）柱下单向与双向条形基础

如果柱子的荷载较大而土层的承载力较低，若采用柱下独立基础，基底面积必然较大，在这种情况下可采用柱下单向条形基础（图 10－6）。如果单向条形基础的底面积已能满足地基承载力要求，只需减少基础之间的沉降差，则可在另一方向加设联梁，形成联梁式条形基础。

如果柱网下的基础软弱，土的压缩性或柱荷载的分布沿两个柱列方向都很不均匀，一方面需要进一步扩大基础底面积，另一方面又要求基础具有较大的整体刚度以调整不均匀沉降，可沿纵横柱列设置条形基础而形成十字交叉条形基础，见图 10－7。十字交叉条形基础具有较大的整体刚度，在多层厂房、荷载较大的多层及高层框架中常被采用。

（三）筏形基础

当柱子或墙传来的荷载很大，地基土较软，或者地下水常年在地下室的地坪以上，为了防止地下水渗入室内或有使用要求的情况下，往往需要把整个房屋（或地下室）底面做成一片连续的钢筋混凝土板作为基础，此类基础称为筏形基础或满堂基础。

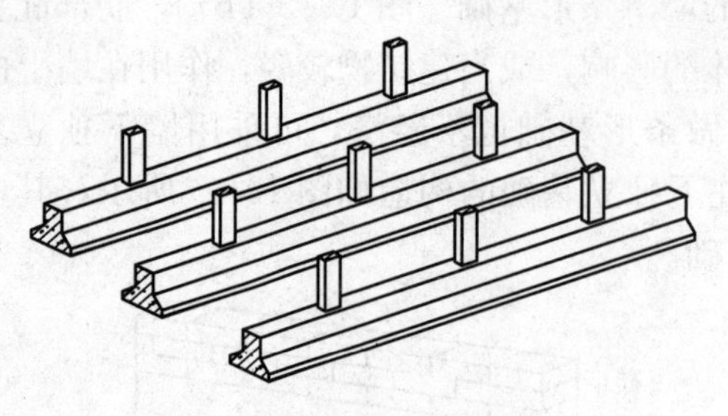

图 10-6　柱下单向条形基础

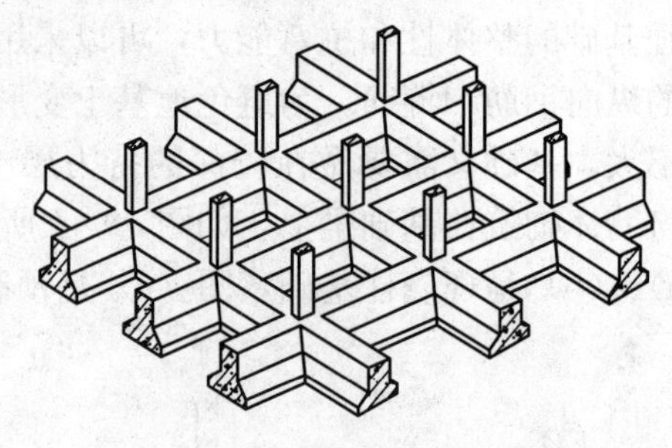

图 10-7　十字交叉条形基础

图 10-8 所示为一例墙下筏形基础。对于柱下筏形基础常有如下两种形式：平板式和梁板式，如图 10-9 所示。平板式筏形基础是在地基上做一块钢筋混凝土底板，柱子通过柱脚支承在底板上或柱脚尺寸局部放大［图 10-9 (a)、(b)］。梁板式基础分为下梁板式和上梁板式［图 10-9 (c)、(d)］，下梁板式基础底板顶面平整，可作建筑物底层地面。

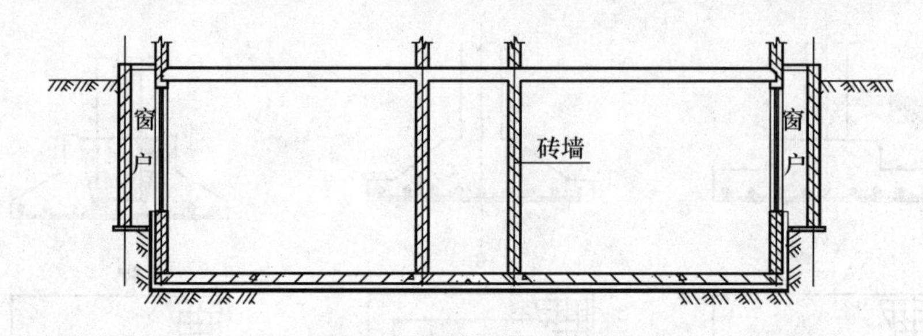

图 10-8　墙下筏形基础

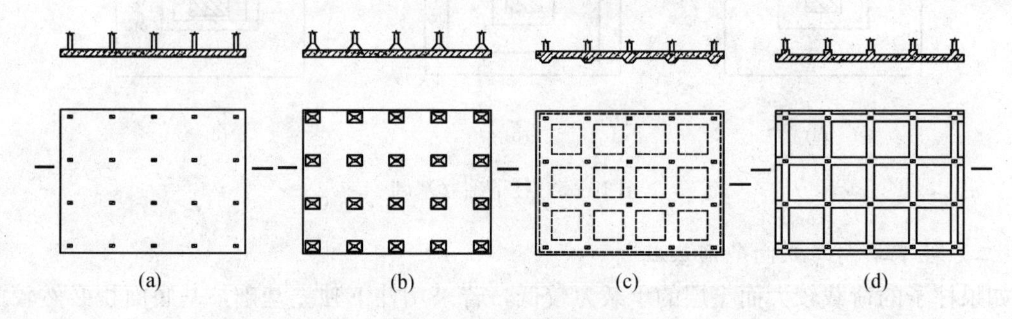

图 10-9　柱下筏形基础

筏形基础，特别是梁板式筏形基础整体刚度较大，能很好地调整不均匀沉降。对于有地下室的房屋、高层建筑或本身需要可靠防渗底板的贮液结构物（如水池、油库）等，是理想的基础形式。

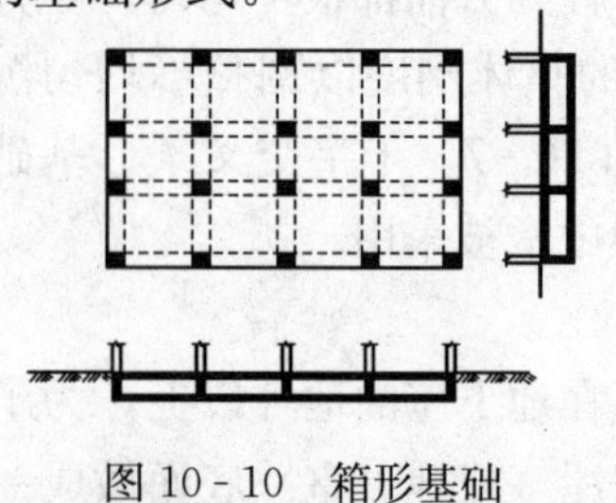

图 10-10　箱形基础

（四）箱形基础

箱形基础是由钢筋混凝土顶板，底板，纵横隔墙构成的，具有一定高度的整体性结构（图 10-10）。箱形基础具有较大的基础底面，较深的埋置深度和中空的结构形式，使开挖卸去的土抵偿了上部结构传来的部分荷载在地基中引起的附加应力（补偿效应），所以，与一般实体基础（扩展基础和柱下条形基础）相比，它能显著减小基础沉降量。

由顶、底板和纵、横墙形成的结构整体性使箱基具有比筏形基础更大的空间刚度，可抵抗地基或荷载分布不均匀引起的差异沉降和架越不太大的地下洞穴。此外，箱基的抗震性能较好。箱基形成的地下室可以提供多种使用功能。冷藏库和高温炉体下的箱基具有隔断热传导的作用，可防地基土的冻胀和干缩；高层建筑的箱基可作为商店、库房、设备层和人防之用。

10-3　基础的埋置深度

基础埋置深度是指基础底面距地面的距离。在满足地基稳定和变形的条件下，基础应尽量浅埋。确定基础埋深时应综合考虑如下因素，但对一具体工程来说，往往只是其中一两个因素起决定作用。

一、与建筑物有关的一些要求

确定基础埋置深度首先应考虑建筑物的用途，有无地下室、设备基础和地下设施，以及基础的形式和构造，因而，基础埋深要结合建筑设计标高的要求确定；高层建筑筏形和箱形基础的埋置深度应满足地基承载力、变形和稳定性要求。在抗震设防区，除岩石地基外，天然地基上的箱形和筏形基础其埋置深度不宜小于建筑物高度的 1/15；桩箱或桩筏基础的埋置深度（不计桩长）不宜小于建筑物高度的 1/18～1/20。位于基岩地基上的高层建筑物基础埋置深度，还要满足抗滑要求。对于高耸构筑物（烟囱、水塔、筒体结构），基础要有足够埋深应满足稳定性要求；对于承受上拔力的结构基础，如输电塔基础，悬索式桥梁的锚定基础，也要求有较大的埋深以满足抗拔要求。

另外，建筑物荷载的性质和大小影响基础埋置深度的选择，如荷载较大的高层建筑和对不均匀沉降要求严格的建筑物，往往为减小沉降，而把基础埋置在较深的良好土层上，这样，基础埋置深度相应较大。此外，承受水平荷载较大的基础，应有足够大的埋深，以保证地基的稳定性。

二、工程地质条件

当上层土的承载力高于下层土的承载力时宜取上层土作为持力层，特别是对于上层为“硬壳层”时，尽量做“宽基浅埋”。

对于上层土较软的地基土，视土层厚度而考虑是否挖除，或采用人工地基，或选择其他基础形式。

当土层分布明显不均匀，或建筑物各部分荷载差别较大时，同一建筑物可采用不同的埋深来调整不均匀沉降。对于持力层顶面倾斜的墙下条形基础可做成台阶状，见图 10-11。

位于稳定土坡坡顶上的建筑，当垂直于坡顶边缘线的基础底面边长小于或等于 3m 时，其基础底面外边缘线至坡顶的水平距离（图 10-12）应符合下式要求，但不得小于 2.5m：

条形基础

$$a \geqslant 3.5b - \frac{d}{\tan\beta} \tag{10-1}$$

矩形基础

$$a \geqslant 2.5b - \frac{d}{\tan\beta} \tag{10-2}$$

式中 a——基础底面外边缘线至坡顶的水平距离；

b——垂直于坡顶边缘线的基础底面边长；

d——基础埋置深度；

β——边坡坡角。

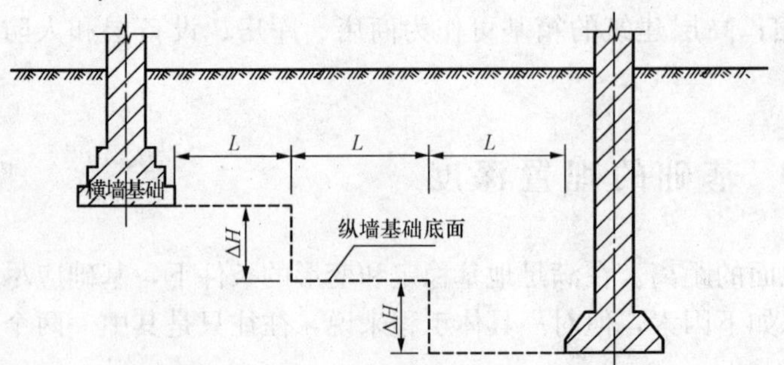

图 10-11 埋置深度不同的基础及墙下台阶条形基础

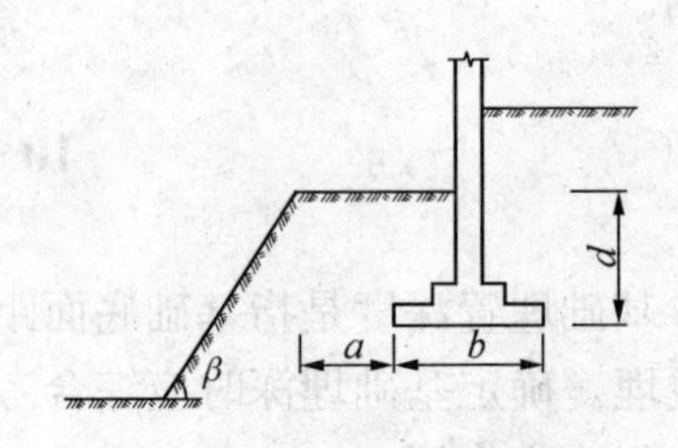

图 10-12 基础底面外边缘距坡顶的水平距离示意

当基础底面外边缘线至坡顶的水平距离不满足式（10-1）、式（10-2）的要求时，根据稳定性验算方法圆弧滑动面法确定基础距坡顶边缘的距离和基础埋深。

当边坡坡角大于 45°、坡高大于 8m 时，还应进行坡体稳定性验算。

三、水文地质条件

有潜水存在时，底面应尽量埋置在潜水位以上。若基础底面必须埋置在水位以下时，除应考虑施工时的基坑排水，坑壁围护（地基土扰动）等问题，还应考虑地下水对混凝土的腐蚀性，地下水的防渗以及地下水对基础底板的上浮作用。

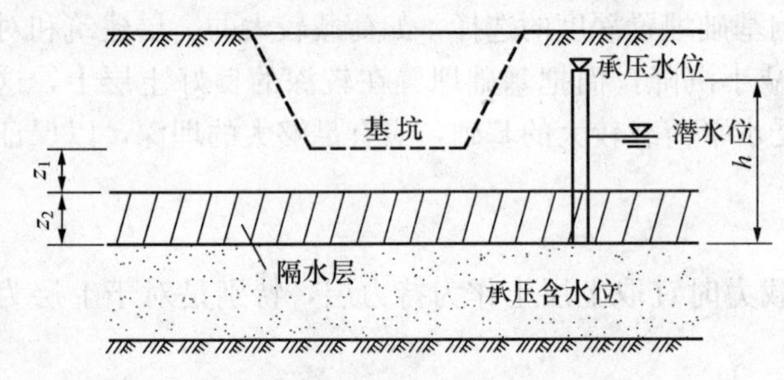

图 10-13 基坑下有承压水含水层

对埋藏有承压含水层的地基，选择基础埋深时，须防止基底因挖土卸载而隆起开裂（图 10-13）。必须控制基坑开挖深度，使承压含水层顶部的静水压力 u 与总覆盖压力 σ 的比值 $u/\sigma<1$，否则应降低地下承压水水头。式中静水压力 $u=\gamma_w h$，h 为承压含水层顶部压力水头高；总覆盖压力 $\sigma=\gamma_1 z_1+\gamma_2 z_2$，式中 γ_1、γ_2 分别为各土层的重度，水位下取饱和重度。

四、地基冻融条件

季节性冻土是冬季冻结、天暖解冻的土层。土体中水冻结后体积膨胀，使土体产生冻胀现象。位于冻胀区的基础在受到大于基底压力的冻胀力作用下会被上抬，而冻土层解冻后产生融陷，建筑物随之下沉。冻胀和融陷是不均匀的，往往造成建筑物的开裂损坏。因此为避开冻胀区土层的影响，将基础底面宜设置在冻结线以下。《建筑地基基础设计规范》规定，基础的最小埋深为

$$d_{min}=z_d-h_{max} \tag{10-3}$$

式中 z_d——设计冻深；

h_{max}——基底下允许残留冻土层最大厚度，可根据基底压力的大小、基础形状、地基土

的冻胀性和采暖情况按规范确定。

季节性冻土地区基础设计冻深由下式确定

$$z_d = z_0 \psi_{zs} \psi_{zw} \psi_{ze} \quad (10-4)$$

式中　z_0——标准冻深，采用地表在平坦、裸露、城市之外的空旷场地中不少于10年实测最大冻深的平均值；

ψ_{zs}——土的类别对冻深的影响系数，见表10-3；

ψ_{zw}——土的冻胀性对冻深的影响系数，见表10-4；

ψ_{ze}——环境对冻深的影响系数，见表10-5。

表10-3　土的类别对冻深的影响系数

土的类别	粘性土	细砂、粉砂、粉土	中、粗、砾砂	碎石土
影响系数 ψ_{zs}	1.0	1.2	1.3	1.4

表10-4　土的冻胀性对冻深的影响系数

土的冻胀性	不冻胀	弱冻胀	冻胀	强冻胀	特强冻胀
影响系数 ψ_{zw}	1.00	0.95	0.90	0.85	0.80

表10-5　环境对冻深的影响系数

周围环境	村、镇、旷野	城市近郊	城市市区
影响系数 ψ_{ze}	1.00	0.95	0.90

在冻胀、强冻胀、特强冻胀地基上，应采用下列防冻害措施：

（1）对在地下水位以上的基础，基础侧面应回填非冻胀性的中砂或粗砂，其厚度不应小于10cm。对在地下水位以下的基础，可采用桩基础，自锚式基础（冻土层下有扩大板或扩底短桩）或采取其他有效措施。

（2）宜选择地势高、地下水位低、地表排水良好的建筑场地。对低洼场地，宜在建筑四周向外一倍冻深距离范围内，使室外地坪至少高出自然地面300～500mm。

（3）防止雨水、地表水、生产废水、生活污水浸入建筑地基，应设置排水设施。在山区应设截水沟或在建筑物下设置暗沟，以排走地表水和潜水流。

（4）在强冻胀性和特强冻胀性地基上，其基础结构应设置钢筋混凝土圈梁和基础梁，并控制上部建筑的长高比，增强房屋的整体刚度。

（5）当独立基础联系梁下或桩基础承台下有冻土时，应在梁或承台下留有相当于该土层冻胀量的空隙，以防止因土的冻胀将梁或承台拱裂。

（6）外门斗、室外台阶和散水坡等部位宜与主体结构断开，散水坡分段不宜超过1.5m，坡度不宜小于3%，其下宜填入非冻胀性材料。

（7）对跨年度施工的建筑，入冬前应对地基采取相应的防护措施；按采暖设计的建筑物，当冬季不能正常采暖，也应对地基采取保温措施。

五、场地环境条件

气候变化或树木生长导致的地基土胀缩以及其他生物活动有可能危害基础的安全，因而基础底面应到达一定的深度，除岩石地基外，不宜小于0.5m。为了保护基础，一般要求基础顶面低于设计地面至少0.1m。

当新建建筑物与原有建筑物距离较近、尤其是新建建筑物基础埋深大于原有建筑物时，新建建筑物会对原有建筑物产生影响，甚至会危及原有建筑物的安全或正常使用。为了避免新建建筑物对原有建筑物的影响，设计时应考虑与原有建筑物保持一定的安全距离，该安全距离应通过分析新旧建筑物的地基承载力、地基变形和地基稳定性来确定。通常决定建筑物相邻影响距离大小的因素，主要有新建建筑物的沉降量和原有建筑物的刚度等。对靠近原有建筑物基础修建的新基础，其埋深不宜超过原有基础的底面，否则新、旧基础间应保留一定的净距，其值应根据原有基础荷载大小、基础形式和土质情况确定。当相邻建筑物较近时，应采取措施减小相互影响：

(1) 尽量减小新建建筑物的沉降量。

(2) 新建建筑物的基础埋深不宜大于原有建筑基础。

(3) 选择对地基变形不敏感的结构形式。

(4) 采取有效的施工措施，如分段施工、采取有效的支护措施以及对原有建筑物地基进行加固等措施。

如果基础邻近有管道或沟、坑等设施时，基础底面一般应低于这些设施的底面。临水建筑物，为防流水或波浪的冲刷，其基础底面应位于冲刷线以下。

10-4 基础底面尺寸的确定

在确定了基础埋置深度后，就需要确定基础底面尺寸。确定基础底面尺寸要考虑上部结构传至基础底面的荷载、基础埋深、地基土的性质等因素，满足地基强度和变形两方面的要求，使得基底压力不大于地基承载力特征值（存在软弱下卧层时还要满足软弱下卧层承载力要求），地基变形不大于建筑物允许变形。

一、按持力层承载力初步确定基础底面尺寸

在设计浅基础时，一般先确定基础的埋置深度，选定地基持力层并求出地基承载力特征值 f_a，然后根据上部荷载及构造要求确定基础底面尺寸，要求基底压力满足下列条件

$$p_k \leqslant f_a \tag{10-5}$$

当有偏心荷载作用时，除应满足式（10-5）要求外，还需满足下式

$$p_{kmax} \leqslant 1.2 f_a \tag{10-6}$$

两式中 p_k——相应于荷载效应标准组合时的基底平均压力；

p_{kmax}——相应于荷载效应标准组合时基底边缘最大压力值；

f_a——修正后的地基持力层承载力特征值，可按 7-4 节介绍的方法确定。

1. 中心荷载作用下基础底面尺寸确定

中心荷载作用下，基础通常对称布置，基底压力假定均匀分布，按下列公式计算

$$p_k = \frac{F_k + G_k}{A} = \frac{F_k}{A} + \gamma_G \overline{d} \tag{10-7}$$

式中 F_k——相应于荷载效应标准组合时，上部结构传至基础顶面处的竖向力；

G_k——基础自重和基础上土重；

A——基础底面面积；

γ_G——基础和基础上土的平均重度，可取 $20kN/m^3$；

$\overline{d}$——基础埋深，取基础底面到设计地面距离的平均值。

由式（10-5），得持力层承载力的要求

$$\frac{F_k}{A}+\gamma_G\overline{d}\leqslant f_a \tag{10-8}$$

由此可得矩形基础底面面积为

$$A\geqslant\frac{F_k}{f_a-\gamma_G\overline{d}} \tag{10-9}$$

对于条形基础，可沿基础长度的方向取单位长度进行计算，荷载同样是单位长度上的荷载，则基础宽度为

$$b\geqslant\frac{F_k}{f_a-\gamma_G\overline{d}} \tag{10-10}$$

式（10-9）和式（10-10）中的地基承载力特征值，在基础底面未确定以前可先只考虑深度修正，初步确定基底尺寸以后，再将宽度修正项加上，重新确定承载力特征值，直至设计出经济、合理的基础底面尺寸。

2. 偏心荷载作用下的基础底面尺寸确定

对于偏心荷载作用下的基础底面尺寸常采用试算法确定。计算方法如下：

（1）先按中心荷载作用条件，利用式（10-9）或式（10-10）初步估算基础底面尺寸。

（2）根据偏心程度，将基础底面积扩大 10%～40%，并以适当的比例确定矩形基础的长 l 和宽 b，一般取 $l/b=1\sim2$。

（3）计算基底平均压力和最大压力，并使其满足式（10-5）和式（10-6）。

这一计算过程可能要经过几次试算方能确定合适的基础底面尺寸。另外为避免基础底面由于偏心过大而与地基土脱开，箱形基础还要求基底边缘最小压力值满足下式

$$p_{kmin}\geqslant 0 \tag{10-11}$$

或

$$e=\frac{M_k}{F_k+G_k}\leqslant b/6 \tag{10-12}$$

式中　e——偏心距；

M_k——相应于荷载效应标准组合时，作用于基础底面的力矩值；

F_k，G_k——相应于荷载效应标准组合时，上部结构传至基础顶面的竖向力值、基础自重和基础上的土重；

b——偏心方向的边长。

若持力层下有相对软弱的下卧土层，还须对软弱下卧层进行强度验算。如果建筑物有变形验算要求，应进行变形验算。承受水平力较大的高层建筑和不利于稳定的地基上的结构还须进行稳定性验算。

二、软弱下卧层承载力验算

当地基受力范围内持力层下存在承载力明显低于持力层承载力的高压缩性土，如沿海沿江一些地区，地表存在一层“硬壳层”，其下一般为很厚的软土层，其承载力明显低于上部“硬壳层”承载力。若以“硬壳层”为持力层，按持力层的承载力计算出基础底面尺寸后，还必须对软弱下卧层的承载力进行验算。要求作用在软弱下卧层顶面处的附加应力和自重应力之和不超过它的承载力特征值

$$\sigma_z + \sigma_{cz} \leqslant f_{az} \tag{10-13}$$

式中　σ_z——相应于荷载效应标准组合时软弱下卧层顶面处的附加应力值；

σ_{cz}——软弱下卧层顶面处的自重应力值；

f_{az}——软弱下卧层顶面处经深度修正后的地基承载力特征值。

附加应力 σ_z 采用应力扩散简化计算方法。当持力层与下卧层的压缩模量比值 $E_{s1}/E_{s2} \geqslant 3$ 时，对于矩形或条形基础，可按应力扩散角的概念计算。如图 10-14 所示，假设基底附加压力（$p_{0k}=p_k-p_c$）按某一角度 θ 向下传递。根据基底与扩散面积上的总附加压力相等的条件可得软弱下卧层顶面处的附加应力：

矩形基础

$$\sigma_z = \frac{lb(p_k - \sigma_c)}{(b + 2z\tan\theta)(l + 2z\tan\theta)} \tag{10-14}$$

条形基础仅考虑宽度方向的扩散，并沿基础纵向取单位长度为计算单元，于是可得

$$\sigma_z = \frac{b(p_k - \sigma_c)}{b + 2z\tan\theta} \tag{10-15}$$

上两式中　σ_z——基础底面处土自重应力；

l、b——矩形基础底面的长度和宽度；

σ_c——基础底面处土自重应力；

z——基础底面到软弱下卧层顶面的距离；

θ——地基附加应力扩散线与垂直线的夹角，可按表 10-6 采用。

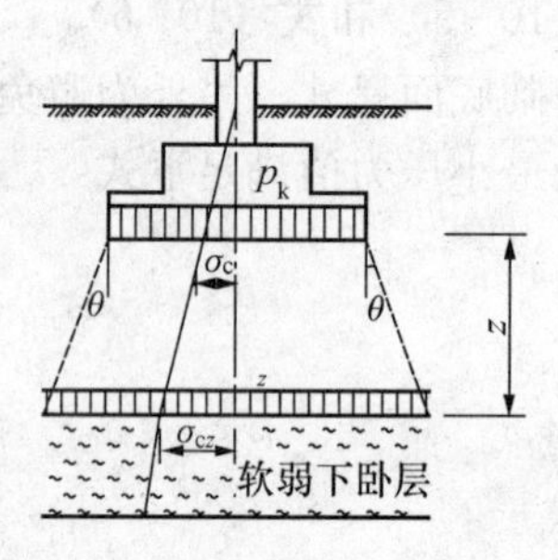

图 10-14　软弱下卧层顶面处的附加压力计算

表 10-6　地基附加应力扩散角 θ 值

E_{s1}/E_{s2}	z/b	
	0.25	0.5
3	6°	23°
5	10°	25°
10	20°	30°

注　1. E_{s1} 为上层土压缩模量；E_{s2} 为下层土压缩模量；
2. $z/b<0.25$ 时取 $\theta=0°$，必要时，宜由试验确定；$z/b>0.50$ 时 θ 值不变。

对于上覆硬土层厚度 z 小于 1/4 基础宽度时，不能考虑该土层的压力扩散作用，它只能起到调节变形并保护其下软土层的作用，而地基承载力应由软土层控制；当上、下两层土压缩模量比值小于 3 时，可按均匀土层考虑应力分布，不应使用表 10-6 中压力扩散角。

由图 10-14 可看出，若要减小作用于软弱下卧层顶面的附加应力 σ_z，可以采用加大基底面积（使扩散面积加大）或减小基础埋深（使 z 值增大）的方法。前者虽可有效减小 σ_z，但却可能使基础沉降量增加，因为 σ_z 的影响深度会随基底面积增加而增加，从而可能使软弱下卧层压缩量明显增加。而减小基础埋深可使基底到软弱下卧层顶面的距离增加，使附加应力在软弱下卧层中的影响减小，因而基础沉降随之减小。因此，当存在软弱下卧层时，基础宜浅埋，这样不仅使“硬壳层”充分发挥应力扩散作用，同时也减小了基础沉降。

【例 10-1】　扩展基础的底面尺寸确定。

某框架柱截面尺寸为 400mm×300mm，传至室内外平均标高位置处竖向力标准值为 $F_k=700kN$，力矩标准值 $M_k=80kN\cdot m$，水平剪力标准值 $V_k=13kN$；基础底面距室外地坪为 $d=1.0m$，基底以上填土重度 $\gamma=17.5kN/m^3$，持力层为粘性土，重度 $\gamma=18.5kN/m^3$，孔隙比 $e=0.7$，液性指数 $I_L=0.78$，地基承载力特征值 $f_{ak}=226kPa$，持力层下为淤泥土（图 10 - 15），试确定柱基础的底面尺寸。

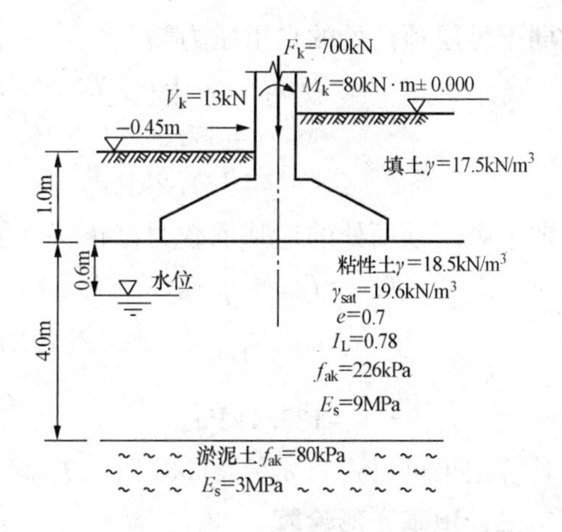

图 10 - 15　［例 10 - 1］图

解　(1) 确定地基持力层承载力。

先不考虑承载力宽度修正项，由 $e=0.7$，$I_L=0.78$ 查表 6 - 4 得承载力修正系数 $\eta_b=0.3$、$\eta_d=1.6$，则

$$\begin{aligned} f_a &= f_{ak}+\eta_d\gamma_m(d-0.5) \\ &= 226+1.6\times17.5\times(1.0-0.5)=240kPa \end{aligned}$$

(2) 试算法确定基底尺寸。

1) 先不考虑偏心荷载，按中心荷载作用计算

$$A_0=\frac{F_k}{f_a-\gamma_G\bar{d}}=\frac{700}{240-20\times1.225}=3.25m^2$$

2) 考虑偏心荷载时，面积扩大为 $A=1.2A_0=1.2\times3.25=3.90m^2$ 取基础长度 l 和基础宽度 b 之比为 $l/b=1.5$，取 $b=1.6m$，$l=2.4m$，$l\times b=3.84m^2$。这里偏心荷载作用于长边方向。

3) 验算持力层承载力。

因 $b=1.6m<3m$，不考虑宽度修正，f_a 值不变，基底压力平均值

$$p_k=\frac{F_k}{lb}+\gamma_G\bar{d}=\frac{700}{1.6\times2.4}+20\times1.225=206.8kPa$$

基底压力最大值为

$$\begin{aligned} p_{max} &= p_k+\frac{M_K}{W}=206.8+\frac{(80+13\times1.225)\times6}{2.4^2\times1.6} \\ &= 206.8+62.5=269.3kPa \\ 1.2f_a &= 288kPa \end{aligned}$$

由结果可知 $p_k<f_a$，$p_{kmax}<1.2f_a$ 满足要求。

(3) 软弱下卧层承载力验算。

由 $E_{s1}/E_{s2}=3$，$z/b=4/1.6=2.5>0.5$，查表 10 - 6 得 $\theta=23°$；由表 6 - 4 可知，淤泥地基承载力修正系数 $\eta_b=0$、$\eta_d=1.1$。

软弱下卧层顶面处的附加压力为

$$\begin{aligned} \sigma_z &= \frac{lb(p_k-\sigma_c)}{(b+2z\tan\theta)(l+2z\tan\theta)} \\ &= \frac{2.4\times1.6\times(206.8-17.5\times1.0)}{(1.6+2\times4\times\tan23°)(2.4+2\times4\times\tan23°)}=25.1kPa \end{aligned}$$

软弱下卧层顶面处的自重压力为

$$\begin{aligned}\sigma_{cz} &= \gamma_1 d + \gamma_2 h_1 + \gamma' h_2 \\ &= 17.5\times1 + 18.5\times0.6 + (19.6-10)\times3.4 \\ &= 61.2\text{kPa}\end{aligned}$$

软弱下卧层顶面处的地基承载力修正特征值为

$$\begin{aligned}f_{az} &= f_{akz} + \eta_d \gamma_m (d-0.5) \\ &= 80 + 1.0\times\frac{17.5\times1+18.5\times0.6+9.6\times3.4}{5}\times(5-0.5) \\ &= 135.1\text{kPa}\end{aligned}$$

由计算结果可得 $\sigma_{cz}+\sigma_z = 86.3\text{kPa} < f_{az}$ 满足要求。

三、地基变形验算

按地基承载力选择了基础底面尺寸之后，一般情况下已保证建筑物防止地基剪切破坏方面具有足够的安全度。但为了防止建筑物因地基变形或不均匀沉降过大造成建筑物的开裂与损坏，从而保证建筑物正常使用，还应对设计等级为甲级、乙级的建筑物及部分丙级建筑物进行地基变形验算，特别是地基的不均匀变形加以控制。

在常规设计中，一般都针对各类建筑物的结构特点、整体刚度和使用要求的不同，计算地基变形的某一特征值 Δ，验算其是否小于变形允许值 $[\Delta]$，即要求满足下列条件

$$\Delta \leqslant [\Delta] \tag{10-16}$$

式中　Δ——特征变形值，为预估值，对应于荷载准永久组合值，按土力学的相关公式计算；

$[\Delta]$——地基变形允许值，见表 10-7。

四、地基变形特征及地基变形允许值

具体建筑物所需验算的地基变形特征取决于建筑物的结构类型、整体刚度和使用要求。地基变形特征一般分为：

沉降量——基础某点的沉降值；

沉降差——基础两点或相邻柱基中点的沉降量之差；

倾斜——基础倾斜方向两端点的沉降差与其距离的比值；

局部倾斜——砌体承重结构沿纵向 6～10m 内基础两点的沉降差与其距离的比值。

建筑物的地基变形允许值可按表 10-7 规定采用。对表中未包括的其他建筑物的地基变形允许值，可根据上部结构对地基变形的适应能力和使用上的要求确定。

表 10-7　　建筑物的地基变形允许值

地基变形特征	地基土类别	
	中低压缩性土	高压缩性土
砌体承重结构基础的局部倾斜	0.002	0.003
工业与民用建筑相邻柱基沉降差		
(1) 框架结构	$0.002l$	$0.003l$
(2) 砌体墙填充的边排柱	$0.0007l$	$0.001l$
(3) 当基础不均匀沉降时不产生附加应力的结构	$0.005l$	$0.005l$

续表

地基变形特征		地基土类别	
		中低压缩性土	高压缩性土
单层排架结构（柱距为 6m）柱基的沉降量（mm）		(120)	200
桥式吊车轨面的倾斜（按不调整轨道考虑）			
纵向		0.004	
横向		0.003	
多层和高层建筑的整体倾斜	$H_g \leq 24$	0.004	
	$24 < H_g \leq 60$	0.003	
	$60 < H_g \leq 100$	0.0025	
	$H_g > 100$	0.002	
体形简单的高层建筑基础的平均沉降量（mm）		200	
高耸结构基础的倾斜	$H_g \leq 20$	0.008	
	$20 < H_g \leq 50$	0.006	
	$50 < H_g \leq 100$	0.005	
	$100 < H_g \leq 150$	0.004	
	$150 < H_g \leq 200$	0.003	
	$200 < H_g \leq 250$	0.002	
高耸结构基础的沉降量（mm）	$H_g \leq 100$	400	
	$100 < H_g \leq 200$	300	
	$200 < H_g \leq 250$	200	

注　1. 本表数值为建筑物地基实际最终变形允许值。

2. 有括号者仅适用于中压缩性土。

3. l 为相邻柱基的中心距离（mm）；H_g 为自室外地面起算的建筑物高度（m）。

一般砌体承重结构房屋的长高比不太大（图 10 - 16），变形以局部倾斜为主，应以局部倾斜作为地基的主要特征变形，见图 10 - 17。

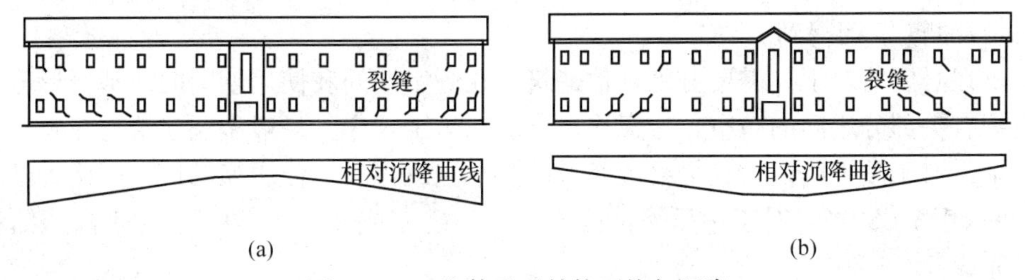

图 10 - 16　砌体承重结构不均匀沉降

对于框架结构和砌体墙填充的边排柱，主要是由于相邻柱基的沉降差使构件受剪扭曲而损坏，所以设计计算应由相邻两柱的沉降差来控制（图 10 - 18）。

以屋架、柱和基础为主体的木结构和排架结构，在低压缩性地基上一般不因沉降而损坏，但在中、高压缩性地基上就应限制单层排架结构柱基的沉降量，尤其是多跨排架中受荷较大的中排柱基的下沉，以免支承于其上的相邻屋架发生对倾而使端部相碰。

相邻柱基的沉降差所形成的桥式吊车轨面沿纵向或横向的倾斜，会导致吊车滑行或卡轨。

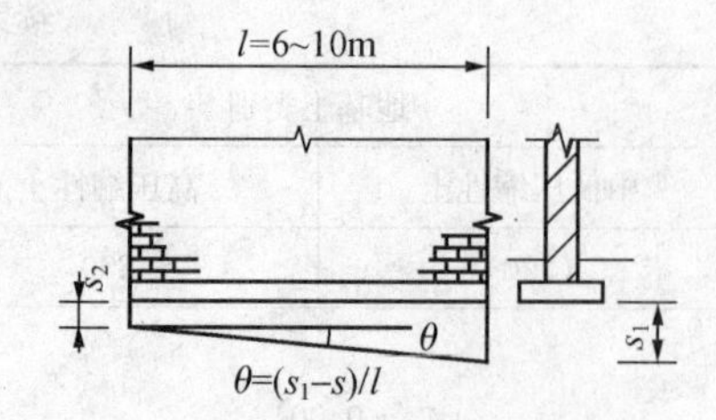

图 10-17 砌体承重结构局部倾斜

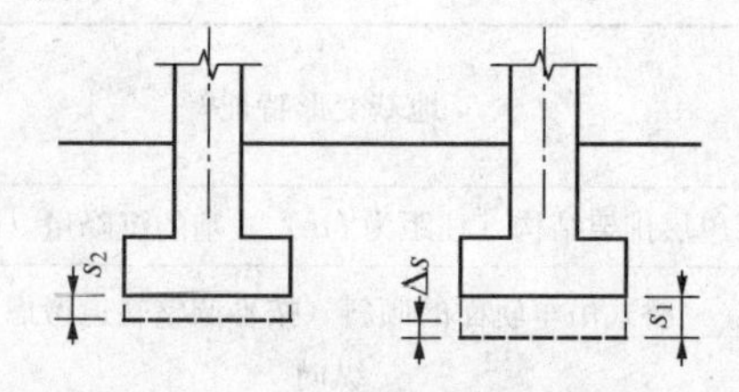

图 10-18 相邻柱基的沉降差

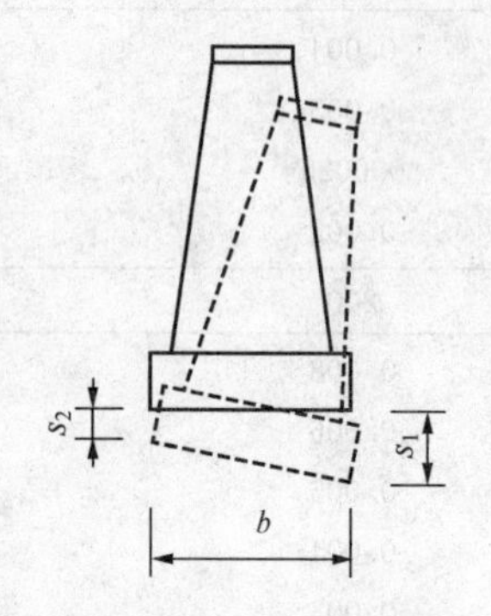

图 10-19 高耸结构物倾斜

对于高耸结构以及长高比很小的高层建筑，应控制基础的倾斜（图 10-19）。地基土层的不均匀以及邻近建筑物的影响是高耸结构物产生倾斜的重要原因。这类结构物的重心高，基础倾斜使重心侧向移动引起偏心力矩荷载，不仅使其基底边缘压力增加而影响倾覆稳定性，还会导致高烟囱等筒体的附加弯矩。因此高层、高耸结构基础的倾斜允许值随结构高度的增加而递减。

如果地基的压缩性比较均匀，且无邻近荷载影响，对高耸建筑物及体形简单的高层建筑，只验算基础中心沉降量，可不作倾斜验算。

高层高耸结构物倾斜（图 10-19）主要取决于人们视觉的敏感程度，倾斜值达到明显可见的程度大致为 1/250，结构破坏则大致在倾斜值达到 1/150 时开始。为了使基础倾斜控制在合适的范围内，以减小结构物附加弯矩，通过分析得出倾斜允许值［θ］为

$$[\theta]=\frac{b}{120H_0} \tag{10-17}$$

式中 H_0——建筑物高度；

b——基础宽度。

表 10-7 中倾斜允许值分别为 b/H_0 取为特定值而得，如高层倾斜允许值是令 $b/H_0=1/2$，1/3，1/4，1/5 而得到。

另外，在必要情况下，需要分别预估建筑物在施工期间和使用期间的地基变形值，以便预留建筑物有关部分之间的净空，考虑连接方法和施工顺序。一般多层建筑物在施工期间完成的沉降量，对于砂土可认为其最终沉降量已基本完成，对于低压缩粘性土可认为已完成最终沉降量的 50%～80%，对于中压缩粘性土可认为已完成 20%～50%，对于高压缩粘性土可认为已完成 5%～20%。

五、地基稳定验算

可能发生地基稳定性破坏情况：

(1) 承受很大的水平力或倾覆力矩的建（构）筑物，如受风力或地震力作用的高层建筑或高耸构筑物；承受拉力的高压线塔架基础等；承受水压力或土压力的挡土墙、水坝、堤坝和桥台等。

(2) 位于斜坡顶上的建（构）筑物，由于在荷载作用和环境因素的影响下，造成部分或整个边坡失稳。

(3) 地基中存在软弱土（或夹）层；土层下面有倾斜的岩层面；隐伏的破碎或断裂带；

地下水渗流的影响等。

地基失稳的形式有两种：一种是沿基底产生表层滑动［图 10 - 20（a)］；另一种是地基深层整体滑动破坏［图 10 - 20（b)］。

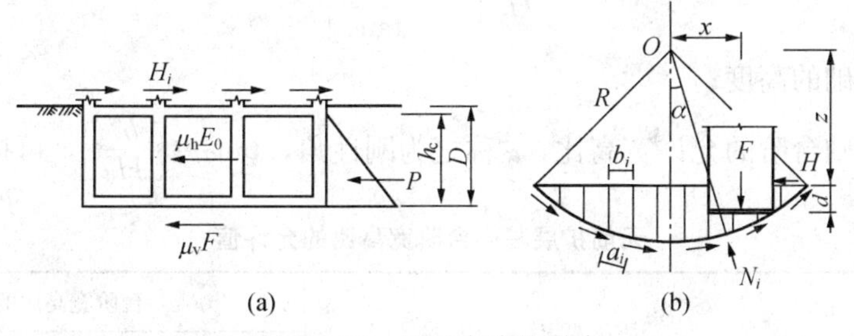

图 10 - 20　地基失稳的形式

表层滑动稳定安全系数 K_s 用基础底面与土之间的摩阻力的合力与作用于基底的水平力的合力之比来表示，即

$$K_s = \frac{\mu_v \sum F_i + \mu_h E_0 + P}{\sum H_i} \geqslant (1.2 \sim 1.4) \tag{10-18}$$

式中　F_i——作用于基底的竖向力，kN；

H_i——作用于基底的水平力，kN；

μ_v，μ_h——基础与土的摩擦系数。

地基深层整体滑动稳定问题可用圆弧滑动法进行验算。稳定安全系数指作用于最危险的滑动面上诸力对滑动中心所产生的抗滑力矩与滑动力矩的比值。即

$$K_s = \frac{M_R}{M_s} \geqslant 1.2 \tag{10-19}$$

当滑动面为平面时，稳定安全系数应提高到 1.3。

10 - 5　无筋扩展基础设计

无筋扩展基础设计时必须保证基础内的拉应力和剪应力不超过材料强度的设计值。通常通过对基础构造的限制来实现这一目标，即基础的外伸宽度与基础高度的比值（图 10 - 21）小于等于无筋扩展基础台阶宽高比的允许值。由台阶宽高比的允许值确定的角度 α 称为刚性角。按刚性角设计的基础相对高度都比较大，几乎不发生挠曲变形。基础截面可做成台阶形式，有时也可做成梯形。基础形式有墙下条形基础和柱下独立基础。

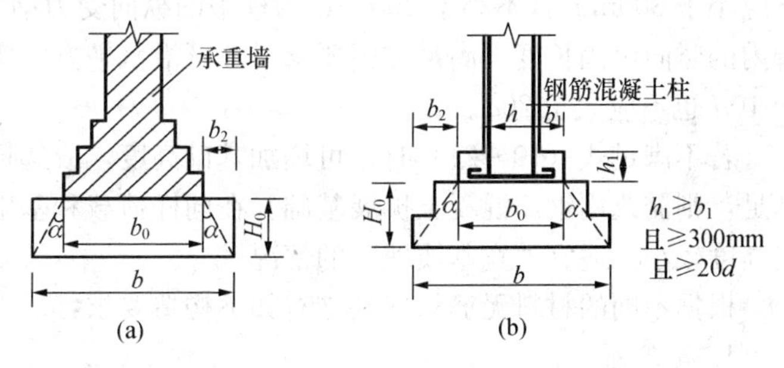

图 10 - 21　无筋扩展基础构造示意

根据无筋扩展基础台阶的允许宽高比，在确定基础底面尺寸后，应使其满足下式

$$\frac{b-b_0}{2H_0} \leqslant [\tan\alpha] \tag{10-20}$$

则基础的高度为

$$H_0 \geqslant \frac{b-b_0}{2[\tan\alpha]} \tag{10-21}$$

式中 H_0——基础的高度；

$\tan\alpha$——基础台阶的允许宽高比，α 称之为刚性角，$\tan\alpha=\left[\frac{b_2}{H_0}\right]$，可按表 10-8 选取。

表 10-8 无筋扩展基础台阶宽高比的允许值

基础材料	质量要求	台阶宽高比的允许值		
		$p_k \leqslant 100$	$100 < p_k \leqslant 200$	$200 < p_k \leqslant 300$
混凝土基础	C15 混凝土	1∶1.00	1∶1.00	1∶1.25
毛石混凝土基础	C15 混凝土	1∶1.00	1∶1.25	1∶1.50
砖基础	砖不低于 MU10、砂浆不低于 M5	1∶1.50	1∶1.50	1∶1.50
毛石基础	砂浆不低于 M5	1∶1.25	1∶1.50	—
灰土基础	体积比为 3∶7 或 2∶8 的灰土，其最小干密度： 粉土 1.55t/m^3 粉质粘土 1.50t/m^3 粘土 1.45t/m^3	1∶1.25	1∶1.50	—
三合土基础	体积比为 1∶2∶4～1∶3∶6（石灰∶砂∶骨料），每层约虚铺 220mm，夯至 150mm	1∶1.50	1∶2.00	—

注 1. p_k 为荷载效应标准组合时基础底面处的平均压力值（kPa）。
2. 阶梯形毛石基础的每阶伸出的宽度，不宜大于 200mm。
3. 当基础由不同材料叠合组成时，应对接触部分做抗压验算。
4。基础底面处的平均压力值超过 300kPa 的混凝土基础，尚应进行抗剪验算。

采用无筋扩展基础的钢筋混凝土柱，其柱脚高度 h_1 不得小于 b_1［图 10-21（b）］，并不应小于 300mm 且不小于 $20d$（d 为柱中的纵向受力钢筋的最大直径）。当柱纵向钢筋在柱脚内的竖向锚固长度不满足锚固要求时，可沿水平方向弯折，弯折后的水平锚固长度不应小于 $10d$ 也不应大于 $20d$。

若不满足式（10-21）时，可增加基础高度，或选择允许宽高比值较大的材料。如仍不满足，则需改用钢筋混凝土扩展基础。在同样荷载和基础尺寸的条件下，钢筋混凝土基础构造高度较小，适宜“宽基浅埋”的情况。

根据不同的材料无筋扩展基础有如下构造要求：

1. 砖基础

砌基础所用砖强度等级不低于 MU10，砂浆不低于 M5。在砌筑基础前，一般应先做 100mm 厚的 C10 的素混凝土垫层。砖基础常砌筑成大放脚形式，砌法有两种，一种是“两皮一收”砌法如图10-22（a）所示，另一种是“二一隔收”砌法如图 10-22（b）所示，台阶宽高比分别为 1/2 和1/1.5均满足要求。

2. 石料基础

料石（经过加工，形状规定的石块），毛石和大漂石有相当高的强度和抗冻性，是基础的良好材料。特别在山区，石料可以就地取材，应该充分利用。做基础的石料要选用质地坚硬，不易风化的岩石。石块的厚度不宜小于 15cm。石料基础一般不宜用于地下水位以下。

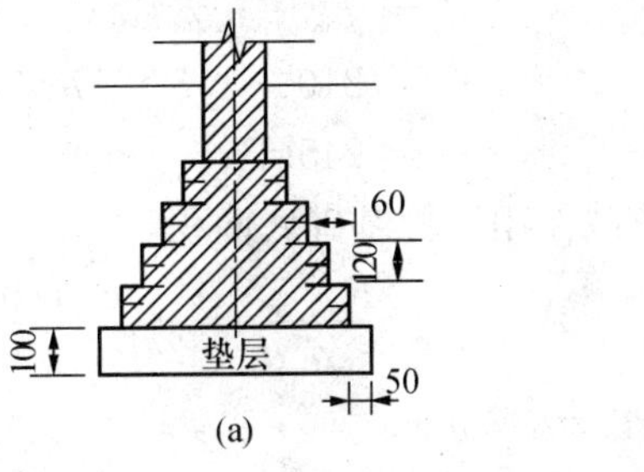

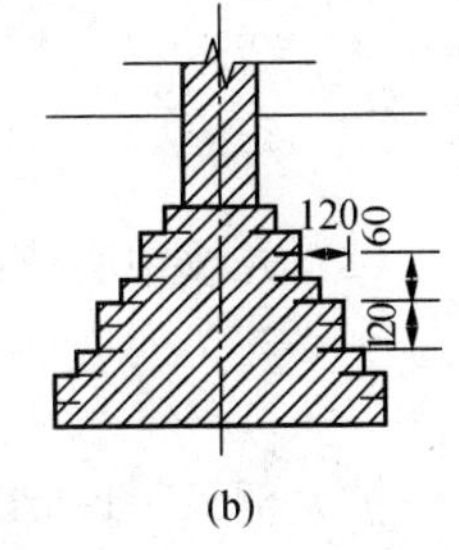

图 10 - 22　砖基础构造形式

3. 灰土基础

灰土是用石灰和土料配制而成的，在我国已有一千多年的使用历史。石灰以块状为宜，经熟化 1～2 天后用 5～10mm 筛子过筛立即使用。土料宜用塑性指数较低的粉土和粘性土，过筛使用，粒径不得大于 15mm。石灰与土料按体积配合比 3∶7 或 2∶8 拌和均匀后，在基槽内分层夯实（每层虚铺 220～250mm，夯实至 150mm，称为一步灰土）。灰土基础宜在比较干燥的土层中使用，其本身具有一定抗冻性。

4. 三合土基础

石灰、砂和骨料（炉渣、碎砖或碎石）加水混合而成。施工时石灰、砂和骨料按体积配合比 1∶2∶4 和 1∶3∶6 拌和均匀再分层夯实。南方有的地区习惯使用水泥，石灰、砂、骨料的四合土作为基础。所用材料体积配合比分别为 1∶1∶5∶10 或 1∶1∶6∶12。

5. 混凝土基础

不设钢筋的混凝土基础常称为素混凝土基础。混凝土的耐久性，抗冻性都比较好，强度较高，因此，同样的基础宽度，用混凝土时，基础高度可以小一些。但混凝土造价稍高，耗水泥量较大，较多用于地下水位以下的基础或垫层。混凝土基础强度等级一般为采用 C15，为节约水泥用量，可以在混凝土中掺入 20%～30%的毛石，形成毛石混凝土。

【例 10 - 2】　柱下无筋扩展基础设计。

±0.000

人工填土 γ=17.0kN/m³

−1.800

粉质粘土 d_s=2.72，γ=19.0kN/m³

ω=24%，ω_L=30%

ω_p=21%，f_{ak}=210kPa

图 10 - 23　［例 10 - 2］图

某厂房柱断面 600mm×400mm。基础受竖向荷载标准值 F_K=780kN，力矩标准值 120kN·m，水平荷载标准值 H=40kN，作用点位置在±0.000 处。地基土层剖面如图 10 - 23 所示。基础埋置深度 1.8m，试设计柱下无筋扩展基础。

解　（1）持力层承载力特征值深度修正。

持力层为粉质粘土层

$$I_L = \frac{\omega - \omega_P}{\omega_L - \omega_P} = \frac{24-21}{30-21} = 0.33$$

$$e = \frac{d_s(1+w)\gamma_w}{\gamma} - 1 = \frac{2.72\times(1+0.24)\times 10}{19} - 1 = 0.775$$

查表 6 - 4 得知 η_b=0.3、η_d=1.6，先考虑深度修正

$$
\begin{aligned}
f_a &= f_{ak} + \eta_d \gamma_m (d - 0.5) \\
&= 210 + 1.6 \times 17 \times (1.8 - 0.5) \\
&= 245\text{kPa}
\end{aligned}
$$

(2) 先按中心荷载作用计算基础底面积。

$$A_0 = \frac{F_k}{f_a - \gamma_G \bar{d}} = \frac{780}{245 - 20 \times 1.8} = 3.73\text{m}^2$$

扩大至 $A = 1.3A_0 = 4.85\text{m}^2$。

取 $l = 1.5b$，则

$$b = \sqrt{\frac{A}{1.5}} = \sqrt{\frac{4.85}{1.5}} = 1.8\text{m}$$

$$l = 2.7\text{m}$$

(3) 地基承载力验算。

基础宽度小于3m，不必再进行宽度修正。

基底压力平均值为

$$p_k = \frac{F_k}{lb} + \gamma_G \bar{d} = \frac{780}{2.7 \times 1.8} + 20 \times 1.8 = 196\text{kPa}$$

基底压力最大值为

$$p_{\substack{kmax \\ kmin}} = p_k \pm \frac{M_k}{W} = 196 + \frac{(120 + 40 \times 1.8) \times 6}{2.7^2 \times 1.8} = 196 \pm 88 = \frac{284}{108}\text{kPa}$$

$$1.2 f_a = 294\text{kPa}$$

由结果可知 $p_k < f_a$，$p_{kmax} < 1.2 f_a$ 满足要求。

(4) 基础剖面设计。

基础材料选用C15混凝土，查表10-8台阶宽、高比允许值1∶1.0，则基础高度

$$h = (l - l_0)/2 = (2.7 - 0.6)/2 = 1.05\text{m}$$

做成3个台阶，长度方向每阶宽350mm，宽度方向取每阶宽233.3mm，基础剖面尺寸见图10-24。

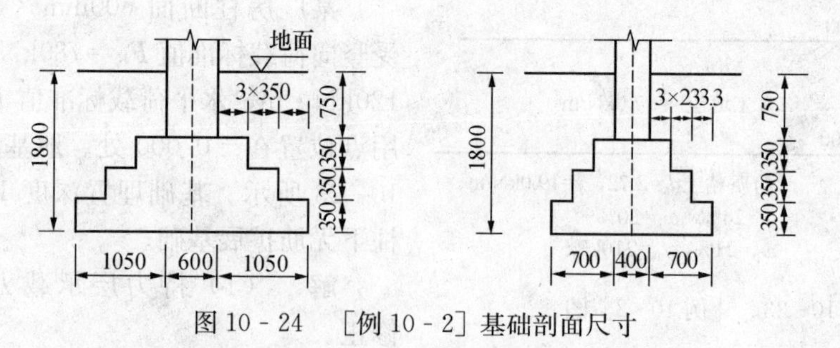

图10-24 ［例10-2］基础剖面尺寸

10-6 钢筋混凝土扩展基础设计

钢筋混凝土扩展基础包括钢筋混凝土柱下独立基础和墙下钢筋混凝土条形基础。这种基础不受刚性角的限制，基础高度可以较小，用钢筋承受弯曲所产生的拉应力，但需要满足抗弯、抗剪和抗冲切破坏的要求。

一、钢筋混凝土扩展基础构造要求

（一）一般规定

（1）锥形基础的边缘高度，不宜小于 200mm；阶梯形基础的每阶高度宜为 300～500mm。

（2）垫层的厚度不宜小于 70mm；垫层混凝土强度等级应为 C10。

（3）扩展基础受力钢筋最小配筋率不应小于 0.15%，底板受力钢筋的最小直径不宜小于 10mm，间距不宜大于 200mm 也不宜小于 100mm。墙下钢筋混凝土条形基础纵向分布钢筋的直径不小于 8mm；间距不大于 300mm；每延米分布钢筋的面积应不小于受力钢筋面积的 1/10。当有垫层时钢筋保护层的厚度不宜小于 40mm，无垫层时不小于 70mm。

（4）混凝土强度等级不应低于 C20。

（5）柱下钢筋混凝土独立基础的边长和墙下钢筋混凝土条形基础的宽度大于或等于 2.5m 时，底板受力钢筋的长度可取边长或宽度的 0.9 倍，并宜交错布置，[图 10-25（a）]。

（6）钢筋混凝土条形基础底板在 T 形及十字形交接处，底板横向受力钢筋仅沿一个主要受力方向通长布置，另一方向的横向受力钢筋可布置到主要受力方向底板宽度 1/4 处 [图 10-25（b）] 在拐角处底板横向受力钢筋应沿两个方向布置 [图 10-25（c）]。

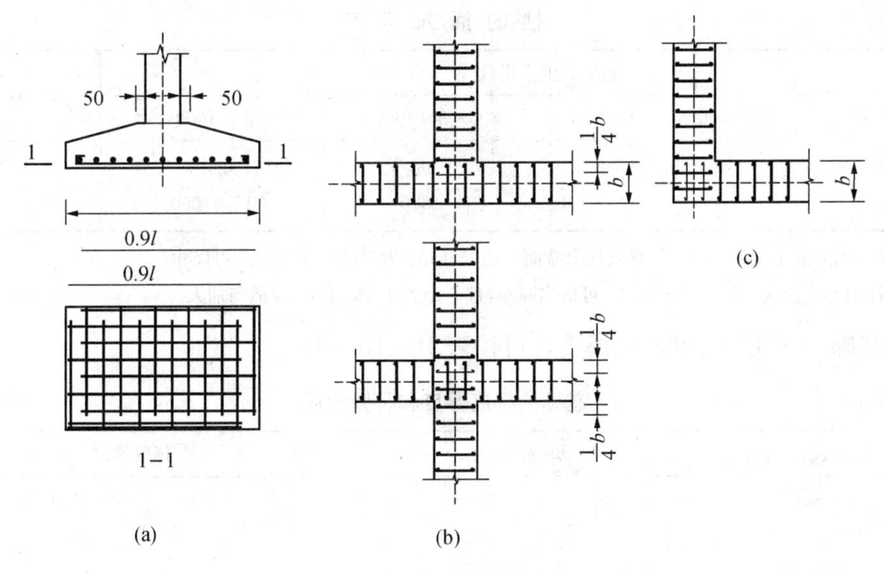

图 10-25　扩展基础底板受力钢筋布置示意图

（二）钢筋混凝土现浇柱基础与柱的连接

（1）钢筋混凝土柱和剪力墙纵向受力钢筋在基础内的锚固长度 l_a 应根据钢筋在基础内的最小保护层厚度按现行《混凝土结构设计规范》有关规定确定；有抗震设防要求时，一、二级抗震等级，纵向受力钢筋的最小锚固长度 $l_{aE}=1.15l_a$，三级抗震等级 $l_{aE}=1.05l_a$，四级抗震等级 $l_{aE}=l_a$，l_a 为纵向受拉钢筋的锚长度。

（2）现浇柱的基础，其插筋的数量、直径以及钢筋种类应与柱内纵向受力钢筋相同。插筋的锚固长度应满足第（1）条的要求，插筋与柱的纵向受力钢筋的连接方法，应符合现行《混凝土结构设计规范》的规定。插筋的下端宜作成直钩放在基础底板钢筋网上。当符合下列条件之一时，可仅将四角的插筋伸至底板钢筋网上，其插筋锚固在基础顶面下 l_a 或 l_{aE}（有抗震设计要求时）处（图 10-26）。

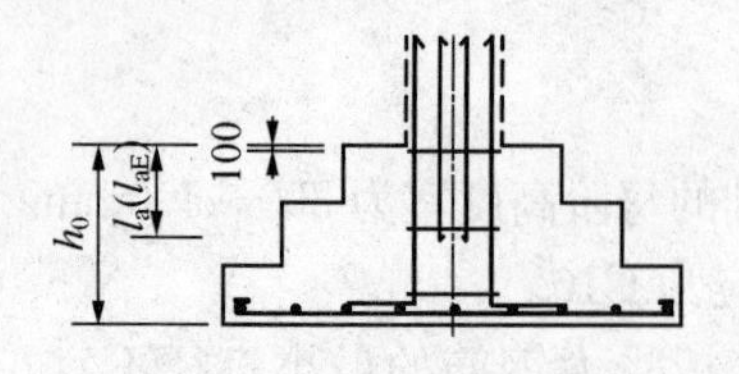

图 10-26 现浇柱的基础中插筋构造示意图

柱为轴心受压或小偏心受压，基础高度大于等于1200mm；柱为大偏心受压，基础高度大于等于1400mm。

（三）预制钢筋混凝土柱杯口基础的构造要求

预制钢筋混凝土柱与杯口基础的连接，应符合下列要求（图 10-27）：

（1）柱的插入深度，可按表 10-9 选用，并应满足钢筋锚固长度的要求及吊装时柱的稳定性。

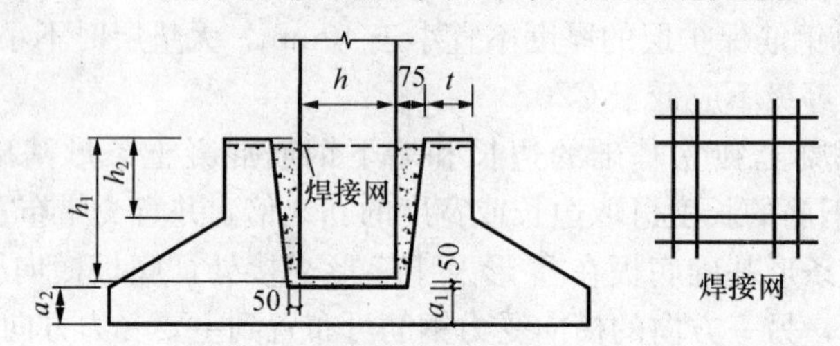

图 10-27 预制钢筋混凝土柱独立基础示意图

表 10-9 柱的插入深度 mm

矩形或工字形柱				双肢柱
$h<500$	$500\leqslant h<800$	$800\leqslant h\leqslant 1000$	$h>1000$	
$h\sim 1.2h$	h	$0.9h$ 且$\geqslant 800$	$0.8h$ 且$\geqslant 1000$	$(1/3\sim 2/3)\ h_a$ $(1.5\sim 1.8)\ h_b$

注 1. h 为柱截面长边尺寸；h_a 为双肢柱全截面长边尺寸；h_b 为双肢柱全截面短边尺寸。

2. 柱轴心受压或小偏心受压时，h_1 可适当减小，偏心距大于 $2h$ 时，h_1 应适当加大。

（2）基础的杯底厚度和杯壁厚度，可按表 10-10 选用。

表 10-10 基础的杯底厚度和杯壁厚度

柱截面长边尺寸 h（mm）	杯底厚度 a_1（mm）	杯壁厚度 t（mm）
$h<500$	$\geqslant 150$	150～200
$500\leqslant h<800$	$\geqslant 200$	$\geqslant 200$
$800\leqslant h<1000$	$\geqslant 200$	$\geqslant 300$
$1000\leqslant h<1500$	$\geqslant 250$	$\geqslant 350$
$1500\leqslant h<2000$	$\geqslant 300$	$\geqslant 400$

注 1. 双肢柱的杯底厚度值，可适当加大。

2. 当有基础梁时，基础梁下的杯壁厚度，应满足其支承宽度的要求。

3. 柱子插入杯口部分的表面应凿毛，柱子与杯口之间的空隙，应用比基础混凝土强度等级高一级的细石混凝土充填密实，当达到材料设计强度的 70%以上时，方能进行上部吊装。

（3）柱为轴心受压或小偏心受压且 $t/h_2\geqslant 0.65$ 时，或大偏心受压且 $t/h_2\geqslant 0.75$ 时，杯壁可不配筋；当柱为轴心受压或小偏心受压且 $0.5\leqslant t/h_2<0.65$ 时，杯壁可按表 10-11 构造配筋；其他情况下，应按计算配筋。

（4）预制钢筋混凝土柱与高杯口基础的连接及构造要求参见《建筑地基基础设计规范》（GB 50007—2002）中的有关规定。

表 10 - 11　　杯壁构造配筋

柱截面长边尺寸（mm）	$h<1000$	$1000\leqslant h<1500$	$1500\leqslant h\leqslant 2000$
钢筋直径（mm）	8～10	10～12	12～16

注　表中钢筋置于杯口顶部，每边两根（图 10 - 27）。

二、墙下钢筋混凝土条形基础

墙下条形扩展基础在长度方向可取单位长度计算。基础宽度由地基承载力确定，基础底板配筋则由验算截面的抗弯能力确定。在进行截面计算时，不计基础及其上覆土的重力作用产生的地基反力而只计算外荷载产生的地基净反力。

1. 地基净反力计算

$$p_{\substack{jmax\\jmin}} = \frac{F}{b} \pm \frac{6M}{b^2} \tag{10 - 22}$$

式中　p_{jmax}，p_{jmin}——相应于荷载效应基本组合时的基础底面边缘最大、最小地基净反力设计值；

F，M——基础单位长度竖向荷载效应基本组合值，单位分别为 kN/m，kN·m/m；

b——墙下钢筋混凝土条形基础宽度，m。

2. 基础高度的确定

基础验算截面Ⅰ处剪力设计值（图 10 - 27）

$$V_{\mathrm{I}} = \frac{b_{\mathrm{I}}}{2b}[(2b - b_{\mathrm{I}})p_{jmax} + b_{\mathrm{I}}p_{j\mathrm{I}}] \tag{10 - 23}$$

基础高度应满足如下条件

$$V_{\mathrm{I}} \leqslant 0.07 f_c h_0 \tag{10 - 24}$$

式中　p_{jmax}，$p_{j\mathrm{I}}$——相应于荷载效应基本组合时的基础底面边缘最大地基净反力设计值及验算截面Ⅰ—Ⅰ处地基净反力设计值；

f_c——混凝土轴心抗压强度；

h_0——基础有效高度。

3. 底板配筋计算

基础验算截面Ⅰ—Ⅰ处弯矩设计值（图 10 - 28）为

$$M_{\mathrm{I}} = \frac{1}{6}(2p_{jmax} + p_{j\mathrm{I}})a_1^2 \tag{10 - 25}$$

式中　$p_{j\mathrm{I}}$——相应于荷载效应基本组合时验算截面Ⅰ—Ⅰ处地基净反力设计值；

a_1——弯矩最大截面位置距底面边缘最大地基反力处的距离，当墙体材料为混凝土时，取 $a_1=b_1$；如为砖墙且放角不大于 1/4 砖长时，取 $a_1=b_1+1/4$ 砖长。

每延米墙长的受力钢筋的截面面积为

$$A_s = \frac{M_{\mathrm{I}}}{0.9 f_y h_0} \tag{10 - 26}$$

式中　A_s——钢筋面积；

f_y——钢筋抗拉强度。

【例 10 - 3】　钢筋混凝土墙下条形基础设计。

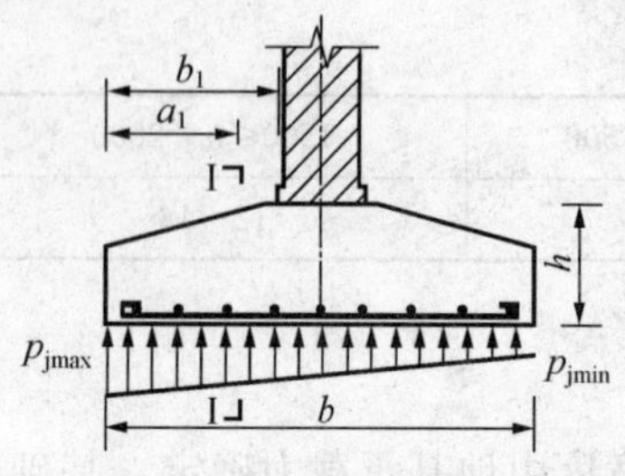

图 10-28 墙下条形基础计算简图

某办公楼为砖混承重结构，拟采用钢筋混凝土墙下条形基础。外墙厚为 370mm，上部结构传至±0.000 处的荷载标准值为 $F_k=220\text{kN/m}$，$M_k=45\text{kN}\cdot\text{m/m}$，荷载基本值为 $F=250\text{kN/m}$，$M=63\text{kN}\cdot\text{m/m}$，基础埋深 1.92m（从室内地面算起），地基持力层承载力修正特征值 $f_a=158\text{kPa}$。混凝土强度等级为 C20（$f_c=9.6\text{N/mm}^2$），钢筋采用 HPB235 级钢筋（$f_y=210\text{N/mm}^2$）。试设计该外墙基础。

解 （1）求基础底面宽度 b。

基础平均埋深为

$$\bar{d}=(1.92\times2-0.45)/2=1.7\text{m}$$

基础底面宽度为

$$b=\frac{F_k}{f-\gamma_G d}=\frac{220}{158-20\times1.7}=1.77\text{m}$$

初选为

$$b=1.3\times1.77=2.3\text{m}$$

地基承载力验算

$$p_{kmax}=\frac{F_k+G_k}{b}+\frac{6M_k}{b^2}=\frac{220+20\times1.7\times2.3}{2.3}+\frac{6\times45}{2.3^2}$$

$$=129.7+51.0$$

$$=180.7\text{kPa}<1.2f_a=189.6\text{kPa}$$

满足要求。

（2）地基净反力计算。

$$p_{jmax}=\frac{F}{b}+\frac{6M}{b^2}=\frac{250}{2.3}+\frac{6\times63}{2.3^2}=108.7+71.5=180.2\text{kPa}$$

$$p_{jmin}=\frac{F}{b}-\frac{6M}{b^2}=\frac{250}{2.3}-\frac{6\times63}{2.3^2}=108.7-71.5=37.2\text{kPa}$$

（3）底板配筋计算。

选基础高度 $h=350\text{mm}$，边缘厚取 200mm。采用 C10，100mm 厚的混凝土垫层，基础保护层厚度取 40mm，则基础有效高度 $h_0=310\text{mm}$。

计算截面选在墙边缘，则

$$a_1=(2.3-0.37)/2=0.97\text{m}$$

该截面处的地基净反力

$$p_{jⅠ}=180.2-(180.2-37.2)\times0.97/2.3=119.9\text{kPa}$$

计算底板最大弯矩

$$M_{max}=\frac{1}{6}(2p_{jmax}+p_{jⅠ})a_1{}^2$$

$$=\frac{1}{6}\times(2\times180.2+119.9)\times0.97^2=75.3\text{kN}\cdot\text{m/m}$$

计算底板配筋

$$\frac{M_{max}}{0.9h_0f_y}=\frac{75.3\times10^6}{0.9\times310\times210}=1285\text{mm}$$

选用Φ 14@110mm（$A_s=1399\text{mm}^2$），根据构造要求纵向分布筋选取Φ 8@250mm（$A_s=201.0\text{mm}^2$）。

基础剖面如图 10 - 29 所示。

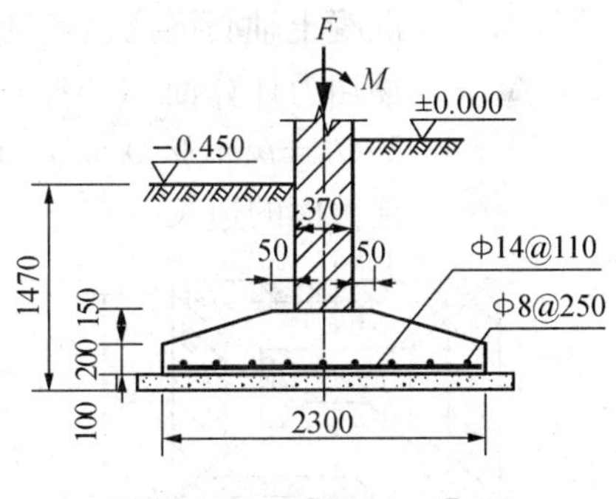

图 10 - 29　［例 10 - 3］图

三、柱下钢筋混凝土独立基础

柱下钢筋混凝土独立基础的基础底面积由地基承载力确定之后，应进行基础的截面设计。基础截面设计包括基础高度和配筋计算。

当基础承受柱子传来的荷载时，若柱子周边处基础的高度不够，就会发生如图 10 - 30 所示的冲切破坏，即从柱子周边起，沿 45°斜面拉裂，形成冲切角锥体。在基础变阶处也可以发生同样的破坏。因此，钢筋混凝土柱下独立基础的高度由抗冲切验算确定。

基础底板在地基反力作用下还会产生向上的弯曲，当弯曲应力超过基础抗弯强度时，基础底板将发生弯曲破坏，如图 10 - 31 所示。因此，基础底板应配置足够的钢筋以抵抗弯曲变形。

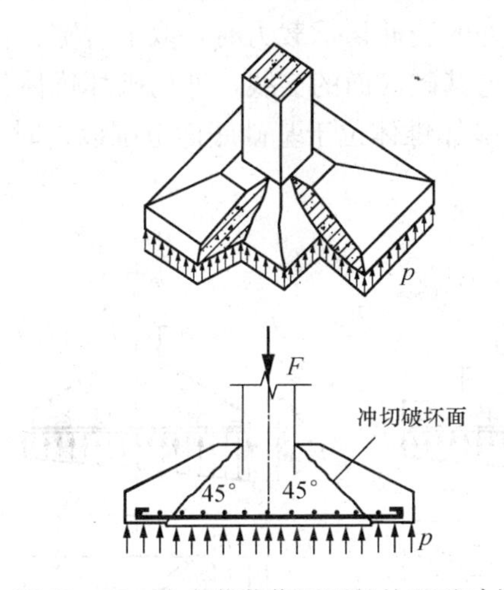

图 10 - 30　中心荷载作用下的柱基础冲切破坏

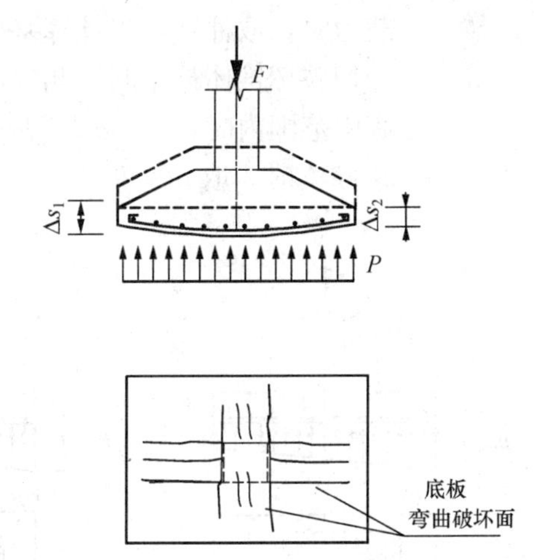

图 10 - 31　柱基础底板弯曲破坏

（一）基础抗冲切验算

1. 竖向轴心荷载作用

为保证基础不发生冲切破坏，在基础冲切锥范围以外，由地基净反力 p_j 在破坏锥面上引起的冲切力 F_l 应小于基础可能冲切面上的混凝土抗冲切强度，由此来确定基础高度。因此基础高度须满足下式

$$F_l\leqslant0.7\beta_{hp}f_tA_2 \tag{10-27}$$

$$F_l=p_jA_1 \tag{10-28}$$

式中　p_j——扣除基础自重及其上土重后相应于荷载效应基本组合时的地基土单位面积净反力，对偏心受压基础可取基底边缘处最大净反力；

β_{hp}——受冲切承载力截面高度影响系数，当 h 不大于 800mm 时，取 1.0，当 h 大于等于 2000mm 时，取 0.9，其间按线性内插法取用；

f_t——混凝土轴心抗拉强度设计值；

A_1，A_2——冲切力计算面积和冲切锥破坏面水平投影的面积，如图 10 - 32 所示，$A_1=2(l_0+b_0+2h_0)h_0$，$A_2=A_{abcd}-A_1$；

l_0，b_0——柱截面的边长。

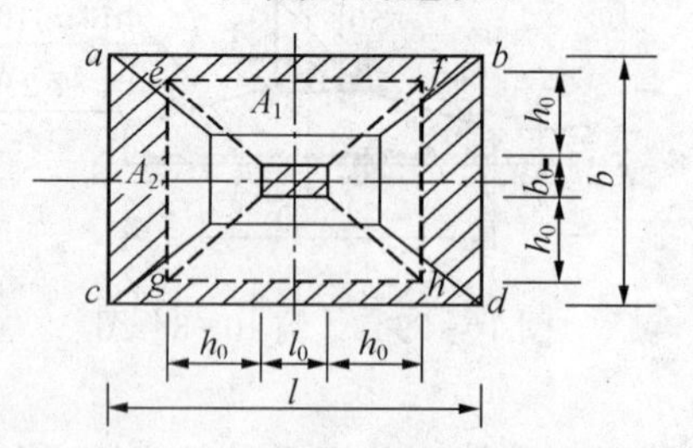

图 10 - 32　中心荷载作用下基础冲切计算

2. 偏心荷载作用下基础抗冲切验算

偏心荷载作用基底净反力为梯形。冲切破坏斜面位于靠近 p_{jmax} 的一侧。作用在这一斜面上的冲切荷载应满足下式

$$F_l \leqslant 0.7\beta_{hp} f_t a_m h_0 \tag{10 - 29}$$

$$F_l = p_{jmax} A_l \tag{10 - 30}$$

$$a_m = (a_t + a_b)/2$$

式中　A_l——计算冲切荷载时取用的多边形面积[图 10 - 33（a）、（b）中多边形 $ABCDEF$，或图 10 - 33（c）中的矩形面积 $ABCD$]；

a_m——冲切破坏锥体最不利一侧计算长度；

a_t——冲切破坏锥体最不利一侧斜截面的上边长，当计算柱与基础交接处的受冲切承载力时，取柱宽，当计算基础变阶处的受冲切承载力时，取上阶宽；

a_b——冲切破坏锥体最不利一侧斜截面在与基础底面的交线，冲切破坏锥体位于基础底面范围内时，$a_b=a_t+2h_0$，冲切破坏锥体位于基础底面范围以外时，即 $a_t+2h_0\geqslant b$ 时，取 $a_b=b$。

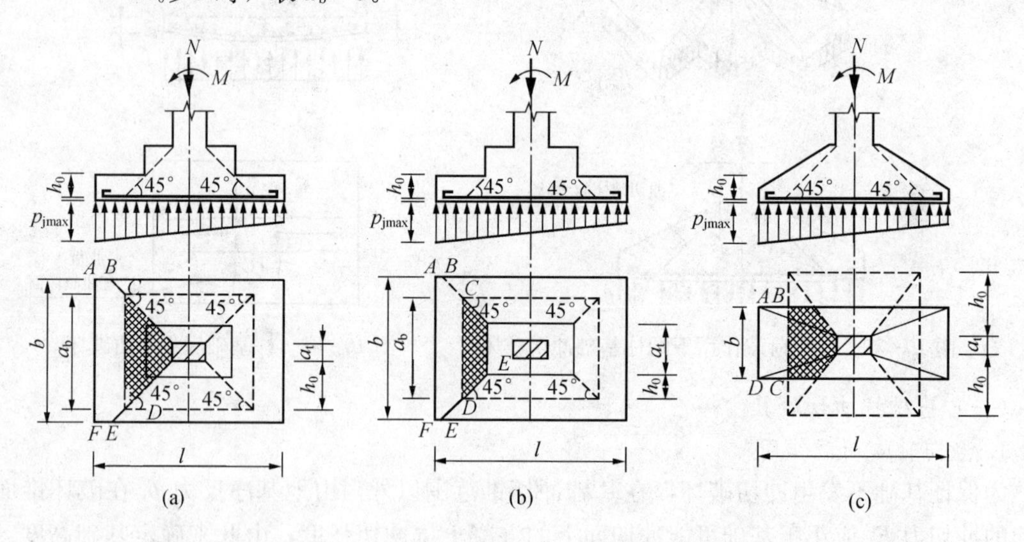

图 10 - 33　偏心荷载作用柱基础冲切计算简图

当不满足要求时，可适当增加基础高度再验算直至满足要求为止。

（二）基础底板抗弯验算

柱下扩展基础受基底反力的作用下，产生双向弯曲。分析时可将基底按对角线分成四个区域（图 10 - 34）。对于中心荷载作用或偏心作用而偏心距小于或等于 1/6 倍基础宽度的情

况，当台阶的宽高比小于或等于 2.5 时，任意截面的弯矩可按下列公式计算

$$M_{\mathrm{I}} = \frac{1}{12}a_1^2[(2b+a')(p_{\mathrm{jmax}}+p_{\mathrm{jI}})+(p_{\mathrm{jmax}}-p_{\mathrm{jI}})b] \tag{10-31}$$

$$M_{\mathrm{II}} = \frac{1}{48}(b-a')^2(2l+b')(p_{\mathrm{jmax}}+p_{\mathrm{jmin}}) \tag{10-32}$$

式中　M_{I}，M_{II}——任意截面Ⅰ—Ⅰ，Ⅱ—Ⅱ处的弯矩设计值，验算截面选取在弯矩最大的截面处或基础变阶处；

a_1——任意截面Ⅰ—Ⅰ至基底边缘最大反力处的距离；

l——基础底面偏心方向的边长；

b——与偏心方向的边长垂直的基础边长；

p_{jmax}，p_{jmin}——相应于荷载效应基本组合时的基础底面边缘最大和最小地地基净反力设计值；

p_{jI}——相应于荷载效应基本组合时在任意截面Ⅰ—Ⅰ处基础底面地基净反力设计值。

底板纵横向受力钢筋面积按下式计算

$$A_{\mathrm{sI}} \geqslant \frac{M_{\mathrm{I}}}{0.9f_y h_0} \tag{10-33}$$

$$A_{\mathrm{sII}} \geqslant \frac{M_{\mathrm{II}}}{0.9f_y(h_0-d_{\mathrm{I}})} \tag{10-34}$$

式中　d_{I}——纵向钢筋直径。

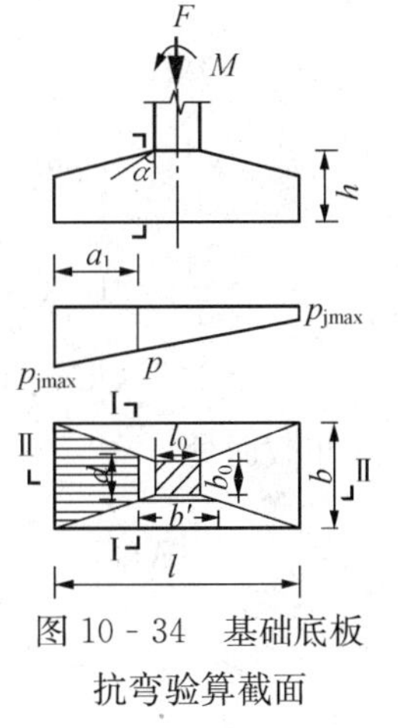

图 10-34　基础底板抗弯验算截面

【例 10-4】　柱下独立基础设计。

若将［例 10-2］中的基础改为扩展基础，并取基础高为 600mm，基础底面尺寸为 2.7m×1.8m，传至基础顶面竖向荷载基本组合值 F=820kN，力矩基本组合值 M=150kN·m，其余条件不变，试设计该扩展基础。

解　(1) 基底净反力计算。

$$p_{\mathrm{jmax}} = \frac{F}{lb}+\frac{6M}{bl^2} = \frac{820}{1.8\times2.7}+\frac{6\times150}{1.8\times2.7^2} = 168.7+68.6 = 237.3\mathrm{kPa}$$

$$p_{\mathrm{jmin}} = \frac{F}{lb}-\frac{6M}{bl^2} = \frac{820}{1.8\times2.7}-\frac{6\times150}{1.8\times2.7^2} = 168.7-68.6 = 100.1\mathrm{kPa}$$

式中　l——基础底面偏心方向的边长；

b——与偏心方向的边长垂直的基础边长。

(2) 基础厚度抗冲切验算。

由冲切破坏锥体极限平衡条件得

$$F_l \leqslant 0.7\beta_{\mathrm{hp}} f_{\mathrm{t}} a_{\mathrm{m}} h_0,\ F_l = p_{\mathrm{jmax}} A_l$$

当 $h\leqslant$800mm 时，取 $\beta_{\mathrm{hp}}=1.0$。

取保护层厚度为 80mm，则

$$h_0 = 600-80 = 520\mathrm{mm}$$

偏心荷载作用下，冲切破坏发生于最大基底反力一侧，由图 10-33 (a) 得

$$A_l = \left(\frac{l-l_0}{2}-h_0\right)b-\left(\frac{b-b_0}{2}-h_0\right)^2$$

$$= [(2.7 - 0.6)/2 - 0.52] \times 1.8 - [(1.8 - 0.4)/2 - 0.52]^2$$
$$= 0.922\text{m}^2$$

$$F_l = p_{\text{jmax}} A_l = 237.3 \times 0.922 = 218.8\text{kN}$$

采用 C20 混凝土，其抗拉强度设计值 $f_t = 1.1\text{MPa}$

$$a_m = b_0 + h_0 = 400 + 520 = 920\text{mm}$$

$$0.7\beta_{\text{hp}} f_t a_m h_0 = 0.7 \times 1.0 \times 1.1 \times 10^3 \times 0.92 \times 0.52 = 368\text{kN} > F_l$$

基础高度满足要求。选用锥形基础，基础剖面如图 10 - 35 所示。

(3) 基础底板配筋计算。

由图 10 - 34 所示，验算截面Ⅰ—Ⅰ，Ⅱ—Ⅱ均应选在柱边缘处，则

$$b' = l_0 = 600\text{mm},\ a' = b_0 = 400\text{mm}$$

截面Ⅰ—Ⅰ至基底边缘最大反力处的距离

$$a_1 = \frac{1}{2}(l - l_0) = (2700 - 600)/2 = 1050\text{mm}$$

Ⅰ—Ⅰ截面处

$$p_{\text{jI}} = p_{\text{jmax}} - \frac{p_{\text{jmax}} - p_{\text{jmin}}}{l} a_1 = 237.3 - (237.3 - 100.1) \times 1.05/2.7 = 183.9\text{kPa}$$

$$M_{\text{I}} = \frac{1}{12} a_1{}^2 [(2b + a')(p_{\text{jmax}} + p_{\text{jI}}) + (P_{\text{jmax}} - p_{\text{jI}})b]$$
$$= \frac{1}{12} \times 1.05^2 \times [(2 \times 1.8 + 0.4)(237.3 + 183.9) + (237.3 - 183.9) \times 1.8]$$
$$= 163.6\text{kN} \cdot \text{m}$$

Ⅱ—Ⅱ截面处

$$M_{\text{II}} = \frac{1}{48}(b - a')^2 (2l + b')(p_{\text{jmax}} + p_{\text{jmin}})$$
$$= \frac{1}{48} \times (1.8 - 0.4)^2 \times (2 \times 2.7 + 0.6) \times (237.3 + 100.1)$$
$$= 82.7\text{kN} \cdot \text{m}$$

选取钢筋等级为 HPB235 级，则 $f_y = 210\text{MPa}$

$$A_{\text{sI}} = \frac{163.6 \times 10^6}{0.9 \times 210 \times 520} = 1\,664.6\text{mm}^2$$

则基础长边方向选取Φ14@170（$A_{\text{sI}} = 1\,692.9\text{mm}^2$）

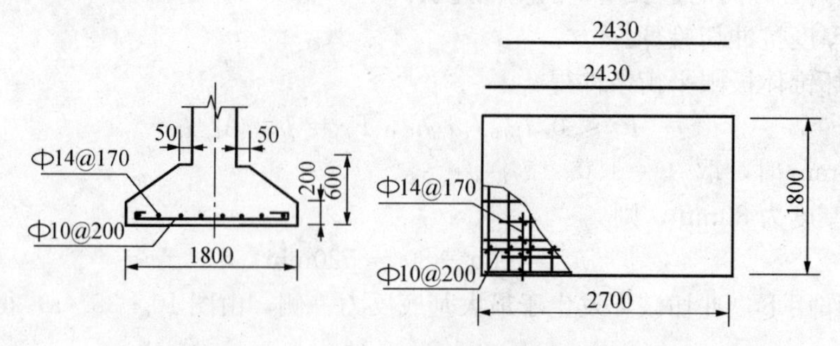

图 10 - 35 ［例 10 - 4］图基础剖面及配筋

$$A_{s\mathrm{II}} = \frac{82.7 \times 10^6}{0.9 \times 210 \times (520 - 14)} = 865\mathrm{mm}^2$$

基础短边方向由构造要求选取Φ 10@200mm（$A_{s\mathrm{II}} = 1\,099\mathrm{mm}^2$），钢筋布置如图 10 - 35 所示。

10 - 7　地基、基础与上部结构相互作用的概念

一、基本概念

上部结构、基础及地基在传递荷载的过程中是共同受力，协调变形的，因为三者构成一个整体。三者传递荷载的过程不但要满足静力平衡条件，还应满足衔接位置的变形协调条件。因而，合理的建筑结构设计方法应考虑上部结构，基础与地基的共同作用。

通常，建筑结构设计是将上部结构，基础与地基三者作为彼此独立的结构单元进行力学分析，称为常规设计法。此方法是在满足静力平衡条件下将上部结构底部固定，求出结构内力及支座反力。再将求得的支座反力的反作用力作为基础荷载，并按直线分布假设计算基底反力，从而对基础进行内力分析。进行地基计算时，则将基底反力反向施加于地基，并作为柔性荷载来验算地基承载力和沉降（图 10 - 36），这种常规设计法适用于 10 - 5 节和 10 - 6 节介绍的无筋扩展基础和钢筋混凝土扩展基础设计时，由于建筑物规模较小，结构较简单，而引起的计算误差一般不至于影响结构的安全，因此为工程界所接受。然而这一简化对于条形，筏形和箱形等规模较大、荷载性质或上部结构复杂的基础，将上部结构，基础和地基离散，仅满足静力平衡条件而不考虑变形协调，常会引起较大误差。因此，此类基础设计应基于相互作用分析更为合理。

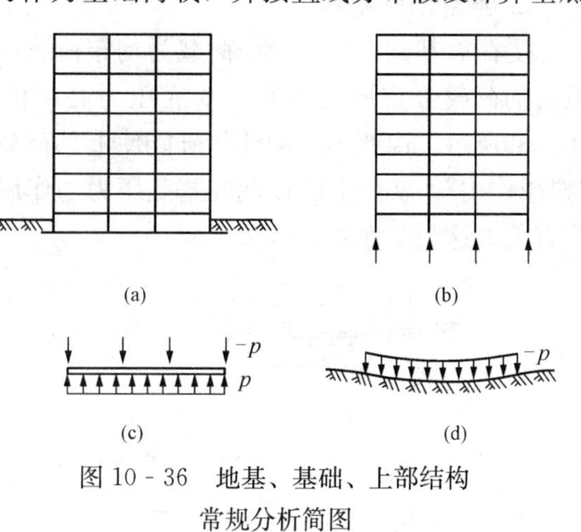

图 10 - 36　地基、基础、上部结构常规分析简图

下面将分别分析地基、基础及上部结构，如何通过各自的刚度在整个受力体系的共同工作中发挥作用。

二、地基和基础相互作用

在上部结构、基础和地基三者相互作用分析中，地基的刚度起主导作用。若地基为完全刚性，即不可压缩，那么基础不会产生挠曲变形，上部结构也不会因不均匀沉降而产生附加内力，实际三者几乎没有相互作用影响，完全可以将三者分开，分别进行计算，如岩石地基及坚硬的卵（碎）石地基即属于这种情况。

通常情况下，地基土都具有一定的压缩性，在先不考虑上部结构刚度的情况下，地基土越软弱，基础的相对挠曲和内力就越大，从而引起上部结构的次应力也较大。另外，地基土层的非均质也会影响基础挠度和内力。图 10 - 37 表示地基压缩性不均匀的两种情况，两基础的柱荷载相同，但基础挠曲变形情况却相反。

基础将上部结构的荷载传递给地基，在这一荷载传递过程中，通过自身刚度，可调整上

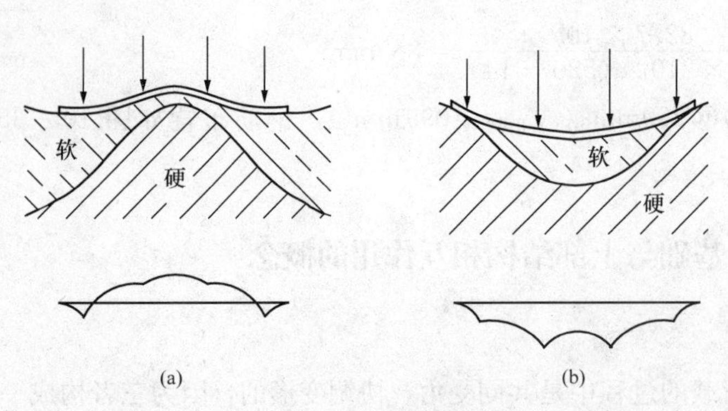

图 10 - 37　不均匀地基上的基础变形与弯矩图

部结构荷载，并约束地基变形。因而基础相对于地基土的刚度大小，直接影响地基基础相互作用的强弱。以两种极端情况为例说明，基础刚度对地基反力分布的影响。

1. 完全柔性基础

由于柔性基础本身刚度很小，基础将随荷载作用而变形，无力调整荷载的分布，则作用于基础上的荷载 $q(x,y)$ 将直接传到地基上，产生与荷载分布相同，大小相等的地基反力 $p(x,y)$，如图 10 - 38（a）所示。当荷载均匀分布，而地基变形不均匀，呈现中间大两侧小的凹曲变形。要使基础沉降均匀，则荷载与地基反力必须按中间小两侧大的抛物线形分布，见图 10 - 38（b）。

2. 绝对刚性基础

受荷后基础不挠曲，如荷载为均布荷载，基础在荷载作用下均匀下沉，由柔性基础均匀下沉的荷载分布形式可知，基底压力必须两边大中间小，才能保证地基均匀变形。如图 10 - 39所示。由此可见刚性基础能使上部荷载由中部向边缘转移，这一现象称为刚性基础的“架越作用”。实际上刚性基础基底压力与作用其上的荷载分布形式无关，只与合力作用点位置有关。这与柔性基础截然不同。

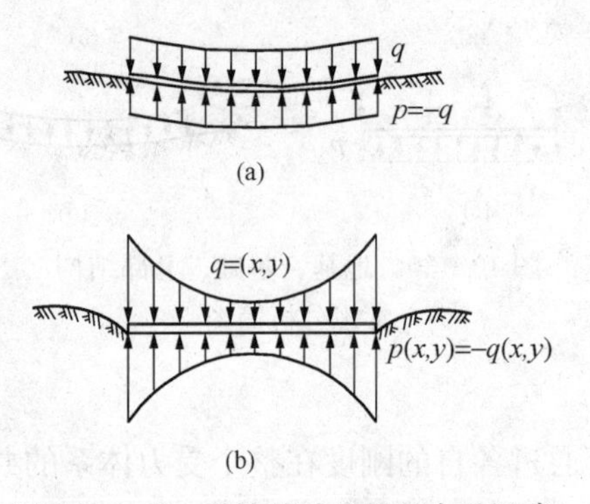

图 10 - 38　柔性基础地基反力及沉降

（a）荷载均匀而沉降不均匀；

（b）荷载不均匀而沉降均匀

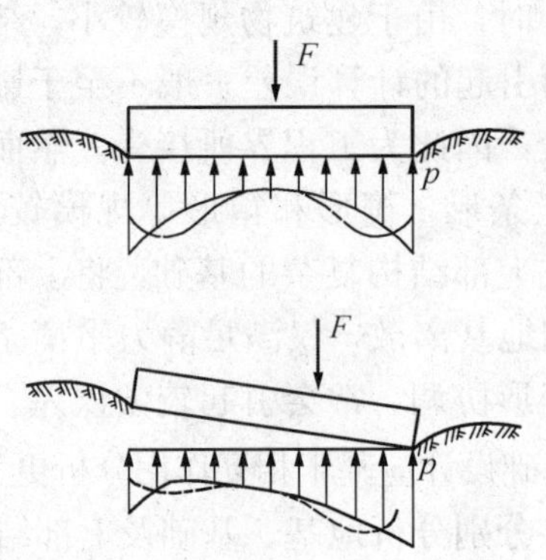

图 10 - 39　刚性基础地基反力及沉降

粘性土地基上相对刚度很大的基础，由于基础边缘应力很大，边缘处土体发生塑性变形以至破坏，部分应力将向中间转移，而形成如图 10 - 40（a）所示马鞍形的基底压力。对于无粘性土，由于没有粘聚力，且基础埋深较浅时，基础边缘很快破坏而不能承受荷载，从而出现图 10 - 40（b）所示的抛物线性地基反力。当基础有一定埋置深度或两边有超载时，可限制塑性区的发展，基础边缘处地基能承受更大的压力，硬粘土地基反力呈反抛物线形，无粘性土基础边缘处地基反力不为零［图 10 - 40（c）、（d）］。

实际上，基础本身的刚度一般介于上述两种情况之间，在荷载作用下，基底压力的实际分布取决于基础与地基的相对刚度、土的压缩性以及基底下塑性区的大小。基础刚度较大而

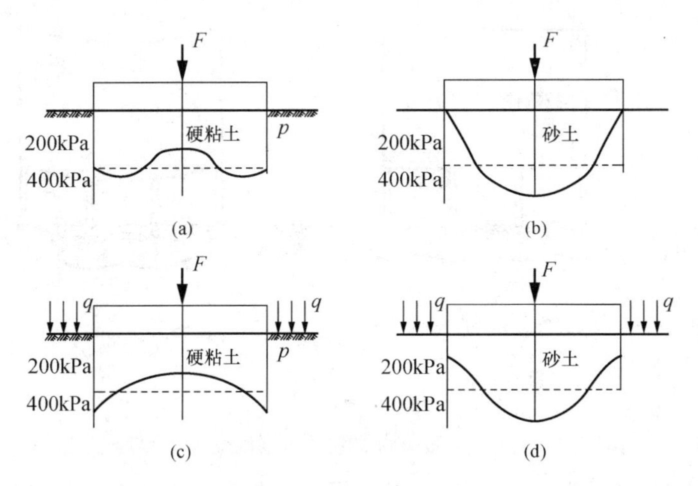

图 10 - 40　圆形刚性基础模型基底反力分布图

地基土较软，则架越作用就强，而随着荷载的增大，塑性区的发展，基底压力趋向于均匀近乎直线分布，而岩石或低压缩性地基上基础，基底压力则与荷载分布相一致。

常规设计法地基反力假设为直线分布，以静力分析的方法进行计算，只有当基础的刚度很大，地基土相对软弱时才比较符合实际。所以常规设计又称为“刚性设计”。

三、上部结构刚度的影响

上部结构的刚度，指的是整个上部结构对基础不均匀沉降或挠曲变形的抵抗能力。据此，按两种理想化的结构体系来说明上部结构的刚度在三者共同工作中的作用。先不考虑地基的影响，认为基底地基反力均匀分布。

第一种情况上部结构为绝对刚性体［图 10 - 41（a）］，基础为刚度较小的条形或筏形基础，当地基变形时，由于上部结构不发生弯曲，各柱只能均匀下沉，基础没有总体弯曲变形。这种情况，柱端犹如基础的不动铰支座，基础可视为倒置连续梁（板），以基底反力为荷载，仅在支座间发生局部弯曲。

第二种情况上部结构为柔性结构［图 10 - 41（b）］，基础也是刚性较小的条、筏基础，这时上部结构对基础的变形没有或仅有很小的约束作用。因而基础不仅要随结构的变形而产生整体弯曲，同时跨间还受地基反力和柱支座的约束而产生局部弯曲，基础的变形和内力将是两者叠加的结果。

实际上部结构刚度常介于上述两种极端情况之间，在地基、基础和荷载条件不变的情况下，显然，随着上部结构刚度的增加，基础挠曲和内力将减小，与此同时，上部结构因柱端的位移而产生次应力。进一步分析，若基础也具有一定的刚度，则上部结构与基础的变形和内力必定受两者的刚度影响，这种影响可以通过节点处内力分配来进行分析。

四、地基计算模型简介

地基平面上的单向基础（梁）或双向基础（板）一个或两个方向的尺寸与其竖向截面高度相比较大，通常可看成是地基上受弯构件，它们的变形（挠曲）特征、基底反力和截面内力分布均与地基、基础及上部结构的相对刚度特征有关，应该从三者相互作用的观点采用适当的方法进行设计。目前较为常用的有三种属于线性变形体的地基计算模型，即文克勒地基模型、弹性半空间地基模型和线性变形层和单向压缩层地基模型。

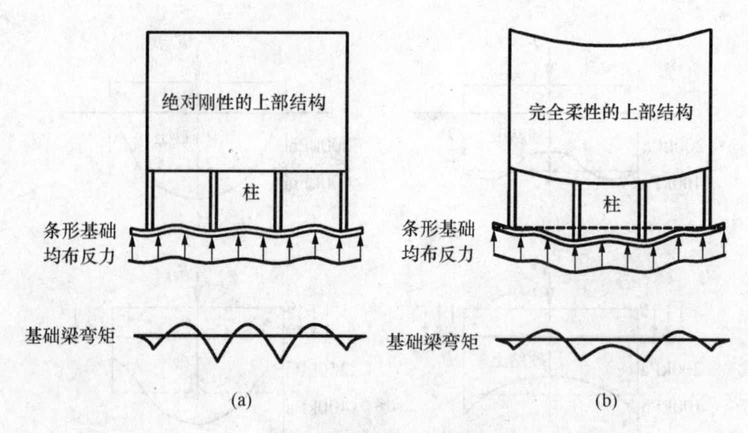

图 10-41 上部结构的刚度对基础变形的影响

文克勒地基模型：1867 年，捷克工程师 E. 文克勒（Winkler）提出地基上任一点所受的压力 p 与该点地基沉降 s 成正比的假设，其比例常数 k 称为基床反力系数（简称基床系数，单位 MN/m^3）。按此假设，地面上某点的沉降与作用于其他点上的压力无关，所以，可把地基看成是无数分割开的小土柱组成的体系，或用一根根弹簧代替土柱而变成一系列不相联的弹簧体系。该模型忽略了地基中的剪应力，使得地基沉降指发生在基底范围以内。

弹性半空间地基模型：假定地基为均匀的、各向同性的、弹性的半无限体。当竖向集中力 P 作用在弹性半无限表面上时，根据布辛奈斯克（Boussinesq）公式，可得到地表面与荷载作用点任何距离处的竖向位移，当竖向分布荷载作用于表面某区域时，任意点处表面沉降可由布辛奈斯克解积分得到。该模型考虑应力扩散作用，比文克尔地基模型合理一些，但该模型的应力扩散往往超过了地基的实际情况。原因是实际地基压缩土层厚度有限；地基土压缩模量随深度而变。另外，它没有能考虑到地基的分层特性、非均质性以及土体应力应变关系的非线性等重要因素。

单向压缩层地基模型：分层地基模型就是我国地基规范中用以计算地基沉降的分层总和法，地基沉降等于压缩层范围内各计算分层在完全侧限条件下的压缩量之和。该模型反映了地基土扩散应力和变形能力；考虑土层沿水平与深度变化的非均质性和土层分层；计算用参数 Eski 可经常规压缩试验直接得到。模型的计算结果比较符合实际情况。

一般来说，当基础位于无粘性土上时，采用文克尔地基模型是比较适当的，特别是当地基比较柔软、又受有局部荷载作用时。当基础位于粘性土上时，一般应采用连续性地基模型，特别是对于有一定刚度的基础，基底反力适中，地基土中应力水平不高、塑性区开展不大时。对于塑性区开展较大，或是薄压缩层地基，文克尔地基模型又有了其适用性。普遍认为用连续性模型得到的结果比文克尔地基模型得到的结果更符合实际。但文克尔地基模型简单，计算方便，故对于非粘性土，仍可采用文克尔地基模型。当地基土呈明显的层状分布、各层之间性质差异较大时，采用分层地基模型是比较适当的。

10-8 柱下条形基础

柱下条形基础是常用于框架或排架结构一种基础类型。它可用于地基承载力不足、需加大基础底面积，而平面尺寸上的限制无法设计成柱下扩展基础的情况；尤其是当柱荷载或地基压缩性分布不均匀，且建筑物虽不均匀沉降敏感时，在柱下设计抗弯刚度较大的条形基础效果较好。

条形基础可以沿柱列平行设置，也可双向设置形成交叉条形基础。它们共同特点是：每个长条形结构单元都间隔承受柱的集中荷载，设计时需考虑各单元纵、横两个方向的弯曲应力和剪应力并设计受力钢筋。

柱下条形基础与筏板基础、箱形基础面对一个共同的问题，即上节所述的上部结构、基础与地基在变形协调的条件下共同工作的问题。关于上部结构、基础与地基共同工作的认识在工程实践中表现为以下的规定：

（1）按照具体条件可不考虑或计算整体弯曲时，必须采取措施同时满足整体弯曲的受力要求。

（2）从结构布置上，限制梁板基础在边柱或边墙以外的挑出尺寸，以减轻整体弯曲的效应。有明确规定的要遵守，无明确规定的要根据成熟经验通过分析比较后确定。

（3）柱下条基和筏基纵向边跨跨中及第一内支座的弯矩值宜乘以 1.2 的系数。

（4）基础梁板的受拉钢筋，在合理的条件下以通长配置为好。

一、柱下条形基础型式及适用范围

柱下钢筋混凝土条形基础是指布置成单向或双向的钢筋混凝土条状基础。它由肋梁及其横向外伸的翼板组成，其断面呈倒 T 形。由于肋梁的截面相对较大，且配置一定数量的纵筋和腹筋，因而具有较强的抗剪及抗弯能力。

柱下条形基础通常在下列情况下采用：

（1）上部结构传给地基的荷载大，地基承载力又较低，单独基础不能满足要求时。

（2）柱列间的净距离小于独立基础的宽度，或独立基础所需的面积受相邻建、构筑物的限制，面积不能扩大时。

（3）由于各种原因，需加强地基基础整体刚度，以防止过大的不均匀沉降时。

（4）利用“架越作用”，跨越局部软弱地基以及场地中的暗塘、沟槽、洞穴等。

二、柱下条形基础构造要求

（1）柱下条形基础梁的高度宜为柱距的 1/4～1/8。翼板厚度不应小于 200mm。当翼板厚度大于 250mm 时，宜采用变厚度翼板，其坡度宜小于或等于 1∶3。

（2）条形基础端部宜向外伸出，其长度宜为第一跨距的 0.25 倍。

（3）现浇柱与条形基础梁的交接处，其平面尺寸不应小于图 10-42 的规定。

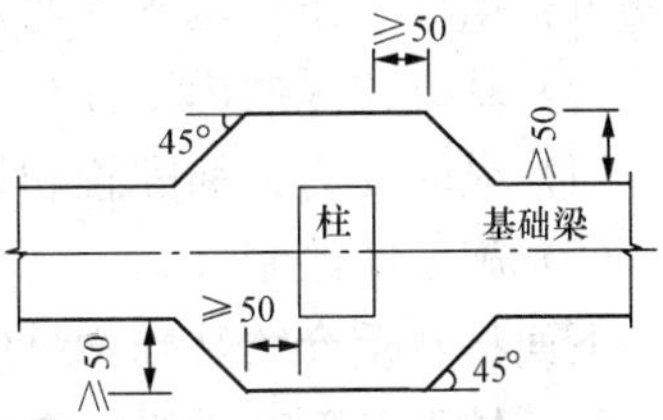

图 10-42　现浇柱与条形基础梁

（4）条形基础梁顶部和底部的纵向受力钢筋除满足计算要求外，顶部钢筋按计算配筋全部贯通，底部通长钢筋不应少于底部受力钢筋截面总面积的 1/3。

（5）柱下条形基础的混凝土强度等级，不应低于 C20。

三、柱下条形基础计算

（一）计算原则与内容

柱下条形基础纵向内力计算方法一般有两种，地基反力直线分布简化计算法和弹性地基梁法。比较均匀的地基上，上部结构刚度较好，荷载分布较均匀，且条形基础梁的高度不小于1/6柱距时，地基反力可按直线分布，条形基础梁的内力可按连续梁计算，此时边跨跨中弯矩及第一内支座的弯矩值宜乘以1.2的系数。不满足上述要求时，宜按弹性地基梁计算。

对交叉条形基础，交点上的柱荷载，可按静力平衡条件及变形协调条件，进行分配。其内力可按上述方法，分别进行计算：

应验算柱边缘处基础梁的受剪承载力；

当存在扭矩时，尚应作抗扭计算；

当条形基础的混凝土强度等级小于柱的混凝土强度等级时，应验算柱下条形基础梁顶面的局部受压承载力。

（二）计算步骤

（1）确定基础梁长度及宽度。确定条形基础长度时，应尽量调整基础底面形心与荷载合力重心重合，以消除偏心作用。为此，可通过调整基础梁外伸尺寸来实现。首先应确定荷载合力重心。荷载分布如图10-43所示，合力作用点距离竖向力F_1作用点距离为

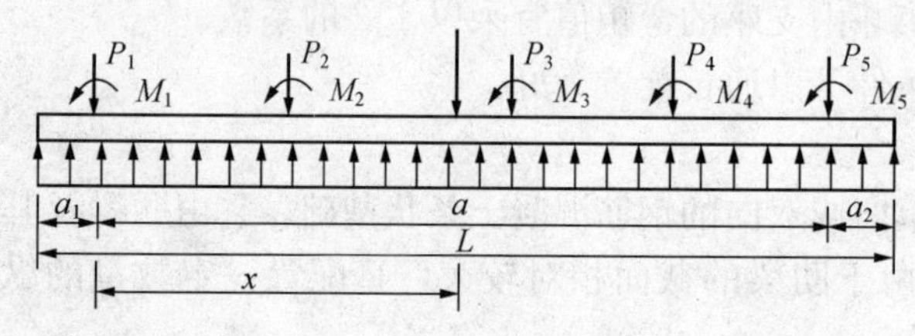

图10-43 柱下条形基础梁长度确定计算简图

$$x=\frac{\sum F_i x_i+\sum M_i}{\sum F_i} \quad (10-35)$$

根据构造要求选定基础梁左边伸出轴线外长度a_1，则基础长度及右边伸出轴线外长度a_2分别为

$$L=2x+2a_1,\quad a_2=L-a-a_1 \quad (10-36)$$

根据基础底面尺寸确定方法，确定出条形基础面积A，则基础宽度由$b=A/L$而得到。如果无法实现基础底面形心与荷载合力重心重合，则基底压力按梯形分布计算。

（2）确定基础梁剖面尺寸及横向钢筋的配筋。基础梁剖面尺寸可按构造要求设置；横向钢筋可根据墙下条形基础受弯计算方法计算。

（3）基础梁纵向内力计算。

（4）纵向受力钢筋配置和柱边缘处基础梁受剪验算。

（5）施工图绘制。

下面将着重介绍基础梁纵向内力计算。

四、柱下条形基础纵向内力计算

柱下条形基础纵向内力计算方法一般有两种：地基反力直线分布简化计算法和弹性地基梁法。比较均匀的地基上，上部结构刚度较好，荷载分布较均匀，且条形基础梁的高度不小于1/6柱距时，地基反力可按直线分布，条形基础梁的内力可按连续梁计算，此时边跨跨中弯矩及第一内支座的弯矩值宜乘以1.2的系数。不满足上述要求时，宜按弹性地基梁计算。

（一）简化计算法

根据上部结构刚度与基础自身刚度情况，有静定分析法和倒梁法。

静定分析法是按和静力平衡条件求得地基净反力（略去基础及其上覆土自重，因自重与

其产生的反力平衡，不产生内力），并将其与柱荷载一起作用于基础梁，按静定梁计算各截面内力，如图 10-44 所示。静定分析法不考虑与上部结构相互作用，因而在柱荷载与基底反力作用下发生整体弯曲。

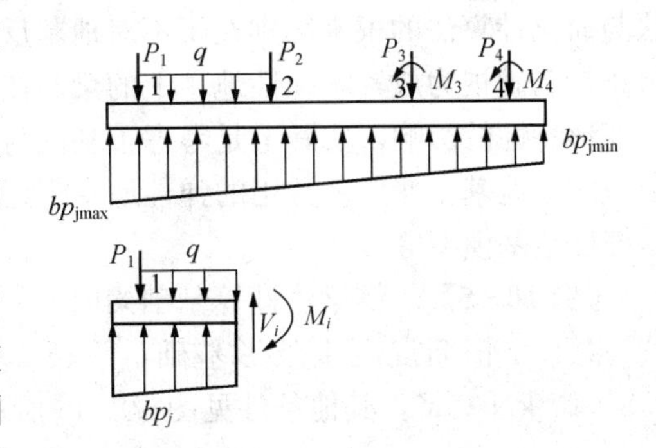

图 10-44　静定分析法计算柱下条形基础内力

倒梁法按基底反力直线分布假设，根据静力平衡条件求得地基净反力之后，将柱脚视为固定铰支座，而基础梁视为在地基净反力作用下的倒置的梁，采用弯矩分配法或弯矩系数法计算截面弯矩、剪力及支座反力（图 10-45）。按此方法求得的支座反力 R_i 一般与柱荷载 F_i 不相等，不能满足支座静力平衡条件，其原因是在计算中假设柱脚为不动铰支座，同时又规定基底反力为直线分布，两者不能同时满足。因而，对不平衡力需进行调整消除。方法如下：

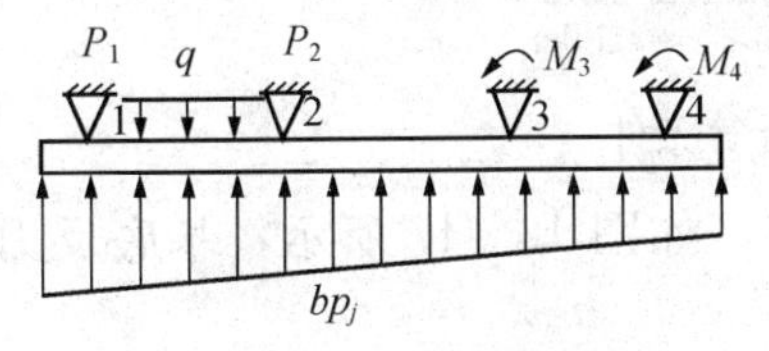

图 10-45　倒梁法计算简图

（1）首先根据支座处的柱荷载 F_i 和支座反力 R_i 求出不平衡力 ΔR_i

$$\Delta R_i = F_i - R_i \tag{10-37}$$

（2）将支座不平衡力的差值折算成分布荷载 Δq，均匀分布在支座相邻两跨间，分布范围为

对边跨支座

$$\Delta q_i = \frac{\Delta R_i}{l_0 + \dfrac{l_i}{3}} \tag{10-38}$$

对中间跨支座

$$\Delta q_i = \frac{\Delta R_i}{\dfrac{l_{i-1}}{3} + \dfrac{l_i}{3}} \tag{10-39}$$

式中　Δq_i——不平衡力折算的均布荷载，kN/m^2；

l_0——边跨外伸长度，m；

l_{i-1}，l_i——支座左右跨长度，m。

（3）将折算的分布荷载作用于连续梁，再次用弯矩分配法计算梁的内力，以及支座处的弯矩 ΔM_i 与剪力 ΔV_i，并求出调整分布荷载引起的支座反力并将其叠加到原支座反力 R_i 上求得新的支座反力 R'_i；

（4）重复步骤（1）～步骤（3），直至不平衡力在计算允许精度范围内，一般取不超过柱荷载 F_i 的 20%。

倒梁法按基底反力线性分布假定，并将柱端视为不动铰支座，忽略了梁的整体弯曲所产生的内力以及柱脚不均匀沉降引起上部结构的次应力，计算结果与实际情况常有明显差异，且偏于不安全，因此只有在比较均匀的地基上，上部结构刚度较好，荷载分布均匀，且基础梁接近于刚性梁（梁的高度大于柱距的 1/6）才可以应用。

在不满足简化计算条件时，宜按弹性地基梁方法来计算柱下条形基础内力。弹性地基梁法与简化计算法的根本区别在于不对地基反力作线性假定，考虑基础梁与地基的协调变形，将条形基础视为放置于弹性地基上的梁。在上部结构荷载作用下，梁的内力与变形受弹性地基变形特性的影响，实际上是考虑了基础与地基的共同工作。因而需引入弹性地基模型，来模拟实际地基土变形。常用的弹性地基模型有文克尔地基模型、弹性半空间地基模型和有限压缩层地基模型等。

【例 10-5】 倒梁法计算基础梁内力。

某柱下钢筋混凝土条形基础，总长 20m，基底宽度 $b=2.4\text{m}$，基础抗弯刚度 $E_cI=3.8\times10^6\text{kN}\cdot\text{m}^2$，其他条件见图 10-46 所示，试用倒梁法计算地基反力和基础内力。

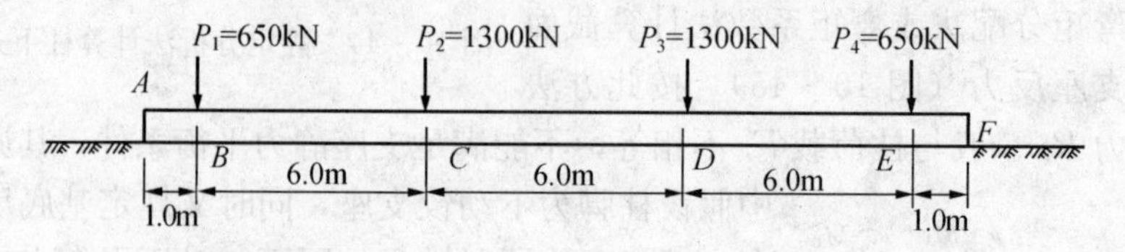

图 10-46 ［例 10-5］图 1 条形基础计算条件

解 (1) 计算地基的净反力。假定基底反力均匀分布，如图 10-47 所示，基底反力值为

$$P=\frac{\sum P}{l}=\frac{2\times(650\times1300)}{20}=195\text{kN/m}$$

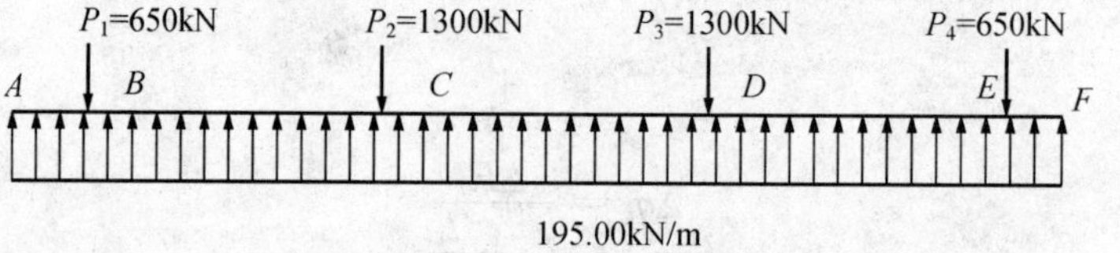

图 10-47 ［例 10-5］图 2 基底反力均布图

(2) 把基础梁当成以柱端为铰支座的三跨连续梁，在基础底面作用以均布反力 $P=195\text{kN/m}$ 时，各支座反力为

$$R_B=R_E=682.5\text{kN}$$
$$R_C=R_D=1267.5\text{kN}$$

均布的地基净反力作用在三跨连续梁内产生的弯矩如图 10-48 所示。

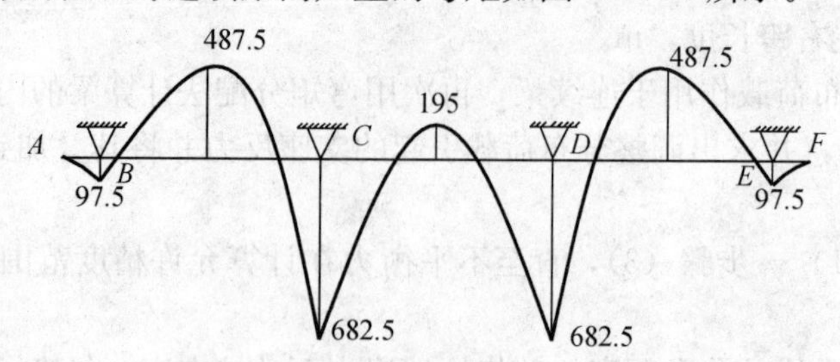

图 10-48 ［例 10-5］图 3 均布地基净反力产生的弯矩（kN·m）

(3) 由于支座反力与柱荷载不相等，在支座处存在不平衡力。各支座的不平衡力为

$$\Delta P_B=\Delta P_E=650-682.5=-32.5\text{kN}$$
$$\Delta P_C=\Delta P_D=1300-1267.5=32.5\text{kN}$$

把支座不平衡力均匀分布于支座两侧各 1/3 跨度范围对 B、E 支座有

$$\Delta q_{\mathrm{B}}=\Delta q_{\mathrm{E}}=\frac{1}{1+l/3}\Delta P_{\mathrm{B}}=\frac{1}{1+2}\times(-32.5)=-10.83\mathrm{kN/m}$$

C、D 支座有

$$\Delta q_{\mathrm{C}}=\Delta q_{\mathrm{D}}=\frac{1}{l/3+l/3}\Delta R_{\mathrm{C}}=\frac{1}{2+2}\times 32.5=8.13\mathrm{kN/m}$$

把均布不平衡力 Δq 作用于连续梁上，如图 10 - 49 所示。计算支座反力 $\Delta R'_{\mathrm{B}}$、$\Delta R'_{\mathrm{C}}$、$\Delta R'_{\mathrm{D}}$、$\Delta R'_{\mathrm{E}}$。

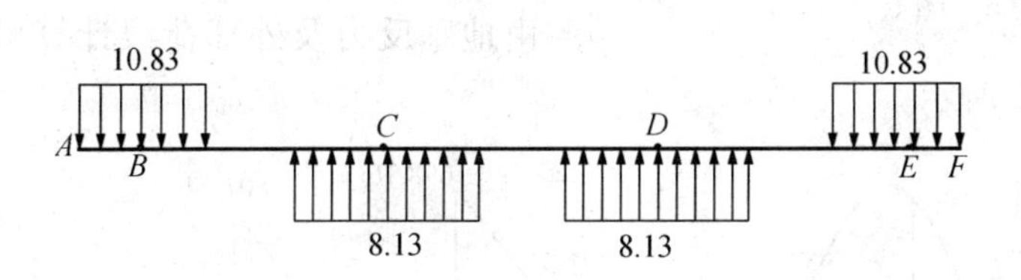

图 10 - 49　［例 10 - 5］图 4 不平衡力折算的均布荷载（kN/m）

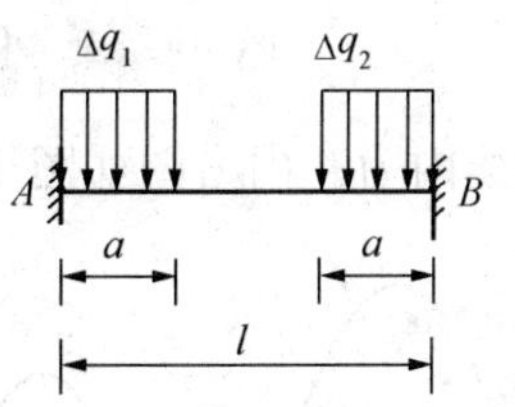

图 10 - 50　［例 10 - 5］图 5

1）不平衡力引起的固端弯矩计算（图 10 - 50）

$$M_{\mathrm{AB}}=\frac{\Delta q_1 a^2}{6}\left(3-\frac{4a}{l}+\frac{3a^2}{2l^2}\right)+\frac{\Delta q_2 a^2}{3}\left(\frac{a}{l}-\frac{3a^2}{4l^2}\right)$$

当 l=6.0m，a=2.0m（均布荷载作用范围）

$$M_{\mathrm{BC}}=\frac{10.83\times 2^2}{6}\left(3-\frac{4\times 2}{6}+\frac{3\times 2^2}{2\times 6^2}\right)+\frac{-8.13\times 2^2}{3}\left(\frac{2}{6}-\frac{3\times 2^2}{4\times 6^2}\right)$$

$$=13.24+(-2.71)=10.53\mathrm{kN\cdot m}$$

$$M_{\mathrm{CB}}=\frac{-8.13}{10.83}\times(-13.24)+\frac{10.83}{-8.13}\times 2.71$$

$$=9.94-3.61=6.33\mathrm{kN\cdot m}$$

$$M_{\mathrm{CD}}=\frac{-8.13\times 2^2}{6}\left(3-\frac{4\times 2}{6}+\frac{3\times 2^2}{2\times 6^2}\right)+\frac{-8.13\times 2^2}{3}\left(\frac{2}{6}-\frac{3\times 2^2}{4\times 6^2}\right)$$

$$=-9.94-2.71=-12.65\mathrm{kN\cdot m}$$

AB，EF 为悬臂段，则

$$M_{\mathrm{B左}}=M_{\mathrm{E右}}=10.83\times 1^2/2=5.42\mathrm{kN\cdot m}$$

2）用弯矩分配法计算不平衡力引起基础梁弯矩

A	B		C		D		E	F
5.42	−5.42					5.42	−5.42	
	10.53	6.32	−12.64	12.64	−6.32	−10.53		
	↗	−5.27			5.27 ↖			
	−10.53	4.97	6.62	−6.62	−4.97	10.53		
	−5.42	6.03	−6.03	6.03	−6.03	5.42	−5.42	

3）不平衡力引起基础梁支座反力为

$$\Delta R'_{\mathrm{B}}=\Delta R'_{\mathrm{E}}=-\frac{10.83\times 3\times 5.5-8.13\times 2-6.03}{6}=-26.1\mathrm{kN}$$

$$\Delta R'_{\mathrm{C}}=\Delta R'_{\mathrm{D}}=\frac{1}{2}\times 18.13\times 4\times 2-10.83\times 3\times 2+26.07\times 27=26.1\mathrm{kN}$$

将均布反力 P 和不平衡力 Δq 所引起的支座反力叠加，得一次调整后的支座反力为

$$R'_{\mathrm{B}}=R'_{\mathrm{E}}=R_{\mathrm{B}}+\Delta R'_{\mathrm{B}}=682.5-26.1=656.4\mathrm{kN}$$

$$R'_{\mathrm{C}}=R'_{\mathrm{D}}=R_{\mathrm{C}}+\Delta R'_{\mathrm{C}}=1267.5+26.1=1293.6\mathrm{kN}$$

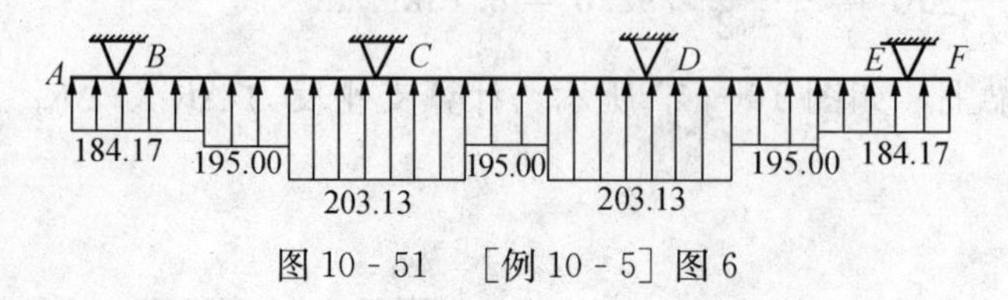

图 10-51 ［例 10-5］图 6

比较调整后的支座反力和柱荷载，差值在容许范围内，故将均布反力 P 与不平衡力 Δq 相叠加得到地基反力分布如图 10-51 所示。

由地基反力及外部荷载计算可得基础梁内力。内力图如图 10-52 所示。

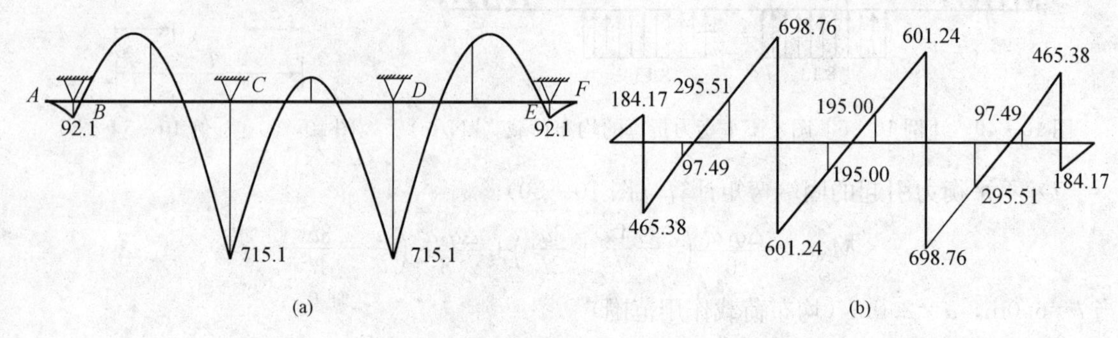

图 10-52 ［例 10-5］图 7 基础内力图

(a) 基础梁弯矩图；(b) 基础梁剪力图

（二）文克尔地基上梁的计算

1. 基础梁的挠曲微分方程及其基本解答

在放置在弹性地基上的基础梁上取任意微段（图 10-53），由单元体的静力平衡条件可得

$$\sum M=0 \quad \Rightarrow \quad \frac{\mathrm{d}M}{\mathrm{d}x}=V \tag{10-40}$$

$$\sum V=0 \quad \Rightarrow \quad \frac{\mathrm{d}V}{\mathrm{d}x}=q(x)-bp(x) \tag{10-41}$$

式中 $q(x)$，$p(x)$——基础梁上的分布荷载和地基的反力单位分别为 kN/m，kN/m²；

M，V——基础梁截面弯矩和剪力，单位分别为 kN·m，kN；

b——基础梁宽，m。

在材料力学中，梁的挠曲微分方程为

$$E_{\mathrm{c}}I\frac{\mathrm{d}^2w}{\mathrm{d}x^2}=-M \tag{10-42}$$

或

$$E_{\mathrm{c}}I\frac{\mathrm{d}^4w}{\mathrm{d}x^4}=\frac{\mathrm{d}^2M}{\mathrm{d}x^2} \tag{10-43}$$

式中 E_{c}——梁的弹性模量，kN/m²；

w——梁的挠度，m；

I——梁的截面惯性矩，m⁴。

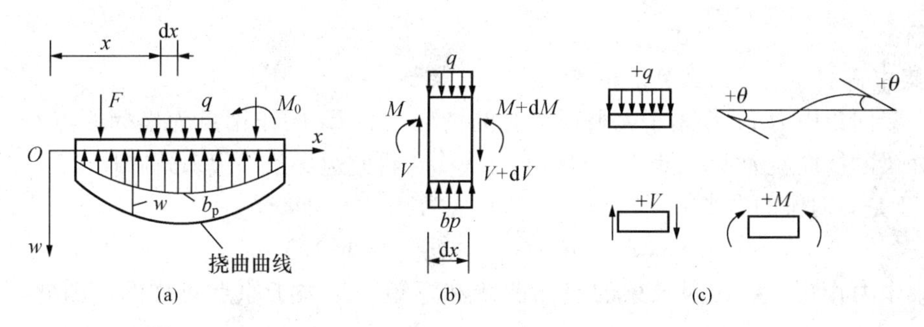

图 10 - 53　文克尔地基上基础梁的计算图式

(a) 梁的荷载和挠曲；(b) 梁微元；(c) 正负号规定

由式（10 - 40）、式（10 - 41）和式（10 - 43）整理得基础梁的挠曲微分方程为

$$E_cI\frac{d^4w}{dx^4}=q(x)-bp(x) \tag{10-44}$$

若梁上无荷载（$q=0$），则式（10 - 44）变为

$$E_cI\frac{d^4w}{dx^4}=-bp(x) \tag{10-45}$$

式（10 - 45）即为弹性地基上基础梁的挠曲微分方程，对哪一种地基模型都适用。要求解这一微分方程，需要引入地基模型，以确定地基反力与地基变形之间的关系。下面介绍文克尔地基上梁的解答。

按文克尔地基的假定，地基表面任意点所受的压力 p 与该点沉降 s 成正比，即

$$p=ks \tag{10-46}$$

式中　k——地基抗力系数，kN/m^3。

由地基与基础的变形协调条件，梁的挠度等于地基的变形，即 $s=w$，则式（10 - 46）变为 $p=kw$，将其代入式（10 - 45），即得文克尔地基上梁的挠曲微分方程

$$E_cI\frac{d^4w}{dx^4}+bkw=0 \tag{10-47}$$

整理得

$$\frac{d^4w}{dx^4}+4\lambda^4w=0 \tag{10-48}$$

式中

$$\lambda=\sqrt[4]{\frac{kb}{4E_cI}} \tag{10-49}$$

它是反映梁的挠曲刚度和地基刚度之比，量纲是 m^{-1}，其倒数 $1/\lambda$ 称为基础梁特征长度。

式（10 - 47）是四阶常系数常微分方程，其通解为

$$w=e^{\lambda x}(C_1\cos\lambda x+C_2\sin\lambda x)+e^{-\lambda x}(C_3\cos\lambda x+C_4\sin\lambda x) \tag{10-50}$$

式中　C_1，C_2，C_3，C_4——待定系数，根据基础梁上作用的荷载和边界条件确定；

λx——无量纲数。当 $x=l$，λl 反映梁对地基的相对刚度。同一地基上，l 愈长即 λl 值愈大，表示梁的柔性愈大，故称为柔度指数。

按文克尔地基梁的柔度指数 λl 可将基础梁分为短梁（$\lambda l\leqslant\pi/4$）；中长梁（有限长梁）（$\pi/4<\lambda l\leqslant\pi$）；长梁（$\lambda l>\pi$）。这里 l 为基础梁长度（m）；短梁也称为刚性梁，基底压力为直线分布。无限长梁及有限长梁变形与内力需按文克尔地基上梁的挠曲微分

方程求解。

2. 集中荷载作用下的文克尔地基上无限长梁

一个竖向集中力 F_0 作用于无限长梁时的情况。取 F_0 的作用点为坐标原点 O。离 O 点无限远处梁的挠度应为零，即当 $x \to \infty$ 时，$w \to 0$。将此边界条件代入式（10-50），得 $C_1 = C_2 = 0$。于是，对梁的右半部，式（10-50）成为

$$w = \mathrm{e}^{-\lambda x}(C_3 \cos\lambda x + C_4 \sin\lambda x) \tag{10-51}$$

在竖向集中力作用下，无限长梁的挠曲曲线和弯矩图是关于原点对称的，因此，在 $x=0$ 处，$\frac{\mathrm{d}w}{\mathrm{d}x}=0$，代入式（10-51）得 $C_3 - C_4 = 0$。令 $C_3 = C_4$，则梁的挠度为

$$w = C\mathrm{e}^{-\lambda x}(\cos\lambda x + \sin\lambda x) \tag{10-52}$$

再根据对称性，在 $x=0$ 处 $V_x = \mp\frac{F_0}{2}$。由式（10-41）可得梁截面上的剪力为

$$V = \frac{\mathrm{d}M}{\mathrm{d}x} = -E_c I \frac{\mathrm{d}^3 w}{\mathrm{d}x^3} \tag{10-53}$$

考虑 $x=0$ 处的边界条件即得

$$C = \frac{F_0 \lambda}{2kb} \tag{10-54}$$

将式（10-54）代入式（10-52）得梁的挠曲微分方程的解为

$$w = \frac{F_0 \lambda}{2kb}\mathrm{e}^{-\lambda x}(\cos\lambda x + \sin\lambda x) \tag{10-55}$$

将式（10-55）对 x 依次取一阶、二阶和三阶导数，就可以求得梁截面的转角 $\theta = \mathrm{d}w/\mathrm{d}x$、弯矩和剪力，将所得公式归纳如下

$$w = \frac{F_0 \lambda}{2kb}A_x,\ \theta = \mp\frac{F_0 \lambda^2}{kb}B_x,\ M = \frac{F_0}{4\lambda}C_x, V = \mp\frac{F_0}{2}D_x \tag{10-56}$$

式中，$A_x = \mathrm{e}^{-\lambda x}(\cos\lambda x + \sin\lambda x)$，$B_x = \mathrm{e}^{-\lambda x}\sin\lambda x$，$C_x = \mathrm{e}^{-\lambda x}(\cos\lambda x - \sin\lambda x)$，$D_x = \mathrm{e}^{-\lambda x}\cos\lambda x$。将 A_x，B_x，C_x，D_x 制成表格，见表 10-12。需要说明的是表中的数值是 x 取正值求得的，对于 x 负向应取 x 的绝对值查表，并注意正负号。

表 10-12　A_x，B_x，C_x，D_x，E_x，F_x 函数表

λx	A_x	B_x	C_x	D_x	E_x	F_x
0	1	0	1	1	∞	−∞
0.02	0.999 61	0.019 60	0.960 40	0.980 00	382 156	−382 105
0.04	0.998 44	0.038 42	0.921 60	0.960 02	48 802.6	−48 776.6
0.06	0.996 54	0.056 47	0.883 60	0.940 07	1 4 851.3	−14 738.0
0.08	0.993 93	0.073 77	0.846 39	0.920 16	6 354.30	−6 340.76
0.10	0.990 65	0.090 33	0.809 98	0.900 32	3 321.06	−3 310.01
0.12	0.986 72	0.106 18	0.774 37	0.880 54	1 962.18	−1 952.78
0.14	0.982 17	0.121 31	0.739 54	0.860 85	1 261.70	−1 253.48
0.16	0.977 02	0.135 76	0.705 50	0.841 26	863.174	−855.840
0.18	0.971 31	0.149 54	0.672 24	0.821 78	619.176	−612.524
0.20	0.965 07	0.162 66	0.639 75	0.802 41	461.078	−454.971
0.22	0.958 31	0.175 13	0.608 04	0.783 18	353.904	−348.240
0.24	0.951 06	0.186 98	0.577 10	0.764 08	278.526	−273.229
0.26	0.943 36	0.198 22	0.546 91	0.745 14	223.862	−218.874
0.28	0.935 22	0.208 87	0.517 48	0.726 35	183.183	−178.457
0.30	0.926 66	0.218 93	0.488 80	0.707 73	152.233	−147.733

续表

λx	A_x	B_x	C_x	D_x	E_x	F_x
0.35	0.903 60	0.241 64	0.420 33	0.661 96	101.318	−97.264 6
0.40	0.878 44	0.261 03	0.356 37	0.617 40	71.791 5	−68.062 8
0.45	0.851 50	0.277 35	0.296 80	0.574 15	53.371 1	−49.887 1
0.50	0.823 07	0.290 79	0.241 49	0.532 28	41.214 2	−37.918 5
0.55	0.793 43	0.301 56	0.190 30	0.491 86	32.824 3	−29.675 4
0.60	0.762 84	0.309 88	0.143 07	0.452 95	26.820 1	−23.786 5
0.65	0.731 53	0.315 94	0.099 66	0.415 59	22.392 2	−19.449 6
0.70	0.699 72	0.319 91	0.059 90	0.379 81	19.043 5	−16.172 4
0.75	0.667 61	0.321 98	0.023 64	0.345 63	16.456 2	−13.640 9
π/4	0.644 79	0.322 40	0	0.322 40	14.967 2	−12.183 4
0.80	0.635 38	0.322 33	−0.009 28	0.313 05	14.420 2	−11.647 7
0.85	0.603 20	0.321 11	0.039 02	0.282 09	12.792 4	−10.051 8
0.90	0.571 20	0.318 48	0.065 74	0.252 73	11.472 9	−8.754 911
0.95	0.539 54	0.314 58	0.089 62	0.224 96	10.390 5	−7.687 05
1.00	0.508 33	0.309 56	0.110 79	0.198 77	9.493 05	−6.797 24
1.05	0.477 66	0.303 54	0.129 43	0.174 12	8.742 07	−6.047 80
1.10	0.447 65	0.296 66	−0.145 67	0.150 99	8.108 50	−5.410 38
1.15	0.418 36	0.289 01	−0.159 67	0.129 34	7.570 13	−4.863 35
1.20	0.389 86	0.280 72	−0.171 58	0.109 14	7.109 76	−4.390 02
1.25	0.362 23	0.271 89	−0.181 55	0.090 34	6.713 90	−3.977 35
1.30	0.335 50	0.262 60	−0.189 70	0.072 90	6.371 86	−3.615 00
1.35	0.309 72	0.252 95	−0.196 17	0.056 78	6.075 08	−3.294 77
1.40	0.284 92	0.243 01	−0.201 10	0.041 91	5.816 64	−3.010 03
1.45	0.261 13	0.232 86	−0.204 59	0.028 27	5.590 88	−2.755 41
1.50	0.238 35	0.222 57	−0.206 79	0.015 78	5.393 17	−2.526 52
1.55	0.216 62	0.212 20	−0.207 79	0.004 41	5.219 65	−2.319 74
π/2	0.207 88	0.207 88	−0.207 88	0	5.153 82	−2.239 53
1.60	0.195 92	0.201 81	−0.207 71	−0.005 90	5.067 11	−2.132 10
1.65	0.176 25	0.191 44	−0.206 64	−0.015 20	4.932 83	−1.961 09
1.70	0.157 62	0.181 16	−0.204 70	−0.023 54	4.814 54	−1.804 64
1.75	0.140 02	0.170 99	−0.201 97	−0.030 97	4.710 26	−1.660 98
1.80	0.123 42	0.160 98	−0.198 53	−0.037 56	4.618 34	−1.528 65
1.85	0.107 82	0.151 15	0.194 48	−0.043 33	4.537 32	−1.406 38
1.90	0.093 18	0.141 54	−0.289 89	−0.048 35	4.465 96	−1.293 12
1.95	0.079 50	0.132 17	−0.184 83	−0.052 67	4.403 14	−1.187 95
2.00	0.066 74	0.123 06	−0.179 38	−0.056 32	4.347 92	−1.090 08
2.05	0.054 83	0.114 23	−0.173 59	−0.059 36	4.299 46	−0.998 85
2.10	0.043 83	0.105 71	−0.167 53	−0.061 82	4.257 00	−0.913 68
2.15	0.033 73	0.097 49	−0.161 24	−0.063 76	4.219 88	−0.834 07
2.20	0.024 33	0.089 58	−0.154 79	−0.065 21	4.187 51	−0.759 59
2.25	0.015 80	0.082 00	−0.148 21	−0.066 21	4.159 36	−0.689 87
2.30	0.007 96	0.074 76	−0.141 56	−0.066 80	4.134 95	−0.624 57
2.35	0.000 84	0.067 85	−0.134 87	−0.067 02	4.113 87	−0.563 40
3π/4	0	0.067 02	−0.134 04	−0.067 02	4.111 47	−0.556 10
2.40	−0.005 62	0.061 28	−0.128 17	−0.066 89	4.095 73	−0.506 11
2.45	−0.011 43	0.055 03	−0.121 50	−0.066 47	4.080 19	−0.452 48
2.50	−0.016 63	0.049 13	−0.114 89	−0.065 76	4.066 92	−0.402 29
2.55	−0.021 27	0.043 54	−0.108 36	−0.064 81	4.055 68	−0.355 37

续表

λx	A_x	B_x	C_x	D_x	E_x	F_x
2.60	−0.025 36	0.038 29	−0.101 93	−0.063 64	4.046 18	−0.311 56
2.65	−0.028 94	0.033 35	−0.095 63	−0.062 28	4.038 21	−0.270 70
2.70	−0.032 04	0.028 72	−0.089 48	−0.060 76	4.031 57	−0.232 64
2.75	−0.034 69	0.024 40	−0.083 48	−0.059 09	4.026 08	−0.197 27
2.80	−0.036 93	0.020 37	−0.077 67	−0.057 30	4.021 57	−0.164 45
2.85	−0.038 77	0.016 63	0.072 03	−0.055 40	4.017 90	0.134 08
2.90	−0.040 26	0.013 16	0.066 59	−0.053 43	4.014 95	−0.106 03
2.95	−0.041 42	0.009 97	0.061 34	−0.051 38	4.012 59	−0.080 20
3.00	−0.042 26	0.007 03	0.056 31	−0.049 29	4.010 74	−0.056 50
3.10	−0.043 14	0.001 87	0.046 88	−0.045 01	4.008 19	−0.015 05
π	−0.043 21	0	0.043 21	−0.043 21	4.007 48	0
3.20	−0.043 07	−0.002 38	−0.038 31	−0.040 69	4.006 75	0.019 10
3.40	−0.040 79	−0.008 53	−0.023 74	−0.032 27	4.005 63	0.068 40
3.60	−0.036 59	−0.012 09	−0.012 41	−0.024 50	4.005 33	0.096 93
3.80	−0.031 38	−0.013 69	−0.004 00	−0.017 69	4.005 01	0.109 69
4.00	−0.025 83	−0.013 86	−0.001 89	−0.011 97	4.004 42	0.111 05
4.20	−0.020 42	−0.013 07	0.005 72	−0.007 35	4.003 64	0.104 68
4.40	−0.015 46	−0.011 68	0.007 91	−0.003 77	4.002 79	0.093 54
4.60	−0.011 12	−0.009 99	0.008 86	−0.001 13	4.002 00	0.079 96
$3\pi/2$	−0.008 98	−0.008 98	0.008 98	0	4.001 61	0.071 90
4.80	−0.007 48	−0.008 20	0.008 92	0.000 72	4.001 34	0.065 61
5.00	−0.004 55	−0.006 46	0.008 37	0.001 91	4.000 85	0.051 70
5.50	0.000 01	−0.002 88	0.005 78	0.002 90	4.000 20	0.023 07
6.00	0.001 69	−0.000 69	0.003 07	0.000 60	4.000 03	0.005 54
2π	0.001 87	0	0.001 87	0.001 87	4.000 01	0.002 59
6.50	0.001 79	0.000 32	0.001 14	0.001 47	4.000 01	0
7.00	0.001 29	0.000 60	0.000 09	0.000 69	4.000 01	−0.004 79
$9\pi/4$	0.001 20	0.000 60	0	0.000 60	4.000 01	−0.004 82
7.50	0.000 71	0.000 52	0.000 33	0.000 29	4.000 01	−0.004 15
$5\pi/2$	0.000 39	0.000 39	0.000 39	0	4.000 00	−0.003 11
8.0	0.000 28	0.000 33	0.000 38	−0.000 05	4.000 00	−0.002 66

同理可求出集中力偶 M_0 作用下无限长梁的挠度、转角、弯矩和剪力如下

$$w=\pm\frac{M_0\lambda^2}{kb}B_x,\ \theta=\frac{M_0\lambda^3}{kb}C_x,\ M=\pm\frac{M_0}{2}D_x,\ V=-\frac{M_0\lambda}{2}A_x \tag{10-57}$$

集中力 F_0 和集中力偶 M_0 作用下无限长梁的挠度、转角、弯矩、剪力分布见图 10-54。对于受多种荷载作用的无限长梁可分别求解，然后将求得的内力叠加即可。

半无限长梁是指梁的一端在荷载作用下产生挠曲和位移，随着离开荷载作用点的距离加大位移减小，直至无限远端位移为零。半无限长梁的柔度指数 $\lambda l>\pi$。与无限长梁的求解类似可以求出基础的挠度、转角、弯矩、剪力。计算结果见表 10-13。

3. 文克尔地基上有限长梁计算

实际工程中的条形基础不存在真正的无限长梁和半无限长梁，都是有限长梁。对于有限长梁的内力、变形可利用无限长梁的解答，运用叠加原理而得。如图 10-55 所示有限长梁，可按如下方法计算：

(1) 将有限长梁Ⅰ两端延长为无限长梁Ⅱ，按无限长梁计算 A、B 两点及 AB 段内的内力和挠度。

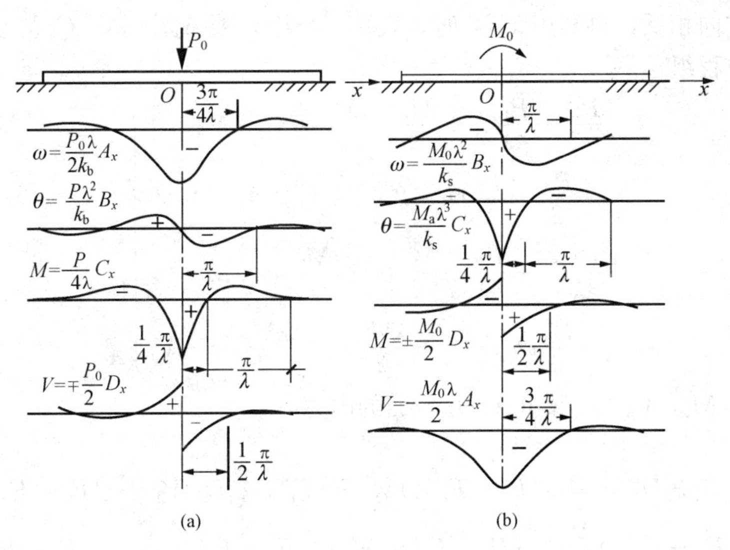

图10-54　文克尔地基无限长梁的挠度和内力

(a) 集中力作用；(b) 集中力偶作用

表10-13　　无限长梁和半无限长梁内力计算

	无限长梁		半无限长梁	
计算图	受集中力 P	受集中力偶 M	梁端受集中力 P	梁端受集中力偶 M
挠度 ω	$\frac{P_0\lambda}{2kb}A_x$	$\pm\frac{M_0\lambda^2}{kb}B_x$	$\frac{2P_0\lambda}{kb}D_x$	$-\frac{2M_0\lambda^2}{kb}C_x$
转角 θ	$\mp\frac{P_0\lambda^2}{kb}B_x$	$\frac{M_0\lambda^3}{kb}C_x$	$-\frac{2P_0\lambda}{kb}A_x$	$\frac{4M_0\lambda^3}{kb}D_x$
弯矩 M	$\frac{P_0}{4\lambda}C_x$	$\pm\frac{M_0}{2}D_x$	$-\frac{P_0}{\lambda}B_x$	M_0A_x
剪力 V	$\mp\frac{P_0}{2}D_x$	$-\frac{M_0\lambda}{2}A_x$	$-P_0C_x$	$-2M_0\lambda B_x$

(2) 将无限长梁Ⅲ的 A、B 两点处作用两对边界条件力 P_A、M_A 和 P_B、M_B，使它们在 A、B 两点产生的内力与梁Ⅱ A、B 两点处的相应内力大小相等方向相反。消除梁Ⅰ延长为梁Ⅱ在梁端产生的附加内力。

(3) 将梁Ⅱ与梁Ⅲ内力、挠度叠加即得梁Ⅰ的解。

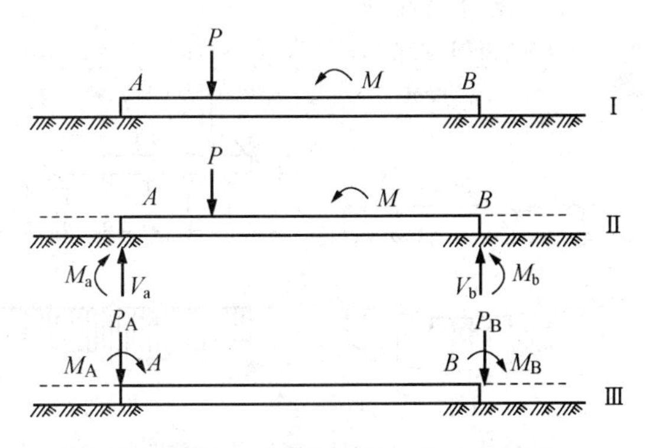

图10-55　有限长梁叠加法计算简图

根据如上的步骤，梁Ⅲ的 A，B 点施加的假想边界条件力 P_A、M_A 和 P_B、M_B 在 A、B 两点产生的内力与梁Ⅱ A、B 两点处的相应

内力大小相等方向相反，再利用 $x=0$ 时，表10 - 13中系数 $A_x|_{x=0}=C_x|_{x=0}=D_x|_{x=0}=1$ 条件，得如下方程组

$$\left.\begin{aligned}\frac{P_A}{4\lambda}+\frac{P_B}{4\lambda}C_l+\frac{M_A}{2}-\frac{M_B}{2}D_l=-M_a\\-\frac{P_A}{2}+\frac{P_B}{2}D_l-\frac{\lambda M_A}{2}-\frac{\lambda M_B}{2}A_l=-V_a\\\frac{P_A}{4\lambda}C_l+\frac{P_B}{4\lambda}+\frac{M_A}{2}D_l-\frac{M_B}{2}=-M_b\\-\frac{P_A}{2}D_l+\frac{P_B}{2}-\frac{\lambda M_A}{2}A_l-\frac{\lambda M_B}{2}=-V_b\end{aligned}\right\}\tag{10 - 58}$$

式中 M_a，V_a，M_b，V_b——梁ⅡA、B 截面的内力。

解方程组得

$$\left.\begin{aligned}P_A&=(E_l+F_lD_l)V_a+\lambda(E_l-F_lA_l)M_a-(F_l+E_lD_l)V_b+\lambda(F_l-E_lA_l)M_b\\M_A&=-(E_l+F_lC_l)\frac{V_a}{2\lambda}-(E_l-F_lD_l)M_a+(F_l+E_lC_l)\frac{V_b}{2\lambda}-(F_l-E_lD_l)M_b\\M_B&=(F_l+E_lC_l)\frac{V_a}{2\lambda}+(F_l-E_lD_l)M_a-(E_l+F_lC_l)\frac{V_b}{2\lambda}+(E_l-F_lD_l)M_b\\P_B&=(F_l+E_lD_l)V_a+\lambda(F_l-E_lA_l)M_a-(E_l+F_lD_l)V_b+\lambda(E_l-F_lA_l)M_b\end{aligned}\right\}\tag{10 - 59}$$

对于梁及荷载对称的情况，利用的对称性有 $M_a=M_b$，$V_a=-V_b$，假想边界条件力计算公式如下

$$P_A=P_B=(E_l+F_l)[(1+D_l)V_a+\lambda(1-A_l)M_a]\tag{10 - 60}$$

$$M_A=-M_B=-(E_l+F_l)\left[(1+C_l)\frac{V_a}{2\lambda}+(1-D_l)M_a\right]\tag{10 - 61}$$

式中，$A_l=e^{-\lambda l}(\cos\lambda l+\sin\lambda l)$， $C_l=e^{-\lambda l}(\cos\lambda l-\sin\lambda l)$，$D_l=e^{-\lambda l}\cos\lambda l$，$E_l=\dfrac{2e^{-\lambda l}\,\mathrm{sh}\lambda l}{\mathrm{sh}^2\lambda l-\sin^2\lambda l}$，

$F_l=\dfrac{2e^{-\lambda l}\sin\lambda l}{\sin^2\lambda l-\mathrm{sh}^2\lambda l}$，也可以通过查表 10 - 12 计算。

计算了边界条件力，即可执行第三步将梁Ⅱ与梁Ⅲ内力、挠度叠加，得到有限长梁Ⅰ的近似解答。

（三）链杆法简介

由于弹性半空间地基表面上任一点的变形，不仅决定于该点上的压力，还与其他点压力有关，因而弹性半空间地基表面上梁的计算比文克尔地基上的梁的解法要复杂得多。因此，通常采用简化的方法求解，如采用数值法（有限元法或有限差分法）和简化计算图示——链杆法计算。

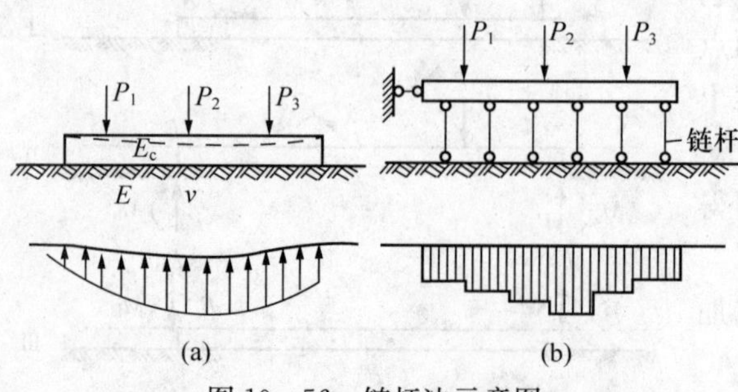

图 10 - 56　链杆法示意图

(a) 实际受荷情况；(b) 计算简图

链杆法基本思路是：将连续支承于地基上的梁简化为用有限个链杆支承于地基上的梁（图 10 - 56）：即将无

穷个支点的超静定问题转化为支承在若干个弹性支座上的连续梁，采用结构力学力法求解。链杆起联系基础与地基的作用，通过链杆传递竖向力。每根刚性链杆的作用力，代表一段接触面积上地基反力的合力，因此连续分布的地基反力简化为阶梯形分布的反力。为了保证简化的连续梁的稳定性，在梁的一端再加上一根水平链杆，如果梁上无水平力作用，该水平链仟的内力实际上等于零。只要求出各链杆内力，就可以求得地基反力以及梁的弯矩和剪力。手算一般取 6～10 个链杆。

现选取常用的混合法，以悬臂梁作为基本体系。由于梁端增加两个约束，故相应增加两个位移未知量。设固定端未知竖向变位为 s_0，角变位为 φ_0。切开链杆，在梁和地基相应于链杆的置处加上链杆力 X_1、X_2、…、X_{n-1}、X_n。以上共有未知变量 $n+2$ 个，见图 10-57。切开 n 个链杆可列出 n 个变形协调方程，再加上两个静力平衡方程，方程数也是 $n+2$，显然可以求解。

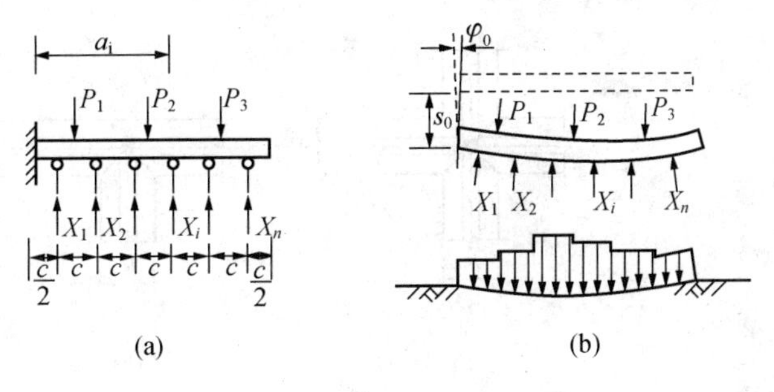

图 10-57　链杆法计算基本体系

五、交叉条形基础的荷载分配

当上部荷载较大、以致沿柱列的一个方向上设置柱下条形基础已不再能满足地基承载力要求和地基变形要求时，可考虑沿纵、横柱列的两个方向都设置条形基础，形成十字交叉基础，以增大基础底面积及基础刚度，减小基底附加压力和基础不均匀沉降。

对于这种空间结构，常用简化计算方法。将柱子传来的竖向荷载在两个方向上进行分配，然后将纵横向基础梁按前述计算条形基础内力的方法分别计算。荷载分配方法有两种：一种是按基础梁自身线刚度进行荷载分配，该方法满足柱节点处静力平衡条件，但不满足基础与地基的变形协调条件；另一种方法要求柱节点处不但满足静力平衡条件，还要满足基础与地基的变形协调条件。常采用文克尔地基上梁的挠度计算方法进行荷载分配，要求满足的条件：

(1) 静力平衡条件：在节点处分配给两个方向条形基础的荷载之和等于柱荷载，即

$$F_i = F_{ix} + F_{iy} \tag{10-62}$$

式中　F_i——任意节点 i 上柱传来的竖向荷载，kN；

F_{ix}，F_{iy}——分配于 x 方向和 y 方向上的荷载，kN。

(2) 变形协调条件，即纵横基础梁在节点 i 处的竖向位移和转角应相同，且要与该处地基的变形相协调。为简化计算，假设在交叉点处纵、横梁之间为铰接，即一个方向的条形基础有转角时，在另一个方向的条形基础内不引起内力，节点上两个方向的力矩分别由相应的纵梁和横梁承担。因此，只考虑节点处的竖向位移协调条件，即

$$\omega_{ix} = \omega_{iy} = s \tag{10-63}$$

式中　ω_{ix}——x 方向条形基础 i 节点的挠度；

ω_{iy}——y 方向条形基础 i 节点的挠度；

s——i 节点地基的沉降。

十字交叉基础节点有三种类型：中间节点，边节点，角节点，见图 10-58。利用文克

尔地基上无限长梁的解答，采用叠加的方法可得到有外伸的半无限长梁的解。利用这一解答来进行荷载分配。如图 10 - 59 所示，有外伸的半无限长梁 o 点的竖向位移为

$$\omega_0=\frac{P}{2kbS}\left[1+e^{-2\lambda x}(1+2\cos^2\lambda x-2\cos\lambda x\sin\lambda x)\right]=\frac{P}{2kbS}Z_x \tag{10 - 64}$$

$$Z_x=1+e^{-2\lambda x}(1+2\cos^2\lambda x-2\cos\lambda x\sin\lambda x)$$

式中　S——基础梁特征长度，即 $S=\frac{1}{\lambda}$。

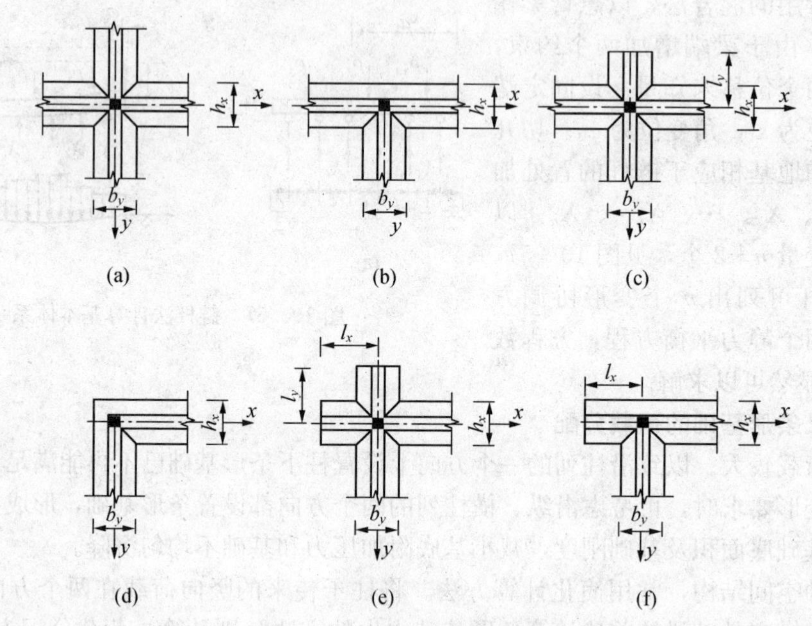

图 10 - 58　交叉基础节点类型

当 $x=0$ 时，为半无限长梁 $Z_x=4$；当 $x\to\infty$ 为无限长梁 $Z_x=1$。对于 x，y 方向均有外伸的角节点 i，两个方向的基础梁均可看成是有外伸的半无限长梁。由位移协调条件 $\omega_{ix}=\omega_{iy}=S$ 得

$$\frac{P_{ix}}{2kb_xS_x}Z_x=\frac{P_{iy}}{2kb_yS_y}Z_y \tag{10 - 65}$$

又由节点的静力平衡条件 $P_i=P_{ix}+P_{iy}$ 可得

$$P_{ix}=\frac{z_yb_xS_x}{Z_yb_xS_x+Z_xb_yS_y},\ P_{iy}=P_i-P_{ix} \tag{10 - 66}$$

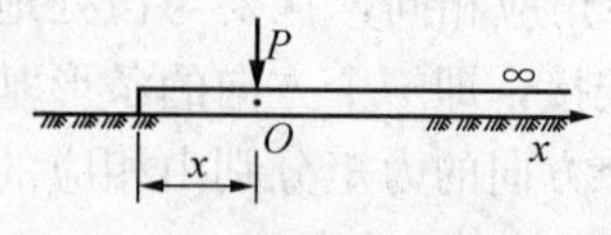

图 10 - 59　文克尔地基上外伸的半无限长梁

对于边节点，边基础梁可视为无限长梁，与之垂直的基础梁可视为半无限长梁。对于内节点，可将两个方向均视为无限长梁。

按照上述方法进行柱荷载分配时，是假定荷载由纵向和横向两个方向上的梁同时承担，梁交叉处的基底面积被利用了两次，因此，人为地扩大了承载面积。有时交叉处的基底面积之和可能在基底总面积中占有很大比例，甚至达到 20%，计算结果可能有较大误差，并偏于不安全，故在节点荷载分配后还需进行调整。

10-9　筏形基础设计

一、结构类型和适用条件

筏形基础分为梁板式和平板式两种类型，其选型应根据地基土质、上部结构体系、柱距、荷载大小、使用要求以及施工条件等因素确定。当对地下空间的利用要求较高时，不宜采用上梁式。在较松散的无粘性土或软弱的粘性土层中不宜采用下梁式。要求筏基具有较大抗弯刚度时，梁板式可能较经济。框架—核心筒结构和筒中筒结构宜采用平板式筏形基础。

二、筏形基础构造要求

（1）强度等级。筏形基础的混凝土强度等级不应低于C30。当有地下室时应采用防水混凝土，防水混凝土的抗渗等级应根据地下水的最高水位与防渗混凝土厚度的比值，按现行《地下工程防水技术规范》选用，但不应小于0.6MPa。必要时宜设架空排水层。

（2）墙体。采用筏形基础的地下室，地下室钢筋混凝土外墙厚度不应小于250mm，内墙厚度不应小于200mm。墙的截面设计除满足承载力要求外，尚应考虑变形、抗裂及防渗等要求。墙体内应设置双面钢筋，竖向和水平钢筋的直径不应小于12mm，间距不应大于300mm。

（3）板厚。平板式筏基的板厚应满足柱下受冲切承载力的要求，板的最小厚度不应小于500mm。当柱荷载较大，等厚度筏板的受冲切承载力不能满足要求时，可在筏板上面增设柱墩或在筏板下局部增加板厚或采用抗冲切钢筋等措施满足受冲切承载能力要求。当筏板的厚度大于2000mm时，宜在板厚中间部位设置直径不小于12mm，间距不大于300mm的双向钢筋网。

梁板式筏基底板除计算正截面受弯承载力外，其厚度尚应满足受冲切承载力、受剪切承载力的要求。当底板区格为矩形双向板时，其底板厚度与最大双向板格的短边净跨之比不应小于1/14，且板厚不应小于400mm。当底板板格为单向板时，其底板厚度不应小于400mm。

（4）柱（墙）与基础梁的连接。地下室底层柱，剪力墙与梁板式筏基的基础梁连接的构造应符合下列要求：

柱、墙的边缘至基础梁边缘的距离不应小于50mm（图10-60）；

当交叉基础梁的宽度小于柱截面的边长时，交叉基础梁连接处应设置八字角，柱角与八字角之间的净距不宜小于50mm［图10-60（a）］；

单向基础梁与柱的连接，可见图10-60（b），（c）的要求；

基础梁与剪力墙的连接，见图10-60（d）。

（5）施工缝。筏板与地下室外墙的接缝、地下室外墙沿高度处的水平接缝应严格按施工缝要求施工，必要时可设通长止水带。

（6）高层与裙房。带裙房的高层建筑筏形基础应符合下列要求：

1）当高层建筑与相连的裙房之间设置沉降缝时，高层建筑的基础埋深应大于裙房基础的埋深至少2m。地面以下沉降缝的缝隙应用粗砂填实［图10-61（a）］。

2）当高层建筑与相连的裙房之间不设置沉降缝时，宜在裙房一侧设置用于控制沉降差的后浇带，当沉降实测值和计算确定的后期沉降差满足设计要求后，方可进行后浇带混凝土

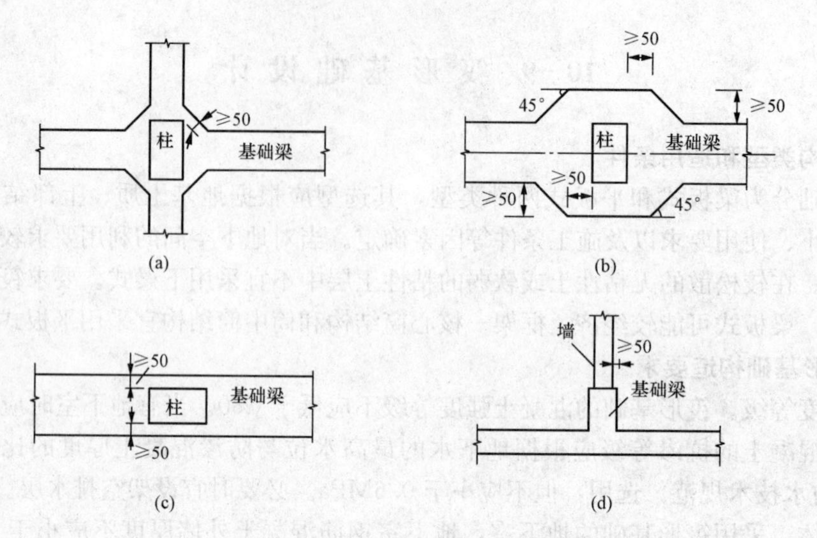

图 10-60 基础梁与柱、墙的连接

浇筑。当高层建筑基础面积满足地基承载力和变形要求时，后浇带宜设在与高层建筑相邻裙房的第一跨内。当需要满足高层建筑地基承载力、降低高层建筑沉降量，减小高层建筑与裙房间的沉降差而增大高层建筑基础面积时，后浇带可设在距主楼边柱的第二跨内，此时应满足以下条件：

①地基土质较均匀；

②裙房结构刚度较好且基础以上的地下室和裙房结构层数不少于两层；

③后浇带一侧与主楼连接的裙房基础底板厚度与高层建筑的基础底板厚度相同［图10-61（b)］。

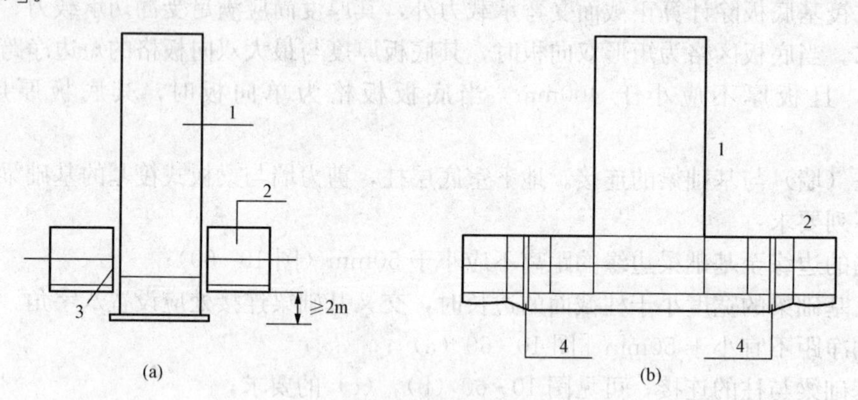

图 10-61 高层建筑与裙房间的沉降缝、后浇带处理示意图

1—高层；2—裙房及地下室；3—室外地坪以下用粗砂填实；4—后浇带

3）当高层建筑与相连的裙房之间不设沉降缝和后浇带时，高层建筑及与其紧邻一跨裙房的筏板应采用相同厚度，裙房筏板的厚度宜从第二跨裙房开始逐渐变化，应同时满足主、裙楼基础整体性和基础板的变形要求。

三、筏形基础底面尺寸的确定

筏形基础底面尺寸的确定应遵循天然地基上浅基础设计原则。在基础底面尺寸确定时，为了减小偏心弯矩作用，应尽可能使荷载合力重心与筏基底面形心相重合，在永久荷载与可

变荷载准永久组合下，偏心距宜符合下式要求

$$e \leqslant 0.1W/A \qquad (10-67)$$

式中　W——与偏心距方向一致的基础底面抵抗矩；

A——基础底面积。

基础底面尺寸除满足地基承载力条件外，对于有软弱下卧层的情况，还应满足软弱下卧层承载力要求。另外对有变形验算要求及稳定性验算要求时，还应进行相应验算。

四、筏形基础厚度确定

1. 梁板式筏基

梁板式筏基底板除计算正截面受弯承载力外，其厚度尚应满足受冲切承载力，受剪切承载力的要求（图 10-62）。

底板受冲切承载力按下式计算

$$F_l \leqslant 0.7\beta_{hp} f_t u_m h_0 \qquad (10-68)$$

式中　F_l——作用在图 10-62 中阴影部分面积上的地基土平均净反力设计值；

u_m——距基础梁边 $h_0/2$ 处冲切临界截面的周长；

f_t——混凝土轴心抗拉强度设计值；

h_0——筏板的有效高度；

β_{hp}——受冲切承载力截面高度影响系数，当 h 不大于 800mm 时，取 1.0；当 h 大于等于 2000mm 时，取 0.9，其间按线性内插法取用。

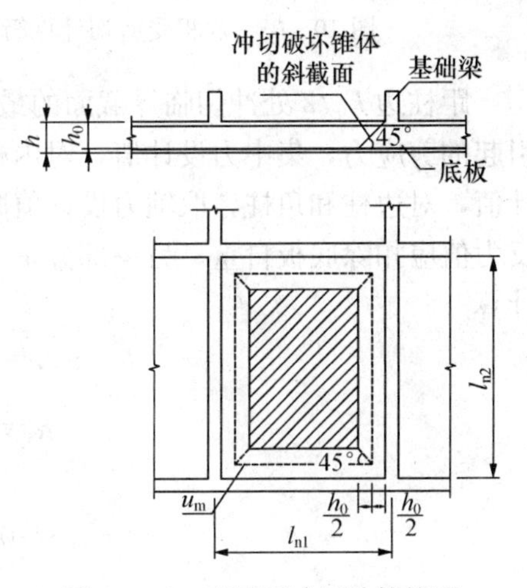

图 10-62　底板受冲切计算简图

当底板区格为矩形双向板时，底板受冲切所需的厚度 h_0 按下式计算

$$h_0 = \frac{(l_{n1}+l_{n2}) - \sqrt{(l_{n1}+l_{n2})^2 - \dfrac{4pl_{n1}l_{n2}}{p+0.7\beta_{hp}f_t}}}{4} \qquad (10-69)$$

式中　l_{n1}，l_{n2}——计算板格的短边和长边的净长度；

p——相应于荷载效应基本组合的地基土平均净反力设计值。

底板斜截面受剪切承载力按下式计算

$$V_s \leqslant 0.7\beta_{hs} f_t (l_{n2} - 2h_0) h_0 \qquad (10-70)$$

$$\beta_{hs} = (800/h_0)^{1/4} \qquad (10-71)$$

式中　V_s——距梁边缘 h_0 处，作用在图 10-63 中阴影部分面积上的地基土平均净反力设计值；

β_{hs}——受剪切承载力截面高度影响系数，当按式（10-71）计算时，板的有效高度 h_0 小于 800mm 时，h_0 取 800mm；h_0 大于 2000mm 时，h_0 取 2000mm。

2. 平板式筏基

平板式筏基的板厚应满足受冲切承载力要求。试验研究证明，板与柱之间的不平衡弯矩，一部分是通过临界截面周边的弯曲应力来传递的，一部分是通过临界截面上的偏心剪力

对临界截面重心产生的弯矩来传递的（图 10 - 64）。因此，板厚验算时应考虑作用在冲切临界面重心上的不平衡弯矩产生的附加剪力。

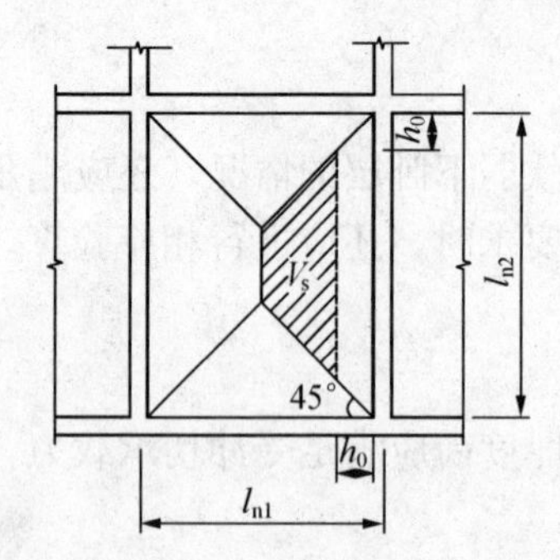

图 10 - 63 底板受剪切计算简图

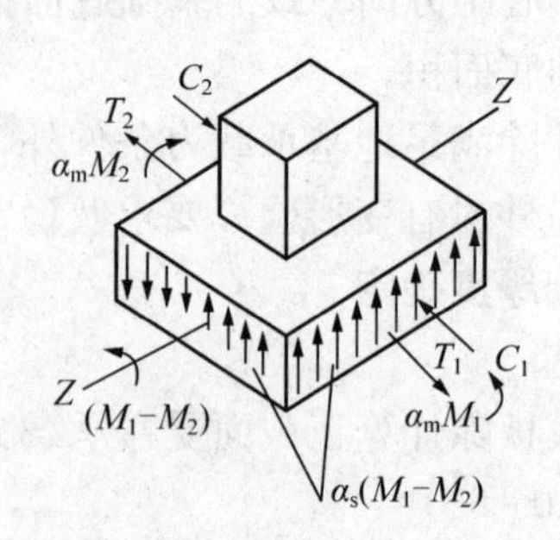

图 10 - 64 板与柱不平衡弯矩传递示意图

距柱边 $h_0/2$ 处冲切临界截面的最大剪应力应由两部分组成，一部分由集中力设计值所引起的剪应力，集中力设计值，对内柱取轴力设计值减去筏板冲切破坏锥体内的地基反力设计值，对边柱和角柱，取轴力设计值减去筏板冲切临界截面范围内的地基反力设计值，地基反力值应扣除底板自重；另一部分是不平衡弯矩所产生的附加剪应力。则最大剪应力按下式计算

$$\tau_{\max} = F_l/u_{\mathrm{m}}l + \alpha_{\mathrm{s}} M_{\mathrm{unb}} c_{\mathrm{AB}}/I_{\mathrm{s}} \tag{10-72}$$

$$\alpha_{\mathrm{s}} = 1 - \frac{1}{1+\dfrac{2}{3}\sqrt{c_1/c_2}} \tag{10-73}$$

$$\tau_{\max} \leqslant 0.7\times(0.4+1.2/\beta_{\mathrm{s}})\beta_{\mathrm{hp}} f_{\mathrm{t}} \tag{10-74}$$

$$I_{\mathrm{s}} = \frac{c_1 h_0^3}{6} + \frac{c_l^3 h_0}{6} + \frac{c_2 h_0 c_1^2}{2}$$

式中 F_l——相应于荷载效应基本组合时的集中力设计值，对内柱取轴力设计值减去筏板冲切破坏锥体内的地基反力设计值；对边柱和角柱，取轴力设计值减去筏板冲切临界破坏面内的地基反力设计值；地基反力应扣除底板自重；

u_{m}——距柱边 $h_0/2$ 处冲切临界截面的周长；

M_{unb}——作用在冲切临界截面重心上的不平衡弯矩设计值；

c_{AB}——沿弯矩作用方向，冲切临界截面重心至冲切临界截面最大剪应力点的距离，见图 10 - 65；

I_{s}——冲切临界截面对其重心的极惯性矩对内柱应按下式计算，对边柱、角柱详见相关规范附录计算；

β_{s}——柱截面长边与短边的比值，当 $\beta_{\mathrm{s}}<2$ 时，β_{s} 取 2，当 $\beta_{\mathrm{s}}>4$ 时，β_{s} 取 4；

c_1——与弯矩作用方向一致的冲切临界截面的边长；

c_2——垂直于的冲切临界截面的边长；

α_{s}——不平衡弯矩通过冲切临界截面上的偏心剪力来传递的分配系数。

按上述式（10 - 70）求得的最大剪应力必须满足式（10 - 72）的要求。

M_{unb}为作用在冲切临界截面重心上的不平衡弯矩设计值，对边柱它包括由柱根处轴力设计值 N 和该处筏板冲切临界截面范围内相应的地基反力 P 对临界截面重心产生的弯矩。由

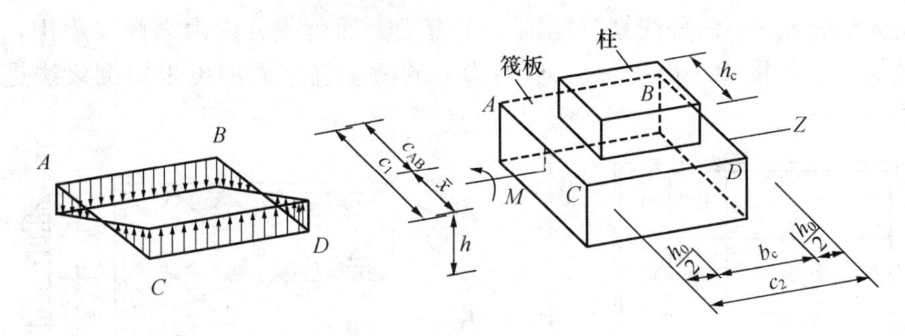

图 10 - 65　冲切临界截面示意图

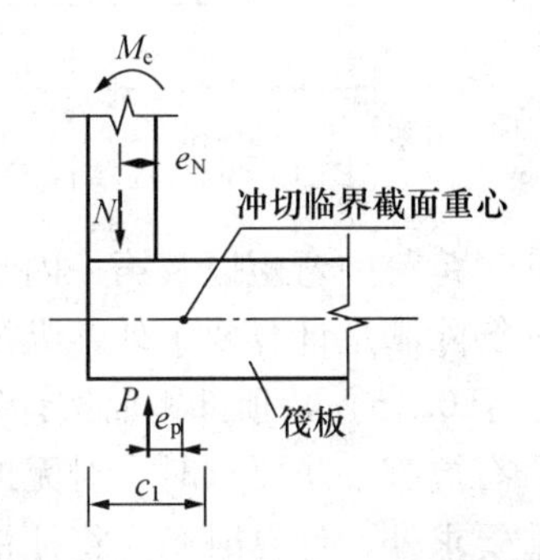

图 10 - 66　不平衡弯矩计算示意图

于基础和上部结构是分别计算的，因此还应包括柱子根部的弯矩 M_c，如图 10 - 66 所示，M_{unb}的表达式为

$$M_{unb} = Ne_N - Pe_p \pm M_c \tag{10 - 75}$$

对于内柱，由于对称关系，柱截面形心与冲切临界截面重合，$e_N = e_p = 0$，因此冲切临界截面重心上的弯矩，取柱根弯矩。

当柱荷载较大，等厚度筏板的受冲切承载力不能满足要求时，可在筏板上增设柱墩或在筏板下局部增加板厚或采用抗冲切箍筋来提高抗冲切承载力。

平板式筏基板厚除应满足受冲切承载力外，尚应验算距柱边缘 h_0 处筏板的受剪承载力。底板斜截面受剪承载力应符合下式要求

$$V_s \leqslant 0.7\beta_{hs} f_t b_w h_0 \tag{10 - 76}$$

式中　V_s——荷载效应基本组合下，地基土净反力平均值产生的距内筒或柱边缘 h_0 处筏板单位宽度剪力设计值；

b_w——筏板计算截面单位宽度。

当筏板变厚度时，尚应验算变厚度处筏板的受剪承载力。

梁板式筏基的基础梁除满足正截面受弯及斜截面受剪承载力外，尚应按现行《混凝土结构设计规范》（GB 50010）有关规定验算底层柱下基础梁顶面的局部受压承载力。

五、筏形基础内力计算

当地基土比较均匀、上部结构刚度较好、梁板式筏基梁的高跨比或板的厚跨比不小于 1/6，且相邻柱荷载及柱间距的变化不超过 20%时，筏形基础可仅考虑局部弯曲作用。筏形基础的内力，可按基底反力直线分布进行计算，计算时基底反力应扣除底板自重及其上填土的自重。当不满足上述要求时，筏基内力应按弹性地基梁板方法进行分析计算。

（一）梁板式筏形基础简化计算

在仅考虑局部弯曲作用时，地基上筏板简化为倒置楼盖。筏板被基础梁分割为不同支承条件的双向板或单向板。如果板块两个方向的尺寸比值小于 2，则可将筏板视为承受地基净反力作用的双向多跨连续板。图 10 - 67 所示的筏板被分割为多列连续板。各板块支承条件可分为三种情况：①二邻边固定、二邻边简支；②三边固定、一边简支；③四边固定。

根据计算简图查阅弹性板计算公式或计算手册即可求得各板块的内力。

按基底反力直线分布计算的梁板式筏基，其基础梁的内力可按连续梁分析。可将筏形

基础板上反力沿板角 45°角分线划分范围，作为梁上的荷载分别由纵横梁承担，荷载分布成三角形或梯形，如图 10-68 所示。基础梁上的荷载确定后即可采用倒梁法进行梁的内力计算。

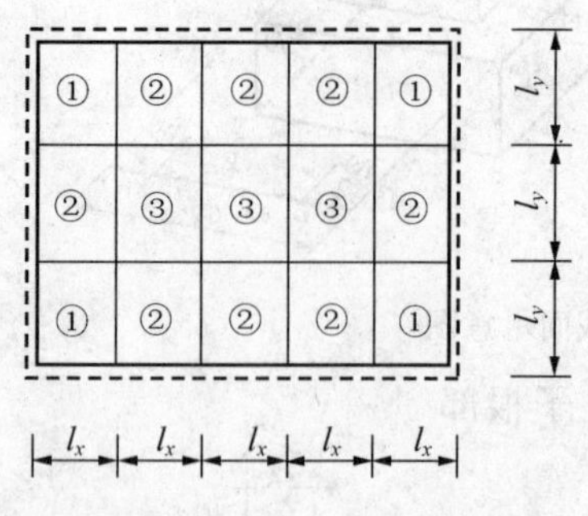

图 10-67　连续板的支承条件

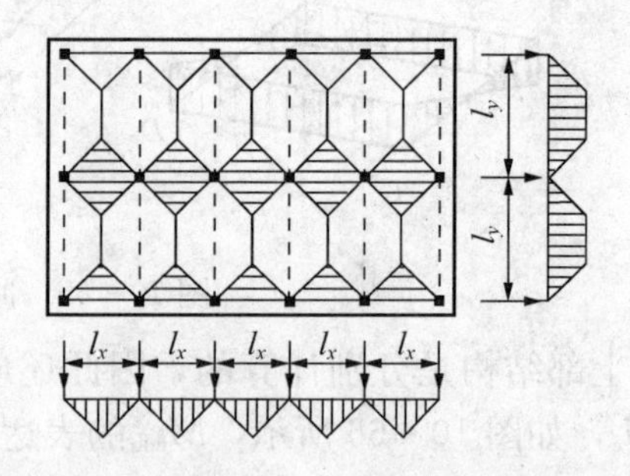

图 10-68　地基反力在基础梁上的分配

边跨跨中弯矩以及第一内支座的弯矩值宜乘以 1.2 的系数。梁板式筏基的底板和基础梁的配筋除满足计算要求外，纵横方向的底部钢筋尚应有 1/2～1/3 贯通全跨，且其配筋率不应小于 0.15%，顶部钢筋按计算配筋全部连通。

有抗震设防要求时，对无地下室且抗震等级为一、二级的框架结构，基础梁除满足抗震构造要求外，计算时尚应将柱根组合的弯矩设计值分别乘以 1.5 和 1.25 的增大系数。

（二）平板式筏基计算要点

1. 无梁楼盖法

按基底反力直线分布计算的平板式筏基，可按柱下板带和跨中板带采用无梁楼盖方法进行内力分析。

2. 刚性板条法

当基础的刚度足够大时，可将基础看作绝对刚性，基础内力计算时，可以将筏基在 x，y 方向从跨中到跨中分成若干条带，取出每一条带按独立的条形基础计算基础内力。由于没有考虑条带间的剪力，因此每一条带柱荷的总和与基底净反力总和不平衡，因而必需进行调整，如图 10-69 所示。

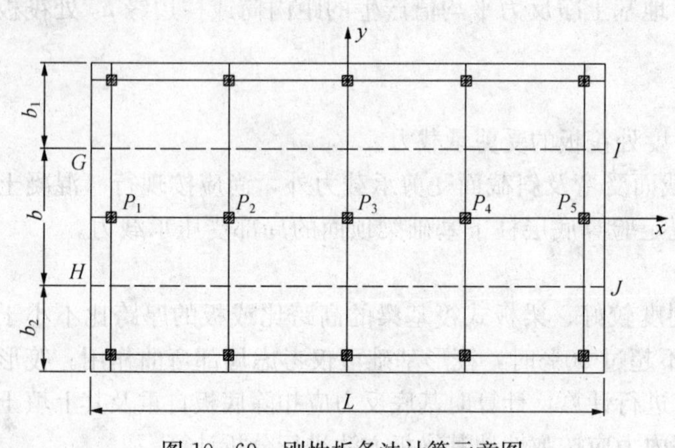

图 10-69　刚性板条法计算示意图

平板式筏基在进行钢筋配置时，柱下板带中，柱宽及其两侧各 0.5 倍板厚且不大于 1/4 板跨的有效宽度范围内，其钢筋配置量不应小于柱下板带钢筋数量的一半，且应能承受部分不平衡弯矩 $\alpha_m M_{unb}$，M_{unb} 为作用在冲切临界截面重心上的不平衡弯矩，α_m 按下式计算

$$\alpha_m = 1 - \alpha_s \tag{10-77}$$

式中　α_m——不平衡弯矩通过弯曲来传递的分配系数；

α_s——按式（10-73）计算。

平板式筏基柱下板带和跨中板带的底部钢筋应有1/2～1/3贯通全跨，且配筋率不应小于0.15%；顶部钢筋应按计算配筋全部连通。

对有抗震设防要求的无地下室或单层地下室平板式筏基，计算柱下板带截面受弯承载力时，柱内力应按地震作用不利组合计算。

10-10　箱　形　基　础

箱形基础作为一个箱形空格结构，承受着上部结构传来的荷载与地基反力引起的整体弯矩；同时，其顶、底板还承受着分别由顶板荷载与地基反力引起的局部弯矩。因此，顶、底板的弯曲应力应按整体弯曲和局部弯曲的组合来计算。箱形基础一般用于高层建筑，实测结果和计算分析表明，箱形基础内力受上部结构刚度和地基反力分布的影响，即地基基础与上部结构的共同作用较明显。因此，箱形基础设计应考虑共同工作。为了进行箱基的结构计算，首先应解决两个关键问题：一是地基反力的大小与分布；二是上部结构刚度的影响，为简化计算，采用上部结构刚度与箱形基础刚度叠加来承受整体弯曲。箱形基础地基反力按实测反力系数法确定。原位实测资料表明，一般土基上的箱形基础基底反力基本上是边缘略大于中间的马鞍形分布形式，只有当地基土很软弱时，基础边缘发生塑性破坏的范围较大，基底压力才可能中间比边缘处大。《高层建筑箱形与筏形基础技术规范》（JGJ 6—1999）收集许多实测资料，经过统计分析，提出一套箱基底面反力分布图表，以分区块反力系数的形式给出，以供查取。

箱形基础设计包括以下内容：

（1）确定箱形基础的埋置深度；

（2）进行箱形基础的平面布置及构造设计；

（3）根据箱形基础的平面尺寸验算地基承载力；

（4）箱形基础的沉降和整体倾斜验算；

（5）箱形基础内力分析及结构设计。

箱形基础的平面尺寸确定及承载力验算与浅基础类似，这里不再赘述。本节针对箱形基础的其他设计内容作介绍。

一、箱形基础的埋置深度

箱形基础的埋置深度除满足一般基础埋置深度有关规定外，对于作为高层建筑或重型建筑物的基础，为防止整体倾斜，满足抗倾覆和抗滑稳定性要求，一定程度上依赖于箱基的埋置深度和周围土体的约束作用，同时还需考虑箱基使用功能的要求。一般最小埋置深度在3.0～5.0m，在抗震设防区，除岩石地基外，天然地基上箱形基础埋深不宜小于高层建筑物总高度的1/15；箱形基础埋深（不计桩长）不宜小于建筑物高度的1/8～1/20。为确定合理的埋深应进行抗倾覆等稳定性验算。

二、箱形基础的构造要求

（1）箱形基础的平面尺寸应根据地基强度、上部结构的布置和荷载分布等条件确定。在均匀地基条件下，基底平面形心应尽可能与上部结构竖向静荷载重心相重合，当偏心较大时，可使箱形基础底板四周伸出不等长的悬臂以调整底面形心位置，如不可避免偏心，偏心距e不宜大于0.1，其值按下式计算

$$e=\frac{W}{A} \tag{10-78}$$

式中 W——基础底面的抵抗矩；

A——基础底面积。

(2) 箱形基础的高度应满足结构强度、结构刚度和使用要求，一般取建筑物高度1/8～1/12，也不宜小于箱形基础长度的 1/20，并不应小于 3m。箱形基础的长度不包括底板悬挑部分。

(3) 当考虑上部结构嵌固在箱形基础的顶板上时，箱形基础的顶板除满足正截面受弯承载力和斜截面受剪承载力要求外，其厚度不应小于 200mm；箱基底板厚度应按实际受力情况、整体刚度及防水要求确定，并应进行斜截面受剪承载力和受冲切承载力验算，底板厚度不应小于 300mm。

(4) 箱形基础的墙体是保证箱形基础整体刚度和纵、横方向抗剪强度的重要构件。外墙沿建筑物四周布置，内墙一般沿上部结构柱网和剪力墙纵横均匀布置。墙体的厚度应根据实际受力情况及防水要求确定，外墙厚度不宜小于 250mm，内墙厚度不宜小于 200mm。墙体水平截面总面积不宜小于箱形基础外墙外包尺寸的水平投影面积的 1/10，对基础平面长宽比大于 4 的箱形基础，其纵墙水平截面面积不得小于箱形基础外墙外包尺寸的水平投影面积的 1/18。计算墙体水平截面积时，不扣除墙体上开洞的洞口部分。

(5) 箱形基础的墙体应尽量不开洞或少开洞，门洞宜设在柱间居中部位，洞边至上层柱中心的水平距离不宜小于 1.2m，洞口上过梁的高度不宜小于层高的 1/5，洞口面积不宜大于柱距与箱形基础全高乘积的 1/6。墙体洞口周围应设置加强钢筋，洞口四周附加钢筋面积不应小于洞口内被切断钢筋面积的一半，且不少于两根直径为 16mm 的钢筋，此钢筋应从洞口边缘处延长 40 倍钢筋直径。

(6) 顶、底板及内外墙的钢筋应按计算确定。墙体一般采用双面配筋，横、竖向钢筋直径不应小于 ϕ10mm，间距不应大于 200mm，除上部为剪力墙外、内外墙的墙顶宜配置两根不小于 ϕ20mm 的通长构造钢筋。

(7) 在底层柱与箱形基础交接处，应验算墙体的局部承压强度，当承压强度不能满足时，应增加墙体的承压面积，且墙边与柱边或柱角与八字角之间的净距不宜小于 50mm。

(8) 底层现浇柱主筋伸入箱形基础的深度，对三面或四面与箱形基础墙相连的内柱，除四角钢筋直通基底外，其余钢筋伸入顶板底面以下的长度不应小于其直径的 40 倍，外柱与剪力墙相连的柱及其他内柱的主筋应直通到基础底板的底面。

(9) 箱形基础的混凝土强度等级不应低于 C20。当采用防水混凝土时，其抗渗等级不应小于 0.6MPa。

三、箱形基础基底压力分布

在箱形基础的设计中，基底反力的确定是很重要的，因为其分布规律和大小不仅影响箱基内力的数值，还可能改变内力的正负号，因此基底反力的分布成为箱基计算分析中的关键问题。影响基底反力的因素很多，主要有土的性质、上部结构和基础的刚度、荷载的分布和大小、基础的埋深、基底尺寸和形状以及相邻基础的影响等。

《高层建筑箱形与筏形基础技术规范》（JGJ 6—1999）将基础底面划分成若干个区格，如在粘性土地基上，当箱形基础底板长宽比 $l/b=1$，将底板分区，形成 8×8 个区格，给出了每个区格地基反力系数 α_i；对基础底板长宽比 $l/b \geqslant 2$ 者，将底板分成纵向 8 格横向 5 格共 40 个区格，如图 10-70 所示，某 i 区格的基底反力按下式确定

$$p_i = \frac{P}{bl}\alpha_i \tag{10-79}$$

式中　P——上部结构竖向荷载加箱形基础重；

b，l——箱形基础的宽度和长度；

α_i——相应于 i 区格的基底反力系数，由《高层建筑箱形与筏形基础技术规范》（JGJ 6—1999）附录 C 确定。

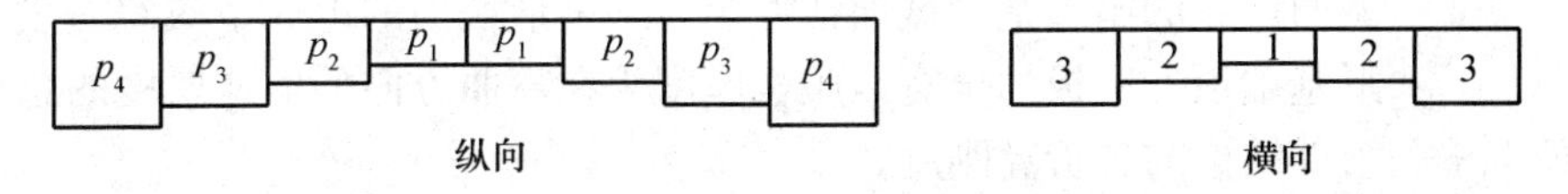

图 10-70　矩形箱形基础基底反力分布分区示意

《高层建筑箱形与筏形基础技术规范》（JGJ 6—1999）附录 C 地基反力系数表适用于上部结构与荷载比较匀称的框架结构、地基土比较均匀、底板悬挑部分不超出 0.8m、不考虑相邻建筑物的影响以及满足各项构造要求的单幢建筑物的箱形基础。当纵横方向荷载不很均匀时，应分别求出由于荷载偏心产生的纵横向力矩引起的不均匀基底反力，将该不均匀反力和由反力系数表计算的反力进行叠加，力矩引起的基底不均匀反力按直线分布计算。

四、箱形基础内力计算

用于多层和高层建筑的箱形基础，其上部结构大致可分为框架、剪力墙、框剪和筒体四种结构体系，可根据不同体系采用不同的弯曲内力分析方法。

当上部结构为现浇剪力墙体系时，由于上部结构刚度较大，箱形基础整体弯曲甚小，可忽略不计；当上部结构为框架剪力墙体系时，如果有一定数量的剪力墙布置在纵向，则基底反力往往向剪力墙下集中。实际发生的整体弯曲，甚至局部加整体弯曲的应力都很小。因此，对这种情况，一般可只按局部弯曲计算箱基内力；当上部结构为框架体系时，整体刚度较小，特别是在填充墙还未砌筑、上部结构刚度尚未完全形成时，箱形基础整体弯曲应力比较明显，因此对这种结构体系，箱形基础应同时考虑局部弯曲和整体弯曲。

1. *局部弯曲计算*

顶板按实际荷载，底板则按各区块的均布基底净反力（不考虑底板自重），采用周边固定的双向连续板计算内力。顶、底板仅按承受局部弯曲来分析时，在构造上考虑可能的整体弯曲影响，其纵横方向支座钢筋中应有 1/2～1/3 贯通全跨，且应分别有 0.15%、0.10% 配筋率的钢筋连通配置，而跨中钢筋则按实际配筋全部连通。

2. *整体弯曲计算*

计算整体弯曲时应考虑上部结构与箱形基础的共同作用。基底反力计算按实测反力系数法。对于框架结构，箱形基础自重应按均布荷载处理。箱形基础承担的弯矩按基础刚度占整体结构总刚度的比例分配（图 10-71）。箱形基础自身承受的整体弯矩

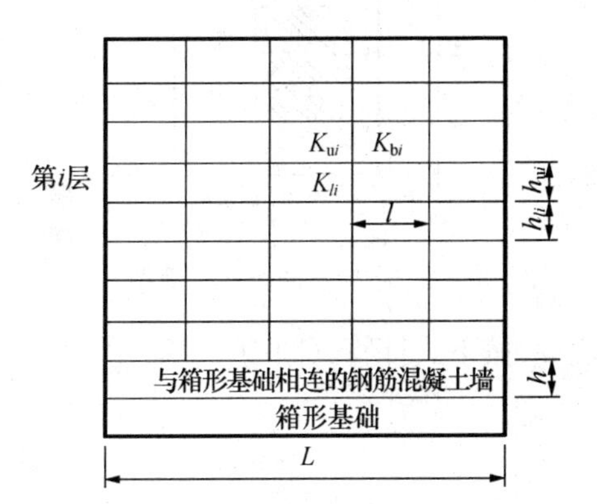

图 10-71　箱形基础整体弯曲简化计算图

可按下列公式计算

$$M_{\mathrm{F}}=M\frac{E_{\mathrm{F}}I_{\mathrm{F}}}{E_{\mathrm{F}}I_{\mathrm{F}}+E_{\mathrm{B}}I_{\mathrm{B}}} \tag{10-80}$$

$$E_{\mathrm{B}}I_{\mathrm{B}}=\sum_{i=1}^{n}\left[E_{\mathrm{b}}I_{\mathrm{b}i}\left(1+\frac{K_{\mathrm{u}i}+K_{li}}{2K_{\mathrm{b}i}+K_{\mathrm{u}i}+K_{li}}m^{2}\right)\right]+E_{\mathrm{w}}I_{\mathrm{w}} \tag{10-81}$$

式中　M_{F}——箱形基础承受的整体弯矩；

M——建筑物整体弯曲产生的弯矩，可按静定梁分析或采用其他有效方法计算；

$E_{\mathrm{F}}I_{\mathrm{F}}$——箱形基础的刚度，其中 E_{F} 为箱形基础的混凝土弹性模量，I_{F} 为按工字形截面计算的箱形基础截面惯性矩，工字形截面的上、下翼缘宽度分别为箱形基础顶、底板的全宽，腹板厚度为在弯曲方向的墙体厚度的总和；

$E_{\mathrm{B}}I_{\mathrm{B}}$——上部结构的总折算刚度；

E_{b}——梁、柱的混凝土弹性模量；

$K_{\mathrm{u}i}$，K_{li}，$K_{\mathrm{b}i}$——第 i 层上柱、下柱和梁的线刚度，其值分别为$\frac{I_{\mathrm{u}i}}{h_{\mathrm{u}i}}$、$\frac{I_{li}}{h_{li}}$和$\frac{I_{bi}}{l}$；

$I_{\mathrm{u}i}$，I_{li}，$I_{\mathrm{b}i}$——第 i 层上柱、下柱和梁的截面惯性矩；

$h_{\mathrm{u}i}$，h_{li}——第 i 层上柱及下柱的高度；

l——上部结构弯曲方向的柱距；

I_{w}——在弯曲方向与箱形基础相连的连续钢筋混凝土墙的截面惯性矩，其值为$\frac{th^{3}}{12}$，t 为弯曲方向与箱形基础相连的连续钢筋混凝土墙体厚度的总和，h 为在弯曲方向与箱形基础相连的连续钢筋混凝土墙体的高度；

m——在弯曲方向的节间数，$m=L/l$，为与箱基长度方向一致的结构单元总长度；

n——建筑物层数。不大于 8 层时，n 取实数楼层数；大于 8 层时，n 取 8。

式（10 - 80）用于等柱距的框架结构。对柱距相差不超过 20% 的框架结构也可适用，此时，l 取柱距的平均值。

箱形基础同时考虑局部弯曲和整体弯曲时，应将局部弯矩乘以 0.8 后求出配筋量，与整体弯曲计算的配筋量叠加配置。

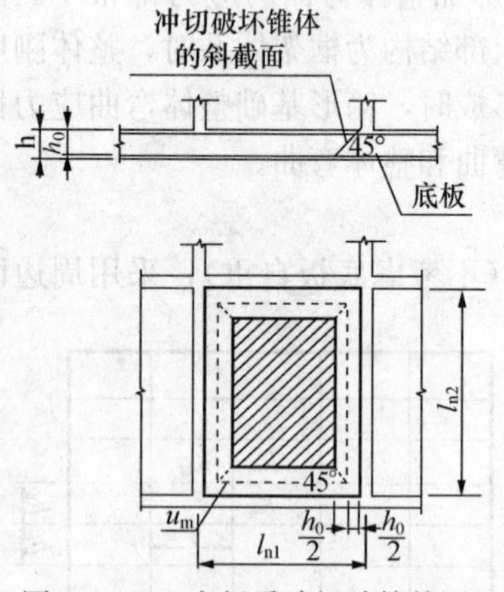

图 10 - 72　底板受冲切计算简图

五、箱形基础强度验算

1. 底板厚度验算

底板厚度应按实际受力情况，整体刚度及防水要求确定。底板除计算正截面受弯载力外，还应满足斜截面受剪承载力和受冲切承载力的要求。

当底板区格为矩形双向板时，底板受冲切所需的厚度 h_0 按下式计算（图 10 - 72）

$$h_{0}\geqslant\frac{(l_{\mathrm{n1}}+l_{\mathrm{n2}})-\sqrt{(l_{\mathrm{n1}}+l_{\mathrm{n2}})^{2}-\frac{4pl_{\mathrm{n1}}l_{\mathrm{n2}}}{p+0.6f_{\mathrm{t}}}}}{4} \tag{10-82}$$

式中　l_{n1}，l_{n2}——计算板格的短边和长边的净长度；

p——相应于荷载效应基本组合的地基土平均净反力设计值；

f_t——混凝土轴心抗拉强度设计值。

底板斜截面受剪承载力应符合下式要求（图10-73）

$$V_s \leqslant 0.07 f_c b h_0 \quad (10-83)$$

式中　V_s——荷载效应基本组合下，扣除底板自重后基底净反力产生的板支座边缘处的总剪力设计值；

f_c——混凝土轴心抗压强度设计值；

b——支座边缘处板的净宽；

h_0——板的有效高度。

2. 内墙与外墙验算墙身截面验算

箱形基础的内、外墙，除与剪力墙连接外，其墙身截面应按下式验算

$$V_w \leqslant 0.25 f_c A_w \quad (10-84)$$

式中　V_w——墙身截面承受的剪力；

f_c——混凝土轴心抗压强度设计值；

A_w——墙身竖向有效截面积。

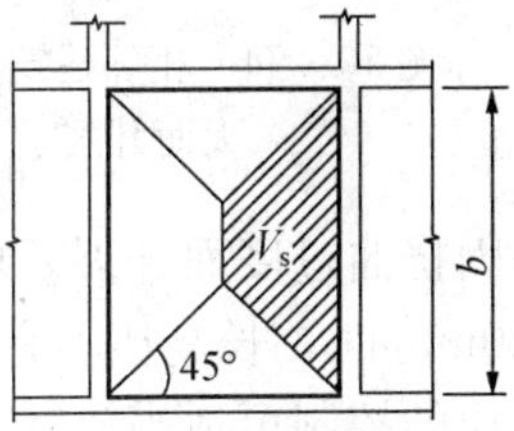

图10-73　底板受剪切计算简图

对于承受水平荷载的内外墙，尚需进行受弯计算，此时将墙身视为顶、底部固定的多跨连续板，作用于外墙上的水平荷载包括土压力，水压力和由于地面均布荷载引起的侧压力，土压力一般按静止土压力计算。

墙身开洞时，计算洞口处上、下过梁的纵向钢筋，应同时考虑整体弯曲和局部弯曲的作用，进行抗弯和抗剪强度的验算。

10-11　减小不均匀沉降危害的措施

地基的不均匀变形有可能使建筑物损坏或影响其使用功能。特别是高压缩性土、膨胀土、湿陷性黄土，以及软硬不均等不良地基上的建筑物，如果考虑欠周，就更易因不均匀沉降而开裂损坏。因此如何防止或减轻不均匀沉降造成的损害，是设计中必须考虑的问题。通常的办法有：

（1）采用柱下条形基础、筏板和箱形基础等连续基础；

（2）采用各种地基处理方法；

（3）采用桩基或其他深基础；

（4）从地基、基础、上部结构相互作用的观点，在建筑、结构或施工方面采取措施。对于中小型建筑物，宜同时考虑几种措施，以期取得较好的结果。

本节将介绍减小不均匀沉降危害的建筑、结构及施工等措施。

一、建筑措施

1. 建筑物的体型应力求简单

建筑物平面和立面上的轮廓形状，构成了建筑物的体型。复杂的体型常常是削弱建筑物整体刚度和加剧不均匀沉降的重要因素。因此，地基条件不好时，在满足使用要求的条件下，应尽量采用简单的建筑体型，如长高比小的“一”字形建筑物。

平面形状复杂（如“L”“T”“Ⅱ”“Ⅲ”等）的建筑物，纵、横单元交叉处基础密集，地基中附加应力互相重叠，必然产生较大的沉降。加之这类建筑物的整体性差，各部分的刚度不对称，很容易遭受地基不均匀沉降的损害。

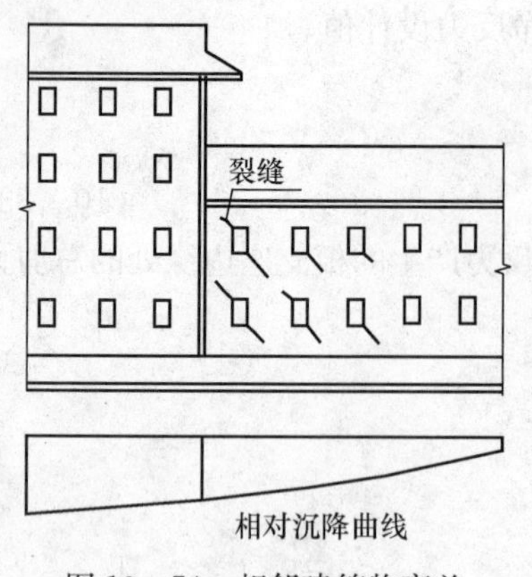

图 10-74　相邻建筑物高差大而开裂

建筑物高低（或轻重）变化太大，地基各部分所受的荷载不同，也易出现过量的不均匀沉降。据调查，软土地基上紧接高差超过一层的砌体承重结构房屋，低者很易开裂（图 10-74）。因此，当高度差异或荷载差异较大时，可将两者隔开一定距离，当拉开距离后的两个单元必须连接时，应采取能自由沉降的连接构造。

2. 控制长高比及合理布置墙体

长高比大的砌体承重房屋，其整体刚度差，纵墙很容易因挠曲过度而开裂。根据调查认为，二层以上的砌体承重房屋，当预估的最大沉降量超过 120mm 时，长高比不宜大于 2.5；对于平面简单、内外墙贯通，横墙间隔较小的房屋，长高比的控制可适当放宽，但一般不大于 3.0。不符合上述要求时，一般要设置沉降缝。

合理布置纵、横墙，是增强砌体承重结构房屋整体刚度的重要措施之一。一般房屋的纵向刚度较弱，故地基不均匀沉降的损害主要表现为纵墙的挠曲破坏。内外纵墙的中断、转折，都会削弱建筑物的纵向刚度。地基不良时，应尽量使内、外纵墙都贯通。纵横墙的联结形成了空间刚度，缩小横墙的间距，可有效地改善房屋的整体性，从而增强了调整不均匀沉降的能力。

3. 设置沉降缝

用沉降缝将建筑物（包括基础）分割为两个或多个独立的沉降单元，可有效地防止不均匀沉降发生。分割出的沉降单元，原则上要求满足体型简单、长高比小以及地基比较均匀等条件。为此，沉降缝的位置通常选择在下列部位上：

（1）建筑物平面转折部位；

（2）长高比过大的砌体承重结构或钢筋混凝土框架结构的适当部位；

（3）地基土的压缩性有显著变化处；

（4）建筑物的高度或荷载有很大差异处；

（5）建筑物结构或基础类型不同处；

（6）分期建造房屋的交界处。

沉降缝应有足够的宽度，以防止缝两侧的结构相向倾斜而互相挤压。缝内一般不得填塞，但寒冷地区为了防寒，可填塞松散材料。沉降缝的常用宽度为：二、三层房屋缝宽 50～80mm，四、五层房屋缝宽 80～120mm，五层以上房屋缝宽应不小于 120mm。沉降缝的一些构造参见图 10-75。

4. 相邻建筑物基础间的净距要求

由地基中附加应力分布规律可知：作用在地基上的荷载，会使土中的一定宽度和一定深度范围内产生附加应力，从而地基将发生变形。在此范围之外，荷载对相邻建筑物的影响可忽略。如果建筑物之间的距离太近，同期修建会相互影响，特别是建筑物轻重差别太大时，轻者受重者的影响；非同期修建，新建重型建筑物或高层建筑物会对原有建筑物产生影响。

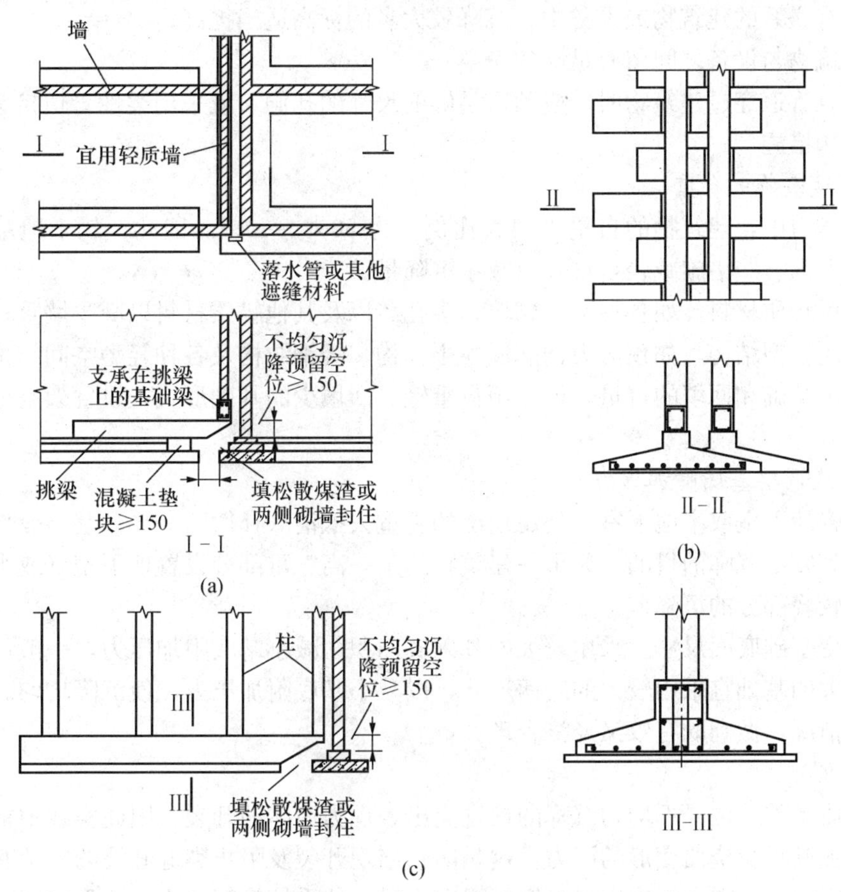

图 10－75　沉降缝构造图

而使被影响建筑产生不均匀沉降而开裂。

相邻建筑物基础的净距按表 10－14 选用。由该表可见，决定相邻建筑物的净距的主要因素是被影响建筑的长高比（即建筑物的刚度）以及影响建筑的预估沉降量值。

表 10－14　　**相邻建筑物基础间的净距**　　m

影响建筑的预估沉降量 s（mm）＼被影响建筑的长高比	$2.0\leqslant\frac{L}{H_f}<3.0$	$3.0\leqslant\frac{L}{H_f}<5.0$
70～150	2～3	3～6
160～250	3～6	6～9
260～400	6～9	9～12
＞400	9～12	≥12

5. 调整建筑设计标高

建筑物的沉降会改变原有的设计标高，严重时将影响建筑物的使用功能。因而可以采取下列措施进行调整：

（1）根据预估的沉降量，适当提高室内地坪和地下设施的标高；

（2）将有联系的建筑物或设备中，沉降较大者的标高适当提高；

（3）建筑物与设备之间留有足够的净空；

（4）当有管道穿过建筑物时，应预留足够的尺寸的孔洞，或采用柔性管道接头等。

二、结构措施

1. 减轻建筑物的自重

在基底压力中，建筑物的自重占很大比例，为50%～60%。因此，软土地基上的建筑物，常采用下列一些措施减轻自重，以减小沉降量。

（1）采用轻质材料，如各种空心砌块、多孔砖以及其他轻质材料以减少墙重；

（2）选用轻型结构，如预应力钢筋混凝土结构、轻钢结构及各种轻型空间结构等；

（3）减少基础和回填的重量，可选用自重轻、回填少的基础形式，设置架空地板代替室内回填土。

2. 减少或调整基底附加压力

（1）设置地下室或半地下室。利用挖出的土重去抵消（补偿）一部分甚至全部的建筑物重量，以达到减小沉降的目的。如果在建筑物的某一高、重部分设置地下室（或半地下室），便可减少与较轻部分的沉降差。

（2）改变基础底面尺寸。采用较大的基础底面积，减小基底附加压力，一般可以减小沉降量。荷载大的基础宜采用较大的底面尺寸，以减小基底附加压力，使沉降均匀。不过，应针对具体的情况，做到既有效又经济合理。

3. 设置圈梁

对于砌体承重结构，不均匀沉降的损害突出表现为墙体的开裂。因此实践中常在墙内设置圈梁来增强其承受挠曲变形的能力。这是防止出现开裂及阻止裂缝开展的一项有效措施。

当墙体挠曲时，圈梁的作用犹如钢筋混凝土梁内的受拉钢筋，主要承受拉应力，弥补了砌体抗拉强度不足的弱点。当墙体正向挠曲时，下方圈梁起作用，反向挠曲时，上方圈梁起作用。而墙体发生什么方式的挠曲变形往往不容易估计，故通常在上下方都设置圈梁。另外，圈梁必须与砌体结合为整体，否则便不能发挥应有的作用。

圈梁的布置，在多层房屋的基础和顶层处宜各设置一道圈梁，其他各层可隔层设置，必要时可层层设置。单层工业厂房、仓库，可结合基础梁、联系梁、过梁等酌情设置。

圈梁应设置在外墙、内纵墙和主要内横墙上，并宜在平面内连成封闭系统。如在墙体转角及适当部位，设置现浇钢筋混凝土构造柱（用锚筋与墙体拉结），与圈梁共同作用，可更有效地提高房屋的整体刚度。另外，墙体上开洞时，也宜在开洞部位配筋或采用构造柱及圈梁加强。

4. 采用连续基础

对于建筑体型复杂、荷载差异较大的框架结构，可采用箱基、桩基、筏基等加强基础整体刚度，减少不均匀沉降。

三、施工措施

在软弱地基上开挖基坑和修建基础时，合理安排施工顺序，采用合适的施工方法，以确保工程质量的同时减小不均匀沉降的危害。

对于高低、轻重悬殊的建筑部位或单体建筑，在施工进度和条件允许的情况下，一般应按照先重后轻、先高后低的顺序进行施工，或在高、重部位竣工并间歇一段时间后再修建轻、低部位。

带有地下室和裙房的高层建筑，为减小高层部位与裙房间的不均匀沉降，施工时应采用后浇带断开，待高层部分主体结构完成时再连接成整体。如采用桩基，可根据沉降情况，在高层部分主体结构未全部完成时连接成整体。

在软土地基上开挖基坑时，要尽量不扰动土的原状结构，通常可在基坑底保留大约200mm 厚的原土层，待施工垫层时才临时挖除。如发现坑底软土已被扰动，可挖除扰动部分土体，用砂石回填处理。

在新建基础、建筑物侧边不宜堆放大量的建筑材料或弃土等重物，以免地面堆载引起建筑物产生附加沉降。在进行降低地下水的场地，应密切注意降水对邻近建筑物可能产生的不利影响。

习　　题

10-1　简述地基基础设计的基本原则和一般步骤。

10-2　浅基础有哪些类型和特点？

10-3　确定基础埋深要考虑哪些因素？

10-4　地基承载力与哪些因素有关？

10-5　对于有偏心荷载作用的情况，如何根据持力层承载力确定基础底面尺寸？

10-6　什么情况下应进行软弱下卧层承载力验算？如何验算？

10-7　为减小建筑物不均匀沉降危害应考虑采取哪些措施？

10-8　试阐述地基基础和上部结构相互作用的概念。你认为哪些主要问题有待研究解决？

10-9　柱下条形基础和墙下条形基础在受力性能方面有何区别？柱下条形基础有哪些计算方法？

10-10　试比较无筋扩展基础的墙下条形基础与柱下条形基础在截面高度确定方法上的区别。

10-11　试述倒梁法计算柱下条形基础的过程和适用条件。

10-12　条形基础的结构内力分析方法有哪些？试用共同作用概念对各方法进行分析。

10-13　已知某条形基础底面宽度为 $b=2.5\text{m}$，埋深 $d=1.5\text{m}$，荷载偏心距 $e=0.04\text{m}$；地基土为粉质粘土，内聚力 $c_k=12\text{kPa}$，内摩擦角 $\varphi_k=30°$；地下水位距地表 1.1m，地下水位以上土的重度 $\gamma=18.2\text{kN/m}^3$，地下水位以下土的重度 $\gamma_{sat}=19.0\text{kN/m}^3$，用《建筑地基基础设计规范》（GB 50007）推荐的理论公式确定地基的承载力特征值。

10-14　某筏形基础底面宽度为 $b=15\text{m}$，长度 $l=38\text{m}$，埋深 $d=2.5\text{m}$；地下水位在地表下 5.0m，场地土为均质粉土，粘粒含量 $\rho_c=14\%$，载荷试验得到的地基承载力特征值 $f_{ak}=160\text{kPa}$，地下水位以上土的重度 $\gamma=18.5\ \text{kN/m}^3$，地下水位以下土的重度 $\gamma_{sat}=19.0\text{kN/m}^3$，按《建筑地基基础设计规范》（GB 50007）的地基承载力修正特征值公式，计算的地基承载力修正特征值。

10-15　某框架柱截面尺寸为 400mm×300mm，传至室内外平均标高位置处竖向力标准值为 $F_k=700\text{kN}$，力矩标准值 $M_k=80\text{kN}\cdot\text{m}$ 水平剪力标准值 $V_k=13\text{kN}$；基础底面距室外地坪

为 d=1.0m，基底以上为填土重度 γ=17.5kN/m³，持力层为粘性土，重度 γ=18.5kN/m³，孔隙比 e=0.7，液性指数 I_L=0.78，地基承载力特征值 f_{ak}=226kPa，持力层下为淤泥土，(图 10-76)，试确定柱基础的底面尺寸。

10-16　试用倒梁法计算图 10-77 所示柱下条形基础的内力。

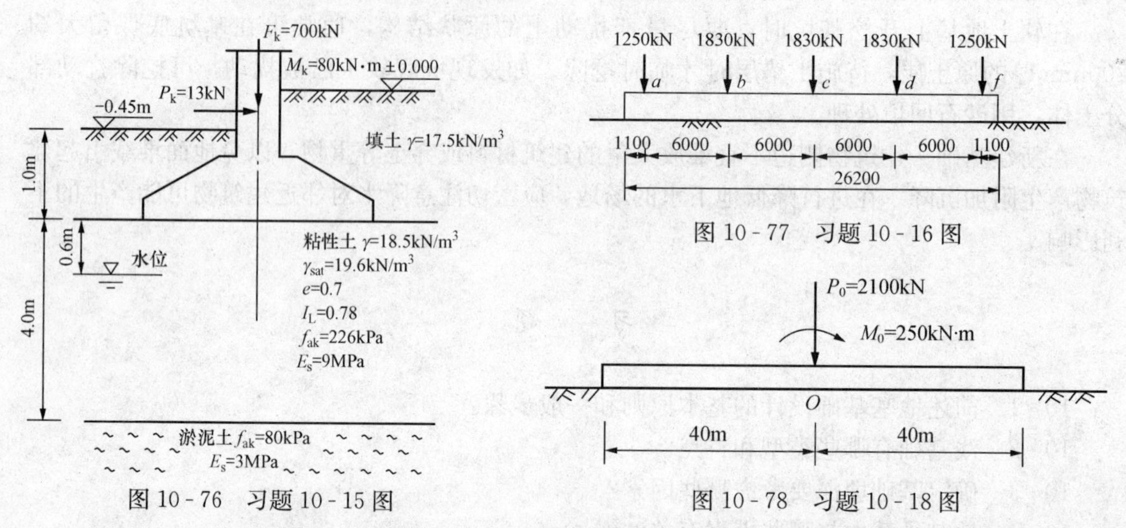

图 10-76　习题 10-15 图

图 10-77　习题 10-16 图

图 10-78　习题 10-18 图

10-17　用文克尔地基上梁的计算方法计算图 10-77 所示的条形基础的竖向位移、弯矩和剪力。($E_c I$=4.2×10⁶kN·m²，地基土为粘性土，基床系数 k=5.0×10³kN/m³)

10-18　图 10-78 所示为一根长 80m 的钢筋混凝土基础梁，在梁中央作用有集中力 P_0=2100kN 和集中力矩 M_0=250kN·m，梁宽 4.1m，EI=2.46×108kN·m²，地基基床系数 k=15 000kN/m³，计算距离 x=±3m 处的弯矩、剪力和地基反力。

10-19　如图 10-79 所示一柱下十字交叉基础示意图。x，y 为基底平面和柱荷载的对称轴。x，y 方向纵横梁的宽度和截面抗弯刚度分别为 b_x=1.5m，b_y=1.2m，$E_{cx}I$=1.3×10⁶kN·m²，$E_{cx}I$=1.1×10⁶kN·m²，地基抗力系数 k=5.3MN/m³。已知柱荷载 P_1=1400kN，P_2=1800kN，P_3=1600kN，P_4=2600kN。试将各荷载分配到纵横梁上。

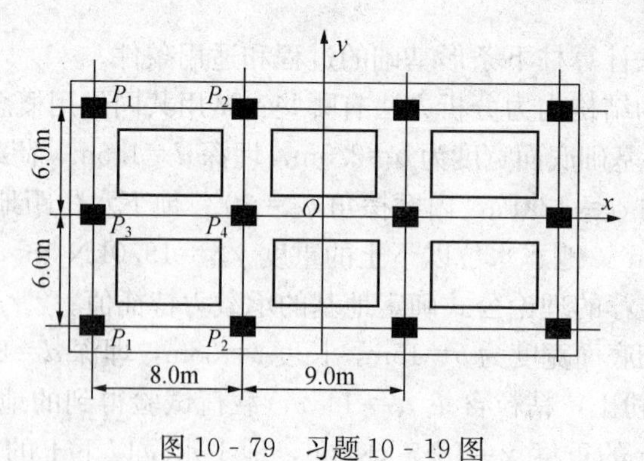

图 10-79　习题 10-19 图

第11章　桩　基　础

11-1　概　　述

当场地的浅层地基不能满足建筑物对地基承载力和变形要求，也不宜采用地基处理等措施时，可以考虑利用地基深部土层的承载能力，而采用深基础方案。深基础主要有桩基础、沉井基础、墩基础和地下连续墙等几种类型，其中以桩基应用最为广泛。桩基础是指通过承台把若干根桩的顶部联结成整体，共同承受动静荷载的一种深基础。由于桩基础具有承载力高、稳定性好、沉降稳定快和沉降变形小、抗震能力强，以及能适应各种复杂地质条件等特点，在工程中得到了广泛应用。桩基础除主要用来承受竖向抗压荷载外，还在桥梁工程、港口工程、近海采油平台、高耸和高重建筑物、支挡结构、抗震工程结构以及特殊土地基如冻土、膨胀土等中，用于承受侧向土压力、波浪力、风力、地震力、车辆制动力、冻胀力、膨胀力等水平荷载和竖向抗拔荷载等。

与天然地基上的浅基础相比较，包括桩基础在内的深基础至少具备这样三个特点：其一，从施工上看，深基础应采用特定的施工机械或手段，把基础结构置入深部的较好地层中；其二，从传力特点看，深基础的入土深度（如桩长 l）与桩径 d 之比（即 l/d）较大，因此在决定深基础的承载力时，基础侧面的摩阻支承力不但不能忽略，有时甚至起主要作用；其三，浅基础下的地基可能有不同的破坏模式，但深基础下却往往只发生刺入（即冲切）剪切破坏。

一、桩基础的实用性

桩基础通常作为荷载较大的建筑物的基础，其具有承载力高、稳定性好、沉降量小、能承受一定的水平和上拔力以及抗震性能良好等突出特点。通常对下列情况，可考虑选用桩基础方案：

（1）软弱地基或某些特殊性土上的各类永久性建筑物，不允许地基有过大沉降和不均匀沉降。

（2）对于高重建筑物，如高层建筑、重型工业厂房和仓库、料仓等，地基承载力不能满足设计需要。

（3）对桥梁、码头、烟囱、输电塔等结构物，宜采用桩基以承受较大的水平力和上拔力。

（4）对精密或大型的设备基础，需要减小基础振幅、减弱基础振动对结构的影响。

（5）在地震区，以桩基作为地震区结构抗震措施或穿越可液化地基。

（6）水上基础，施工水位较高或河床冲刷较大，采用浅基础施工困难或不能保证基础安全。

二、桩基础的设计原则

《建筑桩基基础技术规范》（JGJ 94—2008）规定，建筑桩基采用极限状态设计表达式进行计算。桩基的极限状态分为两类：

（1）承载能力极限状态：对应于桩基达到最大承载能力、整体失稳或发生不适于继续承载的变形。

（2）正常使用极限状态：对应于桩基变形达到为保证建筑物正常使所规定的变形限值或达到耐久性要求的某项限值。

根据建筑规模、功能特征、对差异变形的适应性、场地地基和建筑物体形的复杂性以及由于桩基问题可能造成建筑破坏或影响正常使用的程度，应将桩基设计分为表 11-1 所列的三个设计等级。

表 11-1 建筑桩基安全等级

设计等级	建筑类型
甲级	（1）重要的建筑； （2）30 层以上或高度超过 100m 的高层建筑； （3）体型复杂且层数相差超过 10 层的高低层（含纯地下室）连体建筑； （4）20 层以上框架－核心筒结构及其他对差异沉降有特殊要求的建筑； （5）场地和地基条件复杂的 7 层以上的一般建筑及坡地、岸边建筑； （6）对相邻既有工程影响较大的建筑
乙级	除甲级，丙级以外的建筑
丙级	场地和地基条件简单，荷载分布均匀的 7 层及 7 层以下的一般建筑

根据承载能力极限状态和正常使用极限状态的要求，桩基需进行如下计算和验算：

（1）所有桩基均应进行承载能力极限状态计算，内容包括：

1）应根据桩基的使用功能和受力特征分别进行桩基的竖向承载力和水平承载力计算。

2）应对桩身和承台结构承载力进行计算；对桩侧土不排水抗剪强度小于 10kPa 且长径比大于 50 的细长桩应进行桩身压屈验算；对于混凝土预制桩应按吊装、运输和锤击作用进行桩身承载力验算；对于钢管桩应进行局部压屈验算。

3）当桩端平面以下存在软弱下卧层时，应进行软弱下卧层承载力验算。

4）对位于坡地、岸边的桩基应进行整体稳定性验算。

5）对于抗浮、抗拔桩基，应进行基桩和群桩的抗拔承载力计算。

6）对抗震设防区的桩基应进行抗震承载力验算。

（2）应根据建筑桩基的设计等级及长期荷载作用下桩基变形对上部结构的影响程度，按下列规定进行变形计算：

1）设计等级为甲级的非嵌岩桩和非深厚坚硬持力层的建筑桩基。

2）设计等级为乙级的体型复杂，荷载分布显著不均匀或桩端平面以下存在软弱土层的建筑桩基。

3）软土地基多层建筑减沉复合疏桩基础。

4）对受水平荷载较大，且对水平位移有严格限制的建筑桩基，应验算其水平位移。

（3）应根据桩基所处的环境类别和相应的裂缝控制等级，验算桩和承台正截面的抗裂和裂缝宽度。

按单桩承载力确定桩数时，传至基础或承台底面上的荷载效应应按正常使用极限状态下荷载效应的标准组合，相应的抗力应采用基桩或复合基桩承载力特征值；计算桩基变形时，传至承台底面上的荷载效应应按正常使用极限状态下荷载效应的准永久组合，相应的限值应为地基变形允许值；如需计算水平地震作用、风载作用下桩基水平位移时，应按水平地震作用、风载作用效应的标准组合进行验算；在确定承台高度、确定配筋和验算材料强度时，上部结构传来的荷载效应组合，应按承载能力极限状态下荷载效应的基本组合，采用相应的分项系数。

对软土、湿陷性黄土、季节性冻土和膨胀土、岩溶地区以及坡地岸边上的桩基，抗震设防区桩基和可能出现负摩阻力的桩基，均应根据各自不同的特殊条件，遵循相应的设计原则。

三、桩基础的设计步骤与内容

(1) 选择桩型、施工工艺、断面、桩端持力层、承台埋深。

(2) 估算单桩承载力特征值。

(3) 确定桩数和承台底面尺寸。

(4) 确定复合基桩竖向承载力特征值。

(5) 桩顶作用效应验算，认为柱底水平剪力作用于承台顶面。

(6) 桩基沉降计算。按长期效应组合柱底效应进行桩基沉降计算。

(7) 桩身结构设计计算。

(8) 承台设计计算。

11-2 桩基础分类与质量检验

根据桩基础的承台位置、使用功能、承载性状、施工方法、桩身材料和设置效应等可以将桩分为各种类型。

一、按承台位置分类

桩基础一般是由设置于土中的桩和承接上部结构的承台组成，桩顶嵌入承台中。按承台与地面的相对位置的不同可以分为高承台桩基础和低承台桩基础。前者的承台底面位于地面或冲刷线以上，且常处于水中。桥梁和港口工程中常用高承台桩基，且较多采用斜桩与竖直桩结合使用，以承受水平荷载［图11-1 (a)］。低承台桩基础的承台底面位于地面或冲刷线以下。工业与民用建筑中几乎都使用低承台桩基础，而且大量使用竖直桩，很少采用斜桩［图11-1 (b)］。

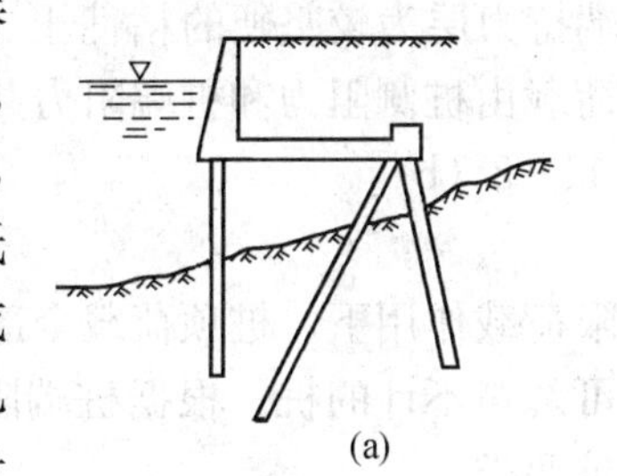

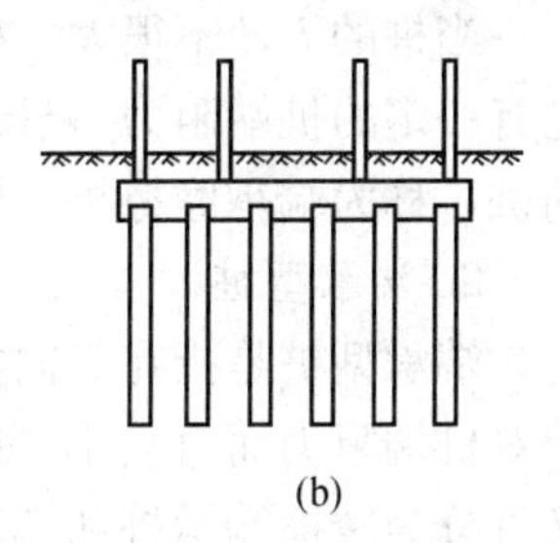

图11-1 桩基础承台类型

(a) 低承台桩基；(b) 高承台桩基

二、按使用功能分类

桩基础根据不同的使用功能，其构造要求和计算方法有所不同。根据在使用状态下的抗力性状和工作机理可分为如下的几类：

1. 竖向抗压桩

一般的建筑工程桩基，在正常工作条件下，主要承受从上部结构传下来的竖向荷载。竖向抗压桩从桩的荷载传递机理来看，又可划分为摩擦型桩和端承型桩两大类。竖向抗压桩应进行竖向承载力计算，必要时还需进行桩基的沉降验算、软弱下卧层的承载力验算。特殊情况下，还应考虑桩侧负摩阻力的影响。

2. 竖向抗拔桩

如输电塔桩基础、抗浮桩、板桩墙后的锚桩和试桩时设置的锚桩等主要承受竖向上拔荷载作用的桩。此类桩应进行桩身强度和抗裂计算以及抗拔承载力验算。

3. 水平受荷桩

主要承受水平荷载作用的桩，如港口码头工程中的桩、基坑工程中的护坡桩等。

4. 复合受荷桩

同时承受竖向、水平荷载作用的桩。在桥梁工程中，桩除了要承担较大的竖向荷载外，往往由于波浪、风、地震动、船舶的撞击力以及车辆荷载的制动力等使桩承受较大的侧向荷载，从而导致桩的受力条件更为复杂，尤其是大跨径桥梁更是如此。像这样一类桩基就是典型的复合受荷桩。

三、按桩基的承载性状分类

根据极限承载力状态下桩侧阻力与桩端阻力的发挥程度和分担荷载比，可将桩分为摩擦型桩和端承型桩两大类，以及摩擦桩、端承摩擦桩和摩擦端承桩、端承桩四个亚类。承载性状的变化不仅与桩端持力层性质有关，还与桩的长径比、桩周土层性质、成桩工艺等有关。桩的承载性状对桩身合理配筋、计算负摩阻力引起的下拉荷载、确定沉降计算图式、控制灌注桩沉渣厚度标准和预制桩锤击和静压终止标准等有重要意义。

1. 摩擦型桩

摩擦型桩是指在竖向极限荷载作用下，桩顶荷载全部或主要由桩侧摩阻力承受。根据桩侧阻力分担荷载的大小，摩擦型桩又可分为摩擦桩和端承摩擦桩两类。

在深厚的软弱土层中，无较硬的土层作为桩端持力层，或桩端持力层虽然较坚硬但桩的长径比 l/d 很大，传递到桩端的轴力很小，以至在极限荷载作用下，桩顶荷载绝大部分由桩侧阻力承受，桩端阻力很小可忽略不计的桩，称为摩擦桩［图 11-2 (a)］。

当桩的 l/d 不很大，桩端持力层为较坚硬的粘性土、粉土和砂类土时，除桩侧阻力外，还有一定的桩端阻力。桩顶荷载由桩侧阻力和桩端阻力共同承担，但大部分由桩侧阻力承受的桩，称为端承摩擦桩［图 11-2 (b)］。

2. 端承型桩

端承型桩是指在竖向极限荷载作用下，桩顶荷载全部或主要由桩端阻力承受，桩侧阻力相对桩端阻力而言较小，或可忽略不计的桩。根据桩端阻力发挥的程度和分担荷载的比例，又可分为摩擦端承桩和端承桩两类。

桩端进入中密以上的砂土、碎石类土或中、微化岩层，桩顶极限荷载由桩侧阻力和桩端阻力共同承担，而主要由桩端阻力承受，称为摩擦端承桩［图 11-2 (c)］。

当桩的 l/d 较小（一般小于 10），桩身穿越软弱土层，桩端设置在密实砂层，碎石类土层中、微风化岩层中，桩顶荷载绝大部分由桩端阻力承受，桩侧阻力很小可忽略不计时，称为端承桩［图 11-2 (d)］。

四、按施工工艺分类

桩按施工工艺可分为预制桩和灌注桩两大类。

（一）预制桩

预制桩系指借助于专用机械设备将预先制作好的具有一定形状、刚度与构造的桩杆采用不同的沉桩工艺沉入土中的一类桩。主要有钢筋混凝土预制桩、钢桩及木桩等。预制桩的施工工艺包括制桩与沉桩两部分，沉桩工艺又随沉桩机械而变，沉桩方法有锤击法、振动法、静压法及射水法等。

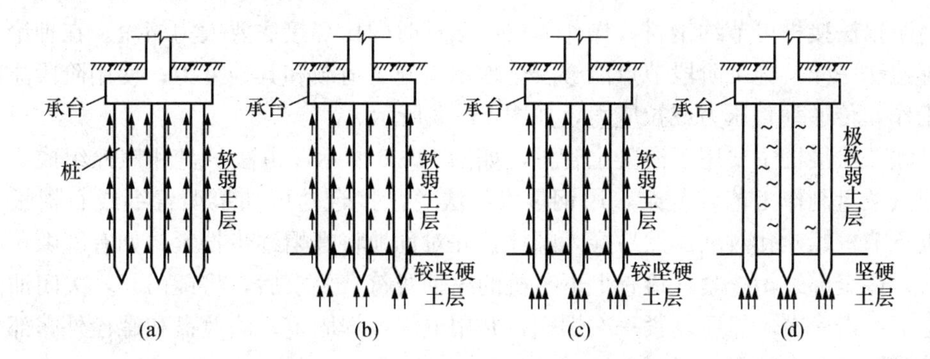

图 11-2 摩擦型桩和端承型桩

(a) 摩擦桩；(b) 端承摩擦桩；(c) 摩擦端承桩；(d) 端承桩

1. 钢筋混凝土预制桩

目前我国普通混凝土预制桩截面尺寸可达 600mm×600mm，预应力管桩最大直径已达 1300mm，预制桩沉桩深度可达 70m 以上。钢筋混凝土预制桩的横截面有方、圆、管等各种性状，图 11-3 给出的是一方桩示意图。普通的实心方桩的截面边长一般为 200～600mm。现场预制长度一般在 25～30m。工厂预制的分节长度一般不超过 12m，在现场沉桩时连接到所需长度。

良好的接头构造形式，不仅应满足足够的强度、刚度及耐腐蚀性要求，而且还应符合制造工艺简单，质量可靠，接头连接整体性强与桩材其他部分应具有相同断面和强度，在搬运、打入过程中不易损坏，现场连接操作简便迅速等条件。此外也应做到接触紧密，以减少锤击能量损耗。接头的连接方法有焊接法、浆锚法、法兰法如下三种类型：

(1) 焊接法接桩适用于单桩承载力高、长细比大、桩基密集或须穿过一定厚度较硬土层、沉桩较困难的桩。焊接法接桩的节点构造如图 11-4 所示。

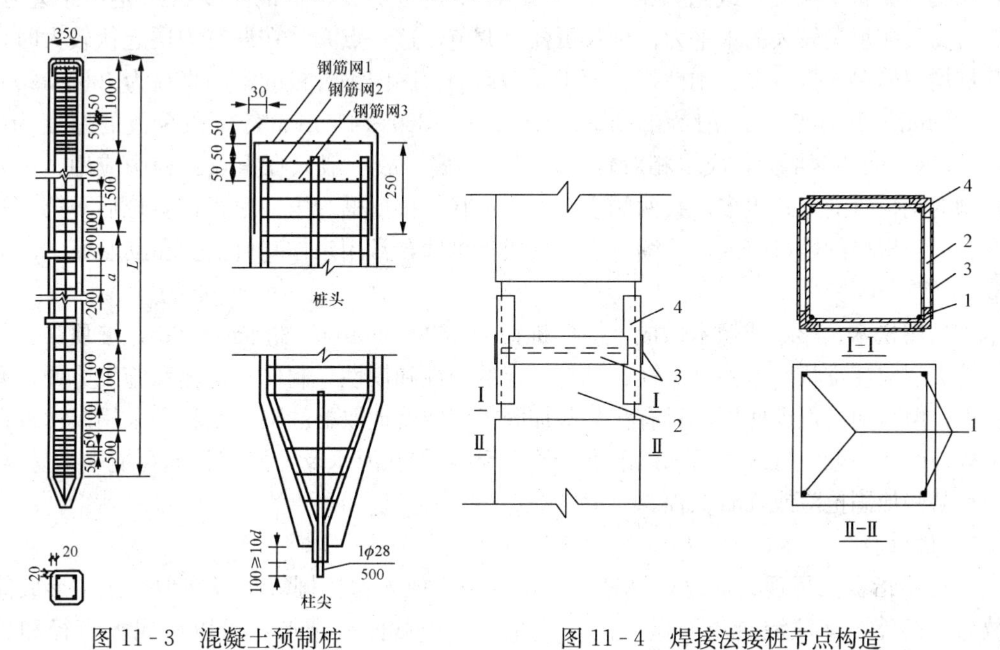

图 11-3 混凝土预制桩

图 11-4 焊接法接桩节点构造

1—主筋；2—预埋钢板；3—缀板；4—连接角钢

（2）浆锚法接桩可节约钢材，操作简便，接桩时间比焊接法要大为缩短。在理论上，浆锚法与焊接法一样，施工阶段节点能够安全地承受施工荷载和其他外力；使用阶段能同整根桩一样工作，传递垂直压力或拉应力，如图 11－5 所示。

（3）法兰法接桩主要用于混凝土管桩，如图 11－6 所示，由法兰盘和螺栓组成，接桩速度快，但法兰盘制作工艺较复杂，用钢量大。法兰盘接合处可加垫沥青纸或石棉板。接桩时，将上下节桩螺栓孔对准，然后穿入螺栓，并对称地将螺帽逐步拧紧。如有缝隙，应用薄铁片垫实，待全部螺帽拧紧，检查上下节桩的纵轴线符合要求后，将锤吊起，关闭油门，让锤自由落下锤击一次，然后复紧一次螺帽，并用电焊点焊固定；法兰盘和螺栓外露部分涂上防锈油漆或防锈沥青胶泥，即可继续沉桩。

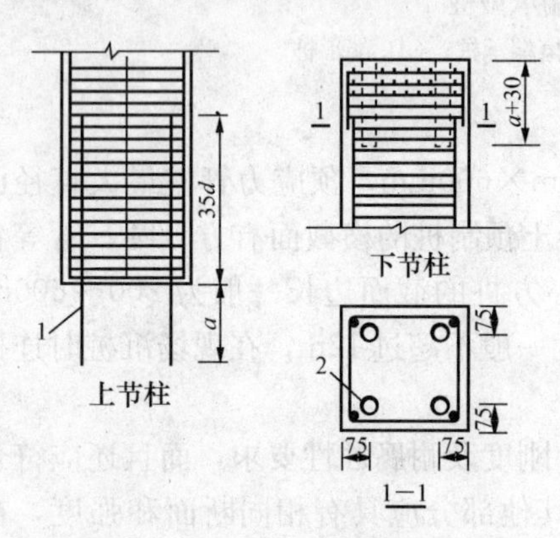

图 11－5 浆锚法接桩节点构造

1—锚筋；2—锚筋孔

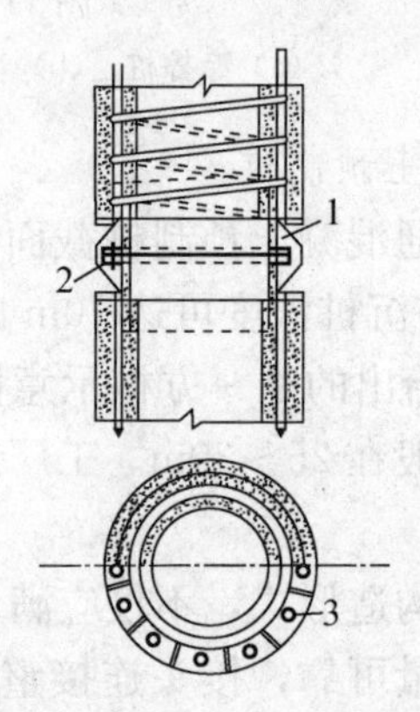

图 11－6 管桩法兰接桩节点构造

1—法兰盘；2—螺栓；3—螺栓孔

2. 钢桩

常用的有钢桩下端开口或闭口的钢管桩和 H 型钢桩等。钢桩的主要特点是：穿透力强、承载能力高且能承受较大的水平力；桩长可任意调节，这一点尤其在遇持力层起伏较大时，接桩或截桩均较简单；重量轻、刚性好、便于装卸运输。国内钢管桩的常用直径为 400～1200mm 壁厚 9～20mm，H 型钢桩一般为 200mm×200mm～360×410mm 翼缘和腹板的厚度为 9～26mm。因钢桩的耗钢量大，成本相对较高，且需防腐，故一般只在重点工程中应用。作为支挡结构物的钢板桩的形式很多，其两侧带有不同形状的接口槽，第一根板桩就位后，第二根板桩则顺着前一根桩的槽口打入，连续下去可形成板桩墙，常用来作基坑支护和围堰等。

3. 木桩

木桩常用松木、杉木或橡木做成，一般桩径为 160～260mm，桩长 4～6m，桩顶锯平并加铁箍，桩尖削成棱锥状。木桩自重轻、具有一定的弹性和韧性，制作、运输和施工方便，有着悠久历史，但目前已很少使用，只有在某些加固工程或就地取材的临时工程中采用。木桩在淡水中耐久性好，一般应打入地下水以下不少于 0.5m，但在海水及干湿交替的环境中极易腐烂，故只用在某些加固抢险或临时工程。

（二）灌注桩

灌注桩系指在工程现场通过机械钻孔、钢管挤土或人力挖掘等手段在地基土中形成的桩孔内放置钢筋笼、灌注混凝土而做成的一类桩。其横截面呈圆形，可以做成大直径和扩底桩。与预制桩比较，灌注桩一般只需根据使用期间的荷载要求配置钢筋，用钢量少。保证灌注桩承载力的关键在于桩身的成型及混凝土质量。灌注桩有不下几十个品种，依照成孔方法不同，大体可归纳为沉管灌注桩、钻（冲、磨）孔灌注桩、挖孔灌注桩和爆扩孔灌注桩几大类。

1. 沉管灌注桩

沉管灌注桩是指采用锤击沉管打桩机或振动沉管打桩机，将套上预制钢筋混凝土桩尖或带有活瓣桩尖（沉管时桩尖闭合，拔管时活瓣张开以便浇灌混凝土）的钢管沉入土层中成孔，然后边灌注混凝土、边锤击或边振动边拔出钢管并安放钢筋笼而形成的灌注桩，见图11-7。锤击沉管灌注桩的常用直径（指预制桩尖的直径）为300～500mm，振动沉管灌注桩的直径一般为400～500mm。沉管灌注桩桩长常在20m以内，可打至硬塑粘土层或中、粗砂层。在粘性土中，振动沉管灌注桩的沉管穿透能力比锤击沉管灌注桩稍差，承载力也比锤击沉管灌注桩低些。这种桩的施工设备简单，沉桩进度快、成本低，但很易产生缩颈（桩身截面局部缩小）、断桩、局部夹土、混凝土离析和强度不足等质量问题。

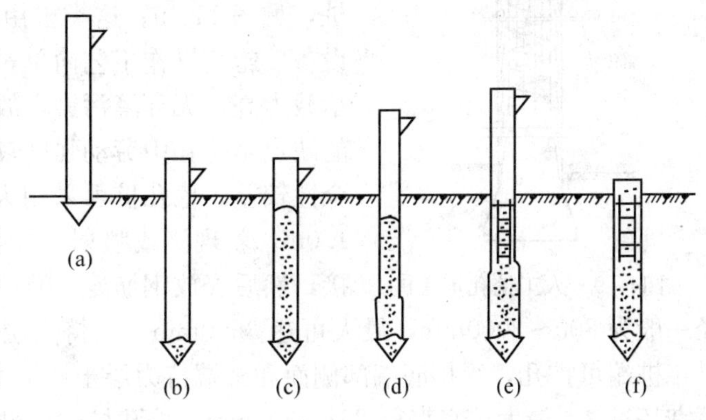

图11-7　沉管灌注桩的施工程序示意图

（a）打桩机就位；（b）沉管；（c）浇筑混凝土；（d）边拔管、边振动；（e）安放钢筋笼，继续浇灌混凝土；（f）成型

2. 钻（冲、磨）孔灌注桩

各种钻（冲）孔桩在施工时都要把桩孔位置处的土排出地面，然后清除孔底残渣，安放钢筋笼，最后浇注混凝土。目前，桩径为600或650mm的钻孔灌注桩，国内常用回转机具成孔，桩长10～30m；1200mm以下的钻（冲）孔灌注桩在钻进时不下钢套筒，而是采用泥浆保护孔壁以防塌孔，清孔（排走孔底沉渣）后，在水下浇灌混凝土（图11-8）。更大直径（1500～3000mm）的钻（冲）孔桩、一般用钢套筒护壁，所用钻机具有回旋钻进、冲击、磨头磨碎岩石和扩大桩底等多种功能，钻进速度快，深度可达80m，能克服流砂、消除孤石等障碍物，并能进入微风化硬质岩石。其最大优点在于能进入岩

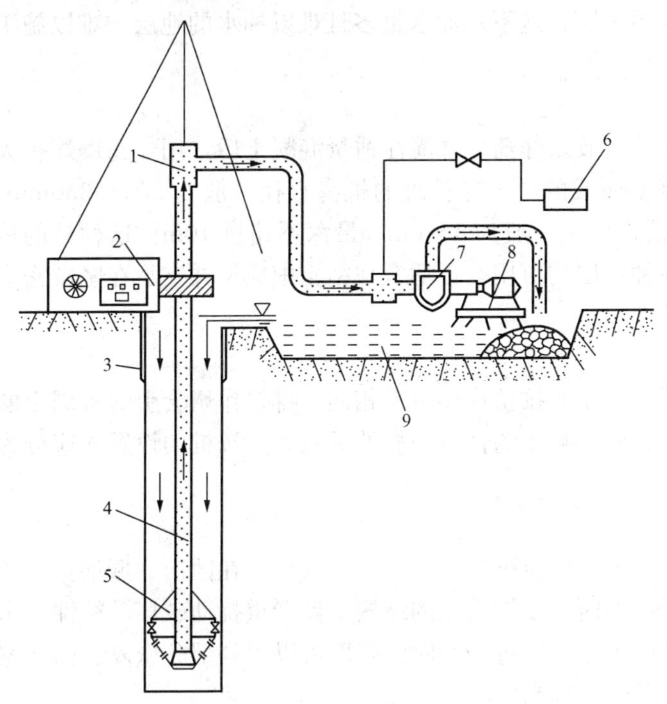

图11-8　反循环钻进灌注桩示意图

1—水龙头；2—钻机；3—护筒；4—钻杆；5—钻头；6—真空泵；7—砂石泵；8—电机；9—泥浆池

层，刚度大，因此承载力高而桩身变形很小。

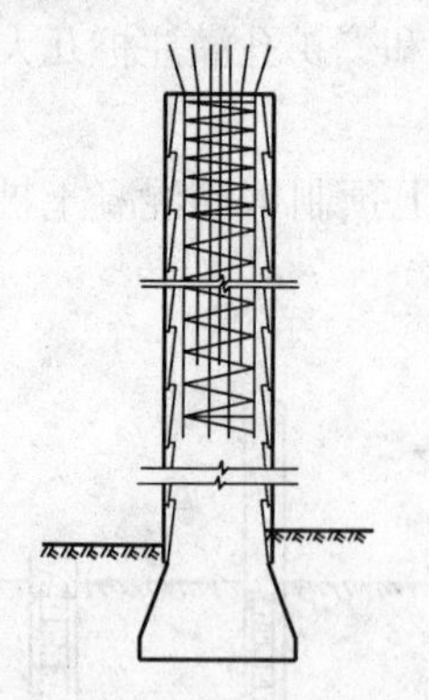

图 11-9 人工挖孔扩底桩

3. 挖孔桩

人工挖孔灌注混凝土桩采用人工挖土成孔，灌注混凝土浇捣成桩；在人工挖孔桩的底部扩大直径，称为人工挖孔扩底桩，见图 11-9。这类桩由于其受力性能可靠，不需大型机具设备，施工操作工艺简单，可直接检查桩底岩土层情况，单桩承载力高，无环境污染，故在各地应用较为普遍。人工挖孔桩的缺点是挖孔中劳动强度较大，单桩施工速度较慢，尤其是安全性较差。挖孔桩可采用人工或机械挖掘成孔，每挖深 0.9～1.0m，就现浇或喷射一圈混凝土护壁，上下圈之间用插筋连接，然后安放钢筋笼，灌注混凝土而成。人工挖孔桩的桩身直径一般为 800～2000mm，最大可达 3500mm。当持力层承载力低于桩身混凝土受压承载力时，桩端可扩孔，视扩底端部侧面和桩端持力层土性情况，扩底端直径与桩身直径之比D/d不宜超过 3，最大扩底直径可达 4500mm。挖孔桩的桩身长度宜限制在 30m 内。当桩长 $L\leqslant$ 8m 时，桩身直径（不含护壁）不宜小于 0.8m；当 8m$<L\leqslant$15m 时，桩身直径不宜小于 1.0m；当 15m$<L\leqslant$20m 时，桩身直径不宜小于 1.2m；当桩长 $L>$20m 时，桩身直径应适当加大。

挖孔桩的优点是，可直接观察地层情况，孔底易清除干净，设备简单，噪声小，场区各桩可同时施工，桩径大，适应性强，又较经济；缺点是桩孔内空间狭小、劳功条件差，可能遇到流砂、塌孔、有害气体、缺氧、触电和上面掉下重物等危险而造成伤亡事故，在松砂层(尤其是地下水位下的松砂层)、极软弱土层、地下水涌水量多且难以抽水的地层中难以施工或无法施工。

4. 爆扩灌注桩

爆扩灌注桩是指就地成孔后，在孔底放入炸药包并灌注适量混凝土后，用炸药爆炸扩大孔底，再安放钢筋笼，灌注桩身混凝土而成的桩。爆扩桩的桩身直径一般为 200～350mm，扩大头直径一般取桩身直径的 2～3 倍，桩长一般为 4～6m，最深不超过 10m。这种桩的适应性强，除软土的新填土外，其他各种地层均可用，最适宜在粘土中成型并支承在坚硬密实土层上的情况。

五、按成桩的效应

随着桩的设置方法的不同，桩周土所受的排挤作用也不相同。排挤作用会引起桩周土的天然结构、应力状态和性质的变化，从而影响土的性质和桩的承载力。按桩的设置效应分为下列三类。

1. 挤土桩

实心的预制桩、下端封闭的管桩、木桩以及沉管灌注桩等打入桩，在锤击、振动贯入的工程中，都将桩位处的土大量排挤开，因而，使桩周土的结构受到严重扰动破坏。粘性土由于重塑作用其抗剪强度将降低，但又由于触变性过一段时间强度可以得到部分恢复。而非密实的无粘性土则由于振动挤密而使抗剪强度提高。

2. 部分挤土桩

开口的钢管桩、H 型钢桩和开口的预应力混凝土管桩，打入时对桩周土体的排挤作用轻微，故土的工程性质变化不大。因而可用原状土测得的土的物理力学性质指标估算桩的承载力。

3. 非挤土桩

先钻孔再打入的预制桩和钻孔桩在成桩过程中都将孔中的土体清除去，故设置桩时对土体没有排挤作用，桩周土反而可能向孔内移动。因此，非挤土桩的桩侧摩阻力较挤土桩常有所减小。

六、按桩径（d）大小分类

（1）小直径桩：$d \leqslant 250$mm。

（2）中等直径桩：250mm $< d <$ 800mm。

（3）小直径桩：$d \geqslant 800$mm。

七、桩基检测

施工完成后的工程桩应进行检测，包括承载力检测和桩身完整性检测。对桩身完整性检测方法有以下几种：

（1）开挖检查。这种方法只能对所暴露的桩身进行观察检查。

（2）抽芯法。在灌注桩桩身内钻孔（直径100～150mm），了解混凝土有无离析、空洞、桩底沉渣等情况，取混凝土芯样进行观察和单轴抗压试验。

（3）声波检测法，利用超声波在不同强度（或不同弹性横量）的混凝土中传播速度的变化来检测桩身质量。为此，预先在桩中埋入3～4根金属管，然后，在其中一根管内放入发射器，而在其他管中放入接收器，并记录不同深度处的检测资料。

（4）动测法。包括PDA（打桩分析仪）等大应变动测、PIT（桩身结构完整性分析仪）和其他（如锤击激振、机械阻抗、水电效应、共振等）小应变动测。对于等截面、质地较均匀的预制桩，这些测试效果可靠或较为可靠。灌注桩的动测检验、目前已有相当多的实践经验，而具有一定的可靠性。

11-3 单桩竖向承载力

一、竖向荷载作用下单桩的工作机理

（一）单桩竖向荷载的传递

桩侧阻力与桩端阻力的发挥过程就是桩—土体系荷载的传递过程。桩顶受竖向荷载后，桩身压缩而产生向下位移，桩侧表面受到土的向上摩阻力，桩侧土体产生剪切变形，并将荷载向桩周土层传递，从而使桩身轴力与桩身压缩变形随深度递减。随着荷载增加，桩端下土体产生压缩变形和桩端阻力，桩端位移加大了桩身各截面的位移，并促使桩侧阻力进一步发挥。一般说来，靠近桩身上部土层的侧阻力先于下部土层发挥，由于发挥桩端阻力所需的极限位移，明显大于桩侧阻力发挥所需的极限位移，侧阻力先于端阻力发挥出来。

如图11-10所示，单桩在竖向荷载Q的作用下，桩身任一深度处横截面上所引起的轴力为N_z，在z深度处取一微元体dz，由微元体的竖向平衡分析可得，z深度处的桩侧摩阻力q_z与桩身轴力N_z之间的关系如下

$$q_z = \frac{1}{u_{\mathrm{p}}} \frac{\mathrm{d}N_z}{\mathrm{d}z} \tag{11-1}$$

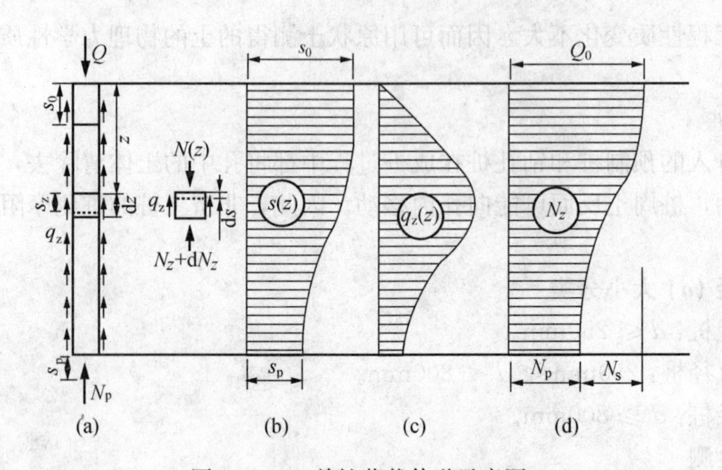

图 11-10 单桩荷载传递示意图

(a) 轴向受压桩；(b) 桩身截面位移；(c) 桩侧摩阻力分布；(d) 桩身轴力分布

微元体 dz 的压缩量为

$$ds(z)=\frac{N_z}{E_pA}dz \tag{11-2}$$

由式（11-1）和式（11-2）得

$$q_z(z)=\frac{E_pA}{u_p}\frac{d^2s(z)}{dz} \tag{11-3}$$

式中 u_p——桩身周长；

A——桩身截面积；

E_p——桩身弹性模量；

$s(z)$——桩身截面位移。

根据位移与作用力的关系，不难得到任意桩身截面的位移

$$s(z)=s_0-\frac{1}{E_pA}\int_0^z N_z dz \tag{11-4}$$

通过在桩身埋设应力或位移测试元件，即可求得轴力和侧阻力沿桩身的变化曲线。

（二）桩侧摩阻力和桩端阻力

桩侧摩阻力和桩端阻力的发挥所需位移不同。试验表明：桩端阻力的充分发挥需要有较大的位移值，在粘性土中约为桩底直径的25%，在砂性土中约为桩底直径的8%～10%，对于钻孔桩，由于孔底虚土、沉渣压缩的影响，发挥端阻极限值所需位移更大。而桩侧摩阻力只要桩土间有不太大的相对位移就能得到充分的发挥，具体数量目前认识尚没有一致的意见，但一般认为粘性土为4～6mm，砂性土为6～10mm。对大直径的钻孔灌注桩，如果孔壁呈凹凸形，发挥侧摩阻力需要的极限位移较大，可达20mm以上，甚至40mm，约为桩径的2.2%，如果孔壁平直光滑，发挥侧摩阻力需要的极限位移较小，小至只有3～4mm。

影响摩阻力和桩端阻力的其他因素主要有：

1. 深度效应

当桩端进入均匀持力层的深度 h 小于某一深度时，其端阻力一直随深度线性增大；当进入深度大于该深度后，极限端阻力基本保持恒定不变，该深度称为端阻力的临界深度 h_{cp}，该恒定极限端阻力为端阻稳定值 q_{pl}。h_{cp}随砂的相对密度 D_r 和桩径的增大而增大，随覆盖压力 p_0 的增大而减小。q_{pl}随 D_r 增大而增大，而与桩径及上覆压力 p_0 无关。当桩端持力层下存在软弱下卧层，且桩端与软弱下卧层的距离小于某一厚度时，端阻力将受软弱下卧层的影响而降低。该厚度称为端阻的"临界厚度"。临界厚度主要随砂的相对密度和桩径的增大而加大。在上海、安徽、蚌埠对桩端进入粉砂不同深度的打入桩进行了系列试验，表明了临界深度在 $7d$ 以上，临界厚度为（5～7）d；硬粘性土中的临界深度与临界厚度接近 $7d$。

2. 成桩效应

非密实砂土中的挤土桩，成桩过程使桩周土因挤压而趋于密实，导致桩侧、桩端阻力提高。对于桩群，桩周土的挤密效应更为显著。饱和粘土中的挤土桩，成桩过程使桩周土受到挤压、扰动、重塑，产生超孔隙水压力，随后出现孔压消散、再固结和触变恢复，导致侧阻力、端阻力产生显著的时间效应，即软粘土中挤土摩擦型桩的承载力随时间而增长。

非挤土桩的成桩效应。非挤土桩（钻、冲、挖孔灌注桩）在成孔过程由于孔壁侧向应力解除，出现侧向土松弛变形，由此导致土体强度削弱，桩侧阻力随之降低。采用泥浆护壁成孔的灌注桩，在桩土界面之间将形成"泥皮"的软弱界面，导致桩侧阻力显著降低。如果形成的孔壁比较粗糙（凹凸不平），由于混凝土与土之间的咬合作用，接触面的抗剪强度受泥皮的影响较小，使得桩侧摩阻力能得到比较充分的发挥。对于非挤土桩，成桩过程桩端土不仅不产生挤密，反而出现虚土或沉渣现象，使端阻力降低，沉渣越厚，端阻力降低越多。

（三）桩侧负摩阻力问题

产生桩侧负摩阻力的条件是当土体相对于桩身产生向下位移时，土体会在桩侧产生下拉的摩阻力，使桩身的轴力增大，如图 11-11 所示。该下拉的摩阻力称为负摩阻力。负摩阻力的存在，增大了桩身荷载和桩基的沉降。

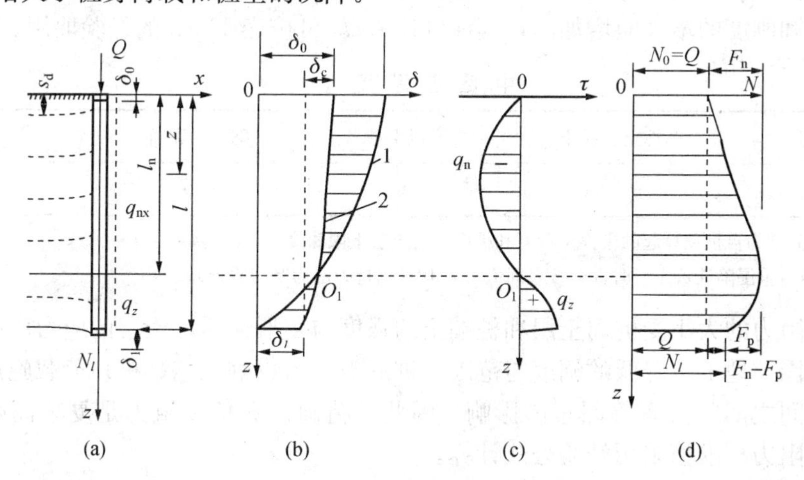

图 11-11 桩侧负摩阻力示意图

（a）受负摩阻力的桩；（b）桩身截面位移；（c）桩侧摩阻力分布；（d）桩身轴力分布

可能产生负摩阻力的情况一般有如下几种：

（1）桩穿越较厚松散填土、自重湿陷性黄土、欠固结土、液化土层进入相对较硬土层；

(2) 桩周存在软弱土层，临近桩侧地面承受局部较大的长期荷载，或地面大面积堆载(包括填土)；

(3) 由于降低地下水位，使桩周土有效应力增大，并产生显著压缩沉降。以上几种情况下进行桩基设计时，都应考虑桩侧负摩阻力对桩身竖向承载力的影响。

图 11-11 (a) 表示一根承受竖向荷载的桩，桩身穿过正在固结中的土层而达到坚实土层。在图 11-11 (b) 中，曲线 1 表示土层不同深度的位移，曲线 1 为桩的截面位移曲线，曲线 1 和曲线 2 之间的位移差（图中画上横线部分）为桩土之间的相对位移，曲线 1 和曲线 2 的交点（O_1 点）为桩土之间不产生相对位移的截面位置，称为中性点。

图 11-11 (c)、(d) 分别为桩侧摩阻力和桩身轴力曲线，其中 F_n 为负摩阻力的累计值，又称为下拉荷载；F_p 为中性点以下正摩阻力的累计值。中性点是摩阻力、桩土之间的相对位移和桩身轴力沿桩身变化的特征点。从图中易知，在中性点 O_1 点之上，土层产生相对于桩身的向下位移，出现负摩阻力 q_n，桩身轴力随深度递增；在中性点 O_1 点之下的土层相对向上位移，因而在桩侧产生正摩阻力 q_z，桩身轴力随深度递减。在中性点处桩身轴力达到最大值（$Q+F_n$），而桩端总阻力则等于 $Q+(F_n-F_p)$。

由于桩侧负摩阻力是由桩周土层的固结沉降引起的，因此负摩阻力的产生和发展要经历一定的时间过程，这一时间过程的长短取决于桩自身沉降完成的时间和桩周土层固结完成的时间。由于土层竖向位移和桩身截面位移都是时间的函数，因此中性点的位置、摩阻力以及桩身轴力都将随时间而有所变化。

要确定桩身负摩阻力的大小，须先确定中性点的位置和负摩阻力强度的大小。影响中性点位置的因素较多，与桩周土的性质和外界条件（堆载、降水、浸水等）变化有关。中性点的位置取决于桩与桩侧土的相对位移，原则上应根据桩沉降与桩周土沉降相等的条件确定。要精确计算中性点的位置是比较困难的，多采用近似的估算方法，或采用依据一定的试验结果得出的经验值。工程实测表明，在可压缩土层 l_0 的范围内，中性点的稳定深度是随桩端持力层的强度和刚度的增大而增加的，其深度比 l_n/l_0 可按表 11-2 的经验取用。

表 11-2 中性点深度 l_n

持力层性质	粘性土、粉土	中密以上砂	砾石、卵石	基岩
中性点深度 l_n/l_0	0.5～0.6	0.7～0.8	0.9	1.0

注 1. l_n，l_0 分别为自桩顶算起的中性点深度和桩周软弱土层下限深度。
2. 桩穿越自重湿陷性黄土层时，l_n 按表列值增大 10%（持力层为基岩除外）。

单桩负摩阻力的大小受桩周土层和桩端土的强度与变形性质、土层的应力历史、地面堆载的大小与范围、地下水降低的幅度与范围、桩的类型与成桩工艺、桩顶荷载施加时间与发生负摩阻力时间之间的关系等因素的影响。因此，精确计算负摩阻力是复杂而困难的。因此，单桩负摩阻力标准值采用经验公式计算。

$$q_n = \xi_n \sigma' \tag{11-5}$$

式中 q_n——单桩负摩阻力标准值，kPa；

ξ_n——桩周土中负摩阻力系数，可按表 11-3 选用；

σ'——桩周土中的平均竖向有效应力，如地表存在均布荷载，应将均布荷载计算在内，kPa。

表 11-3 桩周土中负摩阻力系数 ξ_n 值

土 类	ξ_n	土 类	ξ_n
饱和软土	0.15～0.25	砂 土	0.35～0.50
粘性土、粉土	0.25～0.40	自重湿陷性黄土	0.20～0.35

二、单桩竖向极限承载力的确定

单桩竖向极限承载力是指单桩在竖向荷载作用下到达破坏状态前或出现不适于继续承载的变形所对应的最大荷载。

单桩的竖向承载力主要取决于两方面，一是土对桩的支承能力，二是桩身的材料强度。一般情况下，桩的承载力由土的支撑能力所控制，桩材料强度往往不能充分发挥。只有对端承桩、超长桩以及桩身质量有缺陷的桩，桩身材料强度才起控制作用。此外，当桩的入土深度较大、桩周土质软弱、桩端沉降量较大时，对于高层建筑或对沉降有特殊要求时，还应按上部结构对沉降的要求来确定单桩竖向承载力。确定单桩竖向极限承载力的方法主要有静载荷试验法、经验参数法和静力触探法等。

单桩竖向极限承载力标准值 Q_{uk} 的确定规定如下：设计等级为甲级的建筑桩基应通过现场静载荷试验确定；设计等级为乙级建筑桩基，一般情况下，应通过单桩静载荷试验确定，地质条件简单，可参照地质条件相同的试桩资料，结合静力触探等原位测试和经验参数综合确定；对设计等级为丙级建筑桩基，可根据原位测试和经验参数确定。

（一）静载荷试验法

规范规定，在同一条件下的试桩数量，不宜小于总桩数的 1%且不应小于 3 根。当总桩数不超过 50 根时，试桩数可为 2 根。当桩端持力层为密实砂卵石或其他承载力类似的土层时，对单桩承载力很高的大直径端承型桩，可采用深层平板载荷试验确定桩端土的承载力特征值。

由于打桩时对土体的扰动而降低的强度需经过一段时间才能恢复，因此，预制桩在砂土中入土 7d 后；粘性土不得少于 15d；饱和软粘土不得少于 25d；灌注桩应在桩身混凝土达到设计强度后，才能开始进行载荷试验。

1. 静载荷试验装置及方法

试验装置主要由加载系统和量测系统组成。图 11-12（a）所示为锚桩横梁试验装置布置图。加载系统由千斤顶及其反力系统组成，后者包括主、次梁及锚桩，所提供的反力应大于预估最大试验荷载的 1.2 倍。采用工程桩作为锚桩时，应对试验过程锚桩上拔量进行监测。反力系统也可以采用压重平台反力装置，提供的反力是压重平台［图 11-12（b）］，压重应在试验开始前一次加上，并均匀稳固放置于平台上。量测系统主要由千斤顶上的压力环或应变式压力传感器（测荷载大小）及百分表或电子位移计（测试桩沉降）等组成。为准确测量桩的沉降，消除相互干扰，要求有基准系统，其由基准桩、基准梁组成，且保证在试桩、锚桩（或压重平台支墩）和基准桩相互之间有足够的距离，一般应大于 4 倍桩直径（对压重平台反力装置应大于 2m）。

静载荷试验的加载方式，应按慢速维持荷载法。加荷分级不应小于 8 级，每级加载量宜为预估极限荷载的 1/8～1/10。每级加载后，每第 5min、10min、15min 时各测读沉降一次，以后每隔 15min 读一次，累计一小时后每隔半小时读一次。在每级荷载作用下，桩的沉降

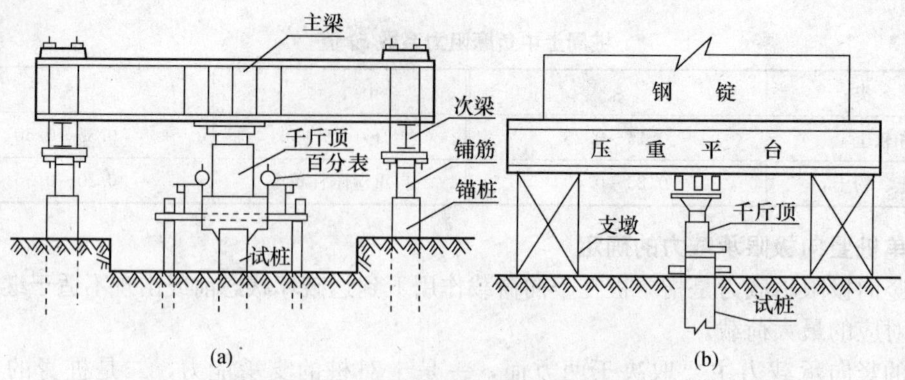

图 11-12 单桩静荷载试验的装置
(a) 锚桩横梁反力装置；(b) 压重反力装置

量连续两次在每小时内小于 0.1mm 时可视为稳定。符合下列条件之一时可终止加载：

(1) 荷载—沉降（Q-s）曲线上有可判定极限承载力的陡降段，且桩顶总沉降量超过 40mm。

(2) $\Delta_{sn}/\Delta_{sn+1}\geqslant 2$，且经 24 小时尚未达到稳定。

(3) 25m 以上的非嵌岩桩，Q-s 曲线呈缓变型时，桩顶总沉降量大于 60～80mm。

(4) 在特殊条件下，可根据具体要求加载至桩顶总沉降量大于 100mm。

(5) 桩顶加载达到设计规定的最大加载量。

(6) 已达锚桩最大抗拔力或压重平台的最大重力。

这里 Δ_{sn} 为第 n 级荷载的沉降增量；Δ_{sn+1} 为第 $n+1$ 级荷载的沉降增量。桩底支承在坚硬岩（土）层上，桩的沉降量很小时，最大加载量不应小于设计荷载的两倍。

终止加载后进行卸载，每级基本卸载量按每级基本加载量的 2 倍控制，并按 15，30，60min 测读回弹量，然后进行下一级的卸载。全部卸载后，隔 3～4h 再测回弹量一次。

2. 试验成果与极限承载力的确定

静载试验测试结果一般可整理成 Q-s、s-lg$t$ 等曲线。Q-s 曲线表示桩顶荷载与沉降关系，如图 11-13 所示。s-lg$t$ 曲线表示对应荷载下沉降随时间变化关系，如图 11-14 所示。

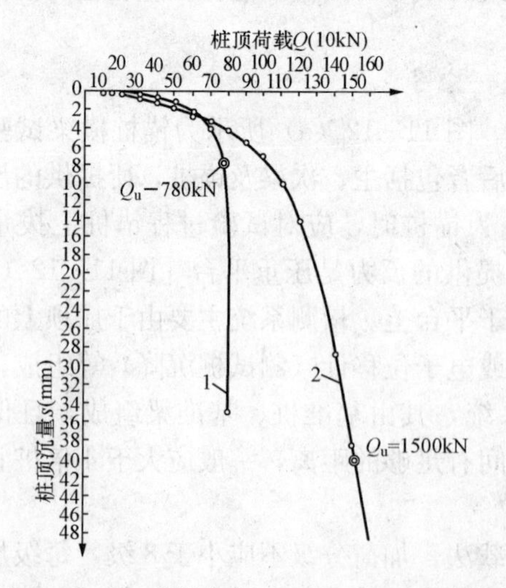

图 11-13 单桩荷载—沉降（Q-s）曲线

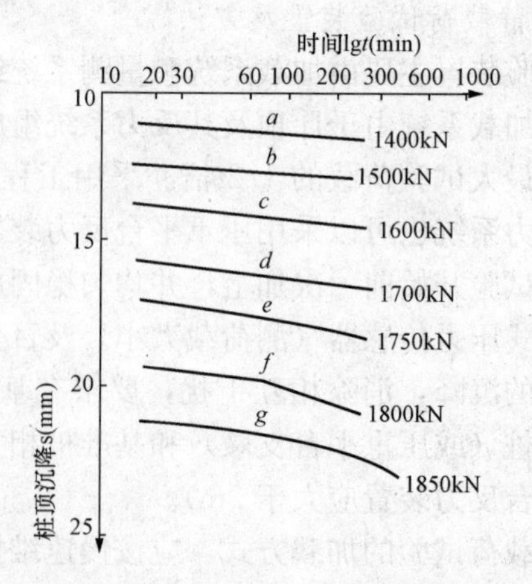

图 11-14 单桩沉降 s-lg$t$ 曲线

根据 Q-s 曲线和 s-$\lg t$ 曲线可确定单桩极限承载力 Q_u。陡降型 Q-s 曲线发生明显陡降的起始点对应的荷载或 s-$\lg t$ 曲线尾部明显向下弯曲以及符合终止加载条件第二款情况的前一级荷载值即为单桩极限承载力。Q-s 曲线呈缓变型时，取桩顶总沉降量 s=40mm 所对应的荷载值，当桩长大于 40m 时，宜考虑桩身的弹性压缩。

按有关统计方法，各试桩其极差不超过平均值的 30%时，可取其平均值为单桩竖向极限承载力。极差超过平均值的 30%时，宜增加试桩数量并分析极差过大的原因，结合工程具体情况确定极限承载力。

（二）静力触探法

根据静力触探资料，混凝土预制桩单桩极限承载力标准值 Q_{uk} 可按下式计算

$$Q_{uk}=Q_{sk}+Q_{pk} \tag{11-6}$$

式中 Q_{sk}，Q_{pk}——单桩总极限侧阻力标准值和总极限端阻力标准值，可按单桥探头或双桥探头静力触探资料进行计算。

根据单桥静力触探资料

$$Q_{uk}=u\sum q_{sik}l_i+\alpha_p p_{sk}A_p \tag{11-7}$$

式中 u——桩身周长；

q_{sik}——用静力触探比贯入阻力值估算的桩周第 i 层土的极限侧阻力标准值；

l_i——桩穿越第 i 层土的厚度；

α_p——桩端阻力修正系数，桩入土深度小于 15m 时取 0.75，大于 15m 小于 30m 取 0.75～0.9，大于 30m 小于 60m 取 0.9；

A_p——桩端面积；

p_{sk}——桩端附近的静力触探比贯入阻力标准值（平均值）。

根据双桥静力触探资料

$$Q_{uk}=u\sum\beta_i f_{si}l_i+aq_cA_p \tag{11-8}$$

式中 f_{si}——第 i 层土的探头平均侧阻力；

q_c——桩端平面上、下探头阻力，取桩端平面以上 $4d$（d 为桩的直径或边长）范围内按土层厚度的探头阻力加权平均值，然后再和桩端平面以下 $1d$ 范围内的探头阻力进行平均；

a——桩端阻力修正系数，对粘性土、粉土取 2/3，饱和砂土取 1/2；

β_i——第 i 层土桩侧阻力综合修正系数，按下式计算：粘性土、粉土：$\beta_i=10.04(f_{si})^{-0.55}$；砂土：$\beta_i=5.05(f_{si})^{-0.45}$。

（三）经验参数法

通过经验参数法确定的单桩极限承载力标准值由总桩侧摩阻力和总桩端阻力组成，即

$$Q_{uk}=Q_{sk}+Q_{pk}=u\sum q_{sik}l_i+q_{pk}A_p \tag{11-9}$$

式中 q_{sik}，q_{pk}——桩侧第 i 层土的极限侧阻力标准值和桩的极限端阻力标准值，一般按地区经验确定，当无地区经验时，按表 11-4 和表 11-5 取值。

对于大直径桩（d>800mm），当根据土的物理指标与承载力参数之间的经验关系确定单桩竖向极限承载力标准值时，则应考虑桩侧阻、端阻的尺寸效应系数，并按下式计算，即

表 11-4　　桩的极限侧阻力标准值 q_{sik}　　kPa

土的名称	土的状态		混凝土预制桩	泥浆护壁钻（冲）孔桩	干作业钻孔桩
填土	—		22～30	20～28	20～28
淤泥	—		14～20	12～18	12～18
淤泥质土	—		22～30	20～28	20～28
粘性土	流塑	$I_L>1$	24～40	21～38	21～38
	软塑	$0.75<I_L\leqslant 1$	40～55	38～53	38～53
	可塑	$0.50<I_L\leqslant 0.75$	55～70	53～68	53～66
	硬可塑	$0.25<I_L\leqslant 0.50$	70～86	68～84	66～82
	硬塑	$0<I_L\leqslant 0.25$	86～98	84～96	82～94
	坚硬	$I_L\leqslant 0$	98～105	96～102	94～104
红粘土	$0.7<a_W\leqslant 1.0$		13～32	12～30	12～30
	$0.5<a_W\leqslant 0.7$		32～74	30～70	30～70
粉土	稍密	$e>0.9$	26～46	24～42	24～42
	中密	$0.75\leqslant e\leqslant 0.9$	46～66	42～62	42～62
	密实	$e<0.75$	66～88	62～82	62～82
粉细砂	稍密	$10<N\leqslant 15$	24～48	22～46	22～46
	中密	$15<N\leqslant 30$	48～66	46～64	46～64
	密实	$N>30$	66～88	64～86	64～86
中砂	中密	$15<N\leqslant 30$	54～74	53～72	53～72
	密实	$N>30$	74～95	72～94	72～94
粗砂	中密	$15<N\leqslant 30$	74～95	74～95	76～98
	密实	$N>30$	95～116	95～116	98～120
砾砂	稍密	$5<N_{63.5}\leqslant 15$	70～110	50～90	60～100
	中密（密实）	$N_{63.5}>15$	116～138	116～130	112～130
圆砾、角砾	中密、密实	$N_{63.5}>10$	160～200	135～150	135～150
碎石、卵石	中密、密实	$N_{63.5}>10$	200～300	140～170	150～170
全风化软质岩	—	$30<N\leqslant 50$	100～120	80～100	80～100
全风化软质硬岩	—	$30<N\leqslant 50$	140～160	120～140	120～150
强风化软质岩	—	$N_{63.5}>10$	160～240	140～200	140～220
强风化软质岩	—	$N_{63.5}>10$	220～300	160～240	160～260

注　1. 对于还未完成自重固结的填土和以生活垃圾为主的杂填土，不计算其侧阻力。

2. a_W 为含水比，$a_W=w/w_L$，w 为土的天然含水量，w_L 为土的液限。

3. N 为标准贯入击数；$N_{63.5}$ 为重型圆锥动力触探击数。

表 11-5 **桩的极限端阻力标准值 q_{pk}** kPa

土的名称	土的状态	桩型	预制桩桩长(m)				泥浆护壁钻(冲)孔桩桩长(m)				干作业钻孔桩桩长(m)		
			$l\leqslant 9$	$9<l\leqslant 16$	$16<l\leqslant 30$	$l>30$	$5\leqslant l<10$	$10\leqslant l<15$	$15\leqslant l<30$	$l\geqslant 30$	$5\leqslant l<10$	$10\leqslant l<15$	$l\geqslant 15$
粘性土	软塑	$0.75<I_L\leqslant 1$	210～850	650～1400	1200～1800	1300～1900	150～250	250～300	300～450	300～450	200～400	400～700	700～950
	可塑	$0.50<I_L\leqslant 0.75$	850～1700	1400～2200	1900～2800	2300～3600	350～450	450～600	600～750	750～800	500～700	800～1100	1000～1600
	硬可塑	$0.25<I_L\leqslant 0.50$	1500～2300	2300～3300	2700～3600	3600～4400	800～900	900～1000	1000～1200	1200～1400	850～1100	1500～1700	1700～1900
	硬塑	$0<I_L\leqslant 0.25$	2500～3800	3800～5500	5500～6000	6000～6800	1100～1200	1200～1400	1400～1600	1600～1800	1600～1800	2200～2400	2600～2800
粉土	中密	$0.75\leqslant e\leqslant 0.9$	950～1700	1400～2100	1900～2700	2500～3400	300～500	500～650	650～750	750～850	800～1200	1200～1400	1400～1600
	密实	$e<0.75$	1500～2600	2100～3000	2700～3600	3600～4400	650～900	750～950	900～1100	1100～1200	1200～1700	1400～1900	1600～2100
粉砂	稍密	$10<N\leqslant 15$	1000～1600	1500～2300	1900～2700	2100～3000	350～500	450～600	600～700	650～750	500～950	1300～1600	1500～1700
	中密、密实	$N>15$	1400～2200	2100～3000	3000～4500	3800～5500	600～750	750～900	900～1100	1100～1200	900～1000	1700～1900	1700～1900
细砂	中密、密实	$N>15$	2500～4000	3600～5000	4400～6000	5300～7000	650～850	900～1200	1200～1500	1500～1800	1200～1600	2000～2400	2400～2700
中砂			4000～6000	5500～7000	6500～8000	7500～9000	850～1050	1100～1500	1500～1900	1900～2100	1800～2400	2800～3800	3600～4400
粗砂			5700～7500	7500～8500	8500～10000	9500～11000	1500～1800	2100～2400	2400～2600	2600～2800	2900～3600	4000～4600	4600～5200
砾砂	中密、密实	$N>15$	6000～9500		9000～10500		1400～2000		2000～3200		3500～5000		
角砾、圆砾		$N_{63.5}>10$	7000～10000		9500～11500		1800～2200		2200～3600		4000～5500		
碎石、卵石		$N_{63.5}>10$	8000～11000		10500～13000		2000～3000		3000～4000		4500～6500		
全风化软质岩		$30<N\leqslant 50$	4000～6000				1000～1600				1200～2000		
全风化硬质软岩		$30<N\leqslant 50$	5000～8000				1200～2000				1400～2400		
强风化软质岩		$N_{63.5}>10$	6000～9000				1400～2200				1600～2600		
强风化硬质岩		$N_{63.5}>10$	7000～11000				1800～2800				2000～3000		

注 1. 砂土和碎石类土中桩的极限端阻力取值，要综合考虑土的密实度，桩端进入持力层的深度比 h_b/d，土越密实，h_b/d 越大，取值越高。

2. 预制桩的岩石极限端阻力指桩端支撑于中、微风化基岩表面或进入强风化岩、软质岩一定深度条件下极限端阻力。

3. 全风化、强风化软质岩和全风化、强风化硬质岩指其母岩分别为 $f_{rk}\leqslant 15$MPa、$f_{rk}>30$MPa 的岩石。

$$Q_{uk}=Q_{sk}+Q_{pk}=u\sum\psi_{si}q_{sik}l_i+\psi_p q_{pk}A_p \quad (11-10)$$

式中 q_{sik}——桩侧第 i 层土的极限侧阻力标准值，如无当地经验值时，可按表 11-4 取值，对于扩底桩变截面以下不计侧阻力；

q_{pk}——桩径为 800mm 的极限端阻力标准值，可采用深层载荷板试验取得；当不能进行深层载荷板试验时，可采用当地经验值或按表 11-5 取值，对于干作业（清底干净）可按表 11-6 取值；

ψ_{si}、ψ_p——大直径桩侧阻尺寸效应系数、端阻尺寸效应系数，可按表 11-7 取值。

表 11-6　干作业挖空桩（清底干净 D=0.8m）极限端阻力标准值 q_{pk}　kPa

土的名称		状态		
粘性土		$0.25<I_L\leqslant0.75$	$0<I_L\leqslant0.25$	$I_L\leqslant0$
		800～1800	1800～2400	2400～3000
粉土		$0.75\leqslant e\leqslant0.9$	$e<0.75$	
		1000～1500	1500～2000	
砂土、碎石类土	分类	稍密	中密	密实
	粉砂	500～700	800～1100	1200～2000
	细砂	700～1100	1200～1800	2000～2500
	中砂	1000～2000	2200～3200	3500～5000
	粗砂	1200～2200	2500～3500	4000～5500
	砾砂	1400～2400	2600～4000	5000～7000
	圆砾、角砾	1600～3000	3200～5000	6000～9000
	卵石、碎石	2000～3000	3300～5000	7000～11 000

表 11-7　大直径灌注桩桩侧阻、端阻尺寸效应系数 ψ_{si} 和 ψ_p

土的类型	粘性土、粉土	砂土、碎石类土
ψ_{si}	$(0.8/d)^{1/5}$	$(0.8/d)^{1/3}$
ψ_p	$(0.8/D)^{1/4}$	$(0.8/D)^{1/3}$

注　当为等直径桩时 $d=D$。

（四）混凝土空心桩

混凝土敞口管桩单桩竖向承载力与实心混凝土预制桩不同的是存在桩端土塞效应。沉桩过程中，桩端部分土将涌入管内形成“土塞”，土塞高度及闭塞效果随土性、管径、壁厚、桩进入持力层深度等诸多因素影响而变化。桩端土闭塞程度直接影响桩的承载力性状，即土塞效应。混凝土敞口管桩端阻力包括管壁端部端阻力和敞口部分端阻力，后者桩端土塞效应系数 λ_p。

$$Q=Q_{sk}+Q_{pk}=u\sum q_{sik}l_i+\lambda_p q_{pk}(A_j+A_{p1}) \quad (11-11)$$

式中 A_j、A_{p1}——空心桩桩端净面积和敞口面积；

λ_p——桩端土赛效应系数，当 $h_b/d<5$ 时，$\lambda_p=0.16h_b/d$；当 $h_b/d\geqslant5$ 时，$\lambda_p=0.8$。

（五）嵌岩桩

嵌岩桩极限承载力由桩周土总侧力 Q_{sk}、嵌岩段总侧阻力 Q_{rk} 和总端阻力 Q_{pk} 三部分组成。嵌岩段桩的极限侧阻力大小与岩性、桩体材料和成桩清孔情况有关，可用嵌岩段极限侧阻力 q_{rs} 和侧阻系数 $\zeta_s(=q_{rs}/f_{rk})$ 衡量，嵌岩桩端阻分担荷载随桩岩刚度比（E_p/E_r）和嵌岩深径比（h_r/d）的变化而不同，用端阻系数 $\zeta_p(=q_{rp}/f_{rk})$ 衡量。总的说来，岩石强度愈高，ζ_s 愈低；随 ζ_p 岩石饱和单轴抗压强度 f_{rk} 降低而增大，随嵌岩深度增加而减小，受清底情况影响较大。现行《建筑桩基技术规范》（JGJ 94—2008）采用嵌岩段总极限阻力简化计算，嵌岩段总极限阻力标准值可按如下简化公式计算

$$Q_{rk}=Q_{rs}+Q_{rp}=\zeta_r f_{rk}A_p \tag{11-12}$$

则桩端置于完整、较完整基岩的嵌岩桩的单桩竖向极限承载力，由桩端土总侧阻力和嵌岩段总极限阻力组成。当根据岩石单轴抗压强度确定单桩竖向极限承载力标准值时，可按下列公式计算

$$Q_{uk}=Q_{sk}+Q_{rk} \tag{11-13}$$

$$Q_{sk}=u\sum q_{sik}l_i \tag{11-14}$$

以上式中 ζ_r——嵌岩段侧阻和端阻综合系数，与嵌岩深径比 h_r/d、岩石软硬程度和成桩工艺有关，可查规范表采用；

f_{rk}——岩石饱和单轴抗压强度标准值，粘土岩取天然湿度单轴抗压强度标准值。

（六）后注浆灌注桩

后注浆灌注桩单桩极限承载力计算模式与普通灌注桩相同，区别在于侧阻力和端阻力乘以增强系数 β_{si} 和 β_p。β_{si} 和 β_p 总的变化规律是：端阻的增幅高于侧阻，粗粒土的增幅高于细粒土。桩端、桩侧复式注浆高于桩端、桩侧单一注浆。这是由于端阻受沉渣影响敏感，经后注浆后沉渣得到加固且桩端有扩底效应，桩端沉渣和土的加固效应强于桩侧泥皮的加固效应；粗粒土是渗透注浆，细粒土是劈裂注浆，前者的加固效应强于后者。

后注浆单桩极限承载力标准值可按下式估算

$$Q_{uk}=Q_{sk}+Q_{gsk}+Q_{gpk}=u\sum q_{sjk}l_j+u\sum\beta_{si}q_{sik}l_i+\beta_p q_{pk}A_p$$

三、单桩竖向承载力特征值的确定

单桩竖向承载力特征值 Ra 按下式确定

$$Ra=\frac{1}{K}Q_{uk} \tag{11-15}$$

式中 Q_{uk}——单桩竖向极限承载力标准值；

K——安全系数，取 $K=2$。

11-4 桩基竖向承载力计算

一、群桩效应

所谓群桩效应，是指群桩基础受竖向荷载作用后，相比由于承台、桩、地基土的相互作用，使其桩端阻力、桩侧阻力、沉降等性状发生变化而与单桩有明显不同，群桩承载力往往不等于各单桩承载力之和。群桩效应受土性、桩距、桩数、桩的长径比、桩长与承台宽度比、成桩类型和排列方式等多个因素的影响而变化。

1. 端承型群桩基础

对于端承型群桩基础，由于持力层坚硬，压缩性很低，桩顶沉降较小，桩侧摩阻力不易发挥，桩顶荷载基本上通过桩身直接传到桩端处土层上（图 11 - 15）。桩端处压力较集中，各桩端的压力彼此互不影响，可近似认为端承型群桩基础中各基桩的工作性状与单桩基本一致，群桩基础的承载力即为单桩承载力之和。因此，端承型群桩基础无群桩效应。

2. 摩擦型群桩基础

对于摩擦型群桩基础，群桩主要通过每根桩侧的摩擦阻力将上部荷载传递到桩周及桩端土层中，且一般假定桩侧摩阻力在土中引起的附加应力按某一角度，沿桩长向下扩散分布，桩端平面处压力分布如图 11 - 16 中阴影部分所示。当桩数少，桩中心距 S_e 较大时（$S_e > 6d$），桩端平面处各桩传来的压力不重叠或重叠不多［图 11 - 16（a）］，此时群桩中各桩的工作情况与单桩一致，故群桩的承载力等于各单桩承载力之和，也无群桩效应可言。但当桩数较多，桩距较小时，桩端处地基中各桩传来的压力将相互重叠［图 11 - 16（b）］，桩端处压力比单桩时大得多，桩端以下压缩土层的影响深度也比单桩要大。此时群桩中各桩的工作状态与单桩不同，其承载力小于各单桩承载力之和，沉降量则大于单桩的沉降量。显然，若限制群桩的沉降量与单桩沉降量相同，则群桩中每一根桩的平均承载力就比单桩时要低。

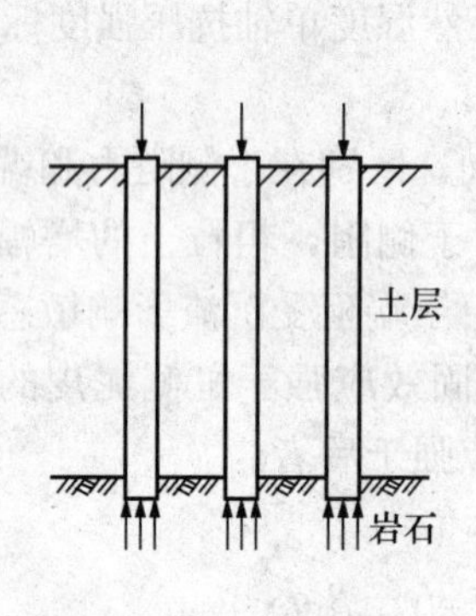

图 11 - 15 端承群桩

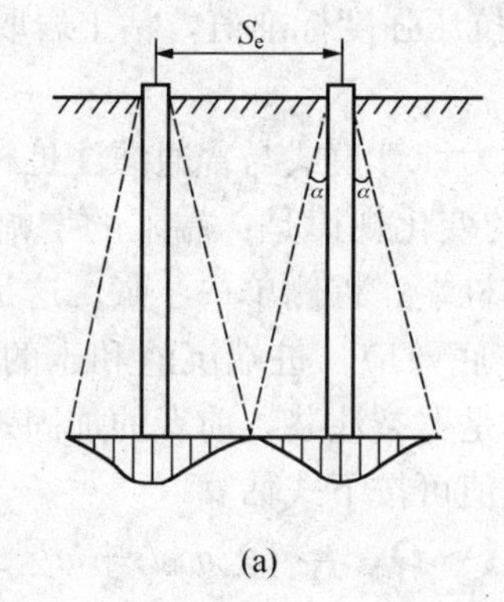

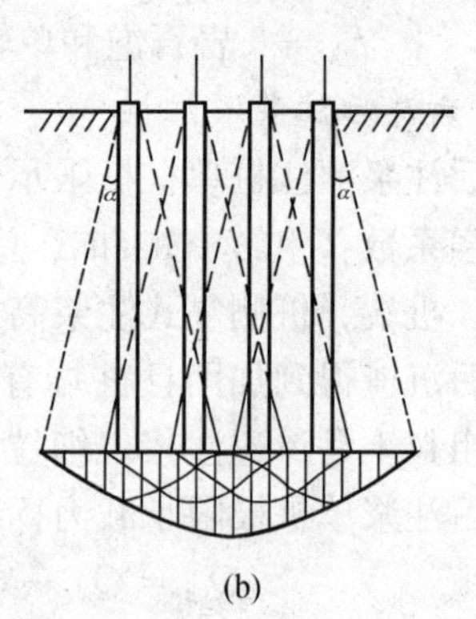

图 11 - 16 摩擦群桩桩端平面上的压力分布

3. 承台下土对荷载的分担作用

对于摩擦型桩基，在竖向荷载作用下发生沉降，承台底一般会受到土反力的作用，而使一部分荷载由承台下土来承担。传统的方法认为，荷载全部由桩承担，承台底地基土不分担荷载。这种考虑无疑是偏于安全的。近二十多年来的大量室内研究和现场实测表明：对于摩擦型桩基，除了承台底面存在几类特殊性质土层和动力作用的情况外，承台下的桩间土均参与承担部分外荷载，且承载的比例随桩距的增大而增大。

显然承台下桩间土的承载能力决定于桩和桩间土的刚度，而先决条件是承台底面必须与土保持接触而不能脱开。根据实际工程观测，在下列一些条件下，将出现地基土与承台脱空的现象：

（1）承受经常出现的动力作用，如铁路桥梁的桩基。

（2）承台下存在可能产生负摩阻力的土层，如湿陷性黄土、欠固结上、新填土、高灵敏度软土以及可液化土；或由于降水地基土固结而与承台脱开。

（3）在饱和软土中沉入密集桩群，引起超静孔隙水压力和土体隆起，随着时间推移，桩间土逐渐固结下沉而与承台脱离。

显然在上述这些情况下，不能考虑承台下土对荷载的分担效应。而对于那些建在一般土层上，桩长较短而桩距较大，或承台外区（桩群外包络线以外范围）面积较大的桩基，承台下桩间土对荷载的分担效应则较显著。

就实际工程而言，桩所穿越的土层往往是两种以上性质不同的土层，且水平向变化不均，分别考虑由于群桩效应引起桩侧和桩端阻力的变化过于繁琐，新的《建筑桩基技术规范》(JGJ 94—2008) 将桩侧和桩端的群桩效应不予考虑，而只考虑承台底土的分担作用。

二、桩基竖向承载力计算

（一）基桩或复合基桩竖向承载力特征值

对于端承型桩基、桩数少于 4 根的摩擦型桩基以及由于地层土性、使用条件等因素不宜考虑承台效应时，基桩竖向承载力特征值取单桩竖向承载力特征值，即

$$R = R_a \tag{11-16}$$

对于下列情况，宜考虑承台下土的分担作用：

(1) 上部结构整体刚度较好、体形简单的建（构）筑物，如独立剪力墙结构、钢筋混凝土筒仓等；

(2) 对差异沉降适应性较强的排架结构和柔性构筑物；

(3) 按变刚度调平原则设计的桩基刚度相对弱化区；

(4) 软土地基的减沉复合疏桩基础。

引入承台效应系数，复合基桩竖向承载力特征值

$$R = R_a + \eta_c f_{ak} A_c \tag{11-17}$$

式中 η_c——承台效应系数，见表 11-8；

f_{ak}——承台下 1/2 承台宽度且不超过 5m 深度范围内各层土的地基承载力特征值的加权平均值；

A_c——计算桩基所对应的承台底的净面积，$A_c=(A-nA_p)/n$，A_p 为桩截面面积，对于柱下独立桩基，A 为全承台面积，对于桩筏基础，A 为柱、墙筏板的 1/2 跨距和悬臂边 2.5 倍筏板厚度所围成的面积，桩集中布置于单片墙下的桩筏基础，取墙两边 1/2 跨距围成的面积，按条基承台计算 η_c。

当承台底存在可液化土、湿陷性黄土、高灵敏度软土、欠固结土、新填土时，沉桩引起超孔隙水压力和土体隆起时，承台与其下的地基土可能脱开，因此不考虑承台效应，$\eta_c=0$。

表 11-8　承台效应系数 η_c

B_c/l \ s_a/d	3	4	5	6	>6
≤0.4	0.06～0.08	0.14～0.17	0.22～0.26	0.32～0.38	0.50～0.80
0.4～0.8	0.08～0.10	0.17～0.20	0.26～0.30	0.38～0.44	
>0.8	0.10～0.12	0.20～0.22	0.30～0.34	0.44～0.50	
单排桩条形承台	0.15～0.18	0.25～0.30	0.38～0.45	0.50～0.60	

注　1. 表中 s_a/d 为桩中心距与桩径之比；B_c/l 为承台宽度与桩长之比。当桩为非正方形排列时，$s_a=\sqrt{A/n}$，A 为计算区域承台面积，n 为总桩数。

2. 对于饱和粘性土中的挤土桩基、软土地基上的桩基承台，宜取低值的 0.8 倍。

（二）桩基竖向承载力验算

在初步确定桩数和布桩之后，应验算群桩中各桩所受到荷载是否超过基桩承载力特征值。桩顶荷载计算时假设承台为绝对刚性，桩身压缩变形在线弹性范围内，因此，可按材料力学方法计算。

1. 中心荷载下

单桩受力

$$N_{\mathrm{k}}=\frac{F_{\mathrm{k}}+G_{\mathrm{k}}}{n} \tag{11-18}$$

设计要求

$$N_{\mathrm{k}}\leqslant R \tag{11-19}$$

2. 偏心荷载下

各桩受力

$$N_{i\mathrm{k}}=\frac{F_{\mathrm{k}}+G_{\mathrm{k}}}{n}\pm\frac{M_{\mathrm{k}x}y_i}{\sum y_i^2}\pm\frac{M_{\mathrm{k}y}x_i}{\sum x_i^{\ 2}} \tag{11-20}$$

设计要求

$$\begin{cases}N_{\mathrm{kmax}}\leqslant 1.2R\\ N_{\mathrm{k}}\leqslant R\end{cases} \tag{11-21}$$

以上式中 N_{k}，$N_{i\mathrm{k}}$和N_{kmax}——荷载效应标准组合下，作用于基桩或复合基桩顶的竖向力；

F_{k}——荷载效应标准组合下，作用于承台顶面的竖向力；

$M_{\mathrm{k}x}$，$M_{\mathrm{k}y}$——荷载效应标准组合下，作用于承台底面通过桩群形心的 x、y 轴的力矩；

G_{k}——桩基承台及其上覆土重标准值，对稳定水位以下部分应扣除水的浮力；

x_i，y_i——第 i 基桩或复合基桩至 y 轴、x 轴的距离；

n——桩数；

R——基桩竖向承载力特征值。

三、软弱下卧层验算

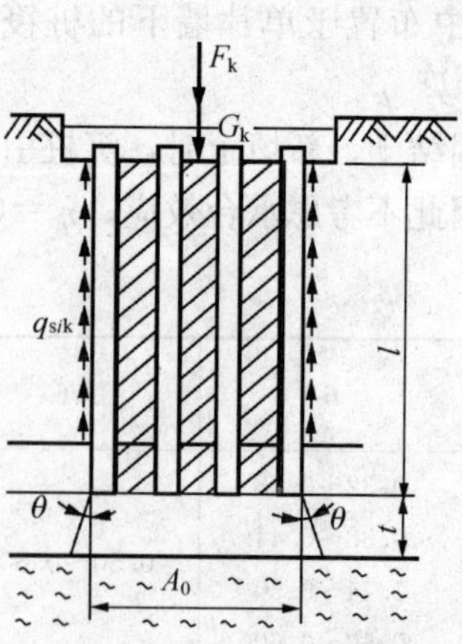

当桩端持力层厚度有限，且桩端平面以下软弱土层承载力与桩端持力层承载力相差过大，如果桩长较小，桩距较小，桩基类似实体墩基础，可能引起桩端持力层发生冲切破坏，如图 11 - 17 所示。

图 11 - 17 群桩基础软弱下卧层承载力验算

为防止上述情况的发生，应验算软弱下卧层的承载力，要求桩端平面下冲剪锥体底面应力设计值不超过下卧层的承载力特征值。

对于桩距 $s_{\mathrm{a}}\leqslant 6d$ 的群桩基础，持力层下存在承载力低于桩端持力层 1/3 的软弱下卧层时，可按下式验算软弱下卧层的承载力

$$\sigma_z+\sigma_{cz}\leqslant f_{az} \tag{11-22}$$

$$\sigma_z = \frac{F_k + G_k - 3/2(A_0 + B_0)\sum q_{sik} l_i}{(A_0 + 2t \cdot \tan\theta)(B_0 + 2t \cdot \tan\theta)} \tag{11-23}$$

式中 F_k，G_k——建筑物作用于承台顶面的竖向力设计值和承台及承台上土自重设计值；

σ_{cz}——软弱下卧层顶面深度处土的有效自重应力；

σ_z——作用于软弱下卧层顶面的附加应力；

f_{az}——软弱下卧层经深度修正的地基承载力特征值，深度修正系数取1.0；

q_{sik}——桩侧第 i 层土极限侧阻力标准值；

A_0，B_0——桩群外缘矩形面积的长、短边长；

t——坚硬持力层厚度；

θ——桩端硬持力层压力扩散角，按表11-9取值。

表11-9　桩端硬持力层压力扩散角 θ 值

E_{s1}/E_{s2}	t/B_0		E_{s1}/E_{s2}	t/B_0	
	0.25	≥0.50		0.25	≥0.50
1	4°	12°	5	10°	25°
3	6°	23°	10	20°	30°

注 1. E_{s1}、E_{s2} 为硬持力层、软弱下卧层的压缩模量；

2. 当 $t<0.25B_0$ 时，取 $\theta=0°$。必要时试验确定；t 介于 $0.25B_0$ 和 $0.5B_0$ 之间，可内插取值。

实际工程中持力层以下存在相对软弱土层是常见现象，只有当桩长较小、强度相差过大时才有必要验算。因桩长很大时，桩侧阻力的扩散效应显著，传递到软弱层的应力较小，不致引起下卧层破坏。而下卧层地基承载力与桩端持力层差异过小，土体的塑性挤出和失稳一般也不会出现。

四、桩身承载力计算

在桩基设计中，应使桩身受压承载力的安全系数高于桩周土的支承阻力所确定的单桩承载力安全系数（$K=2$）。同时，应考虑桩顶 $5d$ 范围箍筋加密情况下桩身纵向主筋的作用和影响混凝土受压承载力的成桩工艺系数 ψ_c。钢筋混凝土轴心受压桩正截面受压承载力应符合：

（1）当桩顶以下 $5d$ 范围桩身螺旋式箍筋间距不大于100mm，且满足一定构造要求（参见相关规范）时

$$N \leqslant \psi_c f_c A_{ps} + 0.9 f'_y A'_s \tag{11-24}$$

（2）当桩身配筋不符合上述要求时

$$N \leqslant \psi_c f_c A_{ps} \tag{11-25}$$

式中 N——荷载效应基本组合下桩顶轴向压力设计值；

ψ_c——基桩成桩工艺系数，按相关规范规定取值；

f_c、f'_y——混凝土轴向抗压强度设计值和纵向主筋抗压强度设计值；

A_{ps}、A'_s——桩身截面面积和纵向主筋截面面积。

【例11-1】 某柱下独立建筑桩基，采用400×400mm预制桩，桩长16m。建筑桩基设计等级为乙级，传至地表的竖向荷载标准值为 $F_k=4400\text{kN}$，$M_{ky}=800\text{kN}\cdot\text{m}$，地基土为软土，其余计算条件如图11-18所示。试验算基桩的承载力是否满足要求。

解 基础为偏心荷载作用的桩基础，承台面积为 $A=3\times4=12\text{ m}^2$，承台底面距地面的

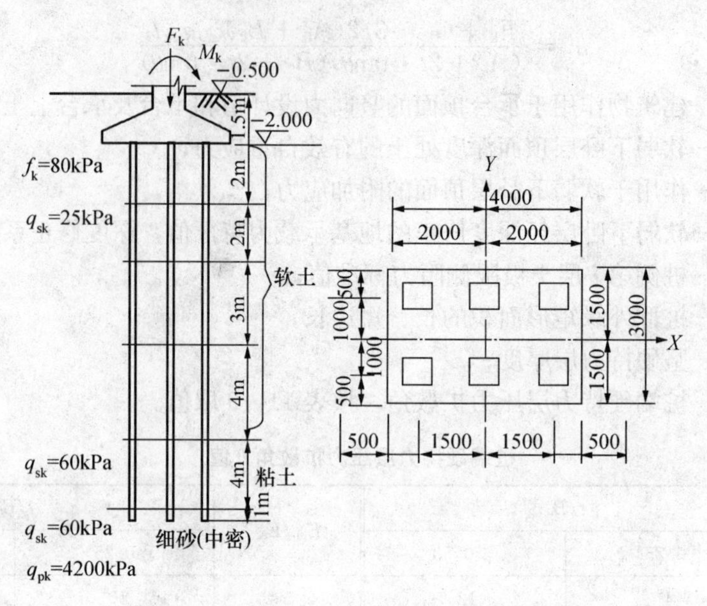

图 11-18 [例 11-1] 图

埋置深度为 $\overline{d}=1.5\text{m}$。

(1) 基桩顶荷载标准值计算。

$$N_k=\frac{F_k+G_k}{n}=\frac{F_k+\gamma_G A\overline{d}}{n}=\frac{4400+20\times12\times1.5}{6}=793\text{kN}$$

$$\begin{matrix}N_{kmax}\\N_{kmin}\end{matrix}=\frac{F_k+G_k}{n}\pm\frac{M_k x_{max}}{\sum x_i^2}=793\pm\frac{800\times1.5}{4\times1.5^2}=793\pm133=\begin{matrix}926\\660\end{matrix}\text{kN}$$

(2) 复合基桩竖向承载力特征值计算。

按规范推荐的经验参数法计算单桩极限承载力标准值。

桩周长 $u=0.4\times4=1.6\text{m}$；桩截面面积 $A_p=0.4^2=0.16\text{m}^2$。软土层、粘土层和细砂层桩极限侧阻力标准值分别为 $q_{sk}=25\text{kPa}$，60kPa，60kPa。细砂层中桩端极限端阻力 $q_{pk}=4200\text{kPa}$。

单桩极限承载力标准值为

$$\begin{aligned}Q_{uk}&=Q_{sk}+Q_{pk}=u\sum l_i q_{ski}+A_p q_{pk}\\&=1.6\times(25\times11.0+60\times4.0+60\times1.0)+0.16\times4200\\&=1592\text{kN}\end{aligned}$$

复合基桩承载力特征值计算时考虑承台效应。

$$R=R_a+\eta_c f_{ak}A_c=\frac{Q_{uk}}{2}+\eta_c f_{ak}A_c$$

计算承台效应系数 η_c

$$s_a=\sqrt{\frac{A}{n}}=\sqrt{\frac{12}{6}}=1.41\text{m}$$

$$B_c/l=3.0/16=0.19$$

$$s_a/d=1.41/0.4=3.53$$

查表 11-8 得 η_c 取 0.1，对于软土地基上的桩基，还应乘以 0.8，即 η_c 取 0.1×

0.8=0.08。

$$A_c = \frac{A - nA_p}{n} = \frac{12 - 6 \times 0.16}{6} = 1.84\text{m}^2$$

$$R = \frac{Q_{uk}}{2} + \eta_c f_{ak} A_c = \frac{1592}{2} + 0.08 \times 80 \times 1.84 = 808\text{kN}$$

(3) 桩基承载力验算。

$$N_k = 793\text{kN} < R = 808\text{kN}$$

$$N_{kmax} = 926\text{kN} < 1.2R = 969\text{kN}$$

承载力满足要求。

11-5 桩基础的沉降计算

当桩基础的桩端下存在软弱土，或建筑物的安全等级较高的情况下，桩基除满足承载力要求外，尚应进行变形验算。

等代墩基的分层总和法是计算桩基变形的一种常用方法。该方法忽略桩、桩间土和承台构成的实体墩基变形，不考虑桩基侧面应力扩散作用，认为桩基础沉降只是由桩端平面以下各土层的压缩变形构成。土层中附加应力计算有两种方法，一种是荷载作用于弹性半空间表面情况下的布辛奈斯克（Boussinesq）解，一种是荷载作用于半无限体内任一点的明德林（Mindlin）解。工程实践证明，明德林解计算桩基沉降较布辛奈斯克解更符合实际。但由于计算方法的复杂性，明德林解一直未能得到推广应用。等代墩基法由于计算简单易为工程技术人员接受，如将明德林解与等代墩基法的布辛奈斯克解之间建立关系，引入等效沉降系数以反映两者之间的关系，既保留了等代墩基法的优点，使计算简便，易于接受，又考虑明德林解的合理性。因此，桩基规范推荐了等效作用分层总和法作为计算桩基沉降的方法。

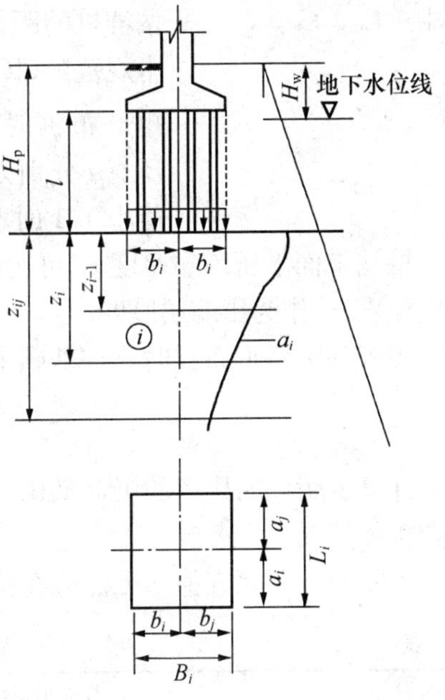

等效作用分层总和法的计算模式如图 11-19 所示。等效作用面位于桩端平面，面积为桩承台的投影面积，桩端平面的附加压力近似取承台底附加压力，桩端平面以下地基附加应力按布辛奈斯克解计算。

图 11-19 桩基础沉降计算示意图

桩基任一点的最终沉降量表达式为

$$s = \psi \cdot \psi_e \cdot \sum_{j=1}^{m} p_{0j} \sum_{i=1}^{n} \frac{z_{ij}\bar{\alpha}_{ij} - z_{(i-1)j}\bar{\alpha}_{(i-1)j}}{E_{si}} \tag{11-26}$$

式中 ψ——桩基沉降计算经验系数，当无当地经验时可按表 11-10 规定选取；

ψ_e——桩基等效沉降系数。定义为群桩基础按明德林解计算沉降量 s_M 与布氏解计算沉降 s_B 之比，$\psi_e = \frac{s_M}{s_B}$，可按式（11-27）简化计算；

m——角点法计算对应的矩形荷载分块数；

n——桩基沉降计算深度范围内划分的土层数；

p_{0j}——角点法计算对应的第 j 块矩形底面长期效应组合的附加压力；

E_{si}——桩端平面以下第 i 层土的压缩模量；

z_{ij}，$z_{(i-1)j}$——桩端平面第 j 块荷载至第 i 层土、第 $i-1$ 层土底面的距离；

$\overline{\alpha}_{ij}$，$\overline{\alpha}_{(i-1)j}$——桩端平面第 j 块荷载至第 i 层土、第 $i-1$ 层土底面深度范围内的平均附加应力系数，可按《建筑地基基础设计规范》(GB 50007—2002) 附录 10 采用。

表 11-10　桩基沉降计算经验系数 ψ

$\overline{E}_s$ (MPa)	≤10	15	20	35	≥50
ψ	1.2	0.9	0.65	0.50	0.40

注　$\overline{E}_s$ 为沉降计算深度范围内压缩模量的当量值，可按下式计算：$\overline{E}_s=\frac{\sum A_i}{\sum \frac{A_i}{E_{si}}}$，式中 A_i 为第 i 层土附加压力系数沿土层厚度的积分值，可近似按分块面积计算。

桩基等效沉降系数，可按下列公式计算

$$\psi_e = C_0 + \frac{n_b - 1}{C_1(n_b - 1) + C_2} \tag{11-27}$$

式中　C_0，C_1，C_2——按群桩的距径比 s_a/d、长径 l/d 和承台长宽比 L_c/B_c《建筑桩基础技术规范》(JGJ 79—2002) 规范附表查出；

n_b——矩形布桩时短边布桩数，当布桩不规则时按 $n_b=\sqrt{nB_c/L_c}$ (L_c、B_c、n 分别为矩形承台的长、宽及总桩数) 近似计算，当 n_b 的计算值小于 1 时取 $n_b=1$。

桩端平面下压缩层厚度 z_n 可按应力比法确定。即取 $\sigma_z \leqslant 0.2\sigma_{cz}$ (σ_{cz} 为土的自重应力) 所对应深度 z_n 作为压缩层厚度。

当桩基为矩形布置时，桩基础中点沉降可按下列简化公式计算

$$S = 4\psi\psi_e p_0 \sum_{i=1}^{n} \frac{z_i \overline{\alpha}_i - z_{i-1}\overline{\alpha}_{i-1}}{E_{si}} \tag{11-28}$$

计算表明，明氏解的沉降量比布氏解的沉降量有大幅度的减小，实践经验表明，前者较符合实际情况。

桩基的变形允许值如无当地经验可按表 11-11 采用。

表 11-11　建筑物桩基的变形允许值

变形特征	容许值
砌体承重结构基础的局部倾斜	0.002
各类建筑相邻柱(墙)基的沉降差	
(1) 框架、框架—剪力墙、框架—核心筒结构	$0.002l_0$
(2) 砌体墙填充的边排柱	$0.0007l_0$
(3) 当基础不均匀沉降时不产生附件应力的结构	$0.005l_0$
单层排架结构(柱距为 6m)柱基的沉降量(mm)	120
桥式吊车轨面的倾斜(按不调整轨道考虑)	
纵向	0.004
横向	0.003

续表

变 形 特 征		容许值
多层和高层建筑基础的倾斜	$H_g \leqslant 24$	0.004
	$24 < H_g \leqslant 60$	0.003
	$60 < H_g \leqslant 100$	0.002 5
	$H_g > 100$	0.002
高耸结构桩基的整体倾斜	$H_g \leqslant 20$	0.008
	$20 < H_g \leqslant 50$	0.006
	$50 < H_g \leqslant 100$	0.005
	$100 < H_g \leqslant 150$	0.004
	$150 < H_g \leqslant 200$	0.003
	$200 < H_g \leqslant 250$	0.002
高耸结构基础的沉降量（mm）	$H_g \leqslant 100$	350
	$100 < H_g \leqslant 200$	250
	$200 < H_g \leqslant 250$	150
体形简单的剪力墙结构高层建筑桩基最大沉降量（mm）		200

注 l_0 为相邻柱基的中心距离（mm）；H_g 为自室外地面算起的建筑物的高度（m）。

11-6 单桩水平承载力

建筑工程中的桩基础大多以承受竖向荷载为主，但有些建（构）筑物可能还要承受风荷载、地震荷载、机械制动荷载、船舶撞击荷载或土压力、水压力等作用，尤其是桥梁工程中的桩基。因而，此类桩基础除了满足桩基的竖向承载力要求之外，还必须对桩基的水平承载力进行验算。

在水平荷载和弯矩作用下，桩身挠曲变形，并挤压桩侧土体，土体则对桩侧产生水平抗力，其大小和分布与桩的变形、土质条件以及桩的入土深度等因素有关。桩身的水平位移与土的变形相互协调，相应地桩身产生内力。随着位移和内力的增大，对于低配筋率的灌注桩而言，通常桩身首先出现裂缝，然后断裂破坏；对于抗弯性能好的混凝土预制桩，桩身虽未断裂，但桩侧土体明显开裂和隆起，桩的水平位移将超出建筑物容许变形值，使桩处于破坏状态。

影响桩水平承载力的因素很多，如桩的断面尺寸、刚度、材料强度、入土深度、间距、桩顶嵌固程度以及土质条件和上部结构的水平位移容许值等。

确定单桩水平承载力的方法，以水平静载荷试验最能反映实际情况，所得到的承载力和地基土水平抗力系数最符合实际情况，若预先埋设量测元件，还能反映出加荷过程中桩身截面的内力和位移。此外，也可采用理论计算，根据桩顶水平位移容许值，或材料强度、抗裂度验算等确定，还可参照当地经验加以确定。

一、水平受荷桩的分类

依据桩、土相对刚度的不同，水平荷载作用下的桩可分为：刚性桩、半刚性桩和柔性桩（图 11-20）。其划分界限不同的计算方法中有所不同，半刚性桩和柔性桩统称为弹性桩。当桩很短或桩周土很软弱时，桩、土的相对刚度很大，属刚性桩。刚性桩的破坏一般只发生于

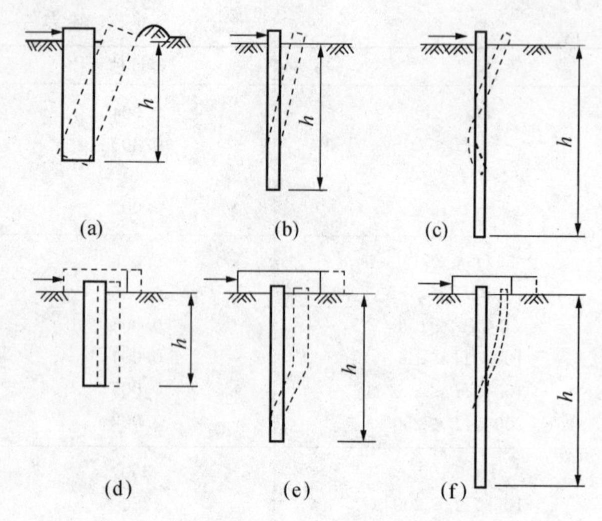

图 11-20 水平荷载作用下桩的破坏形状

(a)、(d) 刚性桩；(b)、(e) 半刚性桩；(c)、(f) 柔性桩

(a)、(b)、(c) 桩顶自由；(d)、(e)、(f) 桩顶嵌固

桩周土中，桩体本身不发生破坏。半刚性桩（中长桩）和柔性桩（长桩）的桩、土相对刚度较低，在水平荷载作用下桩身发生挠曲变形，桩的下段可视为嵌固于土中而不能转动，随着水平荷载的增大，当桩周土失去稳定、或桩身最大弯矩处（桩顶嵌固时可在嵌固处和桩身最大弯矩处）出现塑性屈服、或桩的水平位移过大时，弹性桩便趋于破坏。

二、水平荷载作用下弹性桩的计算简介

对于水平受荷桩除应进行水平承载力验算，还应满足桩身受弯承载力和受剪承载力的验算。因此，需要对水平受荷桩进行内力及变形的计算。

水平荷载作用下弹性桩的分析计算方法主要有地基反力系数法、弹性理论法和有限元法等。这里只介绍国内目前常用的地基反力系数法。地基反力系数法是应用文克尔（E Winlder, 1867）地基模型，把承受水平荷载的单桩视作弹性地基（由水平向弹簧组成）中的竖直梁，通过求解梁的挠曲微分方程来计算桩身的弯矩、剪力以及桩的水平承载力。

（一）基本假设

单桩承受水平荷载作用时，可把土体视为线性变形体，假定深度 z 处的水平抗力等于该点的水平抗力系数与该点的水平位移的乘积，即

$$\sigma_x = k_x x \qquad (11-29)$$

此时忽略桩土之间的摩阻力对水平抗力的影响以及邻桩的影响。地基水平抗力系数的分布和大小，将直接影响挠曲微分方程的求解和桩身截面内力的变化。图 11-21 表示地基反力系数法所假定的 4 种较为常用的 k_x 分布图式：

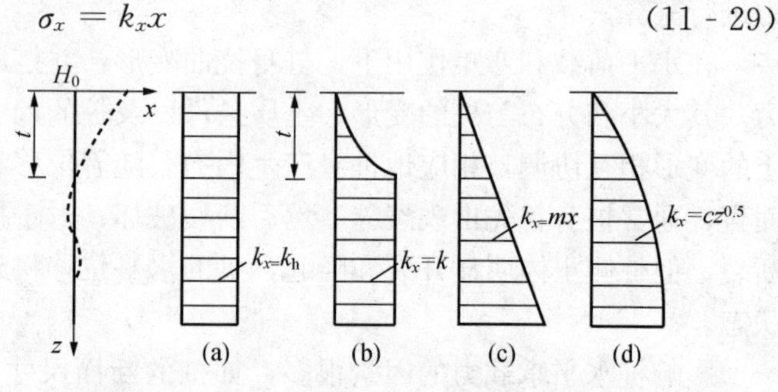

图 11-21 地基水平抗力系数的分布图式

(a) 常数法；(b)"k"法；(c)"m"法；(d)"c值"法

(1) 常数法：假定地基水平抗力系数沿深度为均匀分布，即是 $k_x = k_h$。这是我国学者张有龄在 20 世纪 30 年代提出的方法，日本等国常按此法计算，我国也常用此法来分析基坑支护结构。

(2)"k"法：假定在桩身第一挠曲零点（深度 t 处）以上按抛物线变化，以下为常数。

(3)"m"法：假定 k_x 随深度成正比地增加，即是 $k_x = mz$。我国铁道部门首先采用这一方法，近年来也在建筑工程和公路桥涵的桩基设计中逐渐推广。

(4)"c 值"法：假定 k_x 随深度按 $cz^{0.5}$ 的规律分布，即是 $k_x = cz^{0.5}$（c 为比例常数，随土类不同而异）。这是我国交通部门在试验研究的基础上提出的方法。

实测资料表明，m 法（当桩的水平位移较大时）和 c 值法（当桩的水平位移较小时）比较接近实际。本节只简单介绍 m 法。

按 m 法计算时，地基水平抗力系数的比例常数 m，如无试验资料，可参考表 11 - 12 所列数值。

表 11 - 12　　地基土水平抗力系数的比例常数 m

序号	地基土类别	预制桩、钢桩		灌注桩	
		m（MN/m^4）	相应单桩在地面处水平位移（mm）	m（MN/m^4）	相应单桩在地面处水平位移（mm）
1	淤泥、淤泥质土，饱和湿陷性黄土	2～4.5	10	2.5～6	6～12
2	流塑（$I_L>1$）、软塑（$0.75<I_L\leqslant1$）状粘性土，$e>0.9$ 粉土，松散粉细砂，松散、稍密填土	4.5～6.0	10	6～14	4～8
3	可塑（$0.25<I_L\leqslant0.75$）状粘性土、湿陷性黄土，$e=0.75\sim0.9$ 粉土，中密填土，稍密细砂	6.0～10	10	14～35	3～6
4	硬塑（$0<I_L\leqslant0.25$）、坚硬（$I_L\leqslant0$）状粘性土、湿陷性黄土，$e<0.75$ 粉土，中密中粗砂，密实老填土	10～22	10	35～100	2～5
5	中密、密实的砾砂，碎石类土	—	—	100～300	1.5～3

注　1. 当桩顶水平位移大于表列数值或当灌注桩配筋率校高（≥0.65%）时，m 值应当适当降低；当预制桩的水平位移小于 10mm 时，m 值可适当提高。
2. 当水平荷载为长期或经常出现的荷载时，应将表列数值乘以 0.4 降低采用。
3. 当地基为可液化土层时，表列数值尚应乘以土层液化影响折减系数。

（二）单桩内力计算简介

1. 确定桩顶荷载 N_{0k}、H_{0k}、M_{0k}

单桩的桩顶荷载可分别按下列各式确定

$$N_{0k}=\frac{F_k+G_k}{n}, H_{0k}=\frac{H_k}{n}, M_{0k}=\frac{M_k}{n} \tag{11 - 30}$$

式中　F_k、H_k、M_k——荷载效应标准组合下，作用于承台顶面的竖向力、水平力和弯矩；

n——同一承台中的桩数；

G_k——桩基承台及其上覆土重标准值，对稳定水位以下部分应扣除水的浮力。

2. 桩的挠曲微分方程

单桩在 H_{0k}、M_{0k} 和地基水平抗力 σ_x 作用下产生挠曲，取图 11 - 15 所示的坐标系统，根据材料力学中梁的挠曲微分方程得到

$$EI\frac{d^4x}{dz^4}=-\sigma_x b_0=-k_x x b_0 \tag{11 - 31}$$

式中　b_0——桩的截面计算宽度，m。方形截面桩：当实际宽度 $b>1$m 时，$b_0=b+1$；当 $b\leqslant1$m 时，$b_0=1.5b+0.5$。圆形截面桩：当桩径 $d>1$m 时，$b_0=0.9(d+1)$；$d\leqslant1$m：$b_0=0.9(1.5d+0.5)$。

EI——桩身抗弯刚度。对于钢筋混凝土桩，$EI=0.85E_cI_0$，其中 E_c 为混凝土弹性模量，I_0 为桩身换算截面惯性矩。

在上列方程中，如采用不同的 k_x 图式求解，就得到不同的计算方法。m 法假定 $k_x=mz$，代入上式得到

$$\frac{d^4x}{dz^4}+\frac{mb_0}{EI}zx=0 \tag{11-32}$$

令
$$\alpha=\sqrt[5]{\frac{mb_0}{EI}}$$

α 称为桩的水平变形系数，其单位是 1/m。将式 α 代入式（11-32），可得

$$\frac{d^4x}{dz^4}+\alpha^5zx=0 \tag{11-33}$$

注意到梁的挠度 x 与转角 φ、弯矩 M 和剪力 V 的微分关系，考虑桩端边界条件，利用幂级数积分后可得到微分方程式的解答。从而可得到桩顶水平位移和桩身的最大弯矩。图11-22表示一单桩的 x、M、V 和 σ_x 的分布图形。

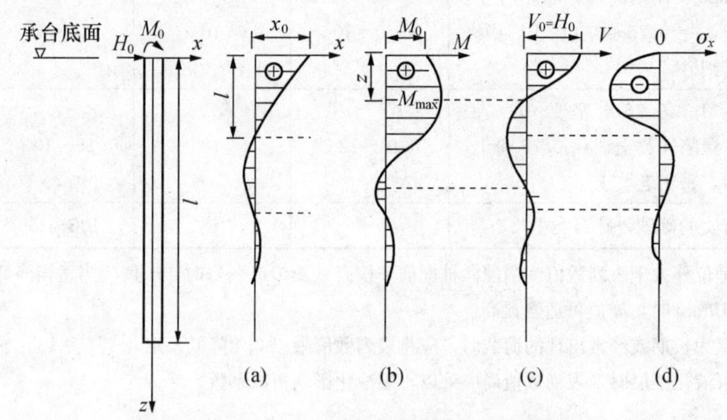

图 11-22 水平荷载作用下单桩的挠度 x、弯矩 M、剪力 V 和水平抗力 σ_x 的分布曲线示意

(a) x 图；(b) M 图；(c) V 图；(d) σ_x 图

三、水平静载荷试验确定单桩水平承载力

影响桩的水平承载力的因素较多，如桩的材料强度、截面刚度、入土深度、土质条件、桩顶水平位移允许值和桩顶嵌固情况等。确定单桩水平承载力的方法，以水平静载荷试验最能反映实际情况。此外，也可根据理论计算，从桩顶水平位移限值、材料强度或抗裂验算出发加以确定。有可能时还应参考当地经验。

桩的水平静载荷试验是在现场条件下进行的，影响桩的承载力的各种因素都将在试验过程中真实反映出来。如果预先在桩身中埋设量测元件，试验资料还能反映出加荷过程中桩身截面的应力和位移，并可由此求出桩身弯矩，据以检验理论分析结果。

（一）试验装置

进行单桩静载荷试验时，常采用一台水平放置的千斤顶同时对两根桩进行加荷（图11-23）。为了不影响桩顶的转动，在朝向千斤顶的桩侧应对中放置半球形支座。量测桩的位移的大量程百分表，应放置在桩的另一侧（外侧），并应成对对称布置。有可能时宜在上

方 500mm 处再对称布置一对百分表，以便从上、下百分表的位移差求出地面以上的桩轴转角。固定百分表的基准桩宜打设在试验桩的侧面，与试验桩的净距不应少于一倍桩径。

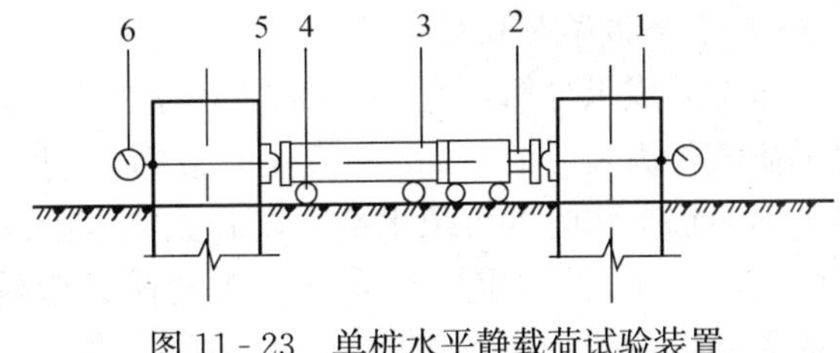

图 11-23　单桩水平静载荷试验装置

1—桩；2—千斤顶及测力计；3—传力杆；4—滚轴；5—球支座；6—量测桩顶水平位移的百分表

（二）加荷方法

加载方法宜根据工程桩实际受力特性选用单向多循环加载法或慢速维持荷载法，也可按设计要求采用其他加载方法。需要测量桩身应力或应变的试桩宜采用维持荷载法。单向多循环加载法的分级荷载应小于预估水平极限承载力或最大试验荷载的 1/10。每级荷载施加后，恒载 4min 后可测读水平位移，然后卸载至零，停 2min 测读残余水平位移，至此完成一个加卸载循环。如此循环 5 次，完成一级荷载的位移观测。试验中间不得停顿。

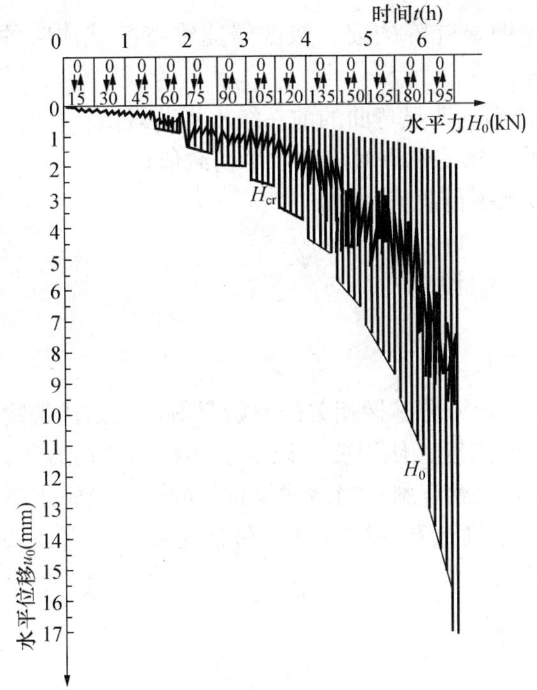

图 11-24　单桩水平静载荷试验 H_0-t-u_0 曲线

（三）终止加荷的条件

当出现下列情况之一时，即可终止试验：

（1）桩身已断裂；

（2）桩侧地表出现明显裂缝或隆起；

（3）桩顶水平位移超过 30～40mm（软土取 40mm）；

（4）水平位移达到设计要求的水平位移允许值。

（四）资料整理

由试验记录可绘制桩顶水平荷载—时间—桩顶水平位移（H_0-t-u_0）曲线（图11-24）及水平荷载—位移梯度（H_0-$\Delta u_0/\Delta H_0$）曲线（图 11-25）。当具有桩身应力量测资料时，尚可绘制桩身应力分布以及水平荷载与最大弯矩截面钢筋应力（H_0-σ_g）曲线，如图 11-26 所示。

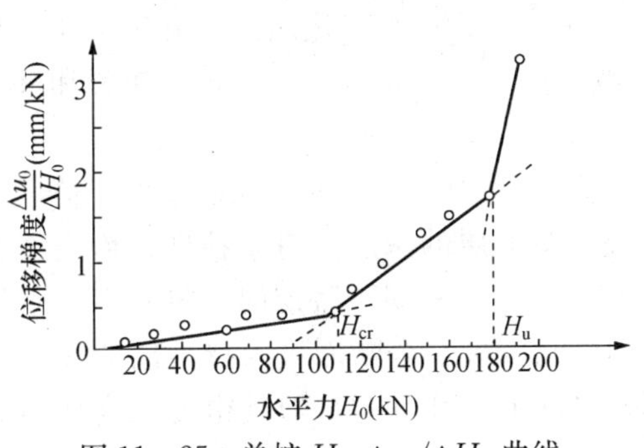

图 11-25　单桩 H_0-$\Delta u_0/\Delta H_0$ 曲线

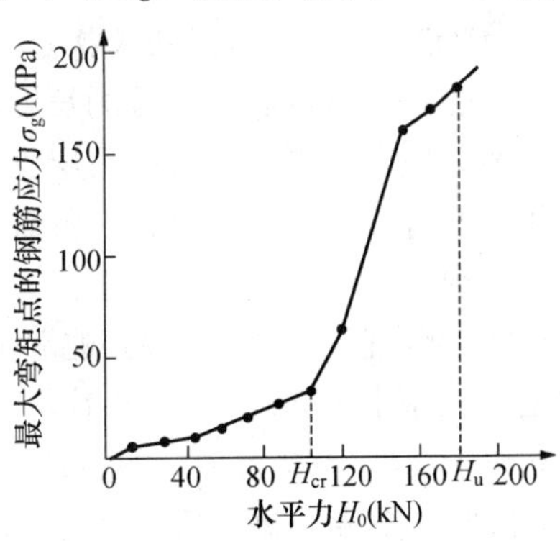

图 11-26　单桩 H_0-σ_g 曲线

（五）水平临界荷载与极限荷载

根据试验成果分析，在 H_0-$\Delta u_0/\Delta H_0$ 和 H_0-σ_g 曲线上通常有两个特征点，所对应的桩顶水平荷载称为临界荷载 H_{cr}和极限荷载 H_u。水平临界荷载 H_{cr}是相当于桩身开裂、受拉区混凝土不参加工作时的桩顶水平力，其数值可按下列方法综合确定：

(1) H_0-t-u_0 曲线出现突变点（相同荷载增量的条件下出现比前一级明显增大的位移量）的前一级荷载；

(2) H_0-$\Delta u_0/\Delta H_0$ 曲线的第一直线段或 $\lg H_0$-$\lg x_0$ 曲线拐点所对应的荷载；

(3) H_0-σ_g 曲线第一突变点对应的荷载。

水平极限荷载 H_u 是相当于桩身应力达到强度极限时的桩顶水平力，一般可根据下列方法，并取其中的较小值。

(1) 取单向多循环加载法 H_0-t-u_0 曲线产生明显陡降的前一级或慢速维持荷载法时的 H_0-u_0 曲线发生明显陡降的起始点对应的水平荷载值；

(2) 取慢速维持荷载法时的 H_0-$\lg t$ 曲线尾部出现明显弯曲的前一级水平荷载值；

(3) 取 H_0-$\Delta u_0/\Delta H_0$ 曲线或 $\lg H_0$-$\lg u_0$ 曲线上第二拐点对应的水平荷载值；

(4) 取桩身折断或受拉钢筋屈服时的前一级水平荷载值。

11-7 桩基础设计

一、桩的选型与布置

在进行桩基设计之前，应进行深入的调查研究，充分掌握相关的原始资料，包括建筑物上部结构的类型、安全等级、变形要求、抗震设防烈度、使用要求以及上部结构的荷载等；符合国家现行规范规定的工程地质勘探报告和现场勘察资料；当地建筑材料的供应及施工条件，包括沉桩机具、施工方法、施工经验等；施工场地及周围环境，包括交通、进出场条件、有无对振动敏感的建筑物、有无噪声限制等。

（一）确定桩型与成桩工艺

确定桩型一般应考虑以下因素：

(1) 上部结构的荷载水平与场地土层分布，可根据文献资料和实践经验进行选择。

(2) 施工设备条件和环境因素，通过调查和实地考察作出结论。

(3) 工期与经济比较，尽量经济合理、安全适用。

（二）确定桩长（持力层的选择）

桩长指的是自承台底至桩端的长度尺寸。在承台底面标高确定之后，确定桩长即是选择持力层和确定桩底（端）进入持力层深度的问题。应根据桩基承载力、桩位布置和桩基沉降的要求并结合有关经济指标综合评价确定。

一般应选择较硬土层作为桩端持力层，桩底进入持力层的深度因地质条件、荷载及施工工艺而异，一般宜为（1～3）d。桩端全断面进入持力层的深度，对于粘性、粉土不宜小于 $2d$，砂土不宜小于 $1.5d$，碎石土不宜小于 $1.0d$。当存在软弱下卧层时，桩基以下硬持力层厚度不宜小于 $3d$。当持力层较厚且施工条件许可时，桩端全断面进入持力层的深度宜达到桩端阻力的临界深度。砂与碎石类土的临界深度为（3～10）d，随其密度提高而增大；粉土、粘土的指数的临界深度为（2～6）d，随土的孔隙比和液性指数的减小而增大。

在确定桩底进入持力层深度时，尚应根据有关专门规范的规定考虑特殊土、岩溶以及震陷、液化等影响。嵌岩灌注桩周边嵌入完整和较完整的未风化、微风化、中等风化硬质岩体的最小深度不宜小于0.5m。

当持力层下面存在软弱下卧层时，持力层厚度不宜小于$4d$。嵌岩桩（端承桩）要求桩底下$3d$范围内应无软弱夹层、断裂带、洞穴和空隙分布。

上述桩长是设计中预估的桩长。在实际工程中，场地土层往往起伏不平，或层面倾斜，岩层往往产状复杂，所以还得提出施工中决定桩长的条件。一般而言，对打入桩，主要由侧摩阻力提供支承力时，以设计桩底标高作为主要控制条件，最后贯入度作为参考条件；主要由端承力提供支承力时，以最后贯入度为控制条件，设计桩底标高作为参考条件。对于钻、冲、挖孔灌注桩，以验明持力层的岩土性质为主，同时注意核对标高。此外，对位于坡地岸边的桩基尚应根据桩基稳定性验算的要求决定桩长。

（三）估算桩数与桩的平面布置

桩基中所需桩的根数可按承台荷载和单桩承载力确定。桩的平面布置应根据上部结构形式与受力要求，结合承台平面尺寸情况布置成矩形或梅花形等形式（图11-27）并满足有关最小中心距的要求，见表11-13。

桩的间距一般指桩与桩之间的最小中心距s。对于不同的桩型有不同的要求。如挤土桩由于存在挤土效应要求较大的桩距。挤土桩穿过饱和软土时，因孔隙水压力骤增会加剧挤土效应，因而相对于穿越非饱和土的桩而言，要求更大的桩距。对于穿越饱和软土的打（压）入桩，预制桩因挤土造成的损害较轻，故要求的桩距又比灌注桩略小。为防止挤土效应造成的损害，对布桩较多的桩群，最小桩距值均宜适当加大。除考虑挤土效应外，两桩之间还应保证满足最小桩距要求，因为桩距太小时，会影响桩的侧阻力发挥。为此，摩擦型桩的中心距不宜小于3倍桩径。在建筑物下布桩时，还应注意不同单元体与不同承台之间的邻桩距离也应满足该表要求。

表11-13　　基桩的最小中心距

<table>
<tr><th colspan="2">土类与成桩工艺</th><th>排数不少于3排且桩数不少于9根的摩擦型桩基</th><th>其他情况</th></tr>
<tr><td colspan="2">非挤土灌注桩</td><td>$3.0d$</td><td>$3.0d$</td></tr>
<tr><td rowspan="2">部分挤土桩</td><td>非饱和土、饱和非粘性土</td><td>$3.5d$</td><td>$3.0d$</td></tr>
<tr><td>饱和粘性土</td><td>$4.0d$</td><td>$3.5d$</td></tr>
<tr><td rowspan="2">挤土桩</td><td>非饱和土、饱和非粘性土</td><td>$4.0d$</td><td>$3.5d$</td></tr>
<tr><td>饱和粘性土</td><td>$4.5d$</td><td>$4.0d$</td></tr>
<tr><td colspan="2">钻、挖孔扩底桩</td><td>$2D$或$D+2.0$m（当$D>2.0$m）</td><td>$1.5D$或$D+1.5$m（当$D>2.0$m）</td></tr>
<tr><td rowspan="2">沉管夯扩、钻孔挤扩桩</td><td>非饱和土、饱和非粘性土</td><td>$2.2D$且$4.0d$</td><td>$2.0D$且$3.5d$</td></tr>
<tr><td>饱和粘性土</td><td>$2.5D$且$4.5d$</td><td>$2.2D$且$4.0d$</td></tr>
</table>

注　d为圆桩直径或方桩边长；D为扩大端设计直径。

布桩时应注意以下几点：

（1）尽可能使群桩的承载力合力点与永久荷载合力作用点重合，以使各桩受力均匀。

(2) 偏v荷载较大的桩基尽可能将桩布置在靠近承台的外围部分，以增加桩基的惯性距。

(3) 满足桩距要求时应使布桩紧凑，减小承台的面积。

(4) 对于桩箱基础，宜将桩布置于墙下；对于梁筏式承台的桩基础，宜将桩布置于梁下；对于大直径桩宜采用一柱一桩。

图 11－27 给出了几种常见的桩平面布置形式。

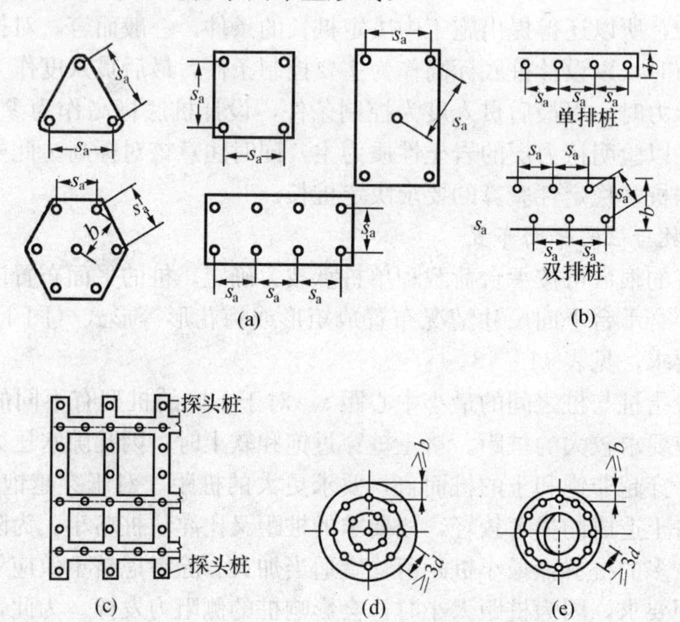

图 11－27　桩的平面布置形式

(a) 独立柱下桩基；(b)、(c) 墙下布桩；(d) 圆形承台桩基；(e) 环形承台

（四）桩基计算

桩基计算包括桩顶荷载验算、软弱下卧层验算、沉降验算等步骤。

（五）承台设计计算

承台设计计算包括承台厚度和配筋计算。

二、承台设计

承台设计是桩基设计的重要组成部分。承台应有足够的强度和刚度，以便把上部结构的荷载可靠地传给各桩，并将各桩连成整体。承台厚度应满足抗冲切、抗剪切承载力验算要求，承台钢筋的设置应满足抗弯承载力验算要求。

（一）承台的构造要求

桩基承台的构造尺寸，除满足抗冲切、抗剪切、抗弯和上部结构需要外，尚应符合下列规定。柱下独立桩基承台最小宽度不应小于 500mm，边桩中心至承台边缘的距离不宜小于桩的直径或边长，且边缘挑出部分不应小于 150mm。对于墙下条形承台梁，桩的外边缘至承台边缘的距离不应小于 75mm，承台的厚度不应小于 300mm。高层建筑平板式、梁板式筏形承台板的最小厚度不应小于 400mm，墙下布桩的剪力墙筏形承台厚度不应小于 200mm。

对于柱下独立桩基承台其钢筋应按双向均匀通长布置，对于三桩承台，钢筋应按三向板带均匀布置，且最里面的三根钢筋围成的三角形应在柱截面范围内。承台梁的主筋直径不应小于12mm，间距不应大于200mm，架立筋不应小于10mm，箍筋直径不宜小于6mm。纵向钢筋的混凝土保护层厚度不应小于70mm，当有混凝土垫层时，不应小于40mm。

桩顶嵌入承台的长度对于大直径桩，不宜小于100mm；对于中等直径桩不宜小于50mm；混凝土桩的桩顶主筋应伸入承台内，其锚固长度不宜小于35倍主筋直径。

（二）承台厚度的抗冲切验算

1. 柱对承台的冲切验算

冲切破坏锥体采用自柱（墙）边和承台变阶处至相应桩顶边缘连线所构成的截锥体，且锥体斜面与承台底面夹角≥45°，见图11-28。对于柱下矩形独立承台受冲切承载力可按下式计算

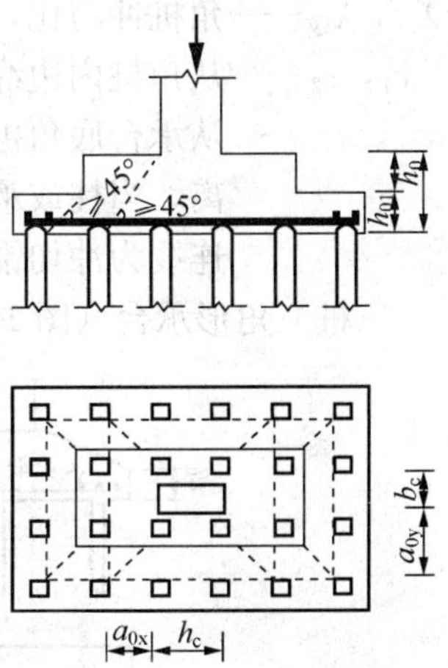

图11-28 柱下独立桩基柱对承台的冲切计算

$$F_l \leqslant 2[\beta_{0x}(b_c + a_{0y}) + \beta_{0y}(h_c + a_{0x})]\beta_{hp} f_t h_0 \tag{11-34}$$

$$F_l = F - \sum N_i \tag{11-35}$$

$$\beta_{0x} = \frac{0.84}{\lambda_{0x} + 0.2}, \quad \beta_{0y} = \frac{0.84}{\lambda_{0y} + 0.2} \tag{11-36}$$

式中 F_l——扣除承台及其上土重后，在荷载效应基本组合下作用于冲切破坏锥体上的冲切力设计值；

f_t——承台混凝土抗拉强度设计值；

h_0——承台破坏椎体的有效高度；

β_{0x}，β_{0y}——冲切系数；

λ_{0x}，λ_{0y}——冲跨比，$\lambda_{0x}=a_{0x}/h_0$、$\lambda_{0y}=a_{0y}/h_0$，即柱边或承台变阶处到桩边的水平距离与有效高度的比，当λ_{0x}或$\lambda_{0y}<0.25$时，取λ_{0x}或$\lambda_{0y}=0.25$，当λ_{0x}或$\lambda_{0y}>1$时，取λ_{0x}或$\lambda_{0y}=1$；

F——在荷载效应基本组合下作用于柱（墙）底的竖向荷载设计值；

$\sum N_i$——扣除承台及其上土重后，在荷载效应基本组合下冲切锥破坏锥体内基桩或复合基桩的净反力设计值之和；

β_{hp}——承台受冲切承载力截面高度影响系数，当$h \leqslant 800$mm时，β_{hp}取1.0，$h>2000$mm时β_{hp}取0.9，其间按线形内插法取值。

冲切验算时，对于圆桩及圆柱，计算时应将截面换算成方柱及方桩，即近似取换算柱或桩截面边长$b=0.8d$。

当有变阶时，将变阶处截面尺寸看作为扩大了的柱截面尺寸，计算方法相同。

2. 角桩的冲切验算

对于矩形承台角桩的冲切验算示意图见图11-29，验算公式如下

$$N_l \leqslant \left[\beta_{1x}\left(c_2 + \frac{a_{1y}}{2}\right) + \beta_{1y}\left(c_1 + \frac{a_{1x}}{2}\right)\right]\beta_{hp} f_t h_0 \tag{11-37}$$

$$\beta_{1x} = \frac{0.56}{\lambda_{1x} + 0.2}, \beta_{1y} = \frac{0.56}{\lambda_{1y} + 0.2} \tag{11-38}$$

式中 N_l——扣除承台及其上土重后，在荷载效应基本组合下角桩竖向净反力设计值；

β_{1x}，β_{1y}——角桩冲切系数；

λ_{1x}，λ_{1y}——角桩冲跨比，$\lambda_{1x}=a_{1x}/h_0$，$\lambda_{1y}=a_{1y}/h_0$，取值范围为 0.25～1.0；

c_1，c_2——从角桩内边缘至承台外边缘的距离；

a_{1x}，a_{1y}——从承台底角桩内边缘引 45°冲切线与承台顶面相交点至角桩内边缘的水平距离，当柱或承台变阶处位于该 45°线以内时，则取由柱边或变阶处与桩内边缘连线为冲切锥体的锥线。

三桩三角形承台（图 11-30）可按下列公式验算：

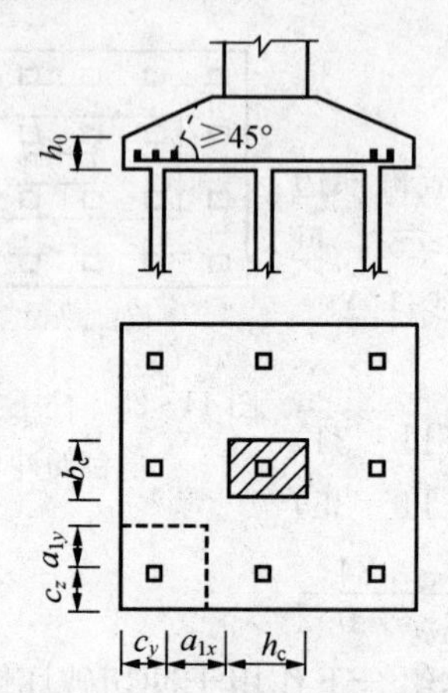

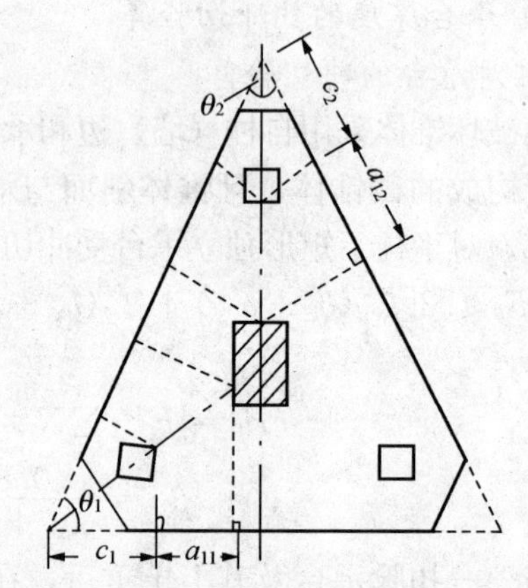

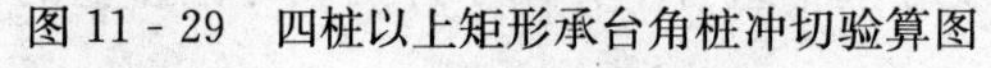

图 11-29　四桩以上矩形承台角桩冲切验算图　　图 11-30　三桩三角形承台角桩冲切验算

底部角桩

$$N_l \leqslant \beta_{11}(2c_1 + a_{11})\tan\frac{\theta_1}{2}\beta_{hp}f_t h_0 \tag{11-39}$$

$$\beta_{11} = \frac{0.56}{\lambda_{11} + 0.2} \tag{11-40}$$

顶部角桩

$$N_l \leqslant \beta_{12}(2c_2 + a_{12})\tan\frac{\theta_2}{2}\beta_{hp}f_t h_0 \tag{11-41}$$

$$\beta_{12} = \frac{0.56}{\lambda_{12} + 0.2} \tag{11-42}$$

式中　λ_{11}，λ_{12}——角桩冲跨比，$\lambda_{11}=\frac{a_{11}}{h_0}$，$\lambda_{12}=\frac{a_{12}}{h_0}$，其值应满足 0.25～1.0 的要求；

a_{11}，a_{12}——从承台底角桩内边缘向相邻承台边引 45°冲切线与承台顶面相交点至角桩内边缘的水平距离，当柱位于该 45°线以内时，则取柱边与桩内边级连线为冲切锥体的锥线。

（三）承台斜截面抗剪验算

抗剪承载力的验算截面为通过柱边（墙边）和桩边连线形成的斜截面（图 11-31），验算公式为

$$V \leqslant \beta_{hs}\alpha f_t b_0 h_0 \tag{11-43}$$

$$\alpha = \frac{1.75}{\lambda + 1} \tag{11-44}$$

式中　V——扣除承台及其上土重后，在荷载效应基本组合下斜截面的最大剪力设计值；

β_{hs}——承台受剪切承载力截面高度影响系数，$\beta_{hs}=(800/h_0)^{\frac{1}{4}}$，当 $h\leqslant 800$mm 时，取

$h=800\text{mm}$，$h>2000\text{mm}$ 时，取 $h=2000\text{mm}$；

b_0——承台计算截面处的计算宽度；

α——承台剪切系数；

λ——计算截面剪跨比，$\lambda_x=a_x/h_0$，$\lambda_y=a_y/h_0$，a_x，a_y 为柱边（墙边）或承台变阶处至 y，x 方向计算一排桩边的水平距离，当 $\lambda<0.25$ 时，取 $\lambda=0.25$，当 $\lambda>3.0$ 时取 $\lambda=3.0$。

当柱边（墙边）外有多排桩形成多个剪切斜截面时，对每一个斜截面都应进行受剪承载力计算。

（四）承台受弯计算

1. 多桩矩形承台

多桩矩形承台的计算截面取在桩边和承台高度变化处，垂直于 y 轴和垂直于 x 轴方向计算截面（图 11 - 32）的弯矩设计值分别为

$$M_x=\sum N_i y_i \tag{11 - 45}$$

$$M_y=\sum N_i x_i \tag{11 - 46}$$

式中　N_i——扣除承台和承台上土自重后，荷载效应基本组合下第 i 桩竖向净反力设计值；

x_i，y_i——第 i 桩轴线至相应计算截面的距离。

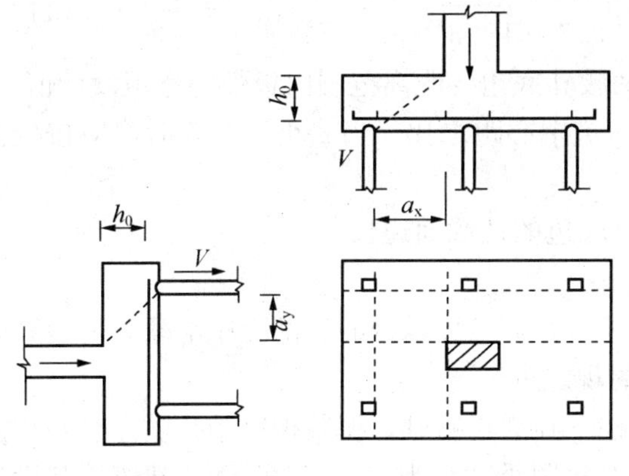

图 11 - 31　承台斜截面受剪计算

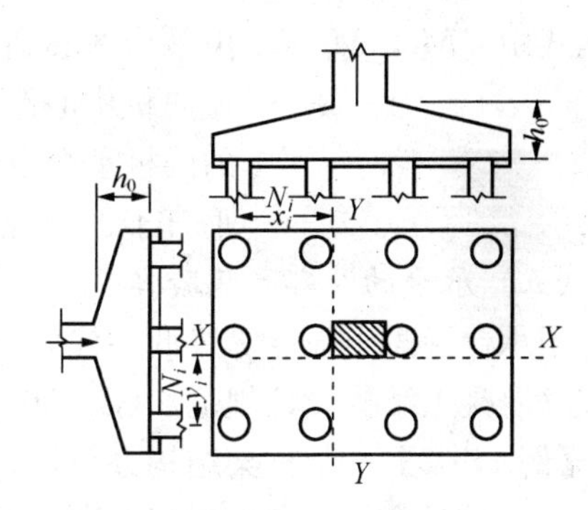

图 11 - 32　矩形承台弯矩计算

钢筋截面面积为

$$A_s=\frac{M}{0.9f_y h_0} \tag{11 - 47}$$

式中　M——计算截面处的弯矩设计值；

f_y——钢筋抗拉强度设计值；

h_0——承台有效高度。

2. 三角形承台

等边三角形承台（图 11 - 33）其弯矩设计值按下式计算

$$M=\frac{N_{\max}}{3}\left(s_a-\frac{\sqrt{3}}{4}c\right) \tag{11 - 48}$$

式中　M——由承台形心至承台边缘距离范围内板带的弯矩设计值；

$N_{\max}$——扣除承台及其承台上土自重后，荷载效应基本组合下三桩中最大竖向净反力设计值；

s_a——桩的中心距；

c——方柱边长，圆柱时 $c=0.8d$（d 为圆柱直径）。

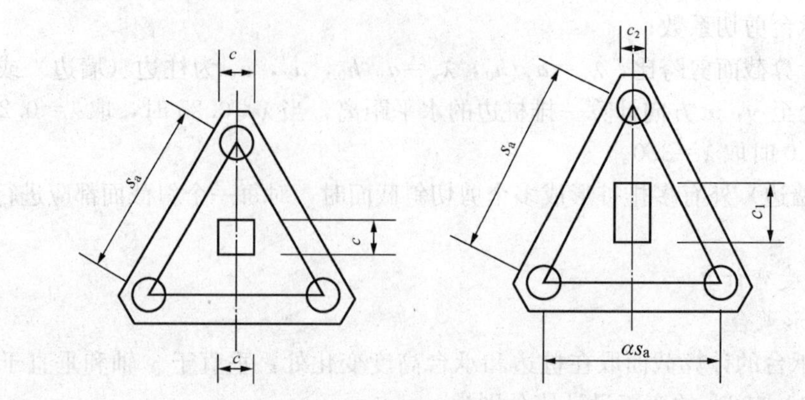

图 11-33　三桩承台弯矩计算

等腰三角形承台其弯矩设计值按下式计算

$$M_1=\frac{N_{\max}}{3}\left(s_a-\frac{0.75}{\sqrt{4-\alpha^2}}c_1\right) \tag{11-49}$$

$$M_2=\frac{N_{\max}}{3}\left(\alpha s_a-\frac{0.75}{\sqrt{4-\alpha^2}}c_2\right) \tag{11-50}$$

上两式中　M_1，M_2——由承台形心到承台两腰和底边的距离范围内板带的弯矩设计值；

α——短向桩中心距与长向桩中心距之比，当 α 小于 0.5 时，应按变截面的两桩承台设计；

c_1，c_2——垂直于、平行于承台底边的柱截面边长。

（五）承台的局部受压验算

当承台混凝土强度等级低于柱的强度等级时，应验算承台的局部受压承载力，验算方法可按《混凝土结构设计规范》(GB 50010) 的规定进行。

【例 11-2】　某框架结构办公楼，采用柱下独立桩基础，泥浆护壁钻孔灌注桩，直径为 600mm，桩长 20m，单桩现场载荷试验测得其极限承载力为 $Q_{uk}=2600$kN。建筑桩基设计等级为乙级。承台底面标高位－1.8m，室内地面标高±0.000，传至地表±0.000处的竖向荷载标准值为 $F_k=6100$kN，$M_{ky}=400$kN·m，竖向荷载基本组合值为 $F=7000$kN，$M_y=500$kN·m。承台底土的地基承载力特征值 $f_{ak}=120$kPa。承台混凝土强度等级为 C25（$f_t=1.27$N/mm^2），钢筋强度等级选用 HRB335 级钢筋（$f_t=300$N/mm^2），承台下做 100mm 厚度的 C10 素混凝土垫层。试进行桩基础设计。

解　(1) 桩数的确定和布置。

初步确定时，取单桩承载力特征值为

$$R_a=\frac{Q_{uk}}{2}=\frac{2600}{2}=1300\text{kN}$$

考虑偏心作用，桩数 $n\geqslant 1.2\frac{F_k}{R_a}=1.2\times\frac{5400}{1300}=5.0$，取桩数为 5 根，采用正方形布桩，考虑最小桩间距 $3.0d=1.8$m 的要求，采用如图 11-34所示布桩形式，满足最小桩间距要求。

（2）复合基桩承载力验算。

承台底面面积为

$A=3.8\times3.8=14.44\text{m}^2$

基桩桩端荷载标准值

$$N_k=\frac{F_k+G_k}{n}=\frac{F_k+\gamma_G A\bar{d}}{n}$$

$$=\frac{6100+20\times14.44\times1.8}{5}$$

$$=1324\text{kN}$$

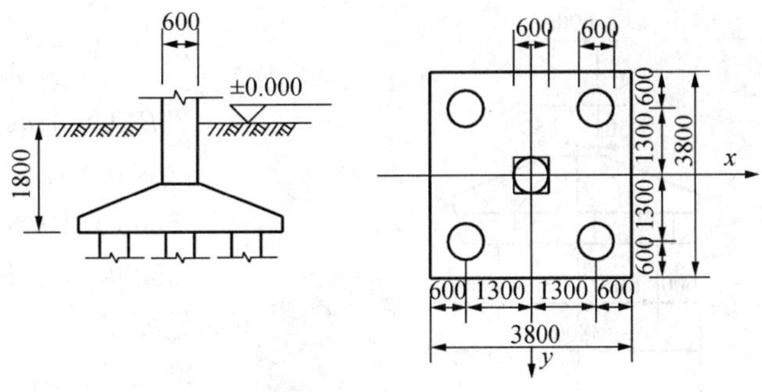

图 11－34　［例 11－2］图 1

$$\begin{matrix}N_{k\max}\\N_{k\min}\end{matrix}=\frac{F_k+G_k}{n}\pm\frac{M_{yk}x_{\max}}{\sum x_i^2}=1324\pm\frac{400\times1.3}{4\times1.3^2}=1324\pm77=\begin{matrix}1401\\1247\end{matrix}\text{kN}$$

复合基桩承载力特征值计算时考虑承台效应。

$$R=R_a+\eta_c f_{ak}A_c=\frac{Q_{uk}}{2}+\eta_c f_{ak}A_c$$

承台效应系数 η_c 查表 11－8

$$s_a=\sqrt{\frac{A}{n}}=\sqrt{\frac{14.44}{5}}=1.7\text{m}$$

$$B_c/l=3.0/20=0.15$$

$$s_a/d=1.7/0.6=2.8$$

查表得 η_c 取 0.06。

$$A_c=\frac{A-nA_p}{n}=\frac{14.44-5\times\pi\times0.6^2/4}{5}=2.83\text{m}^2$$

$$R=\frac{Q_{uk}}{2}+\eta_c f_{ak}A_c=\frac{2600}{2}+0.06\times120\times2.83=1320\text{kN}$$

桩基承载力验算

$$N_k=1304\text{kN}<R=1320\text{kN}$$

$$N_{k\max}=1395\text{kN}<1.2R=1584\text{kN}$$

承载力满足要求。

（3）承台计算。

1）冲切承载力验算。

初步设承台高度为 h＝1000mm。承台下设置垫层时，混凝土保护层厚度取 40mm，承台有效高度为 h_0＝1000－40＝960mm。

①柱冲切承载力验算

对于 800＜h_0＜2000 的情况 β_{hp} 在 1.0～0.9 之间插值取值，β_{hp}＝0.98。冲切验算时将圆桩换算成方桩，边长 b_c＝0.8d＝480mm。冲切验算示意图见图 11－35。

$$F_l=F-\sum N_i=7000-\frac{7000}{5}=5600\text{kN}$$

$$a_{0x}=a_{0y}=1300-300-240=760\text{m}$$

$$\lambda_{0x}=\lambda_{0y}=a_{0x}/h_0=a_{0y}/h_0=760/960=0.792$$

则

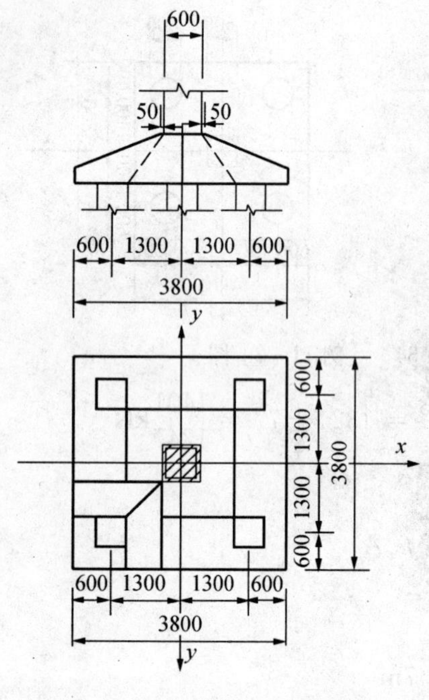

图 11-35 [例 11-2] 图 2

$$\beta_{0x}=\beta_{0y}=\frac{0.84}{\lambda_{0x}+0.2}=\frac{0.84}{0.792+0.2}=0.847$$

$$2[\beta_{0x}(b_c+a_{0y})+\beta_{0y}(h_c+a_{0x})]\beta_{hp}f_t h_0$$
$$=2\times0.847\times2(600+760)\times0.98\times1.27\times960$$
$$=5505\times10^3\text{N}$$
$$=5505\text{kN}<F_l=5600\text{kN}$$

不满足要求。

增加承台高度为h=1100mm，h_0=1060mm，重新验算。

$$\lambda_{0x}=\lambda_{0y}=a_{0x}/h_0=a_{0y}/h_0=760/1060=0.717$$

$$\beta_{0x}=\beta_{0y}=\frac{0.84}{\lambda_{0x}+0.2}=\frac{0.84}{0.717+0.2}=0.916$$

$$2[\beta_{0x}(b_c+a_{0y})+\beta_{0y}(h_c+a_{0x})]\beta_{hp}f_t h_0$$
$$=2\times2\times0.916\times(600+760)\times0.98\times1.27\times1060$$
$$=6574\times10^3\text{N}$$
$$=6574\text{kN}>F_l=5600\text{kN}$$

满足要求。

②角桩冲切承载力验算

桩顶净反力如下

$$N_{\substack{\max\\\min}}=\frac{F}{n}\pm\frac{M_y x_{\max}}{\sum x_i^2}=\frac{7000}{5}\pm\frac{500\times1.3}{4\times1.3^2}=1400\pm96=\begin{matrix}1496\text{kN}\\1304\text{kN}\end{matrix}$$

$$a_{1x}=a_{1y}=1300-240-300=760\text{mm},c_1=c_2=600+240=840\text{mm}$$

$$\lambda_{1x}=\lambda_{1y}=a_{1x}/h_0=a_{1y}/h_0=760/1060=0.717$$

$$\beta_{1x}=\beta_{1y}=\frac{0.56}{\lambda_{1x}+0.2}=\frac{0.56}{0.717+0.2}=0.611$$

$$\left[\beta_{1x}\left(c_2+\frac{a_{1y}}{2}\right)+\beta_{1y}\left(c_1+\frac{a_{1x}}{2}\right)\right]\beta_{hp}f_t h_0$$
$$=2\times0.611\times(840+760/2)\times0.98\times1.27\times1060$$
$$=1967\times10^3\text{N}$$
$$=1967\text{kN}>N_{\max}=1496\text{kN}$$

满足要求。

2）斜截面受剪承载力验算。

作用于斜截面上的剪力为

$$V=2N_{\max}=2\times1496=2992\text{kN}$$

$$\beta_{hs}=(800/h_0)^{\frac{1}{4}}=(800/1060)^{\frac{1}{4}}=0.755$$

$$\lambda=a_x/h_0=760/1060=0.717$$

$$\alpha=\frac{1.75}{\lambda+1}=\frac{1.75}{0.717+1}=1.019$$

$$\beta_{hs}\alpha f_t b_0 h_0=0.755\times1.019\times1.27\times3.8\times1060$$
$$=3936\text{kN}>V=3028\text{kN}$$

满足要求。

3）抗弯验算（配筋计算）。

各桩对垂直于 y 轴和 x 轴方向截面的弯矩设计值分别为

$$M_y = \sum N_i x_i = 2 \times 1496 \times (1.3 - 0.3) = 2992\text{kN} \cdot \text{m}$$

$$M_x = \sum N_i y_i = (1496 + 1304) \times (1.3 - 0.3) = 2800\text{kN} \cdot \text{m}$$

选取 HRB 335（20MnSi）型钢筋，$f_y = 300\text{N/mm}^2$。沿 x 方向布设的钢筋截面面积为

$$\frac{M_y}{0.9h_0 f_y} = \frac{2992 \times 10^6}{0.9 \times 1060 \times 300} = 10\,454\text{mm}^2$$

基础配筋间距一般在 100～200mm 之间，若取间距 120mm，则实际配筋 28⌀22（A_s = 10 643mm^2）。

沿 y 方向布设的钢筋截面面积为

$$\frac{M_x}{0.9(h_0 - d_g/2) f_y} = \frac{2800 \times 10^6}{0.9 \times (1060 - 22/2) \times 300} = 9886\text{mm}^2$$

取间距 130mm，则实际配筋 26⌀22（$A_s = 9883\text{mm}^2$）。

习　　题

11-1　试从施工工艺、荷载传递、功能、承台位置、成桩效应等角度对桩进行分类。

11-2　各类常见桩型的优缺点和适用条件是什么？本地区目前采用较多的较经济的桩型是什么？

11-3　竖向荷载在桩身是如何传递的？

11-4　单桩竖向承载力如何确定？哪种方法比较符合实际？

11-5　何谓桩侧负摩阻力及其产生的条件？

11-6　什么是群桩效应？群桩承载力如何计算？

11-7　桩基设计的主要步骤是哪些？

11-8　桩身结构设计是如何进行的？

11-9　桩基础承台设计应进行哪些验算？

11-10　某工程中，地基土软弱，采用预制桩基础。地基土层：第一层土为粉质粘土，厚 2.0m，天然含水量 $w = 30.8\%$，液限 $w_L = 34.8\%$，塑限 $w_P = 18.6\%$；第二层土为淤泥质土，厚 7.0m，$w = 25.3\%$，$w_L = 24.6\%$，$w_P = 15.5\%$，$e = 1.20$；第三层为中砂，中密状态，层厚 5～60m，$e = 0.7$。求预制桩在各层土的极限侧阻力标准值 q_{sik}。如采用干作业钻孔桩，桩端进入中砂 1m，桩端支承处土的极限端阻力标准值 q_{pk} 为多少？

11-11　在上述工程中，采用钢筋混凝土预制桩，截面为 300mm×300mm，桩长 9.0m，桩承台底部埋深 1.0m。计算单桩竖向极限承载力标准值。

11-12　单层工业厂房柱基下采用桩基础，承台底面尺寸为 3.8m×2.6m，埋置深度为 1.2m。作用在地面标高处的荷载标准值 $F_k = 3100\text{kN}$，$M_{ky} = 480\text{kN} \cdot \text{m}$，承台与其上回填土的平均重度取 20kN/m^3，桩的布置如图 11-36 所示。问 A，B 两根桩各受多少力？

11-13　某一般建筑有一柱下群桩基础，柱传至顶面的荷载标准值为 $F_k = 2500\text{kN}$，$M_k = 400\text{kN} \cdot \text{m}$。方形混凝土预制桩，采用截面 300mm×300 mm，承台埋深 1.50m，桩端

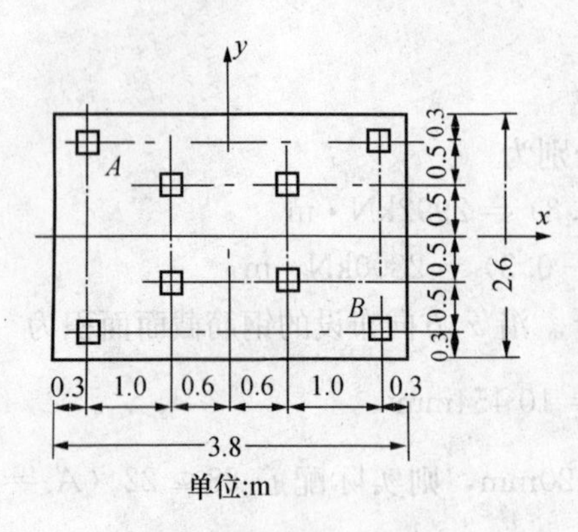

图 11-36 习题 11-12 图

进入粉土层 1.5m。桩基平面布置和地基地质条件如图 11-37 所示。试验算桩基承载力是否满足要求。

11-14 柱子传到地面的荷载效应标准值为：F_k=2500kN，M_k=560kN，Q_k=50kN；荷载效应基本值为：F=3600kN，M=780kN，Q=100kN。选用预制钢筋混凝土打入桩，桩的断面为 300mm×300mm，有效桩长为 11.3m，桩端打入粉质粘土内 3m。承台底面在地面下 1.2m 处。承台底土地基承载力特征值 f_{ka}=100kPa。已知单桩极限承载力 Q_{uk}=1500kN。承台混凝土标号为 C25（f_t=1.27N/mm²），钢筋采用 HRB335 级钢筋（f_t=300N/mm²），承台下做 100mm 厚度的 C10 素混凝土垫层。试求：

（1）确定桩数；

（2）确定桩的布置及承台平面尺寸；

（3）承台高度和配筋计算。

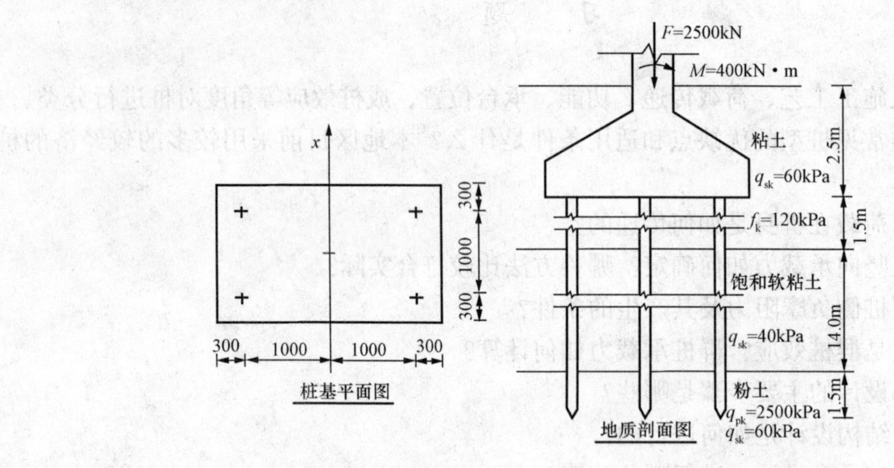

图 11-37 习题 11-13 图

第12章　地　基　处　理

12-1　概　　述

一、地基处理的目的和意义

在土木工程建设中，当采用天然地基不能满足工程建设要求时，就必须对上部土层进行地基处理，形成人工地基，以满足结构物基础对地基的要求，保证结构物的安全与正常使用。

各种结构物的地基问题，主要有以下几个方面：

（一）地基稳定性问题

地基稳定性问题是指在荷载作用下，地基土能否保持稳定。地基稳定性问题有时也称为地基承载力问题。若地基稳定性不能满足要求时，在荷载作用下，地基土将会产生局部或整体剪切破坏，影响结构物的安全与正常使用。

（二）地基变形问题

地基变形问题是指在上部结构的荷载作用下，地基土产生的变形（如沉降量、沉降差、倾斜、局部倾斜、水平位移等）是否超过相应的允许值。当超过允许值时，可能会导致结构物的倾斜、开裂、局部破坏，甚至可能整体破坏，影响结构物的安全与正常使用。湿陷性黄土的遇水湿陷及膨胀土的遇水膨胀、失水收缩等也属于此类问题。

（三）动荷载下的地基液化和震陷问题

在动力荷载（地震、机器及车辆振动、爆炸冲击、波浪等）作用下，会引起饱和粉、细砂及粉土产生液化，使地基土失去强度。

（四）地基渗透问题

渗透问题是由于水在土中运动时出现的问题，如蓄水构筑物的渗漏量超过允许值或地基土中水力坡降超过允许值时，将会产生水量损失或产生潜蚀、管涌及流砂现象等使地基土产生稳定性破坏。

存在上述问题的地基称为不良地基或软弱地基，地基处理的目的就是选择合理的地基处理方法，对不能满足直接使用的各类软弱地基或不良地基进行有针对性的处理，如改善地基土的剪切特性、压缩特性、透水特性、动力特性及特殊土的不良特性等，从而满足工程建设的要求。不过，需要指出的是，判别天然地基是否属于软弱地基或不良地基并没有明确的界限，一般常将不能满足要求的天然地基称为软弱地基或不良地基，因此，天然地基是否属于软弱地基或不良地基也可以说是相对的。

在土木工程领域，与上部结构比较，地基土的不确定因素多、问题复杂、难度大。地基问题的处理恰当与否，直接关系到整个工程的质量、投资和进度，因此，地基问题的重要性已越来越被人们所认识。

随着我国现代化建设事业的蓬勃发展，基本建设的规模越来越大，对地基的要求越来越高，需要对天然地基进行地基处理的工程也日益增多。

二、常见的不良土和软弱土

工程建设中，常见的软弱土和不良地基土主要包括：软粘土、填土、湿陷性黄土、部分砂土和粉土、膨胀土、红粘土、盐渍土、泥炭土、多年冻土、岩溶、土洞等，以下分别加以简略介绍。

（一）软粘土

软粘土是软弱粘性土的简称，它是在第四纪后期形成的海相、泻湖相、三角洲相、溺谷相和湖泊相的粘性土沉积物或河流冲积物，它们大部分都处于饱和状态，天然含水量大于液限，孔隙比大于1.0。当天然孔隙比大于1.5时，称为淤泥；当天然孔隙比大于1.0而小于1.5时，称为淤泥质土。软粘土的特点是天然含水量高、压缩性很大且不均匀、抗剪强度低、渗透系数小。在软土地基上直接建造建筑物时，地基将由于固结和剪切变形而产生很大的沉降和不均匀沉降，而且沉降稳定历时较长，影响到了建筑物的正常使用。

（二）填土

填土按照物质组成和堆填方式可以分为素填土、杂填土和冲填土三类。

素填土是由碎石、砂或粉土、粘性土等一种或几种组成的填土，其中不含杂质或杂质较少。素填土地基的性质取决于填土性质、压实程度以及形成时间等因素。

杂填土是因人类活动形成的，包括建筑垃圾、工业废料和生活垃圾等。杂填土的成因很不规律，组成的物质杂乱，分布极不均匀，结构松散。其主要特性是强度低、压缩性高和均匀性差。

冲填土是由水力冲填形成的沉积土。冲填土的物质成分比较复杂，如以粉土、粘土为主，则属于欠固结的软弱土，而主要由中砂以上的粗颗粒组成的，则不属于软弱土。

（三）部分砂土和粉土

这里主要指的是饱和的粉砂、细砂和粉土，这类土在静力荷载作用下虽然具有较高的强度，但在机器及车辆振动、爆炸冲击、波浪、地震力等动力荷载作用下，可能产生液化或产生大量震陷变形，地基会因此而丧失承载能力。

（四）湿陷性黄土

黄土在一定压力（自重压力或自重压力与附加压力之和）下受水浸湿后，土的结构迅速破坏而发生显著的附加下沉，这种现象称为湿陷，它与一般土受水浸湿时所表现出的压缩性稍有增加的现象不同。浸水后产生湿陷的黄土称为湿陷性黄土。湿陷变形往往是局部和突然发生的，而且很不均匀，对建筑物的危害较大。

（五）膨胀土

土中粘粒成分主要由亲水性矿物蒙脱石和伊利石组成，同时具有显著的吸水膨胀、软化和失水收缩、开裂两种变形特性的粘性土称为膨胀土。膨胀土反复的吸水膨胀和失水收缩会造成围墙、室内地面以及轻型建（构）筑物的破坏。

（六）盐渍土

地表下1.0m深度范围内易溶盐含量大于0.5%的土称为盐渍土。盐渍土的液限、塑限随土中含盐量的增大而降低，当土的含水量等于其液限时，土的抗剪强度接近于零，因此含盐量高的盐渍土在含水量增大时极易丧失其强度，引发工程事故。

（七）冻土

在负温作用下，地壳表层处于冻结状态的土层或岩层称为冻土。冻土根据持续时间可分为季节性冻土和多年冻土两大类。土的冻胀和融陷会使得房屋、桥梁和涵管等发生大量沉降和不均匀沉降，道路出现翻浆冒泥等危害。

（八）岩溶和土洞

岩溶是由于地表水或地下水对石灰岩、白云岩、泥灰岩、大理岩、岩盐、石膏盐等可溶性岩石的溶蚀而形成的一系列地质现象，如溶洞、溶沟、溶槽、裂隙以及由于溶洞的顶板塌落使地表产生的陷穴、洼地等。土洞是由于岩溶地区上覆土层被地表水和地下水溶蚀和冲刷而产生的空洞。岩溶和土洞可能造成地面变形、地表塌陷、地下水循环改变等，对建筑物的影响很大。

三、地基处理方法分类及适用范围

地基处理方法的分类很多，按其加固机理进行分类，主要有：置换，排水固结，振密或挤密，灌入固化物，加筋以及冷热处理等，现将几种常见的地基处理方法按其具体分类、加固原理及适用范围列于表12-1中。

表12-1　地基处理方法分类

分类	处理方法	原理及作用	适用范围
换土垫层	灰土垫层 素土垫层 砂垫层 碎石垫层	挖除浅层软弱土，回填砂、石或灰土等强度较高的土料，并夯压密实，形成垫层，以提高持力层土的承载力，减少沉降量；消除或部分消除土的湿陷性、胀缩性及防止土的冻胀作用	适用于处理浅层软弱土地基、湿陷性黄土地基、膨胀土地基、季节性冻土地基
挤密或振密	砂石桩挤密法 灰土桩挤密法 石灰桩法 振冲法	通过挤密或振冲使深层土密实，并在振动挤压过程中，回填砂、砾石等材料，形成砂桩或碎石桩，与桩周土一起组成复合地基，从而提高地基承载力，减少沉降量	适用于处理砂土、粉土、填土及湿陷性黄土地基
碾压夯实	机械碾压法 振动压实法 重锤夯实法 强夯法	通过机械碾压或夯击压实土的表层，强夯法则利用强大的夯击能，迫使深层土液化和动力固结而密实，从而提高地基土的强度，减少沉降量，消除或部分消除黄土的湿陷性，改善土的抗液化性能	适用于处理碎石土、砂土、低饱和度的粉土与粘性土、湿陷性黄土、素填土和杂填土等地基
预压	堆载预压法 砂井堆载预压法 砂井真空预压法 井点降水预压法	通过改善地基的排水条件和施加预压荷载，加速地基的固结和强度增长，提高地基的强度和稳定性，并使基础沉降提前完成	适用于处理厚度较大的饱和软土层
胶结	硅化法 高压喷射注浆法 碱液加固法 水泥灌浆法 深层搅拌法	通过注入水泥、化学浆液，将土粒粘结；或通过化学作用、机械拌和等方法，改善土的性质，提高地基承载力	适用于处理砂土、粘性土、粉土、湿陷性黄土等地基，也适用于对已建建筑物的事故处理
加筋	土工合成材料 加筋土 树根桩	通过在土层中埋设强度较大的土工合成材料、拉筋、受力杆件等，提高地基承载力和稳定性，改善变形特性	土工合成材料适用于处理软弱地基，或用作反滤、排水和隔离材料；加筋土适用于人工填土的路堤和挡墙结构；树根桩适用于各类软弱地基

需要指出的是，严格按照地基处理的作用机理进行分类是很困难的，很多的地基处理方法具有多种处理效果，如碎石桩具有置换、挤密、排水和加筋的多重作用；在各种挤密法

中，同时也都具有置换作用。

四、地基处理方案的选择

选择地基处理方案的总原则是力求做到做到安全适用、技术先进、经济合理、确保质量、保护环境。

表12-1中所列的各种地基处理方法都有其各自的特点和作用机理，在不同的土中产生不同的加固效果和局限性，没有哪一种方法是万能的，具体的工程地质条件是千变万化的，工程对地基的要求也是不尽相同的，而且材料的来源、施工机械和施工条件也因工程地点的不同又有较大的差别。因此，对每一具体的工程必须进行综合考虑，以选择合适的地基处理方法。

地基处理方法的确定，可按下列步骤进行：

（1）根据结构类型、荷载大小及使用要求，结合地形地貌、地层结构、土质条件、地下水特征、环境情况和对邻近建筑的影响等因素进行综合分析，初步选出几种可供考虑的地基处理方案，包括选择两种或多种地基处理措施组成的综合处理方案。

（2）对初步选出的各种地基处理方案，分别从加固原理、适用范围、预期处理效果、耗用材料、施工机械、工期要求和对环境的影响等方面进行技术经济分析和对比，选择最佳的地基处理方法。

（3）对已选定的地基处理方法，按照建筑物地基基础设计等级和场地复杂程度，在有代表性的场地上进行相应的现场试验或试验性施工，并进行必要的测试，以检验设计参数和处理效果。如达不到设计要求时，应查明原因，修改设计参数或调整地基处理方法。现场试验最好安排在初步设计阶段进行，以便及时提供或调整施工设计图纸所必须的参数，达到优化设计、节省投资的目的。

12-2 复合地基

一、复合地基的概念与分类

复合地基是指部分土体被增强或置换形成增强体，由增强体和周围地基土共同承担荷载的地基，其中竖向的增强体习惯上被称为桩。桩体和桩间土构成了复合地基的加固区，即复合土层。与原天然地基相比，形成复合地基后，承载力提高，沉降量减小。常见的复合地基有振冲桩、砂桩、碎石桩、水泥粉煤灰碎石桩、夯实水泥土桩、土（灰土）挤密桩、石灰桩、水泥土搅拌桩、旋喷桩、树根桩、夯扩桩等。

根据桩体材料性质，桩体复合地基可分为散体材料桩复合地基和粘结材料桩复合地基，粘结材料桩复合地基按成桩后桩体的强度（或刚度）又可分为柔性桩复合地基和刚性桩复合地基。

二、复合地基的作用机理

复合地基的形式、桩体材料、施工方法等均对复合地基的作用效应产生影响，其作用主要有以下五个方面，对于某一具体类型的复合地基可能具有以下一种或多种作用。

（一）桩体作用

复合地基是桩体与桩间土共同工作。由于复合地基中桩体的刚度比周围土体的刚度大，在荷载作用下，在桩体上将产生应力集中现象，即桩体承担着较大比例的荷载，这种现象在刚性基础下尤其明显。桩体承担的荷载较多，桩间土上的应力相应减小，这就使得复合地基的承载力高于原地基，而沉降也会相应减小。

（二）挤密作用

砂桩、碎石桩、土桩、灰土桩和石灰桩等在施工过程中由于振动、沉管挤密、排土等原因，可对桩间土起到一定的挤密作用，改善了土体的物理力学性能。另外，石灰桩、水泥土搅拌桩（干法）的生石灰和水泥具有吸水、发热和膨胀作用，对桩周土也可达到一定的挤密效果。

（三）垫层作用

桩与桩间土组成的复合地基在加固深度范围内形成复合土层，可起到类似于换土垫层的作用，可增大应力扩散角。

（四）排水固结作用

在荷载作用下，地基中会产生超孔隙水压力。由于砂桩、碎石桩具有良好的透水性，是地基中的排水通道，可以有效地缩短排水距离，加速了桩间土的排水固结，使桩间土的孔隙比减小，密实度增大，抗剪强度提高。

（五）加筋作用

复合地基中的增强体有加筋作用，可使复合地基加固区的整体抗剪强度增大，可有效地提高地基的稳定性，从另一个角度来说，也就是有效地提高了地基的承载力。

三、复合地基的有关设计参数

（一）面积置换率

复合地基的面积置换率 m 可按下式计算

$$m = \frac{A_p}{A_e} \tag{12-1}$$

$$A_e = \frac{\pi {d_e}^2}{4} \tag{12-2}$$

式中 A_p——桩身平均横截面面积，m^2；

A_e——一根桩分担的地基处理面积，m^2；

d_e——一根桩分担的地基处理面积的等效圆直径，m。

桩的平面布置形式通常有三种：等边三角形布置、正方形布置和矩形布置（图 12-1），这三种情况下等效圆直径为：

等边三角形布置：$d_e = 1.05s$

正方形布置：$d_e = 1.13s$

矩形布置：$d_e = 1.13\sqrt{s_1 s_2}$

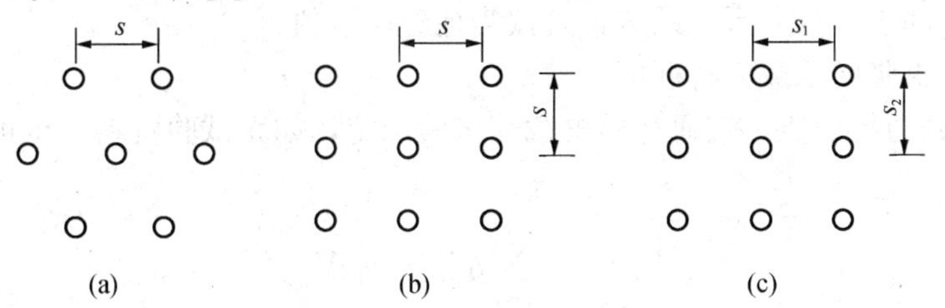

图 12-1 桩体平面布置形式

（a）正三角形布置；（b）正方形布置；（c）矩形布置

式中　s，s_1，s_2——桩间距、纵向间距和横向间距。

（二）桩土应力比

如基础是刚性的，则在轴心荷载下基础底面处的桩体与桩间土的沉降将是相同的，由于桩体的刚度较大，因此荷载将向桩体集中，桩体所受的压力 σ_p 将大于基底平均压力 p，而作用于桩间土的压力 σ_s 将小于基底平均压力 p。σ_p 与 σ_s 的比值 n 称为桩土应力比，即

$$n=\frac{\sigma_p}{\sigma_s}=\frac{E_p}{E_s} \tag{12-3}$$

式中　E_p，E_s——桩身和桩间土的压缩模量，MPa。

影响桩土应力比的因素很多，例如荷载大小、桩体与土体的相对刚度、桩长和面积置换率等。

（三）桩土复合模量

计算复合地基沉降量所用的等效压缩模量称为桩土复合模量，用 E_{sp} 表示。复合地基加固区由桩体和桩间土体两部分组成，是非均质的。为了简化计算，将加固区视作均质的复合土体，其压缩模量即桩土复合模量。一般可按下列公式计算

$$E_{sp}=mE_p+(1-m)E_s \tag{12-4}$$

或

$$E_{sp}=[1+m(n-1)]E_s \tag{12-5}$$

$$E_{sp}=\alpha[1+m(n-1)]E_s \tag{12-6}$$

式中　α——系数，可取 1.1～1.3。

四、复合地基承载力的确定

复合地基承载力一般应通过应通过现场复合地基荷载试验确定，初步设计时也可根据桩体的承载力和桩间土的承载力，按一定的原则叠加得到复合地基承载力。复合求和法的计算公式根据桩的类型的不同而有所不同：

(1) 散体材料桩复合地基承载力可按下式计算

$$f_{spk}=mf_{pk}+(1-m)f_{sk} \tag{12-7}$$

式中　f_{spk}，f_{pk}，f_{sk}——复合地基、桩体和桩间土承载力特征值，kPa。

桩体承载力特征值，宜通过单桩载荷试验确定。桩体极限承载力主要取决于桩侧土体所能提供的最大侧限力。

(2) 刚性桩复合地基和柔性桩复合地基的承载力可按下式计算

$$f_{spk}=m\frac{R_a}{A_p}+\beta(1-m)f_{sk} \tag{12-8}$$

式中　f_{spk}——复合地基承载力特征值，kPa；

　　β——桩间土承载力折减系数，宜按当地经验取值；

　　R_a——单桩竖向承载力特征值，kN。

单桩竖向承载力特征值，宜通过单桩载荷试验确定，如无试验资料，也可采用下式进行估算

$$R_a=u_p\sum_{i=1}^{n}q_{si}l_i+q_pA_p \tag{12-9}$$

式中　u_p——桩的周长，m；

　　n——桩长范围内所划分的土层数；

q_{si}，q_p——桩周第 i 层土的侧阻力、桩端端阻力特征值，kPa，可按相关规范确定；

l_i——第 i 层土的厚度，m。

五、复合地基变形计算

在各类计算复合地基压缩变形的方法中，通常把复合地基的沉降量分为加固区土层压缩变形量和加固区下卧层压缩变形量两部分。

加固区土层压缩变形量计算通常采用复合压缩模量法，即将复合地基加固区中桩体和桩间土视为一复合土体，采用复合地基的压缩模量（E_{sp}）来评价复合土体的压缩性，用分层总和法计算其变形量。此外计算加固区土层压缩变形量的方法还有应力修正法和桩身压缩量法等。

加固区下卧层的压缩变形量通常采用分层总和法计算。因为复合地基加固区的存在，作用于下卧层顶面上的荷载或土体中的附加应力难以精确计算。在工程上，常采用压力扩散法计算附加应力，该法假定复合地基顶面的荷载 p 在复合地基加固区内按压力扩散角 β 传递。

对于宽度为 b，长度为 L 的矩形荷载，设加固区厚度为 h，则作用在下卧层顶面上的附加应力 p_b 为

$$p_b=\frac{Lbp}{(b+2h\tan\beta)(L+2h\tan\beta)} \tag{12-10}$$

对于条形基础，仅考虑宽度方向的扩散，则

$$p_b=\frac{bp}{b+2h\tan\beta} \tag{12-11}$$

12-3 换填法设计

当软弱地基的承载力和变形不能满足建筑物要求，而软弱土层的厚度又不很大时，可将基础底面下处理范围内的软弱土层部分或全部挖除，然后分层回填砂石、素土、灰土、粉煤灰、矿渣或其他质地坚硬、性能稳定、无腐蚀性和放射性危害的工业废渣等材料，通过机械压（夯、振）实至所需的密实度，这种地基处理方法称为换填法，也称为换土垫层法或换填垫层法。不同的回填材料，形成不同的垫层，如砂垫层、碎石垫层、素土或灰土垫层、粉煤灰垫层及煤渣垫层等。

换填法适用于淤泥、淤泥质土、湿陷性黄土、素填土、杂填土地基及暗沟、暗塘等的浅层处理，是一种较为经济、简单的地基处理方法，处理地基时，可以优先考虑此法。

一、垫层的作用

垫层的作用主要有以下几个方面。

（一）提高地基的承载力

用于置换软弱土层的材料，其抗剪强度较高，因此，垫层（持力层）的承载力要比置换前软弱土层的承载力高许多。此外，作用在垫层顶面的荷载通过垫层的应力扩散，使下卧层顶面处受到的荷载相应减小，可满足小于或等于下卧层承载能力的条件。

（二）减少基础的沉降量

基础持力层被低压缩性的垫层替换，能大大减少基础的沉降量。垫层材料本身的压缩性较低，尤其是粗粒换填材料的垫层在施工期间垫层自身的压缩变形已基本完成，且压缩变形

量较小。此外，由于垫层的应力扩散作用，传递到垫层下卧层上的压力减小，也会使下卧层的压缩变形量减小。

（三）其他作用

粗粒换填材料垫层的透水性较大，可成为下卧饱和软土的上排水面，使软土上部的孔隙水压力较易消散，从而加速饱和软土的排水固结。对于湿陷性黄土、膨胀土、季节性冻土等特殊土场地，采用换填法处理可消除或部分消除地基土的湿陷性、胀缩性和冻胀性。

二、换填法设计

垫层的设计应满足建筑物对地基承载力和变形的要求。具体来说，设计内容应包括选择垫层截面的厚度和宽度以及垫层的密实度。

不同材料的垫层，其承载及变形特性基本相似，在设计时可将各种材料的垫层都近似按砂垫层的计算方法进行。不过，应该指出，对于湿陷性黄土、膨胀土、季节性冻土等场地，地基处理的主要目的与砂垫层有所区别，在设计时应顾及场地土的特殊性。

（一）垫层厚度的确定

垫层的厚度 z 应根据需置换软弱土的深度或垫层底面下卧土层的承载力及建筑物对地基变形的要求确定，并应符合下式的要求

$$p_z + p_{cz} \leqslant f_{az} \tag{12-12}$$

式中　p_z——垫层底面处土的自重压力值，kPa；

p_{cz}——相应于荷载效应标准组合时，垫层底面处的附加压力值，kPa；

f_{az}——垫层底面处经深度修正后的地基承载力特征值，kPa。

对于垫层底面处的附加压力 p_z，按《建筑地基处理技术规范》(JGJ 79—2002) 的规定，可分别按下式进行计算

条形基础

$$p_z = \frac{b(p_k - p_c)}{b + 2z\tan\theta} \tag{12-13}$$

矩形基础

$$p_z = \frac{bl(p_k - p_c)}{(l + 2z\tan\theta)(b + 2z\tan\theta)} \tag{12-14}$$

式中　b——矩形基础或条形基础底面的宽度，m；

l——矩形基础底面的长度，m；

p_k——相应于荷载效应标准组合时，基础底面处的平均压力值，kPa；

p_c——基础底面处土的自重压力值，kPa；

z——基础底面下垫层的厚度，m；

θ——垫层的压力扩散角，(°)，可按表 12-2 采用。

表 12-2　　压力扩散角 θ　　(°)

换填材料 / z/b	中砂、粗砂、砾砂、圆砾、角砾、石屑、卵石、碎石、矿渣	粉质粘土、粉煤灰	灰土
0.25	20	6	28
≥0.50	30	23	

注　1. 当 $z/b<0.25$ 时，除灰土仍取 $\theta=28°$ 外，其余材料均取 $\theta=0°$。
2. 当 $0.25<z/b<0.50$ 时，θ 值可内插求得。

在进行上述验算之前，可根据场地工程地质条件并参考当地经验，先假设一个垫层的厚度，然后根据式（12-12）进行验算，若不符合要求，重新设一个厚度再验算，直到满足要求为止。在工程实践中，一般取垫层厚度 $z=1\sim3$m，当厚度太小时，垫层的作用不大；但厚度若太大，则施工不便或不经济（此时可以考虑采用其他的地基处理方法），故垫层厚度也不宜大于 3m。

（二）垫层宽度的确定

垫层宽度的确定，应从两方面进行考虑：一方面要满足基础底面应力扩散的要求；另一方面应考虑垫层要有足够的宽度及侧面土的强度条件，防止垫层材料的侧向挤出而增大竖向的变形量。如果垫层侧面地基土的承载能力较高，具有抵抗水平向附加应力 σ_x 的能力，侧向变形小，则垫层的宽度可按压力扩散角来计算，即

$$b' \geqslant b + 2z\tan\theta \tag{12-15}$$

式中 b'——垫层底面宽度，m。

垫层顶面每边宜超出基础底边不小于 300mm，或从垫层底面两侧向上按当地开挖基坑经验的要求放坡，如图 12-2 所示。

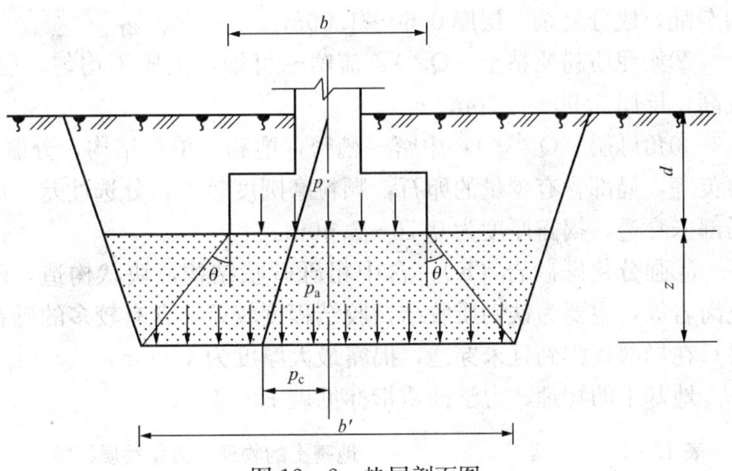

图 12-2 垫层剖面图

（三）垫层承载力的确定

垫层地基的承载力取决于换填材料的种类和性质、施工机具能量的大小及施工质量，宜通过现场原位试验确定。此外，对于一般的工程，在无试验资料或经验时，当施工达到一定的压实标准后，可参考表 12-3 所列的承载力特征值取用。

表 12-3 垫层的承载力

施工方法	换填材料	压实系数 λ_c	承载力特征值 f_{ak}（kPa）
碾压、振密或夯实	碎石、卵石	0.94～0.97	200～300
	砂夹石（其中碎石、卵石占全重的 30%～50%）		200～250
	土夹石（其中碎石、卵石占全重的 30%～50%）		150～200
	中砂、粗砂、砾砂、角砾、圆砾		150～200
	粉质粘土		130～180
	石屑		120～150
	灰土	0.95	200～250
	粉煤灰	0.90～0.95	120～150

注 1. 压实系数 λ_c 为土的控制干密度 ρ_d 与最大干密度 ρ_{dmax} 的比值；土的最大干密度宜采用击实试验确定，碎石或卵石的最大干密度可取 2.0～2.2t/m³。
2. 压实系数小的垫层，承载力特征值取低值，反之取高值。

（四）沉降计算

垫层地基的变形由垫层本身的变形和下卧层的变形组成。上文已述及，粗粒换填材料的垫层在施工期间垫层自身的压缩变形已基本完成，因此，在地基变形计算中，可以忽略此类垫层自身部分的变形值；对于细粒材料尤其厚度又较大的换填垫层，则应计入垫层自身的变形。垫层的模量应由载荷试验确定，当无试验资料时，可参照有关资料选取。

对于超出原地面标高的垫层，应及早换填，且应考虑垫层自重产生的附加荷载对拟建建筑物及相邻建筑物的影响。

【例 12-1】　某砖混结构住宅，采用钢筋混凝土条形基础，基础底面宽 1.4m，基础埋深 2.4m，基础底面平均压力值（标准组合值）为 200kPa。

场地地形平坦，地貌单元为山间洼地。地下水位在自然地面以下 4.50m。场地各层土的岩性特征如下：

①杂填土（Q_4^{ml}）：松散，稍湿，土质不均匀，内含有碎石、生活垃圾及植物根系，结构杂乱，成分复杂。层厚 0.60～1.00m。

②淤泥质粉质粘土（Q_4^{al}）：流塑～可塑，土质不均匀，层中上部含植物根系，含水率较高，层厚 3.90～5.60m。

③角砾层（Q_4^{al+pl}）：中密～稍密，饱和，单粒结构，分散构造，矿物成分主要为长石、石英等，局部含有少量的卵石，颗粒磨圆度较差，分选性差。此层在场地局部有缺失。本层局部未穿透，揭露厚度为 0.70～3.40m。

④强分化砾砂岩（K）：含中粗砾砂状结构，块状构造，砾石呈棱角状，母岩为灰岩、花岗岩等，主要为铁钙质胶结，胶结程度较差，含有较多的砾石及泥质，岩芯呈碎块状。此层只在局部揭露到且未穿透，揭露最大厚度为 1.00m。

地基土的物理、力学性质指标见表 12-4。

表 12-4　地基土的物理、力学性质指标

层号	含水量 w	天然重度 γ	孔隙比 e_0	液限 w_L	塑限 w_P	液性指数 I_L	压缩系数 a_{1-2}	地基承载力特征值 f_{ak}
	%	kN/m³		%	%		MPa⁻¹	kPa
②	22～31 (26.2)	16.2～19.2 (18.8)	0.97～0.75 (0.81)	31.9～33.9 (33.0)	17.8～19.1 (18.6)	0.29～0.85 (0.46)	0.22～0.46 (0.34)	80～120 (100)
③								170～190 (180)
④								340～380 (360)

注　括号内为平均值。

1. 地基基础方案

拟建建筑物基础埋深为 2.4m，位于淤泥质粉质粘土层②，本层土工程性质较差，地基土承载力特征值为 80～120kPa，故天然地基方案不成立，需采用人工地基。当地砂石料充足，砂石垫层施工经验丰富，可采用砂石垫层。

在考虑淤泥质粉质粘土层②的地基承载力特征值时，为安全起见，取为80kPa。

2. 确定砂石垫层厚度

(1) 初步选取垫层厚度为1.0m，要求分层碾压，压实系数不小于0.97，处理后垫层地基承载力特征值不小于200kPa。

(2) 试算垫层厚度。

取第①层土厚为0.8m，重度取为18kN/m³，则基础底面处土的自重压力为

$$p_c = 18\times0.8+18.8\times1.6 = 44.5\text{kPa}$$

垫层底面附加压力 p_z 按式（12-13）计算

$$p_z = \frac{b(p_k - p_c)}{b+2z\tan\theta} = \frac{1.4\times(200-44.5)}{1.4+2\times1\times\tan30^\circ} = 85.2\text{kPa}$$

垫层底面处土的自重压力为

$$p_{cz} = 18\times0.8+18.8\times2.6 = 63.3\text{kPa}$$

垫层底面处经深度修正后的地基承载力特征值为

$$f_{az} = f_{ak}+\eta_d\gamma_0(d-0.5) = 80+1\times\frac{18\times0.8+18.8\times2.6}{3.4}(3.4-0.5) = 134.0\text{kPa}$$

$$p_z+p_{cz} = 85.2+63.3 = 148.5 > f_{az} = 134.0\text{kPa}$$

以上计算说明垫层厚度不够，需重新考虑。取垫层厚度为2.0m，同理可得

$$p_z+p_{cz} = 58.7+82.1 = 140.8 < f_{az} = 152.8\text{kPa}$$

说明满足要求，故垫层厚度可取为2.0m。

(3) 确定垫层宽度。

由式（12-15）可得

$$b' \geqslant b+2z\tan\theta = 1.4+2\times2\times\tan30^\circ = 3.71\text{m}$$

若考虑到砂石垫层的碾压需采用重型机械，开挖基槽的方式无法满足施工需要，可采用大面积开挖，进行整片换填处理。

12-4　强　夯　法

强夯法是反复将夯锤（质量一般为10～40t，最重可达200t）提到一定高度使其自由落下（落距一般为10～40m），给地基以冲击和振动能量，对地基土施加很大的冲击能量，在土中产生冲击波和动应力，可提高地基土的强度、降低土的压缩性、提高砂土地基的抗液化能力、消除湿陷性黄土的湿陷性等。同时，夯击能量还可提高土层的均匀程度，减少将来可能出现的差异沉降。

强夯法在开始时，仅用于加固砂土和碎石土地基，经过多年的发展和应用，它已适用于碎石土、砂土、低饱和度的粉土与粘性土、湿陷性黄土、杂填土和素填土等地基的处理。对饱和度较高的粉土与粘性土，如用强夯法处理则效果不太显著，若在夯坑内回填块石、碎石或其他粗颗粒材料，强行夯入并排开软土，使其形成密实墩体，形成桩体与软土的复合地基，则称为强夯置换法。

工程实践表明，强夯法具有施工简单、加固效果显著、适用土类广、施工方便、节省劳力、施工期短、节约材料、使用经济等优点，但是其缺点是施工时噪声和振动较大。强夯施

工时，夯点周围一定范围内的地表振动强度达到一定数值时，会引起地表与周围建（构）筑物的共振，从而使之产生不同程度的损坏和破坏，必需时，应采取防振、隔振措施。强夯置换法在设计前必须通过现场试验确定其适用性和处理效果。

一、强夯法的加固机理

一般认为，强夯加固地基主要是由于强大的夯击能在地基中产生强烈的冲击波和动应力对土体作用的结果，但对于不同类型的土，具体的加固机理是不同的。

对于饱和土，巨大的冲击能量在土中产生很大的应力波，破坏了土体的原有结构，使土体局部发生液化并产生裂隙，从而增加排水通道，加速孔隙水排出，随着超静孔隙水压力的消散，土体逐渐固结。由于软土的触变性，强度得到提高。

对于非饱和土，在冲击波和动应力的反复作用下，迫使土骨架产生塑性变形，使土体中的孔隙减小，土体变得密实，从而提高地基土强度。非饱和土的夯实过程，就是土中的气相（空气）被挤出的过程，夯实变形主要是由于土颗粒的相对位移引起的。

二、设计

1. 有效加固深度和单击夯击能

强夯法加固地基能达到的有效加固深度（H）既是选择地基处理方法的重要依据，又是反映处理效果的重要参数。有效加固深度的影响因素很多，主要取决于单击夯击能和地基土的工程性质，此外，还与夯锤底面积、不同土层的厚度和埋藏顺序、地下水位埋深以及强夯法的其他设计参数等有关。强夯法的有效加固深度一般应根据现场试验或当地经验确定。在试验前也可采用下式估算或根据表 12-5 预估。

$$H = k\sqrt{\frac{Wh}{10}} \tag{12-16}$$

式中 W——锤重，kN；

h——落距，m；

k——经验系数，根据不同的土质条件取值：一般粘性土、砂土取 0.45～0.6，高填土取 0.6～0.8，湿陷性黄土取 0.34～0.5。

表 12-5 强夯法的有效加固深度 m

单击夯击能（kN·m）	碎石土、砂土等粗颗粒土	粉土、粘性土、湿陷性黄土等细颗粒土
1000	5.0～6.0	4.0～5.0
2000	6.0～7.0	5.0～6.0
3000	7.0～8.0	6.0～7.0
4000	8.0～9.0	7.0～8.0
5000	9.0～9.5	8.0～8.5
6000	9.5～10.0	8.5～9.0
8000	10.0～10.5	9.0～9.5

注 强夯法的有效加固深度应从最初起夯面算起。

根据地基处理的设计要求，确定强夯法的加固深度，然后根据加固深度选用强夯施工应采用的单击夯击能。单击夯击能为夯锤重（W）与落距（h）的乘积，一般应根据加固土层的厚度、地基状况和土质成分确定，有时也取决于现有起重机的起重能力和臂杆的长度，一般为1000～8000kN·m。

2. 夯锤和落距

单击夯击能确定后，可根据要求的单击夯击能和施工设备条件确定夯锤质量和落距。夯锤质量可取10～40t，落距则由起重设备来决定，一般为8～25m。

3. 夯击点布置与间距

采用强夯法处理地基时，强夯处理范围应大于建筑物基础范围，通常要求强夯处理范围每边超出基础外缘的宽度为基底下设计处理深度的1/2～2/3，并不宜小于3m。

夯击点布置可根据基底平面形状，采用等边三角形、等腰三角形或正方形布置。第一遍夯击点间距可取夯锤直径的2.5～3.5倍，第二遍夯击点位于第一遍夯击点之间。以后各遍夯击点间距可适当减小。对处理深度较深或单击夯击能较大的工程，第一遍夯击点间距宜适当增大。

4. 单点夯击击数和夯击遍数

单点夯击击数指单个夯点一次连续夯击的次数，对于不同地基土来说单点夯击击数也不同，常以夯坑的压缩量最大、夯坑周围隆起量最小为确定的原则，可从现场试夯得到的夯击击数和夯沉量关系曲线确定。最后两击的平均夯沉量要满足一定的条件，如当单击夯击能小于4000kN·m时最后两击的平均夯沉量不宜大于50mm；当单击夯击能为4000～6000kN·m时最后两击的平均夯沉量不宜大于100mm；当单击夯击能大于6000kN·m时最后两击的平均夯沉量不宜大于200mm。若夯坑周围地面隆起量太大，说明夯击效率降低，则夯击次数要适当减少。此外，还要考虑施工方便，不能因夯坑过深而发生起锤困难的情况。

夯击遍数应根据地基土的性质和工程要求确定，也与每遍每夯击点夯击数有关。夯击遍数一般采用点夯2～3遍，对于渗透性较差的细颗粒土，必要时夯击遍数可适当增加。最后再以低能量满夯2遍，满夯可采用轻锤或低落距锤多次夯击，锤印搭接，以夯实前几遍之间的松土和被振松的表层土。

5. 垫层铺设

对于软弱饱和土或地下水位较浅时，强夯前需要在拟加固的场地铺设垫层，使其能支承起重设备，便于夯击能的扩散，同时也可加大地下水位与地面的距离。垫层厚度随场地的土质条件、夯锤重量及其形状等条件而定。垫层厚度一般为0.5～2.0m，铺设的垫层不能含有粘土。

6. 间歇时间

间歇时间是指两遍夯击之间的时间间隔。间歇时间大小取决于地基土体中超静孔隙水压力消散的快慢。对于渗透性好的地基可连续夯击，对渗透性较差的粘性土，间歇时间一般需要3～4周。

7. 质量检验

强夯法处理后，效果检验可根据地基工程地质情况及地基处理要求，采用室内土工试验和静载荷试验、动力触探试验、静力触探试验、十字板剪切试验等原位测试手段进行。

12-5 砂 石 桩 法

碎石桩、砂桩和砂石桩总称为砂石桩，是指采用振动、冲击或水冲等方式在软弱地基中

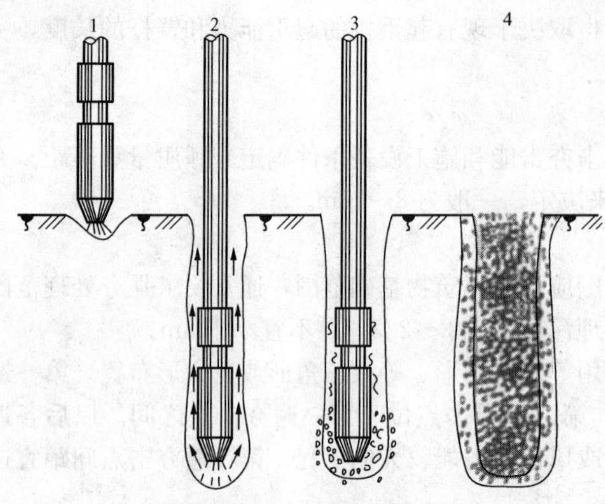

图 12-3 振冲砂石桩施工顺序示意图

1—定位；2—振冲成孔；3—填料和振实制桩；4—完毕

成孔后，再将砂或碎石挤压入已成的孔中，形成大直径的砂石所构成的密实桩体，并和桩周土组成复合地基的地基处理方法。砂石桩法适用于挤密松散砂土、粉土、粘性土、素填土、杂填土等地基。振冲砂石桩施工顺序示意图如图12-3所示。

一、砂石桩的作用

地基土类别不同，成桩或成孔的方法不同，砂石桩加固地基的作用也不相同。砂石桩用于处理松散砂土、粉土、粘性土、素填土及杂填土地基，靠桩的挤密和施工中的振动作用使桩周围土的密度增大，从而使地基土的承载能力提高，压缩性降低。饱和的砂土和粉土经砂石桩处理后，还可提高桩间土的抗液化能力。砂石桩法用于处理软土地基时，由于软粘土含水量高、透水性差，砂石桩很难发挥挤密效用，其主要作用是部分置换并与软粘土构成复合地基，同时加速软土的排水固结，增大地基土的强度，提高地基承载力，但由于加荷初期复合地基将产生较大的变形，因此应按建筑结构的具体条件区别对待，最好是通过现场试验后再确定是否采用。

二、砂石桩的设计

（一）桩位布置

砂石桩的平面布置可采用等边三角形或正方形。对于砂土地基，因靠砂石桩的挤密提高桩周土的密度，所以采用等边三角形更有利，它使地基挤密较为均匀。对于软粘土地基，主要靠置换，因而选用任何一种均可。

（二）桩径

砂石桩直径可采用300～800mm，可根据地基土质情况和成桩设备等因素确定。对饱和粘性土地基宜选用较大的直径。砂石桩直径的大小取决于施工设备桩管的大小和地基土的条件。小直径桩管挤密质量较均匀但施工效率低；大直径桩管需要较大的机械能力，工效高，采用过大的桩径，一根桩要承担的挤密面积大，通过一个孔要填人的砂料多，不易使桩周土挤密均匀。对于软粘土宜选用大直径桩管以减小对原地基土的扰动程度，同时置换率较大可提高处理的效果。

（三）桩间距

对粉土和砂土地基，桩间距不宜大于砂石桩直径的4.5倍；对粘性土地基不宜大于砂石桩直径的3倍。由于砂石桩在松散砂土和粉土中与在粘性土中的作用机理不同，在松散砂土和粉土中，其作用机理主要为挤密和振密，在粘性土中主要为置换作用，所以，桩间距的计算方法也有所不同。

1. 砂土和粉土

对于松散砂土和粉土地基，可根据挤密处理后要求达到的孔隙比 e_1 确定。假定地层挤密是均匀的，挤密前后土的固体颗粒体积不变，土层密度的增加靠其孔隙的减小，把原土层

的密度提高到要求的密度，孔隙要减小的数量可通过计算得出。初步设计时，砂石桩的间距可按下列公式估算

正三角形布置

$$s = 0.95\xi d\sqrt{\frac{1+e_0}{e_0-e_1}} \tag{12-17}$$

正方形布置

$$s = 0.89\xi d\sqrt{\frac{1+e_0}{e_0-e_1}} \tag{12-18}$$

处理后的孔隙比 e_1 可由下式求得

$$e_1 = e_{max} - D_{r1}(e_{max} - e_{min}) \tag{12-19}$$

式中 e_0——天然孔隙比；

e_1——处理后要求的孔隙比；

s——桩间距，m；

d——桩直径，m；

e_{max}——最大孔隙比，即砂土处于最松散状态时的孔隙比；

e_{min}——最小孔隙比，即砂土处于最密实状态时的孔隙比；

D_{r1}——处理后要求达到的相对密度，一般取值为0.70～0.85；

ξ——修正系数，当考虑振动下沉密实作用时可取1.1～1.2，不考虑振动下沉密实作用时可取1.0。

2. 粘性土地基

对于粘性土地基，桩距可按面积置换率要求计算。

正三角形布置时

$$s = \sqrt{\frac{2}{\sqrt{3}}A_e} = 1.07\sqrt{A_e} \tag{12-20}$$

正方形布置时

$$s = \sqrt{A_e} \tag{12-21}$$

$$A_e = \frac{A_p}{m} \tag{12-22}$$

式中 A_e——一根桩承担的处理面积，m^2；

m——置换率，一般取为0.1～0.3。

桩间距与要求的复合地基承载力及桩和原地基土的承载力有关。如按要求的承载力算出的置换率过高、桩距过小不易施工时，则应考虑增大桩径和桩距。在满足上述要求条件下，一般桩距应适当大些，可避免施工过大地扰动原地基土，影响处理效果。

（四）桩长

砂石桩的桩长可根据工程要求和工程地质条件通过计算确定。当松软土层厚度不大时，砂石桩桩长宜穿过松软土层；当松软土层厚度较大时，对按稳定性控制的工程，砂石桩桩长应不小于最危险滑动面以下2m的深度；对按变形控制的工程，砂石桩桩长应满足处理后地基变形量不超过建筑物的地基变形允许值并满足软弱下卧层承载力的要求；在可液化地基中，加固深度应按现行国家标准《建筑抗震设计规范》（GB 50011—2001）的有关规定

采用。

砂石桩桩体在受荷过程中，在桩顶下 4 倍桩径范围内将发生侧向膨胀，因此设计桩长应大于主要受荷深度，即不宜小于 4.0m。

（五）处理范围

砂石桩处理范围应大于基底范围，处理宽度宜在基础外缘扩大 1～3 排桩。对可液化地基，在基础外缘扩大宽度不应小于可液化土层厚度的 1/2，并不应小于 5m。

（六）填料

桩体材料可用碎石、卵石、角砾、圆砾、砾砂、粗砂、中砂或石屑等硬质材料，含泥量不得大于 5%，最大粒径不宜大于 50mm。砂石桩桩孔内的填料量应通过现场试验确定，估算时可按设计桩孔体积乘以充盈系数 β 确定，β 可取 1.2～1.4。

（七）桩头处理

由于上覆土压力较小，对桩体的约束力较小，桩体上部较为松散。为了保证桩顶部的密实，在施工砂石桩前应在桩顶高程以上预留一定厚度（一般为 1.0m 左右）的土层，桩体施工完成后，应将顶部的松散桩体挖除，如无预留，应将松散桩头压实，随后铺设一层厚度为 300～500mm 的砂石垫层。

（八）复合地基承载力

砂石桩复合地基的承载力特征值，应通过现场复合地基载荷试验确定，初步设计时，也可按式（12-7）估算。

对于小型工程的粘性土地基如无现场载荷试验资料，初步设计时，复合地基承载力特征值也可按下式估算

$$f_{spk} = [1 + m(n-1)]f_{sk} \tag{12-23}$$

式中　n——桩土应力比，在无实测资料时，常见范围值 2～5，规范建议取为 2～4，原状土强度低时取大值，强度高时取小值。

（九）复合地基沉降计算

复合地基沉降量为加固区压缩量 s_1 和加固区下卧层压缩量 s_2 之和。复合地基的变形计算应符合现行国家标准《建筑地基基础设计规范》（GB 50007）有关规定，采用分层总和法计算。

（十）质量检验

砂石桩的施工质量检验可采用单桩载荷试验，对桩体可采用动力触探试验检测，对桩间土可采用标准贯入、静力触探、动力触探或其他原位测试等方法进行检测，承载力检验应采用复合地基载荷试验。桩间土质量的检测位置应在等边三角形或正方形的中心。

12-6　预压法设计

在我国沿海地区、内陆湖泊和河流谷地分布着大量的海相、泻湖相、三角洲相、溺谷相和湖泊相的粘性土沉积物，这种沉积物一般属于软弱粘性土，或简称为软粘土。软粘土大部分都处于饱和状态，天然含水量大于液限，孔隙比大于 1.0，其特点是天然含水量高、压缩性很大且不均匀、抗剪强度低、渗透系数小且有时埋藏较深厚。在软土地基上直接建造建筑物时，地基将由于固结和剪切变形而产生很大的沉降和不均匀沉降，而且沉降稳定历时较

长，影响到了建筑物的正常使用。此外，由于其强度低，地基土的承载力和稳定性往往不能满足工程要求而发生破坏。对于这类软土地基，比较常用且又行之有效的处理措施就是采用预压法。

一、加固原理与应用条件

在荷载的作用下，饱和软土中的孔隙水能够不断排出，土层逐渐固结，土的孔隙比逐渐减小，压缩性降低，土中有效应力逐步增加，经处理后地基土的抗剪强度将得到提高。如果在建筑场地先加一个和建筑物荷载大小相同的压力进行预压，使土层固结完成后卸除荷载再建造建筑物，这样，建筑物的沉降就会明显减小。如果预压荷载大于结构物荷载，即所谓超载预压，此时土层的固结压力大于使用荷载下的固结压力，原来的正常固结粘土层将处于超固结状态，从而使土层在使用荷载下的变形大为减小。

根据固结理论，土体固结速率与土体渗透系数及土体排水固结的最大排水距离等因素有关，且固结所需时间与最大排水距离的平方成正比。当软土层厚度较薄或土层厚度相对荷载宽度比较小时，土层中孔隙水可以经上下透水层排出而使土层发生固结。但当软土层很厚时，土体发生固结所需的时间很长，因此，为了满足工程需要，加速地基土体固结，常在被加固地基中置入砂井、塑料排水板等竖向排水体，增加土层的排水途径，缩短排水距离，达到加速地基固结的目的。

预压法正是利用地基土的这一排水固结的特性，通过施加预压荷载，并设置各种排水条件（砂井和排水砂垫层等），以加速饱和软土固结发展的一种地基处理方法。

预压法适用于处理淤泥质土、淤泥和冲填土等饱和粘性土地基，这类土在持续荷载的作用下，会产生很大的压缩变形，强度会显著提高。对超固结土，只有当土层的有效上覆压力与预压荷载所产生的应力水平明显大于土的先期固结压力时，土层才会发生明显的压缩。对泥炭土、有机质土和其他次固结变形占很大比例的土，处理效果较差，只有当主固结变形与次固结变形相比所占比例较大时才会有明显的效果。

预压法通常由排水系统和加压系统两部分组成，如图 12 - 4 所示。排水系统一般包括水平向排水垫层和竖向排水通道两部分。水平向排水垫层一般为砂垫层，竖向排水通道通常采用在地基中设置普通砂井、袋装砂井或塑料排水带等形成。若软土层较薄或渗透性较好，也可不增设人工竖向排水通道，只在地基表面铺设一定厚度的砂垫层。加压系统的作用主要是对地基施加预压并使地基土产生固结，通常采用的方法主要有堆载法和真空预压法，另外还有真空预压联合堆载法、降水预压法和电渗排水预压法等。堆载预压分塑料排水带或砂井地基堆载预压和天然地基堆载预压。一般当软土层厚度小于 4m 时，可采用天然地基堆载预压法处理，当软土层厚度大于 4m 时，为加速土层的排水固结，应采用塑料排水带、砂井等竖井排水预压法处理地基，对于真空预压工程，必须在地基内设置排水竖井。

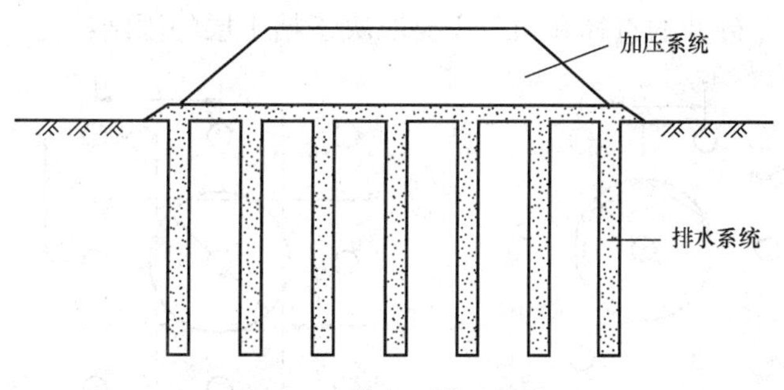

图 12 - 4　排水固结法示意图

堆载预压法加固饱和软土地基是通过在地面上堆载，对地基土进行预压，使其在预压过程中排水固结，达到减少工后沉降及提高地基承载力的目的。堆载一般用填土、砂石等散粒材料。这种加固方法对于储（水、油）罐地基和路堤的处理更为实用，可省去堆卸载和运输等费用。在储罐试水期间，通过分级充水，便可对地基土地进行预压和排水固结，并减小其在使用阶段的地基沉降增量和提高地基的承载力。堤坝常以其自身重量有控制地分级加载，直至设计标高。有时为了加速地基土的排水固结过程，可使预压荷载大于使用荷载，称为超载预压法。

真空预压法与堆载预压法在排水系统上是基本相同的，不同的是加压系统。堆载预压法由于堆载物数量较大、装卸和运输麻烦等缺点而影响其广泛使用。而真空预压法可通过抽气形成负压区，利用大气压力作为预压荷载以达到排水固结的目的。在单纯采用真空预压法不能达到地基处理设计要求时，也可同时结合堆载或振冲碎石桩加固处理地基。

真空预压法加固的一般布置，由袋装砂井或塑料排水板、排水管线、汇水垫层、覆盖不透气的薄膜以及真空装置整套设备组成。预压效果的关键在于保持密封薄膜覆盖层下方的真空度，真空度越高，预压效果越好。

二、预压法的设计

预压法在设计时，应根据上部结构荷载的大小、地基土性质以及工期要求，合理确定预压荷载的类型与大小；合理选用竖向排水体的类型、布置与打入深度；分析地基土的固结、强度的增长和沉降的发展，拟订分级加载的进程，控制加荷速率，保证地基处理始终在稳定的条件下施工，达到预期目的。必要时，对重要工程，应预先选择具有代表性的地段进行预压试验。预压法的设计内容主要包括如下几个方面。

（一）排水系统的设计

排水系统的设计主要包括选择砂井或塑料排水带，确定其断面尺寸、间距、排列方式和深度；确定排水砂垫层的材料和厚度。

1. 砂井或塑料排水带的尺寸、间距、排列方式和深度

砂井的直径和间距主要取决于粘土层的固结特性、预定时间内所要求达到的固结度以及施工期限的要求，原则上以井径和井间距之间的关系以“细而密”为好。一般普通砂井直径可取为300～500mm，袋装砂井直径可取为70～120mm。

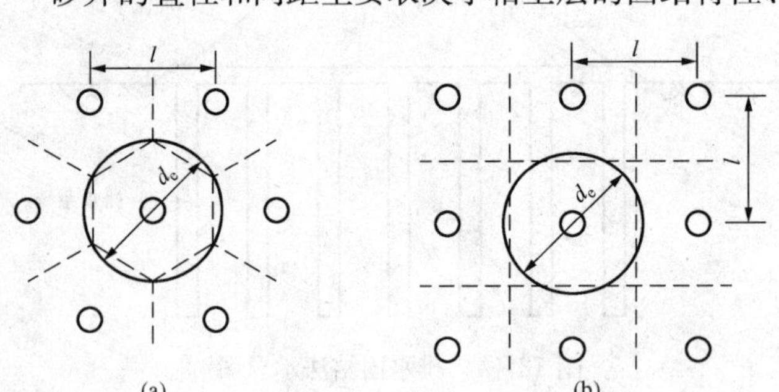

图 12 - 5　砂井布置图

（a）正三角形布置；（b）正方形布置

排水竖井在平面上可布置成正三角形或正方形，当排水井为正方形排列时，每个排水井的有效排水范围（影响范围）为一个正方形，而正三角形排列时则为一个正六边形，如图 12 - 5 所示。实用上常将有效排水范围换算成与多边形面积相等的一个圆，则排水竖井的有效排水直径 d_e 与间距 l 的关系为

正方形排列时

$$d_e=\sqrt{\frac{4}{\pi}}\cdot l=1.13l \tag{12 - 24}$$

等边三角形排列时

$$d_e=\sqrt{\frac{2\sqrt{3}}{\pi}}\cdot l=1.05l \tag{12-25}$$

式中　d_e——排水竖井的有效直径，mm；

l——排水竖井的间距，mm。

排水竖井的有效排水直径和井径的比值称为井径比 n（$n=d_e/d_w$，d_w 为竖井直径，对塑料排水带可取 $d_w=d_p$）。竖井的间距，对于普通砂井，一般取 $n=6\sim8$，塑料排水带或袋装砂井的间距可按 $n=15\sim22$ 选用。井径比取值小，则最大排水距离短，地基固结速度快，但地基处理的成本会相应提高。塑料排水带的作用和设计计算方法与砂井排水法相同，设计时可把塑料排水带换算成相当直径的砂井。塑料排水带的当量换算直径可按下式计算

$$d_p=\frac{2(b+\delta)}{\pi} \tag{12-26}$$

式中　d_p——塑料排水带的当量换算直径，mm；

b——塑料排水带宽度，mm；

δ——塑料排水带厚度，mm。

排水竖井的深度主要根据土层的分布、地基中附加应力的大小、地基的稳定性、对工后沉降的要求和工期等因素确定，也就是以地基处理的深度确定排水竖井的深度。对以地基抗滑稳定性控制的工程，竖井深度应大于最危险滑动面的深度，并至少超过最危险滑动面2.0m；对以变形控制的建筑，竖井深度应根据在限定的预压时间内需完成的变形量确定，尽可能穿透受压土层；当软土层较薄，排水竖井应穿透软土层；当软土层中有砂层或砂透镜体时，排水竖井应尽可能打至砂层或砂透镜体，但若砂层中有承压水，则不应打至砂层，防止承压水与排水竖井连通；对于无砂层的深厚软土地基，可根据其稳定性及建筑物在地基中产生的附加压力与土的自重压力之比确定。

2. 排水砂垫层的材料和厚度

预压法处理地基时应在地表铺设用于排水的砂垫层，以连通排水竖井，引出从土层中排入竖井的渗流水。《建筑地基处理技术规范》（JGJ 79—2002）规定，砂垫层厚度不应小于500mm，砂料宜用中粗砂，粘粒含量不宜大于3%，砂料中可混有少量粒径小于50mm的砾石。砂垫层的干密度应大于1.5g/cm^3，其渗透系数宜大于 1×10^{-2}cm/s。在预压区边缘应设置排水沟，在预压区内宜设置与砂垫层相连的排水盲沟。

（二）预压设计计算

根据地基土的情况，预压可分为单级加荷和多级加荷。采用真空预压法时，地基土中有效应力不断增加，地基不存在失稳问题，由抽真空形成的预压荷载可一次全部施加。采用堆载预压法时，当天然地基的强度满足总预压荷载下地基的稳定性时，荷载可一次施加，否则应分级逐渐加载，待前期预压荷载下地基土的强度增长到满足下一级荷载下地基的稳定性要求时方可加载。在设计时，一般先确定一个初步的加荷计划，然后校核这一加荷计划下地基的稳定性和沉降，具体计算步骤如下：

（1）利用天然地基土的抗剪强度计算第一级容许施加的荷载 p_1。对于堤坝地基或条形基础，可按下式计算

$$p_1=\frac{5.14c_u}{k} \tag{12-27}$$

对于矩形或圆形基础可按下式计算

$$p_1=\frac{1}{k}N_c c_u\left(1+0.2\frac{b}{l}\right)\left(1+0.2\frac{d}{b}\right)+\gamma d \tag{12-28}$$

式中　c_u——天然地基不排水抗剪强度，kPa；

N_c——承载力因数，矩形基础 $N_c=5.52$，圆形基础 $N_c=6$；

k——安全系数，可取 $k=1.3\sim1.5$；

b——矩形基础的宽度或圆形基础的直径，m；

l——矩形基础的长度，m；

d——基础的埋置深度，m；

γ——地基土的重度，kN/m^3。

(2) 计算荷载 p_1 的加荷速率及所需时间。施加荷载时，加荷速率 $\dot{q}$ 不宜过快，以防止产生剪切破坏，一般取 4～8kPa/d，则为图 12-6 中的 $T_1=p_1/\dot{q}_1$。

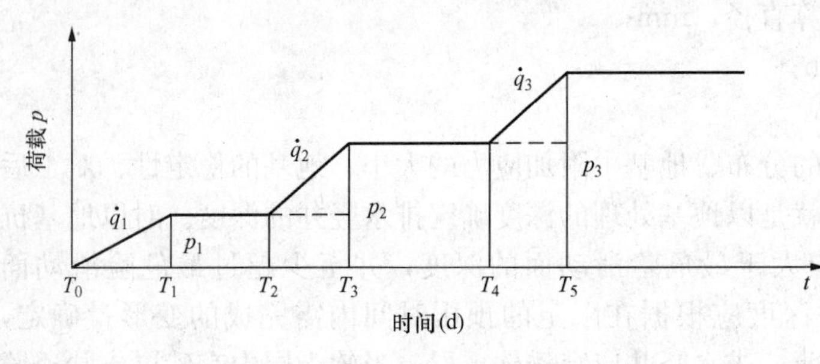

图 12-6　多级加荷过程

(3) 计算荷载 p_1 作用下达到确定的固结度所需要的时间。为了防止地基土产生剪切破坏，在施加荷载 p_1 后需恒载一段时间，待地基土固结（达到某一固结度）后再施加下一级荷载。达到某一固结度所需的时间可根据固结度与时间的关系求得。

(4) 计算第一级荷载下地基强度增长值和估算第二级荷载的容许值。地基强度的增长值可按式（12-35）计算 τ_{ft} 值，然后将 τ_{ft} 值代替式（12-27）或式（12-28）中的 c_u 值，计算第二级荷载到达的 p_2 值。

类似地，求出在 p_2 作用下地基固结度达 70%时的强度和所需要的时间，然后计算第三级所能施加的荷载，依次可计算出以后各级荷载和停歇时间，一直计算至所设计的总荷载。这样就可确定出初步的加荷计划。

(5) 地基稳定性验算。在每级荷载下，若地基的稳定性不满足要求，则需调整加荷计划。

(6) 计算预压荷载下地基的最终沉降量和预压期间的沉降量，其目的在于确定预压荷载卸除的时间。

从以上可以看出，无论是排水系统设计还是预压计划设计，影响因素都很多，而且二者是相互影响、相互制约的。预压法的设计过程是一个反复调整、不断优化的过程。在实际工程中，除了按上述方法进行设计外，还要求设置现场原位监测系统，埋设沉降、水平位移和孔隙水压力等仪器设备，监视地基预压动态的发展，防止地基剪切破坏。对于以抗滑稳定性控制的重要工程，还应在预压区内预留孔位，在堆载不同阶段进行原位十字板剪切试验和取土进行室内土工试验，根据试验结果，验算下一级荷载下地基的抗滑稳定性，同时也检验地基处理效果。

(三) 地基土固结度的计算

固结度的计算是堆载预压处理地基中的重要内容，可根据各级荷载下不同时间的固结度，推算出地基强度的增长，分析地基的稳定性，确定相应的加荷计划，估算在预压荷载下不同时间的地基沉降量，确定预压荷载的期限。

现有砂井地基的固结理论通常假设荷载是一次瞬时施加的，所以对逐级加荷条件下地基固结度的计算需经过修正。逐渐加载条件下竖井地基平均固结度的计算，《建筑地基处理技术规范》（JGJ 79—2002）采用的是改进的高木俊介法，该公式在理论上是精确解，无需先计算瞬时加载条件下的固结度，再根据逐渐加载条件进行修正，而是两者合并计算出修正后的平均固结度，而且公式适用于多种排水条件，可应用于考虑井阻及涂抹作用的径向平均固结度计算，其具体计算方法如下：

对于一级或多级等速加载条件下，当固结时间为 t 时，对应总荷载的地基平均固结度可按下式计算

$$\overline{U}_t=\sum_{i=1}^{n}\frac{\dot{q}_i}{\sum\Delta p}\left[(T_i-T_{i-1})-\frac{\alpha}{\beta}e^{-\beta t}(e^{\beta T_i}-e^{\beta T_{i-1}})\right] \tag{12-29}$$

式中 $\overline{U}_t$——t 时间地基的平均固结度；

$\dot{q}_i$——第 i 级荷载的加载速率，kPa/d；

$\sum\Delta p$——各级荷载的累加值，kPa；

T_{i-1}，T_i——分别为第 i 级荷载加载的起始和终止时间（从零点起算），d，当计算第 i 级荷载加载过程中某时间 t 的固结度时，T_i 改为 t；

α，β——参数，根据地基土排水固结条件按表 12-6 采用。对竖井地基，表中所列 β 为不考虑涂抹和井阻影响的参数值。

表 12-6　　参数 α 和 β 的取值

排水固结条件 / 参数	竖向排水固结 $\overline{U}_z>30\%$	向内径向排水固结	竖向和向内径向排水固结（竖井穿透受压土层）	说　明
α	$\frac{8}{\pi^2}$	1	$\frac{8}{\pi^2}$	$F_n=\frac{n^2}{n^2-1}\ln(n)-\frac{3n^2-1}{4n^2}$ 式中：c_h 为土的径向排水固结系数（cm^2/s），c_v 为土的竖向排水固结系数（cm^2/s），H 为土层竖向排水固结距离（cm）
β	$\frac{\pi^2 c_v}{4H^2}$	$\frac{8c_h}{F_n d_e^2}$	$\frac{8c_h}{F_n d_e^2}+\frac{\pi^2 c_v}{4H^2}$	

当排水竖井采用挤土方式施工时，井管的打入会扰动周围的地基土，井管的上下还会对井壁发生涂抹作用，这都会降低土的径向渗透性，因此应考虑涂抹对土体固结的影响。砂井中的砂料对渗流也有阻力，会产生水头损失。当竖井的纵向通水量 q_w 与天然土层水平向渗透系数 k_h 的比值较小，且长度又较长时，尚应考虑井阻影响。

瞬时加载条件下，当考虑涂抹和井阻影响时，竖井地基径向排水平均固结度可按下式计算

$$U_r=1-e^{-\frac{8c_h}{Fd_e^2}t} \tag{12-30}$$

$$F=F_n+F_s+F_r \tag{12-31}$$

$$F_n=\ln(n)-\frac{3}{4}(n\geqslant 15) \tag{12-32}$$

$$F_s = \left(\frac{k_h}{k_s} - 1\right)\ln s \tag{12-33}$$

$$F_r = \frac{\pi^2 l^2}{4}\frac{k_h}{q_w} \tag{12-34}$$

以上式中　U_r——固结时间 t 时竖井地基径向排水平均固结度；

k_h——天然土层水平向渗透系数，cm/s；

k_s——涂抹区土的水平向渗透系数，cm/s，可取 $k_s=(1/5\sim1/3)k_h$，cm/s；

l——竖井深度，cm；

q_w——竖井纵向通水量，为单位水力梯度下单位时间的排水量，cm^3/s。

一级或多级等速加荷条件下，考虑涂抹和井阻影响时，竖井穿透受压土层地基的平均固结度可按式（12-30）计算，但参数 α 和 β 的取值为

$$\alpha = \frac{8}{\pi^2}, \beta = \frac{8c_h}{Fd_e^2} + \frac{\pi^2 c_v}{4H^2}$$

（四）地基土强度增长的计算

软土地基在预压荷载作用下排水固结，土体中超静孔隙水压力逐渐消散，土体抗剪强度逐渐增大，但随着荷载的增大，地基土中的剪应力也在增大，在一定条件下，土体会产生蠕变，又会导致地基土的抗剪强度降低。这一点也说明了应适当控制加荷速率，使地基土由于排水固结而增长的强度与剪应力的增长相适应。

对正常固结饱和粘性土地基，某一时间 t 某点的抗剪强度可按下式计算

$$\tau_{ft} = \eta(c_u + \sigma_z U_t \tan\varphi_{cu}) \tag{12-35}$$

式中　τ_{ft}——t 时刻，该点土的抗剪强度，kPa；

c_u——地基土的天然不排水抗剪强度，kPa；

σ_z——预压荷载引起的该点的竖向附加压力，kPa；

U_t——该点土的固结度；

φ_{cu}——三轴固结不排水试验求得的土的内摩擦角，(°)；

η——强度衰减系数，工程实测结果 $\eta=0.7\sim0.9$。

（五）地基沉降计算

预压荷载下地基的最终沉降量包括瞬时变形、主固结变形和次固结变形三部分。次固结变形大小和土的性质有关。泥炭土、有机质土或高塑性粘性土土层，次固结变形较显著，而其他土则所占比例不大，如忽略次固结变形，则受压土层的总变形由瞬时变形和主固结变形两部分组成。

在实际的工程应用中，为了方便计算，常采用经验算法，考虑地基剪切变形及其他因素的综合影响，以主固结变形为基准，再用经验系数加以修正，得到地基的最终沉降量。对于正常固结或弱超固结土地基，预压荷载下地基的最终竖向变形量可按下式计算

$$s_f = \xi\sum_{i=1}^{n}\frac{e_{0i} - e_{1i}}{1 + e_{0i}}h_i \tag{12-36}$$

式中　s_f——最终竖向变形量，m；

e_{0i}——第 i 层中点土自重压力所对应的孔隙比，由 e-p 曲线查得；

e_{1i}——第 i 层中点土自重压力与附加压力之和所对应的孔隙比，由 e-p 曲线查得；

h_i——第 i 层土层厚度，m；

ξ——考虑瞬时变形和其他影响因素的经验系数，对正常固结饱和粘性土地基可取 ξ=1.1～1.4，荷载较大、地基土较软弱时取较大值，否则取较小值。

变形计算时，可取附加应力与土自重应力的比值为0.1的深度作为受压层的计算深度。

12-7　水泥土搅拌法

水泥土搅拌法是以水泥作为固化剂的主剂，通过特制的深层搅拌机械，沿深度将固化剂和地基土就地强制搅拌，使软土硬结成具有整体性、水稳定性和一定强度的桩体的地基处理方法。水泥土搅拌法适用于处理正常固结的淤泥与淤泥质土、粉土、饱和黄土、素填土、粘性土以及无流动地下水的饱和松散砂土地基。水泥土搅拌法施工顺序如图12-7所示。

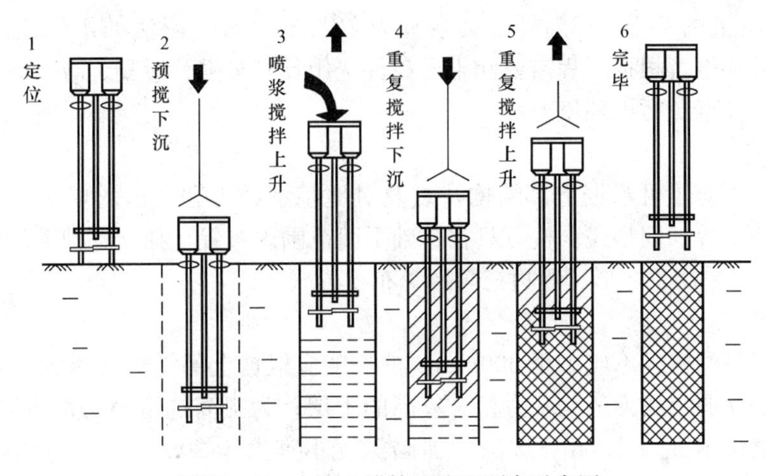

图12-7　水泥土搅拌法施工顺序示意图

根据固化剂掺入状态的不同，水泥土搅拌法可分为喷浆搅拌法（简称湿法）和粉体喷射搅拌法（简称干法）两种。前者是用水泥浆液和地基土搅拌，后者是用水泥粉体和地基土搅拌。采用干法施工时，不再向地基土中注入附加水分，这样能充分吸收周围软土中的水分，因此加固后，地基的初期强度较高，对含水量高的软土，其加固效果尤为显著。

采用水泥土搅拌法加固地基时，可根据需要将地基土体加固成块状、圆柱状、壁状、格栅状等多种形状，形成的水泥土加固体，可作为竖向承载的复合地基（图12-8），基坑工程围护挡墙（图12-9）、被动区加固、防渗帷幕，大体积水泥稳定土等。

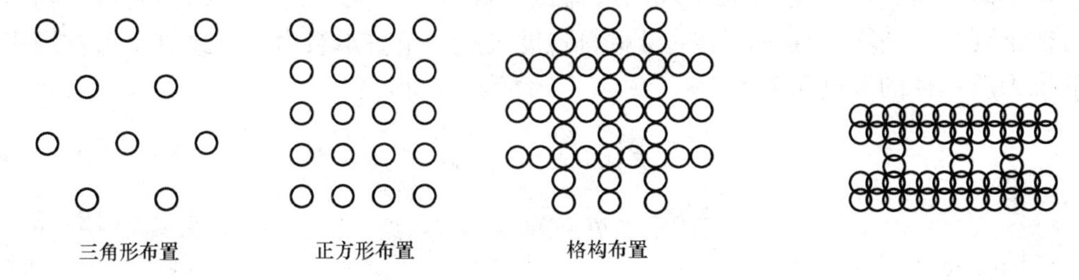

图12-8　复合地基平面布置形式

图12-9　格构形水泥土重力式挡墙

一、水泥土形成的机理

当土颗粒与水泥浆液搅拌混合后，水泥颗粒表面的矿物很快与土中的水发生水化和水解反应，在颗粒间形成各种水化物。这些水化物有的继续硬化，形成水泥石骨料，有的则与周围具有一定活性的粘土颗粒发生反应。通过离子交换和团粒化作用，使较小的土颗粒形成较大的土团粒；通过硬凝反应，逐渐生成不溶于水的稳定的结晶化合物，从而使土的强度提高。此外，水泥水化物中的游离 $Ca(OH)_2$ 能吸收水中和空气中的 CO_2，发生碳酸化反应，生成不溶于水的 $CaCO_3$，这种碳酸化反应也能使水泥土强度提高。通过以上反应，使软土硬结成具有一定整体性、水稳性和一定强度的水泥加固土。

二、水泥土搅拌桩法的设计要点

1. 水泥土的配方

固化剂宜选用强度等级为 32.5 级及以上的普通硅酸盐水泥。水泥掺量除块状加固时可用被加固湿土质量的 7%～12%外，其余宜为 12%～20%。湿法的水泥浆水灰比可选用 0.45～0.55。外掺剂可根据工程需要和土质条件选用具有早强、缓凝、减水以及节省水泥等作用的材料，但应避免污染环境。

2. 布桩形式

搅拌桩的平面布置可根据上部结构特点及对地基承载力和变形的要求，采用柱状、壁状、格栅状或块状等加固型式。桩可只在基础平面范围内布置，独立基础下的桩数不宜少于 3 根。柱状加固可采用正方形、等边三角形等布桩形式。

3. 桩长和桩径

水泥土搅拌桩的桩径不应小于 500mm。桩长度应根据上部结构对承载力和变形的要求确定，并宜穿透软弱土层到达承载力相对较高的土层；为提高抗滑稳定性而设置的搅拌桩，其桩长应超过危险滑弧以下 2m。湿法的加固深度不宜大于 20m；干法的加固深度不宜大于 15m。

4. 复合地基承载力计算

水泥土搅拌桩复合地基的承载力特征值应通过现场单桩或多桩复合地基静荷载试验确定，初步设计时，也可按式 (12-8) 估算，公式中 f_{sk} 为桩间土承载力特征值 (kPa)，可取天然地基承载力特征值；β 为桩间土承载力折减系数，当桩端土未经修正的承载力特征值大于桩周土的承载力特征值的平均值时，可取 0.1～0.4，差值大时取低值；当桩端土未经修正的承载力特征值小于或等于桩周土的承载力特征值的平均值时，可取 0.5～0.9，差值大或设置褥垫层时均取高值。

单桩竖向承载力特征值 R_a，应通过现场载荷试验确定。当无单桩载荷试验资料，初步计算时，可按下列公式估算，且应使由桩身材料强度确定的单桩承载力大于或等于由桩周土和桩端土的抗力所提供的单桩承载力

$$R_a = u_p \sum_{i=1}^{n} q_{si} l_i + \alpha q_p A_p \tag{12-37}$$

$$R_a = \eta f_{cu} A_p \tag{12-38}$$

式中 u_p——桩的周长，m；

n——桩长范围内所划分的土层数；

q_{si}，q_p——桩周第 i 层土的侧阻力、桩端端阻力特征值，kPa，可按相关规范确定；

l_i——第 i 层土的厚度，m；

α——桩端天然土承载力折减系数，可取 0.4～0.6；

η——桩身强度折减系数，干法可取 0.2～0.3，湿法可取 0.25～0.33；

f_{cu}——与搅拌桩桩身水泥土配方相同的立方体试块（边长为 70.7mm）在标准养护条件下 90d 龄期的立方体抗压强度平均值，kPa。

5. 复合地基沉降计算

搅拌桩复合地基的变形包括搅拌桩复合土层的平均压缩变形 s_1 与桩端下未加固土层的压缩变形 s_2 两部分，其中搅拌桩复合土层的压缩变形 s_1 可按下式计算

$$s_1 = \frac{(p_z + p_{zl})l}{2E_{sp}} \tag{12-39}$$

$$E_{sp} = mE_p + (1-m)E_s \tag{12-40}$$

式中 p_z——搅拌桩复合土层顶面的附加压力值，kPa；

p_{zl}——搅拌桩复合土层底面的附加压力值，kPa；

E_{sp}——搅拌桩复合土层的压缩模量，kPa；

E_p——搅拌桩的压缩模量，可取（100～120）f_{cu}，kPa，对桩较短或桩身强度较低者可取低值，反之可取高值；

E_s——桩间土的压缩模量，kPa。

桩端以下未加固土层的压缩变形 s_2 可按现行国家标准《建筑地基基础设计规范》（GB 50007）的有关规定进行计算。

12-8 高压喷射注浆法

高压喷射注浆法是将高压水泥浆通过钻杆由水平方向的喷嘴喷出，形成喷射流，以此切削土体，使水泥浆液与土体混合，产生一系列物理化学作用，水泥土凝固硬化，达到加固地基的一种地基处理方法。高压喷射注浆法施工时，首先用钻机钻孔至预定深度，然后利用高压脉冲泵（工作压力在 20MPa 以上），通过安装在钻杆下端的特殊喷射装置向四周喷射浆液，一边喷射，一边旋转和提升钻杆，直至设计高度。高压喷射流使一定范围内的土体结构破坏，并与浆液强制混合，胶结硬化后在地基中形成一定强度的加固体。高压喷射注浆法施工顺序如图 12-10 所示。

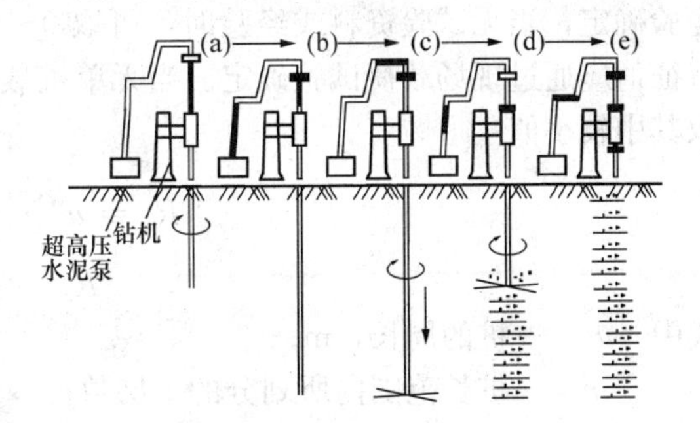

图 12-10 高压旋喷法施工顺序示意图

(a) 低压水流成孔；(b) 成孔结束；(c) 高压旋喷开始；(d) 边旋转边提升；(e) 喷射完毕，柱体形成

高压喷射注浆法适用于淤泥、淤泥质土、流塑、软塑或可塑粘性土、粉土、砂土、湿陷性黄土、素填土和碎石土等的地基加固。当土中含有较多的大粒径块石、大量植物根茎或有较高的有机质时，以及地下水流速过大和已涌水的工程，应根据现场试验的结果确定其适用性。

一、高压喷射注浆法的分类

高压喷射注浆法所形成的加固体形状与喷射流的移动方式有关，根据喷射流的移动方式可分为旋转喷射（简称旋喷）、定向喷射（简称定喷）和摆动喷射（简称摆喷）三种类别。旋转喷射时，喷嘴的喷射随钻杆提升并旋转，加固体呈圆柱状，称为旋喷桩；定向喷射时，一边喷射一边提升，喷射注浆的方向随钻杆的提升保持固定不变，加固体呈板状或壁状；摆动喷射时，喷嘴的喷射随钻杆提升按一定角度来回摆动，加固体呈扇状。

高压喷射注浆法根据注浆管的类型又可分为单管法、双管法、三管法和多管法等四种施工方法。单管法用单层注浆管喷射，只喷射水泥浆液一种介质，成桩直径为0.3～0.8m；双管法用双层注浆管喷射，喷射高压水泥浆液和压缩空气，成桩直径0.8～1.2m；三管法用三层注浆管喷射，以高压水、气形成复合喷射流，破坏土体，形成中空，然后以水泥浆充填，成桩直径1～2m；多管法用多重管喷射，以多管水、气同轴喷射形成中空，然后以浆管注水泥浆充填，成桩直径2～4m。

高压喷射注浆法形成的水泥土比相应的天然土体强度高，压缩模量大，渗透系数小，在工程上的应用主要有以下两个方面：

（1）加固地基，如利用旋喷桩形成旋喷桩复合地基，提高地基的承载力，改善地基的变形性质，既可应用于拟建建筑物地基处理，也可应用于已建建筑物的事故处理；

（2）形成水泥土止水帷幕，如利用摆喷或旋喷所形成的加固体作为止水帷幕，以提高地基土的防渗能力，防止渗流破坏、流土和管涌。

二、旋喷桩复合地基设计

1. 加固体强度和范围

旋喷桩桩体强度和直径，应通过现场试验确定。当无现场试验资料时，可参照相似土质条件的工程经验估计。

2. 地基承载力

旋喷桩复合地基承载力特征值应通过现场复合地基荷载试验确定。初步设计时，也可按式（12-8）估算，公式中β为桩间土承载力折减系数，可根据试验或类似土质条件的工程经验确定，当无试验资料或经验时，可取0～0.5，承载力较低时取低值。单桩竖向承载力特征值应通过现场载荷试验确定。当无单桩载荷试验资料，初步计算时，也可按下式估算，取其中较小值

$$R_a = u_p \sum_{i=1}^{n} q_{si} l_i + q_p A_p \tag{12-41}$$

$$R_a = \eta f_{cu} A_p \tag{12-42}$$

式中　u_p——桩的周长，m；

n——桩长范围内所划分的土层数；

q_{si}，q_p——桩周第i层土的侧阻力、桩端端阻力特征值，kPa，可按相关规范确定；

l_i——第i层土的厚度，m；

η——桩身强度折减系数，可取0.33；

f_{cu}——与旋喷桩桩身水泥土配方相同的立方体试块（边长为70.7mm）在标准养护条件下90d龄期的立方体抗压强度平均值，kPa。

3. 桩的平面布置

平面布置可根据上部结构和基础特点确定，如筏基下可采用满堂布置方式，独立基础可

只在基础下布桩，但桩数一般不应少于4根。

4. 褥垫层

旋喷桩复合地基宜在基础和桩顶之间设置褥垫层，褥垫层厚度可取200～300mm，其材料可选用中砂、粗砂、级配砂石等，最大粒径不宜大于30mm。

12-9 土（灰土）挤密桩

土（灰土）挤密桩的成孔一般采用沉管（振动、锤击）或冲击等方法，通过成孔时的侧向挤压作用，使地基土得到挤密，然后在孔内按一定厚度分层填入素土（或灰土）后夯实而成土桩（或灰土桩）。它们都属柔性桩，与挤密后的桩间土形成复合地基，共同承受上部荷载。灰土挤密桩法和土挤密桩法适用于处理地下水位以上的湿陷性黄土、素填土和杂填土等地基，可处理地基的深度为5～15m。

成孔时，地基土宜接近最优（或塑限）含水量，当地基土的含水量大于24%、饱和度大于65%时，在成孔及拔管过程中，桩孔及其周围容易缩颈和隆起，挤密效果差，此时不宜选用灰土挤密桩法或土挤密桩法；当土的含水量低于12%时，宜对拟处理范围内的土层进行增湿，以达到较好的挤密效果。

桩孔内的填料，应根据工程要求和拟处理地基的目的确定。无论是土挤密桩还是灰土挤密桩，都能达到消除湿陷性和提高承载力的效果。消除湿陷性的效果靠的是挤密，这主要取决于施工工艺、桩径和桩距，与填料的关系不大，但灰土挤密桩在土中掺入的消石灰拌和均匀后，会产生离子交换和凝硬反应，使得灰土桩的桩身强度较土桩可大幅度提高。因此，规范规定，当以消除地基土的湿陷性为主要目的时，宜选用土挤密桩法。当以提高地基土的承载力或增强其水稳性为主要目的时，宜选用灰土挤密桩法，消石灰和土的体积比一般为3∶7或2∶8。

土（灰土）挤密桩施工可就地取材，是一种以土治土、原位处理地基的方法，开挖土方量小，处理深度较大，工程造价较低，我国自20世纪60年代以来，在湿陷性黄土地区广泛采用该方法进行地基处理，技术效果、经济效益颇为显著。

土（灰土）挤密桩的设计一般包括桩孔的深度、桩孔直径、桩间距、数量和平面布置等内容。

1. 桩孔深度的确定

桩孔深度（即挤密处理的厚度），应根据建筑物对地基的要求、湿陷性黄土层厚度、场地湿陷类型、湿陷等级及成孔设备等条件综合考虑确定。

2. 桩孔直径

桩孔直径宜为0.35～0.45m，当处理深度超过12m时，可预钻孔，其直径宜为0.25～0.30m，挤密填料孔直径宜为0.50～0.60m。

3. 桩间距

为使桩间土均匀挤密，桩孔宜按正三角形布置。挤密桩的挤密效果与桩间距有关。桩间距过小，不但成孔施工困难，而且桩孔周围的土容易隆起；桩间距过大则挤密效果差，湿陷性难以消除。桩间距 s 的计算原则是挤密范围内平均干密度达到一定的密实度指标，可按以下公式确定：

按正三角形布孔，当未采用预钻孔时

$$s = 0.95D\sqrt{\frac{\bar{\eta}_c \rho_{dmax}}{\bar{\eta}_c \rho_{dmax} - \rho_{d0}}} \tag{12-43}$$

当采用预钻孔时

$$s = 0.95\sqrt{\frac{\bar{\eta}_c \rho_{dmax} D^2 - \rho_{d0} d^2}{\bar{\eta}_c \rho_{dmax} - \rho_{d0}}} \tag{12-44}$$

式中 s——桩间距，m；

D——挤密填料孔直径，m；

d——预钻孔直径，m；

ρ_{d0}——地基挤密前压缩层范围内各层土的平均干密度，g/cm^3；

ρ_{dmax}——击实试验确定的桩间土的最大干密度，g/cm^3；

$\bar{\eta}_c$——挤密填孔后，3个孔之间土的平均挤密系数，不宜小于0.93。

4. 处理宽度

灰土挤密桩和土挤密桩处理地基的面积，应大于基础或建筑物底层平面的面积。当采用局部处理时，超出基础底面的宽度，对非自重湿陷性黄土、素填土和杂填土等地基，每边不应小于基底宽度的0.25倍，并不应小于0.50m；对自重湿陷性黄土地基，每边不应小于基底宽度的0.75倍，并不应小于1.00m。当采用整片处理时，超出建筑物外墙基础底面外缘的宽度，每边不宜小于处理土层厚度的1/2，并不应小于2m。

5. 桩孔的数量

桩孔的数量与其直径、间距及拟处理地基的面积有关，可按下式计算确定

$$n = \frac{A}{A_e} \tag{12-45}$$

式中 n——桩孔的数量；

A——拟处理地基的面积，m^2；

A_e——一根桩所承担的地基处理面积，m^2。

6. 填料和压实系数

桩孔内的填料，应根据工程要求或处理地基的目的确定，桩体的夯实质量宜用平均压实系数$\bar{\lambda}_c$控制。当桩孔内用灰土或素土分层回填、分层夯实时，桩体内的平均压实系数$\bar{\lambda}_c$值，均不应小于0.96（黄土规范规定桩体内的压实系数不宜小于0.97）。

7. 承载力

灰土挤密桩和土挤密桩复合地基承载力特征值，应通过现场单桩或多桩复合地基载荷试验确定。初步设计，当无试验资料时，可按当地经验确定，但对灰土挤密桩复合地基的承载力特征值，不宜大于处理前的2.0倍，并不宜大于250kPa；对土挤密桩复合地基的承载力特征值，不宜大于处理前的1.4倍，并不宜大于180kPa。

8. 变形计算

灰土挤密桩和土挤密桩复合地基的变形计算，应符合现行国家标准《建筑地基基础设计规范》（GB 50007—2002）的有关规定，其中复合土层的压缩模量，可采用载荷试验的变形模量代替。灰土挤密桩或土挤密桩复合地基的变形，包括桩和桩间土及其下卧未处理土层的变形。前者通过挤密后，桩间土的物理力学性质明显改善，即土的干密度增大、压缩性降

低、承载力提高，湿陷性消除，故桩和桩间土（复合土层）的变形可不计算，但应计算下卧未处理土层的变形。

9. 质量检验

成桩后，应及时抽样检验灰土挤密桩或土挤密桩处理地基的质量。对一般工程，主要应检查施工记录、检测全部处理深度内桩体和桩间土的干密度，并将其分别换算为平均压实系数$\bar{\lambda}_c$和平均挤密系数$\bar{\eta}_c$。对重要工程，除检测上述内容外，还应测定全部处理深度内桩间土的压缩性和湿陷性。

12-10 水泥粉煤灰碎石桩

水泥粉煤灰碎石桩（Cement Fly-ash Gravel Pile，CFG）是由水泥、粉煤灰、碎石、石屑或砂加水拌和形成的高粘结强度桩（简称CFG桩），桩、桩间土和褥垫层一起构成复合地基。褥垫层是复合地基的重要组成部分，是这种高粘结强度桩能够形成复合地基的必要条件。

CFG桩复合地基具有承载力提高幅度大，地基变形小等特点，适用范围较广，可适用于处理粘性土、粉土、砂土和已自重固结的素填土等地基，但对淤泥质土应按地区经验或通过现场试验确定其适用性。CFG桩不仅用于承载力较低的土，对承载力较高但变形不能满足要求的地基，也可采用该方法以减少地基变形。

对应于不同的场地条件和工程要求，CFG桩可采用不同的施工工艺：若地基土是松散的饱和粉细砂、粉土，当以消除液化和提高地基承载力为目的，施工时可采用振动沉管灌注成桩，这样复合地基既有挤密作用，又有置换作用，但振动沉管灌注成桩工艺难以穿透厚的硬土层、砂层和卵石层等；对于地下水位以上的粘性土、粉土、素填土、中等密实以上的砂土，可采用长螺旋钻孔灌注成桩，该工艺具有穿透能力强，无振动、低噪声、无泥浆污染等特点，但一般要求桩长范围内无地下水，以保证成孔时不塌孔。

我国于1988年将CFG桩复合地基立项进行试验研究，并随后应用于工程实践，2002年该方法列入了国家行业标准《建筑地基处理技术规范》(JGJ 79)。由于该方法具有施工速度快、工期短、质量容易控制、造价低、承载力提高幅度大、沉降量较小等特点，已成为目前普遍采用的地基处理方法之一。

一、水泥粉煤灰碎石桩的作用

一般认为，CFG桩处理地基具有以下三种作用：

(1) 桩体作用：CFG桩的桩身强度较高，在荷载作用下其压缩性明显低于周围土层，因此在桩身出现明显的应力集中现象，因此，复合地基中的CFG桩起到了桩体作用。

(2) 挤密作用：当采用振动沉管法施工时，桩间土得到了一定程度的挤密。

(3) 褥垫作用：褥垫层的设置为CFG桩复合地基在受荷后提供了桩体向上、向下刺入的条件，保证了桩间土始终参与工作；减少了基础底面的应力集中；褥垫层厚度的改变，可以调整桩垂直荷载的分担，褥垫层越薄，桩承担的荷载占总荷载的百分比越高；调整桩、土水平荷载的分担，褥垫层越厚，土分担的水平荷载占总荷载的百分比越大，桩分担的水平荷载占总荷载的百分比越小。

二、水泥粉煤灰碎石桩的设计

CFG桩复合地基的设计参数主要包括桩径、桩间距、桩长、桩身强度、褥垫层厚度及材料等几个方面。

1. 桩径

CFG桩的桩径取决于所选用的施工设备，一般为350～600mm。

2. 桩间距

桩间距s一般取3～5倍桩径。桩间距的大小取决于设计要求的复合地基承载力与变形、场地工程地质条件、施工工艺等因素。设计要求的承载力相对较大时s取小值，但从施工角度考虑，又要尽量选用较大的桩距，以防止新打桩对已打桩的不良影响，因此，桩距s的大小应综合考虑。

3. 桩长

CFG桩桩端位于较好的持力层上时，具有明显的端承作用；CFG桩的刚性桩性状显著，可全桩长发挥侧阻，桩越长承载力提高幅度越大。确定桩长时，应根据勘察报告确定桩端持力层和桩长，初步设计时，可按式（12-8）估算CFG桩复合地基的承载力，其中β为桩间土承载力折减系数，按当地经验取值，如无经验时可取0.75～0.95，天然地基承载力较高时取大值。

当采用单桩载荷试验确定单桩竖向承载力特征值时，应将单桩竖向极限承载力除以安全系数2；当无单桩载荷试验资料时，可按式（12-41）估算。

4. 桩身强度

CFG桩的桩身强度一般取为C20或C25。桩体试块抗压强度平均值应满足下式要求

$$f_{cu} \geqslant 3\frac{R_a}{A_p} \tag{12-46}$$

式中　f_{cu}——桩体混合料标准试块标准养护28d后立方体抗压强度平均值，kPa。

5. 褥垫层厚度及材料

褥垫层厚度宜取150～300mm，当桩径大或桩距大时褥垫层厚度宜取高值，目的是保证桩间土能充分参与工作。褥垫层材料可采用粗砂、中砂、级配砂石和碎石，碎石粒径宜为8～20mm，最大粒径不宜大于30mm。由于卵石咬合力差，施工时扰动较大、褥垫厚度不容易保证均匀，故不宜选用卵石。

6. 沉降计算

地基处理后的变形计算应按现行国家标准《建筑地基基础设计规范》（GB 50007—2002）的有关规定执行。复合土层的分层与天然地基相同，各复合土层的压缩模量等于该层天然地基压缩模量的ζ倍，ζ值可按下式确定

$$\zeta = \frac{f_{spk}}{f_{ak}} \tag{12-47}$$

式中　f_{ak}——基础底面下天然地基承载力特征值，kPa。

7. 质量检验

水泥粉煤灰碎石桩地基承载力检验应采用复合地基荷载试验，并以低应变动力试验检测桩身完整性。

12-11 湿陷性黄土地基处理

湿陷性黄土地区建筑工程的设计措施可分为以下三种，地基处理措施、防水措施和结构措施，这三种措施互相影响，相辅相成。地基处理措施主要用于改善土的物理力学性质，减小或消除地基土的湿陷变形量；防水措施主要用于防止或减少地基受水浸湿的可能性；结构措施主要用于减小和调整建筑物的不均匀沉降，或使上部结构适应地基的变形。我国目前采取的是以地基处理措施为主的指导方针。

湿陷性黄土的地基处理措施是对建筑物下一定范围内的湿陷性黄土层进行加固处理或采用换填垫层法（素土垫层或灰土垫层）以达到消除湿陷性、减少压缩性和提高承载力的目的，而且其中又以第一个目的为主。实践表明，若湿陷性黄土地基经过处理且处理措施得当，则以后即使受水浸湿，也不会发生湿陷，或即便发生了湿陷，但湿陷量也很小，不会使建筑物损坏。这表明地基处理措施可以从根本上改变黄土欠压密、高孔隙度的内在特征。

一、湿陷性黄土地基的评价

在一个黄土场地上进行设计时，首先要对黄土地基的湿陷性进行评价，评价的内容一般包括以下三方面内容。

(1) 判定黄土是湿陷性的还是非湿陷性的。

衡量黄土是否具有湿陷性及湿陷性大小的指标是湿陷系数 δ_s，它是单位厚度的黄土土样在给定的工程压力作用下，受水浸湿后所产生的湿陷量，由室内压缩试验测定。在压缩仪中将高度为 h_0 的原状试样逐级加压到规定的压力 p，等土样压缩稳定后测得试样高度 h_p，然后加水浸湿土样，测得下沉稳定后的高度 h'_p，设土样的，则土样湿陷系数 δ_s 为

$$\delta_s = \frac{h_p - h'_p}{h_0} \tag{12-48}$$

当 $\delta_s < 0.015$ 时，应定其为非湿陷性黄土；$\delta_s \geqslant 0.015$ 时，应定其为湿陷性黄土。

在上述实验中，若压力 p 取为该土样在地层中的上覆饱和自重应力时，所测得的湿陷系数称为自重湿陷系数，用符号 δ_{zs}表示。

当土的湿陷系数 $\delta_{zs}<0.015$ 时，定其为非自重湿陷性黄土；$\delta_{zs}\geqslant0.015$ 时，定其为非自重湿陷性黄土。

(2) 如果是湿陷性黄土，还要判定场地的湿陷类型是自重湿陷性场地还是非自重湿陷性场地。场地的湿陷类型可按实测自重湿陷量 Δ'_{zs}或按室内压缩试验累计的自重湿陷量的计算值 Δ_{zs}判定。当 Δ_{zs}（或 Δ'_{zs}）$\leqslant$7cm，定为非自重湿陷性黄土场地；当 Δ_{zs}（或 Δ'_{zs}）$>$7cm，则定为自重湿陷性黄土场地。自重湿陷量的计算值 Δ_{zs}（cm）按下式计算

$$\Delta_{zs} = \beta_0 \sum_{i=1}^{n} \delta_{zsi} h_i \tag{12-49}$$

式中 δ_{zsi}——第 i 层土在上覆土的饱和（$S_r > 0.85$）自重压力下的自重湿陷系数；

h_i——第 i 层土的厚度，cm；

β_0——因地区而异的修正系数。对陇西地区可取 1.5，对陇东、陕北地区可取 1.2，对关中地区可取 0.7，对其他地区可取 0.5。

自重湿陷系数 δ_{zs} 的测定方法与 δ_s 的测定方法类似，但所施加的压力为土样所在深度处的上覆土的饱和($S_r>0.85$)自重压力。自重湿陷量的计算值 Δ_{zs} 应自天然地面（当挖、填方的厚度和面积较大时，应自设计地面算起），至其下全部湿陷性黄土层的底面为止，其中自重湿陷系数 δ_{zs} 小于 0.015 的土层不累计。

（3）判定湿陷性黄土地基的湿陷等级。

应当指出，湿陷系数 δ_s 只是对某一个土样的测试结果，在黄土地基中只代表某一个黄土层在某一压力作用下的湿陷性质，并不能代表整个地基湿陷性的强弱。对黄土地基的评价应包括有各湿陷性黄土层的湿陷系数值及其相应的厚度等因素，具体以总湿陷量 Δ_s 来表示

$$\Delta_s=\sum_{i=1}^{n}\beta\delta_{si}h_i \tag{12-50}$$

式中 δ_{si}——第 i 层土的湿陷系数；

h_i——第 i 层土的厚度，cm；

β——修正系数。基底以下 5m 深度内取 1.5，5m 深度以下，在非自重湿陷黄土场地可不计算；在自重湿陷性黄土场地可按式（12-47）中的 β_0 值取用。

总湿陷量应自基础底面（初步勘察时，自地面下 1.5m）算起；在非自重湿陷黄土场地，累计至基底下 5m（或压缩层）深度止；在自重湿陷性黄土场地，对甲、乙类建筑，应按穿透湿陷性土层的取土勘探点，累计至非湿陷性土层顶面止，对丙、丁类建筑，当基底下的湿陷性土层厚度大于 10m 时，其累计深度可根据工程所在地区确定，但陇西、陇东陕北地区不应小于 15m，其他地区不应小于 10m。其中湿陷系数 δ_s 或自重湿陷系数 δ_{zs} 小于 0.015 的土层不应累计。

我国国家标准《湿陷性黄土地区建筑规范》（GB 50025）规定，湿陷性黄土地基的湿陷等级应按总湿陷量和自重湿陷量的计算值等因素按表 12-7 判定。

表 12-7 湿陷性黄土地基的湿陷等级

总湿陷量 Δ_s(cm)	非自重湿陷性场地	自重湿陷性场地	
	$\Delta_{zs}\leqslant 7$	$7<\Delta_{zs}\leqslant 35$	$\Delta_{zs}>35$
$\Delta_s\leqslant 30$	Ⅰ（轻微）	Ⅱ（中等）	—
$30<\Delta_s\leqslant 70$	Ⅱ（中等）	*Ⅱ或Ⅲ	Ⅲ（严重）
$\Delta_s>70$	Ⅱ（中等）	Ⅲ（严重）	Ⅳ（很严重）

* 当 $\Delta_s>60$cm、$\Delta_{zs}>30$cm 时，可判为Ⅲ级，其他可判为Ⅱ级。

二、湿陷性黄土地基处理

湿陷性黄土场地采取地基处理措施的目的是消除地基土的全部或部分湿陷量，或采用桩基础穿透全部湿陷土层，或将基础设置在非湿陷性土层或岩层上。

对于湿陷性黄土场地上不同类别的建筑物，其对地基处理的要求也是不同的，如对于甲类建筑物，应消除地基土的全部湿陷量或采用桩基础穿透全部湿陷性土层，而对于乙、丙类建筑物，应消除地基土的部分湿陷量。对于地基处理厚度和平面上处理范围方面的规定，详见国家标准《湿陷性黄土地区建筑规范》（GB 50025）。

湿陷性黄土地基处理方法的选择，应根据建筑物的类别、湿陷性黄土的特性、施工条件

和当地材料供应情况，并经技术、经济比较而后加以确定。湿陷性黄土地基的处理方法可按表12-8选择。

表12-8 湿陷性黄土地基常用的处理方法

处理方法		适用范围	一般可处理（或穿透）基底下的湿陷性土层厚度（m）
垫层法		地下水位以上，局部或整片处理	1～3
夯实法	强夯	$S_r<60\%$的湿陷性黄土，局部或整片处理	3～6
	重夯		1～2
挤密法		地下水位以上，局部或整片处理	5～15
桩基础		基础荷载大，有可靠的持力层	≤30
预浸水法		Ⅲ、Ⅳ级自重湿陷性黄土场地，6m以上尚应常用垫层等方法处理	可消除地面下6m以下全部土层的湿陷性
单液硅化法或碱液加固法		一般用于加固地下水位以上的已有建筑物地基	≤10 单液硅化加固的最大深度可达20

习　题

12-1　简述地基处理方法的确定步骤。

12-2　什么是复合地基？复合地基如何进行分类？

12-3　复合地基的作用机理有哪些？

12-4　换填垫层法的适用范围是什么？如何确定垫层的厚度和宽度？

12-5　预压法的加固地基的原理是什么？简述堆载预压法的设计要点。

12-6　试述砂石桩在加固砂土地基和粘性土地基时的机理有何区别。

12-7　何谓高压喷射注浆法？试述其加固地基的机理。

12-8　简述水泥粉煤灰碎石桩的加固机理及其适用范围。

12-9　简要介绍强夯法及其适用范围、设计要点。

12-10　简要介绍水泥土搅拌桩及其适用范围。

12-11　在初步设计时，如何估算水泥粉煤灰碎石桩复合地基的承载力特征值？

12-12　简要介绍挤密桩法及其适用范围。

12-13　某办公楼采用条形基础，基础埋深1.6m，作用在基础顶面的荷载为$F_k=250kN/m$。基底以上为填土，重度$\gamma_1=17.8kN/m^3$；其下为淤泥质粉质粘土，层厚8.4m，重度$\gamma_2=18.2kN/m^3$，承载力特征值$f_{ak}=80kPa$。拟采用碎石垫层进行地基处理，试设计条形基础的宽度及碎石垫层的尺寸。

12-14　某软粘土地基，受压土层厚度为16m，固结系数$c_v=c_h=1.5\times10^{-3}cm^2/s$。拟采用砂井堆载预压法加固，砂井深度$H=16m$，$d_w=70mm$，等边三角形布置，间距$l=1.5m$，砂井底部为不透水层。试求在一次加荷后，砂井地基历时90d的平均固结度。

12-15 某湿陷性黄土场地，地基土的物理性质指标为：含水量 $\omega=20\%$，孔隙比 $e=1.0$，土粒相对密度 $d_s=2.70$。经击实试验得知本场地地基土的最大干密度 $\rho_{dmax}=1.75g/cm^3$。拟采用挤密桩进行地基处理，桩径 400mm，要求挤密后桩间土的平均挤密系数不小于 0.93，试设计挤密桩的布置方式与间距。

12-16 某场地地表下 1.5m 为细砂层，该层层厚约 8m，孔隙比 $e=0.8$，该层以下为密实的砂卵石层，地下水位在地表下 1.8m。拟采用砂石桩进行地基处理，要求处理后细砂层的孔隙比 $e_1\leqslant0.7$，试进行该场地的地基处理设计。

第13章　基　坑　工　程

13-1　概　　述

近年来，随着我国社会与经济建设的迅速发展，城市土地资源日益紧缺，开发和利用地下空间的要求日显紧迫。地下铁道、地下车库、地下变电站、地下商场、地下仓库、地下人防工程以及高层建筑的多层地下室日益增多。而城市中深基坑工程常处于密集的既有建筑物、道路桥梁、地下管线、地铁隧道或人防工程的近旁，虽属临时性工程，但其技术复杂性却远甚于永久性的基础结构或上部结构，稍有不慎，不仅将危及基坑本身安全，而且会殃及临近的建构筑物、道路桥梁和各种地下设施，造成巨大损失。因此，基坑工程正确、科学的设计和施工，能带来巨大的经济效益和社会效益，对加快施工进度、保护环境发挥重要的作用。

一、基坑支护结构的概念

在建造埋置深度较大的基础或地下工程时，需要进行较深的土方开挖。这个由地面向下开挖的地下空间就是基坑。在基坑开挖过程中，为保证基坑本身及周边环境的安全及正常使用，应对基坑侧壁土体采取适当的支护措施。支抗支护结构示意图如图13-1所示。

对基坑支护体系的要求可以分为三个方面：

（1）保证基坑边坡的稳定性，并满足地下工程施工有足够空间的要求。

（2）保证基坑周围相邻建筑物、构筑物和地下管线在地下结构施工期间不受损。因此，无论是支护体系施工、土方开挖还是地下室施工过程中，都应控制土体的变形在允许范围内。

（3）保证基坑工程施工作业面在地下水位以上。支护体系通过截水、降水、排水等措施，将地下水位降到作业面以下。

基坑支护体系虽为临时结构，但却十分重要。它具有临时性、区域性、个体差异性、综合性强等特点，涉及土力学中稳定、变形和渗流三个基本课题，应根据具体情况分别重点考虑，对软土区域的深基坑工程，基坑周围又无重要建筑物、道路和管线时，应重点考虑边坡稳定问题，而且也必须考虑渗流对边坡的影响，对变形无严格要求。当土质条件较好、坑底在地下水位以上，距离基坑边缘有重要建筑物、道路或地下管线时，这时对变形的控制成为主要考虑的因素。当基坑底面在地下水位以下时，合理确定控制地下水方案是保证基坑工程质量和基坑边坡土体稳定的关键，此时除了需要考虑基坑抗隆起稳定以外，还需要考虑其抗渗稳定性。

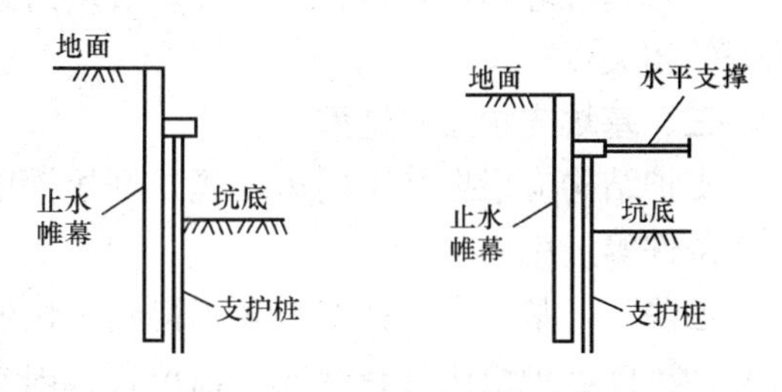

图13-1　基坑支护结构示意图

二、基坑支护工程内容与方法

（一）支护结构上的荷载与抗力

支护结构的作用效应包括下列各项：

(1) 土压力。

(2) 静水压力、渗流压力。

(3) 基坑开挖影响范围以内的建、构筑物荷载、地面超载、施工荷载及邻近场地施工的影响。

(4) 温度变化及冻胀对支护结构产生的内力和变形。

(5) 临水支护结构尚应考虑波浪作用和水流退落时的渗流力。

(6) 作为永久结构使用时建筑物的相关荷载作用。

(7) 基坑周边主干道交通运输产生的荷载作用。

主动土压力、被动土压力可采用库仑或朗肯土压力理论计算。当对支护结构水平位移有严格限制时，作用在支护结构上的荷载应采用静止土压力。

(二) 基坑支护设计主要内容

基坑工程设计应包括下列内容：

(1) 支护结构体系的方案和技术经济比较。

(2) 基坑支护体系的稳定性验算。

(3) 支护结构的强度、稳定和变形计算。

(4) 地下水控制设计。

(5) 对周边环境影响的控制设计。

(6) 基坑土方开挖方案。

(7) 基坑工程的监测要求。

基坑工程设计应具备以下资料：

(1) 岩土工程勘察报告。

(2) 建筑物总平面图、用地红线图。

(3) 建筑物地下结构设计资料，以及桩基础或地基处理设计资料。

(4) 基坑环境调查报告，包括基坑周边建、构筑物、地下管线、地下设施及地下交通工程等的相关资料。

三、基坑支护结构选型

支护结构应根据基坑周边环境、开挖深度、工程地质与水文地质、施工作业设备和施工季节条件等选用。

近些年，基坑支护技术在我国得到了快速发展，常见的基坑支护方法有土钉墙、复合土钉墙、排桩支护结构（悬臂式、锚拉式、内支撑）、地下连续墙支护（锚拉式、内支撑）、双排桩支护、重力式水泥土墙等。图 13-2 为给出了几种基坑支护方法。

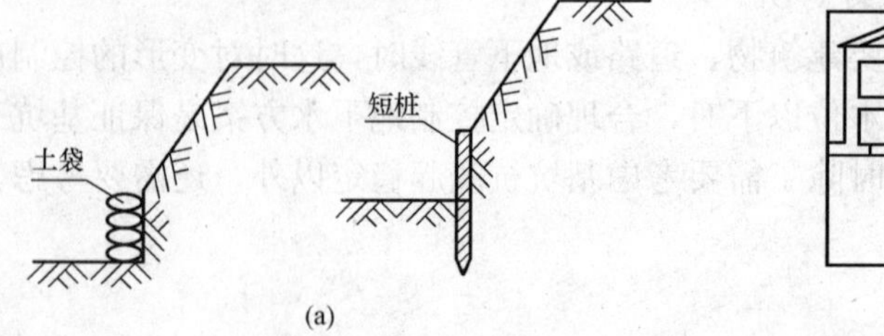

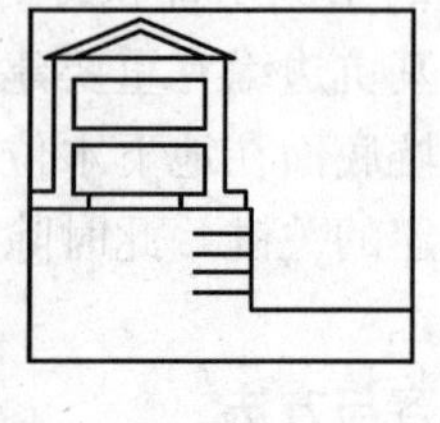

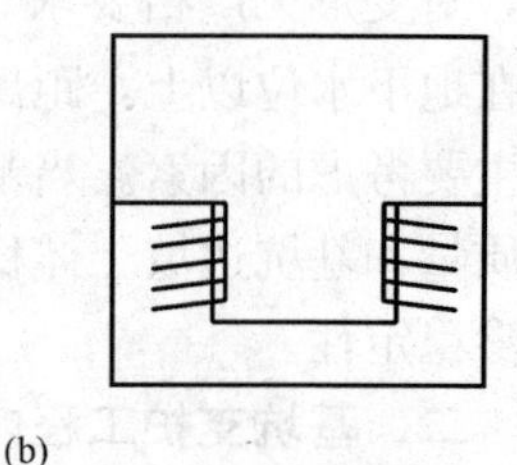

图 13-2 基坑支护常见形式（一）

(a) 放坡开挖及简易支护；(b) 土钉墙支护

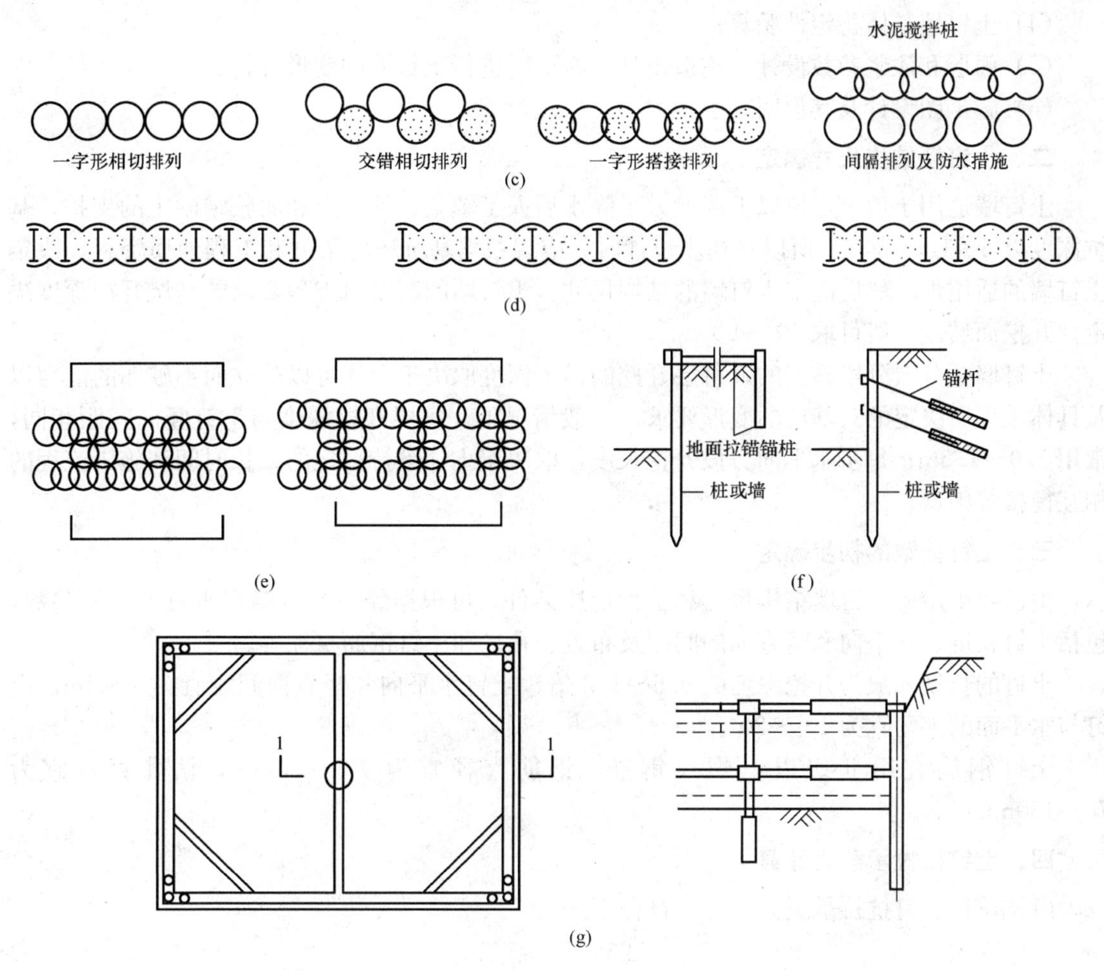

图 13-2 基坑支护常见形式（二）
（c）钻孔灌注桩（平面布置）；（d）SMW工法深层搅拌桩；（e）水泥搅拌桩挡土墙格栅示意图；
（f）锚拉式支护结构；（g）内撑式支护结构

13-2 土钉墙支护

当土层具有一定临时自稳能力时，可按照一定间距将土钉置入土体中，表面设置喷射混凝土面层，成为一道临时自稳土层和土钉、喷射混凝土面层的组合墙体，形成基坑支护的土钉墙形式。土钉支护的简单、经济、有效，在基坑工程中广为应用，但由于需要基坑土体有一定变形土钉才能起作用，因此，对于深度较深和对变形要求较严的基坑要慎用。此外，由于软土自立能力较差，且不能提供与土钉的摩阻力，软土中也不宜单独使用土钉墙。目前，将土钉技术与其他支护方法相结合，出现了不同类型的复合土钉墙，在基坑支护中得到广泛应用。

一、土钉墙设计的基本内容

（1）确定挡土墙的平面和剖面尺寸、分段施工长度和高度；

（2）确定土钉的长度、水平向和竖向间距及布置、成孔直径、土钉钢筋直径等；

（3）土钉抗拉承载力验算；

(4) 土钉墙整体稳定性验算；

(5) 面层和注浆参数设计，构造设计；必要时进行土钉墙的变形分析；

(6) 施工图设计及其说明。

二、土钉墙结构尺寸确定

土钉墙适用于地下水位以上或经人工降水后人工填土、粘性土和弱胶结砂土的支护，基坑深度以5～12m为宜。所以在初步设计时，应现根据基坑环境条件和工程地质资料，决定土钉墙的适用性，然后确定土钉墙的结构尺寸。土钉墙的高度由工程要求的基坑开挖深度决定，开挖面坡度一般可取60°～90°。

土钉墙是分层分段施工的，每层开挖的最大深度取决于土体可以站立而不破坏的能力以及具体工程所决定的对基坑的变形要求。一般情况下，每层开挖深度与土钉竖向间距相同，常用1.0～1.5m；每步水平向分段开挖长度，取决于土体维持稳定的最长时间和施工流程的相互衔接等因素。

三、土钉参数的初步确定

由已经确定的土钉墙结构尺寸和工程地质条件，可根据经验初步确定土钉的主要参数，包括土钉长度、水平向和竖直向的间距及布置、孔径和土钉钢筋直径等。

土钉的长度一般为开挖深度的0.5～1.2倍，土钉水平向和竖直向间距宜为1～2m，土钉与水平面的夹角宜为10°～20°。

土钉钢筋宜用Ⅱ级以上螺纹钢筋，钢筋直径宜为16～32mm，钻孔直径宜为70～150mm。

四、土钉抗拉承载力计算

(1) 单根土钉抗拉承载力计算应符合下式要求

$$1.25\gamma_0 T_{jk} \leqslant T_{uj}$$

式中 T_{jk}——第j根土钉受拉荷载标准值；

T_{uj}——第j根土钉抗拉承载力设计值。

(2) 单根土钉受拉荷载标准值按下式计算

$$T_{jk} = \zeta e_{ajk} s_{xj} s_{zj} / \cos\alpha_j$$

$$\zeta = \tan\frac{\beta-\varphi_k}{2}\left(\frac{1}{\tan\frac{\beta+\varphi_k}{2}}-\frac{1}{\tan\beta}\right)\Bigg/\tan^2\left(45°-\frac{\varphi_k}{2}\right) \tag{13-1}$$

式中 ζ——荷载折减系数；

β——土钉墙坡面与水平面的夹角；

e_{ajk}——第j根土钉位置处的基坑水平荷载标准值；

s_{xj}，s_{zj}——第j根土钉与相邻土钉的平均水平、垂直间距；

α_j——第j根土钉与水平面的夹角。

(3) 对于基坑侧壁安全等级为二级的土钉抗拉承载力设计值应由试验确定，基坑侧壁安全等级为三级时可按下式计算（图13-3）

$$T_{uj} = \frac{1}{\gamma_s}\pi d_{nj}\sum q_{sik} l_{ij} \tag{13-2}$$

式中 γ_s——土钉抗拉抗力分项系数，取1.3；

d_{nj}——第j根土钉锚固体直径；

q_{sik}——土钉穿越第i层土土体与锚固体极限摩阻力标准值，应由现场试验确定，也可由经验确定；

l_{ij}——第j根土钉在直线破裂面外穿越第i稳定土体内的长度，破裂面与水平面的夹角为$\frac{\beta+\varphi_k}{2}$。

五、土钉墙整体稳定性验算

(1) 土钉墙应根据施工期间不同开挖深度及基坑底面以下可能滑动面采用圆弧滑动简单条分法（图13-4）按下式进行整体稳定性验算

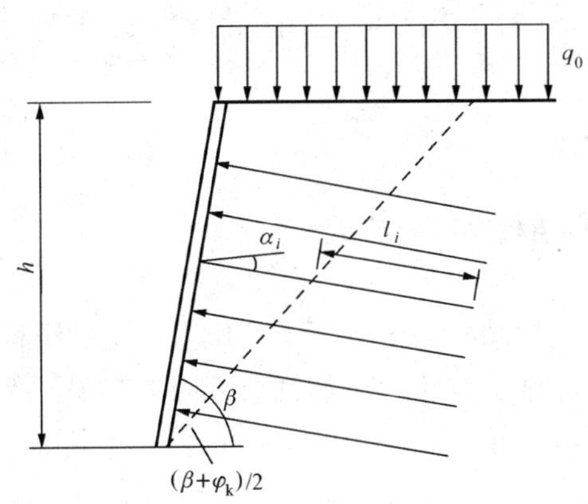

图13-3 土钉抗拉承载力计算简图

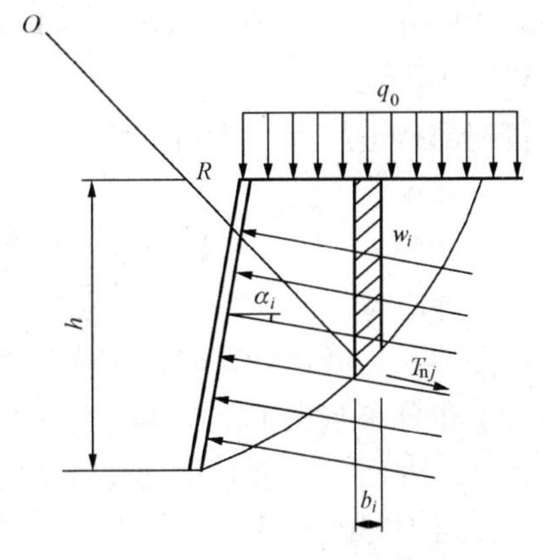

图13-4 土钉墙整体稳定性验算简图

$$\sum_{i=1}^{n}c_{ik}L_i s+s\sum_{i=1}^{n}(\omega_i+q_0b_i)\cos\theta_i\tan\varphi_{ik}+\sum_{j=1}^{m}T_{nj}\times$$

$$\left[\cos(\alpha_i+\theta_{ik})+\frac{1}{2}\sin(\alpha_i+\theta_{ik})\tan\varphi_{ik}\right]-s\gamma_k\gamma_0\sum_{i=1}^{n}n(\omega_i+q_0b_i)\sin\theta_i\geqslant 0$$

$$T_{nj}=\pi d_{nj}\sum q_{sik}l_{nij} \tag{13-3}$$

式中 n——滑动体分条数；

m——滑动体内土钉数；

γ_k——整体滑动分项系数，可取1.3；

γ_0——基坑侧壁重要性系数；

ω_i——第i分条土重，滑动面位于粘性土或粉土中时，按上覆土层的饱和土重度计算；滑动面位于砂土或碎石类土中时，按上覆土层的浮重度计算；

b_i——第i分条宽度；

c_{ik}——第i分条滑动面处土体固结不排水（快）剪粘聚力标准值；

φ_{ik}——第i分条滑动面处土体固结不排水（快）剪内摩擦角标准值；

θ_{ik}——第i分条滑动面处中点切线与水平面夹角；

α_i——土钉与水平面夹角；

L_i——第i分条滑动面弧长；

s——计算滑动体单元厚度；

T_{nj}——第 j 根土钉在圆弧滑动面外锚固体与土体的极限抗拉力；

l_{nij}——第 j 根土钉在圆弧滑动面外穿越第 i 层稳定土体内的长度。

(2) 以上土钉墙整体稳定验算的过程实际上是采用圆弧形破裂面的试算过程，通过试算求得最危险破裂面。

六、面层和注浆参数设计，构造设计

喷射混凝土面层厚度宜为 80～200mm，常用 100mm。

喷射混凝土面层设计强度等级不宜低于 C20。

喷射混凝土面层中应配以钢筋网，钢筋网宜用Ⅰ级钢筋，直径宜为 6～10mm，钢筋网间距宜为 150～300mm。

注浆材料可选用水泥浆或水泥砂浆；水泥浆的水灰比宜取 0.5～0.55；水泥砂浆的水灰比宜取 0.40～0.45，同时，灰砂比宜取 0.5～1.0，拌和用砂宜选用中粗砂，按重量计的含泥量不得大于 3%。

土钉端部构造应保证土钉与面层有牢固连接。

13-3 板桩墙支护结构内力计算

进行支护结构简化计算时，需先计算作用在支护结构与土界面上的压力。支护结构上土压力的大小和分布与支护结构本身的刚度和变形、施工方法、土的性质等因素有关，无法进行精确计算。因而，通常采用简化计算方法计算。

一、土压力影响因素

1. 支护结构变形对土压力的影响

由于基坑支护结构的刚度与一般挡土墙的刚度有相当大的差异，墙背的土压力分布以及量值也存在相当大的差异。支护结构对土压力的影响主要表现在两个方面，一方面是对土压力的分布产生影响，另一方面对土压力的量值产生影响。

支护结构的变形或位移对土压力分布的影响有以下几种情况：

(1) 当支护结构完全没有位移和变形，主动土压力为静止土压力，呈三角形分布[图 13-5 (a)]。

(2) 当支护结构顶部不动，下端向外位移，主动土压力呈抛物线分布[图 13-5 (b)]。

(3) 当支护结构上下两端没有发生位移而中部发生向外的变形，主动土压力呈马鞍形[图 13-5 (c)]。

(4) 当支护结构平行向外移动，主动土压力呈抛物线分布[图 13-5 (d)]。

(5) 当支护结构绕下端向外倾斜变形，主动土压力的分布与一般挡土墙一致[图 13-5 (e)]。

2. 施工对土压力的影响

施工方法和施工次序对支护结构上的土压力大小和分布影响也很大。图 13-6 表示多支撑的板桩施工中土压力的变化情况。一般情况下，施加支撑力之后墙和土并未被推回到原来的位置，但支撑力比主动土压力大，引起挡土压力增加。另外，随着时间的迁移，一些粘性土发生蠕变，使墙后土压力逐渐增加，对某些硬粘土，若基坑暴露时间过长，由于含水量的变化、风化、张力缝的发展和扰动等原因，也会使粘聚力损失而使墙后土压力增加。

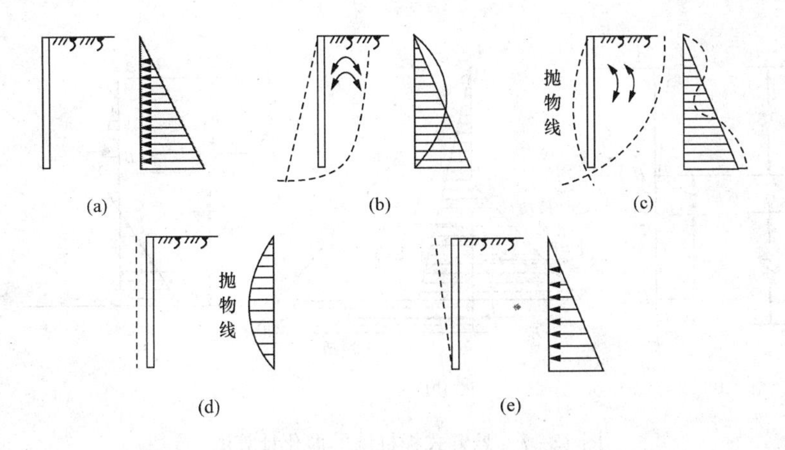

图 13-5 不同的墙体变位产生不同的土压力

(a) 静止土压力；(b) 产生水平拱；(c) 产生垂直拱；(d) 抛物线分布；(e) 主动土压力

二、水、土压力计算

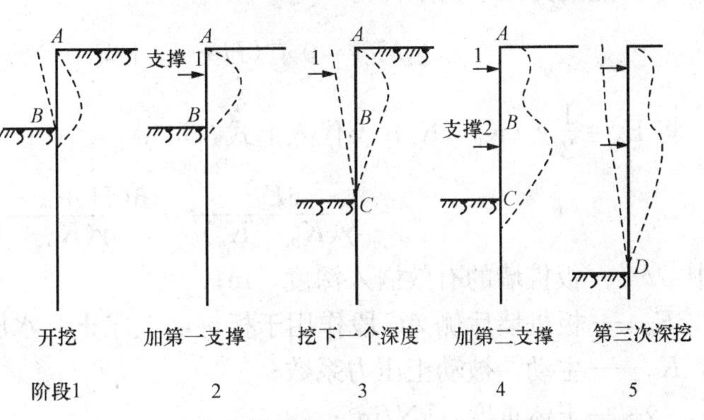

图 13-6 多支撑的板桩施工中土压力的变化情况

目前，支护结构上的土压力按库仑或朗肯土压力理论进行计算简化。除了土压力以外，作用在挡土墙结构物的荷载，还有地下水位以下的水压力。计算地下水位以下的水、土压力，一般按以下方法：对砂土和粉土等无粘性土按水土分算原则计算，即作用于支护结构上的侧压力等于有效土压力与水压力之和，有效土压力在水位以下按土的有效重度及有效抗剪强度指标计算；对粘性土一般按水土合算原则计算，土压力按土的饱和重度及总应力固结不排水抗剪强度指标 c_{cu}、ϕ_{cu} 计算。在粘性土孔隙比较大或水平向渗透系数较大时，也可采用水土分算原则计算。

三、悬臂式板桩墙计算

悬臂式支挡结构完全靠足够的入土深度来平衡上部地面超载、土压力及水压力所形成的侧压力而保持稳定。当基坑两侧没有需要保护的地下管线等构筑物、基坑开挖深度较小时，可考虑采用悬臂式板桩墙挡土结构。对于悬臂式支挡结构除计算嵌入深度，还需计算支挡结构所承受的最大弯矩，以便进行支挡结构的断面设计和构造。

悬臂式板桩常采用布鲁姆（H Blum）简化计算法。该法将悬臂式板桩墙的受力情况简化为如图 13-7 所示。计算时取单位长度板桩墙，假设它绕嵌固点 E 转动，并假设 E 点以上墙后为主动土压力墙前为被动土压力；E 点以下则相反，墙后为被动土压力，墙前为主动土压力，如图 13-7（b）所示。将墙前后土压力叠加，即可得到如图 13-7（c）所示的净土压力分布。墙背的净主动土压力合力用 $\overline{E}_a$ 表示，该合力作用点距地面为 h_a；墙前底部出现的净被动土压力合力力用 $\overline{E}_p$ 表示。C 点为净土压力零点，距坑底的距离为 x，则 CE 为墙的嵌固深度，用 t 表示。E 点土压力难以计算，通常用作用于 E 点的集中力 P 表示。这样由板桩

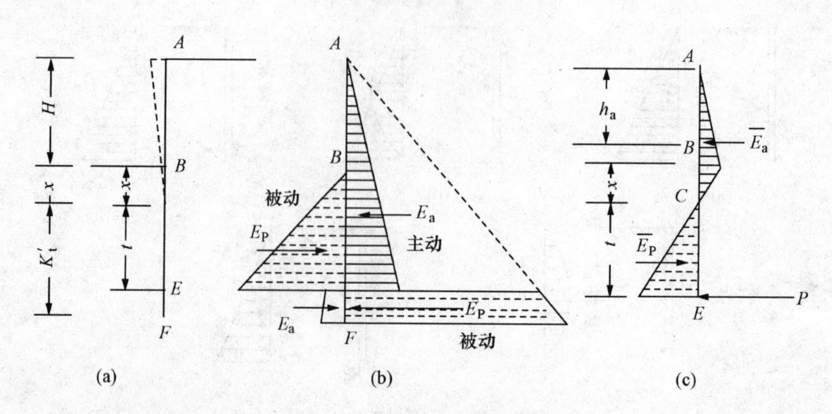

图 13-7　悬臂式板桩墙的简化计算图

(a) 板桩变形图；(b) 土压力分布图；(c) 叠加后的简化土压力分布图

墙底部 E 点的力矩平衡条件得

$$\sum M_E = 0 \text{有}(H - h_a + x + t)\overline{E}_a - \frac{t}{3}\overline{E}_p = 0 \tag{13-4}$$

将 $\overline{E}_p = \frac{1}{2}\gamma(K_p - K_a)t^2$ 代入上式，可得

$$t^3 - \frac{6\overline{E}_a}{\gamma(K_p - K_a)}t - \frac{6(H + x - h_a)\overline{E}_a}{\gamma(K_p - K_a)} = 0 \tag{13-5}$$

式中　t——板桩墙的有效嵌入深度，m；

$\overline{E}_a$——板桩墙后侧 AC 段作用于板桩墙上净土、水压力，kN/m；

K_a，K_p——主动、被动土压力系数；

γ——土体重度，kN/m³；

H——基坑开挖深度，m；

h_a——$\overline{E}_a$ 作用点距地面的距离；

x——土压力零点 C 距基坑底面的距离。

由式 (13-5)，经计算可得出板桩墙的有效嵌固深度 t。为保证板桩墙的稳定，基坑底面以下的插入深度 D_{min} 应为

$$D_{min} = x + K'_t t \tag{13-6}$$

式中　K'_t——插入深度增大系数，通常取 1.1～1.4。

板桩墙最大弯矩应在剪力为零处，设剪力零点距压力零点距离为 x_m 所以

$$\overline{E}_a - \frac{1}{2}\gamma(K_p - K_a)x_m^2 = 0 \tag{13-7}$$

由此可求得最大弯矩点距土压力零点 C 的距离 x_m 为

$$x_m = \sqrt{\frac{2\overline{E}_a}{\gamma(K_p - K_a)}} \tag{13-8}$$

而此处的最大弯矩为

$$M_{max} = (H + x + x_m - h_a)\overline{E}_a - \frac{\gamma(K_p - K_a)x_m^3}{6} \tag{13-9}$$

【例 13-1】　某高层建筑基坑开挖深度 H＝5.5m。土层重度为 19.2kN/m³，内摩擦角 φ＝18°，粘聚力 c＝12kPa，地面超载 q_0＝15kPa。采用悬臂式排桩支护，试确定排桩的最小

长度和最大弯矩。

解 沿支护墙长度方向上取1延米进行计算，则有

主动土压力系数为

$$K_a = \tan^2\left(45° - \frac{\varphi}{2}\right) = \tan^2\left(45° - \frac{18°}{2}\right) = 0.53$$

被动土压力系数为

$$K_p = \tan^2\left(45° + \frac{\varphi}{2}\right) = \tan^2\left(45° + \frac{18°}{2}\right) = 1.89$$

因土体为粘性土，按朗肯土压力理论，墙顶部压力为零的临界高度为

$$z = \frac{2c}{\gamma\sqrt{K_a}} - \frac{q_0}{\gamma} = \frac{2\times 12}{19.2\times\sqrt{0.53}} - \frac{15}{19.2} = 0.94\text{m}$$

基坑开挖底面处土压力强度为

$$\begin{aligned}\sigma_{aH} &= (q_0 + \gamma H)K_a - 2c\sqrt{K_a}\\ &= (15 + 19.2\times 5.5)\times 0.53 - 2\times 12\times\sqrt{0.53}\\ &= 46.45\text{kN/m}^2\end{aligned}$$

土压力零点距开挖面的距离为

$$x = \frac{(q_a + \gamma H)K_a - 2c(\sqrt{K_p} + \sqrt{K_a})}{\gamma(K_p - K_a)} = 0.50\text{m}$$

土压力分布示意图如图13-8所示。

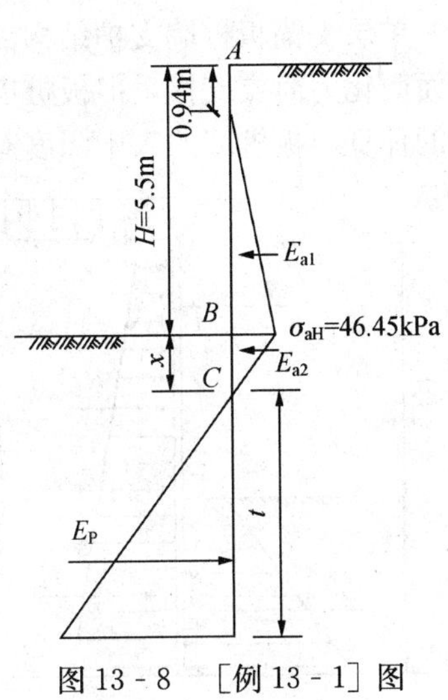

图13-8 ［例13-1］图

墙后土压力为

$$E_{a1} = \frac{1}{2}\times 46.45\times(5.5 - 0.94) = 105.9\text{kN/m}$$

$$E_{a2} = \frac{1}{2}\times 46.45\times 0.50 = 11.6\text{kN/m}$$

墙后土压力合力为

$$\overline{E}_a = E_{a1} + E_{a2} = 105.9 + 11.6 = 117.5\text{kN/m}$$

合力作用点距地表的距离为

$$\begin{aligned}h_a &= \frac{E_{a1}h_{a1} + E_{a2}h_{a2}}{\overline{E}_a}\\ &= \frac{105.9\times[0.94 + (5.5 - 0.94)\times 2/3] + 11.6\times(5.5 + 0.50/3)}{117.5}\\ &= 4.15\text{m}\end{aligned}$$

将 $\overline{E}_a$ 和 h_a 代入下式得

$$t^3 - \frac{6\overline{E}_a}{\gamma(K_p - K_a)}t - \frac{6(H + x - h_a)\overline{E}_a}{\gamma(K_p - K_a)} = 0$$

得

$$t^3 - \frac{6\times 117.5}{19.2\times(1.89 - 0.53)}t - \frac{6\times(5.5 + 0.50 - 4.15)\times 117.5}{19.2\times(1.89 - 0.53)} = 0$$

即

$$t^3 - 27.0t - 49.9 = 0$$

解得 $t=5.95\text{m}$，取增大系数 $K_t'=1.2$，则得

桩最小长度为

$$l_{\min} = h + x + 1.2t = 5.5 + 0.50 + 1.2 \times 5.95 = 13.1\text{m}$$

最大弯矩点距土压力零点距离为

$$x_{\mathrm{m}} = \sqrt{\frac{2\overline{E}_{\mathrm{a}}}{(K_{\mathrm{p}} - K_{\mathrm{a}})\gamma}} = \sqrt{\frac{2 \times 117.5}{(1.89 - 0.53) \times 19.2}} = 3.0\text{m}$$

最大弯矩

$$M_{\max} = (H + x + x_{\mathrm{m}} - h_{\mathrm{a}})\overline{E}_{\mathrm{a}} - \frac{\gamma(K_{\mathrm{p}} - K_{\mathrm{a}})x_{\mathrm{m}}^3}{6}$$

$$= 117.5 \times (5.5 + 0.50 + 3.0 - 4.15) - \frac{19.2 \times (1.89 - 0.53) \times 3.0^3}{6}$$

$$= 452.4\text{kN} \cdot \text{m/m}$$

四、单层支锚板桩墙计算

单层支锚板桩墙支护结构因在顶端附近设有一支撑或拉锚，可认为在支锚点处无水平移动而简化为简支支撑，但板桩墙下端的支承情况则与其入土深度有关，因此，单支锚支护结构的计算与板桩墙的入土深度有关。支护结构的计算根据板桩墙入土深度分为如下两类。

1. 入土较浅时单支点板桩墙支护结构计算

当板桩墙入土深度较浅时，认为板桩墙前侧的被动土压力全部发挥，板桩墙的底端可能有少量向前位移的现象发生。此时板桩墙前后的被动和主动土压力对支锚点的力矩相等，板桩墙体处于极限平衡状态，板桩墙可看做在支锚点铰支而下端自由的结构，如图13-9所示。

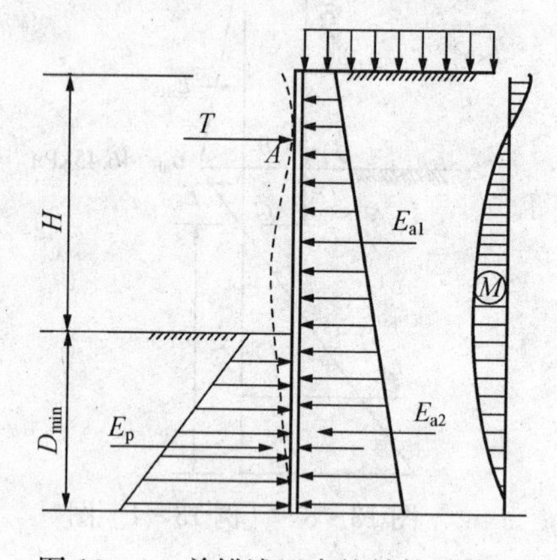

图13-9 单锚浅埋支护结构计算图

取单位计算宽度板桩墙分析，先假设板桩墙的入土嵌固深度 D，根据对支点 A 的力矩平衡条件 $\sum M_{\mathrm{A}}=0$ 求得

$$\sum M_{\mathrm{Ea}} - \sum M_{\mathrm{Ep}} = 0 \qquad (13-10)$$

式中 $\sum M_{\mathrm{Ea}}$——板桩墙背部主动土压力对 A 的力矩；

$\sum M_{\mathrm{Ep}}$——被动土压力对 A 点的力矩。

由式（13-10）可求出板桩墙的入土深度 D。

支点 A 处的水平力 T 根据水平力平衡条件求出

$$T = S_{\mathrm{h}}(\sum E_{\mathrm{a}} - \sum E_{\mathrm{p}}) \qquad (13-11)$$

式中 S_{h}——支点水平间距。

另外，由最大弯矩截面的剪力等于零的条件可求出最大弯矩。

2. 入土较深时单支点板桩墙支护结构计算

当支护板桩墙入土深度较深时，板桩墙的底端向后倾斜，认为板桩墙的前、后侧均出现被动土压力，支护板桩墙在土中处于弹性嵌固状态，相当于上端简支而下端嵌固的超静定梁。工程上常采用等值梁法计算。

等值梁法应用于单支点板桩墙计算步骤如下：

(1) 确定正负弯矩反弯点的位置。实测结果表明净土压力为零点的位置与弯矩零点位置很接近，因此可假定反弯点就在净土压力为零点处，即为图13-10（d）中的 C 点。它距基

坑底面的距离 x，根据作用于墙前后侧土压力为零的条件求出。

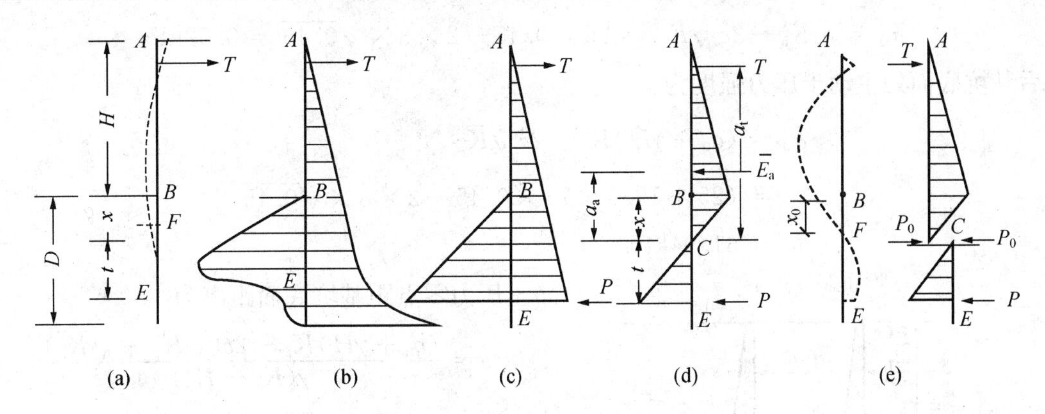

图 13-10 单支点深埋板桩计算简图

(a) 变形图；(b) 实际土压力分布图；(c) 理论土压力分布图；(d) 叠加后土压力分布图；(e) 弯矩图

(2) 假设在 C 点切开，认为 AC 段为一简支梁，即等值梁 AC。根据平衡方程计算支点反力 T 和 C 点剪力 P_0

$$T=\frac{\overline{E}_a a_a S_h}{a_t} \tag{13-12}$$

$$P_0=\frac{\overline{E}_a(a_t-a_a)}{a_t} \tag{13-13}$$

式中 T——单支点作用力的水平分量，kN；

a_t——反弯点与单支点的距离；

a_a——反弯点与 $\overline{E}_a$ 作用点的距离；

P_0——反弯点处剪力，kN/m。

(3) 取板桩墙下段 CE 为隔离体，取 $\sum M_E=0$，可求出有效嵌固深度 t

$$t=\sqrt{\frac{6P_0}{\gamma(K_p-K_a)}} \tag{13-14}$$

而板桩墙在基坑底以下的入土深度 D 仍按式 (13-10) 确定。

(4) 由等值梁 AC 求最大弯矩 M_{max}。

【例 13-2】 某基坑工程开挖深度 $h=7.0$m，采用单支点桩墙支护结构，支点离地面距离 $h_T=1.2$m，支点水平间距为 $S_h=1.5$m。地基土层参数加权平均值为：粘聚力 $c=8$kPa，内摩擦角 $\varphi=22°$，重度 $\gamma=19.5\text{kN/m}^3$，地面超载 $q_0=25$kPa。试以等值梁法计算该桩墙的入土深度 D、水平支锚力 T 和最大弯矩 M_{max}。

解 取支锚点水平间距 S_h 作为计算宽度。

主动和被动土压力系数分别为

$$K_a=\tan^2\left(45°-\frac{\varphi}{2}\right)=\tan^2\left(45°-\frac{22°}{2}\right)=0.45$$

$$K_p=\tan^2\left(45°+\frac{\varphi}{2}\right)=\tan^2\left(45°+\frac{22°}{2}\right)=2.20$$

墙后地面处主动土压力强度为

$$\sigma_{a1}=q_0K_a-2c\sqrt{K_a}=25\times0.45-2\times8\times\sqrt{0.45}=0.52\text{kPa}$$

墙后基坑底面处主动土压力强度为

$$\begin{aligned}\sigma_{aH}&=(q_0+\gamma H)K_a-2c\sqrt{K_a}\\&=(25+19.5\times7)\times0.45-2\times8\times\sqrt{0.45}\\&=61.94\text{kPa}\end{aligned}$$

净土压力零点距基坑底面距离为

$$\begin{aligned}x&=\frac{(q_a+\gamma H)K_a-2c(\sqrt{K_p}+\sqrt{K_a})}{\gamma(K_p-K_a)}\\&=\frac{\sigma_{aH}-2c\sqrt{K_p}}{\gamma(K_p-K_a)}\\&=\frac{61.94-2\times8\times\sqrt{2.20}}{19.5\times(2.20-0.45)}\\&=1.12\text{m}\end{aligned}$$

墙后总净土压力分布如图 13 - 11 所示。

墙后净土压力合力为

$$E_{a1}=0.52\times7.0=3.64\text{kN/m}$$

$$E_{a2}=(61.94-0.52)\times7.0/2=214.97\text{kN/m}$$

$$E_{a3}=61.94\times1.12/2=34.69\text{kN/m}$$

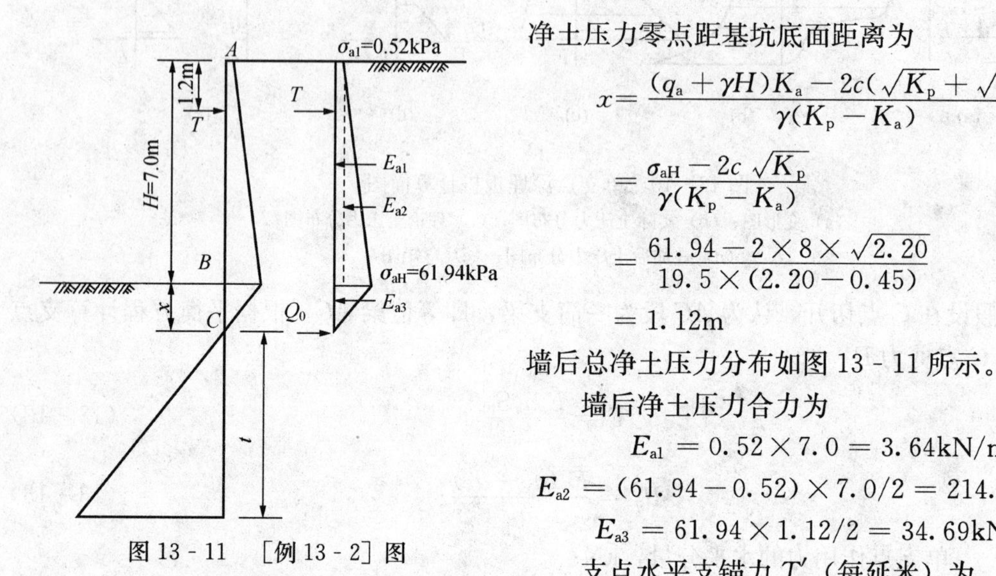

图 13 - 11 [例 13 - 2] 图

支点水平支锚力 T'（每延米）为

$$\begin{aligned}T'&=\frac{E_{a1}h_1+E_{a2}h_2+E_{a3}h_3}{H+x-h_T}\\&=\frac{3.64\times(7/2+1.12)+214.97\times(7/3+1.12)+34.69\times1.12\times2/3}{7+1.12-1.2}\\&=113.46\text{kN/m}\end{aligned}$$

支点水平支锚力

$$T=T'S_h=113.46\times1.5=170.19\text{kN}$$

土压力零点剪力

$$Q_0=\sum E_{ai}-T'=3.64+214.97+34.69-113.46=139.84\text{kN/m}$$

桩的有效嵌固深度

$$t=\sqrt{\frac{6Q_0}{\gamma(K_p-K_a)}}=\sqrt{\frac{6\times139.84}{19.5\times(2.20-0.45)}}=4.96\text{m}$$

桩的入土深度

$$D=x+1.2t=1.12+1.2\times4.96=7.1\text{m}$$

假设剪力零点位于基坑底面以上，距地面距离为 h_q，由剪力零点以上水平力平衡得

$$T'-\sigma_{a1}h_q-(\sigma_{h_q}-\sigma_{a1})h_q/2=0$$

$$T'-\sigma_{a1}h_q-\gamma h_q{}^2K_a/2=0$$

$$113.46-0.52h_q-19.5\times0.45/2\times h_q^2=0$$

$$113.46 - 0.52h_q - 4.39h_q^2 = 0$$

解得 $h_q = 5.05\text{m}$。

每延米板桩墙上最大弯矩

$$\begin{aligned} M_{max} &= T'(h_q - 1.2) - \sigma_{a1} h_q^2/2 - \gamma h_q^2 K_a/2 \times h_q/3 \\ &= 113.46 \times (5.05 - 1.2) - 0.52 \times 5.05^2/2 - 19.5 \times 5.05^3 \times 0.45/6 \\ &= 241.84\text{kN} \cdot \text{m/m} \end{aligned}$$

五、多支点板桩墙计算

当土质较差，基坑又较深时，通常采用多层支锚结构，支锚层数和位置则根据土层分布情况，土层性质、基坑深度、支护结构刚度和材料强度以及施工要求等因素确定。

目前，对多支点支护结构的计算方法通常采用等值梁法、连续梁法、支撑荷载1/2分担法、弹性支点法以及有限单元法等。以下对其中主要的几种方法予以简单介绍。

1. 连续梁法

多支撑支护结构可作为刚性支座上的连续梁，按以下各施工阶段的情况分别计算，如图13-12所示。下面以设置三道支撑的基坑为例说明其设计计算步骤：

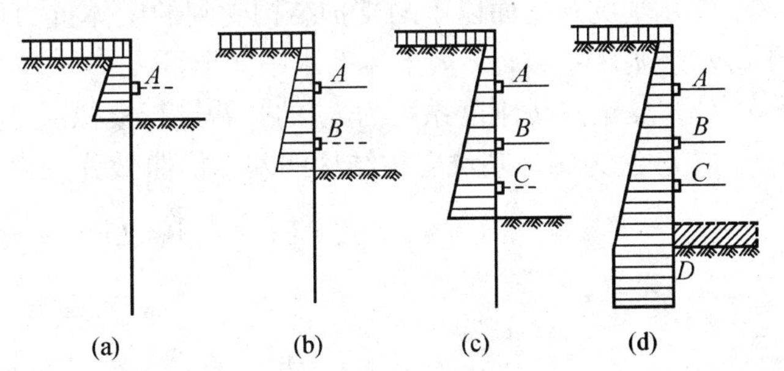

图13-12 各施工阶段的计算简图

(1) 在设置支撑 A 以前，可将板桩墙视为一端嵌固在土中的悬臂梁，见图13-12 (a)。

(2) 在设置支撑 B 以前，板桩墙是两个支点的静定梁，两个支点分别是 A 及净土压力为零的一点，见图13-12 (b)。

(3) 在设置支撑 C 以前，板桩墙是具有三个支点的连续梁，三个支点分别为 A、B 及净土压力零点，见图13-12 (c)。

(4) 浇筑底板以前，板桩墙是具有四个支点的三跨连续梁，见图13-12 (d)。

2. 支撑荷载1/2分担法

对多支点的支护结构，若支护板桩墙后的主动土压力分布采用太沙基—佩克假定的图式如图13-13 (a) 所示，则支撑或拉锚的内力及其支护板桩墙的弯矩，可按以下经验法计算：

(1) 每道支撑或拉锚所受的力是相应于相邻两个半跨的土压力的合力如图13-13 (b) 所示。

(2) 假设土压力强度用 q 表示，对于接连续梁计算，最大支座弯矩（三跨以上）为 $M=\dfrac{ql^2}{10}$，最大跨中弯矩为 $M=\dfrac{ql^2}{20}$。

3. 弹性支点法

弹性支点法，又称为弹性抗力法、地基反力法。其计算方法如下：

(1) 墙后荷载既可直接按朗肯主动土压力理论计算，即土压力模式假设为三角形分布[图13-14 (a)]；也可按矩形分布土压力模式计算 [图13-14 (b)]。后者在我国基坑支护结构设计中被广泛采用。

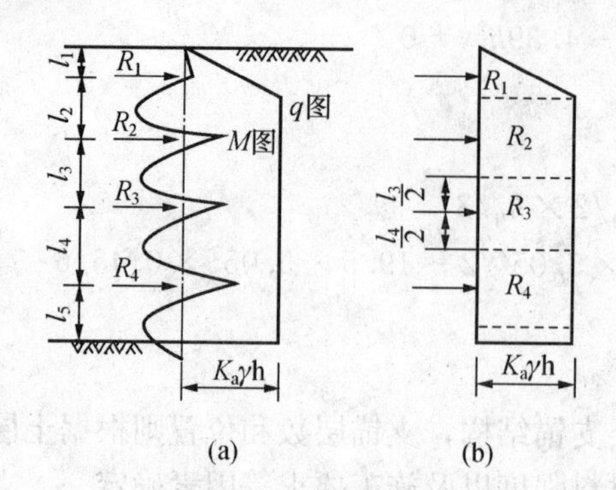

图 13-13　支撑荷载的 1/2 分担法

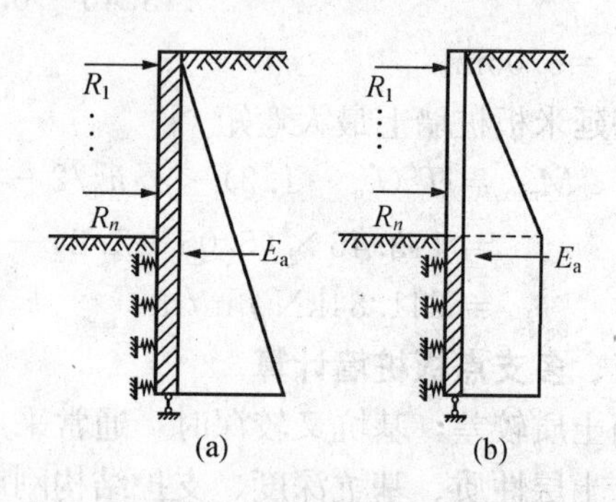

图 13-14　弹性支点的计算简图

(a) 三角形土压力模式；(b) 矩形土压力模式

(2) 基坑开挖面以下的支护结构受到的土体抗力用弹簧模拟，$\sigma_x = k_s x$，式中 k_s 为地基土的水平基床系数；x 为土体的水平变形。

(3) 支锚点按刚度系数为 k_z 的弹簧进行模拟。

以 m 法为例，基坑支护结构的基本挠曲微分方程为

$$EI\frac{d^4x}{dz^4} + k_s bx - e_a b_s = 0$$

$$k_s = mz \tag{13-15}$$

$$EI\frac{d^4x}{dz^4} + mzbx - e_a b_s = 0 \tag{13-16}$$

式中　EI——支护结构的抗弯刚度，kN·m²；

x——支护结构的水平挠曲变形，m；

z——竖向坐标，m；

b——支护结构的计算宽度，m；

e_a——主动侧土压力强度，kPa；

m——地基土的水平抗力系数 k_s 的比例系数，kN/m⁴；

b_s——主动侧土压力作用宽度，m。

求解式（13-16）可得到支护结构的内力和变形，通常可用杆系有限元法求解。首先将支护结构进行离散，支护结构采用梁单元，支撑或锚杆用弹性支撑单元，外荷载为支护结构后侧的主动土压力和水压力，其中水压力既可单独计算，即采用水土分算模式，也可与土压力合并计算，即水土合算模式，两种方法所采用的土体抗剪强度指标是不同的。

13-4　基坑稳定性分析

很多基坑工程事故有是由于基坑稳定失效所引起的，其中包括边坡整体滑动失稳、坑底隆起破坏、管涌和基坑周围土体变形等。为保证基坑的安全，需根据基坑的具体情况而进行基坑稳定性分析。

一、基坑整体稳定性验算

基坑的整体稳定性验算按平面问题考虑，一般采用圆弧滑动面计算。对不同支护结构的基坑整体稳定性验算，可采用圆弧滑动条分法（如 Fellenius 法）进行整体滑动失稳验算，

如图 13 - 15 所示。边坡抗滑稳定安全系数按下式计算

$$K=\frac{\sum_{i=1}^{n}c_il_i+\sum_{i=1}^{n}(q_ib_i+\gamma_ib_ih_i)\cos\alpha_i\tan\varphi_i}{\sum_{i=1}^{n}(q_ib_i+\gamma_ib_ih_i)\sin\alpha_i} \tag{13-17}$$

式中 K——边坡抗滑稳定安全系数，应不小于 1.2；

c_i——第 i 分条的内聚力；

l_i——第 i 分条的圆弧长度；

q_i——第 i 分条的地面荷载；

γ_i——第 i 分条土的重度，无渗流作用时，地下水位以上取土的天然重度计算，地下水位以下用土的有效重度计算；

b_i——第 i 分条的宽度；

h_i——第 i 分条的高度；

α_i——第 i 分条滑面法线与竖直线夹角；

φ_i——第 i 分条的内摩擦角。

二、基坑隆起验算

在软粘土地基中开挖基坑时，由于基坑内外土体存在压力差，当这一差值超过基坑底面以下地基的承载力时，地基的平衡状态就会被破坏，从而支护结构背侧的土体将发生塑性流动，产生坑顶下陷或坑底隆起。因此，为防止发生上述现象，需对基坑进行抗隆起稳定性验算。

参照 Prandtl 和 Terzaghi 的地基承载力公式，并将支护桩底面的平面作为求极限承载力的基准面，滑动线形状如图 13 - 16 所示。采用下式进行抗隆起安全系数的验算。

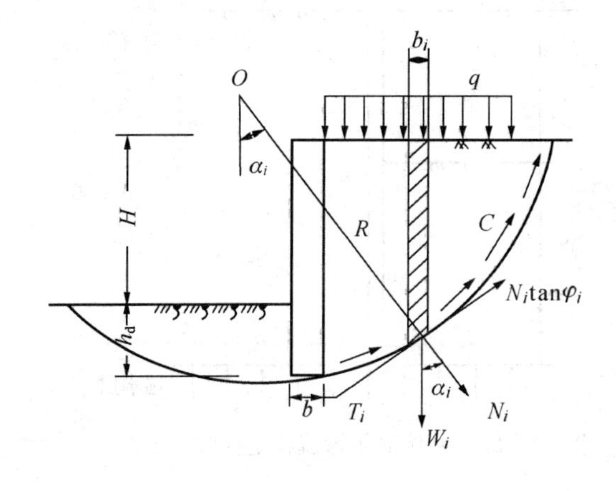

图 13 - 15 支护结构整体滑动失稳

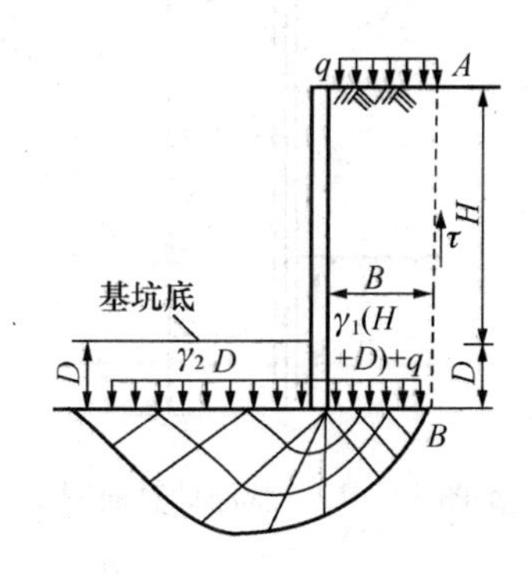

图 13 - 16 抗隆起验算示意图

$$K=\frac{\gamma_2D+N_c\tau_0}{\gamma_1(H+D)+q} \tag{13-18}$$

式中 K——抗隆起安全系数，规范规定 K 取 1.6；

D——墙体插入深度；

H——基坑开挖深度；

γ_1，γ_2——墙体外侧及坑底土体的重度；

q——地面超载；

N_c——地基承载力的系数，取 $N_c=5.14$。

三、渗流破坏验算

基坑开挖后，地下水形成水头差，使地下水由高处向低处渗流，如图 13-17、图 13-18所示。当地下水的向上的渗流力（动水压力）$G\geqslant\gamma'$时，土颗粒间有效应力为零，土粒处于浮动状态或出现流砂、流土现象而发生渗流破坏。最危险的地方是贴近防渗墙的地方，坑外地下水沿防渗墙向坑内的渗流路径最短，水力梯度最大，最易发生渗流破坏。潜蚀或管涌现象也是一种渗流破坏，在动水压力作用下，粗颗粒间的细颗粒被水带走，土颗粒间孔隙会因细粒土的流失而逐渐扩大，地下水渗流速度提高，稍粗的颗粒就会被带走，在土中形成通道，从而在坑底产生管涌现象，最终造成破坏。因此必须设法减小地下水渗流的水力梯度。

当基坑内外存在水头差时，粉土和砂土应进行抗渗稳定性验算。地下水的向上渗流力（动水压力）应小于土的有效重度，即渗透的水力梯度不应超过临界水力梯度（图13-19）。

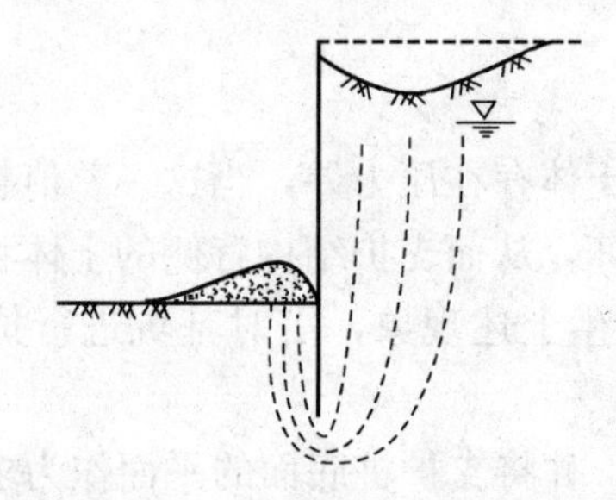

图 13-17　基坑管涌和流砂失稳

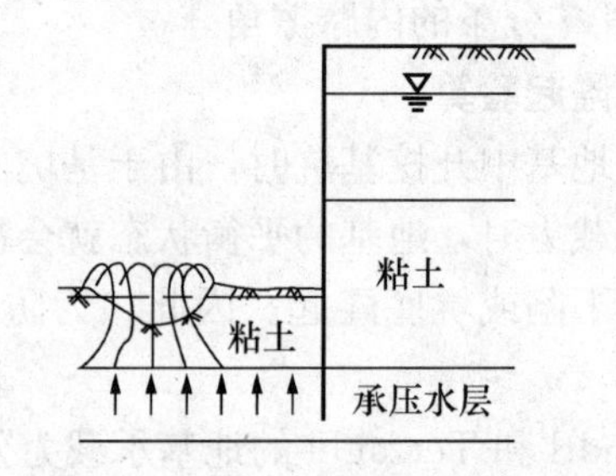

图 13-18　承压水引起基坑失稳

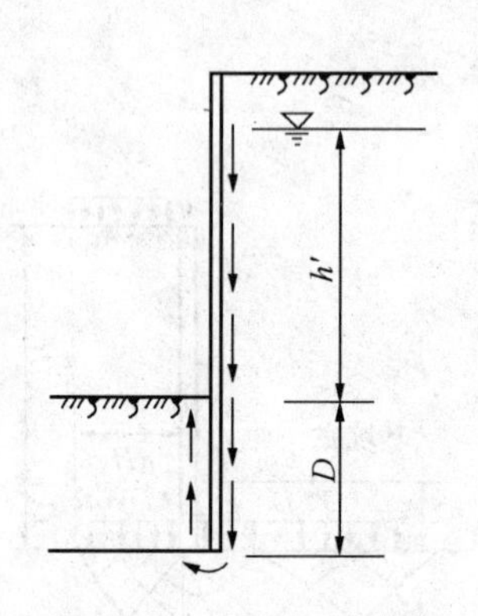

图 13-19　管涌计算简图

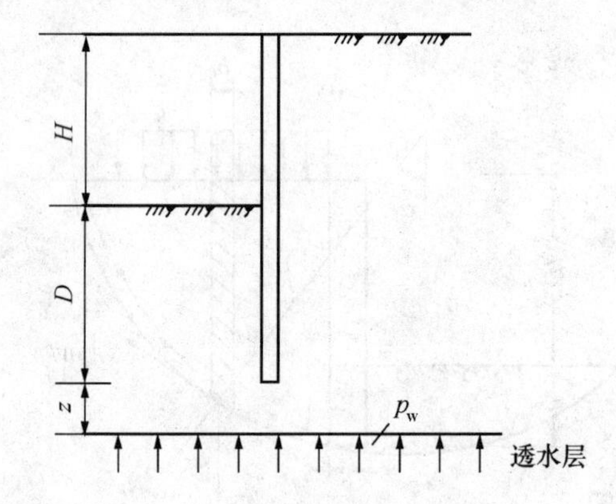

图 13-20　基坑底抗渗流稳定性验算示意图

$$G_D\leqslant\gamma' \tag{13-19}$$

$$i\gamma_w\leqslant\gamma'$$

$$i\leqslant\frac{\gamma'}{\gamma_w}=i_{cr} \tag{13-20}$$

式中　γ'——土的有效重度，kN/m³；

G_D——地下水的向上渗流力（动水压力），kN/m³；

i——渗透的水力梯度；

i_{cr}——临界水力梯度。

当上部为不透水层，坑底下某深度处有承压水层时（图13－20），应保证承压水顶板有足够的厚度，来平衡承压水。基坑底抗渗流稳定性可按下式验算

$$\frac{\gamma_m(D+z)}{p_w} \geqslant 1.1 \tag{13-21}$$

式中 γ_m——透水层以上土的饱和重度，kN/m^3；

$D+z$——透水层顶面距基坑底面的深度，m；

p_w——含水层承压水压力，kPa。

习　　题

13－1　在粘性土地层中开挖深度 $h=5m$ 的基坑，采用悬臂式灌注桩支护，土层重度为 $19.2kN/m^3$，粘聚力 $c=10kPa$，内摩擦角 $\varphi=18°$，地面施工荷载 $q_0=19kPa$。试确定支护桩的入土深度 t、桩身最大弯矩和最大弯矩点位置。

13－2　某一开挖深度为 $h=6.0m$ 基坑，采用一道锚杆的板桩支护，锚杆支点距地表 $h_0=1.3m$，支点水平间距为 $S_h=1.5m$。基坑周围土层参数：粘聚力 $c=0$，内摩擦角 $\varphi=24°$，重度 $\gamma=20.5kN/m^3$，地面施工荷载 $q_0=20kPa$。试按等值梁法计算板桩的入土深度、锚杆拉力和最大弯矩。

13－3　有一开挖深度为 7.5m 的基坑，采用排桩加一水平支撑支护结构，支护桩如土深度为 $t=6m$，土层容重为 $\gamma=18.5kN/m^3$，内摩擦角 $\varphi=14°$粘聚力 $c=11kPa$，地面施工荷载为 20kPa。桩长范围内无地下水，试验算基坑抗隆起稳定性。

参考文献

[1] 华南理工大学，等. 地基及基础. 3版. 北京：中国建筑工业出版社，1998.
[2] 高大钊. 土力学与基础工程. 北京：中国建筑工业出版社，1998.
[3] 陈希哲. 土力学地基基础. 北京：清华大学出版社，1989.
[4] 陈仲颐，周景星，王洪瑾. 土力学. 北京：清华大学出版社，1994.
[5] 赵树德. 土力学. 北京：高等教育出版社，2001.
[6] 杨熙章. 土工实验与原理. 上海：同济大学出版社，1993.
[7] 常士骠，张苏民. 工程地质手册. 北京：中国建材工业出版社，1992.
[8] 高永贵，韩晓雷. 全国注册土木工程师（岩土）执业资格考试应试指导及复习题解. 北京：中国建材工业出版社，2003.
[9] 李辉，杨振宏. 工程地质与水文地质. 西安：陕西科学技术出版社，2001.
[10] 王大纯，张人权，史毅虹. 水文地质学基础. 北京：地质出版社，1980.
[11] 薛禹群，朱学愚. 地下水动力学. 北京：地质出版社，1979.
[12] 钱家欢. 土力学. 2版. 南京：河海大学出版社，2000.
[13] 王铁行. 岩土力学与地基基础题库及题解. 北京：中国水利水电出版社，2004.
[14] 赵成刚，白冰，王运霞. 土力学原理. 北京：清华大学出版社，2004.
[15] 洪毓康. 土质学与土力学. 北京：人民交通出版社，1997.
[16] 黄文熙. 土的工程性质. 北京：中国水利电力出版社，1983.
[17] 韩晓雷. 土力学地基基础. 北京：冶金工业出版社，2004.
[18] 金喜平，邓庆阳. 基础工程. 北京：机械工业出版社，2006.
[19] 莫海鸿，杨小平. 基础工程. 北京：中国建筑工业出版社，2003.
[20] 赵明华. 基础工程. 北京：高等教育出版社，2003.
[21] 董建国，沈锡英，钟才根. 土力学与地基基础. 上海：同济大学出版社，2005.
[22] 李亮，魏丽敏. 基础工程. 长沙：中南大学出版社，2005.
[23] 王广月，王胜桂，付志前. 地基基础工程. 北京：中国水利水电出版社，2001.
[24] 王旭鹏. 土力学与地基基础. 北京：中国建材工业出版社，2004.
[25] 钱玉林，洪家宝，杨鼎久. 土力学与基础工程. 北京：中国水利水电出版社，2002.
[26] 杨永新，冯玉芹，张春梅，李奉阁. 简明基础工程. 北京：地震出版社，2002.
[27] 王秀丽. 基础工程. 重庆：重庆大学出版社，2002.
[28] 顾晓鲁，等. 地基与基础. 北京：中国建筑工业出版社，1995.
[29] 陈国兴，樊良本. 基础工程学. 北京：中国水利水电出版社，2002.
[30] 张明义，时伟，章伟. 基础工程. 北京：中国建材工业出版社，2002.
[31] 王晓谋. 基础工程. 北京：人民交通出版社，2003.
[32] 杨小平. 土力学及地基基础. 武汉：武汉大学出版社，2000.
[33] 周景星，等. 基础工程. 北京：清华大学出版社，2001.
[34] 陈仲颐，叶书麟. 基础工程学. 北京：中国建筑工业出版社，1990.
[35] 刘建航，侯学渊. 基坑工程手册. 北京：中国建筑工业出版社，1997.
[36] 王钊. 基础工程原理. 武汉：武汉大学出版社，2000.
[37] 周申一. 沉井沉箱施工技术. 北京：人民交通出版社，2006.